普通高等教育“十一五”国家级规划教材
普通高等教育机电类规划教材

塑性成形工艺与模具设计

第3版

主　编　高锦张
副主编　陈文琳　贾俐俐
参　编　袁国定　柯旭贵
主　审　吴公明　洪深泽

机械工业出版社

本书系统地介绍了金属塑性成形中的冲压工艺、热锻工艺和冷锻工艺的成形方法及模具设计，分别叙述了各类塑性成形工艺的特点、工序分类、工艺方案的制订、工艺力的计算、模具设计及设备的选用。并介绍了氮气弹簧技术在冲压工艺与模具设计中的应用。

本书可作为高等学校机械类、材料工程类专业本科及专科教材，也可供从事金属塑性成形生产和科研工作的工程技术人员参考。

图书在版编目（CIP）数据

塑性成形工艺与模具设计/高锦张主编. —3版. —北京：机械工业出版社，2015.5（2026.2重印）

普通高等教育“十一五”国家级规划教材　普通高等教育机电类规划教材

ISBN 978-7-111-49599-4

Ⅰ. ①塑…　Ⅱ. ①高…　Ⅲ. ①金属压力加工-塑性变形-生产工艺-高等学校-教材②金属压力加工-模具-设计-高等学校-教材
Ⅳ. ①TG3

中国版本图书馆CIP数据核字（2015）第047457号

机械工业出版社（北京市百万庄大街22号　邮政编码100037）
策划编辑：丁昕祯　责任编辑：丁昕祯
责任校对：纪　敬　封面设计：张　静
责任印制：郜　敏
保定市中画美凯印刷有限公司印刷
2026年2月第3版第7次印刷
184mm×260mm · 27.75印张 · 668千字
标准书号：ISBN 978-7-111-49599-4
定价：69.80元

电话服务	网络服务
客服电话：010-88361066	机　工　官　网：www.cmpbook.com
010-88379833	机　工　官　博：weibo.com/cmp1952
010-68326294	金　　书　　网：www.golden-book.com
封底无防伪标均为盗版	机工教育服务网：www.cmpedu.com

序

20世纪末、21世纪初，在社会主义经济建设、社会进步和科技飞速发展的推动下，在经济全球化、科技创新国际化、人才争夺白炽化的挑战下，我国高等教育迅猛发展，胜利跨入了高等教育大众化阶段，使高等教育理念、定位、目标和思路等发生了革命性变化，正在逐步形成以科学发展观和终身教育思想为指导的新的高等教育体系和人才培养工作体系。在这个过程中，一大批应用型本科院校和高等职业技术院校异军突起，超常发展，1999年已见端倪。当时我们敏锐地感到，这批应用型本科院校的崛起，必须有相应的应用型本科教材来满足她的教学需求，否则就有可能使她回到老本科院校所走过的学术型办学路子。2000年下半年，我们就和机械工业出版社、扬州大学工学院、南京工程学院、河海大学常州校区、淮海工学院、南通工学院、盐城工学院、淮阴工学院、常州工学院、江南大学等12所高校在南京工程学院开会，讨论策划编写出版机电类应用型本科系列教材问题，规划出版38种，并进行了分工，提出了明确的规范要求，得到江苏省各方面的支持和配合。2001年5月开始出书，到2004年7月已出齐38种，还增加了3种急需的教材，总册数已达45万册。每种至少有2次以上印刷，最多的印刷了5次、发行量达2.5万册。据调查，用户反映良好，并反映这个系列教材基本上体现了我在序言中提出的四个特点，符合地方应用型工科本科院校的教学实际，较好地满足了一般应用型工科本科院校的教学需要。用户的评价使我们很高兴，但更是对我们的鞭策和鼓励，实际上这一轮机电类教材存在的问题还不少，需要改进的地方还很多。我们应当为过去取得的进步和成绩而高兴，同样，我们更应当为今后的进一步发展而正视自己，我们并不需要刻意去忧患，但确实存在值得忧患的现实而不去忧患，就很难有更美好的明天。我们应该以对国家、对人民、对社会、对受教育者高度负责的精神，在总结前一阶段经验教训的基础上，坚持以国家新时期教育方针和科学发展观为指导，坚持高标准、严要求，坚持“质量第一、多样发展、打造精品、服务教学”的方针，把下一轮机电类教材修订、编写、出版工作做大、做优、做精、做强，为建设有中国特色的高水平的地方工科应用型本科院校做出新的更大贡献。

一、坚持用科学发展观指导教材修订、编写和出版工作

应用型本科院校是我国高等教育在推进大众化过程中崛起的一种新的办学类型，它除应恪守大学教育的一般办学基准外，还应有自己的个性和特色，就是要在培养具有创新精神、创业意识和创造能力的工程、生产、管理、服务一线需要的高级技术应用型人才方面办出自己的特色和水平。应用型本科人才的培养既不能简单“克隆”现有的本科院校，也不能是原有专科培养体系的相似放大。应用型人才的培养，重点仍要思考如何与社会的需求对接。既要从学生的角度考虑，以人为本，把素质教育的思想贯穿教育教学的每一个环

节，实现人的全面发展；又要从经济建设的实际需求考虑，多类型、多样化地培养人才，但最根本的一条还是坚持面向工程实际，面向岗位实务，按照“本科学历＋岗位技术”的双重标准，有针对性地进行人才培养。根据这样的要求，“强化理论基础，提升实践能力，突出创新精神，优化综合素质”应当是工作在一线的本科应用型人才的基本特征，也是本科应用型人才的总体质量要求。

培养应用型人才的关键在于建立应用型人才的培养模式。而培养模式的核心是课程体系与教学内容。应用型的人才培养必须依靠应用型的课程和内容，用学科型的教材难以保证培养目标的实现。课程体系与教学内容要与应用型的人才的知识、能力、素质结构相适应。在知识结构上，科学文化基础知识、专业基础知识、专业知识、相关学科知识四类知识在纵向上应向应用前沿拓展，在横向上应注重知识的交叉、联系和衔接。在能力结构上，要强化学生运用专业理论解决实际问题的实践能力、组织管理能力和社会活动能力，还要注重思维能力和创造能力的培养，使学生思路清晰、条理分明，有条不紊地处理头绪纷繁的各项工作，创造性地工作。能力培养要贯彻到教学的整个过程之中。如何引导学生去发现问题、分析问题和解决问题应成为我们应用型本科教学的根本。

探讨课程体系、教学内容和培养方法，还必须服从和服务于大学生全面素质的培养。要通过形成新的知识体系和能力延伸，以促进学生思想道德素质，文化素质，专业素质和身体、心理素质的全面提高。因此，要在素质教育的思想指导下，对原有的教学计划和课程设置进行新的调整和组合，使学生能够适应社会主义现代化建设的需要。我们强调培养“三创”人才，就应当用“三创教育”、人文教育与科学教育的融合等适应时代的教育理念，选择一些新的课程内容和新的教学形式来实现。

研究课程体系，必须看到经济全球化与我国加入世界贸易组织，以及高等教育的国际化对人才培养的影响。如果我们的课程内容缺乏国际性，那么我们所培养的人才就不可能具备参与国际事务、国际交流和国际竞争的能力。应当研究课程的国际性问题，增设具有国际意义的课程，加快与国外同类院校的课程接轨。要努力借鉴国外同类应用型本科院校的办学理念和培养模式、做法来优化我们的教学。

在教材编、修、审全过程中，必须始终坚持以人的全面发展为本，紧紧围绕培养目标和基本规格进行活生生的“人”的教育。一所大学使得师生获得自由的范围和程度，往往是这所大学成功和水平的标志。同样，我们修订和编写教材，提供教学用书，最终是为了把知识转化为能力和智慧，使学生获得谋生的手段和发展的能力。因此，在修订、编写教材过程中，必须始终把师生的需要和追求放在首位，努力提供教的方便和学的便捷，努力为教师和学生留下充分展示自己教和学的风格和特色的发展空间，使他们游刃有余，得心应手，还能激发他们的科学精神和创造热情，为教和学的持续发展服务。教师是课堂教学的组织者、合作者、引导者、参与者，而不应是教学的权威。教学过程是教师引导学生，和学生共同学习、共同发展的双向互促过程。因此，修订、编写教材对于主编和参加编写的教师来说，也是一个重新学习和思想水平、学术水平不断提高的过程，决不能丢失自我，决不能将“枷锁”转嫁别人，这里“关键在自己战胜自己”，关键在自己的理念、学识、经验和水平。

二、坚持质量第一，努力打造精品教材

教材是教学之本。大学教材不同于学术专著，它既是学术专著，又是教学经验之理性

总结，必须经得起实践和时间的考验。学术专著的错误充其量只会贻笑大方，而教材之错误则会贻害一代青年学子。有人说：“时间是真理之母”。时间是对我们所编写教材质量的最严厉的考官。目前，我们的教材才使用了几年，还很难说就是好教材，因为前一阶段主要是解决有无问题，用户还没有来得及去总结和反思，所以有的问题可能还没有来得及暴露。我们必须清醒地看到这一点。今后，更要坚持高标准、严要求，用航天人员“一丝不苟”“一秒不差”的精神严格要求我们自己，确保教材质量和特色。为此，必须采取以下措施：第一，高等教育的核心资源是一支优秀的教师队伍，必须重新明确主编和参加编写教师的标准和要求，实行主编招标和负责制，把好质量第一关；第二，教材要从一般工科本科应用型院校实际出发，强调实际、实用、实践，加强技能培养，突出工程实践，内容适度简练，跟踪科技前沿，合理反映时代要求，这就要求我们必须严格把好教材编写或修订计划的评审关，择优而用；第三，加强教材编写或修订的规范管理，确保参编、主编、主审以及交付出版社等各个环节的质量和要求，实行环节负责制和责任追究制；第四，确保出版质量；第五，建立教材评价制度，奖优罚劣。对经过实践使用，用户反映好的教材要进行修订再版，切实培育一批名师编写的精品教材。出版的精品教材必须和多媒体课件配套，并逐步建立在线学习网站。

三、坚持“立足江苏、面向全国、服务教学”的原则，努力扩大教材使用范围，不断提高社会效益

下一轮教材编写和修订工作，必须加快吸收有条件有积极性的外省市同类院校、民办本科院校、独立学院和有关企业参加，以集中更多的力量，建设好应用型本科教材。同时，要相应调整编审委员会的人员组成，特别要注意充实省内外的优秀的“双师型”教师和有关企业专家。

四、建立健全用户评价制度

要在使用这套教材的省市有关高校建立教材使用质量跟踪调查，并建立网站，以便快速、便捷、实时地听取各方面的意见，不断修改、充实和完善我们的教材编写和出版工作，实实在在地为教师和学生提供精品服务，实实在在地为培养高质量的应用型本科人才服务。同时也努力为造就一批工科应用型本科院校高素质高水平的教师提供优良服务。

本套教材的编审和出版一直得到机械工业出版社、江苏省教育厅及各主编、主审和参加编写高校的大力支持与配合，在此，一并表示衷心感谢。今后，我们应一如既往地更加紧密地合作，共同为工科应用型本科院校教材建设作出新的贡献，为培养高质量的应用型本科人才作出新的贡献，为建设有中国特色社会主义的应用型本科教育作出新的努力。

普通高等教育机械工程及自动化专业
机电类规划教材编审委员会
主任　教授　邱坤荣

前 言

本教材为普通高等教育“十一五”国家级规划教材，是在《塑性成形工艺与模具设计》（第2版）的基础上修订而成，主要适用于材料成形与控制工程专业、引导性机械工程及自动化专业、材料科学与工程专业对金属塑性加工课程的教学要求而编写的。

本教材将金属塑性成形的各类工艺包括冲压工艺与模具设计、热锻工艺与模具设计、冷锻工艺与模具设计及塑性成形设备等多门塑性成形工程方面的专业课程，整合成一门金属塑性加工的综合工艺课程，便于在新专业目录的培养计划中，有系统、有重点地介绍金属塑性成形的各类工艺及模具设计的基本知识。在编写过程中，注重概念、突出工艺分类、强调模具结构。内容处理注意宽、精、新的结合，注重塑性理论指导工艺设计的紧密关系。

本书按照金属塑性成形的二次塑性加工分类法，按板料成形、热体积成形、冷体积成形将内容分为三篇。第一篇介绍板料成形即冲压工艺与模具设计，全篇内容分为八章。第一章介绍冲压工艺的特点、分类、发展方向、冲压用材料及设备；第二、三、四章分别重点介绍冲裁、弯曲、拉深的工艺与模具设计；第五章到第七章介绍其他板料成形工艺与模具设计、多工位级进模设计及简易冲模设计；第八章着重介绍新兴的氮气弹簧技术在冲压工艺与模具设计中的应用。第二篇分六章介绍热体积成形即热锻工艺与模具设计。第九章介绍热锻工艺的特点、坯料的准备、加热规范与方法、热锻的温度范围及常见缺陷；第十、十一章重点介绍自由锻造工艺和锤上模锻工艺及模具设计；第十二、十三章介绍其他压力机模锻工艺及模具设计以及模锻件的后续处理工序；第十四章简要介绍各类特种模锻工艺。第三篇分六章介绍冷体积成形即冷锻工艺与模具设计。第十五章介绍冷锻的概念、特点及发展方向，第十六章介绍冷锻工艺的基本工序，第十七到第二十章分别介绍冷锻用原材料与制坯、冷锻力与压力机的选用、冷锻工艺过程设计、冷锻模具的结构设计，其中重点讲述冷挤压的工艺制订与模具设计。

绪论、第一章、第二章中的第一至八节、第八、十五、十六、十七、十八章由东南大学高锦张编写。第九、十、十一、十二、十三、十四章由合肥工业大学陈文琳编写；第二章的第九、十、十一节、第三、四、二十章由南京工程学院贾俐俐编写；第五章由江苏理工大学的袁国定编写；第六、七、十九章由南京工程学院柯旭贵编写。本教材由高锦张主编，陈文琳、贾俐俐任副主编，上海交通大学吴公明教授和合肥工业大学洪深泽教授担任主审。

本书在编写过程中，还得到了东南大学林萍华教授、许映秋教授、合肥工业大学刘全坤教授、北京农业大学郑智受教授的悉心指导和帮助，在此表示衷心感谢。

由于编者水平所限，不当之处敬请读者提出宝贵意见。

编　者

目录

第二篇　热锻工艺与模具设计

绪 论

塑性成形是金属加工的方法之一。它是指金属材料在一定的外力作用下，利用金属的塑性而使其成形为具有一定的形状及一定的力学性能的加工方法，也称塑性加工或压力加工。

一、塑性成形工艺的特点及应用

塑性成形工艺与金属切削加工、铸造、焊接等加工工艺相比，具有以下几个方面的特点：

（1）材料利用率高　金属塑性成形主要是依靠金属在塑性状态下的形状变化和体积转移来实现的，不产生切屑，材料利用率高，可以节约大量的金属材料。

（2）力学性能好　金属塑性成形过程中，金属的内部组织得到改善，制件性能好。

（3）尺寸精度高　金属塑性成形的很多工艺方法已经达到少、无切削加工的要求，如齿轮精锻、冷挤压花键工艺，其齿形精度高，可直接使用；精锻叶片的复杂曲面可达到只需磨削的程度。

（4）生产效率高　金属塑性成形工艺适合于大批量生产，随着塑性成形工、模具的改进及设备机械化、自动化程度的提高，生产效率得到大幅度提高。如高速压力机的行程次数已经达到1500～1800次/min；在热模锻压力机上锻造一根汽车发动机用的六拐曲轴只需40s；在双动拉深压力机上成形一个汽车覆盖件仅需几秒钟。

由于金属塑性成形工艺所具有的这些特点，使之在冶金、机械、航空、航天、船舶、军工、仪器、仪表、电器和日用五金等工业领域得到广泛应用，在国民经济中占有十分重要的地位。

二、塑性成形工艺的分类

金属塑性成形的种类很多，分类方法也很多。这里介绍按被加工对象性质进行分类的方法。

根据加工对象的属性可将塑性成形分成两大类：一是以生产原材料为主的加工，称为一次塑性加工；二是生产零件及其毛坯的加工，称为二次塑性加工。

按照塑性成形毛坯的特点，通常又将塑性成形分为体积成形（块料成形）和板料成形两大类，每类又包括多种加工方法，形成各自的工艺领域。

（一）一次塑性加工

一次塑性加工可以分为轧制、挤压、拉拔等工艺，是冶金工业中生产型材、板材、线材、管材等的加工方法。在成形过程中，变形区的形状不随变形的进行而变化，属于稳定变形过程，适合于连续大批量的生产。

(1) 轧制　轧制是使金属坯料在两个旋转轧辊间的特定空间内产生塑性变形，以获得一定截面形状并改变其性能的塑性成形方法。这是由大截面坯料变为小截面材料常用的加工方法。轧制可分纵轧（图0-1a)、横轧和斜轧，轧制可生产型材、板材和管材。

(2) 挤压　挤压是在大截面坯料的后端施加一定的压力，使金属坯料通过一定形状和尺寸的模孔使其产生塑性变形，以获得符合模孔截面形状的小截面坯料或零件的塑性成形方法。挤压又分正挤压（图0-1b)、反挤压和复合挤压等。一次塑性加工的挤压主要用来生产型材、管材等，其中铝型材的挤压近二十年以来得到了迅速发展。

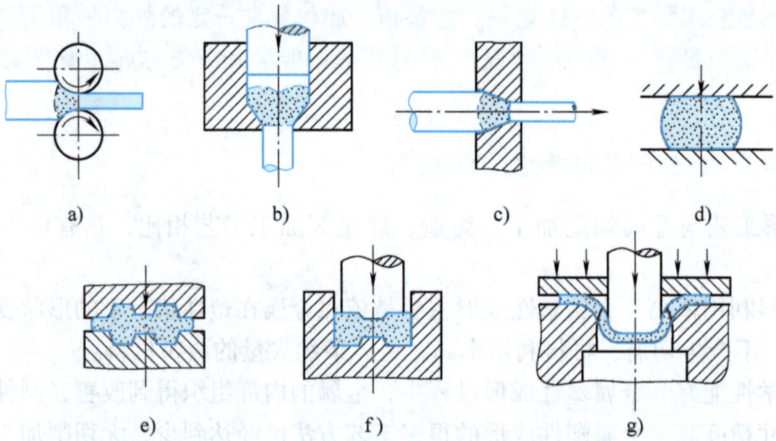

图0-1　金属塑性成形方法的种类

a) 轧制（纵轧）　b) 挤压（正挤压）　c) 拉拔　d) 自由锻（镦粗）

e) 开式模锻　f) 闭式模锻　g) 冲压（拉深）

(3) 拉拔　拉拔是在金属坯料的前端施加一定的拉力，将金属坯料通过一定形状、尺寸的模孔使其产生塑性变形，以获得与模孔形状、尺寸相同的小截面材料的塑性成形方法（图0-1c)。用拉拔方法可以获得各种截面的棒材、管材和线材。

(二) 二次塑性加工

塑性成形的二次塑性加工是机械制造工业领域内生产零件或坯料的加工方法。二次塑性加工时，除大型锻件采用铸锭为原材料直接锻打成锻件外，一般都是以一次塑性加工获得的线、棒、管、板、型材为原材料进行再次塑性成形。它包括板料成形和体积成形两个部分。

(1) 板料成形　板料成形又称为冲压，这种成形方法多在常温下进行，所以又称为冷冲压或板料冲压。按其变形性质又可以进一步分为分离工序和成形工序。

分离工序是利用冲模在压力机外力的作用下，使板料分离出一定的形状和尺寸的工件的冲压工序。它包括落料、冲孔、切断、切边、剖切等工序。

成形工序是利用冲模在压力机外力的作用下，使板料产生塑性变形而得到要求的形状和尺寸的工件的冲压工序。包括弯曲、拉深（图0-1g)、翻边、胀形、扩口、缩口、旋压等工序。

(2) 体积成形 二次塑性加工的体积成形是利用锻压设备及工、模具，对金属坯料(块料)进行体积重新分配的塑性变形，得到所需形状、尺寸及性能的制件。它主要包括锻造、挤压两大类。前者在成形过程中，变形区的形状随变形的进行而发生改变，属于非稳定塑性变形；后者在变形的大部分阶段变形区的形状不随变形的进行而改变，属于稳定塑性变形。

1) 锻造。锻造通常分为自由锻造和模锻。自由锻（图0-1d）一般是在锻锤或水压机上，利用简单的工具将金属锭或块料锻成所需形状和尺寸的加工方法。自由锻时不使用专用模具，因而锻件的尺寸精度低，生产率也不高，主要用于单件、小批量生产及大锻件生产或冶金厂的开坯。模锻是在模锻锤或热模锻压力机等设备上利用模具来成形，又可以细分为开式模锻（图0-1e）和闭式模锻（图0-1f）。由于金属成形受模具控制，因此模锻件有相当精确的外形和尺寸，生产率也较高，适合于大批量生产。

2) 挤压。二次塑性加工的挤压主要用于挤压件的生产。因为挤压是在很高的三向压应力状态下的成形过程，因而允许采用很大的变形量，更适于低塑性材料成形。常温下的挤压称为冷挤压，冷挤压工艺具有优质（精度高、强度高）、高效、节材的优点，中、小型零件的冷挤压加工应用越来越广泛。

随着生产技术的发展，上述基本加工变形方式互相渗透，而产生新的组合加工变形方式。如锻造和纵轧组合的辊锻工艺，可生产各种变断面零件（如连杆等）；锻造和横轧组合的楔横轧工艺，可生产各种阶梯轴和锥形轴；锻造扩孔和横轧组合的辗环工艺，可生产各种环形件（如轴承环、火车轮箍、齿轮环等）；冲压和轧制组合的旋压工艺，可生产各种薄壁空心回转体零件；弯曲和轧制组合的辊弯工艺，可生产各种断面的冷弯型材及焊管等。

以上加工工艺说明，各种加工变形方式的互相渗透和适当组合，可开发出高效率的、新的塑性成形工艺方法。此外，随着技术的发展，也不断形成新的塑性加工方法。例如连铸连轧、液态模锻、等温锻造和超塑性成形等。所有这些都进一步扩大了塑性成形的应用范围。

塑性加工中的体积成形按成形时工件的温度不同还可以分为热锻、冷锻和温锻三类。体积成形按温度分类见表0-1。

表0-1 体积成形按温度分类

名 称	特 点	举 例
热锻	终锻温度高于再结晶温度的成形	自由锻、模锻、热挤压
冷锻	一般指在室温下的成形	冷挤压、冷镦锻
温锻	一般指在室温以上再结晶温度以下的成形	温挤压、温镦锻

三、塑性成形工艺与模具技术的发展趋势

迄今为止，塑性成形与模具技术取得了长足的进展，主要体现在以下几方面：①塑性成形的基础理论已基本形成；②以有限元为核心的塑性成形数值仿真技术日趋成熟，为人们认识成形过程的本质规律提供了新途径；③CAD、CAM 等技术的不断深入应用，使模具

质量提高、制造周期下降；④新的成形方法不断出现并得到成功应用。

塑性成形工艺及模具设计将沿着制件优质化、生产柔性化、工艺省力化，并向不断改善劳动环境及模具的数字化设计与制造技术等方面发展。

（一）制件优质化

它体现在两个方面，一是毛坯的尺寸精化，二是生产高性能材料的制件。为了实现锻件精化，需相应地发展精密剪切、精密制坯、少无氧化加热等技术，并提高压力机的刚度及改善模具的结构等。也可以采用温锻成形，然后在工件尺寸精度要求高的部位采用冷整形工艺的有效措施。与此同时，为了提高锻件的性能和满足特殊要求，对一些新材料，特别是塑性差的特种材料的锻造是今后研究的方向之一。

（二）生产柔性化

生产柔性化的目的是适应品种多变的需要。要求换模时间短，设备能做尽可能多的运动方式（多滑块多向滑动）；操作系统尽可能采用 CNC 及 PNC（示教再现式）控制。与此同时，应尽量采用“柔性”高的生产工艺，尽量采用少模、小模、无模成形工艺，像带自动换工具系统的自动自由锻造机、多向锻造机、环形件辗压工艺等都是一些重要的发展方向。

（三）工艺省力化

变形力大是体积成形的一大缺点，这不仅相应地增加设备质量，也增大了初投资。近年来，回转成形工艺（辊锻、摆辗、楔横轧、径向锻造等）得到了很大发展，这是由于回转成形是以连续局部成形代替整体同时成形，因而变形力大幅度下降。

（四）改善劳动环境

锻造噪声大、震动大已成为公害，如何减震降噪已成为日益突出的问题。与此同时，为了减轻劳动强度，应逐步实现机械化，自动化，并尽量减少烟尘。

（五）模具的数字化技术

模具作为塑性成形加工的重要工艺装备，其设计与制造水平直接影响着机械、电子等众多领域产品的质量和生产效率。

目前在工业技术先进国家，数字化制造已经成为提高企业和产品竞争力的重要手段。制造业信息化是当今世界制造业发展的大趋势，是以信息化带动工业化战略的重要组成部分。作为制造业的重要组成部分，模具的数字化制造成为 21 世纪模具技术的核心。模具的数字化制造就是要实现设计数字化、加工数字化、管理数字化、服务咨询数字化等。数字化技术的应用，导致了制造信息的表示、存储、处理、传递等方法的深刻变革，使模具制造业逐步由传统的生产型向知识型模式转化。数字化设计、加工、分析技术以及数字化制造中的资源管理技术等构成了模具数字化制造的支撑技术。

（1）模具数字化设计技术　如何增强产品的市场竞争能力，提高产品质量、缩短开发周期已成为现代模具制造企业的追求目标。中国模具制造业已经历了以甩图板为目标的计算机辅助绘图历程，现在许多企业正在实施以建立全局产品模型为目标的三维设计与分析，这对增强企业的市场竞争力起到了积极的作用。但模具设计是一个知识驱动的创造性过程，它包含了对知识的继承、集成、创新和管理。随着世界制造业竞争的加剧，创新产品的开发已成为竞争的关键所在，而创新产品的竞争优势在于其所拥有的知识含量。随着智能技术的发展，如何将人类知识作为改造传统产业的原动力已成为重要的研究课题。在早期的模具智能设计系统中，智能活动一般是以设计型专家系统形式出现的，存在许多缺陷：①缺乏对数值计算的集成；②缺乏对众多领域知识的集成；③缺乏对多种任务和功能的集成，因而设计对象的规模和复杂性都受到限制。基于知识的工程（knowledge based engineering，KBE）正是面向现代设计要求而产生、发展的新型智能设计方法，已成为促进工程设计智能化的重要途径，是模具数字化设计的重要发展方向。KBE 是面向工程开发，以提高市场竞争力为目标，通过知识的继承、繁衍、集成和管理，建立各领域异构知识系统和多种描述形式知识集成的开放设计环境，并获得创新能力的工程设计方法。KBE 关键技术包括知识建模、知识表示和推理、知识获取和繁衍、知识集成等。

（2）模具数字化加工技术　加工技术是当前制约模具数字化技术发展的主要瓶颈，数字化加工的重要发展趋势是高速加工技术。随着高速切削机理研究的进展，20 世纪 80 年代以后，高速切削技术已逐渐被工业界所接受，高速加工数控机床的应用也得到发展，其研究应用的一个重要目标是缩短加工时的切削与非切削时间，对于复杂形状和难加工材料及高硬度材料减少加工工序，最大限度地实现产品的高精度和高质量。高速加工与传统的数控加工方法相比并无本质区别，两者牵涉到同样的工艺参数，但其加工效果相对于传统数控加工有着无可比拟的优越性：①利于提高生产率；②利于改善工件的加工精度和表面质量；③利于延长刀具的使用寿命和应用直径较小的刀具；④利于加工薄壁零件和脆性材料；⑤简化了传统加工工艺。

（3）塑性成形与模具数字化分析技术　金属塑性成形过程的机理非常复杂，传统的模具设计也是基于经验的多反复性过程，从而导致了产品开发周期长、开发成本高。面对激烈的市场竞争，模具制造业迫切需要新技术来改造传统的产业，缩短模具开发周期，增加对产品性能的了解，基于数值模拟的塑性成形与模具数字化分析技术正是在这一背景下产生和发展的。目前国际上知名的 CAE 软件已有数十种之多，其应用涵盖了大部分学科和工程技术领域。美国的模具行业采用数值模拟技术，模具开发周期和开发成本平均降低了 30% ~40%。目前美国三大汽车公司已经将数值模拟技术作为模具开发过程中不可缺少的环节。研究金属塑性变形规律的传统方法主要有物理实验法和理论分析法，而基于非线性塑性有限元数值模拟的方法则可以同时考虑材料的硬化效应、不同的本构模型和摩擦力边界条件，不仅可以全面预测金属的流动规律，如位移场、速度场、应力应变场、温度场和成形载荷曲线，还可以预测成形过程中缺陷的产生和演化过程，如体积成形中的折叠、充不满和裂纹，板料成形中的拉裂、起皱和回弹等。目前，优化设计技术与数值仿真的结合是该领域的重要发展趋势。分析的目的是优化设计，传统的优化技术需要分析过程的多次迭代和人工干预，它以巨大的计算量为代价，而多数设计过程不允许进行如此多的分析迭代，CAE 技术需要在优化方法上有新的突破，实现在设计空间的最优参数搜索，才能达到真正意义上的优化设计。企业的产品创新需求促进了 CAE 技术深入和广泛的应用。当前 CAE 技术已能在许多领域解决模具设计的验证问题，真正提升了设计人员的工程分析能力，提高了产品质量。

（4）模具数字化制造中的资源管理　企业资源管理（ERP）是目前企业信息化建设的核心，模具制造企业也不例外。随着软件工程技术的发展和 ERP 功能的扩展，ERP 和 PDM 的集成已成为重要的发展趋势，这种集成将促进不同功能的协调，有利于促进设计、生产、采购和销售等部门间的交流。EPR/PDM在实现模具企业的信息集成、提高企业的管理水平及产品开发效率等方面的意义是十分巨大的，PDM 技术在国外开始于 20 世纪 80 年代末期，已经发展得较为成熟。随着 PDM 技术的使用价值被越来越多的企业所认识和接受，PDM 技术的发展也呈现出前所未有的迅猛态势。我国的模具制造企业已充分认识到了 ERP/PDM 的重要性，但目前国内 ERP/PDM 的应用还比较薄弱，因此，探索模具制造企业 ERP/PDM 实施的成功经验和实施的方法学，对推进模具行业的发展具有重要的意义。ERP 系统的三个主要环节是供应链管理、生产管理和财务管理，目前 ERP/PDM 模式下开放式的集成 PDM 技术的主要研究内容有，如何在分布式计算环境上构建 ERP/PDM 以消除企业信息化过程中的“孤岛”现象、面向对象技术的应用及信息模型的标准化、PDM 产品层次化、行业化和客户化等。

四、本课程的任务

金属塑性成形的工艺方法多种多样，并具有各自的特点，但这些塑性成形工艺与模具之间有着内在的联系和共同的规律。塑性成形工艺与模具设计课程着重讲述冲压工艺、热锻工艺和冷锻工艺中的基本成形方法及其模具设计技术。

本课程的主要任务是：

1）掌握冲压工艺的基本类型及其特点，对冲裁、弯曲、拉深等主要工艺能熟练地进行工艺方案的制定、工艺分析计算及模具设计。了解其他板料成形工艺的基本设计要求及模具结构。

2）掌握热锻工艺的基本类型，工艺规程、模锻工艺的制定及锻模的设计。熟悉各类模锻设备上模锻的工艺特点及模具结构，了解特种模锻成形工艺方法。

3）掌握冷锻工艺的基本工序类型及变形机理，熟练掌握冷挤压工艺方案的制定、工艺计算及模具设计。

4）掌握塑性成形工艺对设备的基本要求，能够合理选择塑性成形设备。

塑性成形工艺与模具设计课程是一门理论性与实践性都很强的课程，在学习过程中既要准确建立塑性成形工艺的基本概念，掌握塑性成形的各类工艺变形规律，又要注重实践环节，做到理论与实践相结合，逐步积累分析和解决实际问题的能力。

第一篇

冲压工艺与模具设计

第一章 冲压工艺概述

冲压是金属塑性成形的基本方法之一，它是利用冲模在压力机上对金属（或非金属）板料施加压力使其分离或变形，从而得到一定形状，并且满足一定使用要求的零件的加工方法。由于通常是在常温（冷态）下进行的，所以又称为冷冲压。又由于它主要用于加工板料零件，所以有时也称为板料冲压。

第一节 冲压工艺特点

日常生活中人们使用的很多用具是用冲压方法制造的，例如面盆，它是用一块圆形金属板料，在压力机上利用模具对板料施加压力而拉深出来的，如图 1-1 所示。

冲压加工的三要素：

（1）冲压设备　冲压设备供给变形所需的力。

（2）模具　冲压所用的工具，即是各种形式的冲模。冲模对板料塑性变形加以约束，并直接使板料变成所需的零件。

（3）原材料　所用的原材料多为金属和非金属的板料。

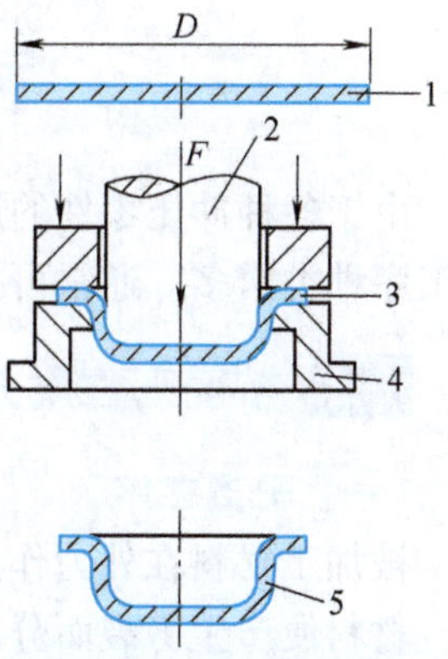

图 1-1　冲压过程简图

1—板料　2—凸模　3—毛坯　4—凹模　5—工件

冲压是一种先进的金属加工方法，与其他加工方法（比如切削）比较，在技术上、经济上有许多优点：

1）它是无屑加工，材料利用率高，一般为 70%～85%。

2）在压力机简单冲压下，能得到形状复杂的零件，而这些零件用其他的方法是不可能或者很难得到的，如薄壳件。

3）制得的零件一般无需进一步加工，可直接用来装配，并具有一定精度和互换性。

4）被加工的金属在再结晶温度以下产生塑性变形，不产生切屑，变形中金属产生加工硬化。在耗料不大的情况下，能得到强度高、足够刚度而质量轻的零件。由于加工过程中不损坏原材料的表面质量，制得的零件外表光滑美观。

5）生产率高，冲压设备冲一次一般可得一个零件，而冲压设备一分钟的行程少则几次，多则几百次、上千次。同时，毛坯和零件形状规则，便于实现机械化和自动化。

6）冲压零件的质量主要靠冲模保证，所以操作简单，要求工人的技术等级不高，便于组织生产。

7）在大量生产的条件下，产品的成本低。

冲压的缺点是模具要求高、制造复杂、周期长、制造费用高，因而在小批量生产中受到限制。为了解决这方面的问题，正在努力发展某些简易冲模，如聚氨酯橡胶冲模、低熔点合金冲模以及采用通用组合冲模、钢带模等，同时也在进行冲压加工中心等新型设备与工艺的研究。近年来随着快速原型制造、反求工程、并行工程等技术的发展，以及它们在模具设计与制造中的应用，这种限制也逐渐得到了改观。另外，冲压件的精度决定于模具精度，如零件的精度要求过高，用冷冲压生产就难以达到。

由此可见，冲压制得的零件具有表面质量好、质量轻、成本低的优点，它是一种经济的加工方法。冲压工艺在制造业中得到了广泛的运用，在现代汽车、拖拉机、电动机、电器、仪器、仪表以及飞机、导弹、枪弹、炮弹和各种民用轻工等行业中已成为主要的生产工艺之一。有些机器设备往往以冲压件占的比例多少作为评价结构是否先进的指标之一。

工业发达国家对冷冲压生产工艺的发展是很重视的，不少国家（美国、日本等）模具工业的产值已超过机床工业。从这些国家钢材品种的构成可以看出冷冲压的发展趋势。工业发达国家钢材品种构成见表 1-1。钢带和钢板占全部品种的 67%，充分说明冷冲压这种加工方法已成为现代工业生产的重要手段和发展方向。

表 1-1　工业发达国家钢材品种构成

钢带	钢板	棒材	型材	线材	管材	其他
50%	17%	13%	9%	7%	2%	2%

第二节　冲压工艺分类

由于各种冲压零件的形状、尺寸、公差要求和批量等的不同，所以生产中所采用的冲压工序种类繁多。通常可按下述方法分类。

一、按变形性质分类

（一）分离工序

被加工材料在外力作用下产生变形，当作用在变形部分的应力达到了材料的抗剪强度，材料便产生剪裂而分离，从而形成一定形状和尺寸的零件。这些冲压工序统称分离工序，如剪切、冲孔、落料、切口等。

（二）成形工序

被加工材料在外力作用下仅产生塑性变形，得到一定形状和尺寸的零件，这些冲压工序统称成形工序，如弯曲、拉深、成形等变形工序。

常用的各种冲压加工方法，见表 1-2 和表 1-3。

表 1-2　分离工序

工序名称	简　图	特点及应用范围
落料	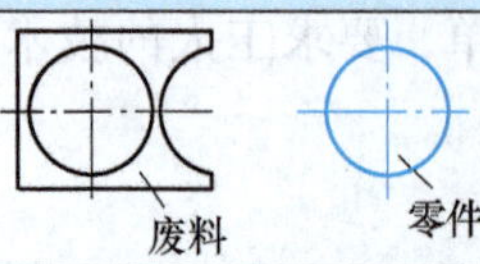	用冲模沿封闭轮廓线冲切，冲下部分是零件，或是其他工序的毛坯

（续）

工序名称	简　图	特点及应用范围
冲孔	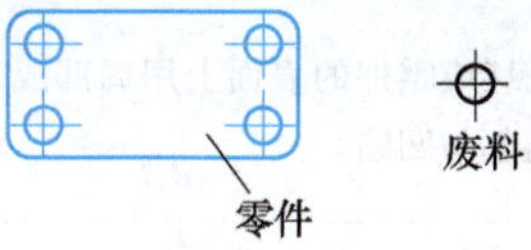	用冲模沿封闭轮廓线冲切，冲下部分是废料
切边	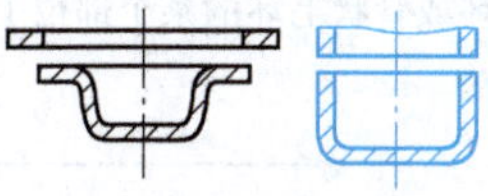	将成形零件的边缘修切整齐或切成一定形状
切断	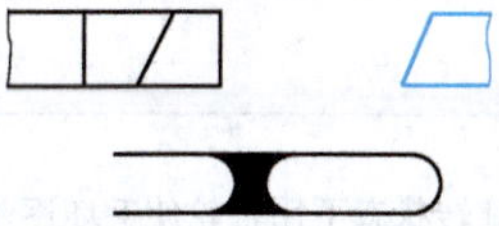	用剪刀或冲模沿不封闭线切断，多用于加工形状简单的平板零件
剖切	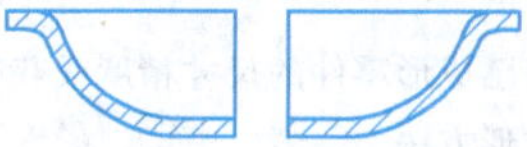	将冲压加工成的半成品切开成为两个或多个零件，多用于不对称零件的成双或成组冲压成形之后

表 1-3　成 形 工 序

工序名称	简　图	特点及应用范围
弯曲	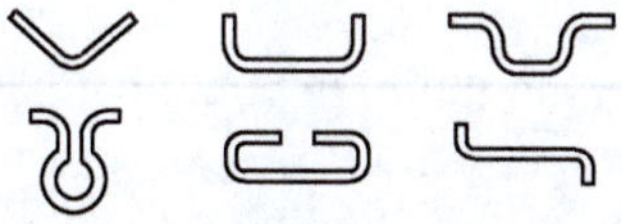	将板材沿直线弯成各种形状，可以加工形状复杂的零件
卷圆	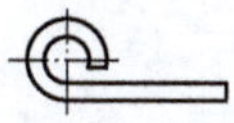	将板材端部卷成接近封闭的圆头，用于加工类似铰链的零件
扭曲	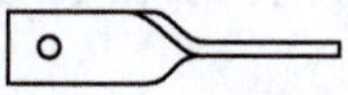	将冲裁后的半成品扭转一定角度
拉深	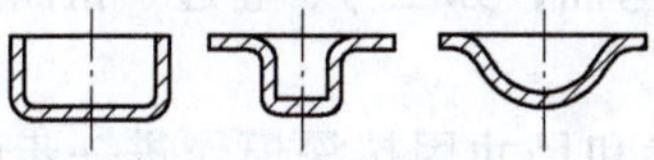	将板材毛坯拉成各种空心零件，还可加工覆盖件
变薄拉深	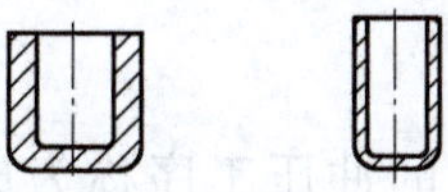	将拉深加工后的空心半成品进一步加工成底部厚度大于侧壁厚度的零件
翻边		将制件的孔边缘或外边缘翻出竖立或成一定角度的直边
拉弯	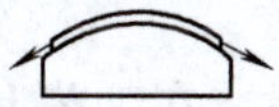	在拉力与弯矩共同作用下实现弯曲变形，可得到精度较好的零件
胀形	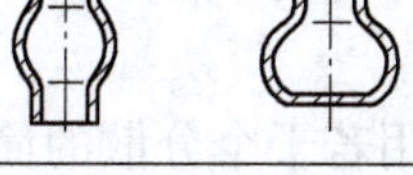	在双向拉应力作用下的变形，可成形各种空间曲面形状的零件

（续）

工序名称	简　图	特点及应用范围
起伏	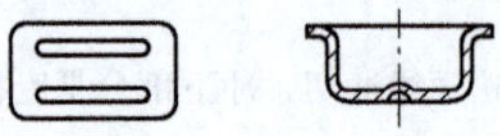	在板材毛坯或零件的表面上用局部成形的方法制成各种形状的凸起与凹陷
扩口		在空心毛坯或管状毛坯的某个部位上使其径向尺寸扩大的变形方法
缩口	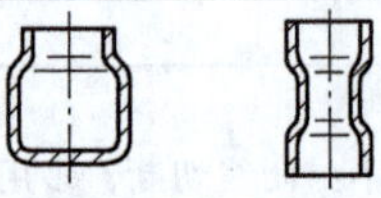	在空心毛坯或管状毛坯的某个部位上使其径向尺寸缩小的变形方法
旋压	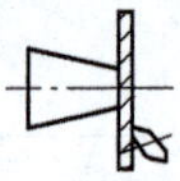	板料毛坯在旋转状态下用辊轮使毛坯逐步成形的方法
校形		为了提高已成形零件的尺寸精度或获得小的圆角半径而采用的成形方法
渐进成形	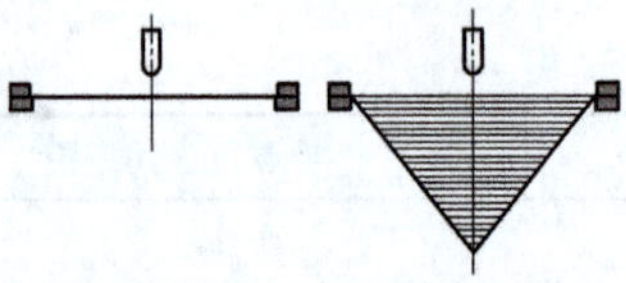	板料毛坯固定，工具头按预定的运动轨迹逐点动作使毛坯逐渐成形的方法

二、按基本变形方式分类

（一）冲裁

使材料沿封闭或不封闭的轮廓剪裂而分离的冲压工序称为冲裁，如冲孔、落料等。

（二）弯曲

将材料弯成一定角度或形状的冲压工序称为弯曲，如压弯、卷边、扭曲等。

（三）拉深

将平板毛坯拉成空心件，或将空心件的形状和尺寸用拉深模作进一步改变的冲压工序，称为拉深，分不变薄拉深和变薄拉深。

（四）成形

使材料产生局部变形，以改变零件或毛坯形状的冲压工序称为成形，如翻边、缩口等。

三、按工序组合形式分类

（一）简单工序

当零件批量不大、形状简单、要求不高、尺寸较大时，在工艺上常采用工序分散的方案，即在一副模具内只完成零件的一个工序，此工序称为简单工序。

（二）组合工序

当零件批量较大、尺寸较小、公差要求较严时，用若干个分散的简单工序来冲压零件是不经济或难以达到要求的。这时，在工艺上多采用工序集中的方案，即将两种或两种以上的简单工序集中在一副模具内完成，称为组合工序。根据工序组合的方法，又可将其分为三类：

（1）复合冲压　在压力机的一次行程中，在一副模具的同一位置上同时完成两种或两种以上的简单工序的冲压方法。

（2）连续冲压　在压力机的一次行程中，在一副模具的不同位置上同时完成两种或两种以上的简单工序的冲压方法。连续冲压所完成的冲压工序依次分布在条料送进的方向上，压力机每一次行程中，条料送进一个步距，同时冲压相应的工序。除最初几次冲压行程外，以后每次冲压行程都可以完成一个零件。

（3）连续-复合冲压　在一副模具内包括连续冲压和复合冲压的组合工序。

连续冲压和连续-复合冲压是高效率的组合工序，可使复杂零件在一副模具内冲压成形。在大批量生产中广泛采用。

此外，在生产中也常用冷冲压方法使零件产生局部的塑性变形来进行装配，此工序称为冷冲压装配工序，如铆接、弯接、冷塑压焊接等。

第三节 冲压技术的发展

随着科学技术的不断进步，工业产品生产日益复杂与多样化，产品性能和质量也在不断提高，因而对冷冲压技术提出了更高的要求。冲压技术自身也应不断创新和发展。主要可以归纳为以下几个方面。

一、冲压成形工艺与理论研究

冲压成形工艺近年来有很多新的发展，在精密冲裁、精密成形、精密剪切、复合材料成形、超塑性成形、软模成形以及电磁成形等方面取得了很大的进展。冲压件的成形精度、生产率越来越高。精密冲压的范围越来越广，由平板零件精密冲裁拓宽到精密弯曲、精密拉深及立体精密成形等。可加工的工件厚度由 5 ~ 8mm 以下的中板或薄板发展到 25mm 的厚板，并可对 R_m >900MPa 的高强度合金材料进行精密冲裁。

计算机辅助工程（CAE）在冲压领域得到较好的应用，可进行应力、应变等的分析，排样、毛坯的优化设计及工艺过程的模拟与分析等，实现冲压过程的优化设计。

此外，冲压成形性能和成形极限的研究，冲压件成形难度的判定以及成形预报等技术的发展，均标志着冲压成形已从原来的经验、实验分析阶段开始走上由冲压理论指导的科学阶段，使冲压成形走向计算机辅助工程化和智能化的发展道路。

二、冲压加工自动化与柔性化

为了适应大批量、高效生产的需要，在冲压模具和设备上广泛应用各种自动化的进、出料机构。对于大型冲压件，例如汽车覆盖件，专门配置了机械手或机器人。这不仅大大提高了冲压件的生产品质和生产率，而且也增加了冲压工作的安全性。在中、小件的大批量生产方面，现已广泛应用多工位级进模、多工位压力机或高速压力机。在小批量多品种生产方面，正在发展柔性制造系统（FMS）。为了适应多品种生产时不断更换模具的需要，已成功开发出快速换模系统，现在，换一副大型冲压模具，仅需6~8min。此外，近年来，集成制造系统（CIMS）也正被引入冲压加工系统，出现了冲压加工中心，使冲压设计、冲压生产、零件运输、仓储、品质检验以及生产管理等全面实现自动化。

三、冲压技术的数字化与信息化

先进冲压技术是指信息技术、新材料、新工艺与传统冲压成形技术的结合。当前，冲压行业的技术水平和先进性，主要表现为以CAD/CAE/CAPP/CAM技术为代表的数字化与信息化程度，以及企业中信息集成和管理网络化程度。目前，国内汽车覆盖件模具生产企业普遍采用了CAD/CAM技术，CAPP和CAE技术也已开始使用。

随着计算机的深入应用，我国不少企业已经在尝试或开展计算机辅助冲压工艺设计CAPP系统的应用。冲压CAPP系统已从工艺设计发展到工艺信息的管理，设计方法也从派生式、创成式、混合式三种CAPP系统并举的局面向智能化的混合式CAPP系统方向发展。但很多地方仍需设计人员的决策与经验，真正实用的基于知识的大型复杂冲压件CAPP系统尚未建立。由于冲压工艺设计过程的复杂性和模糊性，要想全面有效地解决问题，需要一种新型的智能型工程设计方法，即基于知识的工程的KBE技术。从冲压件成形对工艺设计的需求出发，将数值模拟技术、优化方法、知识发现技术、KBE技术及信息管理技术综合应用到冲压件工艺设计中，建立智能型的优化CAPP系统，并实现与CAD/CAE/CAM及管理的集成化，将是该领域未来的发展方向。

以有限元模拟为主的冲压成形CAE技术，可以用于冲压成形过程的分析、优化和模具设计，能显著减少模具设计和调试周期，降低生产成本，提高产品质量，在国外已得到广泛应用。在我国，随着产品更新换代的频繁化，模具设计与制造工作量急剧加大，对冲压成形的分析及模具CAD/CAE/CAM现代化设计手段的需求也急剧增加，CAE技术正在得到普遍重视并将得到更广泛的应用。国内广泛应用的板材冲压成形CAE软件主要有LS-DYNA3D、DYNAFORM、PAM-STAMP、OPTRIS、AUTOFORM等。国内在板材成形数值模拟领域的基础研究和软件开发方面都取得一定的进展，已开发出具有独立知识产权，初步达到工业化应用水平的模拟软件。

冲压企业要从整体上提高效率、改进技术、优化管理、降低成本，还必须将上述计算机辅助技术集成运用。企业信息集成系统的推广应用，将从根本上改变现有企业生产管理的低效率，促进企业的技术进步及人员素质的提高，会产生明显的社会效益和经济效益。信息集成技术的应用与网络化技术是分不开的，而计算机网络技术的应用必将成为企业在信息技术环境下赢得市场的关键工具。

四、先进板料成形技术的发展和应用

特种成形方法，如精冲、液压成形、电磁成形、超塑成形、多点模成形和渐进成形技术等，都是针对传统冲压加工方法的不足而发展起来的新型加工方法，它们的共同特点是精密、柔性、快速、复合、信息化。

关于冲模的破损机理与使用寿命以及新型模具材料方面，近年来也有不少新的进展。

从以上冲压工艺与模具的各个发展方向中可以看出，冲压工艺与模具设计技术是从事现代塑性加工所必须掌握的重要内容，该技术的理论性和实用性均很强。因此，学习时应从理论与实践相结合的角度来研究、探讨，并侧重加强工程实践能力。

第四节　冲压工艺用材料

一、冲压对板料的基本要求

冲压对板料的要求首先要满足对产品的技术要求，如强度、刚度等力学性能指标要求，还有一些物理化学等方面的特殊要求，如电磁性、防腐性等；其次还必须满足冲压工艺的要求，即应具有良好的冲压成形性能。为满足上述两方面的要求，冲压工艺对板料的基本要求如下。

（一）对力学性能的要求

板料力学性能对冲压成形性能有着密切的关系，力学性能的指标很多，其中尤以断后伸长率（A）、屈强比（R_{eL}/R_m）、弹性模数（E）、硬化指数（n）和厚向异性系数（γ）影响较大。一般来说，伸长率大、屈强比小、弹性模数大、硬化指数高和厚向异性系数大有利于各种冲压成形工序。

（二）对化学成分的要求

板材的化学成分对冲压成形性能影响很大，如钢中的碳、硅、锰、磷、硫等元素的含量增加，就会使材料的塑性降低、脆性增加，导致材料冲压成形性能变差。一般低碳沸腾钢容易产生时效现象，拉深成形时出现滑移线，这对汽车覆盖件是不允许的。为了消除滑移线，可在拉深之前增加一道辊压工序，或采用加入铝和钒等脱氧的镇静钢，拉深时就不会出现时效现象。铝镇静钢08Al按其拉深质量分为三级：ZF（最复杂）用于拉深最复杂零件，HF（很复杂）用于拉深很复杂零件，F（复杂）用于拉深复杂零件。其他深拉深薄钢板按冲压性能分：Z（最深拉深）、S（深拉深）、P（普通拉深）三级。

（三）对金相组织的要求

由于对产品的强度要求和对材料成形性能的要求，材料可处于退火状态（或软态）（M），也可处于淬火状态（C）或硬态（Y）。使用时可根据产品对强度的要求及对材料成形性能的要求进行选择。有些钢板对其晶粒大小也有一定的规定，晶粒大小合适、均匀的金相组织拉深性能好，晶粒大小不均易引起裂纹，深拉深用冷轧薄钢板的晶粒为6~8级。过大的晶粒在拉深时产生粗糙的表面。此外，在钢板中的带状组织与游离碳化物和非金属夹杂物，也会降低材料的冲压成形性能。

（四）对表面质量的要求

材料表面应光滑，无氧化皮、裂纹、划伤等缺陷。表面质量高的材料，成形时不易破裂，不易擦伤模具，零件表面质量好。优质钢板表面质量分3组：Ⅰ组（高质量表面）、Ⅱ组（较高质量表面）、Ⅲ组（一般质量表面）。

（五）对材料厚度公差的要求

在一些成形工序中，凸、凹模之间的间隙是根据材料厚度来确定的，尤其在校正弯曲和整形工序中，板料厚度公差对零件的精度和模具使用寿命会有很大的影响。厚度公差分：A（高级）、B（较高级）和C（普通级）三种。

二、板料力学性能与冲压成形性能的关系

板料对冲压成形工艺的适应能力称为板料的冲压成形性能。板料在成形过程中可能出现两种失稳现象，一种称为拉伸失稳，即板料在拉应力作用下局部出现缩颈或断裂；另外一种称为压缩失稳，即板料在压应力作用下出现起皱。板料在失稳之前可以达到的最大变形程度称为成形极限。成形极限分为总体成形极限和局部成形极限。总体成形极限反映板料失稳前总体尺寸可以达到的最大变形程度，如极限拉深系数、极限胀形高度和极限翻孔系数等。这些极限系数通常作为规则形状板料零件工艺设计的重要依据。而局部成形极限反映板料失稳前局部尺寸可以达到的最大变形程度，如复杂零件成形时，局部极限应变即属于局部成形极限。成形极限越高，说明板料的冲压成形性能越好。

板料的冲压成形性能，应包括**抗破裂性**、**贴模性**和**定形性**等几个方面。其中板料的**贴模性是指板料在冲压过程中取得与模具形状一致性的能力**，成形过程中发生的起皱、塌陷等缺陷，均会降低零件的贴模性。而**定形性是指零件脱模后保持其在模内既得形状的能力**。影响定形性的主要因素是回弹，零件脱模后的回弹会造成零件形状与尺寸的误差。板料的贴模性和定形性是决定零件形状和尺寸精度的重要因素。但由于材料抗破裂性差，会导致零件严重破坏，且难于修复，因此在目前冲压生产中，主要用抗破裂性作为评定板料冲压成形性能的指标。

板料力学性能指标与板料冲压性能有密切关系。一般来说，板料的强度指标越高，产生相同变形量所需的力就越大；塑性指标越高，成形时所能承受的极限变形量就越大；刚性指标越高，成形时抗失稳起皱的能力就越大。

对板料冲压成形性能影响较大的力学性能指标有以下几项。

（一）屈服强度（上屈服强度 R_{eU}、下屈服强度 R_{eL}）

屈服强度小，材料容易屈服，则变形抗力小，产生相同变形所需变形力就小，并且屈服强度小，当压缩变形时，因易于变形而不易出现起皱，对弯曲变形则回弹小，即贴模性与定形性均好。

（二）屈强比 R_{eL} R_m

屈强比小说明 R_{eL} 值小而 R_m 值大，即容易产生塑性变形而不易产生拉裂，也就是说，从产生屈服至拉裂有较大的塑性变形区间。尤其是对压缩类变形中的拉深变形而言，具有重大影响，当变形抗力小而强度高时，变形区的材料易于变形而不易出现起皱，而传力区的材料又有较高强度而不易出现拉裂，有利于提高拉深变形的变形程度。

（三）断后伸长率

拉伸试验中，试样拉断时的伸长率称总伸长率或简称断后伸长率 A。而试样开始产生局部集中变形（缩颈时）的伸长率称最大力总延伸率 A_{gt}。

A_{gt} 表示板料产生均匀的或稳定的塑性变形的能力，它直接决定板料在伸长类变形中的冲压成形性能。从实验中得到验证，大多数材料的翻孔变形程度都与其成正比。可以得出结论：即断后伸长率（或最大力总延伸率）是影响翻孔或扩孔成形性能的最主要参数。

（四）硬化指数 n

单向拉伸硬化曲线可写成 $\sigma = c\varepsilon^n$，其中指数 n 即为硬化指数，表示在塑性变形中材料的硬化程度。n 大时，说明在变形中材料加工硬化严重，真实应力增加大。板料拉伸时，

整个变形过程是不均匀的，先是产生均匀变形，然后出现集中变形，形成缩颈，最后被拉断。在拉伸过程中，一方面材料断面尺寸不断减小使承载能力降低，另一方面由于加工硬化使变形抗力提高，又提高了材料的承载能力。在变形的初始阶段，硬化的作用是主要的，因此材料上某处的承载能力，在变形中得到加强。变形总是遵循阻力最小定律，即“弱区先变形”的原则，变形总是在最弱面处进行，这样变形区就不断转移。因而，变形不是集中在某一个局部断面上进行，在宏观上就表现为均匀变形，承载能力不断提高。但是根据材料的特性，板料的硬化是随变形程度的增加而逐渐减弱，当变形进行到一定时刻，硬化与断面的减小对承载能力产生的影响，两者恰好相等，此时最弱断面的承载能力不再得到提高，于是变形开始集中在这一局部区域进行，不能转移出去而发展成为缩颈，直至拉断。可以看出，当 n 值大时，材料加工硬化严重，硬化使材料强度的提高得到加强，于是增大了均匀变形的范围。对伸长类变形如胀形，n 值大的材料使变形均匀、变薄减小，厚度分布均匀，表面质量好，增大了极限变形程度，零件不易产生裂纹。

（五）厚向异性系数 γ

由于板料轧制时出现的纤维组织等因素，板料的塑性会因方向不同而出现差异，这种现象称塑性各向异性。厚向异性系数是指单向拉伸试样宽度应变和厚度应变的比值，即

$$\gamma = \varepsilon_b / \varepsilon_t \tag{1-1}$$

式中，γ 为厚向异性系数；ε_b、ε_t 为宽度、厚度方向的应变。

厚向异性系数表示板料在厚度方向上的变形能力，γ 值越大，表示板料越不易在厚度方向上产生变形，即不易出现变薄或增厚。γ 值对压缩类变形的拉深影响较大，当 γ 值增大，板料易于在宽度方向变形，可减小起皱的可能性，而板料受拉处的厚度不易变薄，又使拉深不易出现裂纹，因此 γ 值大时，有助于提高拉深变形程度。

板料在轧制时形成纤维组织，各向力学性能不均匀，所以 γ 值在不同方位也不一样。因此常取板料方向（板料轧制方向）、横向和45°方向的试件所得数据的平均值作为厚向异性指标，用 γ 表示：

$$\gamma = (\gamma_0 + \gamma_{90} + 2\gamma_{45})/4 \tag{1-2}$$

式中，γ_0、γ_{90}、γ_{45} 分别为纵向试样、横向试样、与轧制方向成45°的试样的厚向异性系数。

（六）板平面各向异性指数 $\Delta\gamma$

板料在不同方位上厚向异性系数不同，造成板平面内各向异性。用 $\Delta\gamma$ 表示：

$$\Delta\gamma = (\gamma_0 + \gamma_{90} - 2\gamma_{45})/2 \tag{1-3}$$

$\Delta\gamma$ 越大，表示板平面内各向异性越严重，拉深时在零件端部出现不平整的凸耳现象，就是材料的各向异性造成的，它既浪费材料又要增加一道修边工序。

三、常用冲压材料及其力学性能

冲压最常用的材料是金属板料，有时也用非金属板料，金属板料分黑色金属和有色金属两种。部分常用金属板料的力学性能见表1-4。

黑色金属板料按性质可分为：

（1）普通碳素钢钢板　如Q195、Q235等。

（2）优质碳素结构钢钢板　这类钢板的化学成分和力学性能都有保证。其中碳钢以低

碳钢使用较多，常用牌号有：08 钢、08F 钢、10 钢、20 钢等，冲压性能和焊接性能均较好，用以制造受力不大的冲压件。

表 1-4　部分常用金属板料的力学性能

材料名称	牌　号	材料状态	抗剪强度 τ/MPa	抗拉强度 R_m/MPa	伸长率 δ_{10}（%）	屈服强度 R_{eL}/MPa
电工用纯铁 $w_C<0.025\%$	DT1、DT2、DT3	已退火	180	230	26	—
普通碳素钢	Q195	未退火	260~320	320~400	28~33	200
	Q235		310~380	380~470	21~25	240
	Q275		400~500	500~620	15~19	280
优质碳素结构钢	08F	已退火	220~310	280~390	32	180
	08		260~360	330~450	32	200
	10		260~340	300~440	29	210
	20		280~400	360~510	25	250
	45		440~560	550~700	16	360
	65Mn	已退火	600	750	12	400
不锈钢	12Cr13	已退火	320~380	400~470	21	—
铝	1060、1050A、1200	已退火	80	75~110	25	50~80
		冷作硬化	100	120~150	4	—
铝锰合金	3A21	已退火	70~110	110~145	19	50
硬铝	2A12	已退火	105~150	150~215	12	—
		淬硬后冷作硬化	280~320	400~600	10	340
纯铜	T1、T2、T3	软态	160	200	30	7
		硬态	240	300	3	
黄铜	H62	软态	260	300	35	—
		半硬态	300	380	20	200
	H68	软态	240	300	40	100
		半硬态	280	350	25	—

（3）低合金结构钢板　常用的如 Q345（16Mn）、Q295（09Mn2），用以制造有强度要求的重要冲压件。

（4）电工硅钢板　如 DT1、DT2。

（5）不锈钢板　如 12Cr13 等，用以制造有防腐蚀、防锈要求的零件。

常用的有色金属有铜及铜合金如纯铜、黄铜等，牌号有 T1、T2、H62、H68 等，其塑性、导电性与导热性均很好。还有铝及铝合金，常用的牌号有 1060、1050A、3A21、2A12 等，有较好塑性，变形抗力小且轻。

非金属材料有胶木板、橡胶、塑料板等。

冲压用材料最常用的是板料，常见规格如 710mm×1420mm 和 1000mm×2000mm 等。

大量生产可采用专门规格的带料（卷料）。特殊情况可采用块料，它适用于单件小批生产和价值昂贵的有色金属的冲压。

板料按厚度公差可分为 A、B、C 三种；按表面质量可分为 Ⅰ、Ⅱ、Ⅲ三种。

用于拉深复杂零件的铝镇静钢板，其拉深性能可分为 ZF、HF、F 三种。一般深拉深低碳薄钢板可分为 Z、S、P 三种。板料供应状态可分为：退火状态M、淬火状态 C、硬态 Y、半硬（1/2 硬）Y_2 等。板料有冷轧和热轧两种轧制状态。

第五节　冲压设备

冲压设备选用是冲压工艺设计过程中的一项重要内容。必须根据冲压工序的性质、冲压力（包括压料力、卸料力等）、变形功、模具结构形式、模具的闭合高度和轮廓尺寸以及生产批量、生产成本、产品质量等诸多因素，结合单位现有设备条件进行选择。

一、冲压设备类型的选择

根据所要完成的冲压工艺的性质、生产批量的大小、冲压件的几何尺寸和精度要求等来选定设备类型。

开式曲柄压力机虽然刚度不如闭式压力机，模具使用寿命降低和冲件的质量变差，但是它成本低，且有三个方向可以操作的优点，故广泛应用于中、小型冲压件的生产中。

闭式曲柄压力机刚度好、精度高，只能两个方向操作，适于大、中型冲压件的生产。

双动曲柄压力机有两个滑块，压边可靠易调，适用于较复杂的大、中型拉深件的生产。

高速压力机或多工位自动压力机适于大批量生产。

液压机没有固定的行程，不会因板材厚度超差而过载，全行程中压力恒定，但压力机的速度低，生产效率低。适用于小批量，尤其是大型厚板冲压件的生产。

肘杆式精压机刚度大、滑块行程小，在行程下极限位置停留时间长，适用于压印、校正、校平和整形等类冲压工序。

二、压力机主要部件的结构和作用

机械压力机的工作机构一般都采用曲柄连杆机构，习惯称为曲柄压力机。曲柄压力机一般由**工作机构**、**传动系统**、**操纵系统**、**支承部件**和**辅助系统**组成。曲柄压机种类繁多，本节以图 1-2 所示的 630kN（63t）开式双柱可倾压力机 JB23—63 的结构图为例来介绍。

（一）工作机构

图 1-3 所示为曲柄滑块机构工作原理图。曲柄滑块机构是曲柄压力机工作机构的主要类型。它主要由曲轴 7、连杆 9 和滑块 10 组成。其作用是将电动机主轴的旋转运动变为滑块的往复直线运动，并承受变形压力。即电动机带动曲轴旋转，曲轴带动连杆作摆动和上下运动，连杆带动滑块，使滑块沿导轨作上下往复直线运动。连杆的长度通过调节机构可以调节，以便达到调节装模高度的目的。

图 1-2　JB23—63 压力机外形

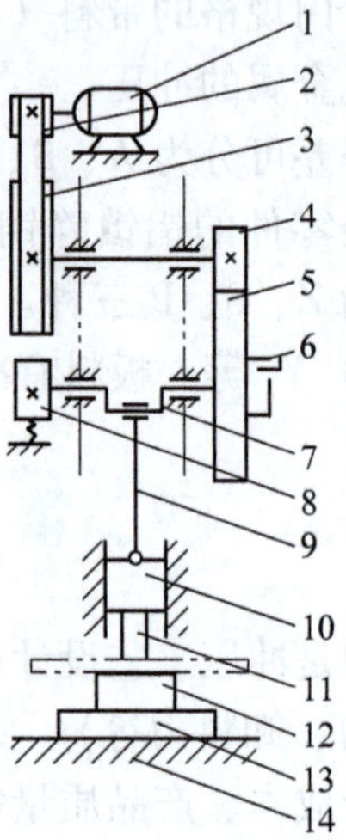

图 1-3　曲柄压力机工作原理

1—电动机　2—小带轮　3—大带轮　4—小齿轮　5—大齿轮　6—离合器　7—曲轴　8—制动器　9—连杆　10—滑块　11—上模　12—下模　13—垫板　14—工作台

在滑块中有夹持模具的装置，对于小型压力机，其滑块底平面中心位置设有模具安装孔，在模具上模板的中心设有与模具安装孔公称直径相同的模柄。模柄装入模具安装孔后用模具夹持块夹紧模柄，即安装完毕。对于大型压力机，其滑块除设有安装孔外，在滑块底面还设有 T 形槽，以便压紧模具。

在滑块中还设有退料（或退件）装置，当冲压完毕的工件或废料卡在模具中时，需要在滑块回程时将其从模具中退下。为此，在滑块上设置了打料横杆 3（图 1-4a）。打料横杆的中部直接与通过模柄中心的打料杆 5 接触，当滑块回程时，打料横杆将在预定位置碰撞装于床身的打料螺钉 1 而完成打料动作（图 1-4b）。打料横杆在滑块中的上下活动范围较小，因此在安装和调整模具时应注意使打料横杆不发生碰撞。

（二）传动系统

传动系统由电动机、传动带、飞轮、齿轮等组成。其作用是将电动机的运动和能量按照一定的要求传给曲柄滑块机构。需确定传动布置、传动级数以及速比分配等问题。设计的好坏将影响压力机的外形尺寸、结构安排、能量损耗以及离合器的工作性能等各个方面，必须予以足够的重视。

（三）操作系统

操作系统包括空气分配系统、离合器、制动器、电气控制箱等。

气动控制具有动作迅速、反应灵敏、维护简单、使用安全和易于集中或远距离控制等一系列优点，故得到广泛应用。空气分配系统在压力机中主要用来控制离合器和制动器的快速动作。

对于普通压力机，电气控制箱主要控制电动机的起动与停转，控制工作灯的开与关。

（四）支承部件

机身、工作台、拉紧螺栓等都是支承部件。机身是压力机的一个基础部件，所有零部

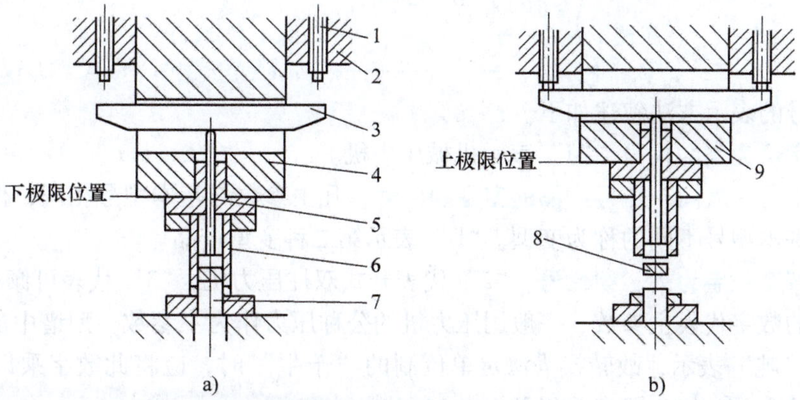

图 1-4　打料横杆打料过程
a）滑块在下死点时　b）滑块在上死点时
1—打料螺钉　2—螺钉座　3—打料横杆　4—滑块　5—打料杆　6—上模　7—下模　8—工件　9—模柄

件都装在机身上面。工作时，机身要承受全部工作变形力（某些下传动压力机除外），工作台是用来放置冲压件和下模的，拉紧螺栓用来减少机身工作时的变形。

机身分为两大类型：开式和闭式。开式机身三面敞开，操作方便，但刚度较差，适用于中小型压力机；闭式机身两侧密封，刚度较好，但操作不如开式方便，适用于大型压力机及某些要求精度较高的小型压力机。在开式机身中，机身背部有开口的（曲轴支座位置处于连杆的两侧）称为双柱机身，机身背部无开口的（曲轴支座位置处于连杆的一侧）称为单柱机身。

工作台有固定台和活动台之分。

（五）辅助系统

辅助系统包括气路系统和润滑系统。气路系统的作用是向离合器、制动器提供清洁的具有一定压力的空气，以控制它们的动作。气路系统包括压缩空气管道、压力表、分水滤气器、压力继电器等零部件。润滑系统的作用是保证对所有有相对配合运动的部分进行必要的润滑，以减少机器零件的磨损，提高机器的使用寿命，保持正常的工作精度，降低能量消耗。润滑系统包括齿轮油泵、过滤器、溢流阀、压力继电器等零部件。

（六）附属装置

附属装置包括过载保护、气垫、滑块平衡装置、移动工作台、快速换模和监控装置等。它们的作用是保证压力机正常运转，扩大工艺范围，提高劳动生产率，降低劳动强度。

三、压力机的型号和技术参数

（一）曲柄压力机的型号

按照 JGQ2003—84 型谱，曲柄压力机的型号用汉语拼音字母、英文字母和数字表示。例如 JB23—63 型号的意义是：

J B 23—63

机械压力机——J
第二种变型——B
23——开式可倾压力机
63——630kN（主参数）

现将型号的表示方法叙述如下。

第一个字母为类的代号，“J”表示机械压力机。

第二个字母代表同一型号产品的变型顺序号，凡主参数与基本型号相同，但其他某些次要参数与基本型号不同的称为变型。“B”表示第二种变型产品。

第三、四个数字为列、组代号，“2”代表开式双柱压力机，“3”代表可倾机身。

横线后的数字代表主参数，一般用压力机的公称压力作为主参数，型谱中的公称压力用工程单位“吨”表示，故转换为法定单位制的“千牛”时，应将此数字乘以 10。例中“63”代表 63tf，乘以 10 即为 630kN。

有的压力机在数字后面还有一个字母，它代表重大改进顺序号。凡型号已经确定的锻压机械，若结构和性能与原产品有显著的不同时，称为改进，如“A”表示第一次改进。

（二）通用曲柄压力机的技术参数

压力机的技术参数反映压力机的工艺能力、加工零件的尺寸范围及有关生产效率等指标。开式压力机的技术参数见表 1-5。现以 JB23—63 型压力机为例，介绍各技术参数的含义，供选用开式压力机时参考。

（1）公称压力 F　公称压力是压力机的主参数，又称额定压力或名义压力。公称压力 F 是指滑块离下极限位置前某一特定距离（即公称压力行程或额定压力行程）或曲柄旋转到离下极限位置前某一特定角度（即公称压力角或额定压力角）时，滑块所允许承受的最大作用力，如 $F=630\text{kN}$。

（2）公称压力行程 S_F　公称压力行程是压力机的基本参数之一。S_F 指发生公称压力时滑块离下极限位置的距离，如 $S_F=8\text{mm}$。

（3）滑块行程 S　滑块行程指滑块从上极限位置到下极限位置所经过的距离。它的大小反映了压力机的工作范围，如 $S=120\text{mm}$ 指固定行程。行程长度应根据加工工件的实际情况适当选择和调整。

（4）滑块行程次数 n　指滑块每分钟从上极限位置到下极限位置，然后再回到上极限位置所往复的次数，如 $n=70$ 次/min。行程次数越大，则生产效率越高。

（5）最大装模高度 H_{max} 及装模高度调节量 ΔH　装模高度指滑块在下极限位置时，滑块下表面到工作台垫板上表面的距离。当利用装模高度调节装置将滑块调整到最上位置时，装模高度达到最大值，称为最大装模高度。模具的闭合高度应小于压力机的最大装模高度。装模高度调节装置所能调节的距离，称为装模高度调节量。与装模高度并行的参数还有封闭高度，压力机封闭高度指滑块在下极限位置时，滑块下表面到工作台上表面的距离。它与装模高度之差恰是工作台垫板的厚度。表 1-5 中就是用的最大封闭高度 H_{max} 和封闭高度调节量 ΔH。

（6）工作台及滑块底面尺寸　它是指压力机工作空间的平面尺寸。它给出了压力机所能够安装的模具平面尺寸大小以及压力机本身平面轮廓的大小。如工作台尺寸 L（左右）为 710mm，B（前后）为 480mm。工作台中间有一安装用的孔，它可以让冲压件或废料下漏，另外安装模具时也有可能用到此孔（如安装弹顶器）。

表 1-5 开式压力机技术参数

名称			符号	单位	量值														
公称压力			F	kN	40	63	100	160	250	400	630	800	1000	1250	1600	2000	2500	3150	4000
公称压力行程			S_F	mm	3	3.5	4	5	6	7	8	9	10	10	12	12	13	13	15
滑块行程	固定行程		S	mm	40	50	60	70	80	100	120	130	140	140	160	160	200	200	250
滑块行程	调节行程		S_1	mm	40	50	60	70	80	100	120	130	140	140	160	—	—	—	—
滑块行程	调节行程		S_2	mm	6	6	8	8	10	10	12	12	16	16	20	—	—	—	—
标准行程次数（不小于）			n	次/min	200	160	135	115	100	80	70	60	60	50	40	40	30	30	25
快速型	公称压力行程		S'_F	mm	1	1	1.5	1.5	2	2	2.5	2.5	3	—	—	—	—	—	—
快速型	滑块行程		S'	mm	20	20	30	30	40	40	50	50	60	—	—	—	—	—	—
快速型	行程次数（不小于）		n'	次/min	400	350	300	250	200	200	150	150	120	—	—	—	—	—	—
最大封闭高度	固定台和可倾		H_{max}	mm	160	170	180	220	250	300	360	380	400	430	450	450	500	500	550
最大封闭高度	活动台位置	最低	H_2	mm	—	—	—	300	360	400	460	480	500	—	—	—	—	—	—
最大封闭高度	活动台位置	最高	H_1	mm	—	—	—	160	180	200	220	240	260	—	—	—	—	—	—
封闭高度调节量			ΔH	mm	35	40	50	60	70	80	90	100	110	120	130	130	150	150	170
标准型	喉深		C	mm	100	110	130	160	190	220	260	290	320	350	380	380	425	425	480
标准型	工作台尺寸	左右	L	mm	280	315	360	450	560	630	710	800	900	970	1120	1120	1250	1250	1400
标准型	工作台尺寸	前后	B	mm	180	200	240	300	360	420	480	540	600	650	710	710	800	800	900
标准型	工作台孔尺寸	左右	L_1	mm	130	150	180	220	260	300	340	380	420	460	530	530	650	650	700
标准型	工作台孔尺寸	前后	B_1	mm	60	70	90	110	130	150	180	210	230	250	300	300	350	350	400
标准型	工作台孔尺寸	直径	D	mm	100	110	130	160	180	200	230	260	300	340	400	400	460	460	530
标准型	立柱间距（不小于）		A	mm	130	150	180	220	260	300	340	380	420	460	530	530	650	650	700
加大型	喉深		C	mm	—	—	—	—	290	—	350	—	425	—	480	—	—	—	—
加大型	工作台尺寸	左右	L	mm	—	—	—	—	800	—	970	—	1250	—	1400	—	—	—	—
加大型	工作台尺寸	前后	B	mm	—	—	—	—	540	—	650	—	800	—	900	—	—	—	—
加大型	工作台孔尺寸	左右	L_1	mm	—	—	—	—	380	—	460	—	650	—	700	—	—	—	—
加大型	工作台孔尺寸	前后	B_1	mm	—	—	—	—	210	—	250	—	350	—	400	—	—	—	—
加大型	工作台孔尺寸	直径	D	mm	—	—	—	—	260	—	340	—	460	—	530	—	—	—	—
加大型	立柱间距（不小于）		A	mm	—	—	—	—	380	—	460	—	650	—	700	—	—	—	—
模柄孔尺寸（直径×深度）			$d \times l$	mm×mm	$\phi30 \times 50$				$\phi50 \times 70$			$\phi60 \times 75$			$\phi70 \times 80$		T形槽		
工作台板厚度			t	mm	35	40	50	60	70	80	90	100	110	120	130	130	150	150	170

（7）喉深 C　它是指滑块中心至机身的距离，是开式压力机的特有参数，如 $C = 260\text{mm}$。

（8）模柄孔尺寸　在滑块底平面中心位置设有模具安装孔（即模柄孔），其直径和深度是一定的，如 ϕ50mm×70mm。模具的模柄就是按此设计的。对于大型压力机，在滑块底面还设有 T 形槽，用于压紧模具。

思考与练习题

1-1 什么是冲压？它与其他加工方法相比有什么特点？

1-2 为何冲压加工的优越性只能在批量生产的情况下才能得到充分体现？

1-3 冲压工序可分为哪两大类？它们的主要区别和特点是什么？

1-4 什么是材料的冲压成形性能？冲压成形性能主要包括哪两方面的内容？材料冲压成形性能良好的标志是什么？

1-5 什么叫加工硬化和硬化指数？加工硬化对冲压成形有何有利和不利的影响？

1-6 什么是厚向异性系数？它对板材拉深性能有何影响？

第二章 冲裁工艺与模具设计

冲裁是利用模具使板料产生分离的冲压工序。它包括落料、冲孔、切口、切边、剖切、整修、精密冲裁等。冲裁所得到的工件可以直接作为零件使用或可以作为弯曲、拉深、成形等其他工序的毛坯。

第一节 冲裁工艺分析

一、冲裁变形过程

（一）冲裁过程

从凸模接触材料到材料被一分为二的过程为板料冲裁过程，它是在瞬间完成的。这个过程可分为3个阶段，如图2-1所示。

（1）弹性变形阶段 当凸模与板料接触时，便开始冲裁，由于凸模、凹模之间存有间隙，板料在承受凸模较小压力的同时，也受到了弯矩的作用，使板料不仅产生了弹性压缩变形，也产生了弯曲和拉伸变形。结果凸模下的材料略挤入凹模孔口内，凹模上面的材料略向上翘，在凸、凹模刃口处形成很小的圆角。间隙越大这种现象越严重。

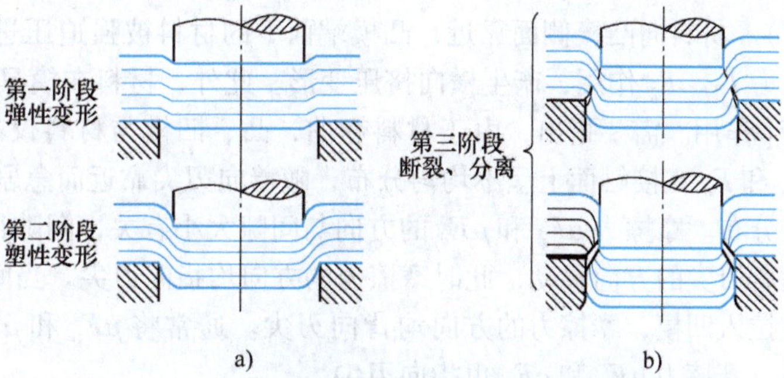

图2-1 冲裁变形过程

a）弹性变形阶段、塑性变形阶段 b）断裂分离阶段

（2）塑性变形阶段 凸模继续下压，刃口处由于应力集中，材料应力首先达到屈服强度，板料进入塑性变形阶段。此时凸模开始挤入板料，并将下部材料更多的挤入凹模孔内，板料在凸、凹模刃口附近产生塑性剪切变形，形成光亮的切断面。在切断面的边缘，由于凸、凹模间隙的存在而引起弯曲和拉伸作用，形成更大的圆角。随着切刃的深入，变形区向板的深度方向发展、扩大，应力也随之增加，同时硬化加剧，冲裁力不断增大，直至刃口附近的材料出现裂纹时，冲裁力达到最大值，塑性变形阶段告终。在该阶段中，除

产生大的剪切变形外，弯曲、拉伸和挤压变形也更严重，间隙越大，弯曲和拉伸越大，而挤压则小。反之，间隙越小，剪切变形与挤压变形越大。

（3）断裂分离阶段 当刃口附近材料达到极限应变与应力时，材料裂纹便产生，裂纹的起点是在刃口侧面距刃尖很近的板料处，裂纹先从凹模一侧开始，然后才在凸模刃口侧面产生。已产生的上、下微小裂纹随凸模继续下压，在拉应力作用下，沿最大切应力方向不断向板料的内部扩展。当间隙合理时，上、下裂纹相遇重合，板料便被切断分离。

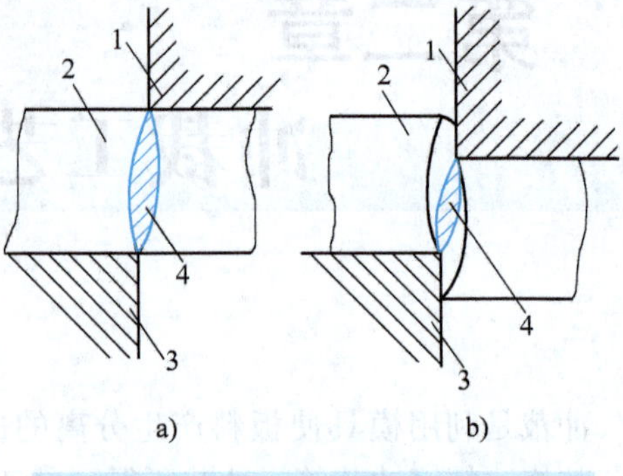

图 2-2 冲裁变形区

1—凸模 2—毛坯 3—凹模 4—变形区

（二）冲裁时的变形区

冲裁时材料的变形是由其受力状况所决定的。由实验得知，以上、下刃尖连线为中心的纺锤形区域是主要变形区（图 2-2a），从模具刃尖向材料中心变形区逐步扩大，当凸模挤入材料后，新形成的纺锤形变形区被以前已经变形而冷作硬化了的区域所包围，如图 2-2b 所示。

二、板料受力情况

图 2-3 所示是无压紧装置冲裁时板料的受力图。凸模下行与板面接触时，材料受到凸、凹模端面压力 F_p 和 F_d 的作用，使作用力点间的材料产生剪切变形。由于凸模、凹模间有间隙存在，F_p 和 F_d 不在同一垂直线上，故材料受弯矩 M 作用，而使材料翘曲（穹弯）。材料向凸模侧面靠近，凸模端面下的材料被强迫压进凹模，故材料受模具的横向侧压力 F_1、F_2 作用，产生横向挤压变形。此外，材料在模具端面和侧面还受有摩擦力 μF_1、μF_2 作用。需要指出，由于材料翘曲，凸、凹模与材料仅在刃口附近的狭小区域内接触。F_p 和 F_d 在接触面上呈不均匀分布，随着向刃尖靠近而急剧增大。侧压力 F_1、F_2 也呈不均匀分布。摩擦力 μF_p 和 μF_d 的方向与间隙大小有关，间隙很小时，与模具接触的材料均向远离刃尖的方向移动，此时摩擦力的方向均指向刃尖。当间隙很大或刃口被磨钝时，材料被拉入凹模，摩擦力的方向均背向刃尖。通常将 μF_p 和 μF_d 的方向看作指向刃尖比较恰当。摩擦力 μF_1 和 μF_2 也指向刃尖。

由上面分析可知，冲裁时由于有间隙存在，材料受有垂直方向压力、切力、横向挤压力、弯矩和拉力的作用。变形不是纯剪切过程，除主要的剪切变形外，还要产生弯曲、拉伸、挤压等附加变形。

冲裁变形过程中冲裁力与凸模行程的关系如图 2-4 所示。图中 *AB* 段相当于弹性变形阶段。凸模开始接触板料时，由于板料翘曲等因素，力增加缓慢，之后便迅速增加。*BC* 段为塑性变形阶段。切刃一旦挤入板料，力的上升就缓慢下来，这是由于承受力的板料面积虽然减少了，但是材料冷作硬化的影响超过了剪切面积减小的影响，冲裁力仍然继续上升。当硬化与受切面积两者影响相同时，冲裁力便达到最大值。*CD* 为裂纹扩展直至板料断裂阶段，这一阶段中，受切面积的减少超过了硬化的影响，于是冲裁力下降。*DE* 则是凸模的推料过程。

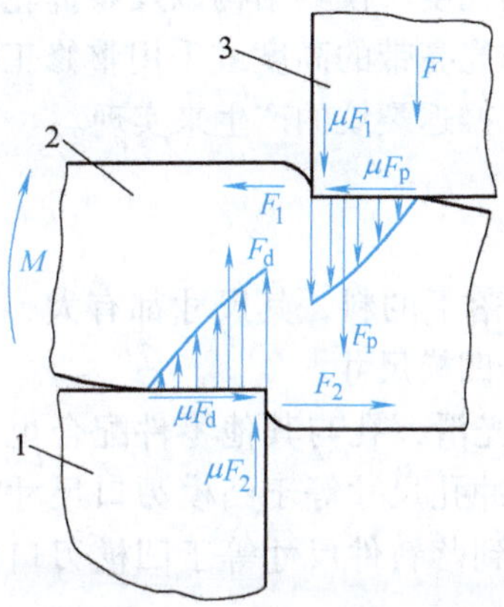

图 2-3　冲裁时作用于材料上的力

1—凹模　2—毛坯　3—凸模

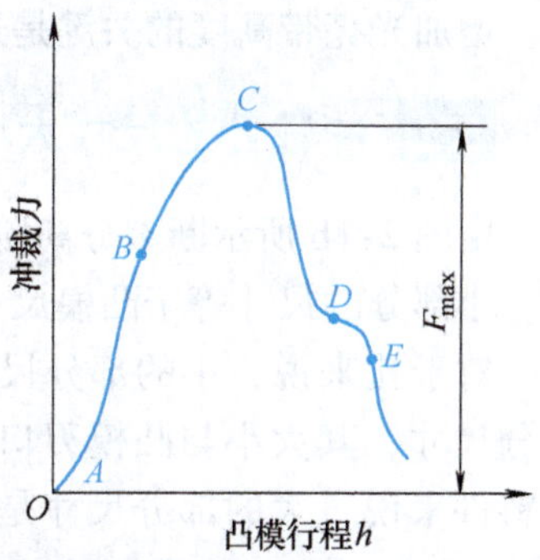

图 2-4　冲裁力曲线

第二节　冲裁件质量及影响因素

一、冲裁件断面特征

冲裁断面由圆角带、光亮带、断裂带和毛刺 4 部分组成，如图 2-5 所示。

（1）**圆角带**　即光滑的圆弧带，它是刃口刚压入材料时，刃口附近的材料牵连拉入产生弯曲和伸长变形的结果。

（2）**光亮带**　这个区域发生在塑性变形阶段。主要是由于板料产生塑性剪切变形时，材料在和模具侧面接触中被模具侧面挤光而形成的光亮垂直的断面。通常它占整个断面的 1/2～1/3，是断面上质量最好的部分。

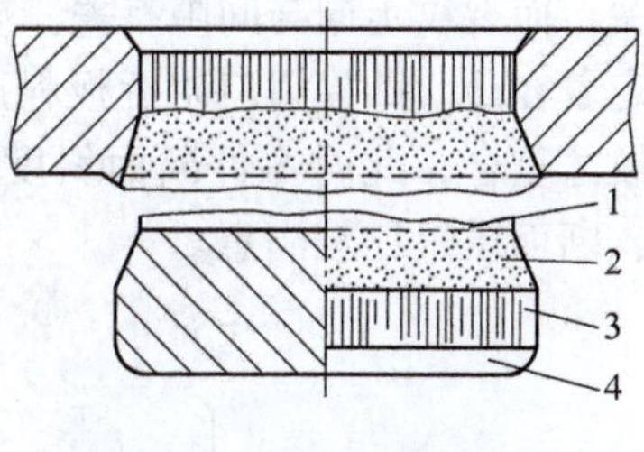

图 2-5　冲裁区冲裁断面状况

1—毛刺　2—断裂带

3—光亮带　4—圆角带

（3）**断裂带**　这个区域发生在断裂分离阶段。是表面粗糙且带有锥度的部分，它是由于刃口处的微裂纹在拉应力作用下不断扩展断裂而形成的。

（4）**毛刺**　在塑性变形阶段的后期产生。凸模和凹模的刃口切入一定深度后，刃口正面材料被压缩，刃尖部分为高静水压力状态，使裂纹起点不在刃尖处发生，而是在距刃尖不远处的模具侧面产生，因为此处受有拉应力。在拉应力的作用下，裂纹加长，材料断裂而产生毛刺。裂纹的产生点和刃尖的距离即为毛刺的高度。在普通冲裁中，毛刺的产生是不可避免的。

圆角带、光亮带、断裂带、毛刺 4 部分在冲裁断面上所占的比例随材料的力学性能、料厚、刃口锐钝、模具结构及凸、凹模间隙等不同而变化。塑性差的材料，断裂倾向严重，断裂带增宽，光亮带、圆角带所占比例较小，毛刺也小。塑性好的材料则相反。对于同一种材料这4部分的比例也随料厚、间隙、刃口锋利程度、模具结构以及零件轮廓形状的不同而变化。要想提高冲裁件断面质量，可通过增加光亮带的高度或采用整修工序来实现。增加光亮带高度的关键是通过延长塑性变形阶段、推迟裂纹的产生来实现。

二、冲裁件的尺寸大小

由图2-1b所示断裂分离阶段可见，无论是孔还是落下的料，其尺寸都有大、小两部分。小部分的尺寸等于凸模尺寸，而大部分的尺寸等于凹模尺寸。

对于孔来说，小的部分尺寸是有用的，这部分最光滑，孔与其他零件配合也是靠这部分尺寸，其大小与凸模刃口尺寸一样。因而得出：冲孔尺寸等于凸模刃口尺寸。对于落料件来说，大的部分尺寸是有用的，同样也可以得到落料件尺寸等于凹模刃口尺寸的结论。

以上的讨论是指间隙 Z 合理，忽略回弹的情况。实际冲出的孔和落下的料的尺寸与模具尺寸有区别，因卸载后弹性变形的恢复会引起尺寸变化。

三、影响冲裁件断面质量的因素

断面的光亮带越宽、断裂带越窄、圆角及毛刺越小，冲裁件断面质量就越好。

（1）**材料性能的影响** 塑性好的材料，冲裁时裂纹出现得较迟，板料被剪切的深度较大，光亮带所占比例大，毛刺和穹弯也较大，断裂带较窄。塑性差的材料则与上述现象相反。

（2）**模具间隙的影响** 间隙是影响冲裁质量的主要因素，因为断面质量与裂纹的走向有关，而裂纹走向与间隙有关。如图2-6所示，间隙大小关系剪切时附加变形的大小，也决定着在凸、凹模刃口附近板料产生的上、下裂纹是否重合。只有凸、凹模间隙适当时，裂纹才重合，此时零件断面斜度很小，且比较平直光滑，毛刺小，无裂纹分层，稍不平坦，断面质量比较满意。

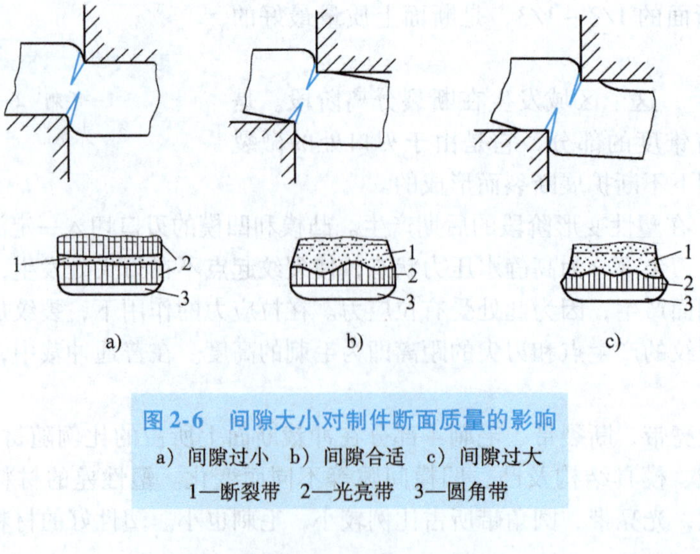

图2-6 间隙大小对制件断面质量的影响

a）间隙过小 b）间隙合适 c）间隙过大

1—断裂带 2—光亮带 3—圆角带

间隙过小时，凸模刃口附近的裂纹比正常间隙时向外错开一段距离，上、下裂纹产生后，各自进入凸、凹模端面的压应力区而停止发展，不重合。且上、下裂纹之间的材料随凸模继续下压将产生第二次剪切，出现第二光亮带。在两个光亮带之间形成断裂带，或者呈断续的小光斑，在冲裁件端面出现挤长的毛刺，但容易去除。由于间隙小，弯曲、拉伸小，裂纹产生迟，光亮带变宽，且零件穹弯小，断面斜度和圆角小，只要中间撕裂不是很深，仍可应用。

当间隙过大时，凸模刃口处的裂纹较正常间隙向里错开一段距离，上、下裂纹也不重合。裂纹间的材料产生第二次拉裂，零件断面出现两个斜度，这时材料的弯曲与拉伸大，拉应力大，材料的塑性变形阶段结束较早，致使光亮带较窄，圆角与斜度较大，穹弯厉害，毛刺大。

当模具间隙不均匀时，在间隙不合理处将出现毛刺，断面质量差。因此模具设计制造与安装时必须保证间隙均匀。

(3) 模具刃口钝利情况的影响　当模具刃口磨损成圆角变钝时，刃口与材料接触的面积增加，应力集中效应减轻，挤压作用大，延缓了裂纹的产生，制件圆角大，光亮带宽，但裂纹发生点要由刃口侧面向上移动，毛刺高度加大，即使间隙合理，也仍会产生较大的毛刺。凸模磨钝，落料件产生毛刺；凹模磨钝，冲孔件产生毛刺。如果凸、凹模都磨钝，则落料件与冲孔件都出现毛刺，如图 2-7 所示。

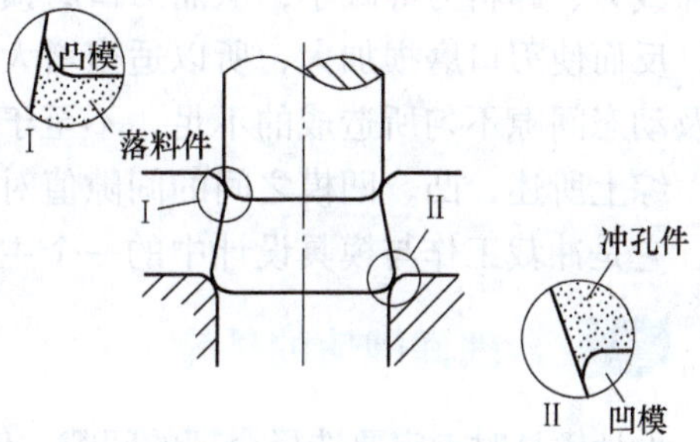

图 2-7　钝刃口对毛刺的影响

(4) 模具和设备的导向情况　模具导向装置精度高，压力机滑块导向精确可靠，则可保证冲裁时间隙合理，冲裁件断面质量就好。

第三节　冲裁模间隙

一、间隙对冲裁工作的影响

间隙值影响到冲裁时弯曲、拉伸、挤压等附加变形的大小，因而对冲裁工序影响大，主要有以下几方面：

（一）间隙对零件质量的影响

由上节分析可知模具间隙是影响断面质量的主要因素，提高断面质量的关键在于推迟裂纹的产生，以增大光亮带宽度，其主要途径就是减小间隙。此外间隙又是影响尺寸精度的主要因素。间隙对零件质量的影响在上节已详细叙述，在此不再赘述。

（二）间隙对冲裁力的影响

间隙增大，材料所受的拉应力增大，材料容易断裂分离，冲裁力可得到一定程度的降低，继续增大间隙值，会因从凸、凹模刃口处产生的裂纹不相重合的影响，冲裁力下降变缓。当单面间隙介于料厚的 5%～20% 时，冲裁力的降低并不显著（不超过 5%～10%）。间隙减小，材料所受拉应力减小，压应力增大，材料不易产生撕裂，使冲裁力增大，在间隙合理情况下，冲裁力最小。

间隙对卸料力、推件力或顶件力的影响比较显著。间隙增大后，从凸模上卸料或从凹模孔中推料都省力。一般当单面间隙增大到料厚的15%~25%时，卸料力几乎为零，但当间隙继续增大时，因毛刺增大等因素，会引起卸料力、顶件力迅速增大。

（三）间隙对模具使用寿命的影响

冲裁过程中，凸、凹模刃口受到材料对它的作用力，其方向与图2-3所示材料受的作用力相反。在这些力的作用下模具的失效形式一般有：磨损、崩刃、变形、胀裂、断裂等。间隙主要对模具的磨损和胀裂有影响。

模具受到制造误差和装配精度的限制，间隙不会绝对分布均匀。过小的间隙会引起冲裁力、侧压力、摩擦力、卸料力、推件力增大，甚至会使材料粘连刃口，这就加剧了刃口的磨损；如果出现二次剪切，产生的碎屑也会使磨损加大。间隙小，落料件或废料往往梗塞在凹模洞口，导致凹模胀裂。因此过小的间隙对模具使用寿命极为不利。间隙增大，可使冲裁力、卸料力等减小，从而刃口磨损减小。但是间隙过大，零件毛刺增大，卸料力增大，反而使刃口磨损加大，所以适当增大间隙。适当大的间隙还可补偿因模具制造精度不够及动态间隙不匀所造成的不足，不至于啃伤刃口，起到延长模具使用寿命的作用。

综上所述，凸、凹模之间的间隙值对零件质量、冲裁力和模具使用寿命都有很大的影响，它是冲裁工作与模具设计中的一个主要工艺参数。

二、合理间隙值的确定

设计模具时一定要选择合理的间隙，使冲裁件的断面质量较好，所需冲裁力较小，模具使用寿命较高。但分别按质量、精度、模具使用寿命、冲裁力等方面的要求，各自确定的合理间隙值并不相同，考虑到模具制造中的偏差及使用中的磨损，生产中通常是选择一个适当的范围作为合理间隙，只要间隙在这个范围内，就能得到合格的产品和较长的模具使用寿命。这个范围的最小值称为最小合理间隙 Z_{min}，最大值称为最大合理间隙 Z_{max}。考虑到模具在使用过程中的磨损使间隙增大，故设计与制造新模具时应采用最小合理间隙值。确定凸、凹模合理间隙有理论确定法和查表确定法。

（一）理论确定法

理论确定法的主要根据是保证上、下裂纹重合，以获得良好的冲裁断面。图2-8所示为冲裁过程中开始产生裂纹的瞬时状态。从图中直角三角形关系可确定间隙 $Z/2$。即：

$$Z=2(t-h_0)\tan\beta=2t(1-h_0/t)\tan\beta$$

式中，h_0 为产生裂纹时凸模压入板料的深度（mm）；t 为材料厚度（mm）；β 为裂纹方向与垂线间的夹角（°）。

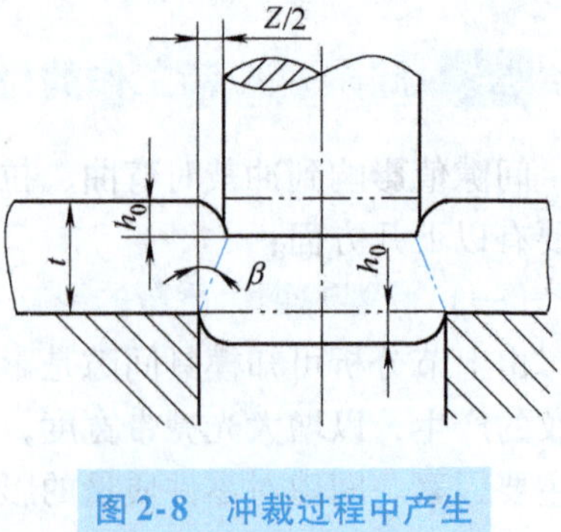

图2-8　冲裁过程中产生裂纹的瞬时状态

从上式可以看出，间隙 Z 与材料厚度 t、相对切入深度 h_0/t 以及裂纹方向角 β 有关。而 h_0 和 β 又与材料性质有关。

因此，影响间隙值的主要因素是材料的性质和厚度。材料越硬越厚，所需合理间隙值越大。由于该计算方法在生产中使用不便，故目前常用的是查表确定法。

（二）查表确定法

表 2-1 所提供的经验数据为落料、冲孔模刃口的初始间隙，可用于一般条件下的冲裁。表中初始间隙的最小值 Z_{min}，相当于最小合理间隙数值，而初始间隙的最大值 Z_{max} 是考虑凸模和凹模的制造公差，在 Z_{min} 的基础上所增加的数值。在使用过程中，由于模具工作部分的磨损，间隙将有所增加，因而间隙的使用最大数值（即最大合理间隙）要超过表列数值。

表 2-1　落料、冲孔模刃口初始间隙

材料名称	45 钢 T7、T8（退火） 65Mn（退火） 磷青铜（硬） 铍青铜（硬）		10、15、20 冷轧钢带 30 钢板 H62、H68（硬） 2A12（硬铝） 硅钢片		Q215、Q235、 08、10、15 钢板 H62、H68（半硬） 纯铜（硬） 磷青铜（软） 铍青铜（软）		H62、H68（软） 纯铜（软） 3A21、5A02 1060、1050A、 1035、1200、 8A06、2A12 （退火） 铜母线 铝母线		酚醛环氧层压玻璃布板、酚醛层压纸板、酚醛层压烯板		钢纸板 （反白板） 绝缘纸板 云母板 橡胶板	
力学性能	硬度≥190HBW R_m≥600MPa		硬度=140～190HBW R_m=400～600MPa		硬度=70～140HBW R_m=300～400MPa		硬度≤70HBW R_m≤300MPa		—		—	
厚度 t/mm	初始间隙 Z/mm											
	Z_{min}	Z_{max}	Z_{min}	Z_{max}	Z_{min}	Z_{max}	Z_{min}	Z_{max}	Z_{min}	Z_{max}	Z_{min}	Z_{max}
0.1	0.015	0.035	0.01	0.03	*	—	*	—	*	—		
0.2	0.025	0.045	0.015	0.035	0.01	0.03	*	—	*	—		
0.3	0.04	0.06	0.03	0.05	0.02	0.04	0.01	0.03	*	—	*	—
0.5	0.08	0.10	0.06	0.08	0.04	0.06	0.025	0.045	0.01	0.02		
0.8	0.13	0.16	0.10	0.23	0.07	0.10	0.045	0.075	0.015	0.03		
1.0	0.17	0.20	0.13	0.26	0.10	0.13	0.065	0.095	0.025	0.04		
1.2	0.21	0.24	0.16	0.19	0.13	0.16	0.075	0.105	0.035	0.05		
1.5	0.27	0.31	0.21	0.25	0.15	0.19	0.10	0.14	0.04	0.06	0.01～0.03	0.015～0.045
1.8	0.34	0.38	0.27	0.31	0.20	0.24	0.13	0.17	0.05	0.07		
2.0	0.38	0.42	0.30	0.34	0.22	0.26	0.14	0.18	0.06	0.08		
2.5	0.49	0.55	0.39	0.45	0.29	0.35	0.18	0.24	0.07	0.10		
3.0	0.62	0.68	0.49	0.55	0.36	0.42	0.23	0.29	0.10	0.13		
3.5	0.73	0.81	0.58	0.66	0.43	0.51	0.27	0.35	0.12	0.16	0.04	0.06
4.0	0.86	0.94	0.68	0.76	0.50	0.58	0.32	0.40	0.14	0.18		
4.5	1.00	1.08	0.78	0.86	0.58	0.66	0.37	0.45	0.16	0.20	—	—
5.0	1.13	1.23	0.90	1.00	0.65	0.75	0.42	0.52	0.18	0.23	0.05	0.07
6.0	1.40	1.50	1.10	1.20	0.82	0.92	0.53	0.63	0.24	0.29		
8.0	2.00	2.12	1.60	1.72	1.17	1.29	0.76	0.88	—	—		
10	2.60	2.72	2.10	2.22	1.56	1.68	1.02	1.14	—	—	—	—
12	3.30	3.42	2.60	2.72	1.97	2.09	1.30	1.42	—	—		

注：有 * 号处均系无间隙。

间隙的选取主要与材料的种类、厚度有关，但由于各种冲压件对其断面质量和尺寸精度的要求不同，以及生产条件的差异，在生产实践中就很难有一种统一的间隙数值，各种资料中所给的间隙值并不相同，有的相差较大，选用时应按使用要求分别选取。对于断面质量和尺寸精度要求高的工件，应选用较小间隙值，而对于精度要求不高的工件，则应尽可能采用大间隙，以利于提高模具使用寿命、降低冲裁力。同时，还必须结合生产条件，根据冲裁件尺寸与形状、模具材料和加工方法、冲压方法和生产率等，灵活掌握、酌情增减。例如：冲小孔而凸模导向又较差时，凸模易折断，间隙可取大些。凹模刃口为斜壁时，间隙应比直壁小。同样条件下，非圆形比圆形的间隙大，冲孔间隙比落料略大。当采用大间隙时，废料易带出凹模表面，应在凸模上开通气孔或装弹性顶销，为保证制件平整，要有压料与顶件装置。

GB/T 16743—2010 规定的金属材料冲裁间隙值见表 2-2。它根据“按质论隙”的原则，按冲裁件断面质量、尺寸精度，模具使用寿命，力能消耗等评价依据，将间隙分成三类，以适应不同技术要求的冲件，做到有针对性地合理选用间隙。这样可在保证冲件断面质量和尺寸精度的前提下，使模具使用寿命较高。它适用于厚度为 10mm 以下的金属材料，考虑到料厚对间隙的影响，将料厚分成≤1.0mm；>1.0~2.5mm；>2.5~4.5mm；>4.5~7.0mm；>7.0~10.0mm 五档。当料厚为≤1.0mm 时，各类间隙取其下限值，并以此为基数，随着料厚的增加，再逐档递增。

表 2-2　金属材料冲裁间隙值

冲裁材料	抗剪强度 τ/MPa	单面间隙比值 C/t（%）				
		Ⅰ	Ⅱ	Ⅲ	Ⅳ	Ⅴ
低碳钢 08F、10F、10、20、 Q235-A	≥210~400	1.0~2.0	3.0~7.0	7.0~10.0	10.0~12.5	21.0
中碳钢 45、不锈钢 40Cr13、膨胀合金 （可伐合金）4J29	≥420~560	1.0~2.0	3.5~8.0	8.0~11.0	11.0~15.0	23.0
高碳钢 T8A、T10A 65Mn	≥590~930	2.5~5.0	8.0~12.0	12.0~15.0	15.0~18.0	25.0
纯铝 1060、1050A、 1035、1200 铝合金（软态）3A21、 黄铜（软态）H62、 纯铜（软态） T1、T2、T3	≥65~255	0.5~1.0	2.0~4.0	4.5~6.0	6.5~9.0	17.0
黄铜（硬态）H62、 铅黄铜 HPb59-1、 纯铜（硬态） T1、T2、T3	≥290~420	0.5~2.0	3.0~5.0	5.0~8.0	8.5~11.0	25.0

（续）

冲裁材料	抗剪强度 τ/MPa	单面间隙比值 C/t（%）				
		Ⅰ	Ⅱ	Ⅲ	Ⅳ	Ⅴ
铝合金（硬态）ZA12 锡磷青铜 QSn4-4-2.5 铝青铜 QAl7 铍青铜 QBe2	≥225～550	0.5～1.0	3.5～6.0	7.0～10.0	11.0～13.5	20.0
镁合金 MB1、MB8	≥120～180	0.5～1.0	1.5～2.5	3.5～4.5	5.0～7.0	16.0
电工硅钢	190	—	2.5～5.0	5.0～9.0	—	—
冲裁间隙适用场合		冲裁件剪切面、尺寸精度要求高的场合	冲裁件剪切面、尺寸精度要求较高的场合	冲裁件剪切面、尺寸精度要求一般的场合，因残余应力小，能减小破裂现象，适用于继续塑性变形的工件的场合	冲裁件剪切面、尺寸精度要求不高的场合，应优先采用较大间隙，以利于提高冲模使用寿命的场合	冲裁件剪切面、尺寸精度要求较低的场合

第四节 凸、凹模刃口尺寸的计算

凸、凹模刃口尺寸精度决定的合理与否，直接影响冲裁件的尺寸精度及合理间隙值能否保证，也关系模具的加工成本和使用寿命。因此，计算凸、凹模刃口尺寸是一项重要工作。

一、凸、凹模刃口尺寸的计算原则

计算冲裁凸、凹模刃口尺寸的依据为：①冲裁变形规律，即落料件尺寸与凹模刃口尺寸相等，冲孔尺寸与凸模刃口尺寸相同。②零件的尺寸精度。③合理的间隙值。④磨损规律，如圆形件凹模尺寸磨损后变大，凸模尺寸磨损后变小，间隙磨损后变大。⑤冲模的加工制造方法。因而在计算刃口尺寸时应按下述原则进行。

（一）保证冲出合格的零件

根据冲裁变形规律，冲孔尺寸等于凸模刃口尺寸，落料件尺寸等于凹模刃口尺寸。因而在冲孔时，应以凸模为基准件。落料时，以凹模为基准件。基准件的尺寸应在零件的公差范围内。冲孔时间隙取在凹模上，落料时间隙取在凸模上。

（二）保证模具有一定的使用寿命

新模具的间隙应是最小的合理间隙，磨损后到最大合理间隙。考虑冲裁时凸、凹模的磨损，在设计凸、凹模刃口尺寸时，对基准件刃口尺寸在磨损后增大的，其刃口的公称尺寸应取工件尺寸公差范围内较小的数值。对基准件刃口尺寸在磨损后减小的，其刃口的公称尺寸应取工件尺寸公差范围内较大的数值。这样，在凸、凹模磨损到一定程度的情况下，仍能冲出合格的零件。

（三）考虑冲模制造修理方便、降低成本

为使新模具的间隙值不小于最小合理间隙，一般凹模公差标注成 $+\delta_d$，凸模公差标注成 $-\delta_p$。间隙能保证的条件下不要把制造公差定得太紧。一般模具制造精度比工件精度高 2 ~4 级。若零件没有标注公差，对于非圆形件按国家标准"非配合尺寸的公差数值" IT14 精度处理。

二、刃口尺寸计算方法

制造冲模的关键主要是合理控制凸、凹模刃口尺寸及其间隙。由于模具加工方法不同，凸、凹模刃口尺寸的计算公式和公差标注也不同。凸、凹模刃口尺寸的计算方法基本上可分为两类。

（一）凸模与凹模分别加工

这种加工方法适用于圆形或简单规则形状的冲裁件。冲裁模刃口尺寸及公差分布情况如图 2-9 所示，其计算公式如下：

冲孔：零件孔的尺寸 $d^{+\Delta}_{0}$，根据上述原则，首先确定基准件凸模刃口尺寸 d_p，再加上 Z_{min} 便是凹模刃口尺寸。由此得

$$d_p = (d + x\Delta)^{\ 0}_{-\delta_p} \tag{2-1}$$

$$d_d = (d_p + Z_{min})^{+\delta_d}_{\ 0} = (d + x\Delta + Z_{min})^{+\delta_d}_{\ 0} \tag{2-2}$$

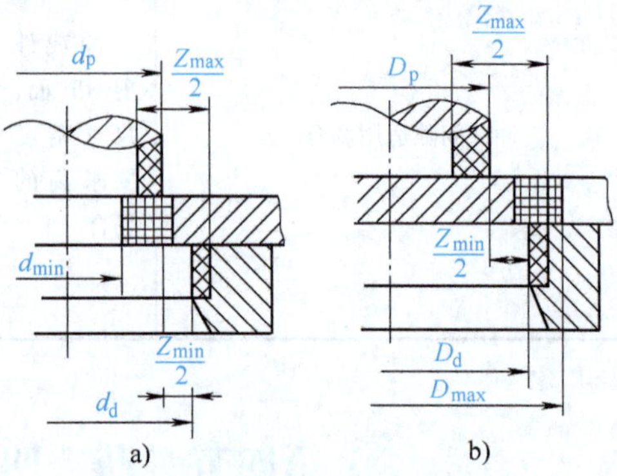

图 2-9 冲裁模刃口尺寸与公差分布
a）冲孔 b）落料

落料：零件外径尺寸为 $D^{\ 0}_{-\Delta}$，根据上述原则，先确定基准件凹模刃口尺寸 D_d，再减去 Z_{min} 便是凸模刃口尺寸。由此得

$$D_d = (D - x\Delta)^{+\delta_d}_{\ 0} \tag{2-3}$$

$$D_p = (D_d - Z_{min})^{\ 0}_{-\delta_p} = (D - x\Delta - Z_{min})^{\ 0}_{-\delta_p} \tag{2-4}$$

式中，d_p、d_d 为冲孔凸、凹模刃口尺寸（mm）；D_p、D_d 为落料凸、凹模刃口尺寸（mm）；d 为零件孔径公称尺寸（mm）；D 为落料件外径公称尺寸（mm）；Δ 为零件公差（mm）；Z_{min} 为最小合理间隙（mm）；δ_p、δ_d 为凸、凹模制造公差（mm），通常按模具的制造精度来确定，也可参照表 2-3 确定；$x\Delta$ 为磨损量，磨损系数 x 是为了使零件的实际尺寸尽量接近零件公差带的中间尺寸。x 值在 0.5 ~1 之间，与零件制造精度有关。可查表 2-4，或按下列关系取：零件精度为 IT10 以上时，$x=1$；零件精度为 IT11 ~ IT13 时，$x=0.75$；零件精度为 IT14 时，$x=0.5$。

表 2-3 规则形状（圆形或方形件）冲裁时凸、凹模的制造公差 （单位：mm）

基本尺寸	凸模偏差 δ_p	凹模偏差 δ_d	基本尺寸	凸模偏差 δ_p	凹模偏差 δ_d
~18	0.020	0.020	>180 ~260	0.030	0.045
>18 ~30	0.020	0.025	>260 ~360	0.035	0.050
>30 ~80	0.020	0.030	>360 ~500	0.040	0.060
>80 ~120	0.025	0.035	>500	0.050	0.070
>120 ~180	0.030	0.040			

表 2-4 系数 x

材料厚度 t/mm	非圆形			圆形	
	1	0.75	0.5	0.75	0.5
	工件公差 Δ/mm				
~1	<0.16	0.17~0.35	≥0.36	<0.16	≥0.16
>1~2	<0.20	0.21~0.41	≥0.42	<0.20	≥0.20
>2~4	<0.24	0.25~0.49	≥0.50	<0.24	≥0.24
>4	<0.30	0.31~0.49	≥0.60	<0.30	≥0.30

采用凸、凹模分别加工法，需要分别标注凸、凹模刃口尺寸及公差，为了保证合理间隙，必须满足下列条件：$|\delta_p|+|\delta_d|\leqslant Z_{max}-Z_{min}$。若出现$|\delta_p|+|\delta_d|\geqslant Z_{max}-Z_{min}$的情况，但大得不多时，凸、凹模公差按公式 $\delta_p\leqslant 0.4(Z_{max}-Z_{min})$ 和 $\delta_d\leqslant 0.6(Z_{max}-Z_{min})$ 适当调整，以满足上述条件。如果出现$|\delta_p|+|\delta_d|\gg Z_{max}-Z_{min}$时，则应采用凸、凹模配作。

采用凸、凹模分别加工法，凸、凹模具有互换性，在精度要求高的行业，一般采用这种方法加工，而且它的制造周期短。但是为了保证合理间隙，就需采用小的模具制造公差，使模具制造困难、成本较高。

（二）凸模与凹模配合加工

对于形状复杂或薄料的冲裁件的冲裁，为了保证凸、凹模之间一定的间隙值，一般采用配合加工。此方法是先加工好其中的一件（凸模或凹模）作为基准件，然后以此基准件为标准来加工另一件，使它们之间保持一定的间隙。这种加工方法的特点是：

1）模具间隙是在配制中保证的，因此不需要校核$|\delta_p|+|\delta_d|\leqslant Z_{max}-Z_{min}$，所以加工基准件时可以适当放宽公差，使其加工容易。

2）尺寸标注简单，只需在基准件上标注尺寸和公差，配制件仅标注基本尺寸并注明配作所留间隙值。

由于形状复杂工件各部分尺寸性质不同，凸模与凹模磨损情况也不同，有变大的、变小的，也有不变的，必须对有关尺寸进行具体分析后，按前述尺寸计算原则区别对待。

（1）冲孔　应以凸模为基准，然后配作凹模。

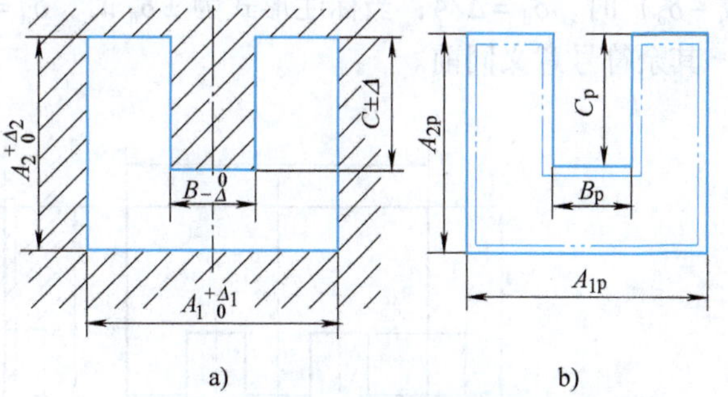

图 2-10 冲孔件和凸模尺寸

a）冲孔件 b）凸模

图 2-10a 所示为一种冲孔件孔的尺寸。图 2-10b 所示为凸模刃口尺寸。由图中可见，凸模磨损后（双点画线位置），其刃口尺寸分三类：

1）变小的尺寸（A 类）。这类尺寸就是前面所述冲孔基准件凸模尺寸，A_{1p}、A_{2p}应按式（2-1）计算：

$$A_p = (A + x\Delta)_{-\delta_p}^{\ 0} \tag{2-5}$$

2）增大的尺寸（B类）。这类尺寸在冲孔凸模上相当于落料基准件凹模尺寸，B_p 应按式（2-3）计算：

$$B_p = (B - x\Delta)_{\ 0}^{+\delta_p} \tag{2-6}$$

3）无变化的尺寸（C类）。这类尺寸可表达为：$C \pm \Delta'$，其凸模 C_p 应按式（2-7）计算：

$$C_p = C \pm \delta_p \tag{2-7}$$

式中，A_p、B_p、C_p 为凸模刃口尺寸（mm）；A、B、C 为工件公称尺寸（mm）；Δ、Δ'为零件公差、偏差，$\Delta' = 0.5\Delta$（mm）；δ_p 为凸模公差（mm），当标注形式为 $+\delta_p$（或 $-\delta_p$）时，$\delta_p = \Delta/4$；当标注形式为 $\pm\delta_p$ 时，$\delta_p = \Delta/8 = \Delta'/4$。

按计算尺寸和公差制造凸模后，再按凸模刃口实际尺寸并保证最小合理间隙 Z_{min} 配作凹模。

（2）落料　应以凹模为基准件，然后配作凸模。

图2-11a为一落料件。图2-11b所示为凹模刃口尺寸。由图可知，凹模磨损后（双点画线位置）其刃口也可分为三类：

1）变大的尺寸（A类）。这类尺寸就是落料基准件凹模尺寸，A_{1d}、A_{2d}应按式（2-3）计算：

$$A_d = (A - x\Delta)_{\ 0}^{+\delta_d} \tag{2-8}$$

2）变小的尺寸（B类）。这类尺寸在落料凹模上相当于冲孔基准件凸模尺寸，B_{1d}、B_{2d}应按式（2-1）计算：

$$B_d = (B + x\Delta)_{-\delta_d}^{\ 0} \tag{2-9}$$

3）无变化的尺寸（C类）。这类尺寸可表达为：$C \pm \Delta'$，其凸模 C_p 尺寸为

$$C_d = C \pm \delta_d \tag{2-10}$$

式中，A_d、B_d、C_d 为凹模刃口尺寸（mm）；δ_d 为凹模公差（mm），当标注形式为 $+\delta_d$（或 $-\delta_d$）时，$\delta_d = \Delta/4$；当标注形式为 $\pm\delta_d$ 时，$\delta_d = \Delta/8 = \Delta'/4$。

其余符号意义同前。

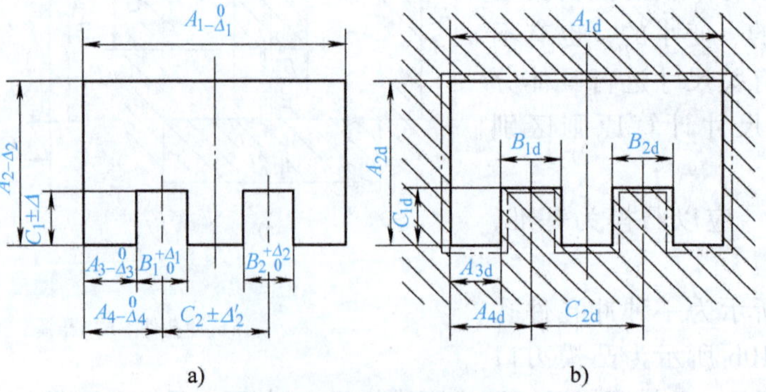

图2-11　落料件和凹模尺寸

a）落料件　b）凹模

制得凹模后按其刃口实际尺寸配制凸模，保证最小合理间隙 Z_{min}。

凸、凹模尺寸的确定与制造方法有关，用电火花加工凹模时，一般是用专用电极（或直接用凸模作电极）加工出来的，它属于配合加工法。无论冲孔还是落料，均在凸模上标注尺寸及公差，凹模只注明："与凸模配作，保证最小双向间隙 Z_{min}"。

若采用成形磨削加工冲裁凸、凹模时，无论冲孔还是落料，一般也是先作凸模，凹模按凸模配合加工，保证间隙。

对于先作凸模，冲孔时，其凸模尺寸及公差可按前述配合加工法公式计算；落料时，其凸模尺寸及公差可按下列各式计算。

凹模磨损后尺寸增大：$$D_p=(D-x\Delta-Z_{min})_{-\delta_p}^{\ 0} \tag{2-11}$$

凹模磨损后尺寸减小：$$d_p=(d+x\Delta+Z_{min})_{\ 0}^{+\delta_p} \tag{2-12}$$

凹模磨损后尺寸不变：$$L_p=L\pm\delta_p \tag{2-13}$$

第五节　排　　样

一、排样的意义和材料利用率

（一）排样的意义

冲裁件在条料、带料或板料上的布置方法称为排样。排样合理就能用同样的材料冲出更多的零件来，降低材料消耗。大批量生产时，材料费用一般占冲裁件的成本60%以上。因此，材料的经济利用是一个重要问题，特别对贵重的有色金属。排样的合理与否将影响到材料的经济利用、冲裁质量、生产率、模具结构与使用寿命、生产操作方便与安全等。

排样的意义就在于保证用最低的材料消耗和最高的劳动生产率得到合格的零件。

（二）材料利用率

排样是否合理，经济性是否好，可用材料利用率来衡量。材料利用率是指零件的实际面积与所用材料面积的百分比，一个进距内的材料利用率 η 为

$$\eta=\frac{nA}{bh}\times100\% \tag{2-14}$$

式中，A 为冲裁件面积（包括冲出的小孔在内）（mm^2）；n 为一个进距内冲件数目；b 为条料宽度（mm）；h 为进距（mm）。

一张板上总的材料利用率 η_Σ 为

$$\eta_\Sigma=\frac{NA}{BL}\times100\% \tag{2-15}$$

式中，N 为一张板上冲件总数目；L 为板料长度（mm）；B 为板料宽度（mm）。

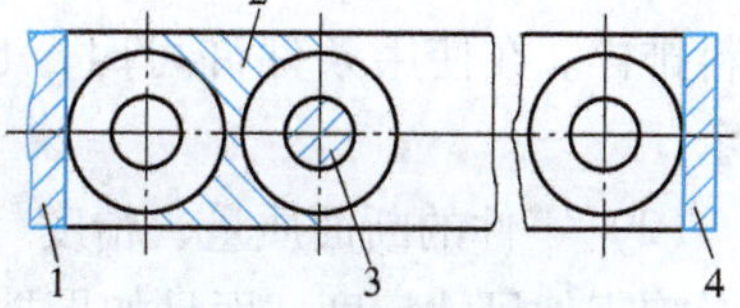

图 2-12　废料分类
1—料头　2—工艺废料
3—结构废料　4—料尾

材料面积包括零件实际面积与废料面积。提高材料利用率的途径是减少废料面积。废料分为两类，如图2-12所示。

（1）结构废料　由零件的形状特点产生的废料。一般不能改变，但可利用大尺寸的结构废料冲制小尺

寸的零件。

（2）工艺废料　由零件之间和零件与条料侧边之间的废料，以及料头、料尾所产生的废料。要提高材料利用率，主要应从减少工艺废料着手，即设计合理排样方案，选择合适的板料规格及合理的裁料法（料头、料尾），利用废料冲制小件。在不影响设计要求的情况下，改善零件结构，如图 2-13 所示。若将图 2-13a 零件设计成图 2-13b 所示形状，可使材料利用率提高 40%，而且一次能冲出两个零件，生产率提高一倍。

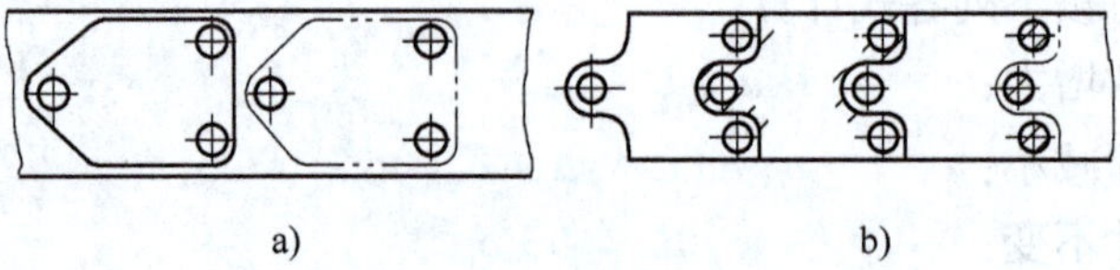

图 2-13　改善零件结构示例

a）改进前　b）改进后

二、排样形式的确定

（一）排样的分类

1. 按材料利用情况分（图 2-14）

（1）有废料排样　沿零件全部外形冲裁，零件周边都留有剩料。

（2）少废料排样　沿零件部分外形切断或冲裁，只局部有剩料。

（3）无废料排样　除料头料尾外无任何剩料。

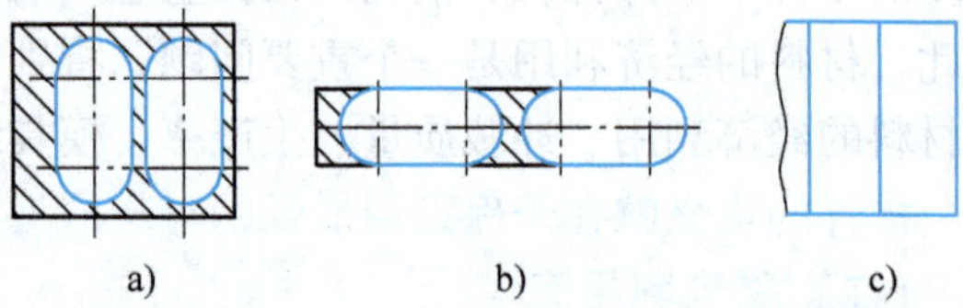

图 2-14　排样方法（一）

a）有废料排样　b）少废料排样　c）无废料排样

2. 按冲裁件在条料上的布置方式分

排样又可分为直排、单排、多排、斜排、对排、混合排、少废料、无废料、裁搭边等，如图 2-15 所示。

（二）排样形式的选择

冲裁可有多种排样形式，必须选择一个合理的排样形式。影响排样形式的主要因素有：

（1）零件的形状　零件的合理排样与其形状有密切关系。例如圆形零件不可能实现无废料排样。在使用条件许可时，也可改变零件形状，以设计最佳排样形式，如图 2-13 所示。

（2）零件的断面质量、精度　少、无废料排样冲裁时条料宽度即零件宽度，其公差直接影响零件尺寸精度，而且如果挡料及导料精度不高，在零件汇合点处会出现毛刺、错位或畸形，所以当零件的断面质量和尺寸精度要求较高且形状复杂时，应采用有废料排样形式。

（3）材料利用率　尽量选择材料利用率高的排样方式。

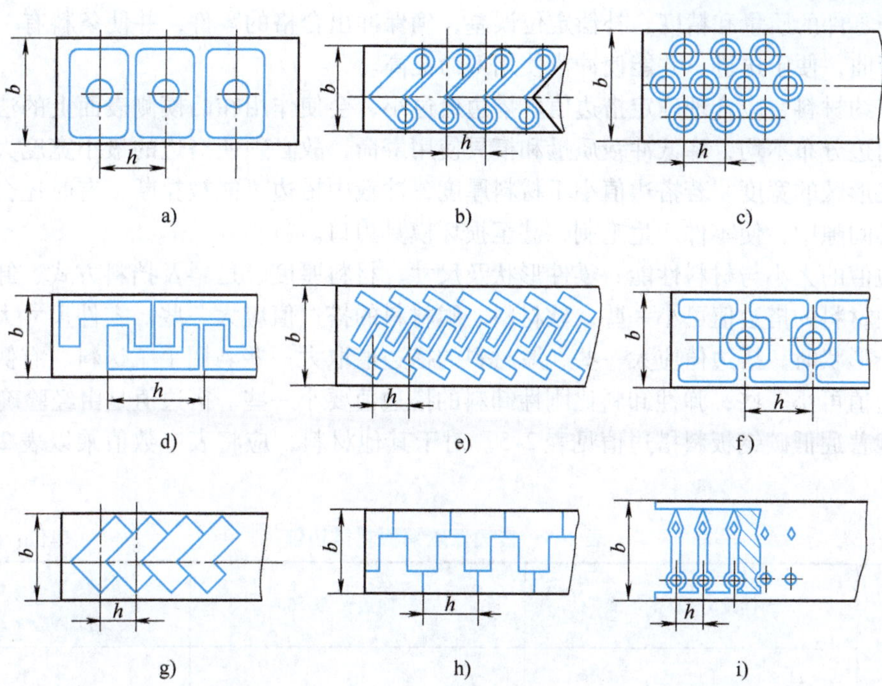

图 2-15　排样方式（二）

a）直排　b）斜排　c）多排　d）直对排　e）斜对排

f）混合排　g）少废料　h）无废料　i）裁搭边

（4）冲模结构　有废料排样的冲模结构比较复杂。少、无废料排样冲裁多用级进模、导板模。当零件孔与外形相对位置公差很紧时，可用复合模。在无废料冲裁中，多数凸模单面切割，受到很大的侧向力，为此，凸模后面要有支撑，它与凸模固定在一起，同时又起挡料作用，如图 2-16 所示。为了保证尺寸精度，要有长的导料板和至少一个弹簧侧压装置。但少、无废料冲模结构与完成同样工作的复合模相比比较简单。

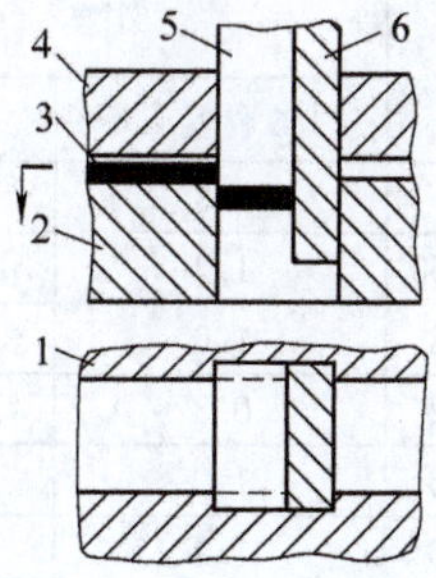

图 2-16　无废料排样冲模简图

1—导尺　2—凹模　3—条料

4—导料板　5—凸模　6—后支撑

（5）模具寿命　有废料排样模具全部刃口参与冲裁，受力均匀，模具使用寿命高。少、无废料排样凸模单面切割，毛刺会被凸模带入间隙，致使模具使用寿命较短。

（6）操作的方便与安全　有废料排样模具的零部件较为齐全，操作方便、安全。少、无废料排样的模具结构简单，操作时往往欠方便与安全。

（7）生产率　有的少、无废料排样模具一次冲裁可获得两个以上的零件，生产率高。

三、搭边和条料宽度的确定

（一）搭边的作用

搭边是指排样时零件之间以及零件与条料侧边之间留下的剩料。其作用是使条料定位，保证零件的质量和精度，补偿定位误差，确保冲出合格的零件，并使条料有一定的刚度，不弯曲，便于送进，并能使冲模使用寿命提高。

为节约材料，应合理确定搭边值。搭边值过小，会使作用在凸模侧表面上的法向应力沿切口周边分布不均，降低冲裁质量和模具使用寿命，故必须使搭边的最小宽度大于冲裁时塑性变形区的宽度。若搭边值小于材料厚度，冲裁中搭边可能被拉断，有时还会被拉入凸、凹模间隙中，使零件产生毛刺，甚至损坏模具刃口。

搭边值的大小与材料性能、零件形状及尺寸、材料厚度、送料及挡料方式、卸料方式有关。硬材料的搭边值可小一些，软材料、脆材料的搭边值应大一些。零件尺寸大或有尖凸的复杂形状时，搭边值应大一些，厚材料的搭边值取大一些。用手工送料、有侧压板导向时搭边值可小一些，弹性卸料比刚性卸料的搭边值要小一些。搭边值是由经验确定的。

冲裁普通低碳钢板料搭边值见表 2-5。对于其他材料，应将表中数值乘以表 2-6 中的系数 c。

表 2-5　普通低碳钢板料搭边值　（单位：mm）

材料厚度 t	圆件及 $r>2t$ 的圆角		矩形件边长 $L<50$		矩形件边长 $L>50$ 或圆角 $r<2t$	
	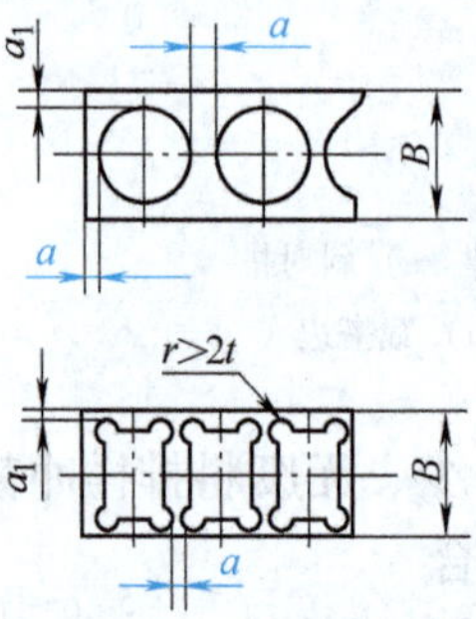		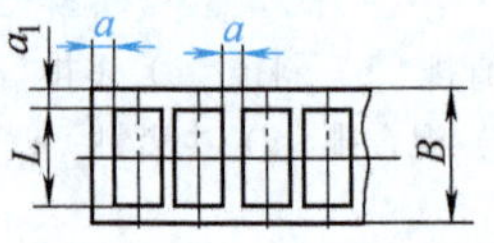		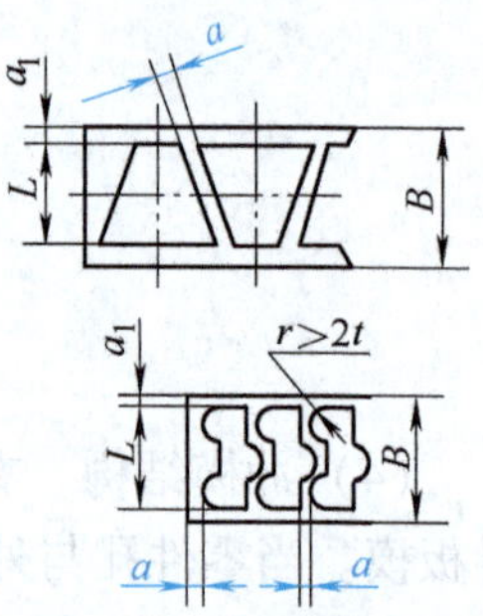	
	工件间 a	侧面 a_1	工件间 a	侧面 a_1	工件间 a	侧面 a_1
0.25 以下	1.8	2.0	2.2	2.5	2.8	3.0
0.25～0.50	1.2	1.5	1.8	2.0	2.2	2.5
0.5～0.8	1.0	1.2	1.5	1.8	1.8	2.0
0.8～1.2	0.8	1.0	1.2	1.5	1.5	1.8
1.2～1.6	1.0	1.2	1.5	1.8	1.8	2.0
1.6～2.0	1.2	1.5	1.8	2.0	2.0	2.2
2.0～2.5	1.5	1.8	2.0	2.2	2.2	2.5
2.5～3.0	1.8	2.2	2.2	2.5	2.5	2.8
3.0～3.5	2.2	2.5	2.5	2.8	2.8	3.2
3.5～4.0	2.5	2.8	2.8	3.2	3.2	3.5
4.5～5.0	3.0	3.5	3.5	4.0	4.0	4.5
5.0～12	$0.6t$	$0.7t$	$0.7t$	$0.8t$	$0.8t$	$0.9t$

表 2-6　系数 c

材料	中碳钢	高碳钢	硬黄铜	硬铝	软黄铜、纯铜	铝	非金属
c 值	0.9	0.8	1～1.1	1～1.2	1.2	1.3～1.4	1.5～2

（二）条料的宽度

排样形式和搭边值确定后条料的宽度就可计算了，进而确定每次的送料进距、挡料销的位置以及裁板的方法。

确定条料宽度的原则是：最小条料宽度要保证冲裁时零件周围有足够的搭边值；最大条料宽度能在导料板间送进，并与导料板间有一定的间隙。条料宽度的大小还与模具是否采用侧压装置或侧刃有关。

1）有侧压（图 2-17）装置时，条料始终靠左边的导尺送进，这时条料宽度为

$$B_{-\Delta}^{\ 0}=(D+2a+\Delta)_{-\Delta}^{\ 0} \tag{2-16}$$

导料板间距

$$S=B+c_1=D+2a+\Delta+c_1 \tag{2-17}$$

2）无侧压（图 2-18）装置时，条料理想的送进基准是零件的中心线，条料宽度为

$$B_{-\Delta}^{\ 0}=[D+2(a+\Delta)+c_1]_{-\Delta}^{\ 0} \tag{2-18}$$

导料板间距

$$S=B+c_1=D+2(a+\Delta+c_1) \tag{2-19}$$

式中，D 为零件垂直于送料方向的最大尺寸（mm）；a 为侧搭边最小值（mm），见表 2-5；Δ 为条料宽度偏差（mm），见表 2-7；c_1 为导尺与最宽条料间的单向最小间隙（mm），见表 2-8。

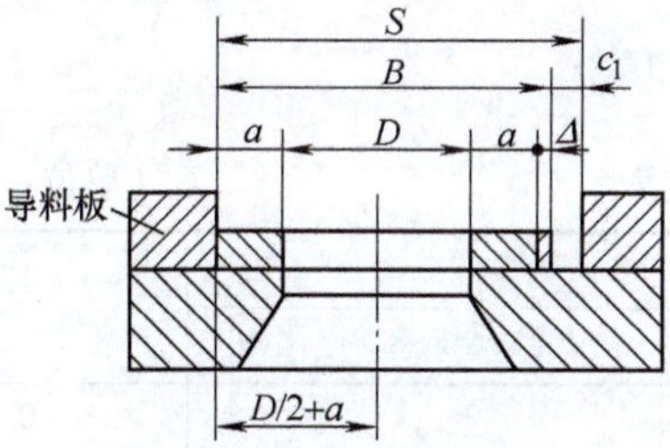

图 2-17　有侧压冲裁

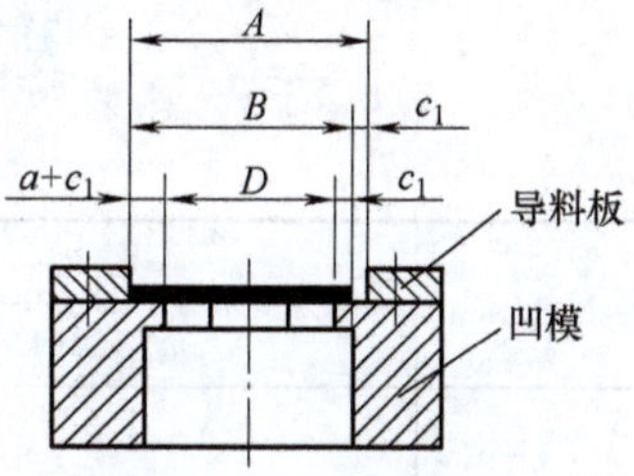

图 2-18　无侧压冲裁

3）模具采用侧刃定距时（图 2-19），条料宽度为

$$B_{-\Delta}^{\ 0}=D+2a'+nb_1=D+1.5a+nb_1 \tag{2-20}$$

导尺间距

$$S'=D+1.5a+nb_1+2c_1 \tag{2-21}$$

$$S_1'=D+1.5a+2c_1' \tag{2-22}$$

式中，n 为侧刃数；b_1 为侧刃冲切的条边宽度（mm），见表 2-9；c_1' 为冲裁后的条料宽度与导料板间的单面间隙（mm），见表 2-9。

表 2-7　条料宽度偏差 Δ　　（单位：mm）

条料宽度 B	材料厚度 t			
	≤1	1~2	2~3	3~5
≤50	0.4	0.5	0.7	0.9
>50~100	0.5	0.6	0.8	1.0
>100~150	0.6	0.7	0.9	1.1
>150~220	0.7	0.8	1.0	1.2
>220~300	0.8	0.9	1.1	1.3

表 2-8　条料与导尺之间的间隙 c_1　（单位：mm）

条料厚度	无侧压装置			有侧压装置	
	条料宽度				
	≤100	>100~200	>200~300	≤100	>100
≤1	0.5	0.5	1	5	8
>1~5	0.5	1	1	5	8

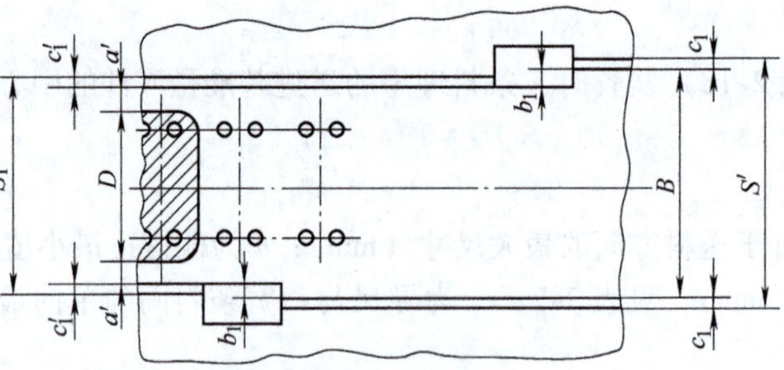

图 2-19　有侧刃冲裁

表 2-9　b_1、c_1' 值　（单位：mm）

条料厚度	b_1		c_1'
	金属材料	非金属材料	
≤1.5	1.5	2	0.1
>1.5~2.5	2.0	3	0.15
>2.5~3	2.5	4	0.2

第六节　冲裁工艺力的确定

一、冲裁力的计算

冲裁力是冲裁过程中凸模对材料的压力。由图 2-4 可知，它是随凸模行程而变化的。通常说的冲裁力是指冲裁力的最大值。冲裁力是选用压力机、模具设计以及强度校核的重要依据。为了充分发挥压力机的潜力，避免因超载而损坏压力机，冲裁力的计算是非常必要的。

冲裁在理论上可以近似认为是剪切断裂，所以最大冲裁力可以按板料的抗剪强度来计算。平刃冲模的冲裁力可按下式计算：

$$F = KLt\tau \tag{2-23}$$

式中，F 为冲裁力（N）；L 为零件剪切周长（mm）；t 为材料厚度（mm）；τ 为材料抗剪强度（MPa）；K 为系数。考虑到模具间隙值的波动及均匀性、刃口的磨损、材料力学性能及厚度的波动、润滑情况等因素对冲裁力的值都有影响，故一般取 $K=1.3$。

为了简便，也可用材料的抗拉强度 R_m（MPa），按下式估算冲裁力：

$$F = LtR_m \tag{2-24}$$

二、降低冲裁力的方法

冲裁强度高的材料或者外形尺寸和厚度大的零件时，冲压力可能超过车间设备吨位。为了实现用较小吨位的压力机冲裁或使冲裁过程平稳，以减少压力机振动和噪声，应想法降低冲裁力，降低冲裁力的方法从 $F = KLt\tau$ 可知，应从降低 τ 和 L 着手，常采用下列方法：

（一）阶梯凸模冲裁

在多凸模的冲模中，将凸模作成不同长度，使其工作端面呈阶梯式布置，如图 2-20 所示，使各凸模冲裁力的最大峰值不同时出现，以此降低总的冲裁力。在几个凸模直径相差悬殊，相距又很近的情况下，为避免小直径凸模由于承受材料流动的侧压力而产生折断或倾斜现象，应将小直径凸模作短。凸模间的高度差 H 应大于冲裁断面的光亮带高度，它与板料的厚度有关：

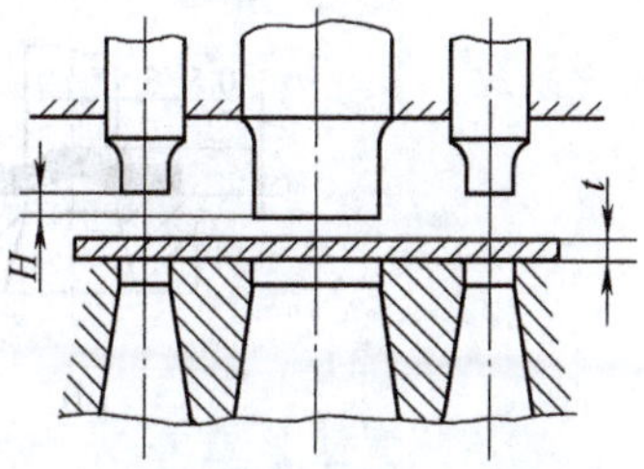

图 2-20　阶梯凸模冲裁

$$当\ t < 3\text{mm}\quad H = t;\quad 当\ t \geqslant 3\text{mm}\quad H = 0.5t$$

阶梯凸模冲裁力，一般只按产生最大冲裁力的那一层凸模来进行计算，以选择压力机。布置各层凸模时，位置应对称，使合力位于模具中心，以免工作时模具偏斜。

（二）斜刃冲裁

用平刃口模具冲裁时，整个零件周边同时被剪切，冲裁力较大。若将凸模（或凹模）平面刃口作成与其轴线倾斜一个角度的斜刃，则冲裁时刃口就不是全部同时切入板料，而是将板料沿其周边逐段切离，剪切面积减小，因而冲裁力有显著降低。同时，冲裁平稳、无噪声。各种斜刃的形式如图 2-21 所示。为了使冲裁件平整，落料时凸模应作成平刃，凹模作成斜刃，如图 2-21a、b 所示；冲孔时凹模作成平刃，凸模作成斜刃，如图 2-21c、d 所示。冲裁弯曲状工件时，可采用有圆头的凸模，如图 2-21e 所示。斜刃一般成对称布置，以免冲裁时模具承受单向侧压力而发生偏移，啃伤刃口。向一边斜的斜刃只能用于切口折弯，如图 2-21f 所示。斜刃模用于大型零件时，一般把斜刃布置成多个波峰的形式。

表 2-10　斜刃参数 H、φ

材料厚度 t/mm	斜刃高度 H	斜刃角 φ/(°)
<3	$2t$	<5
3 ~ 10	t	<8

斜刃主要参数的设计：斜刃角 φ 和斜刃高度 H 与板料厚度有关，可按表 2-10 选用。平刃部分的宽度取 0.5 ~ 3mm，如图 2-21 所示。

斜刃冲模的冲裁力（N）可用斜刃剪切公式近似计算：

$$F_{斜} = K\frac{0.5t^2\tau}{\tan\varphi} \tag{2-25}$$

式中，K 为系数，一般取 1.3；φ 为斜刃角（°）；τ 为材料抗剪强度（MPa）；t 为材料厚度（mm）。

斜刃冲裁力也可用下面简化公式计算：

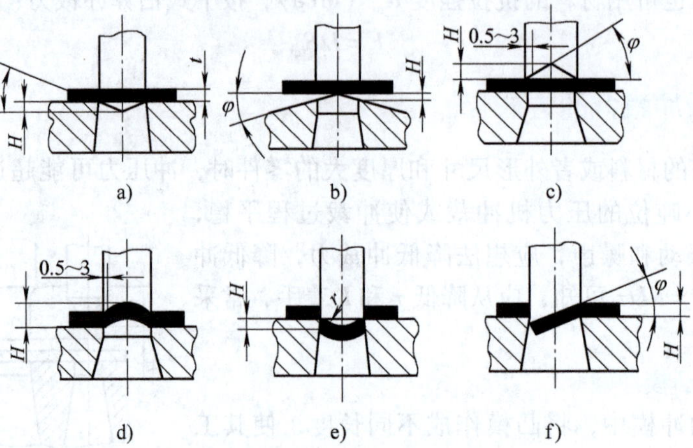

图 2-21　各种斜刃形式

$$F = K'Lt\tau \tag{2-26}$$

式中，L 为冲裁周长（mm）；K'为降低冲裁力系数，当 $t \geqslant 3$mm，$H = t$ 时，$K' = 0.4 \sim 0.6$；当 $t < 3$mm，$H = 2t$ 时，$K' = 0.2 \sim 0.4$。

斜刃冲模虽能降低冲裁力，但增加了模具制造和修磨的困难，刃口易磨损，零件不够平整，且不易冲裁外形复杂的零件。故一般仅用于大型件冲裁及厚板冲裁。

（三）加热冲裁

板料加热后，抗剪强度明显下降，从而降低了冲裁力。其冲裁力按平刃冲裁力公式计算，但材料的抗剪强度 τ 值，应取冲裁温度时的数值。应注意实际冲裁温度要比加热温度低 150～200°C。编制热冲工艺时，应考虑条料不宜过长，搭边值应适当放大，拟定合理的加热、冷却规范，谨防氧化、脱碳及零件冷却时的变形。设计模具时，刃口尺寸应考虑零件的冷缩量，冲裁间隙可适当减小，凸、凹模应选用热冲模具材料等。加热冲裁一般只适用于厚板或表面质量及精度要求不高的零件。

对于大型和形状复杂的零件，为了降低冲裁力，可采用分部冲裁法，但零件精度较低。

三、卸料力及推件力的计算

无论采用何种刃口冲模，当冲裁工作完成后，由于弹性变形，冲裁后的废料（或工件）会紧箍在凸模上，而冲裁下来的工件（或废料）会卡在凹模孔内。从凸模上将零件或废料卸下来所需的力称卸料力 $F_{卸}$，顺着冲裁方向将零件或废料从凹模腔推出的力称推件力 $F_{推}$，逆着冲裁方向将零件或废料从凹模腔顶出的力称顶件力 $F_{顶}$。

$F_{卸}$、$F_{推}$、$F_{顶}$ 是由压力机和模具的卸料、顶件装置获得的。影响这些力的因素主要有材料的力学性能，材料厚度，模具间隙，凸、凹模表面粗糙度，零件形状和尺寸以及润滑情况等。要准确计算这些力是困难的，实际生产中常用下列经验公式计算：

$$F_{卸} = K_{卸} F \tag{2-27}$$

$$F_{推} = nK_{推} F \tag{2-28}$$

$$F_{顶} = K_{顶} F \quad (2\text{-}29)$$

式中，F 为冲裁力（N）；$K_{卸}$、$K_{推}$、$K_{顶}$ 分别为卸料力、推件力、顶件力系数，其值见表2-11。n 为凹模孔口中同时卡有的工件数，设 h 为凹模孔口直壁的高度，t 为料厚，则$n = h/t$。

表 2-11　卸料力、推件力、顶件力系数

料厚/mm		$K_{卸}$	$K_{推}$	$K_{顶}$
钢	≤0.1	0.065 ~ 0.075	0.1	0.14
	>0.1 ~ 0.5	0.045 ~ 0.055	0.063	0.08
	>0.5 ~ 2.5	0.04 ~ 0.05	0.055	0.06
	>2.5 ~ 6.5	0.03 ~ 0.04	0.045	0.05
	>6.5	0.02 ~ 0.03	0.025	0.03
铝、铝合金		0.025 ~ 0.08	0.03 ~ 0.07	
纯铜、黄铜		0.02 ~ 0.06	0.03 ~ 0.09	

注：卸料力系数 $K_{卸}$ 在冲多孔、大搭边和轮廓复杂时取上限值。

冲裁时，所需冲压力为冲裁力、卸料力和推件力之和，这些力在选择压力机时是否要考虑进去，应根据不同的模具结构区别对待。

采用刚性卸料装置和下出料方式的冲裁模的总冲压力为

$$F_{总} = F_{冲} + F_{推} \quad (2\text{-}30)$$

采用弹性卸料装置和下出料方式的总冲压力为

$$F_{总} = F_{冲} + F_{卸} + F_{推} \quad (2\text{-}31)$$

采用弹性卸料装置和上出料方式的总冲压力为

$$F_{总} = F_{冲} + F_{卸} + F_{顶} \quad (2\text{-}32)$$

第七节　冲裁工艺设计

冲裁工艺设计主要包括冲裁件的工艺分析和冲裁工艺方案的确定两方面的内容。良好的工艺性和合理的工艺方案，可以用最小的材料消耗，最少的工序数量和工时，稳定地获得符合要求的优质产品，并使模具结构简单，模具使用寿命高，因而可以减少劳动量和冲裁成本。

一、冲裁件的工艺性

冲裁件的工艺性是指冲裁件对冲裁工艺的适应性。一般情况下，对冲裁件工艺性影响较大的是制件的结构形状、精度要求、形位公差及技术要求等。冲裁件的工艺性合理与否，影响到冲裁件的质量、模具使用寿命、材料消耗、生产率等，设计中应尽可能提高其工艺性。

（一）冲裁件的结构工艺性

冲裁件的形状应尽可能简单、对称、避免复杂形状的曲线，在许可的情况下，把冲裁件设计成少、无废料排样的形状，以减少废料（图2-13b）。

（1）圆角半径　冲裁件的外形和内孔应避免尖锐的清角，除在少、无废料排样或采用镶拼模结构时，都宜有适当的圆角相连，以利于模具制造和提高模具使用寿命。一般使用的圆角半径 R 应不小于板厚的 0.5 倍。

（2）凸出和凹入尺寸　冲裁件凸出和凹入尺寸不能太窄，尽可能避免过长的悬臂和窄槽，如图 2-22 所示。最小宽度 b 一般不小于 $1.5t$，若冲裁材料为高碳钢、合金钢等较硬的材料时允许值应增加 30%～50%，对于黄铜等软材料应减少 20%～25%，凸出和凹入的最大长度宜满足 $L \leqslant 5b$，当材料厚度 $t < 1\text{mm}$ 时，按 $t = 1\text{mm}$ 计算。

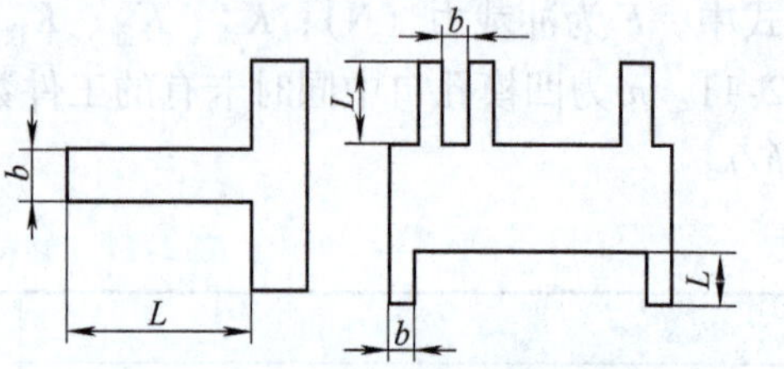

图 2-22　冲裁件凸出悬臂与凹槽尺寸

（3）冲孔尺寸　冲裁件的孔径因受冲孔凸模强度和刚度的限制，不宜太小，否则容易折断或压弯，冲孔的最小尺寸取决于冲压材料的力学性能、材料厚度 t、孔的形状及凸模强度和模具结构。不带保护套凸模冲孔的最小尺寸见表 2-12。如果采用带保护套的凸模，稳定性高，凸模不易折损，最小冲孔尺寸可以减小，见表 2-13。

表 2-12　不带保护套凸模冲孔的最小尺寸　（单位：mm）

材料及力学性能	圆　孔	矩 形 孔	长 圆 形 孔	方　孔
钢 $\tau > 700\text{MPa}$	$d \geqslant 1.5t$	$b \geqslant 1.35t$	$b \geqslant 1.1t$	$b \geqslant 1.2t$
钢 $\tau = 400 \sim 700\text{MPa}$	$d \geqslant 1.3t$	$b \geqslant 1.2t$	$b \geqslant 0.9t$	$b \geqslant t$
钢 $\tau < 400\text{MPa}$	$d \geqslant t$	$b \geqslant 0.9t$	$b \geqslant 0.7t$	$b \geqslant 0.8t$
黄铜、铜	$d \geqslant 0.9t$	$b \geqslant 0.8t$	$b \geqslant 0.6t$	$b \geqslant 0.7t$
铝、锌	$d \geqslant 0.8t$	$b \geqslant 0.7t$	$b \geqslant 0.5t$	$b \geqslant 0.6t$
纸胶板、布胶板	$d \geqslant 0.7t$	$b \geqslant 0.7t$	$b \geqslant 0.4t$	$b \geqslant 0.5t$
硬纸、纸	$d \geqslant 0.6t$	$b \geqslant 0.5t$	$b \geqslant 0.3t$	$b \geqslant 0.4t$

注：t—材料厚度，d—孔径，b—矩形孔、长圆形孔的窄边宽度，方孔的宽度。

表 2-13　带保护套凸模冲孔的最小尺寸　（单位：mm）

材料	硬钢	软钢及黄铜	铝及锌	材料	硬钢	软钢及黄铜	铝及锌
圆形孔径 d	$0.5t$	$0.35t$	$0.3t$	长方孔宽 b	$0.4t$	$0.3t$	$0.28t$

（4）孔边距和孔间距　冲孔件上的孔与孔、孔与边缘之间的距离不能过小，以避免工件变形、模壁过薄或因材料易被拉入凹模而影响模具使用寿命。一般孔边距和孔间距应不小于板厚 t 的 1.5 倍。（图 2-23）。

在弯曲件或拉深件上冲孔时，为避免凸模受水平推力而折断，孔壁与工件直壁之间应保证一定的距离，以便避开弯曲或拉深圆角区。

（二）冲裁件的尺寸精度和表面粗糙度要求

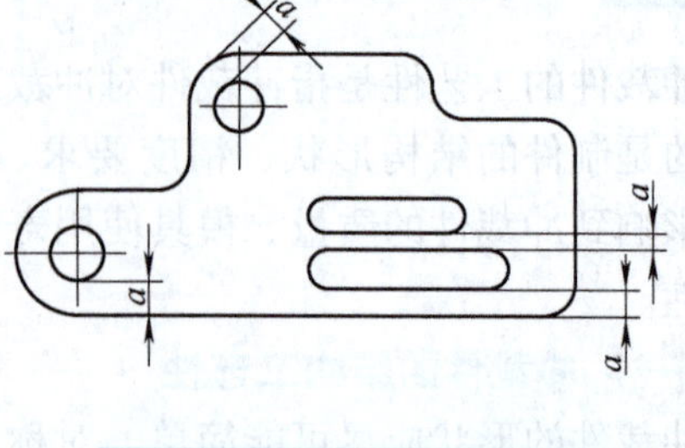

图 2-23　最小孔边距的确定

冲裁件的精度要求，对于普通冲裁件，其经济精度不高于 IT11，冲孔件比落料件高一级。冲裁件外形与内孔尺寸公差见表 2-14。如果工件精度高于上述要求，则需在冲裁后整修或采用精密冲裁。冲裁件两孔心距所能达到的公差见表 2-15。

表 2-14　冲裁件外形与内孔尺寸公差　　（单位：mm）

材料厚度	普通冲裁模				高级冲裁模			
	零　件　尺　寸							
	<10	10~50	≥50~150	≥150~300	<10	10~50	≥50~150	≥150~300
0.2~0.5	$\frac{0.08}{0.05}$	$\frac{0.10}{0.08}$	$\frac{0.14}{0.12}$	0.20	$\frac{0.025}{0.02}$	$\frac{0.03}{0.04}$	$\frac{0.05}{0.08}$	0.08
0.5~1	$\frac{0.12}{0.05}$	$\frac{0.16}{0.08}$	$\frac{0.22}{0.12}$	0.30	$\frac{0.03}{0.02}$	$\frac{0.04}{0.04}$	$\frac{0.06}{0.08}$	0.10
1~2	$\frac{0.18}{0.06}$	$\frac{0.22}{0.10}$	$\frac{0.30}{0.16}$	0.50	$\frac{0.04}{0.03}$	$\frac{0.06}{0.06}$	$\frac{0.08}{0.10}$	0.12
2~4	$\frac{0.24}{0.08}$	$\frac{0.28}{0.12}$	$\frac{0.40}{0.20}$	0.70	$\frac{0.06}{0.04}$	$\frac{0.08}{0.08}$	$\frac{0.10}{0.12}$	0.12
4~6	$\frac{0.30}{0.10}$	$\frac{0.35}{0.15}$	$\frac{0.50}{0.25}$	1.00	$\frac{0.10}{0.06}$	$\frac{0.12}{0.10}$	$\frac{0.15}{0.15}$	0.20

注：1. 表中分子为外形的公差值，分母为内孔的公差值。

2. 普通冲裁模系指模具工作部分、导向部分零件按 IT7 ~ IT8 级精度制造，高级冲裁模按 IT5 ~ IT6 级精度制造。

表 2-15　冲裁件孔心距公差　　（单位：mm）

材料厚度	普通冲裁模			高级冲裁模		
	孔中心距基本尺寸					
	<50	50~150	≥150~300	<50	50~150	≥150~300
<1	±0.10	±0.15	±0.20	±0.03	±0.05	±0.08
1~2	±0.12	±0.20	±0.30	±0.04	±0.06	±0.10
2~4	±0.15	±0.25	±0.35	±0.06	±0.08	±0.12
4~6	±0.20	±0.30	±0.40	±0.08	±0.10	±0.15

普通冲裁件断面因存在圆角带、光亮带、撕裂带和毛刺，其表面粗糙度值较高，一般在 6.3μm 以上。允许的毛刺高度一般在 0.05 ~ 0.15mm（t：0.3 ~ 2.0mm）较薄材料取下限值、较厚材料取上限值。新模试冲时允许的毛刺值更小一些。

（三）冲裁件的尺寸基准

冲裁件的尺寸基准应尽可能和制模时的定位基准重合，以避免产生基准不重合误差。孔位尺寸基准应尽量选择在冲裁过程中始终不参加变形的面或线上，且不要与参加变形的部位联系起来。如图 2-24a 所示的标注，尺寸 L_1、L_2 必须考虑到模具的磨损而相应给以较宽的公差，造成孔心距的不稳定，孔心距公差会随着模具磨损而增大。而采用图 2-24b的标注时孔心距不受模具磨损的影

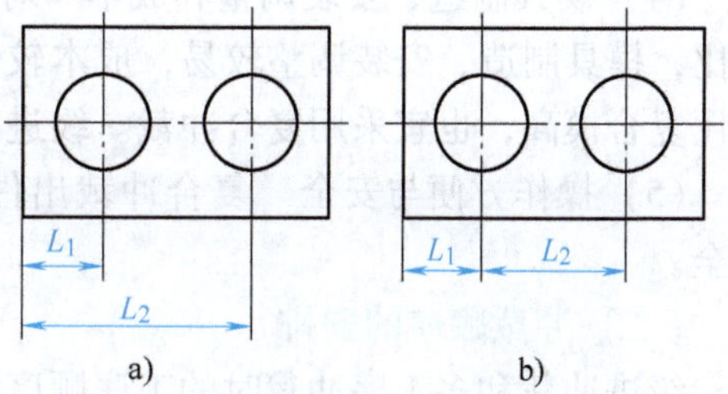

图 2-24　冲裁件的尺寸标注

第二章　冲裁工艺与模具设计

响，比较合理。

二、冲裁工艺方案的确定

工艺方案的内容是确定冲裁件的工艺路线，主要包括确定工序数、工序的组合和工序顺序的安排等，应在工艺分析的基础上制订几种可能的方案，再根据工件的批量、形状、尺寸等多方面的因素，全面考虑、综合分析，选取一个较为合理的冲裁方案。

（一）冲裁工序的组合

冲裁工序按工序的组合程度可分为单工序冲裁、复合冲裁和级进冲裁。

单工序冲裁是指在压力机的一次行程中，在一副模具中只能完成一道冲压工序。复合冲裁是指在压力机的一次行程中，在模具的同一位置同时完成两个或两个以上的工序。级进冲裁是指把一个冲裁件的几个工序，排列成一定顺序，组成级进模，在压力机的一次行程中，在模具的不同位置同时完成两个或两个以上的工序，除最初几次冲程外，每次冲程都可完成一个冲裁件。

冲裁组合方式的选择应根据冲裁件的生产批量、尺寸精度、形状复杂程度、模具成本等多方面因素来考虑。

（1）生产批量　由于模具费用在制件成本中占有一定的比例，所以，冲裁件的生产批量在很大程度上决定了冲裁工序的组合程度，即决定所用的模具结构。一般来说，新产品试制与小批量生产，模具结构简单，力求制造快，成本低，采用单工序冲裁；对于中批和大批量生产，模具结构力求完善，要求效率高、使用寿命长，应采用复合冲裁或级进冲裁。

（2）冲裁件尺寸精度　复合冲裁避免了多次冲压的定位误差，所得工件公差等级高，内、外形同轴度好，并且在冲裁过程中可以进行压料，工件较平整、不翘曲。级进冲裁所得工件的尺寸公差等级比复合冲裁低，工件有拱弯，不够平整。多道单工序冲裁可得到的工件精度最低。

（3）对工件尺寸、形状的适应性　复合冲裁适宜于冲裁不太厚（一般 <3mm 厚）的各种尺寸的工件，但因受凸凹模强度和刚度所限，冲裁件的孔边距和孔与孔间隙不宜过小。这种工件也不宜采用单工序冲裁，因孔边距过小，落料后冲孔时，孔边距和孔与孔的间隙处会发生外胀和歪扭变形，得不到合格的产品，故宜采用级进冲裁。级进冲裁可以加工形状复杂、宽度很小的异形零件，且可冲裁的材料厚度比复合冲裁要大。但级进冲裁受压力机台面尺寸与工序数的限制，冲裁工件一般为中、小型件。

（4）模具制造、安装调整和成本　对复杂形状的工件，采用复合冲裁与采用级进冲裁相比，模具制造、安装调整较易，成本较低。尺寸中等的工件由于制造多副单工序模的费用比复合模高，也宜采用复合冲裁。级进冲裁模具结构比复合模简单，易于制造。

（5）操作方便与安全　复合冲裁出件或清除废料较困难，安全性较差，级进冲裁较安全。

（二）冲裁顺序的安排

级进冲裁和多工序冲裁时的工序顺序安排可参考以下原则：

1. 级进冲裁的顺序安排

1）先冲孔（缺口或工件的结构废料），最后落料或切断，将工件与条料分离。首先冲出的孔一般作后续工序定位用。若定位要求较高，则要冲出专供定位用的工艺孔（一般为两个，如图 2-25 所示）。

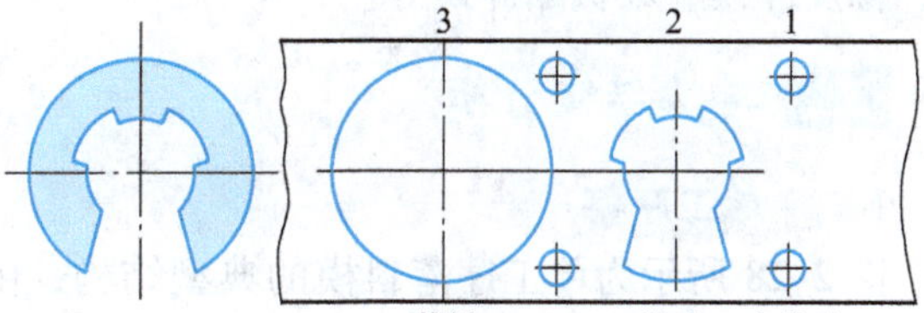

图 2-25　级进冲裁

2）采用定距侧刃时，侧刃切边工序一般安排在前，与首次冲孔同时进行（图 2-26），以便控制送料进距。采用两个定距侧刃时，也可安排成一前一后（图 2-19）。

3）套料级进冲裁（图 2-27）按由里向外的顺序，先冲内轮廓，后冲外轮廓。

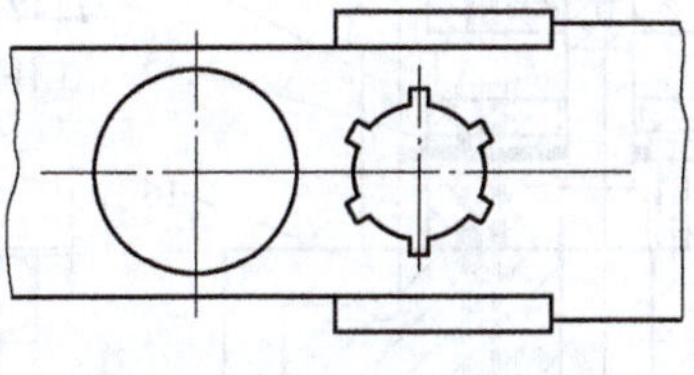
图 2-26　级进冲裁排样

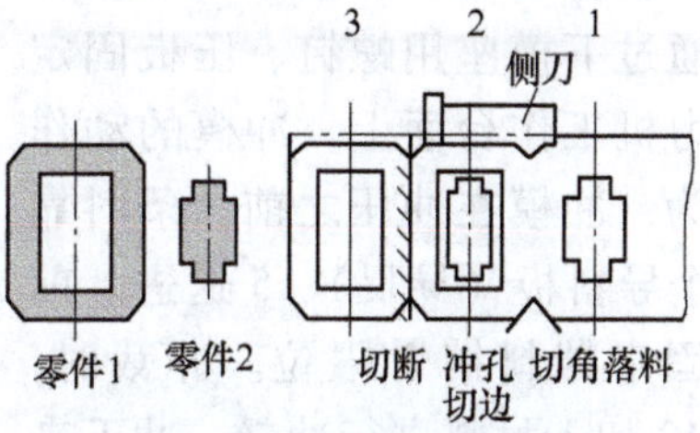

图 2-27　套料级进冲裁

2. 多工序工件用单工序冲裁时的顺序安排

1）先落料使毛坯与条料分离，然后以外轮廓定位进行其他冲裁。后续各冲裁工序的定位基准要一致，以避免定位误差和尺寸链换算。

2）冲裁大小不同、相距较近的孔时，为减少孔的变形，应先冲大孔，后冲小孔。

第八节　冲裁模的类型与结构

一、冲裁模分类

冲裁模结构设计是否合理，直接影响冲裁件的质量与成本。因此，认识和研究冲裁模的结构特点和性能，对实现冲裁加工和发展冲裁技术是十分重要的。

冲裁模结构的类型多种多样，可按以下特征进行分类。

（1）按工序性质分类　有冲孔模、落料模、切边模、切断模、剖切模、切口模、整修模、精冲模等。

（2）按工序的组合分类　有单工序模（又称简单模）、级进模（又称连续模或跳步模）、复合模。

（3）按导向方式分类　有无导向的敞开式模和有导向的导板模、导柱模、导筒模。

（4）按卸料装置分类　有带固定卸料板和弹压卸料板冲模。

（5）按挡料或定料的形式分类　有带固定挡料销、活动挡料销、导正销和侧刃的冲模。

（6）按凸、凹模选用材料不同分类　有硬质合金冲模、钢结硬质合金冲模、钢皮冲模、橡皮冲模、聚氨酯冲模等。

二、冲模结构分析

（一）单工序模

图2-28所示为单工序落料模的典型结构，由上模和下模两部分组成。上模包括上模座7及装在其上的全部零件；下模包括下模座16及装在其上的所有零件。冲模在压力机上安装时，通过模柄9夹紧在压力机滑块的模柄孔中，上模和滑块一起上下运动；下模则通过下模座用螺钉、压板固定在压力机工作台面上。冲模的动作原理为：冲模在冲压之前，条料靠着两个导料板（导尺）15送进。前方由固定挡料销3限位。冲裁时，凸模12切入材料进行冲裁。冲下来的工件从凹模2的孔漏下。上模回升时，依靠刚性卸料板4将废条料从凸模上卸下。第二次及后续各次送料依然由挡料销3定位，送进时须将条料抬起。

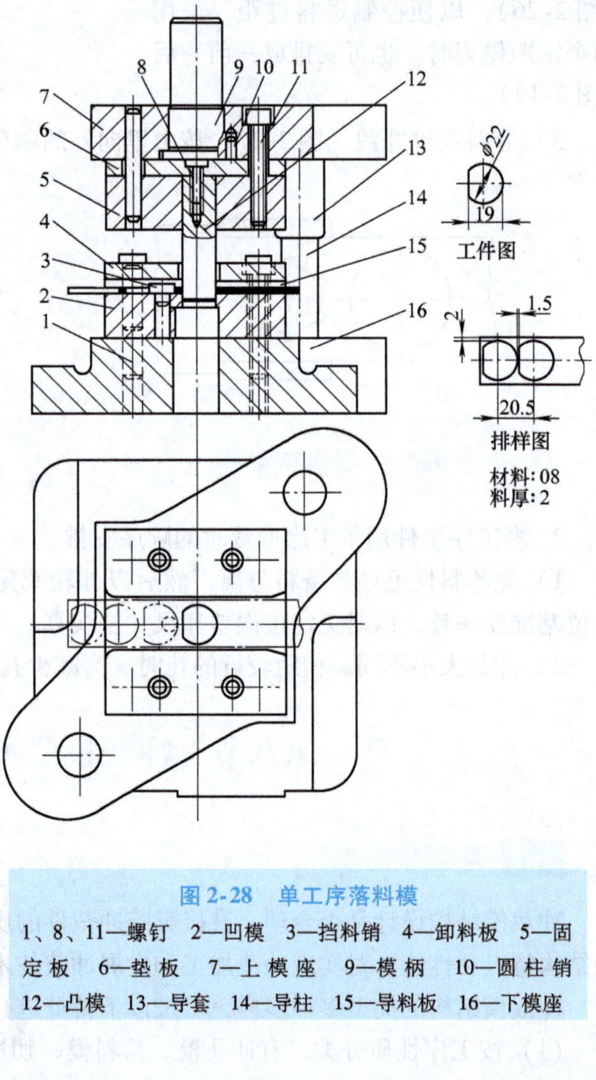

图2-28 单工序落料模

1、8、11—螺钉 2—凹模 3—挡料销 4—卸料板 5—固定板 6—垫板 7—上模座 9—模柄 10—圆柱销 12—凸模 13—导套 14—导柱 15—导料板 16—下模座

冲模结构一般由如下五部分组成：

(1) 工作零件　实现冲裁变形使材料正确分离，保证冲裁件形状的零件。 包括凸模与凹模等。

(2) 定位零件　确定条料在模具中的正确位置的零件。 导料销（或导尺）对条料送进起导向作用，挡料销限制条料送进的位置。

(3) 卸料及推件零件　将冲裁后由于弹性恢复而卡在凹模孔内和箍在凸模上的工件和废料脱卸下来的零件。 卡在凹模孔内的工件，是利用凸模在冲裁时一个接一个地由凹模孔推落或由顶件装置顶出凹模（图2-29中件4）。箍在凸模上的废料或工件，由刚性卸料板卸料（图2-29中件4），或由弹性卸料装置（由图2-29中件2、6、7组成）卸下。

(4) 导向零件　分别由压装在上、下模座的导套和导柱组成。 导向装置保证上下模运行稳定，从而使凸模和凹模之间的间隙均匀。

(5) 连接固定零件　将凸、凹模固定于上、下模座的以及将上、下模固定在压力机上的零件， 包括上、下模座、模柄，固定板，垫板和螺钉、圆柱销等。凸模一般通过固定板与上模座固定，凹模一般直接与下模座固定，它们分别用螺钉固紧，用销钉定位。垫板用于支承凸模的冲裁力。

（二）级进模

级进模（又称连续模）是一种多工位、高效率冲模，在一副模具中有规律地安排多个工位进行连续冲压。

级进模的工步安排很灵活，每一工位可以安排一种或多种工序，也可以特意安排一个或多个空位，以增加凹模的壁厚，或避免模具零件过于局促，造成加工和安装的困难。但不论其排样如何，为了保证进料的连续性，工件与条料的完全分离（落料或切断）都要安排在最后的工位。

级进模按条料排样的形状、工步排列顺序和定位型式不同，其结构有别。

图 2-30 所示为冲孔、落料三工步级进冲裁模。此模具的特点是采用了固定挡料销和导正销的定位结

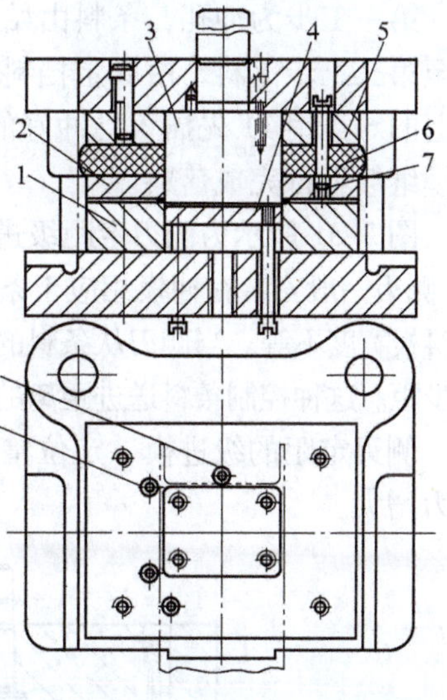

图 2-29　弹性卸料的落料模

1—凹模　2—卸料板　3—凸模　4—顶料板　5—固定板　6—橡胶　7—卸料螺钉　8—导料销　9—挡料销

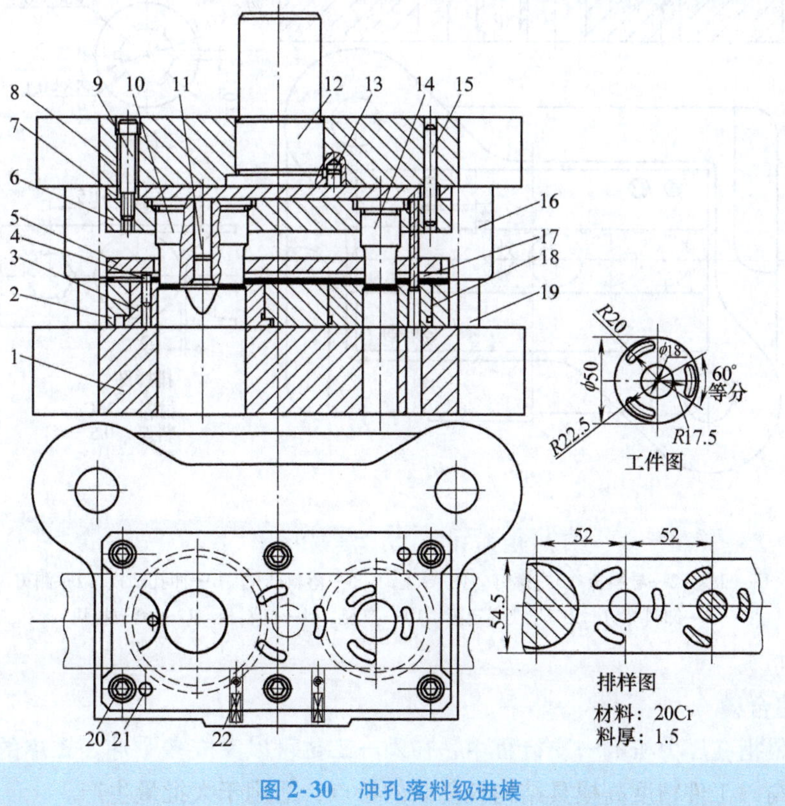

图 2-30　冲孔落料级进模

1—下模座　2—凹模固定板　3—落料凹模　4—固定挡料销　5—卸料板　6—凸模固定板　7—垫板　8—上模座　9—螺钉　10—落料凸模　11—导正销　12—模柄　13—圆柱销　14、17—冲孔凸模　15—圆柱销　16—导套　18—冲孔凹模　19—导柱　20—螺钉　21—圆柱销　22—始用挡料销

构。第一工步为冲孔，条料由始用挡料销 22 定位。第二工步为空工位，条料送进两个步距至第三工步落料，由固定挡料销 4 对条料作初始定位。落料时，用装于落科凸模 10 端面上的导正销 11 先插入已冲好的孔内，对条料作精确定位，以保证孔与外缘的位置精度，凸模继续下行完成落料。

图 2-31 所示为侧刃定距级进冲裁模。模具的主要特点是装有控制条料送进距离的侧刃 7。侧刃一般安装在冲模相应于条料侧边的位置上。侧刃横截面的长度等于步距。侧刃前后的导料板宽度不等。当侧刃从条料的侧边冲裁出长度等于步距的狭长条后，条料才能向前送进一个步距。这种控制条料送进距离的方法，称为侧刃定距。侧刃可以是单侧，也可以是双侧的。

侧刃定距的级进模，定位精度较高，送料方便，生产效率高，但材料的消耗增加，冲裁力增大。

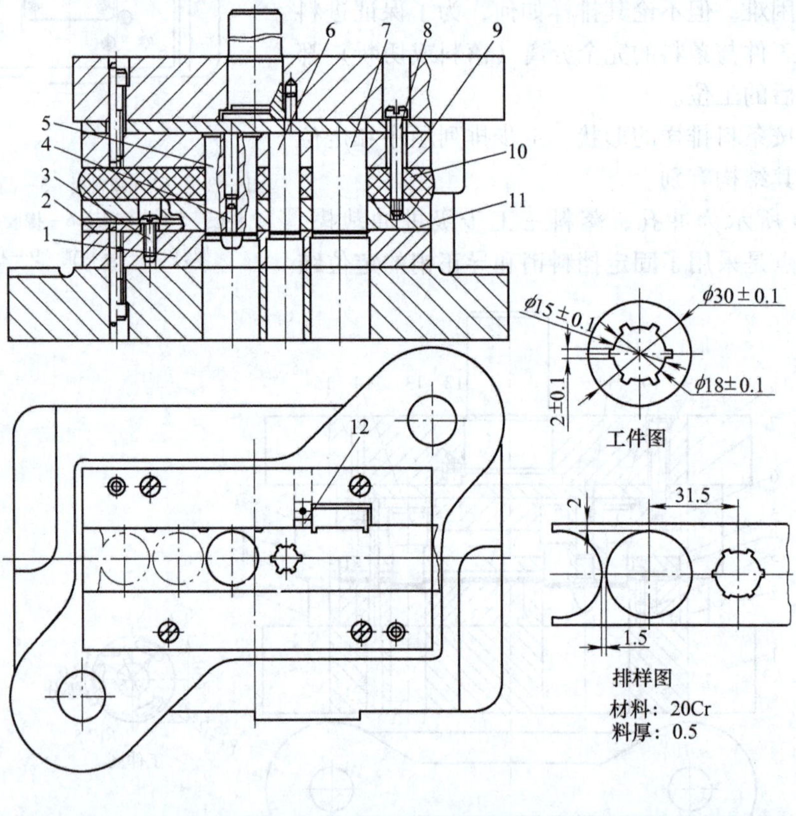

图 2-31　侧刃定距级进模

1—凹模　2—导料板　3—螺钉　4—导正销　5—落料凸模　6—冲孔凸模　7—侧刃　8—卸料螺钉　9—凸模固定板　10—橡胶　11—卸料板　12—侧刃挡块

（三）复合模

复合模是指在压力机的一次行程中，在同一工位可以完成多个冲压工序的模具。它具有生产效率高，工件精度高模具结构较复杂的特点，适用于大批量生产。

复合模的结构特点主要表现在有一个既是落料凸模又是冲孔凹模的凸凹模。

图 2-32 和图 2-33 所示均为冲孔落料复合模。

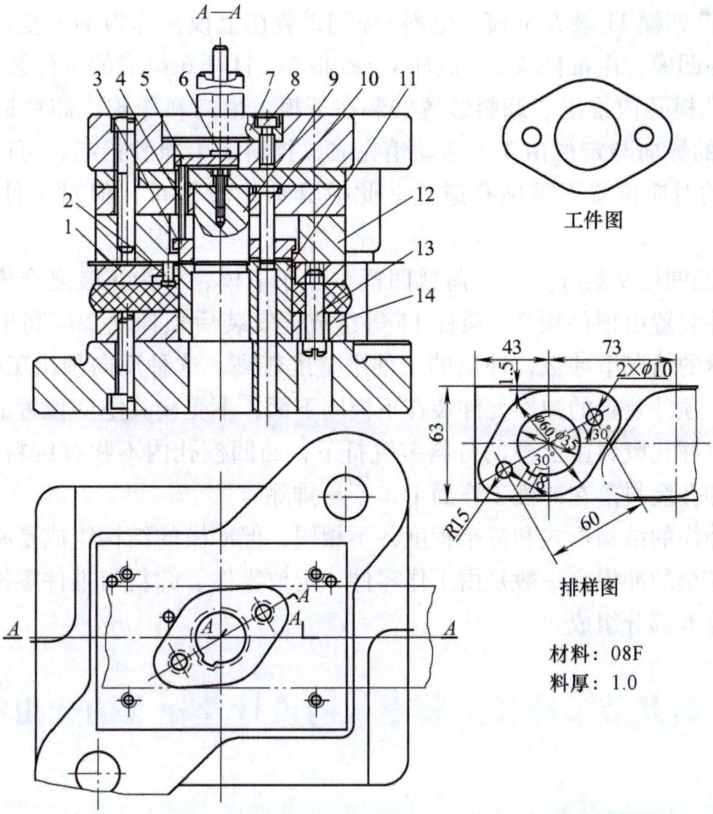

图 2-32　倒装复合模

1—卸料板　2—活动挡料销　3—推件块　4—推杆　5—推板　6—打杆　7—模柄　8—螺钉　9、10—冲孔凸模　11—凸凹模　12—落料凹模　13—卸料螺钉　14—固定板

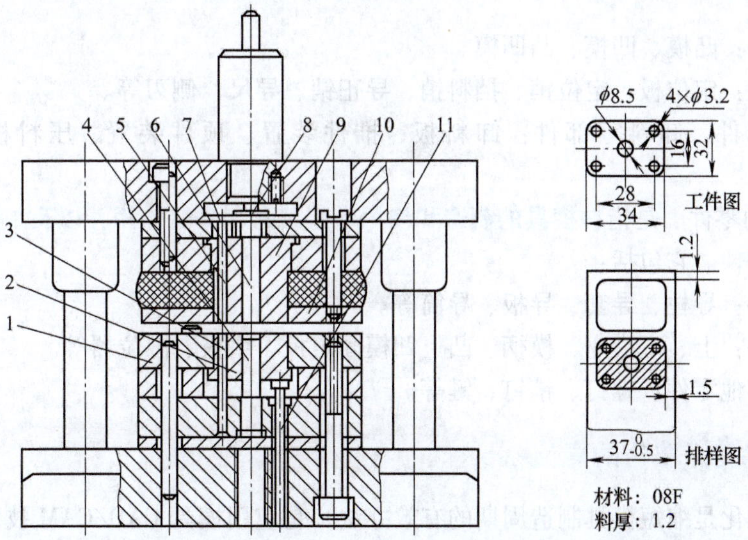

图 2-33　正装复合模

1—落料凹模　2—顶件块　3、4—冲孔凸模　5、6—推杆　7—打板　8—止转螺钉　9—凸凹模　10—弹压卸料板　11—顶杆

图 2-32 中凸凹模 11 装在下模，落料凹模 12 装在上模，称为倒装复合模。冲裁完成后，工件会留在凹模，由推件块 3、推杆 4、推板 5、打杆 6 组成的推件装置将工件推出。冲孔废料从凸凹模孔内推出。卸料装置安装在下模，由卸料橡胶、卸料板 1 和卸料螺钉 13 组成。条料的导向与定位由 3 个活动销完成，挡料销由橡胶抬起，可以在卸料板 1 内伸缩，在凹模的对应位置不需钻孔避让。此模具结构较简单，但对工件不能起到压平作用。

图 2-33 中凸凹模 9 装在上模，落料凹模 1 装于下模，称为正装复合模。正装复合模向上出件，顶件装置由顶件块 2、顶杆 11 等组成，安装后顶件块 2 应高出落料凹模 1 少许。条料在压紧的情况下冲裁，冲出的工件平整度较高。这种反向顶出工件的弹顶装置，适于冲裁薄料。顶件装置的弹性元件装在下模座下面，不受模具空间位置的限制，可获得较大的弹性力。冲孔废料由上模的打料装置打下，凸凹模孔内不积存废料，所受胀力小，不易胀裂。但冲孔废料落在冲模工作面上，不易排除。

上述各类冲模的结构形式和复杂程度各不相同，但冲模的结构组成是有规律的。对手工送料、功能齐全的冲模，一般是由工作零件、定位零件、卸料与推件零件、导向零件和连接固定零件等五部分组成。

第九节　冲模主要零件的设计及标准的选用

一、模具零件的分类

按模具零件的不同作用，可将其分为工艺零件和结构零件两大类。

（1）工艺零件　是指在完成工序时，与毛坯板料或制件直接发生接触的零件。它包括：

工作零件：凸模、凹模、凸凹模。

定位零件：定位板、定位销、挡料销、导正销、导尺、侧刃等。

压料、出件、卸料零部件：卸料板、推件装置、顶件装置、压料板、弹簧、橡胶等。

（2）结构零件　是指在模具的制造和使用中起装配、安装作用，以及制造和使用中起导向作用的零件。它包括：

导向零件：导柱、导套、导板、导筒等。

固定零件：上、下模座、模柄、凸、凹模固定板、垫板、限位器等。

紧固及其他零件：螺钉、销钉、键等。

二、冲模标准化的意义

模具标准化是缩短模具制造周期的有效办法，是应用模具 CAD/CAM 技术的前提，是模具现代化生产的基础，所以必须推广和优先应用标准模具。目前我国冲模标准化程度已较高，先后制订了冲模基础标准、冲模产品（零部件）标准和冲模工艺质量标准。工作零件的设计与标准的选用见表 2-16。

表 2-16　冲模技术标准

标准类	标准名称	标准号	简要内容
冲模基础标准	冲模术语	GB/T 8845—2006	对冲模类型、组成零件及零件的结构要素、功能等进行了定义性的解述，每个术语都有中、英文对照
	冲压件尺寸公差	GB/T 13914—2013	给出了技术经济性较合理的冲压件尺寸公差、形状位置公差
	冲压件角度公差	GB/T 13915—2013	
	冲裁间隙	GB/T 16743—2010	给出了合理冲裁间隙范围
冲模产品（零部件）标准	冲模零件	GB/T 2855.1～14—2008	冲模滑动导向对角、中间、后侧、四角导柱上、下模座
		GB/T 2856.1～8—2008	冲模滚动导向对角、中间、后侧、四角导柱上、下模座
		GB/T 2861.1～11—2008	各种导柱、导套等 模柄，圆凸、凹模，快换圆凸模等
		JB/T 5825～5830—2008	通用固定板、垫板、小导柱、各式模柄、导正销、侧刃、导料板、始用挡料装置；钢板滑动与滚动导向对角、中间、后侧、四角导柱，上、下模座和导柱、导套等
		JB/T7653—2008	
		JB/T 7185～7187—1995	
	冲模模架	GB/T 2851～2852—2008	滑动与滚动导向对角、中间、后侧、四角导柱模架（铸铁模座）
		JB/T 7181～7182—1995	滑动与滚动导向对角、中间、后侧、四角导柱钢板模架
冲模工艺质量标准	冲模技术条件	GB/T 14662—2006	各种模具零件制造和装配技术要求，以及模具验收的技术要求等
	冲模钢板模架技术条件	JB/T 8050—2008	钢板模架零件制造和装配技术要求，以及模架验收的技术要求等

三、工作零件的设计与标准的选用

（一）凸模

（1）凸模结构形式　凸模的结构形式很多，主要分为圆截面式、等截面式、护套式、快换式四种。

（2）凸模的长度　凸模的长度尺寸应根据模具的具体结构确定，同时要考虑凸模的修磨量及固定板与卸料板之间的安全距离等因素。

当采用固定卸料板时（图2-34a），凸模长度按下式计算：

$$L = h_1 + h_2 + h_3 + h$$

当采用弹性卸料板时（图2-34b），凸模长度按下式计算：

$$L=h_1+h_2+t+h$$

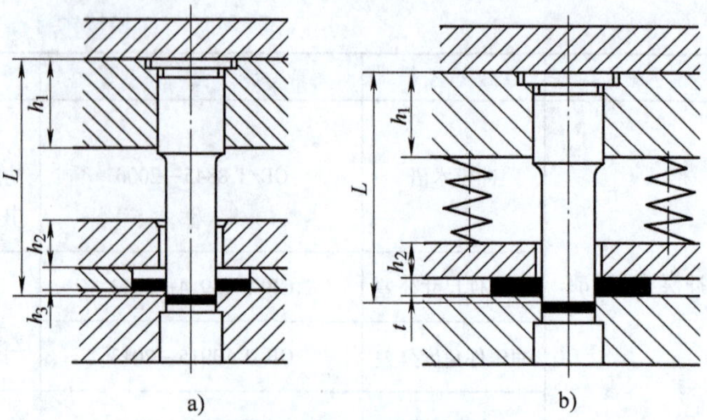

图 2-34　凸模长度计算

a）固定卸料　b）弹性卸料

式中，L 为凸模长度（mm）；t 为材料厚度（mm）；h_1 为凸模固定板厚度（mm）；h_2 为卸料板厚度（mm）；h_3 为导料板厚度（mm）；h 为附加长度（mm）。它包括凸模的修磨量，凸模进入凹模的深度，凸模固定板与卸料板之间的安全距离等。一般取 $h=15\sim20$mm。

（3）凸模的固定形式　凸模为工作零件，工作时要求可靠的固定与定位。凸模的固定形式如图 2-35 所示。

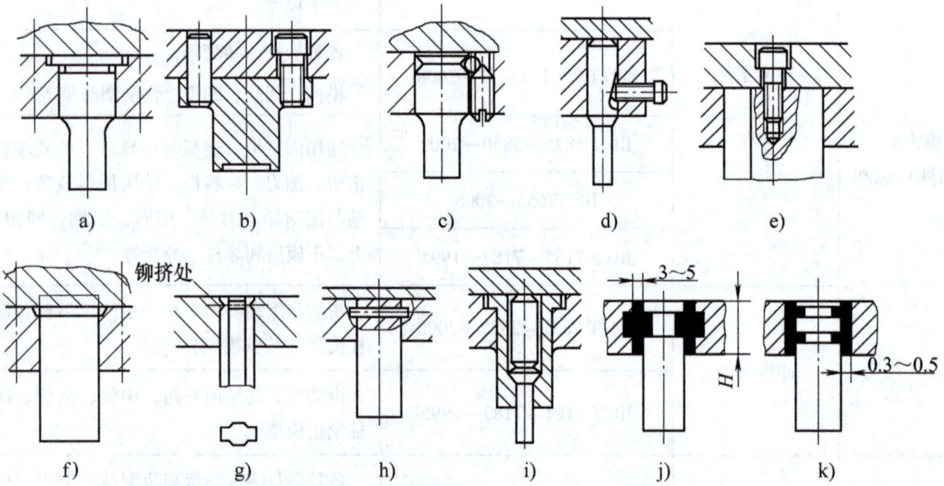

图 2-35　凸模的固定形式

图 2-35a、b、c、d、i 所示适用于圆形截面，其中图 2-35b 适用于大直径的落料或冲孔，为了减少磨削面积，凸模刃口端面加工成凹坑形式；图 2-35c、d 所示是快速更换凸模的固定形式，对多凸模冲模，其中个别凸模（凹模）特别易损，需经常更换，此时采用这种形式更换易损凸模较方便；而图 2-35i 所示为护套式凸模，适用于小孔冲裁，尤其是在厚料冲小孔的场合。

图 2-35e、f、g、h 所示的四种形式适用于等截面凸模，凸模的工作部分与固定部分做成等截面直通式，便于成形磨削和线切割加工，其中图 2-35e 所示适用于截面尺寸较大时，常用螺钉固定；图 2-35f、g 所示是采用铆接，其中 f 形式的凸模要求端部回火，装配时上面铆开然后磨平，而 g 形式则是反向铆接，是将固定板铆入凸模，避免了 f 形式的端部回火，图 2-35h 所示的凸模上端开孔，插入圆销以承受卸料力，较易更换。

以上所述凸模（除图 2-35b、c、d 外）与固定板的配合均是过渡配合 H7/m6。

对形状复杂的零件和多凸模冲模，可采用低熔点合金或高分子塑料的接合方法，其模具制造和装配会大为简化，图 2-35j 所示为低熔点合金浇注法固定凸模，图 2-35k 所示为环氧树脂浇注法固定凸模。装配时将凸模与凹模的间隙调整好，然后在空槽上倒入粘结剂，来紧固凸模。

（4）凸模强度核算　当凸模特别细长时或凸模断面尺寸小而板料厚度大时，需对凸模的抗弯能力和承压能力进行校核，如图 2-36 所示。

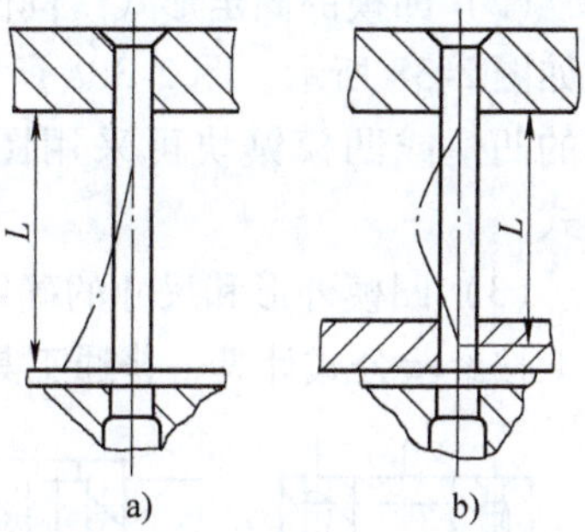

图 2-36　无导向和有导向凸模

冲裁时，凸模承受的压应力 σ_p 必须小于凸模材料强度允许的压应力 $[\sigma_p]$，即

$$\sigma_p = \frac{F}{A} \leqslant [\sigma_p]$$

式中，σ_p 为凸模承受的压应力（MPa）；F 为冲裁力（N）；A 为凸模最小截面积（mm^2）；$[\sigma_p]$ 为凸模材料的许用压应力（MPa）。

失稳弯曲应力采用杆件受轴向压力的欧拉公式进行校验。

（二）凹模

（1）刃口形式　凹模刃口通常如图 2-37 所示的几种形式。

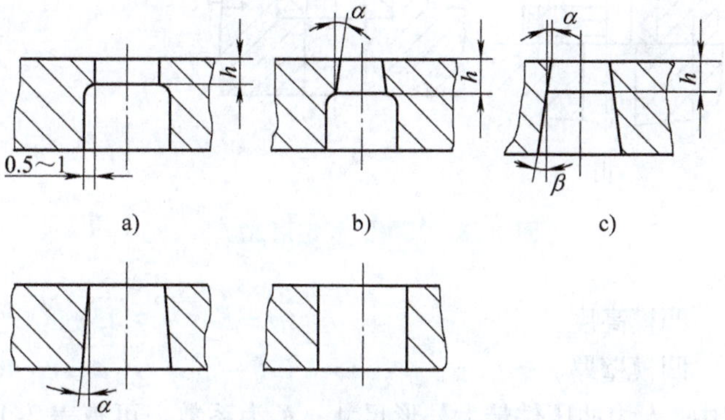

图 2-37　凹模刃口形式

图 2-37a 的特点是刃口强度较好。刃磨后工作部分尺寸不变，但洞口易积存废料或制件，推件力大且磨损大，刃磨时磨去的尺寸较多，一般用于形状复杂和精度要求较高的制件，对向上出件或出料的模具也采用此刃口形式。

图 2-37b 的特点是不易积存废料或制件，对洞口磨损及压力较小，但刃口强度较差。且刃磨后尺寸稍有增大，不过由于它的磨损小，这种增大不会影响模具使用寿命。一般适用于形状较简单、冲裁制件精度要求不高、制件或废料向下落的情况。

图 2-37c、d 与图 2-37b 相似，图 2-37c 适用于冲裁较复杂的零件；图 2-37d 适用于冲裁薄料和凹模厚度较薄的情况。图 2-37e 与图 2-37a 相似，适用于上出件的模具。

凹模工作部分高度 h 及斜度 α、β，视工件的材料及加工方法而定，其数值见表 2-17。

表 2-17　凹模孔口主要参数

主要参数 / 材料厚度 t/mm	α/(′)	β/(°)	h/mm	附　注
<0.5			≥4	
0.5~1	15	2	≥5	表中 α、β 值仅适用于钳工加工。电火花加工时：$\alpha=4'\sim20'$（复杂模具取小值），$\beta=20'\sim50'$。带斜度装置的线切割时：$\beta=1°\sim1.5°$
>1~2.5			≥6	
>2.5~6	30	3	≥8	
>6			—	

（2）凹模的固定形式　同凸模一样，凹模工作时也要求可靠的固定与定位。其固定形式如图 2-38 所示，图 2-38a 所示是直接固定在模板上的，依靠螺钉固定，销钉定位。较小的凹模或凹模镶块可采用图 2-38b、c、d 所示的固定形式；图 2-38e 所示为快速更换式。

（3）凹模外形和尺寸的确定　圆形凹模可按冷冲模国家标准选用。非标准尺寸的凹模一般按经验公式计算，普通工具钢凹模尺寸（图 2-39）可按下式计算：

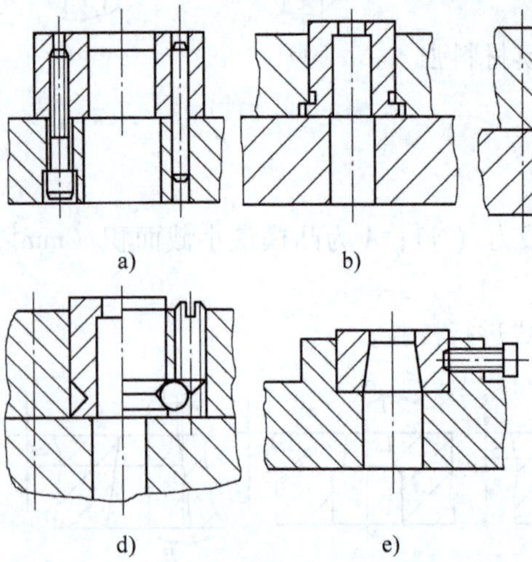

图 2-38　凹模的固定形式

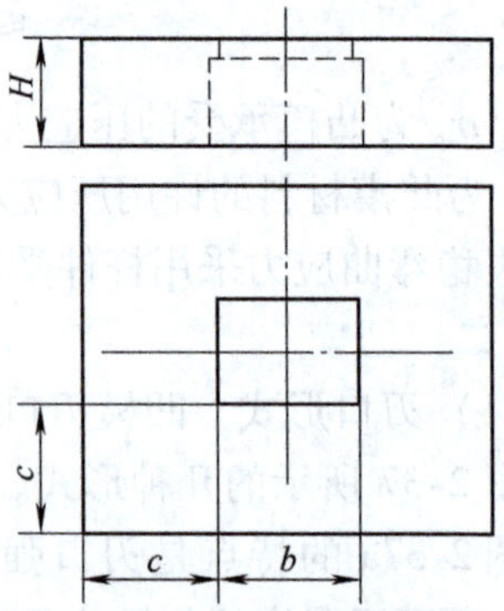

图 2-39　凹模尺寸

凹模高度　　$H = Kb$　（$\geqslant 15\text{mm}$）　　(2-33)

凹模壁厚　　$c = (1.5 \sim 2)H$　（$\geqslant 30 \sim 40\text{mm}$）　　(2-34)

式中，b 为冲压件最大外形尺寸；K 为系数，可查表 2-18 确定。

冲裁件形状简单时，壁厚 C 取偏小值，形状复杂时，取偏大值。大批量生产时的凹模高度还应增加修模量。

表 2-18　系数 K 值

b/mm	料厚 t/mm				
	0.5	1	2	3	>3
<50	0.3	0.35	0.42	0.5	0.6
≥50 ~ 100	0.2	0.22	0.28	0.35	0.42
>100 ~ 200	0.15	0.18	0.2	0.24	0.3
>200	0.1	0.12	0.15	0.18	0.22

（三）凸凹模

复合冲模的凸凹模的内外缘均为刃口，内外缘之间的壁厚取决于冲裁件的尺寸，因此从强度考虑，壁厚受最小值限制。凸凹模的最小壁厚受冲模结构影响。对于正装复合模，由于凸凹模装于上模，内孔不会积存废料，胀力小，最小壁厚可小些；对于倒装复合模，因孔内会积存废料，所以最小壁厚要大些。它的值一般由经验数据决定，倒装复合模的凸凹模最小壁厚：对于黑色金属和硬材料约为工件料厚的1.5倍，但不小于0.7mm；对于有色金属及软材料约等于工件料厚，但不小于0.5mm。倒装复合模凸凹模的最小壁厚见表2-19。

表2-19　倒装复合模的凸凹模最小壁厚　　（单位：mm）

简　图	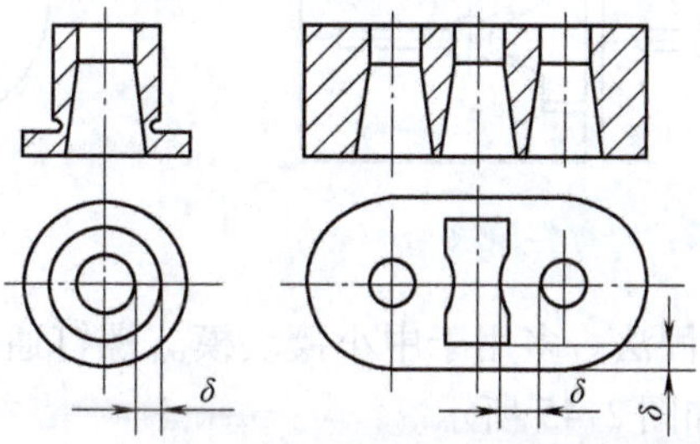										
材料厚度 t	0.4	0.6	0.8	1.0	1.2	1.4	1.6	1.8	2.0	2.2	2.5
最小壁厚 δ	1.4	1.8	2.3	2.7	3.2	3.6	4.0	4.4	4.9	5.2	5.8
材料厚度 t	2.8	3.0	3.2	3.5	3.8	4.0	4.2	4.4	4.6	4.8	5.0
最小壁厚 δ	6.4	6.7	7.1	7.6	8.1	8.5	8.8	9.1	9.4	9.7	10

（四）凸模、凹模的镶块结构

大型和复杂形状的冲模或者局部容易损坏的冲模，常用镶拼结构的模具。这不但可节约贵重的工具钢，使模具易损部位更换方便，并能解决无法锻造大钢料、热处理变形等问题。但镶拼模具的装配比较困难。

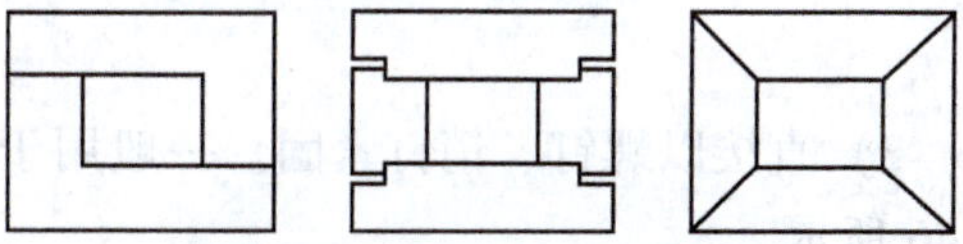

图2-40　凹模镶块的分块

（1）镶块的分块原则

1）刃口尖角处因机械加工困难，淬火易破裂，可在尖角处分段，如图2-40所示。

2）凸出或凹进的易磨损部分应单独做成一块，以便于加工和更换，如图2-41a所示。

3）圆弧部分应单独做成一块，对凹进圆弧的接合线最好设在直线部分，接合点离圆弧与直线相交处约4~5mm（对小型冲模），或5~7mm（对大型冲模），如图2-41a所示。

4）如有对称线，应沿对称线分开，如图2-42所示。对于圆形的工作部分，应尽量按径向线分割，以便于紧固，如图2-43所示。多块形状尺寸相同的镶块可以一起加工磨削。

5）如果凹模和凸模都采用镶块，为避免产生毛刺，凹模镶块接合线与凸模镶块接合线应错开，错开距离为1mm。

6）为使镶块间良好接合，并减少磨削量，接合线不宜太长，一般约为12~15mm，其余留2mm空隙，如图2-41所示。

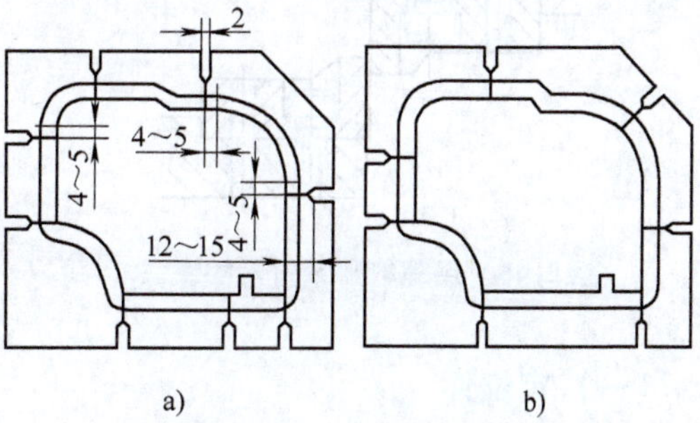

图2-41　复杂件的镶块

a）正确分段　b）不正确分段

（2）镶块的紧固　常用的有如下几种方法：

1）框套热压法。多用于圆形镶块模，如图2-44所示。框套与镶块采用基轴制IT6

过盈配合，过盈量为镶块拼合后外径的1‰。装配时框套加热至400～500°C。

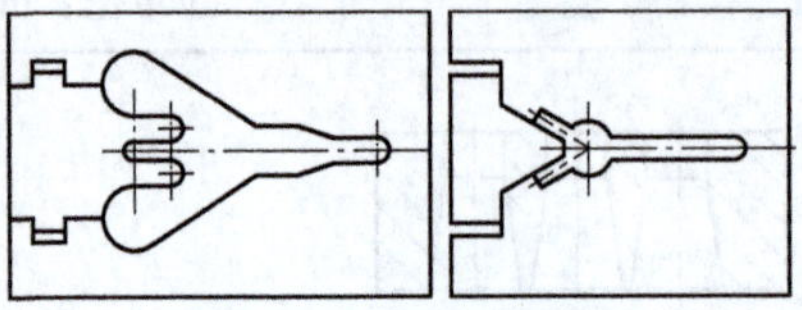

图2-42　对称件镶块

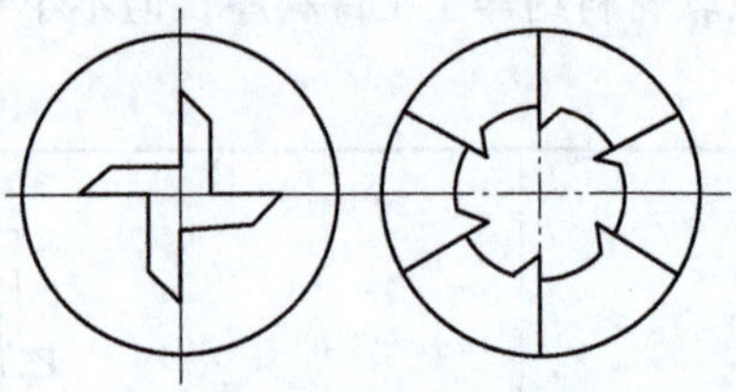

图2-43　圆形件镶块

2）框套螺钉紧固法。多用于中小镶块模。螺钉通过框套将镶块拉紧或顶紧，使镶块间获得紧密配合，如图2-45所示。

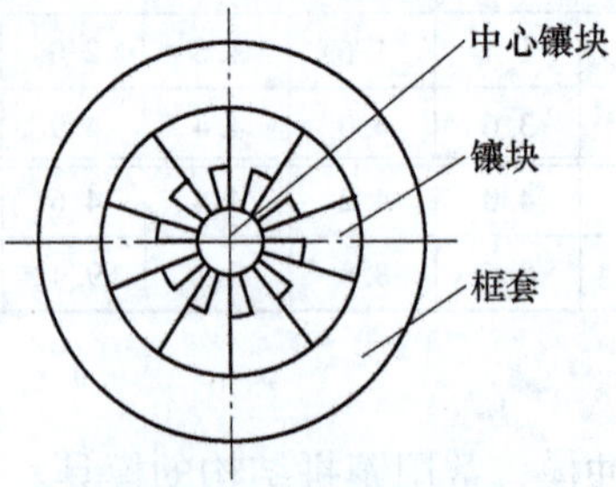

图2-44　镶块热压紧固

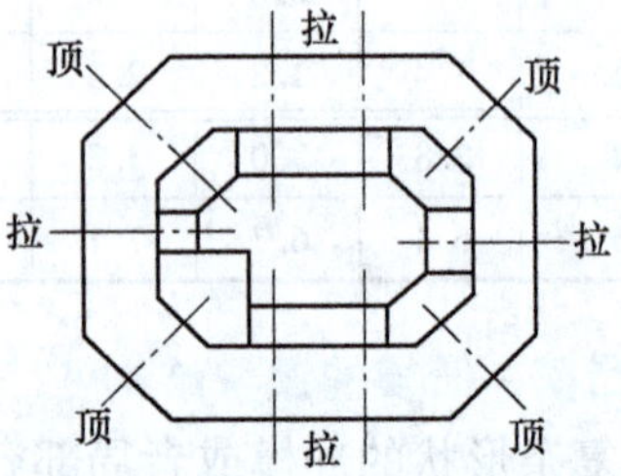

图2-45　镶块框套螺钉紧固

3）直接以螺钉、销钉紧固。一般用于中、大型镶块模上。这种固定的常用形式如图2-46所示。

四、定位零件

定位零件的作用是使毛坯（条料或块料）送料时有准确的位置，保证冲裁出合格制件。在送料方向上的定位，通常称为挡料，如图2-47中的销A。在与送料方向垂直方向上的定位，通常称为导料，如图2-47中所示的销B、C。

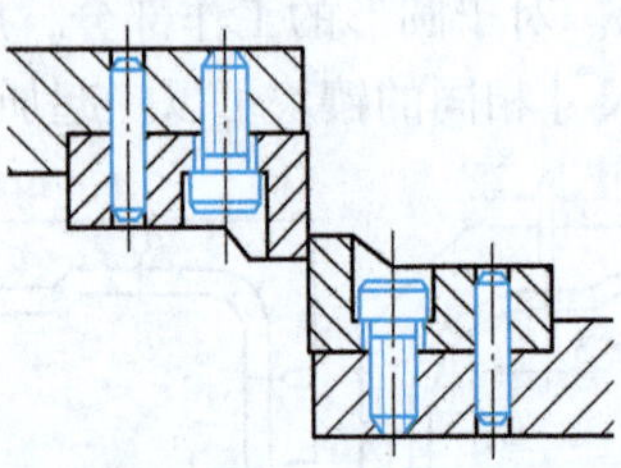

图2-46　用螺钉和销钉紧固镶块

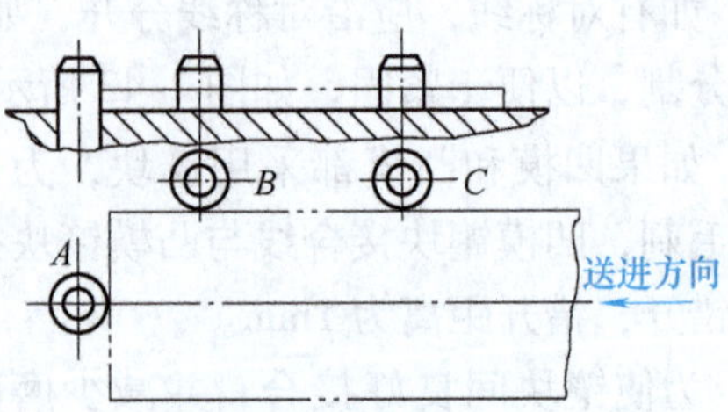

图2-47　毛坯的定位

（一）定位件

主要有定位板和定位销，又分为外形定位（图2-47和图2-48）和内孔定位，其中图2-49a、b所示为小型孔定位，一般用于孔径在15～30mm；图2-49c所示为大型孔定位板，一般用于孔径大于30mm，图2-49d为大型异型孔定位板。定位板厚度或定位销头部高度

h 值，一般比冲压件材料略厚。

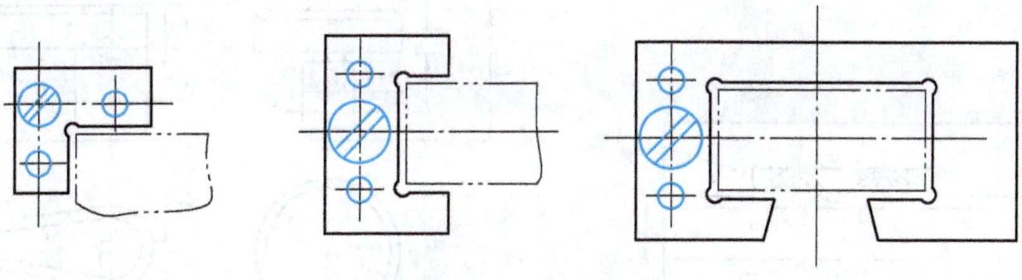

图 2-48 外形定位

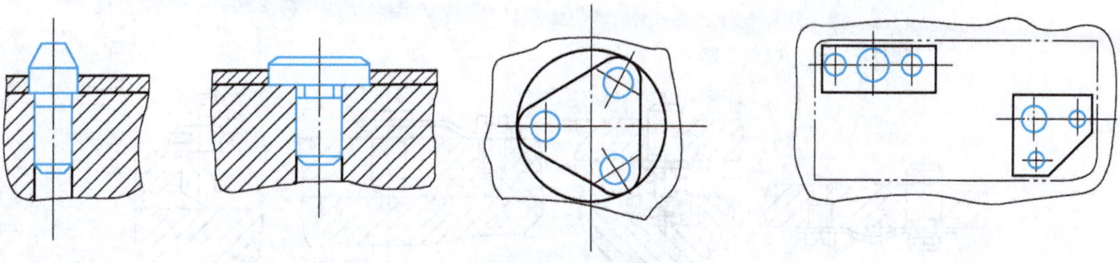

图 2-49 内孔定位

（二）导料件

主要指导料板、导料销和侧压板，它对条料或带料在送料时起导正作用。导料板的形式如图 2-50 所示。图 2-50a 用于有弹性卸料板的情况；图 2-50b 用于有固定卸料板的情况；图 2-50c也是用于有固定卸料板的情况，只是当条料宽度小于60mm 时，卸料板和导料板才做成整体。

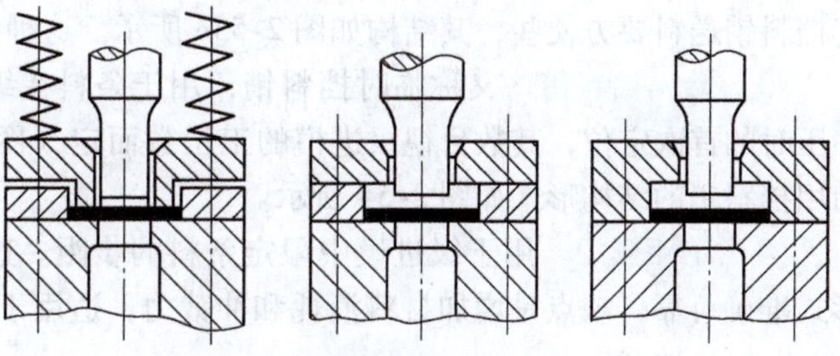

图 2-50 导料板形式

为保证条料紧靠导料板一侧正确送进，常采用侧压装置，如图 2-51 所示。

（三）挡料件

其作用是确定条料或带料送料进距。主要有固定挡料销、活动挡料销、始用挡料销和定距侧刃等。

（1）固定挡料销 其结构简单，直接固定在凹模上，常用的为圆头形式，如图 2-52a 所示。当挡料销孔离凹模刃口太近时，挡料销可移离一个进距，以免削弱凹模强度，这时也可以采用钩形挡料销，如图 2-52b 所示。

（2）活动挡料销 这种挡料销的后端带有弹簧、弹簧片或橡胶，挡料销能自由活动，如图 2-53a、b 所示。这种挡料销常用在带弹性卸料板的结构中，复合模中最常用，也称弹顶式挡料销。

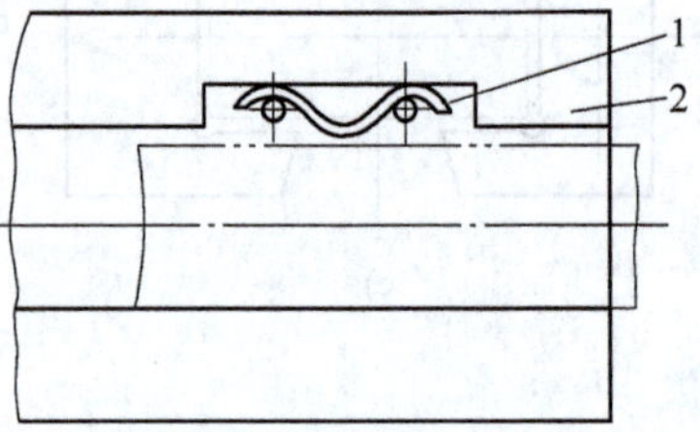

图 2-51　侧压装置

1—卸料板　2—导尺

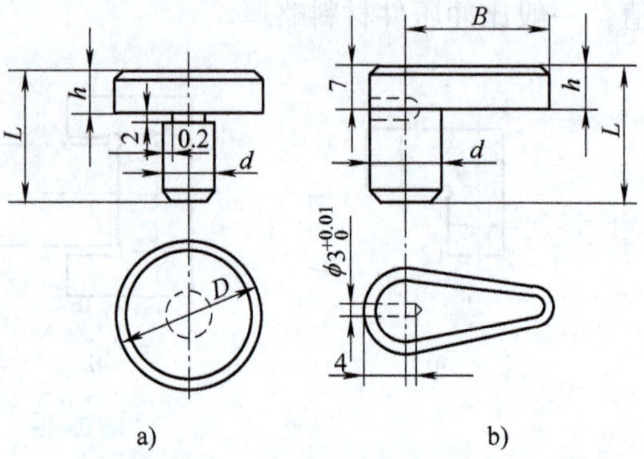

图 2-52　固定挡料销

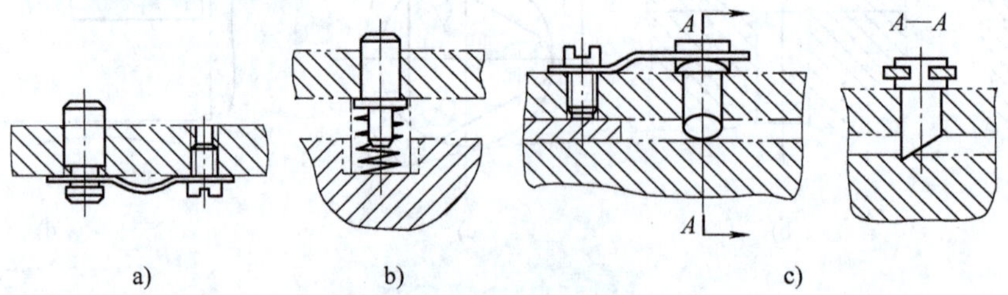

图 2-53　活动挡料销

另一种活动挡料销（又称回带式活动挡料销）是靠销子的后端面挡料的，送料较之固定挡料销送料要方便些，其结构如图 2-53c 所示。这种挡料销常固定于刚性卸料板内。

（3）始用挡料销　又称临时挡料销，用于条料在级进模上冲压时的首次定位，其数目视级进模的工位数而定（图 2-30）。始用挡料销的结构形式如图 2-54 所示。

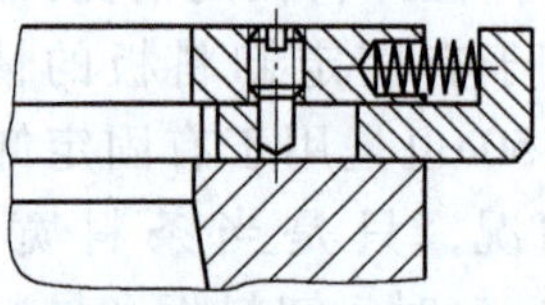

图 2-54　始用挡料销

（4）定距侧刃　用于级进模中限定条料的步距。这种定位形式准确可靠，缺点是增加材料消耗和冲裁力，适用于薄料（$t<0.5\text{mm}$）冲裁。

如图 2-55a 所示的侧刃做成矩形，制造简单，但当侧刃尖角磨钝后，条料边缘处便出现毛刺，影响送料。图 2-55b 所示把侧刃两端做成凸部，当条料边缘连接处出现毛刺时也处在凹槽内，不影响送料，但制造稍复杂些。图 2-55c 的优点是不浪费材料，但每一进距需把条料往后拉，以后端定距，操作不如前者方便。

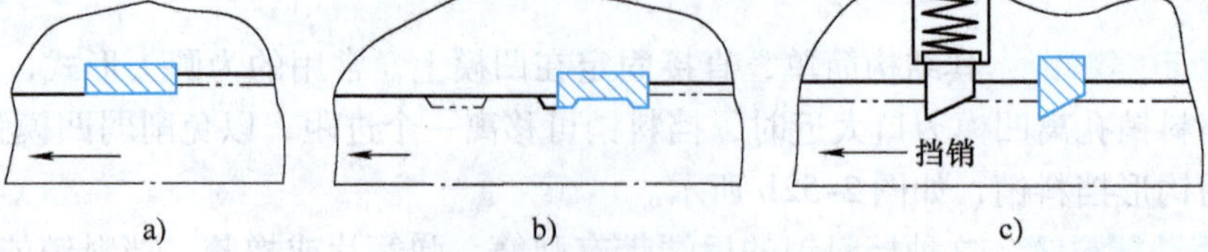

图 2-55　定距侧刃

（5）导正销 导正销多用于级进模中，一般是装在第二工位以后的凸模上，也有直接安装的。冲压时，它先插进已冲好的孔中，以保证内孔与外形相对位置的精度，消除由于送料而引起的误差。但对于薄料（$t<0.3$mm），导正销插入孔内会使孔边弯曲，不能起到正确的定位作用，此外孔的直径太小（$d<1.5$mm）时，导正销易折断，也不宜采用，此时可考虑采用侧刃。

导正销的形式及适用情况如图 2-56 所示。

导正销的头部分直线与圆弧两部分，直线部分高 h 不宜太大，否则不易脱件，也不能太小，一般取 $h=(0.5\sim1)t$。考虑到冲孔后弹性变形收缩，导正销直径比冲孔的凸模直径要小 0.04～0.20mm。

冲孔凸模、导正销及挡料销之间的相互位置关系如图 2-57 所示：

$$h=D+a$$

$$C=D/2+a+d/2+0.1\text{mm}$$

$$C'=3D/2+a-d/2-0.1\text{mm}$$

式中尺寸“0.1mm”作为导正销往后拉（图 2-57a）或往前推（图 2-57b）的活动余量。当没有导正销时，0.1mm 的余量不用考虑。

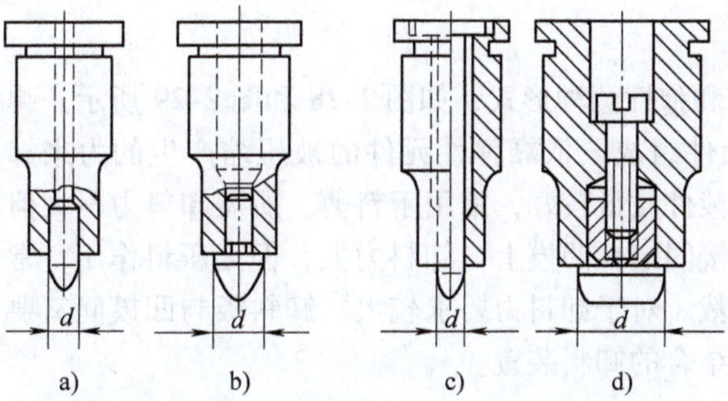

图 2-56 导正销

a）$d<5$mm b）$d>5$mm c）$d<12$mm d）$d>12$mm

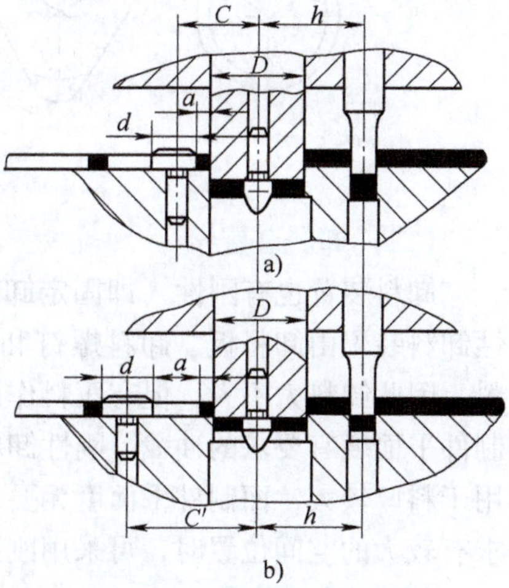

图 2-57 导正销位置尺寸

五、压料及出件零件

（一）打料及推件装置

打料及推件装置分弹性推件装置和刚性打料装置，如图 2-58 所示。

弹性推件装置如图 2-58c 所示，它在冲裁时能压住制件，冲裁出的制件质量较高，但弹性元件的压力有限，当冲裁较厚材料时推件的力量不足或使结构庞大。刚性打料装置不起压料作用，但打料力大，有时也做成刚、弹性结合的形式，能综合两者的优点。

刚性打料装置如图 2-58a、b 所示，打料是靠压力机的横梁作用，如图 1-4 所示。打料杆的长度根据压力机相应尺寸来确定，一般在打料位置时（即滑块在上极限位置时），

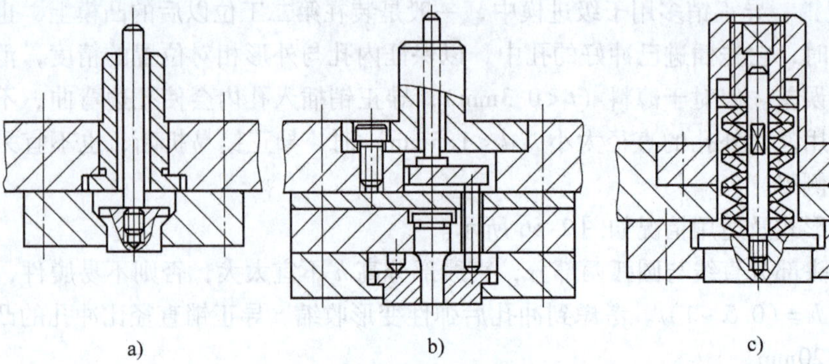

图 2-58 打料装置

打料杆要超出模柄的高度 5～10mm。

刚性打料要考虑不应过多地削弱上模板的强度，打料力尽可能分布均匀，因此标准推板有如图 2-59 所示的几种形式。

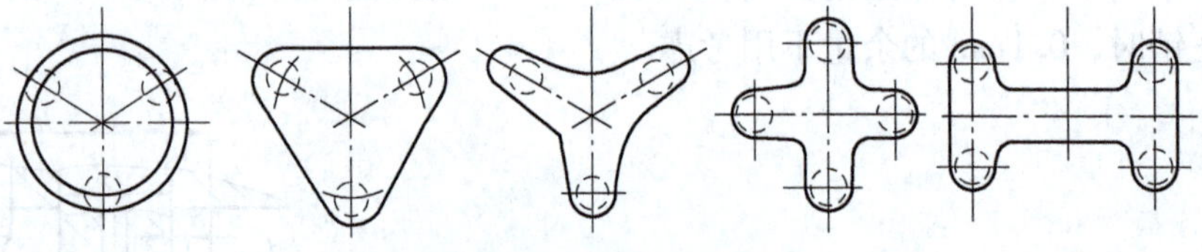

图 2-59 推板的形式

（二）卸料装置

卸料装置也有刚性（即固定卸料板）和弹性两种形式，如图 2-28 和图 2-29 所示。弹性卸料装置由卸料板、卸料螺钉和弹性元件组成，依靠弹性元件的被压缩产生的力来卸料，因此卸料力不大，但有压料作用，冲裁件质量较好，常用于料薄、所需卸料力不大但制件平面度有要求的冲裁。刚性卸料板直接固定在凹模上，卸料力大，但无压料作用，常用于料厚较大，而制件平面度无要求的冲裁。对于卸料力要求较大、卸料板与凹模间又要求有较大的空间位置时，可采用刚弹性相结合的卸料装置。

（三）顶件装置

顶件装置一般是弹性的。图 2-33 所示即为弹性顶件的正装式复合模，顶件装置的典型结构如图 2-61 所示，它由顶杆、顶件块和装在下模底下的弹顶器组成。这种结构的顶件力容易调节、工作可靠。弹顶器可以做成通用的，其弹性元件是弹簧式橡胶或氮气弹簧。大型压力机本身具有气垫作为弹顶器。

此外废料切刀也是卸料的一种形式，常用于拉深件切边时或大型件落料时的卸料，如图 2-60 所示。

六、固定与紧固零件

（一）模架

标准模架主要有两大类：一类是由上模座、下模座、导柱、导套组成的导柱模模架；另一类是由弹压导板、下模座、导柱、导套组成的导板模模架。模架及其组成零件已经标准化，并对其规定了一定的技术条件。

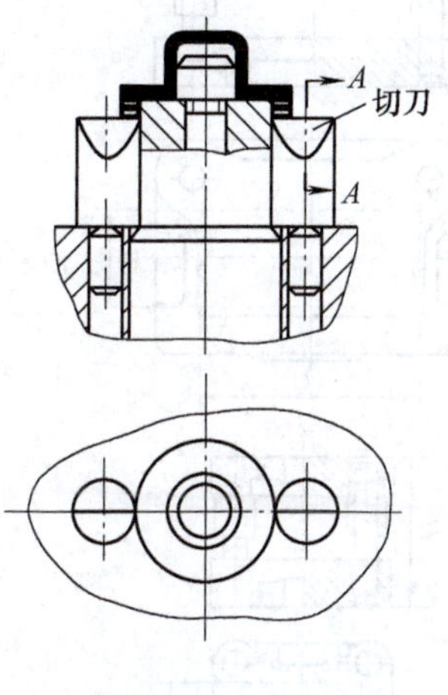

图 2-60　废料切刀

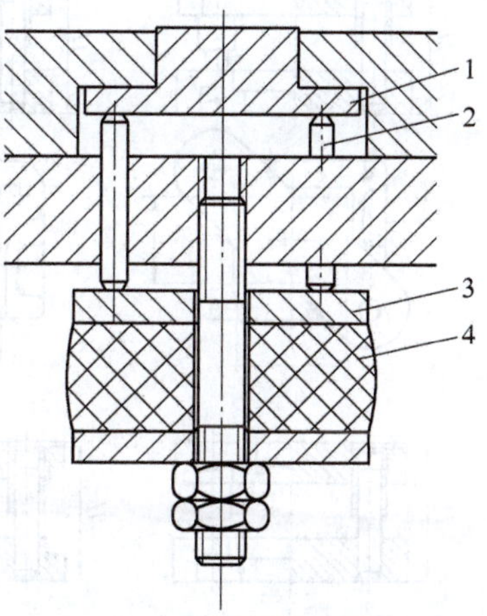

图 2-61　弹顶装置
1—顶件块　2—顶杆　3—托板　4—橡胶

导柱模模架按导向结构形式分为滑动导向和滚动导向两种。滑动导向模架的精度等级分为Ⅰ级和Ⅱ级，滚动导向模架的精度等级分为 0Ⅰ级和 0Ⅱ级。各级对导柱、导套的配合精度、上模座上平面对下模座下平面的平行度、导柱轴心线对下模座下平面的垂直度等都规定了一定的公差等级。这些技术条件保证了整个模架具有一定的精度，也是保证冲裁间隙均匀性的前提。有了这一前提，加上工作零件的制造精度和装配精度达到一定的要求，整个模具达到一定的精度就有了基本的保证。滑动导向模架的结构形式有 6 种，如图 2-62 所示。滚动导向模架有 4 种。

模架的规格可根据凹模周界尺寸从标准手册中选取。

（二）模柄

中、小型模具一般是通过模柄将上模固定在压力机滑块上。模柄是上模与压力机滑块连接的零件。对它的基本要求是：①与压力机滑块上的模柄孔正确配合，安装可靠；②与上模正确而可靠连接。标准的冷冲模模柄结构形式如图 2-63 所示。

图 2-63a 所示为旋入式模柄，通过螺纹与上模座连接，并加螺钉防止松动。这种模具拆装方便，但模柄轴线与上模座的垂直度较差，多用于有导柱的中、小型冲模。图 2-63b 所示为压入式模柄，它与模座孔采用过渡配合 H7/m6，并加销钉以防转动。这种模柄可较好保证轴线与上模座的垂直度。适用于各种中、小型冲模，生产中最常见。图2-63c所示为凸缘式模柄，用 3 ~4 个螺钉紧固于上模座，模柄的凸缘与上模座的窝孔采用 H7/js6 过渡配合，多用于较大型的模具。图 2-63d、2-63e 所示为槽形模柄和通用模柄，也可称为带模座的模柄，均用于直接固定凸模，主要用于简单模中，更换凸模方便。图2-63f所示为浮动模柄，主要特点是压力机的压力通过凹球面模柄和凸球面垫块传递到上模，以消除压力机导向误差对模具导向精度的影响。主要用于硬质合金模等精密导柱模。图 2-63g 所示为推入式活动模柄，压力机压力通过模柄接头、凹球面垫块和活动模柄传递到上模，它也是一种浮动模柄。因模柄单面开通（呈 U 形），所以使用时，导柱导套不宜脱离。主要

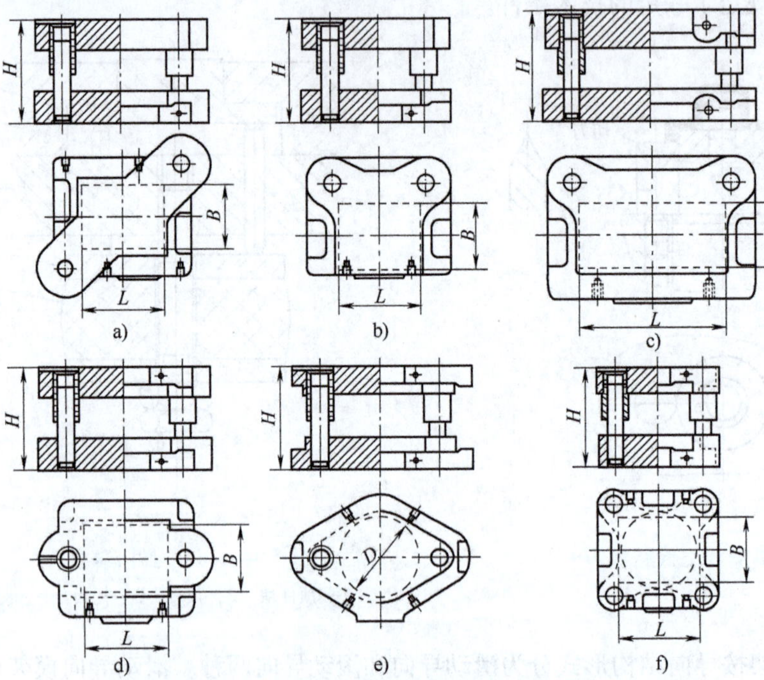

图 2-62 滑动导向模架

a）对角导柱模架 b）后侧导柱模架 c）后侧导柱窄形模架
d）中间导柱模架 e）中间导柱圆形模架 f）四角导柱模架

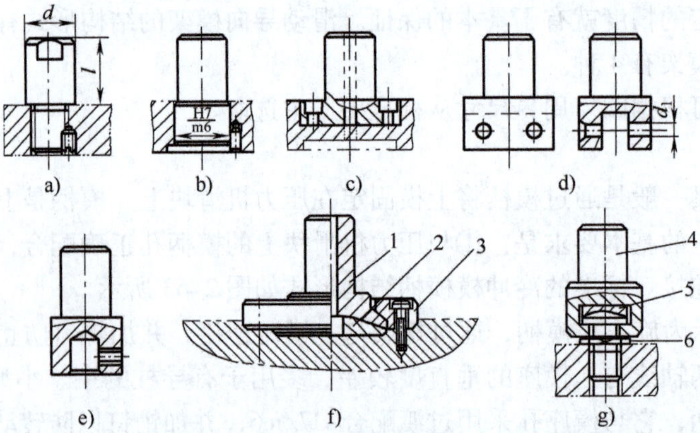

图 2-63 冷冲模模柄

a）旋入式模柄 b）压入式模柄 c）凸缘式模柄 d）槽形模柄
e）通用模柄 f）浮动模柄 g）推入式活动模柄
1—凹球面模柄 2—凸球面垫块 3—压板 4—模柄接头 5—凹球面垫块 6—活动模柄

用于精密模具。

选择模柄时，先根据模具大小、上模结构、模架类型及精度等确定模柄的结构类型，再根据压力机滑块上模柄孔尺寸确定模柄的尺寸规格。一般模柄直径应与模柄孔直径相等，模柄长度应比模柄孔深度小 5~10mm。

（三）固定板

对于小型的凸、凹模，一般通过固定板间接固定在模板上，以节约贵重的模具钢。固定板固定凸模（凹模）要求固紧牢靠并有良好的垂直度，因此固定板必须有足够的厚度。固定板与凸、凹模之间的配合一般为过渡配合 H7/m6。

（四）垫板

当零件的料厚较大而外形尺寸又较小时，冲压时凸模上端面或凹模下端面对模板作用有较大的单位压力，有时可能超过模板的允许抗压应力，此时就应采用垫板。采用刚性打料装置时，上模板被挖空，也需采用垫板。

对于第一种情况，可用下式检验：

$$p = F/A \tag{2-35}$$

当 $p > [\sigma]_{压}$ 时，需采用垫板。

式中，F 为凸（凹）模所承受的压力（N）；A 为凸（凹）模与上、下模板的接触面积（mm^2）；$[\sigma]_{压}$ 为模板的允许抗压强度（MPa）。

这种垫板厚度一般采用 4~8mm。对第二种情况，垫板承受较大甚至全部凸（凹）模压力，因而厚度较大，应按具体情况选择。

（五）螺钉和销钉

螺钉是紧固模具零件用的，冲模中多采用内六角头或圆头螺钉。螺钉主要承受拉应力，其尺寸及数量一般根据经验确定，小型和中型模具采用 M6、M8、M10 或 M12 的螺钉等，选用 4~6 个，要按具体位置布置而定。大型模具可选 M12、M16 或更大规格的螺钉，选用过大会给攻螺纹带来困难。

冲模中圆柱销起定位作用，圆柱销承受一般的错移力。一般圆柱销用两个，布置时一般离模具刃口较远，对中小型模具一般选用 d=6mm、8mm、10mm、12mm 几种尺寸，错移力较大的情况可适当选大一些。

七、导向零件

（一）导柱和导套

对生产批量大，要求模具使用寿命高，工件精度要求较高的冲模，一般采用导柱、导套来保证上、下模的精确导向。导柱、导套的结构形式有滑动和滚动两种。

（1）滑动导柱、导套　导柱、导套都是圆柱形，其加工方便，容易装配，是模具行业应用最广的导向装置。

图 2-64 所示为最常用的滑动导柱、导套结构形式。导柱的直径一般在 16~60mm 之间，其长度在 90~320mm 之间。按标准选用时，长度应保证上模座在最低位置时（闭合状态），导柱上端面与上模座顶面距离不小于 10~15mm，而下模座底面与导柱底面的距离不小于 5mm。导柱的下部与下模座导柱孔及导套的外径与上模座导套孔均采用过盈配合。导套的长度须保证在冲压刚开始时导柱要进入导套 10mm 以上。

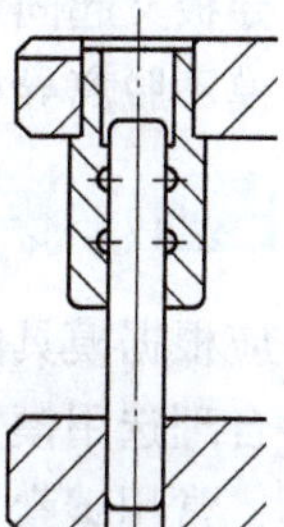

图 2-64　滑动导柱、导套

导柱与导套之间采用间隙配合，根据冲压工序性质、冲压件的精度及材料厚度等的不同，其配合间隙也稍有不同。例如：对于冲裁模，导柱和导套的配合可根据凸、凹模间隙选择。凸、凹模间隙 $<0.3\text{mm}$ 时，采用 H6/h5 配合；$>0.3\text{mm}$ 时，采用 H7/h6 配合。

（2）滚珠导柱、导套　是一种无间隙、精度高、使用寿命较长的导向装置，适用于高速冲模、精密冲裁模，以及硬质合金模具的冲压工作。

图 2-65 所示为常见的滚珠导柱、导套的结构形式，导套 1 与上模座导套孔、导柱 5 与下模座导柱孔均为过盈配合，滚珠 3 置于滚珠夹持圈 4 内，与导柱和导套接触，并有微量过盈，过盈量为 0.01 ~ 0.02mm。为保证均匀接触，滚珠尺寸必须严格控制。滚珠直径一般取 3 ~ 5mm。滚珠排列对称，分布均匀，与中心线倾斜角 α 一般取 5° ~ 10°，使每个滚珠在上下运动时都有其各自的滚道而减少磨损。导套长度约为 $L_1 = L + (5 \sim 10)\text{mm}$。

导柱、导套有国家标准，设计时应尽可能按标准选用。

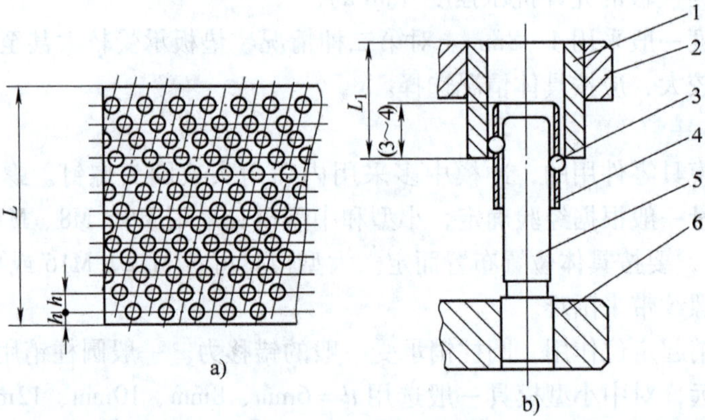

图 2-65　滚珠导柱、导套

a）滚珠夹持圈　b）滚珠导柱、导套

1—导套　2—上模座　3—滚珠　4—滚珠夹持圈　5—导柱　6—下模座

（二）导板导向

导板又起固定卸料板作用，比普通的卸料板厚一些，与凸模采用间隙配合，工作时要求凸模不脱离导板。

八、冲模零件的材料选用

应根据模具的工作特性、受力情况、冲压件材料性能、冲压件精度以及生产批量等因素，合理选用模具材料。凸、凹模材料的选用原则为：对于形状简单、冲压件尺寸不大的模具，常用碳素工具钢（如 T8A、T10A 等）制造；对于形状较复杂、冲压件尺寸较大的模具，选用合金钢或高速钢制造；而冲压件精度要求较高、产量又大的高速冲压或精密冲压模具，常选用硬质合金或钢结硬质合金等材料制造。冲模常用材料及热处理要求见表 2-20，供选择参考。

表 2-20　模具材料及热处理

零件名称		材料	热处理硬度 HRC
凸模 凹模	形状简单、尺寸小	T10A、9Mn2V、CrWMn	58~62
	形状复杂、尺寸大	CrWMn、9CrSi、Cr12、Cr12MoV、YG15、YG20	58~62
	要求高耐磨	Cr12MoV、W18Cr4V、GCr15、YG15、YG20	60~64
	加热冲裁	5CrNiMo、5CrMnMo、3Cr2W8	48~52
上、下模座（板）		HT200、Q235、45	
导柱、导套（滑动）		20 钢渗碳淬火	60~64
导柱、导套（滚动）		GCr15　淬火	58~62
模柄		Q235、45	
固定板、卸料板、推料板、顶板、承料板等		Q235、45	
垫板、定位板		45	43~48
		T8A	54~58
顶料杆、推料杆、打料杆、挡料板、挡料钉等		45	43~48
侧刃、废料切刀、斜楔、滑块、导正销等		T8、T8A、T10、T10A	56~60
弹簧、簧片		65Mn、60Si2Mn	43~48

第十节　冲裁模结构设计

一、冲模设计的一般程序

进行模具设计时，设计者首先要收集必要的资料，经过充分分析和研究确定模具结构后，开始绘制模具工作原理图，而后绘制模具总装图，然后再绘制模具零件图。

收集的资料包括产品零件图、产品生产批量、工艺路线单、工艺规程卡和模具设计任务书。工艺路线单和工艺规程卡应记有冲压工序数和工序顺序、冲压半成品简图与尺寸、冲压件及尺寸、各工序的冲压加工方向、各工序的加工基准、模具结构形式、使用压力机的吨位、为保证冲压件质量的指标及其他应注意的事项等。

冲压工艺方案决定后，冲模的结构形式（单工序模、复合模或连续模）已经确定。设计者需根据生产批量、工件要求等确定具体的结构与尺寸。对于小量生产，模具结构力求简单、制造周期短、成本低；对于大批量生产，模具结构力求完善、生产效率高、使用寿命长。

此外，还要考虑到模具调整、使用、维护及模具搬运、存放和安全等方面的措施。图 2-66 所示为一单工序冲裁模各零件尺寸选择范围，可供设计模具结构时参考。

二、模具压力中心的确定

冲压力合力的作用点称为冲模压力中心。冲模压力中心应尽可能和模柄轴线以及压力机滑块中心线重合，以使冲模平稳地工作，减少导向件的磨损，提高模具及压力机使用寿命。

冲模压力中心的求法，采用求平行力系合力作用点的方法。由于绝大部分冲裁件沿冲

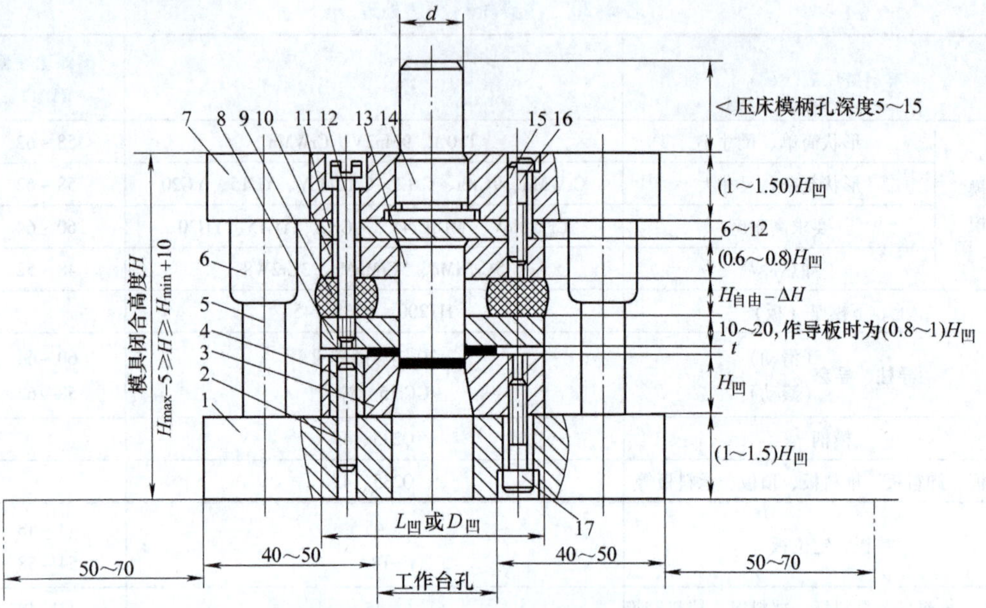

图 2-66　单工序冲裁模的典型结构与模具总体设计尺寸关系图

1—下模座　2、15—销钉　3—凹模　4—套　5—导柱　6—导套　7—上模座　8—卸料板　9—橡胶　10—凸模固定板　11—垫板　12—卸料螺钉　13—凸模　14—模柄　16、17—螺钉

裁轮廓线的断面厚度不变，轮廓各部分的冲裁力与轮廓长度成正比，所以，求合力的作用点可转化为求轮廓线的重心。

冲裁形状对称的冲压件时，其压力中心位于冲裁件轮廓图形的几何中心。冲裁直线段时，其压力中心位于直线段的中点。冲裁圆弧段时，其压力中心的位置（图 2-67a）按下式计算：

$$x_0 = R\frac{180°\sin\alpha}{\pi\alpha} \text{或} x_0 = R\frac{b}{l} \tag{2-36}$$

式中，l 为圆弧长度（mm）；R 为圆弧半径（mm）；b 为圆弧弦长（mm）；α 为圆弧的中心半角（°）。

确定复杂形状冲裁件的压力中心和多凸模冲裁的压力中心，可采用如下方法：

1. 多凸模冲裁时的压力中心的计算　设在 xoy 平面内有 n 个凸模的投影图形（图 2-67b），各图形的轮廓总长分别为 l_1、l_2、…、l_n。根据合力对某轴之力矩等于各分力对同轴力矩之和，可得压力中心坐标（x_0，y_0）为

$$x_0 = \frac{l_1x_1 + l_2x_2 + \cdots + l_nx_n}{l_1 + l_2 + \cdots + l_n} = \frac{\sum_{i=1}^{n} l_ix_i}{\sum_{i=1}^{n} l_i} \tag{2-37a}$$

$$y_0 = \frac{l_1y_1 + l_2y_2 + \cdots + l_ny_n}{l_1 + l_2 + \cdots + l_n} = \frac{\sum_{i=1}^{n} l_iy_i}{\sum_{i=1}^{n} l_i} \tag{2-37b}$$

2. 复杂形状冲裁压力中心的计算　冲裁复杂形状零件时，其压力中心的计算公式与多凸模冲裁压力中心求解公式相同。其求法是：将组成图形的轮廓线划分为若干简单的线段（图 2-67c），求出各线段长度和各线段重心位置，然后按式（2-37）计算压力中心的坐标。

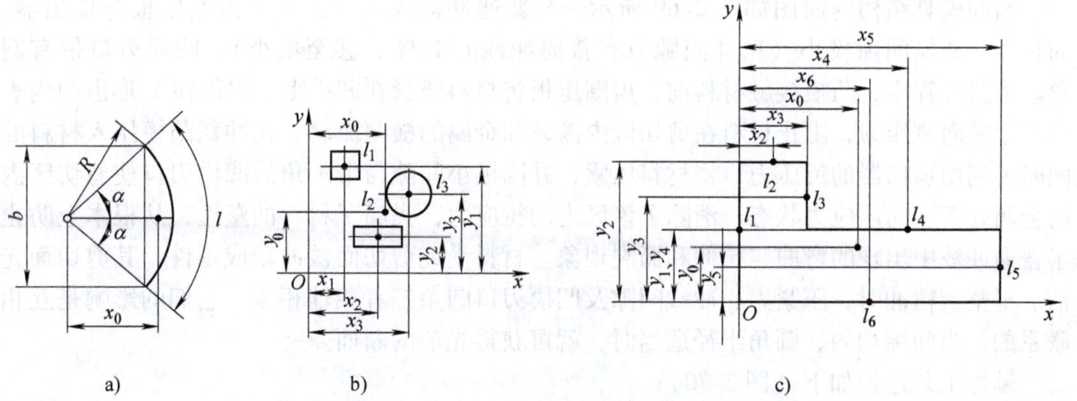

图 2-67　冲裁压力中心计算

a）圆弧段的重心　b）多凸模冲裁　c）复杂形状工件冲裁

三、冲模闭合高度的确定

冲模结构的外形尺寸必须与所选择的压力机相适应。如下模外形平面尺寸应能安装在压力机的工作台面上，模柄与模柄孔尺寸一致，模具的闭合高度与压力机的装模高度相适应。

冲模的闭合高度是指模具在最低工作位置时，上模座的上顶面与下模座的下底面间的距离 H。压力机的装模高度是指滑块在下死点位置时，滑块下端面至垫板上端面间的距离。当连杆调至最短时为压力机的最大装模高度 H_{max}；连杆调至最长时为最小装模高度 H_{min}，如图 2-68 所示。冲模的闭合高度应介于压力机的最大装模高度及最小装模高度之间，一般取：

$$H_{max} - 5mm \geqslant H \geqslant H_{min} + 10mm \qquad (2\text{-}38)$$

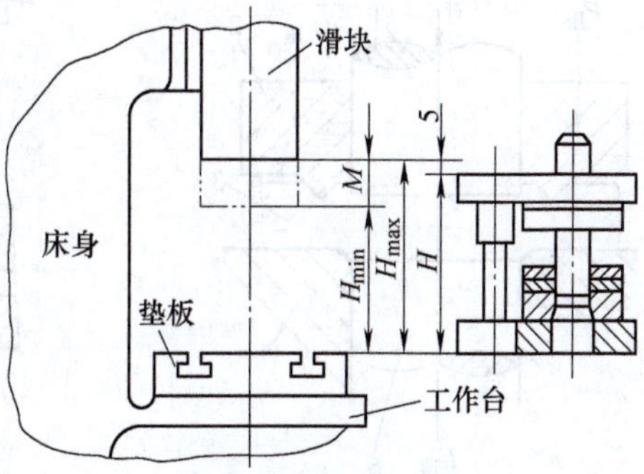

图 2-68　装模高度

M—连杆调节量

如果冲模的闭合高度 H 大于压力机最大装模高度，冲模不能在该压力机上使用。反之，H 小于压力机最小装模高度时，可再加垫块。

第十一节　精密冲裁工艺与模具设计

普通冲裁所能达到工件的尺寸精度在 IT11 以下，切断面表面粗糙度 $Ra12.5 \sim 3.2\mu m$，且有锥度。对于一些要求尺寸精度高和剪切断面与工件表面垂直及表面平整的工件，一般冲裁方法达不到要求，此时应采用精密冲裁、光洁冲裁或整修等冲裁工艺方法。

采用齿圈压板的精密冲裁，可以获得的尺寸精度为 IT6～IT9，断面的表面粗糙度 Ra1.6～0.2μm，是提高冲裁件质量的有效方法。

一、精冲工艺特点

精冲模具结构的简图如图 2-69 所示。与普通冲裁模相比，多了齿圈压板与顶出器，而且凸、凹模间隙极小（精冲间隙只有普通冲裁的 10%，甚至更小），凹模刃口带有圆角。冲裁过程中，凸模接触材料前，齿圈压板将材料压紧在凹模上，因而在 V 形齿的内表面产生横向侧压力，阻止材料在剪切区内撕裂和金属的横向流动。在冲裁凸模压入材料的同时，利用顶出器的反压力，将材料压紧，并因极小间隙与带圆角的凹模刃口使剪切区内的金属处于三向压应力状态，消除了该区内的拉应力，提高了材料的塑性，从根本上防止了普通冲裁中出现的弯曲、拉伸和撕裂现象。材料受纯剪切而被冲裁成零件，其剪切面光洁、平整。精冲时，压紧力、冲裁间隙及凹模刃口圆角三者相辅相成。它们的影响是互相联系的，当间隙均匀、圆角半径适当时，就可获得光洁的断面。

精冲工艺过程如下（图 2-70）：

图 a 所示为材料送进模具；图 b 所示为模具闭合，材料被齿圈、凸模、凹模、顶出器压紧；图 c 所示为材料在受压状态下被冲裁；图 d 所示为冲裁结束，模具开启；图 e 所示为齿圈压板卸下废料，并向前送料；图 f 所示为顶出器顶出零件，并排出零件。

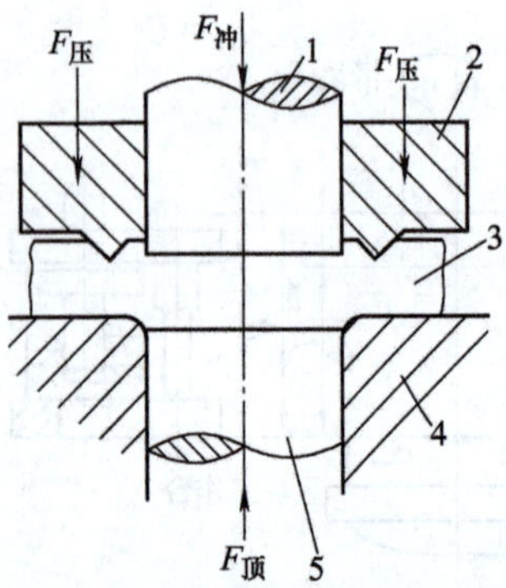

图 2-69　精冲模工作部分的组成
1—凸模　2—齿圈压板　3—板料　4—凹模　5—顶出器

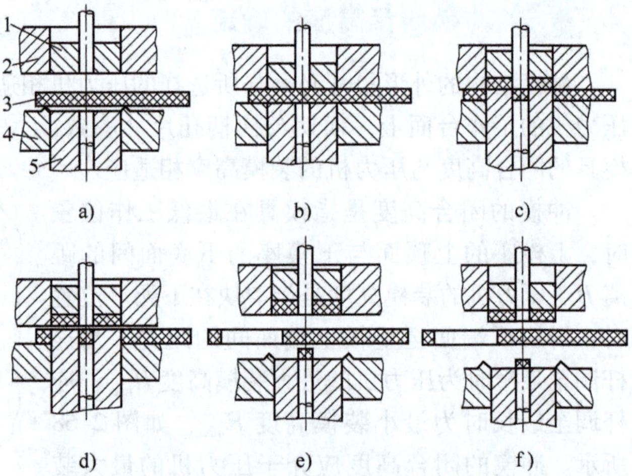

图 2-70　精冲工艺过程
1—顶出器　2—凹模　3—板料　4—齿圈压板　5—凸模

二、精冲材料

精冲材料直接影响精冲件的剪切表面质量、尺寸精度和模具使用寿命，必须具有良好的力学性能、较大的变形能力和良好的组织结构。一般以 $w_C<0.35\%$ 及 $R_m<650$MPa 的钢材应用较广，但碳含量高的碳钢及铬、镍、钼含量低的合金钢，经过球化退火处理后能有扩散良好的球状渗碳体组织，也可获得良好的精冲效果。有色金属中纯铜、黄铜（$w_{Cu}>63\%$）、铝青铜（$w_{Al}<10\%$）、纯铝及软态的铝合金均能精冲。铅黄铜塑性差不适于精冲。

三、精冲零件的工艺性

精冲零件的工艺性是指该零件在精冲时的难易程度。影响精冲件工艺性的因素有：零件的几何形状、零件的尺寸公差和形位公差、剪切面的质量、材质及厚度等，其中零件几何形状是主要因素。精冲时，对零件的结构尺寸，如细长悬臂宽度、窄长凹槽宽度、孔边距和小孔径等尺寸与被冲材料厚度相比的比值都可比普通冲裁小。

四、精冲力的计算

精冲是在三向受压状态下进行冲裁的，所以必须对各个压力分别进行计算，再求出精冲所需的总压力，从而选用合适的精冲机。

（1）精冲冲裁力 F_1（N） 可按经验公式计算：

$$F_1 = LtR_m f_1 \tag{2-39}$$

式中，L 为内外剪切线的总长（mm）；t 为料厚（mm）；R_m 为材料抗拉强度（MPa）；f_1 为系数，其值为0.6~0.9，常取0.9。

（2）压边力 $F_{压}$（N） 齿圈压板压力的大小对于保证工件剪切面质量，降低冲压力和提高模具使用寿命都有密切关系。压边力 $F_{压}$（N）的计算公式为

$$F_{压} = LhR_m f_{压} \tag{2-40}$$

式中，h 为齿圈齿高（mm）；$f_{压}$ 为系数，常取4。

（3）反推压力 $F_{顶}$ 顶出器的反压力过小会影响工件的尺寸精度、平面度、剪切面质量，加大工件塌角，反压力过大会增加凸模的负载，降低凸模的使用寿命。一般反推压力 $F_{顶}$ 可按经验公式计算：

$$F_{顶} = 0.2F_1 \tag{2-41}$$

齿圈压力与反压力的取值大小主要靠试冲时调整。

（4）精冲时的总压力

$$F_{冲} = F_1 + F_{压} + F_{顶} \tag{2-42}$$

选用压力机吨位时，若为专用精冲压力机，应以主冲力 F_1 为依据。若为普通压力机，则以总压力 $F_{冲}$ 为依据。

五、精冲模设计要点

（一）凸、凹模间隙

间隙的大小及其沿刃口周边的均匀性是影响工件剪切面质量的主要因素，合理的间隙值不仅能提高工件质量，而且能提高模具的使用寿命，间隙过大，工件断面会产生撕裂；间隙过小，会缩短模具使用寿命。精冲间隙主要取决于材料厚度，同时也和工件形状、材质有关，软材料选略大的值，硬材料取略小的值，具体数值见表2-21。

（二）凸、凹模刃口尺寸

精冲模刃口尺寸的计算与普通冲裁刃口的尺寸计算基本相同。落料件以凹模为基准，冲孔件以凸模为基准，采用修配法加工。不同的是精冲后工件外形和内孔一般约有0.005~0.01mm的收缩量。因此落料凹模和冲孔凸模在理想情况下，应比工件要求尺寸大0.005~0.01mm。计算公式如下：

表 2-21 凸模和凹模的双面间隙（$Z/t\times100\%$）

材料厚度 t/mm	外形间隙（%）	内形间隙（%）			材料厚度 t/mm	外形间隙（%）	内形间隙（%）		
		$d<t$	$d=t\sim5t$	$d>5t$			$d<t$	$d=t\sim5t$	$d>5t$
0.5		2.5	2	1	3		2	1	0.5
1	1	2.5	2	1	4	1	1.7	0.75	0.5
2		2.5	1	0.5	6		1.7	0.5	0.5

落料时，若工件尺寸为 $D^{0}_{-\Delta}$，则凹模刃口尺寸为

$$D_{\mathrm{d}}=\left(D-\frac{3}{4}\Delta\right)^{+\frac{1}{4}\Delta}_{0} \tag{2-43}$$

凸模按凹模实际尺寸配制，保证双面间隙值 Z。

冲孔时，若工件孔的尺寸为 $d_0^{+\Delta}$，则凸模刃口尺寸为：

$$d_{\mathrm{p}}=\left(d+\frac{3}{4}\Delta\right)^{0}_{-\frac{1}{4}\Delta} \tag{2-44}$$

凹模按凸模实际尺寸配制，保证双面间隙值 Z。

若工件孔中心距为 $C\pm\dfrac{\Delta}{2}$，则模具孔中心距为

$$C_{\mathrm{d}}=C\pm\frac{1}{8}\Delta \tag{2-45}$$

式中，D_{d}、d_{p} 为凹、凸模尺寸（mm）；C_{d} 为凹模孔中心距（mm）；Δ 为工件公差（mm）。

为了改善金属的流动，提高工件的断面质量，凹模刃口做成小圆角。刃口圆角值过大，工件的圆角、锥度和弯弯现象也相应增大。因此，应尽量减小刃口圆角值，这样，可减少凹模刃口的挤压应力，以免在凹模与凸模刃口部分形成金属瘤粘结。但凹模刃口圆角值过小时，有时会出现二次剪切和细裂纹。一般凹模刃口取 0.05～0.1mm 的圆角效果较好，试模时先采用最小 R 值，在增加齿圈压力后仍不能获得光洁切断面时，再适当增大 R 值。

（三）齿圈压板

齿圈是精冲的重要组成部分，常用的形式为尖状齿形圈（或称 V 形齿圈）。根据加工方法的不同，分为对称角度齿形和非对称角度齿形两种，如图 2-71 所示，其尺寸见表 2-22。当材料厚度超过 4mm，或材料韧性较好时，通常使用两个齿圈，一个装在压边圈上，另一个装在凹模上。

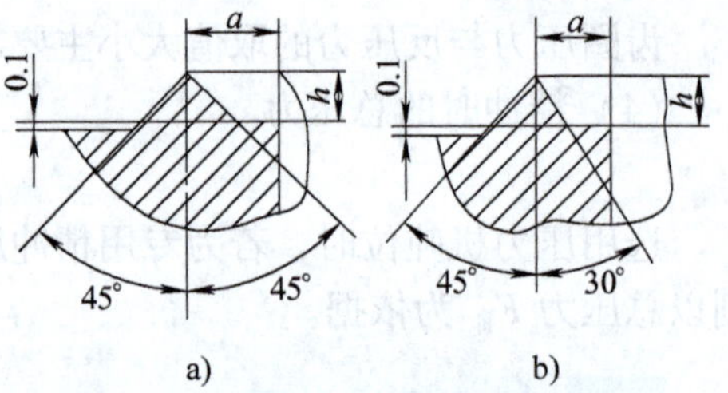

图 2-71 齿圈的齿形

a）对称角度齿形 b）非对称角度齿形

表 2-22 单面齿圈齿形尺寸 （单位：mm）

材料厚度 t	抗拉强度 R_{m}/MPa					
	$R_{\mathrm{m}}\leqslant450$		$450<R_{\mathrm{m}}\leqslant600$		$600<R_{\mathrm{m}}\leqslant700$	
	a	h	a	h	a	h
1	0.75	0.25	0.60	0.20	0.50	0.15
2	1.50	0.50	1.20	0.40	1.00	0.30
3	2.30	0.75	1.80	0.60	1.50	0.45
3.5	2.60	0.90	2.10	0.70	1.70	0.55

齿圈的分布根据加工零件的形状和要求考虑。形状简单的工件，齿圈可做成和工件的外形相似，形状复杂的工件，可在有特殊要求的部位做出与工件外形类似的齿圈，其他部分则可简化或做成近似形状，如图 2-72 所示。

图 2-72　齿圈的分布

（四）排样与搭边

精冲排样的原则基本上和普通冲裁相同。若工件外形两侧形状、剪切面质量要求有差异，排样时应将形状复杂及要求高的一侧放在进料一侧，使这部分断面从没有精冲过的材料中剪切下来，以保证有较好的断面质量（图2-73）。

因为精冲时齿圈压板要压紧材料，故精冲的搭边值比普通冲裁时要大些。

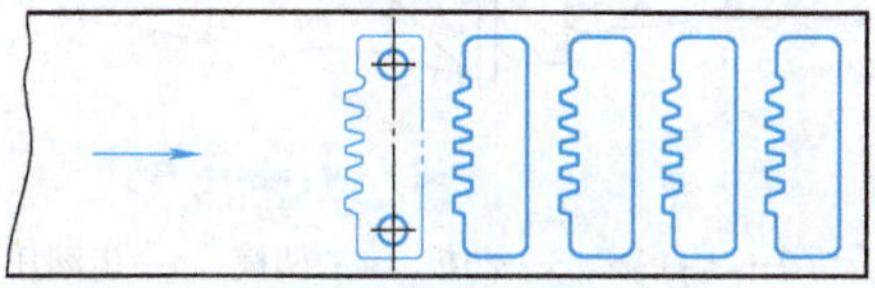

图 2-73　精冲排样

六、精冲模具结构及特点

精冲模与普通冲裁模相比，具有以下特点：

（1）刚度和精度要求较高。

（2）要有精确而稳定的导向装置，保证凸、凹模同心，间隙均匀。

（3）严格控制凸模进入凹模的深度，以免损坏模具工作部分。

（4）模具工作部分应选择耐磨、淬透性好、热处理变形小的材料。

（5）要考虑模具工作部分的排气问题，以免影响顶出器的移动距离。

专用精冲压力机使用的模具，按其结构特点可分为活动凸模式与固定凸模式两种。由于通用模架能实现模芯快速更换，大大缩短制造周期和降低成本，所以通用模架被广泛采用。

（一）活动凸模式结构

凹模与齿圈压板均固定在模板内，而落料凸模（常为凸凹模）活动，并靠下模座上的内孔及齿圈压板的内形导向，凸模移动量稍大于料厚。此种结构适用于冲裁力不大的中、小零件的精冲（图 2-74）。

（二）固定凸模式结构

凸模与凹模固定在模板内，而齿圈压板活动。此种模具刚度较好，受力平稳，适用于冲裁大的、形状复杂的或材料厚的工件，以及内孔很多的工件（图 2-75）。

由于精冲模具要求有三个运动部分，且滑块导向精度要求高，故一般应采用专用精冲压力机，但如在模具或压力机上采取措施，也可将普遍压力机用于精冲。

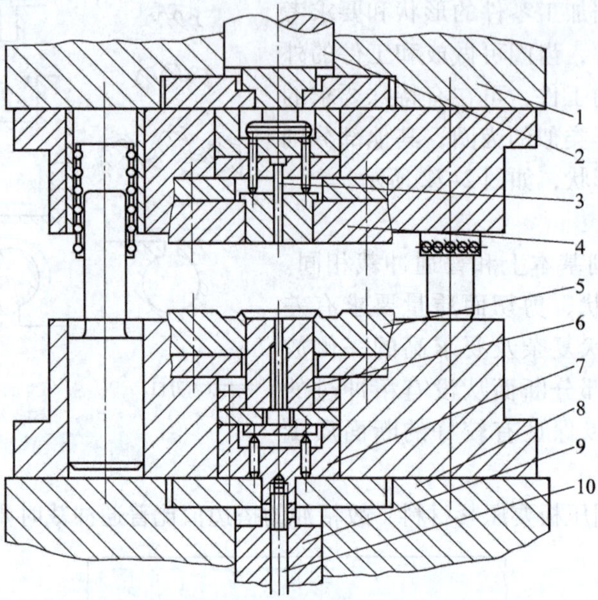

图 2-74　活动凸模式结构

1—上工作台　2—上柱塞　3—凸模　4—凹模　5—齿圈压板　6—凸凹模　7—凸凹模座　8—下工作台　9—滑块　10—凸凹模拉杆

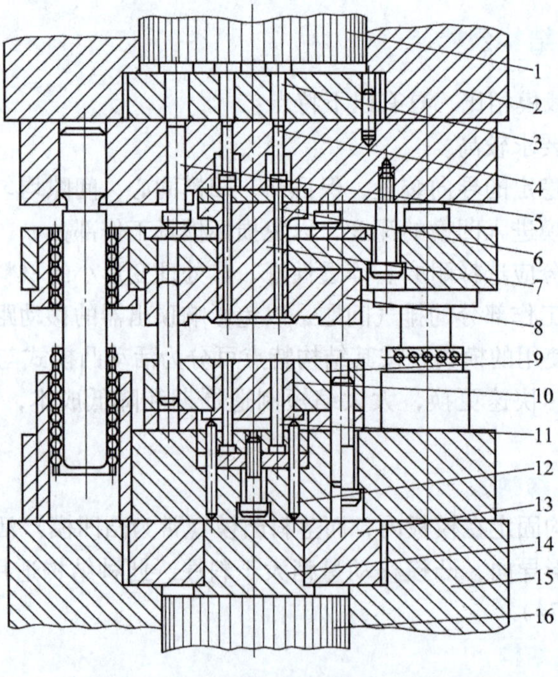

图 2-75　固定凸模式结构

1—上柱塞　2—上工作台　3、4、5—顶杆　6—顶料杆　7—凸模　8—齿圈压板　9—凹模　10—推板　11—凸模　12—顶杆　13—下顶板　14—顶块　15—下工作台　16—下柱塞

（三）简易精冲模

靠一组强力弹性元件来获得辅助压力（即剪切时的齿圈压板压力和顶件器的反压力），达到精冲效果（图2-76）。模架可采用专用模架，也可采用通用模架。通用模架特别适用于小批量、多品种、中小尺寸系列的零件生产。

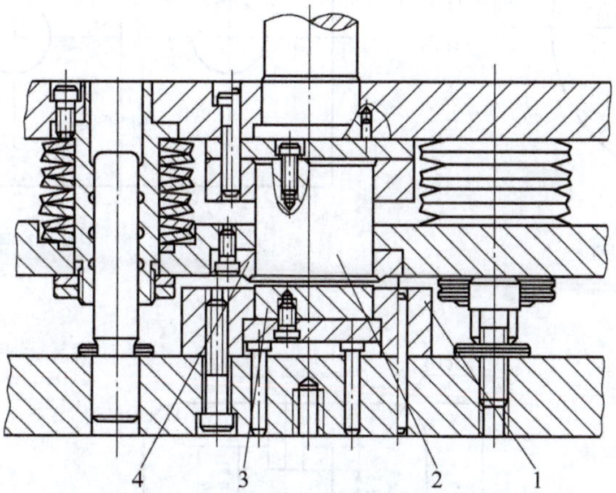

图2-76　简易精冲模

1—凹模　2—凸模　3—顶板　4—齿圈压板

精密冲裁是提高冲裁件质量的有效方法。有相当一部分过去用切削加工的零件现已改用精密冲裁方法来生产。现代意义的精冲包括了能进行沉孔、打凸、半冲孔、压印、弯曲、打扁等成形工序。精冲还可以与其他成形工序合在一起进行复合或连续冲压，从而大大提高生产率和降低生产成本。

思考与练习题

2-1　板料冲裁时，其断面具有什么特征？这些特征是如何形成的？

2-2　试讨论冲裁间隙的大小与冲裁断面质量间的关系。

2-3　分析冲裁间隙对冲裁件质量、冲裁力、模具使用寿命的影响。实际生产中如何选择合理的冲裁间隙？

2-4　冲裁凸、凹模刃口尺寸计算方法有哪几种？各有何特点，分别适用于什么场合？

2-5　冲裁如图2-77所示的工件，材料为15钢，料厚为2mm，强度极限为450MPa，若采用两工位连续冲裁，请计算：

（1）冲裁力；

（2）冲裁压力中心；

（3）冲裁凸模与凹模刃口部分尺寸；

（4）请分别绘制冲孔和落料的公差带图。

2-6　如图2-78所示工件，材料为45钢，料厚$t=2$mm，试确定冲裁凸模与凹模刃口部分尺寸及冲裁力。

2-7　如图2-79所示零件，材料为08钢，料厚$t=1$mm，试计算其冲裁凸、凹模刃口尺寸及其公差。

2-8　确定冲裁工艺方案的依据是什么？冲裁工艺的工序组合方式是根据什么来确定的？

2-9　冲裁模一般由哪几类零部件组成？它们在冲裁模中分别起什么作用？

2-10　试比较单工序模、级进模和复合模的结构特点及应用。

2-11　简述精密冲裁与普通冲裁的工艺特点，并比较两者变形机理的主要区别。

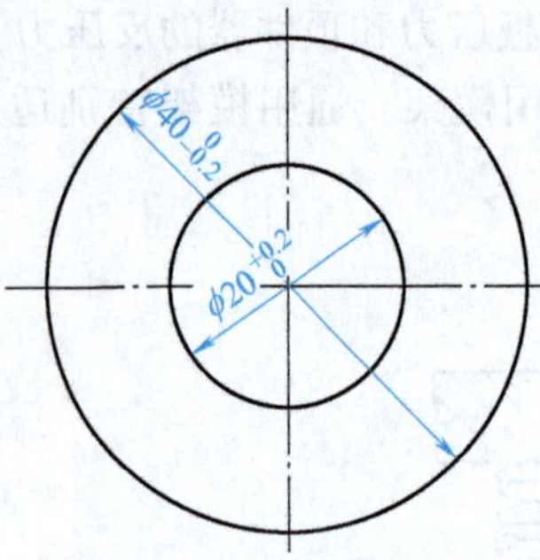

图 2-77　题 2-5 图

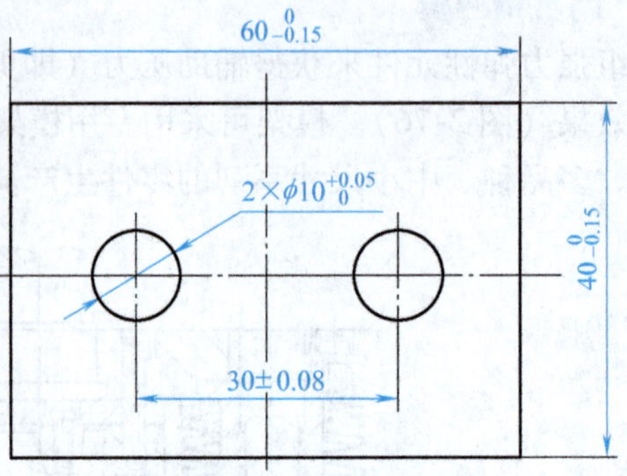

图 2-78　题 2-6 图

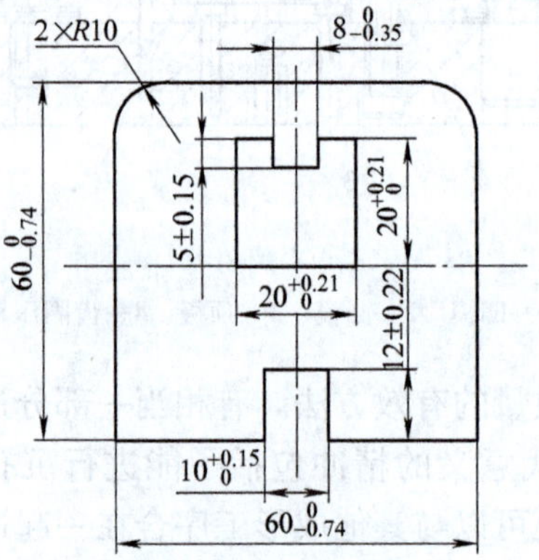

图 2-79　题 2-7 图

第三章 弯曲工艺与模具设计

弯曲是将板料、棒料、管料和型材等弯曲成一定形状及角度的零件的成形方法。它的应用相当广泛。所加工的零件种类很多，如V形件、U形件以及其他形状的零件。生产中因弯曲成形所用的模具和设备不同，形成各种不同的弯曲方法，如有在压力机上用模具进行的压弯，有在专用弯曲机上进行的折弯或滚弯，以及在拉弯设备上的拉弯等，如图3-1所示。

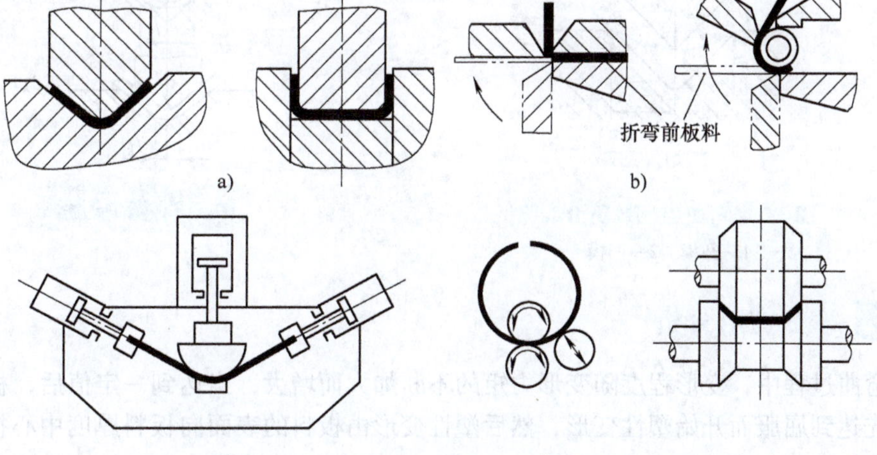

图3-1 弯曲件的加工形式
a）模具弯曲 b）折弯 c）拉弯 d）滚弯 e）滚压

尽管各种弯曲方法不同，但它们的变形过程及变形特点，有着共同的规律。本章主要介绍板料在压力机上用模具弯曲的工艺和弯曲模设计，同时研究如何解决弯曲件的破裂、弯曲件的回弹等弯曲中的常见问题。

第一节 弯曲变形分析

一、弯曲变形过程

板料的V形和U形弯曲是最基本的弯曲变形，板料在弯曲过程中的受力情况如图3-2

所示。弯曲开始时，凸、凹模与板料在 A、B 处相接触，图 3-2a 中凸模在 A 处所施加的外力为 F（V 形弯曲为 $2F$），凹模面上的 B 点处产生反力与此外力构成弯曲力矩 $M=FL$，在此弯曲力矩的作用下，板料产生塑性变形。在弯曲过程中（图 3-3），随着凸模逐渐进入凹模，板料在凹模上的支承点 B 将逐渐向模具中心移动，即力臂逐渐变小，由 l_0 变为 l_1、…、l_k，同时弯曲件的弯曲圆角半径也逐渐减小，由 r_0 变为 r_1、…、r。弯曲到一定程度时（图 3-3c），板料与凸模三点接触，这之后凸模便把板料的直边向与以前相反的方向压向凹模，形成五点甚至更多点接触。最后，当凸模在最低位置时，板料的角部及直边均受到凸模的压力，弯曲件的圆角半径和夹角完全与凸模吻合，弯曲过程结束。

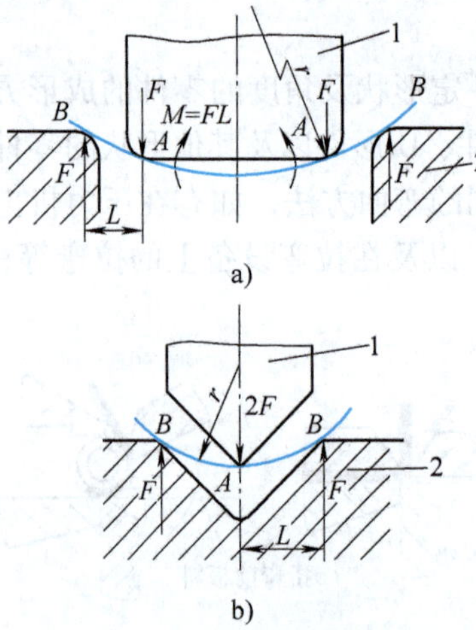

图 3-2　弯曲中板料受力情况

1—凸模　2—凹模

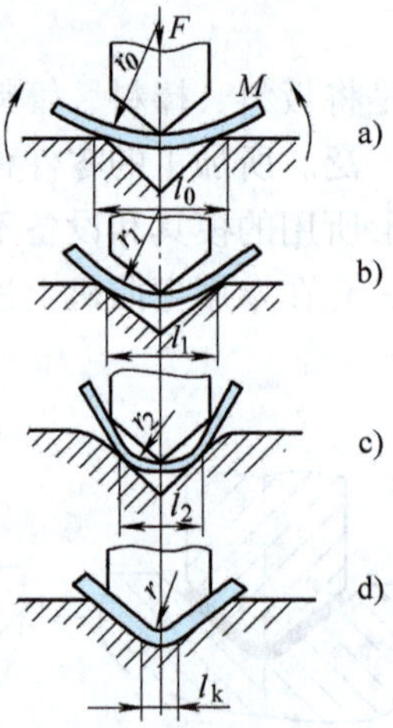

图 3-3　弯曲过程

二、弯曲变形分析

在弯曲过程中，变形程度随变形力矩的不断加大而增大，当达到一定值后，板料内外表面首先达到屈服而开始塑性变形，然后塑性变形由板料的表面向板料厚度中心扩展，直至全部出现塑性变形。如图 3-3 所示，在图 3-3c 之前板料都向一个方向（凸模方向）弯曲，这种弯曲形式称为自由弯曲，弯曲件的圆角半径和角度，受凸模下降距离的影响而有较大的波动。当板料直边反向向凹模方向变形，到达图 3-3d 所示位置时，板料受到凸模的镦压作用，直边、圆角都与模具贴合并受到压力作用，这种弯曲称为校正弯曲，得到的工件精度高。

利用网格实验观察变形后网格及工件横断面的变化（图 3-4），可以发现弯曲变形有如下特点：

1）工件分成了直边和圆角两部分（圆角部分的内半径为 r，中心角为 α），弯曲的变形主要发生在弯曲件的圆角部分。

2）变形区变形不均匀。板料的纵向纤维弯曲前是相等的，弯曲后外层纤维（$\widehat{bb}$）受拉而伸长，内层纤维（$\widehat{aa}$）受压而缩短，由于板料的连续性，其间必有一层纤维的长度在弯曲前后保持不变，此层称为应变中性层，如图 3-4 中所示的 oo 层。

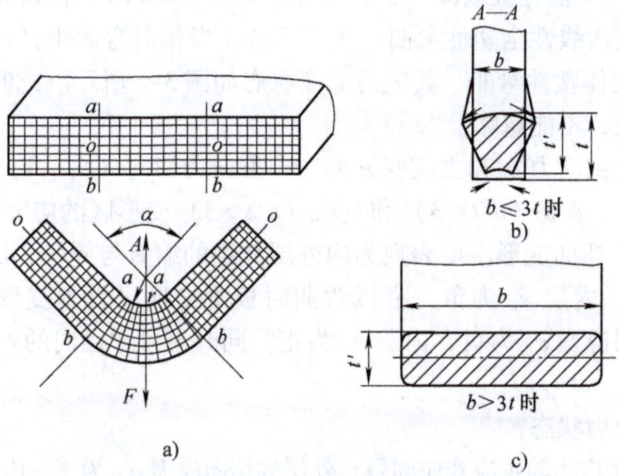

图 3-4 弯曲后工件侧壁坐标的变化

a）网格实验 b）厚度变薄 c）断面畸变情况

3）当板料相对弯曲半径 r/t 较小时，厚度变薄，变形前后厚度的比值 $\eta = t'/t$ 称为变薄系数。

4）变形区内板料横断面的变化视板料的宽窄而有所不同。板宽与板厚之比 $b/t>3$ 时，横断面几乎不变，而 $b/t \leqslant 3$ 时，断面产生了畸变，由矩形变成了扇形。实际生产中大多属于宽板弯曲，即认为板材弯曲前后横断面不变化。

三、变形区的应力应变状态

弯曲开始时，相对弯曲半径 r/t 较大，变形区发生弹性弯曲，其切向应力的分布如图 3-5a 所示。在弯矩的作用下，外层纤维受拉，内层纤维受压。板料内外表面的应力值（绝对值）最大，板料中心为零。

凸模下行，r/t 值不断减少，板料表面切向应力首先达到屈服强度，产生塑性变形。变形逐步向板料中心扩展，大约在 $r/t>200$ 时，板料便处于线性弹塑性状态（图 3-5b），即板料中心及附近区域为弹性变形，其他部分为塑性变形，它们各自的应力应变之间认为是线性关系。

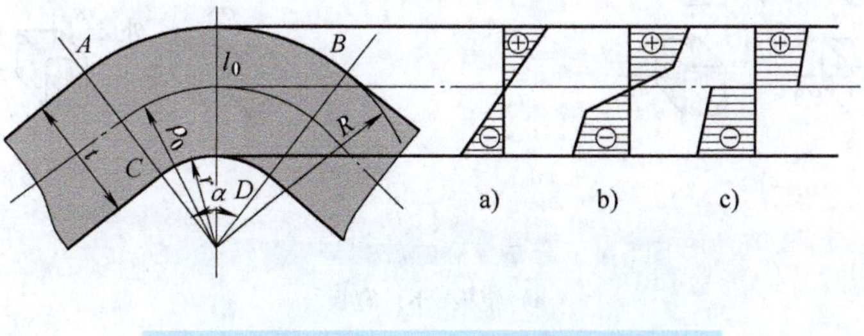

图 3-5 板料弯曲内部的应力状态

a）弹性弯曲 b）弹塑性弯曲 c）塑性弯曲

凸模继续下行，r/t 值也继续减小，大致在 $5<r/t<200$ 时，板料表层及中心的切应力全部超过屈服强度进入线性全塑性弯曲（图 3-5c）。当相对弯曲半径再进一步减小，如在 $r/t\leqslant3\sim5$时，则为立体塑性弯曲，其应力应变状态如图 3-6 所示。此时板料上另外两个方向的应力应变值较大，不能忽略。

设板料弯曲区的主应力 σ 和主应变 ε 的三个方向为切向（σ_θ、ε_θ）、径向（σ_ρ、ε_ρ）、宽度方向（σ_b、ε_b）。窄板（$b/t\leqslant3$）和宽板（$b/t>3$）变形区的应力应变状态如下：

（1）窄板弯曲　弯曲变形主要表现为内外层纤维的缩短与伸长，切向应变为最大主应变，其外层 ε_θ 为正，内层 ε_θ 为负。窄板弯曲时板宽方向可自由变形，根据体积不变规律，则宽度方向外层应变 ε_b 为负，内层 ε_b 为正。同时也可知径向的外层应变 ε_ρ 为负，内层 ε_ρ 为正。

窄板弯曲时的应力状态：

1）切向：最大主应力与主应变应同号，外层的切向应力 σ_θ 为正，内层切向应力 σ_θ 为负。

2）宽度方向：由于材料可自由变形，故内外层应力接近于零（$\sigma_b\approx0$）。

3）径向：弯曲时外层纤维的径向应变 ε_ρ 为负，有向曲率中心靠近的趋势，而最外层纤维变形大，向中心靠的趋势也大，因而板料纤维之间产生相互挤压。另外，内层纤维的径向应变为正，要受到外层纤维内移趋势的阻碍，所以内外层径向应力 σ_e 均为负值。

由此可见，窄板弯曲时内外层的应变状态是立体的，应力状态是平面的（图 3-6a）。

（2）宽板弯曲　宽板弯曲时的应变状态，切向和径向与窄板相同，在宽度方向由于变形阻力较大，材料变形困难，弯曲后板的宽度基本不变，因此内外层在宽度方向的应变接近于零（$\varepsilon_b\approx0$）。

宽板弯曲时的应力状态，切向和径向与窄板相同。宽度方向上由于材料不能自由变形，外层的收缩及内层的伸长都受到限制，故外层的 σ_b 为拉应力，内层的 σ_b 为压应力。宽板弯曲时内外层的应变状态是平面的，应力状态是立体的（图 3-6b）。

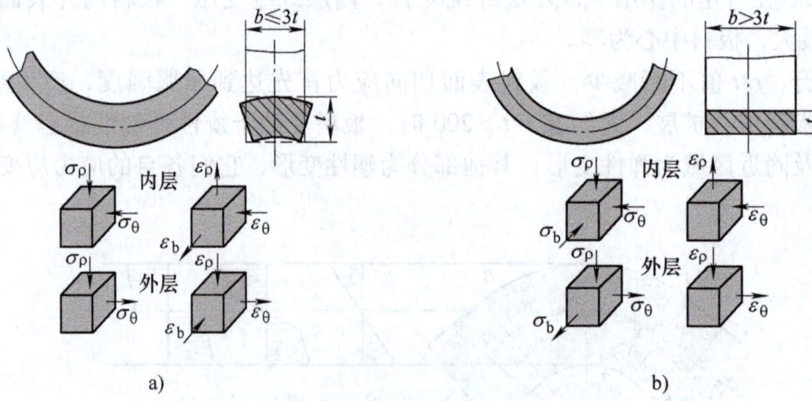

图 3-6　弯曲变形的应力与应变状态

a）窄板　b）宽板

四、弯曲变形程度

弯曲变形区的切向应变 ε_θ 与其在板厚上的位置有关（相关参数参考图 3-7）。

$$\varepsilon_\theta = \frac{(\rho_0 + y)\alpha - \rho_0\alpha}{\rho_0\alpha} = \frac{y}{\rho_0} \tag{3-1}$$

当变形不大，可认为材料不变薄，且中性层仍在板料的中间，板料内、外表面的切向应变值最大，即

$$\varepsilon_{\theta\max} = \frac{\frac{t}{2}}{\rho_0} = \frac{t}{2\rho_0}$$

以 $\rho_0 = r + t/2$ 代入上式得

$$\varepsilon_{\theta\max} = \frac{1}{2r/t + 1} \tag{3-2}$$

由式（3-2）可见，弯曲件表面上的应变量 $\varepsilon_{\theta\max}$ 与相对弯曲半径 r/t 大致成反比关系。而外表面的最大拉应变受材料性能（不拉裂）的限制，为获得良好的弯曲工件，r/t 存在一个极值，故常用相对弯曲半径 r/t 来表示弯曲的变形量，即弯曲变形程度。当 r/t 值小时，表示弯曲变形程度大。

五、弯曲现象及弯曲中的问题

（一）回弹

回弹是常见的弯曲现象。回弹的结果会使弯曲半径和弯曲角度与模具不一致。弯曲件的回弹值与板料性能、相对弯曲半径 r/t 以及模具结构等因素有关。

（二）弯裂

弯曲时外层表面的切向拉应力最大，当外层的等效应力 $\bar{\sigma}$ 超过板料的抗拉强度 R_m 时，板料就会沿弯曲线方向（垂直于板料切向的方向）被拉裂。相对弯曲半径越小，最外层纤维拉裂的可能性越大，因此必须合理选择相对弯曲半径 r/t。

（三）变薄

弯曲时，外层材料的减薄量大于内层材料的增厚量，使板料的厚度变薄。r/t 越小，厚度的变薄越严重。板料的变薄会影响弯曲件的使用性能，所以制订工艺和设计模具时，应采取防止变薄的措施。

（四）长度增加

板厚减薄的结果必然使板料长度增加，r/t 越小，减薄量便越大，板料长度的增加量也就越大。对于 r/t 较小的弯曲件，应考虑到这种增长效果，正确的毛坯长度可通过多次试验获得。

第二节 宽板弯曲时的主应力值和应力中性层的位置

弯曲时，在外力作用下，随着弯曲半径 r 的减小，板料由弹性变形阶段逐步过渡到塑性变形阶段。变形区的应力应变状态也由线性应力应变状态变为立体的应力应变状态。下面分别就各种不同的变形性质及状态求解应力值。

一、无硬化塑性弯曲

r/t 很小时，整个断面全部进入塑性状态，由于变形程度很大、板料径向应力 σ_ρ 已不

容忽视。现假定弯曲材料不产生加工硬化（即认为材料的屈服应力与变形程度无关）。

无论在弯曲件的内区还是外区，都有三个未知主应力，必须建立三个方程才能解出这三个未知数。这三个方程是：平衡微分方程、塑性条件、平面应变条件。

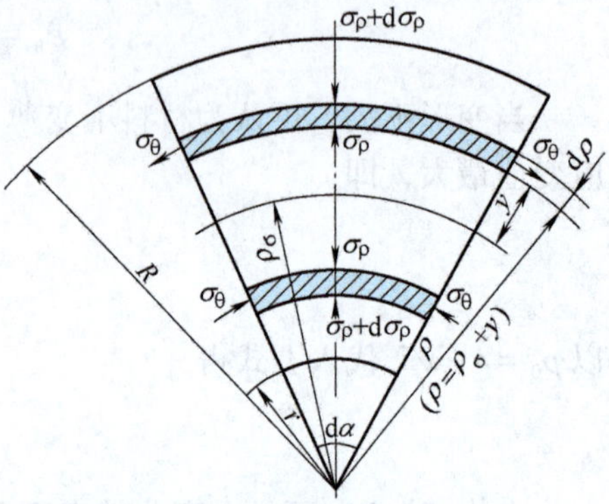

图 3-7　弯曲微元体上的作用力

（一）外区的三个主应力

取微元体（图 3-7），ρ_σ 为应力中心层半径，ρ 为任意点半径，对于外区（$\rho_\sigma<\rho<R$），其切向力的平衡微分方程为

$$|\sigma_\rho|\rho \mathrm{d}\alpha-|\sigma_\rho+\mathrm{d}\sigma_\rho|(\rho+\mathrm{d}\rho)\mathrm{d}\alpha-2\sigma_\theta \mathrm{d}\rho\sin(\mathrm{d}\,\alpha/2)=0 \tag{3-3}$$

因为 σ_ρ 为压应力，所以 $|\sigma_\rho|=-\sigma_\rho$，$|\sigma_\rho+\mathrm{d}\sigma_\rho|=-(\sigma_\rho+\mathrm{d}\sigma_\rho)$，并且因为 $\mathrm{d}\alpha$ 很小，$\sin(\mathrm{d}\alpha/2)\approx \mathrm{d}\alpha/2$，略去二阶微量，整理上式得

$$\mathrm{d}\sigma_\rho=(\sigma_\theta-\sigma_\rho)\mathrm{d}\rho/\rho \tag{3-4}$$

在外区，σ_θ 为拉应力，σ_ρ 为压应力，塑性条件可写成：

$$\sigma_\theta-\sigma_\rho=1.155R_{eL} \tag{3-5}$$

将式（3-5）代入式（3-4）得

$$\sigma_\rho=1.155R_{eL}\mathrm{d}\rho/\rho$$

积分得

$$\sigma_\rho=1.155R_{eL}\ln\rho+C \tag{3-6}$$

径向应力的边界条件是：$\rho=R$ 时，$\sigma_\rho=0$

代入式（3-6）得　$C=-1.155R_{eL}\ln R$

因此得

$$\sigma_\rho=-1.155R_{eL}\ln(R/\rho) \tag{3-7}$$

将式（3-7）代入式（3-5）得

$$\sigma_\theta=1.155R_{eL}[1-\ln(R/\rho)] \tag{3-8}$$

又根据平面应变条件，板宽方向上的应力：$\sigma_b=(\sigma_\theta+\sigma_\rho)/2$

所以

$$\sigma_b=1.155R_{eL}[0.5-\ln(R/\rho)] \tag{3-9}$$

（二）内区的三个主应力

应用同样的方法可求得内区（$\rho_\sigma>\rho>r$）的三个主应力：

$$\sigma_\rho=-1.155R_{eL}\ln(\rho/r) \tag{3-10}$$

$$\sigma_\theta=-1.155R_{eL}[1+\ln(\rho/r)] \tag{3-11}$$

$$\sigma_b=1.155R_{eL}[0.5+\ln(\rho/r)] \tag{3-12}$$

按应力公式求得板料截面上三个主应力的分布规律如图 3-8 所示。

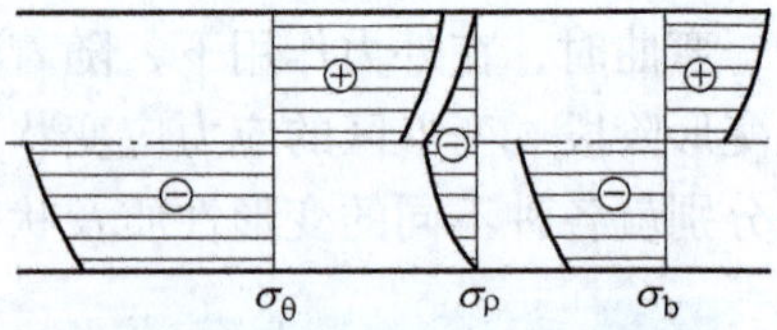

图 3-8　弯曲主应力分布

（三）应力中性层位置

由主应力分布图可以看出，在某一纤维层上（曲率为 ρ_σ 处）应力是不连续的，σ_θ、σ_b 有突变现象，σ_ρ 为一高峰，这个应力不连续的纤维层即为应力中性层。

应力中性层的半径 ρ_σ 可以根据该层上内外区径向应力相等的条件求得，即由式（3-7）和式（3-10）可得

$$\ln(R/\rho_\sigma) = \ln(\rho_\sigma/r)$$

进而得

$$\rho_\sigma = \sqrt{Rr} \tag{3-13}$$

将式（3-13）代入式（3-7）或式（3-10），则可求得应力中性层的最大径向应力：

$$\begin{aligned}\sigma_{\rho\max} &= -1.155R_{eL}\ln\sqrt{R/r} \approx -1.155R_{eL}(\sqrt{R/r}-1)\\ &= -1.155R_{eL}(\sqrt{1+t/r}-1) \approx -1.155R_{eL}t/(2r)\end{aligned} \tag{3-14}$$

由式（3-14）得出，当 $r/t>5$ 时，在应力中性层上径向应力的极大值 $|\sigma_{\rho\max}|<0.1R_{eL}$。由此得出，当 $r/t>5$ 时，应力状态简图接近于线性，在平均误差不超过5%的情况下，同样可以认为，应力中性层与毛坯中心层重合（$\rho_\sigma \approx r+0.5t$）。

当 $r/t<5$ 时，σ_θ、σ_ρ 的大小和在毛坯厚度上的分布的影响是显著的，而应力中性层从中心层向曲率中心方向移动。

若 $R=r+t$，取中心层弯曲半径 $\rho_0=(R+r)/2$，ρ_σ 由式（3-13）计算，则可以得出应力中性层自中心层移动的相对值 C，即

$$C=(\rho_0-\rho_\sigma)/t=(\sqrt{1+r/t}-\sqrt{r/t})^2/2 \tag{3-15}$$

由式（3-15）可见，当 $r/t \gg 1$ 时，应力中性层的相对移动 $C\approx 0$，并随着比值 r/t 减小而增大，直至当 $r/t=0$ 时，$C\approx 0.5$。在后者情况下，中性层趋近于毛坯内表面，应力中性层内移是由于径向压应力 σ_ρ 的作用，使板料拉、压两区切向应力 σ_θ 的分布性质发生了显著的变化。外区拉应力的数值小于内区的压应力。因此，拉、压两区的分界线必将向内移，使拉区扩大、压区减小。只有在这种条件下，才能满足弯曲时的静力平衡条件。板料的相对弯曲半径 r/t 越小，径向应力 σ_ρ 的作用越显著。拉、压两区切向应力 σ_θ 的数值相差也越悬殊。因此，应力中性层的位置必将越靠近弯曲的曲率中心，造成中性层显著的内移现象。

二、考虑硬化弯曲时主应力的分布

上面分析的弯曲过程中没有考虑加工硬化，因此，所得关系式对于热变形是正确的。在冷变形条件下，硬化使屈服应力增加，由于沿厚度变形量是变化的，所以沿厚度屈服应力的增加也将是变化的。

考虑硬化弯曲时，分析主应力分布采用如下假设：

1）在变形终了时，垂直于中心层的断面相对应力中性层上的各点发生转动；

2）毛坯对于压缩和拉伸硬化效果相同；

3）弯曲时，纵向变形的硬化效果与单向压缩或拉伸时线性变形的硬化效果相同。

根据这些假定，可以求得弯曲时纵向的真实的对数应变 ε_θ，即

$$\varepsilon_\theta=\ln(r/\rho)$$

若材料的硬化曲线为近似直线，则

$$R_{eL}=\sigma_0 \pm D\ln(\rho/\rho_0) \tag{3-16}$$

式中　σ_0 为外推流动应力；D 为材料硬化模数。

真实应变，当 $\rho>\rho_0$ 时为正号，当 $\rho<\rho_0$ 时为负号。考虑硬化影响时，屈服条件应写成

$$\sigma_\theta-\sigma_\rho=\pm 1.155R_{eL}=\pm 1.155[\sigma_0 \pm D\ln(\rho/\rho_0)] \tag{3-17}$$

式（3-17）中方括号前面的正号是用于外区，而负号用于内区。

将平衡方程式（3-4）与式（3-17）联合求解，并根据下列边界条件求出积分常数：

纵向拉伸区，若 $\rho=R$，$\sigma_\rho=0$，

纵向压缩区，若 $\rho=r$，$\sigma_\rho=0$，

可以得出考虑加工硬化的应力公式：

拉伸区：

$$\sigma_\rho=-1.155[\sigma_0+0.5D\ln(\rho R/\rho_0^2)]\ln(R/\rho) \tag{3-18}$$

$$\sigma_\theta=1.155\{\sigma_0[1-\ln(R/\rho)]+0.5D[2\ln(\rho/\rho_0)-\ln(\rho R/\rho_0^2)\ln(R/\rho)]\} \tag{3-19}$$

压缩区：

$$\sigma_\rho=-1.155\{\sigma_0+0.5D\ln[\rho_0^2/(\rho r)]\}\ln(\rho/r) \tag{3-20}$$

$$\sigma_\theta=-1.155\{\sigma_0[1+\ln(\rho/r)]+0.5D[2\ln(\rho_0/\rho)+\ln(\rho_0^2/r/\rho)\ln(r/\rho)]\} \tag{3-21}$$

显而易见，当 $D=0$（材料无加工硬化时），并用屈服强度 R_{eL} 代替外推流动应力 σ_0，则式（3-18）~式（3-21）即成为式（3-7）、式（3-8）和式（3-10）、式（3-11）。

第三节　弯曲件应变中性层的位置及弯曲毛坯长度的计算

一、应变中性层的位置

板料弯曲时，应变中性层的长度始终是不变化的，故可根据弯曲后应变中性层的长度来确定弯曲件的毛坯长度。为求得应变中性层（以下简称中性层）的长度，应先找出中性层的位置。中性层位置常用曲率半径 ρ_0 表示。如图 3-9 所示，t 为弯曲前板料的厚度，$t'=\eta t$ 为弯曲后工件的厚度，η 为变薄系数。

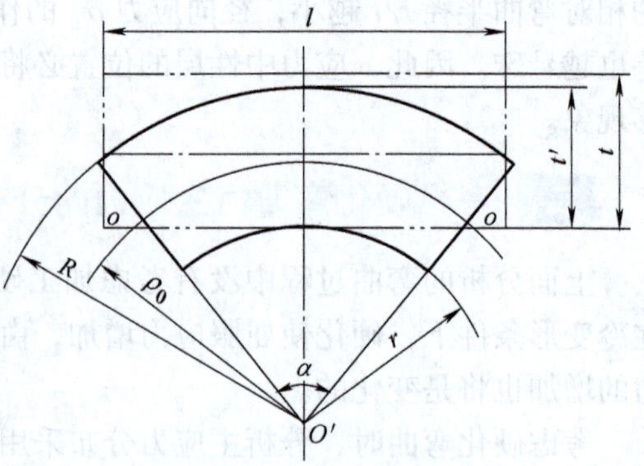

图 3-9　板料弯曲状态

弯曲前变形区的体积是

$$V_0=lbt=\rho_0\alpha bt$$

弯曲后的体积是

$$V=\pi(R^2-r^2)\frac{\alpha}{2\pi}b$$

因为　　$V=V_0$

所以

$$\rho_0=\frac{R^2-r^2}{2t}$$

将 $R=r+\eta t$ 代入上式加以整理，得

$$\rho_0 = \left(r + \frac{\eta t}{2}\right)\eta \tag{3-22}$$

由式（3-22）可知，中性层位置ρ_0与板料厚度t、弯曲半径r及变薄系数η有关，而η又受制于r/t（表3-1）。当弯曲变形量很小，即$r/t \geqslant 5$时，η近似为1.0，此时$\rho_0 = r + t/2$，即中性层位于板厚中心。随着弯曲的进行，r/t变小，$\eta < 1$，此时$\rho_0 < r + t/2$，中性层向弯曲内侧移动。r/t越小，中性层的内移量越大。

将式（3-22）简化，用$x_0 t$表示中性层距内表面的距离，便得到生产中常用的求中性层位置的经验公式：

$$\rho_0 = r + x_0 t \tag{3-23}$$

系数x_0的值见表3-1。

表3-1　V形压弯90°时中性层位移系数x_0值

r/t	0.3	0.4	0.5	0.6	0.7	0.8	0.9	1.0	1.1	1.2
x_0	0.18	0.22	0.24	0.25	0.26	0.28	0.29	0.30	0.32	0.33
r/t	1.3	1.4	1.5	1.6	1.8	2.0	2.5	3.0	4.0	≥5.0
x_0	0.34	0.35	0.36	0.37	0.39	0.40	0.43	0.46	0.48	0.50

注：表中数值适用于低碳钢、90°V形校正压弯。

二、弯曲件毛坯长度的计算

（一）圆角半径较大的弯曲件（$r > 0.5t$，图3-10）

运用中性层在弯曲过程中长度不变的结论，显然其展开长度等于弯曲件直线部分的长度和圆弧部分的长度之和，即

$$L = L_Z + L_W = l_1 + l_2 + \pi\alpha\rho_0/180 \tag{3-24}$$

当$\alpha = 90°$时

$$L_W = \pi(r + x_0 t)/2 \approx 1.57(r + x_0 t) \tag{3-25}$$

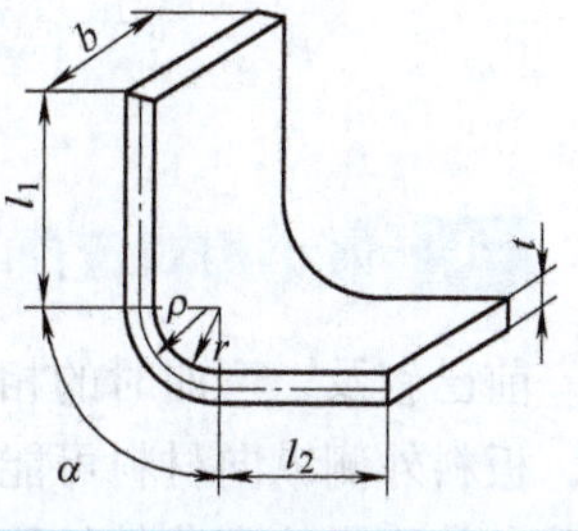

图3-10　单角弯曲毛坯长度

式中，L_Z为直边长度（mm），$L_Z = l_1 + l_2$；L_W为弯曲部分展开长度（mm）；α为弯曲件中心角（°）；r为弯曲件内表面的圆角半径（mm）；x_0为弯曲件中性层系数；t为材料厚度（mm）；ρ_0为应变中性层的曲率半径（mm）。

（二）无圆角半径或圆角半径很小时的弯曲（$r < 0.5t$）

这类弯曲件的弯曲部分毛坯尺寸计算是根据弯曲前后材料体积不变原则确定的，并考虑弯曲时圆角变形区板厚的变薄（图3-11）。计算公式如下：

$$L = \Sigma L_Z + \Sigma L_W \qquad 而\ \Sigma L_W = Knt$$

因此：

$$L = \Sigma L_Z + Knt \tag{3-26}$$

式中，n表示弯角数；K为系数，单角弯曲时，$K = 0.48 \sim 0.5$；双角弯曲时，$K = 0.45 \sim 0.8$；多角弯曲时，$K = 0.25$；塑性良好的材料，$K = 0.125$。

（三）铰链卷圆弯曲

对于 $r=(0.6\sim3.5)t$ 的铰链卷圆弯曲件（图 3-12），在卷圆过程中板料增厚，应变中性层外移，毛坯长度可按下式近似计算：

$$L=a+r+1.57\pi X'(1+t) \tag{3-27}$$

式中，X' 为系数，当 $r/t=0.5\sim2.2$ 时，$X'=0.50\sim0.76$（r/t 值大，X' 取大值；反之，X' 取小值）。

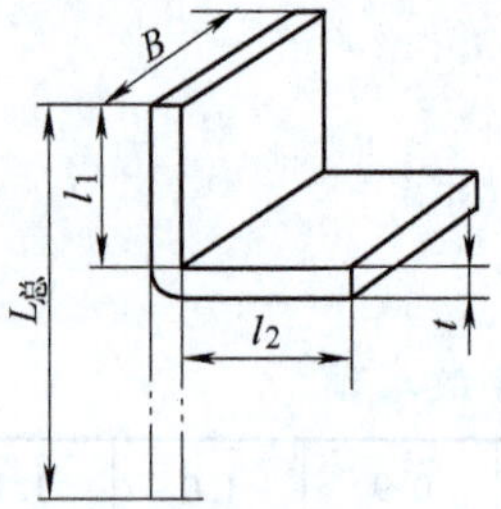

图 3-11　无圆角半径的弯曲

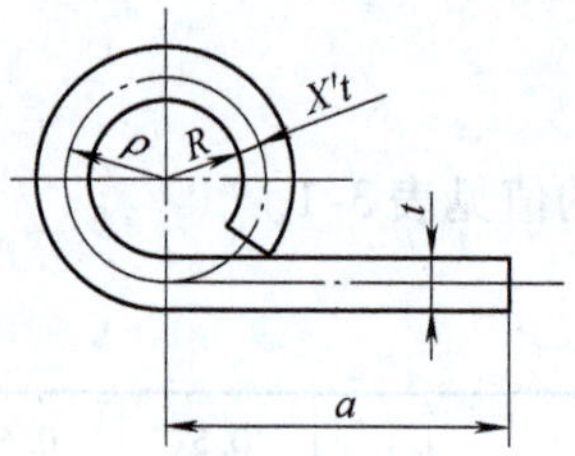

图 3-12　铰链

对于形状比较简单、尺寸精度要求不高的弯曲件，可以直接采用上面所介绍的方法计算毛坯长度。而对于形状复杂或精度要求高的弯曲件，由于材料性能、模具结构以及加工状态等许多因素在计算公式中无法考虑，或事先无法预测，因此在初步确定毛坯长度后，还要反复试弯不断修正，才能最后确定合适的毛坯尺寸。

第四节　最小相对弯曲半径

一、最小相对弯曲半径的概念

前已叙及，弯曲时的相对弯曲半径 r/t 表示了弯曲时变形量的大小。当 r/t 小到一定值后，板料外侧纵向材料可能会因变形过大而破裂，或使板料断面出现大的畸变，厚度变薄严重，从而影响弯曲件的质量。增大 r/t 值，可减少或避免上述缺陷，但当 r/t 变得过大后，板料内的弹性变形区增大，塑性变形不充分，致使弯曲后回弹大，工件的圆角半径及角度不易保证。因此弯曲时，合理的相对弯曲半径 r/t 值应取在上述两种范围内。

防止外层纤维拉裂的极限弯曲半径，称为最小弯曲半径，以 r_{min}/t 来表示。由式(3-2) 知，在最大应变 $\varepsilon_{\theta max}=1/(2r/t+1)$ 中，不拉裂时的 r/t 就是弯曲半径的最小值，即

$$\frac{r_{min}}{t}=\frac{1}{2}\left(\frac{1}{\varepsilon_{\theta max}}-1\right) \tag{3-28}$$

二、影响最小相对弯曲半径 r_{min}/t 的因素

（一）材料的力学性能

材料的塑性越好，塑性指标如伸长率等越高，许可的最小弯曲半径就越小。

（二）板料的表面质量和侧边质量

板料表面有划伤、裂纹或板料侧边（剪切面）有毛刺、裂口及冷作硬化等缺陷时，弯曲中工件容易开裂，使材料过早破坏。对于冲裁或剪裁坯料，若未经退火，由于切断面存在冷变形硬化层，材料塑性降低，应选用较大的最小弯曲半径 r_{min}。

（三）弯曲线的方向

冲压所用的板材多为冷轧板材，具有方向性，顺着纤维方向（轧制方向）的塑性指标高于垂直于纤维方向的指标。当弯曲线与板料纤维方向垂直时，可具有较小的最小弯曲半径（图 3-13a）。如果折弯线与板料纤维方向平行，其最小弯曲半径则大（图 3-13b）。在弯制 r/t 较小的弯曲件时，弯曲件在板料上的排样应使折弯线尽可能垂直于板料的纤维方向，当 r/t 较大时，折弯线的布置主要是考虑材料利用率的大小。如果在同一零件上具有两个互相垂直的弯曲线，应在排样时使两个弯曲线与板料的纤维方向成 45°的夹角，如图 3-13 所示。

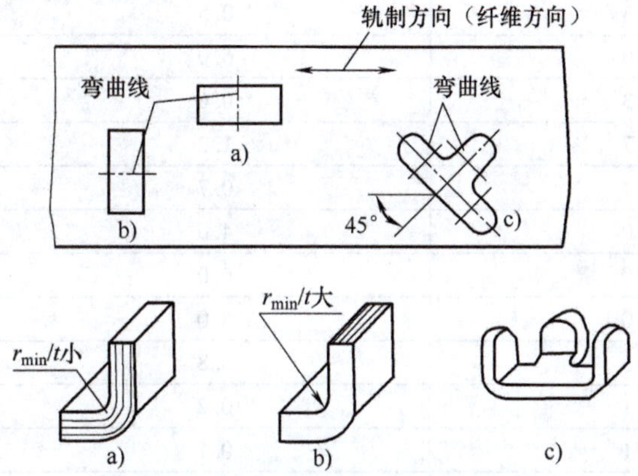

图 3-13　板料纤维与弯曲关系

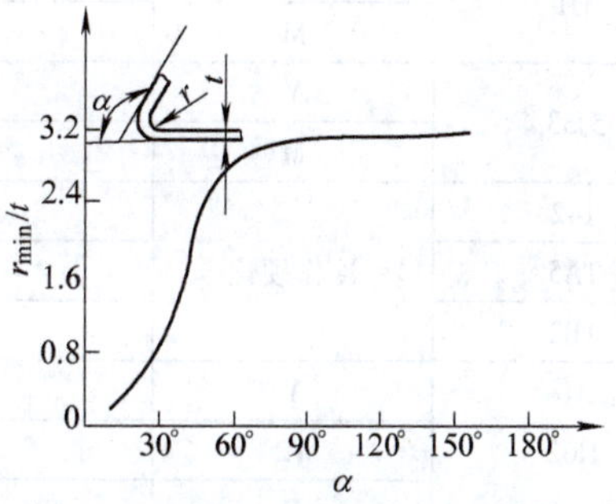

图 3-14　弯曲中心角 α 与 r_{min}/t 值的关系

（四）弯曲中心角 α

板料弯曲时，变形集中在圆角部分，直边基本不参与变形。但由于板料纤维之间的相互牵制，靠近圆角附近的直边材料也参与了弯曲变形。这对于弯曲区外层的受拉状态有缓解作用，因而有利于降低最小弯曲半径。弯曲中心角 α 越小，圆角区变形的直边缓解作用就越大，最小弯曲半径可小些，$\alpha<90°$时的影响较大，但 $\alpha>90°$后，弯曲中心角的影响已很小了。

（五）板料的厚度

弯曲变形区切向应变在板料厚度方向上按线性规律变化，外表面最大，在中心为零。当板料的厚度较小时，切向应变变化的梯度大，与最大应变的外表面相邻近的纤维层，能补充外表面的变形，从而起到阻止表面材料局部不均匀延伸的作用，所以薄料比厚料可有更小的 r/t。

三、最小相对弯曲半径的确定

由于上述各种因素的综合影响十分复杂，所以最小相对弯曲半径一般通过参考经验数据来确定，生产中的最小相对弯曲半径，可从经过实验获得的表 3-2 中选取。

表 3-2　最小相对弯曲半径 r_{min}/t

材　料		弯曲线与轧制纹向垂直	弯曲线与轧制纹向平行
08F、08Al		0.2	0.4
10、15、Q195		0.5	0.8
20、Q215A、Q235A、09MnREL		0.8	1.2
25、30、35、40、Q255A、10Ti、13MnTi、16MnL、16MnREL		1.3	1.7
65Mn	T	2.0	4.0
	Y	3.0	6.0
12Cr18Ni9	I	0.5	2.0
	B1	0.3	0.5
	R	0.1	0.2
1J79	Y	0.5	2.0
	M	0.3	0.5
3J1	Y	3.0	6.0
	M	0.3	0.6
5J53	Y	0.7	1.2
	M	0.4	0.7
T42	冷作硬化	3.0	4.0
TA5	冷作硬化	5.0	6.0
TB2	冷作硬化	7.0	8.0
H62	Y	0.3	0.8
	Y2	0.1	0.2
	M	0.1	0.1
HPb59-1	Y	1.5	2.5
	M	0.3	0.4
BZn15-20	Y	2.0	3.0
	M	0.3	0.5
QSn6.5-0.1	Y	1.5	2.5
	M	0.2	0.3
Qbe2	Y	0.8	1.5
	M	0.2	0.3
T2	Y	1.0	1.5
	M	0.1	0.1
1050A、1035	Y	0.7	1.5
	M	0.1	0.2
7A04	CSY	2.0	3.0
	M	1.0	1.5
5A05、5A06、3A21	Y	2.5	4.0
	M	0.2	0.3
2A12	CZ	2.0	3.0
	M	0.3	0.4

注：表中数值适用于90°V形校正弯曲，毛坯板厚小于20mm，宽板，毛坯剪切面的光亮带在弯角外侧。

第五节　弯曲力的计算

弯曲力是拟订板料弯曲加工工艺和选择弯曲加工设备的重要依据，因此要进行计算。

板料弯曲开始时是弹性弯曲，然后是变形区内外层纤维首先进入塑性状态，并逐渐向板厚中心扩展的自由弯曲，最后是凸、凹模与板料相互接触并压实零件的校正弯曲。各阶段的弯曲力不同，图 3-15 所示为弯曲力与弯曲行程变化的关系。弹性阶段的弯曲力较小，可以略去不计。自由弯曲阶段的弯曲力不随弯曲行程变化，校正弯曲力随行程急剧增加。

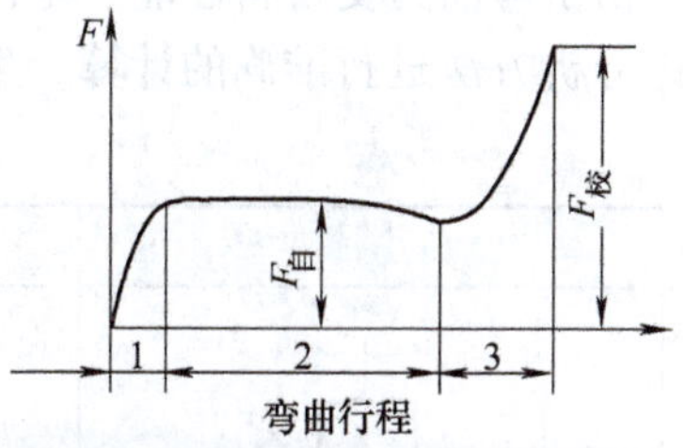

图 3-15　弯曲力的变化曲线

1—弹性弯曲阶段　2—自由弯曲阶段　3—校正弯曲阶段

凸、凹模对板料施加弯曲力，板料受到外力矩作用而弯曲变形，板料横断面上由正应力组成的内弯矩与外弯矩相平衡，而方向相反。因此，要求得弯曲模所施加的弯曲力，就首先应知道横断面上正应力的分布规律，进而求出内弯矩，再利用外弯矩等于内弯矩的条件，最终求得所需的弯曲力。

一、弯曲力矩的计算

为便于理论计算，现将弯曲区的应力应变状态作一些简化。将弯曲的立体应力状态简化为只有切向应力作用的单向应力状态，切向应力与应变之间的关系与单向拉伸状态下的应力应变关系完全一致。且近似地用弹性弯曲理论来处理塑性弯曲问题。

如图 3-7 所示，距中性层为 y 处的切向应变按式（3-1）：$\varepsilon_\theta = \dfrac{y}{\rho_0}$

塑性变形时,金属的真实应力应变关系可用指数方程表示,即

$$\sigma_\theta = \pm C(\varepsilon_\theta)^n \tag{3-29}$$

式中，外层拉伸区的 $\sigma_\theta > 0$，$\varepsilon_\theta > 0$；内层压缩区的 $\sigma_\theta < 0$，$\varepsilon_\theta < 0$；C 为与材料性质有关的常数；n 为硬化指数。将式（3-1）代入式（3-29）中，得内外层切向应力为

$$\sigma_\theta = \pm C\left(\frac{y}{\rho_0}\right)^n \tag{3-30}$$

据式（3-30），当给定弯曲半径 ρ_0 后，便可求出板料断面上任一点 y 处的切向应力 σ_θ 及其分布。切向应力 σ_θ 所形成的弯矩便可按梁的弯矩求得，即

$$M = 2b\int_0^{t/2} \sigma_\theta y\mathrm{d}y = 2b\int_0^{t/2} C\left(\frac{y}{\rho_0}\right)^n y\mathrm{d}y = \frac{Cbt^2}{2(n+2)}\left(\frac{t}{2\rho_0}\right)^n \tag{3-31}$$

不考虑硬化时，取 $n=0$，$C=R_{eL}$，便得到无硬化弯曲时的弯矩：

$$M = bt^2R_{eL}/4 \tag{3-32}$$

式（3-32）对弯矩的处理，表示在整个弯曲过程，弯曲力矩不随弯曲变形的加大而发生变化。但实际上在冷弯时，板料会发生冷作硬化，因而弯矩往往会增大。

二、弯曲力的计算

模具对板料的外弯矩为 FL（图 3-2），在无硬化时 $FL = bt^2R_{eL}/4$。于是弯曲力为

$$F = bt^2R_{eL}/(4L) \tag{3-33}$$

由于弯曲力受材料性能、零件形状、弯曲方法、模具结构等多种因素的影响，很难用理论分析方法进行准确的计算，生产中常按表 3-3 中的经验公式对弯曲力进行近似计算。

表 3-3　弯曲力的经验公式

弯曲方式		弯曲性质	计算公式
V 形弯曲	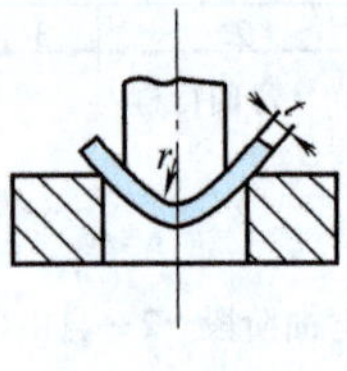	自由弯曲	$F_1 = \dfrac{0.6Kbt^2}{r+t}R_m$
	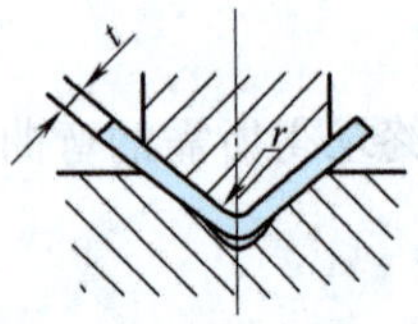	校正弯曲	$F_2 = Aq$
U 形弯曲	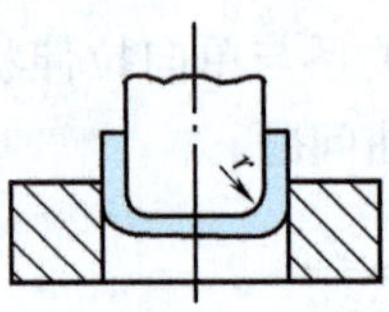	自由弯曲	$F_1 = \dfrac{0.7Kbt^2}{r+t}R_m$
	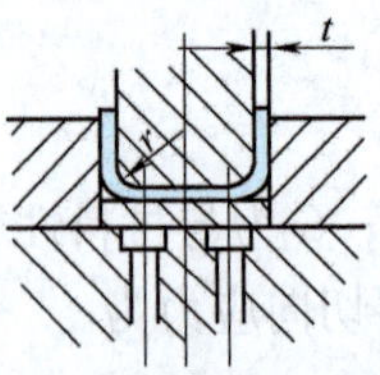	用顶弹器，不校正的弯曲	$F = F_1 + Q = \dfrac{0.7Kbt^2}{r+t}R_m + 0.8F_1$
		用顶弹器，加校正的弯曲	$F_2 = Aq$

注：F_1，F_2，F 为弯曲力（N）；Q 为最大弹顶力（N）；A 为校正部分投影面积（mm^2）；K 为安全系数，一般取 $K = 1.3$；q 为单位校正力（MPa），其值见表 3-4；b 为弯曲件的宽度（即弯曲轴线长度）。

表 3-4　单位面积校正力 q 值　　（单位：MPa）

材　料	材料厚度/mm			
	≤1	>1～3	>3～6	>6～10
铝	15～20	20～30	30～40	40～50
黄铜	20～30	30～40	40～60	60～80
10、20	30～40	30～60	60～80	80～100
25、30	40～50	50～70	70～100	100～120

对于设有顶件装置或压料装置的弯曲模，顶件力或压料力 Q 值可按自由弯曲力 F_1 的 30%～80%选取，即

$$Q=(0.3\sim0.8)F_1 \tag{3-34}$$

三、弯曲时压力机压力的确定

对于有弹性顶件装置的自由弯曲：　　$F_{压机}\geqslant(1.1\sim1.2)(F_1+Q)$

对于有弹性压料装置的自由弯曲：　　$F_{压机}\geqslant(1.1\sim1.2)(F_1+Q)$

对于校正性弯曲：　　$F_{压机}\geqslant(1.1\sim1.2)F_2$

式中，$F_{压机}$为压力机公称压力（N）。

第六节　弯曲回弹

回弹是指弯曲件从模具中取出后，其形状与尺寸变得与模具形状和尺寸不一致的现象，如图 3-16 所示。回弹是由于弯曲变形区内的总变形包含了弹性变形和塑性变形，当弯曲件从模具中取出后，弹性变形部分发生回复造成的。由于弯曲时内、外区切向应力方向不一致，因此弹性回复方向相反，即外区弹性缩短而内区弹性伸长，结果内、外区回弹加剧。弯曲回弹是所有冲压工序中回弹量最大的，且消除难度大，严重影响了弯曲件的质量，必须通过工艺设计和模具设计来适当加以控制。

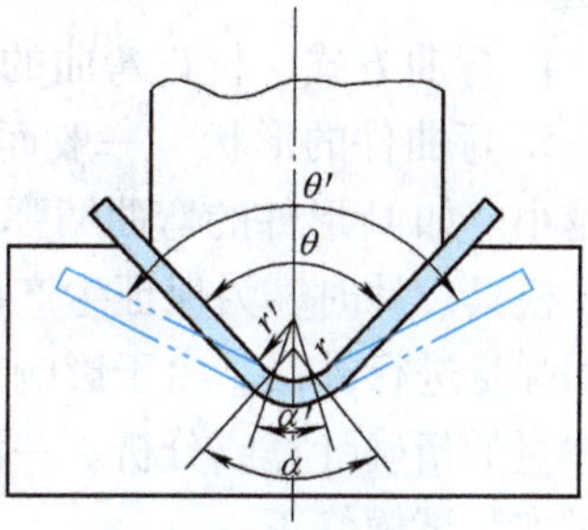

图 3-16　弯曲回弹

一、回弹的表现形式

弯曲回弹的表现形式有两个方面：

1）弯曲半径的改变，由加载时的 r 变为卸载时的 r'，$\Delta r=r'-r$。

2）弯曲件弯曲角的改变，$\Delta\theta=\theta'-\theta$；弯曲件的弯曲中心角的改变，$\Delta\alpha=\alpha-\alpha'$。当 $\Delta\theta>0$ 时，称为正回弹，即回弹后工件的实际角度大于模具的角度；当 $\Delta\theta<0$ 时，称为负回弹，即回弹后工件的实际角度小于模具的角度。回弹量的大小通常以角度改变量 $\Delta\alpha$ 的大小来衡量。

二、影响回弹的因素

由于弯曲回弹严重影响了弯曲件的精度，为了保证弯曲件的质量，必须了解影响回弹大小的因素，以便采取合适的措施，以减小回弹。影响回弹的因素主要有：

1. 材料的力学性能　回弹量的大小与材料的屈服极限 R_{eL} 和硬化指数 n 成正比，与弹性模量 E 成反比。如图 3-17a 中所示的两种材料的屈服极限和硬化指数相同，但弹性模量不同（$E_1>E_2$），在产生相同变形量 ε 的情况下，材料 1 内部所包含的弹性变形量 ε_1' 却小于材料 2 内部所包含的弹性变形量 ε_2'，说明回弹量与弹性模量成反比。如图 3-17b 中所示的两种材料的弹性模量和硬化指数相同，屈服极限不同，屈服极限大的材料（材料 4）的回弹大于屈服极限小的材料（材料 3）的回弹，说明回弹量与屈服极限成正比。

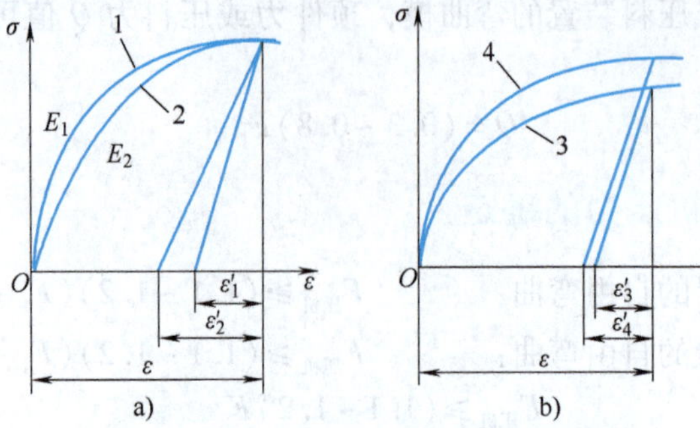

图 3-17　材料力学性能对回弹的影响

2. 相对弯曲半径　r/t 越大，表示弯曲变形程度越小，总变形内部弹性变形量所占比例越大，回弹越大。

3. 弯曲中心角　弯曲中心角越大，变形区的长度越长，回弹积累值也越大，故回弹角越大。

4. 弯曲方式　校正弯曲的回弹量比自由弯曲时大为减少，甚至可能出现负回弹。

5. 弯曲件的形状　一般而言，弯曲件越复杂，一次弯曲成形角的数量越多，回弹量就越小。如 U 形件的弯曲回弹就小于 V 形件的弯曲回弹。

模具设计时，为保证生产出合格的弯曲件，必须预先考虑弯曲件回弹的影响，以适当的回弹量进行补偿。由于影响回弹的因素很多，各因素往往相互影响，因此，很难实现对回弹量的精确计算或分析。一般情况下，模具设计时，对回弹量的确定大多按经验确定，通过实际试模修正。

三、减小回弹的措施

根据上述影响因素，减小回弹的主要措施有：

1. 改进弯曲件的设计，合理选材

1）尽量避免选用过大的 r/t。如有可能，在弯曲区压制加强筋（图 3-18），以提高零件的刚度，抑制回弹。

2）尽量选用屈服极限小、硬化指数小、弹性模量大的板料进行弯曲。

2. 采取适当的弯曲工艺，改变变形区的应力应变状态

1）采用校正弯曲代替自由弯曲。利用有底凹模的校正弯曲代替无底凹模的自由弯曲，这样可以大大减小弯曲回弹，这也是实际生产中经常采用的方法之一。

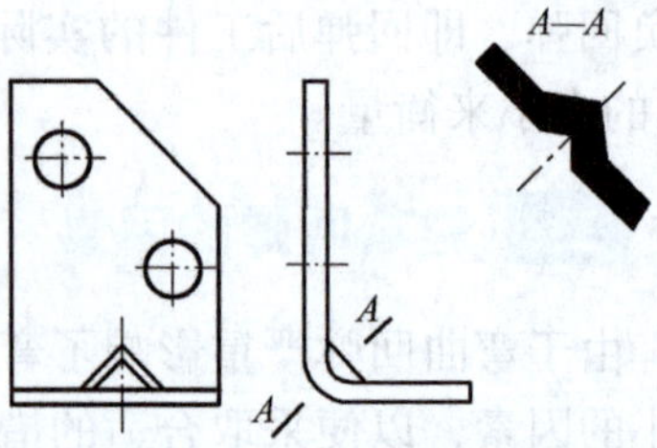

图 3-18　设计加强筋减小回弹

2）采用拉弯工艺。拉弯工艺如图 3-19 所示，在板料弯曲的同时沿长度方向施加拉力，使整个变形区均处于拉应力状态，以消除弯曲变形区内、外区回弹加剧的现象，达到减小回弹的目的。生产中通常采用这种方法弯曲 r/t 很大的弯曲件，如飞机蒙皮的成形。

3）对冷作硬化的材料必须先退火，使其下屈服强度 R_{eL} 降低。对回弹较大的材料，必

要时采用加热弯曲。

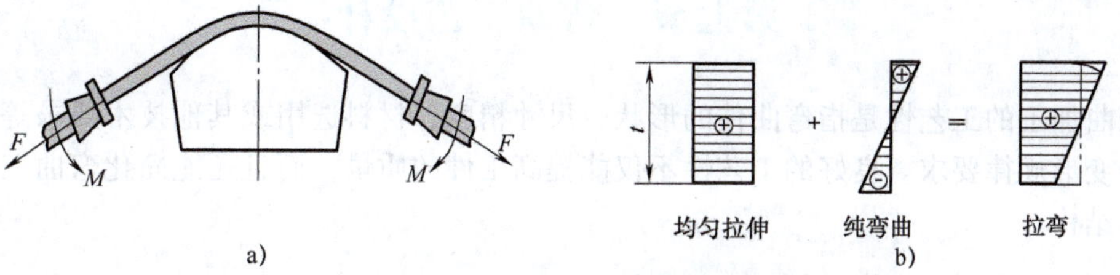

图 3-19 拉弯工艺

a）拉弯工艺 b）拉弯时的切向应力分布

3. 合理设计弯曲模

1）补偿法。即预先估算或试验出工件弯曲后的回弹量，在设计模具时，根据回弹量的大小对模具工作部分进行修正，保证获得理想的形状和尺寸。单角弯曲时，根据估算的回弹量将模具的角度减小，如图 3-20a 所示。双角弯曲时，可在凸模两侧做出回弹角并适当减小间隙（图 3-20b）或将模具底部做成弧状（图 3-20c）进行补偿。这种方法简单易行，在生产中广泛采用。

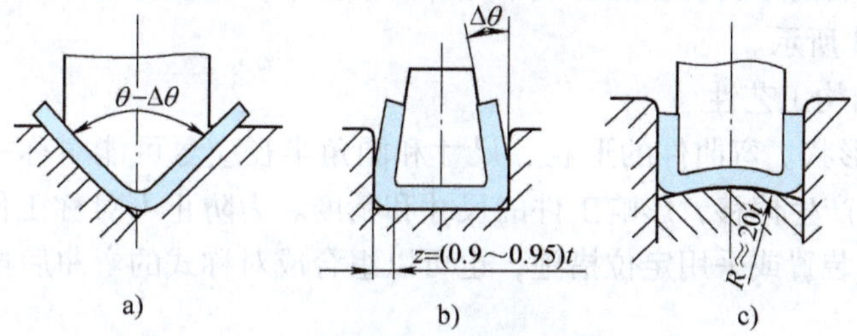

图 3-20 补偿法

2）对于厚度在 0.8mm 以上的软材料，且相对弯曲半径不大时，可把凸模作成图 3-21a、b 所示的结构，使凸模的作用力集中在变形区，以改变应力状态达到减小回弹的目的。但此时容易在弯曲件圆角部位压出痕迹。

3）用橡胶或聚氨酯软模代替刚性金属凹模，可消除直边部分的变形和回弹，并通过调节凸模压入软凹模的深度来控制回弹，如图 3-22 所示。

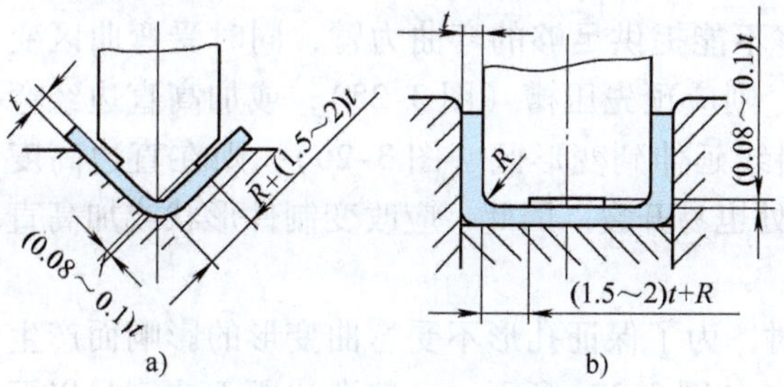

图 3-21 凸模局部凸起结构

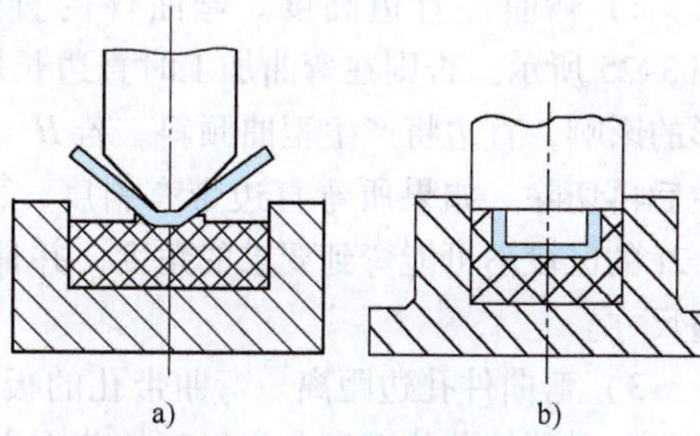

图 3-22 软模弯曲减小回弹

第七节　弯曲工艺设计

弯曲加工的工艺性是指弯曲件的形状、尺寸精度、材料选用或其他技术要求等是否符合弯曲变形规律要求。良好的工艺性不仅能提高工件的质量，而且还能简化弯曲工艺过程和模具结构。

一、弯曲工艺性分析

1. 弯曲加工的成形极限　在弯曲加工中当变形达到一定程度时，将会产生弯裂，变形区外层材料沿板宽方向产生拉伸裂纹而导致工件破坏。在加工中应根据工件材料选用合适的弯曲半径 r 值，控制最小相对弯曲半径 r_{min}/t，防止弯曲变形超过极限。此外还应综合考虑下述因素：

1）板料的材质、厚度及热处理状态。

2）板材的滚轧方向、弯曲毛坯在条料上的排列方向。

3）毛坯的断面状态、板料的表面质量。

对于会产生弯裂的厚料，在加工成本允许的情况下，可预先增加开槽工序，然后再弯曲成形，如图 3-23 所示。

2. 弯曲件的结构工艺性

1）弯曲件的形状。弯曲件的形状、尺寸和圆角半径应尽可能对称一致，以防止因工件受力不平衡，而产生偏移，影响工件的尺寸和精度。为防止不对称工件的弯曲偏移，应在模具上设置压料装置或采用定位措施，也可以组合成对称式的弯曲后再剖切，如图 3-24 所示。

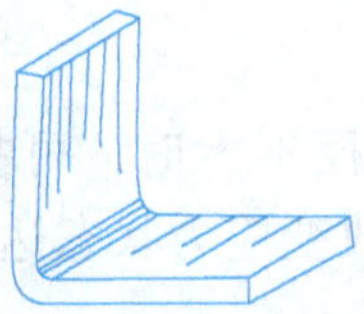

图 3-23　厚料弯曲件的开槽弯曲

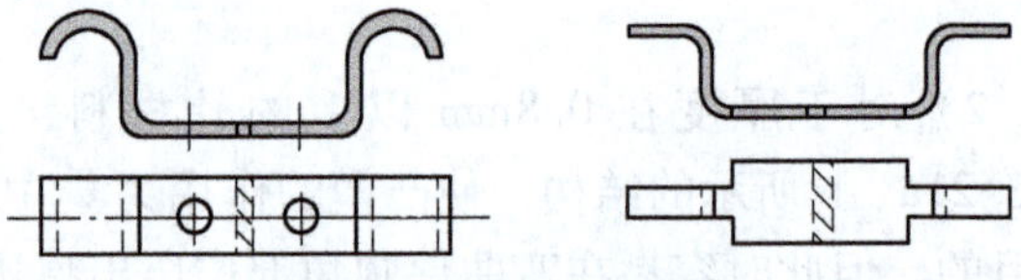

图 3-24　成对弯曲成形

2）弯曲件直边高度。弯曲件的直边高度应大于 2 倍的材料厚度，即 $H>2t$，如图 3-25 所示。否则在弯曲加工时直边长度将不能提供足够的弯曲力臂，同时受弯曲区变形的影响，直边将产生歪曲倾斜。若 $H<2t$，则应预先压槽（图 3-25），或加高直边经弯曲后再切除。如果所弯直边带有斜度，而斜线延伸到变形区（图 3-26），则在直边高度 $<2t$ 的区段不可能弯到要求的角度，并且此处也易开裂。因此，应改变制件形状或加高直边尺寸。

3）弯曲件孔边距离。弯曲带孔的板料时，为了保证孔形不受弯曲变形的影响而产生歪斜，必须使孔位于弯曲变形区的范围之外，如图 3-27a 所示。一般孔边距 L 应满足以下要求：

当 $t<2$mm 时，$L\geqslant t$；当 $t\geqslant 2$mm 时，$L\geqslant 2t$。

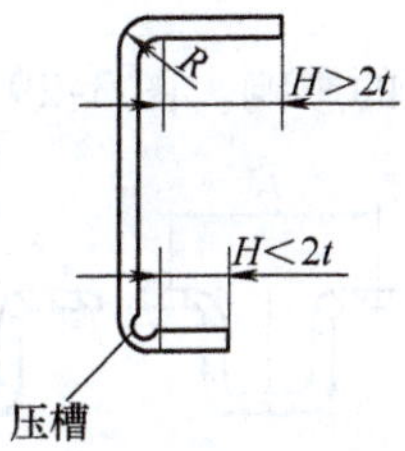

图 3-25 弯曲直边高度

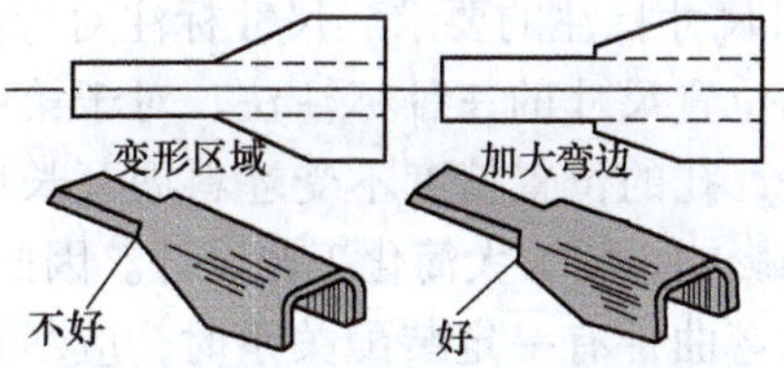

图 3-26 弯曲件直边高度对工件影响

如果孔边距离过小，应预先在弯曲变形区冲出工艺孔或切槽，可以避免孔形歪斜，如图 3-27b 所示。也可以考虑在弯曲后再进行冲孔。

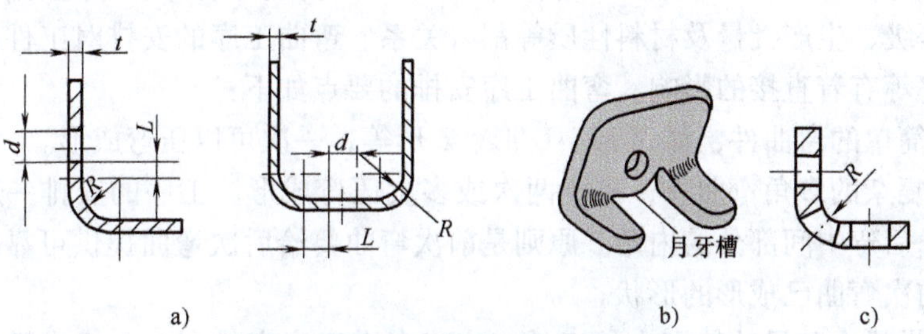

图 3-27 弯曲件孔边距离
a）孔边距 b）月牙槽 c）冲孔工艺

4）弯曲件工艺孔、槽或缺口。在对工件进行局部边缘弯曲时，边缘交接处的角部易因应力集中而产生裂纹，应预先冲出工艺孔、槽或缺口，以避免产生角裂现象，如图 3-28 所示。

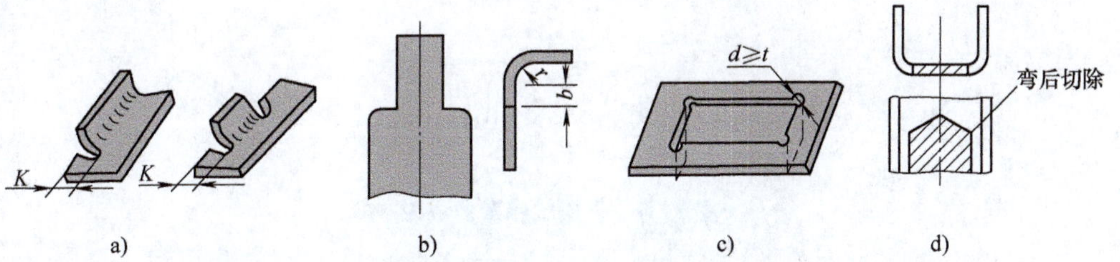

图 3-28 避免弯曲裂纹的措施
a）$K \geqslant r$，加添工艺槽 b）$b \geqslant t$，转移弯曲线 c）冲孔工艺 d）切除连接带

3. 弯曲件的精度要求 弯曲件的精度受坯料定位、偏移、翘曲和回弹等因素的影响，弯曲的工序数目越多、精度也越低。弯曲件的尺寸公差须符合 GB/T 13914—2013，角度公差符合 GB/T 13915—2013，未注几何公差符合 GB/T 13916—2013，未注几何公差尺寸的极限偏差符合 GB/T 15055—2007。

4. 弯曲件的材料要求 弯曲件的材料要有良好的塑性，较小的屈强比，较大的弹性模量，如软钢、黄铜和铝等材料的弯曲成形性能好。而脆性较大的材料，如磷青铜、铍青铜、弹簧等，其最小相对弯曲半径大，回弹大，不利于成形。

5. 对尺寸标注的要求　尺寸标注对弯曲件的工艺性有很大的影响。图 3-29 所示为弯曲件孔的位置尺寸的三种标注法。对于第一次标注法，孔的位置精度不受坯料展开长度和回弹的影响，将大大简化工艺设计。因此，在不要求弯曲件有一定装配关系时，应尽量考虑冲压工艺的方便来标注尺寸。

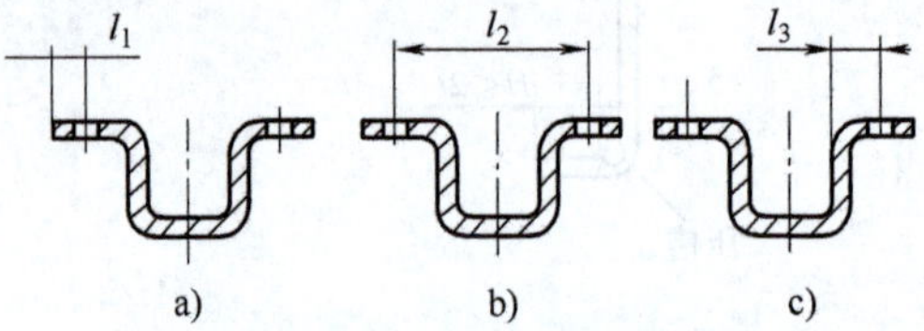

图 3-29　弯曲件尺寸标注

二、弯曲件的工序安排

在弯曲件的加工中，形状简单的弯曲件如 V 形、U 形、Z 形等一次就可以压弯成形，而形状复杂的弯曲件往往要经过多次弯曲才能成形。弯曲次数及其工序安排与工件的形状尺寸、公差等级、生产批量及材料性质等都有关系。弯曲工序的安排对工件质量、模具结构及生产效率等有着直接的影响。弯曲工序安排的要点如下：

1）形状简单的弯曲件，如 V 形、U 形、Z 形等，一次可以压弯成形。

2）形状复杂的多角弯曲件，需要两次或多次压弯成形。工序的安排一般应先弯两端部分的外角，后弯中间部分的内角。原则是前次弯曲要给后次弯曲提供可靠的定位，后次弯曲不影响前次弯曲已成形的形状。

3）生产批量大和尺寸特别小的工件，应将多道工序安排在一副级进模中。这样有利于弯曲件的定位和成形质量，使工人操作方便、安全，提高生产效率。

4）形状不对称的弯曲件，应尽可能组合成对称形式进行弯曲，然后再切开得到工件。

5）带孔的弯曲件，冲孔工序应尽可能安排在弯曲工序之后进行，这样有利于保证孔形精度和位置精度。

图 3-30 ~ 图 3-33 所示分别为一次弯曲、二次弯曲、三次弯曲以及多次弯曲的示例。

图 3-30　一道工序弯曲成形

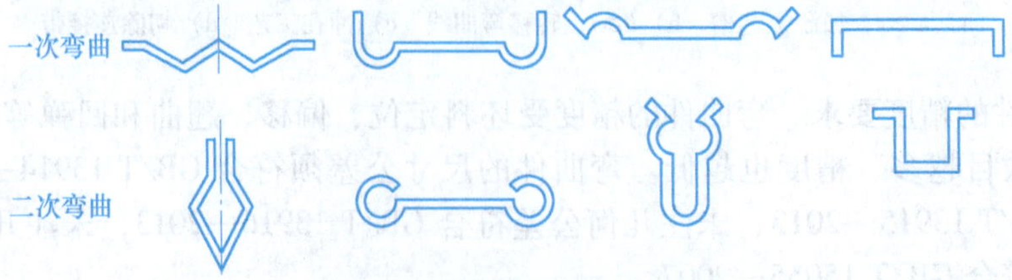

图 3-31　两道工序弯曲成形

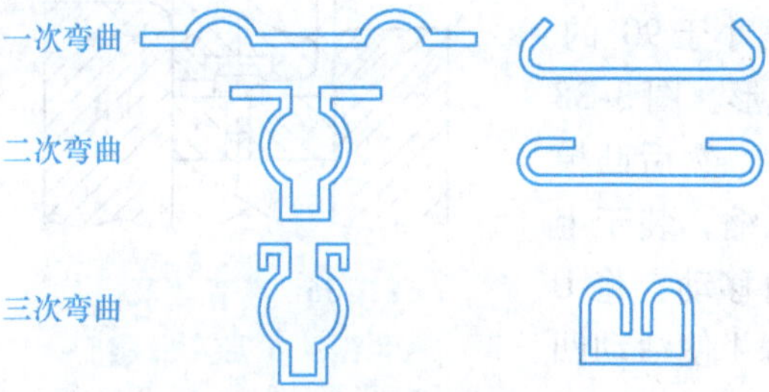

图 3-32　三道工序弯曲成形

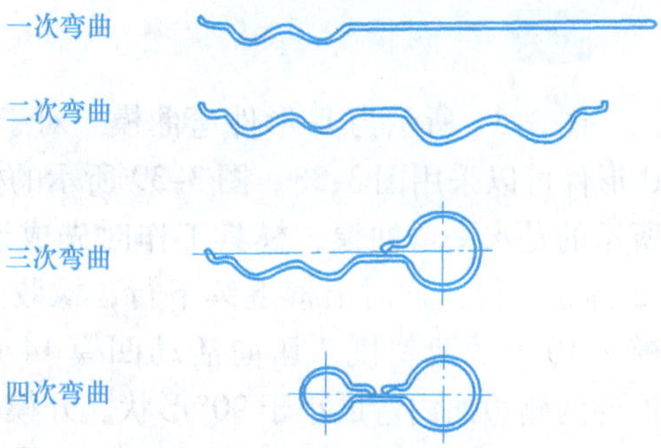

图 3-33　四道工序弯曲成形

第八节　弯曲模的类型与结构

一、V 形件弯曲模

弯曲模的结构主要取决于弯曲件的形状及工序的安排。下面介绍典型结构及其特点。

V 形件形状简单，能一次弯曲成形。最简单的模具结构为敞开式（图 3-34）。此模具制造方便，通用性强。但这种模具弯曲时，板料易滑动，弯曲件边长不易控制，影响工件精度。

为了防止板料滑动，可采用如图 3-35 所示的带有压料装置的模具结构，顶杆 1 受到弹压力，起到压料作用。图 3-36 所示为另一结构形式的 V 形件弯曲模，由于有顶板及定料销，可以防止弯曲时毛坯的滑移。

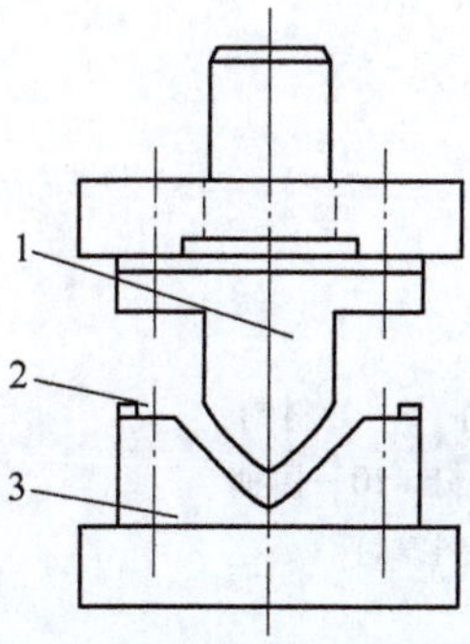

图 3-34　敞开式弯曲模

1—凸模　2—定位板　3—凹模

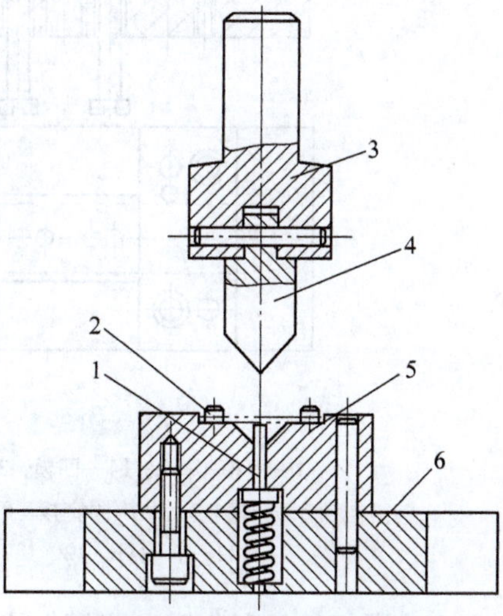

图 3-35　V 形件弯曲模

1—顶杆　2—定位钉　3—模柄

4—凸模　5—凹模　6—下模板

二、U 形件弯曲模

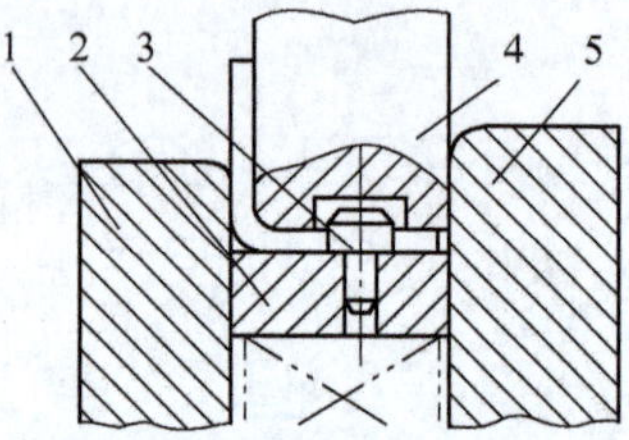

图 3-36　带顶板及定料销的 V 形弯曲模

1—凹模　2—顶板　3—定料销　4—凸模　5—防侧板

图 3-37 所示为 U 形件弯曲模。对于弯曲角小于 90°的 U 形件可以采用图 3-38、图 3-39 所示的模具成形。图 3-38 所示的是水平弯曲模，模具工作时先成形 U 形，然后凸模 15 停止下行，这时上模继续下行，橡胶 8 被压缩，装于上模座 10 上的两斜楔 7 压向活动凹模 14 向中间移动，将 U 形件两侧边向内弯成小于 90°形状。开模时弹簧 4 使活动凹模 14 复位，工件包紧在凸模上，与凸模一起离开下模，活动凹模完全复位后，从凸模的侧向取出工件。图 3-39 所示是利用活动凹模镶块的回转成形小于 90° 的 U 形件，凸模回程后弹簧使活动凹模镶块复位。

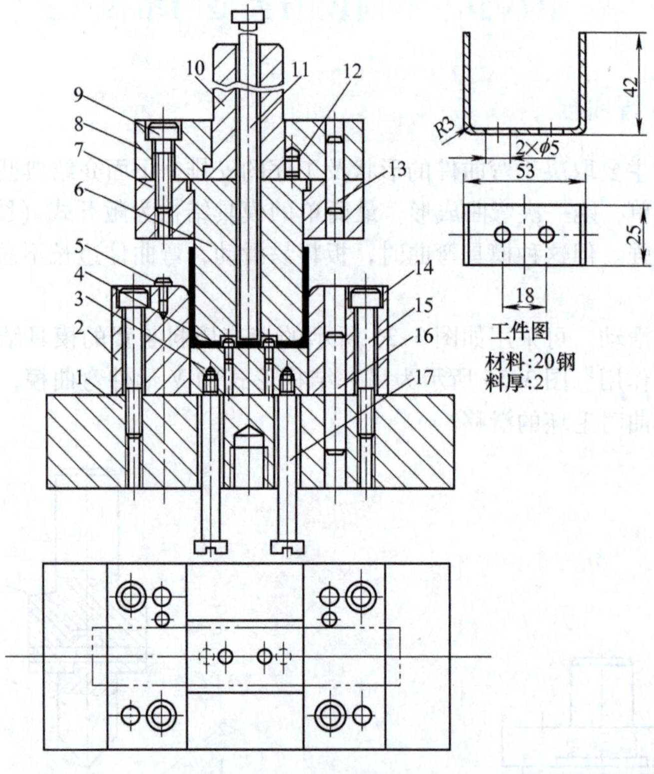

图 3-37　U 形件弯曲模

1—下模座　2、14—凹模　3—顶件块　4—定位销　5—导料销　6—凸模　7—凸模固定板　8—上模座　9、15—螺钉　10—模柄　11—打料杆　12、13、16—圆柱销　17—卸料螺钉

图 3-40 为圆杆件的弯曲模，凹模做成转轮，为了使圆杆定位，凸模和凹模上均有圆槽，随着凸模的下降，转轮发生转动，圆杆完成弯曲。在弯曲合金钢材料的 U 形件时，为了减小凹模圆角处的磨损，提高凹模使用寿命，也往往将凹模做成转轮式的。

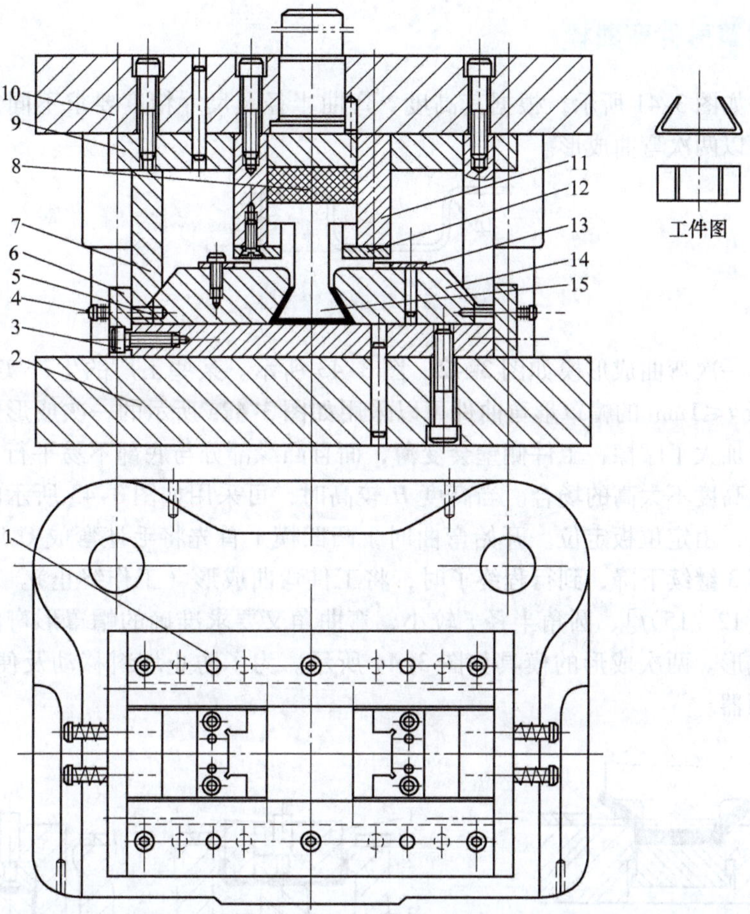

图 3-38　弯曲角小于 90°的 U 形件弯曲模（一）

1—压块　2—下模座　3、5—螺钉　4—弹簧　6—挡块　7—斜楔　8—橡胶　9—固定板
10—上模座　11—凸模导轨　12—挡板　13—定位板　14—活动凹模　15—凸模

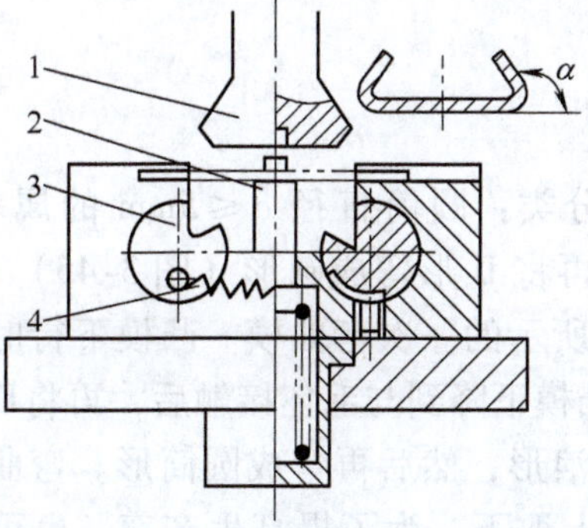

图 3-39　弯曲角小于 90°的 U 形件弯曲模（二）

1—凸模　2—顶杆　3—凹模　4—弹簧

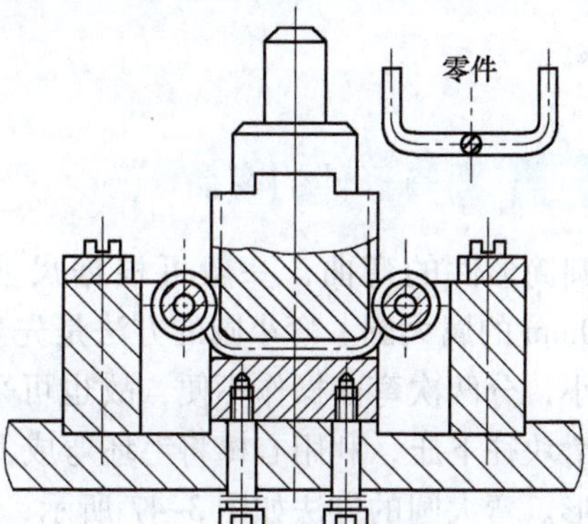

图 3-40　圆杆件弯曲模

三、帽罩形件弯曲模

帽罩形件如图3-41所示，根据其高度、弯曲半径及尺寸精度要求不同，可以一次弯曲成形，也可以两次弯曲成形。

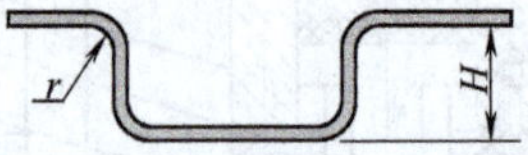

图3-41 帽罩形弯曲件

帽罩形件一次弯曲成形模如图3-42、图3-43所示。某些工厂的生产实践指出，$H\leqslant 8t$、$r\geqslant 2t$以及$t\leqslant 1$mm的帽罩形弯曲件可以采用如图3-42a所示的一次成形的弯曲模。但一次成形由于加大了摩擦，工件侧壁会变薄，而且凸缘部分与底部不易平行，该模具只适用于工件弯曲高度不太高的场合。当高度H较高时，可采用如图3-43所示的弯曲模，毛坯放在凹模上，由定位板定位。开始弯曲时，凸凹模1首先将毛坯弯成U形（工作中），随着活动凸模3继续下降，到行程终了时，将工件弯曲成形（工作终止）。对于工件高度H较高［$H\geqslant(12\sim15)t$］、圆角半径r较小、弯曲角又要求准确的帽罩形弯曲件，一般采用两次弯曲成形。两次成形的模具如图3-44所示。为了防止坯料移动及便于顶出工件，模具设有弹顶器。

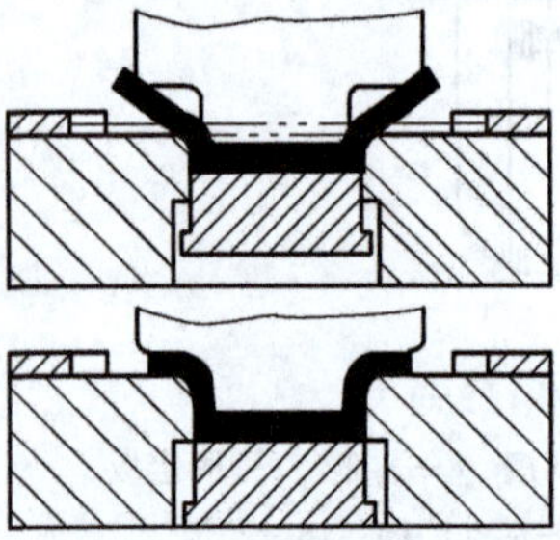

图3-42 帽罩形件一次弯曲模（一）

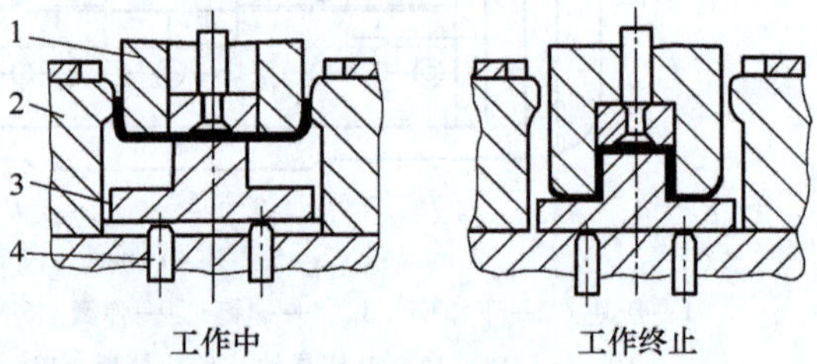

图3-43 帽罩形件一次弯曲模（二）
1—凸凹模 2—凹模 3—活动凸模 4—顶杆

四、圆筒形件的弯曲

圆筒形件的弯曲，一般可根据尺寸大小进行分类：圆筒直径$d\leqslant 5$mm的属小圆，$d\geqslant 20$mm的属大圆。弯小圆的方法是先弯成U形，再将U形弯成圆形（图3-45）。由于工件小，分两次弯曲操作不便，故也可采用图3-46所示的一次弯曲模。凸模下行时，压板将滑块往下压，利用心棒将毛坯弯成U形，等到凸模下降到与毛坯接触后，再将U形弯成圆形。弯大圆的方法如图3-47所示，即先弯成波浪形，然后再弯成圆筒形。弯曲完毕后，工件还套在凸模上，可推开支撑将工件从凸模上取下。为了提高生产率，也可采用图3-48所示的带活动凹模的一次弯曲成形模，这种弯曲方法的缺点是：由于回弹，在工件接缝处留有缝隙和少量直边，模具结构也较复杂。

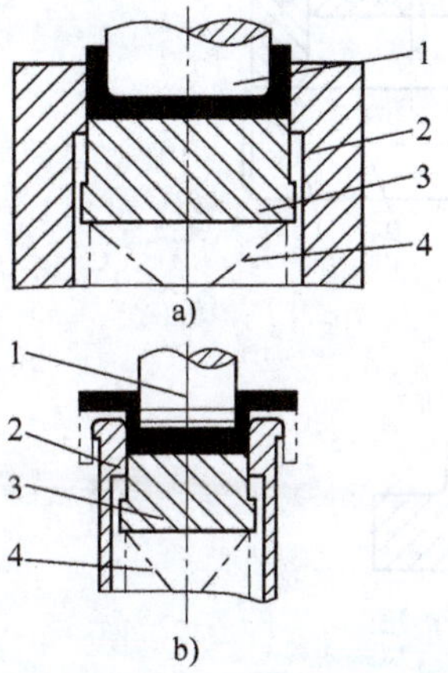

图 3-44　帽罩形件二次弯曲模

a）首次弯曲模　b）二次弯曲模

1—凸模　2—凹模　3—顶板　4—弹簧

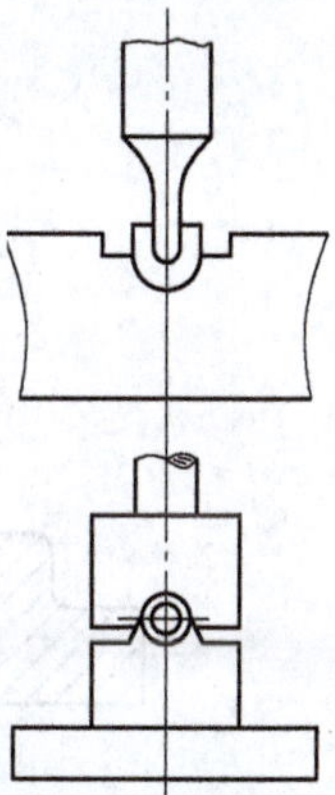

图 3-45　小圆二次弯曲模

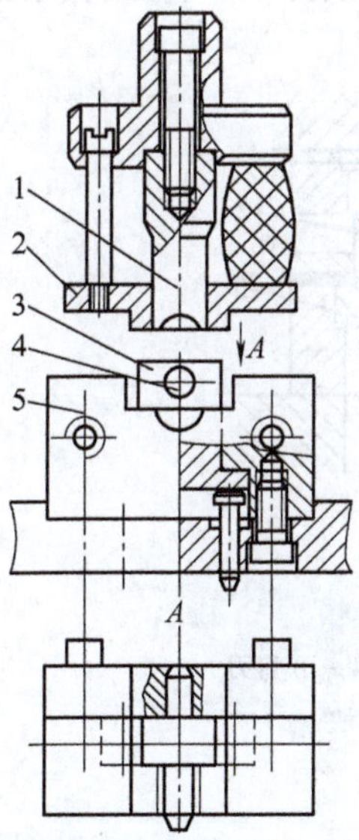

图 3-46　小圆一次弯曲模

1—凸模　2—压板　3—滑块　4—芯棒　5—凹模

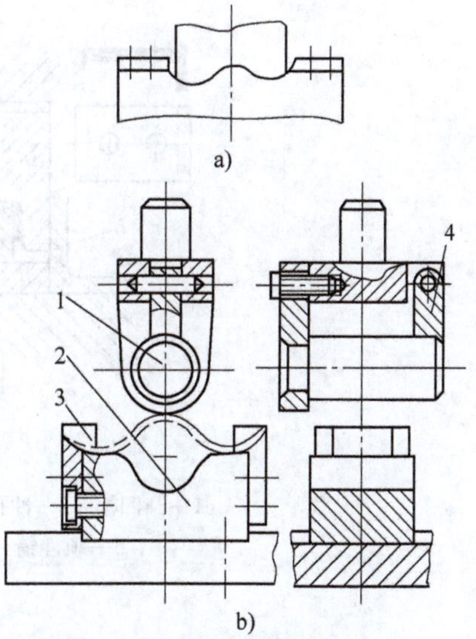

图 3-47　大圆二次弯曲模

a）首次弯曲　b）二次弯曲

1—凸模　2—凹模　3—定位板　4—支撑

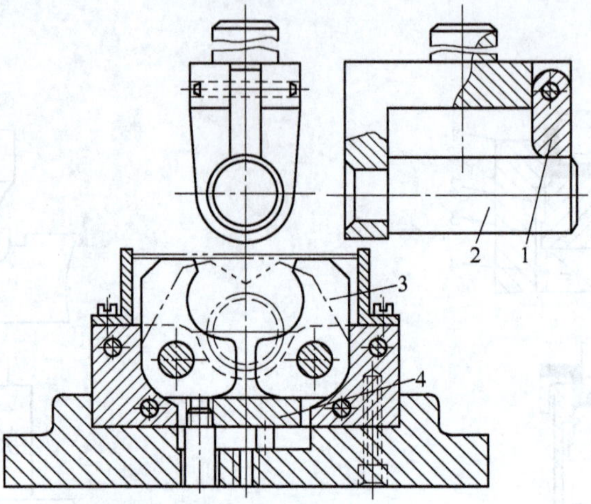

图 3-48　大圆一次弯曲模

1—支撑　2—凸模　3—凹模　4—顶板

五、级进弯曲模

它是将冲孔、弯曲、切断等工序依次布置在一副模具上，以实现级进工艺成形。如图 3-49 所示的模具，坯料从右端送入，在第一工位上冲孔，在第二工位上首先由上模 1 和下剪刃 4 将板料剪断，随后进行弯曲。上模上行后，由顶件销 5 将工件顶出。

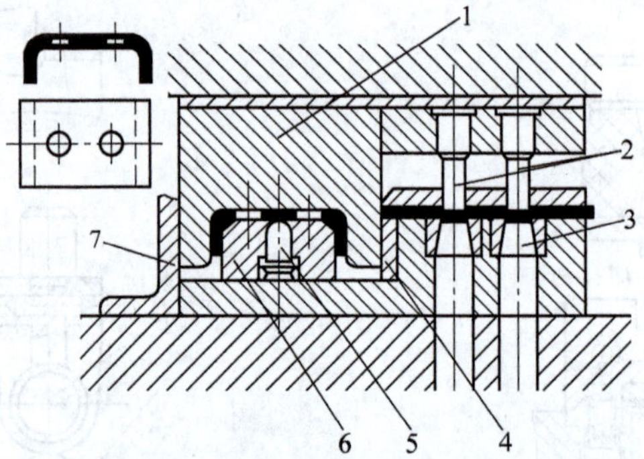

图 3-49　冲孔、切断、弯曲级进模

1—凸凹模　2—冲孔凸模　3—冲孔凹模　4—下剪刃

5—顶件销　6—弯曲凸模　7—挡料块

第九节　弯曲模工作部分的设计

弯曲模工作部分尺寸主要指凸、凹模间隙及模具横向及深度尺寸，以及凸、凹模圆角半径等。

一、凸、凹模间隙

弯曲模凸、凹模之间的间隙指单边间隙，用 c 表示，如图 3-50 所示。对于 V 形件弯曲，凸、凹模之间的间隙是靠调节压力机的装模高度来控制的。对于U形弯曲件，凸、凹模之间的间隙值对弯曲件回弹、表面质量和弯曲力均有很大的影响，间隙越大，回弹越大，工件的精度也越低；间隙过小，会使零件壁部厚度减薄，降低模具使用寿命。凸、凹模单边间隙 c 一般可按下式计算：

钢板：
$$c=(1.05\sim1.15)t$$

有色金属：
$$c=(1\sim1.1)t$$

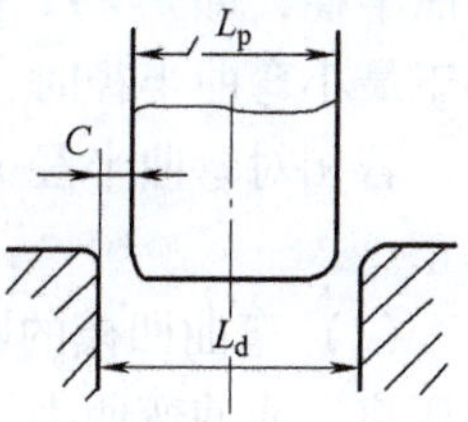

图 3-50　弯曲模间隙

二、凸、凹模宽度尺寸

凸、凹模的宽度尺寸根据弯曲工件的标注方式不同，可根据下列情况分别计算。

（1）标注外形尺寸的弯曲件　应以凹模为基准，首先设计凹模的宽度尺寸。

当工件标注成双向偏差时（图 3-51a）：

凹模宽度
$$L_d=(L-0.5\Delta')_{0}^{+\delta_d} \tag{3-35}$$

当工件标注成单向偏差时（图 3-51b）：

凹模宽度
$$L_d=(L-0.75\Delta)_{0}^{+\delta_d} \tag{3-36}$$

凸模宽度应按凹模宽度尺寸配制，并保证单面间隙为 c。即
$$L_p=(L_d-2c)_{-\delta_p}^{0} \tag{3-37}$$

（2）标注内形尺寸的弯曲件　应以凸模为基准，首先设计凸模的宽度尺寸，考虑到磨损和回弹，当工件标注成对称偏差时（图 3-51c）：

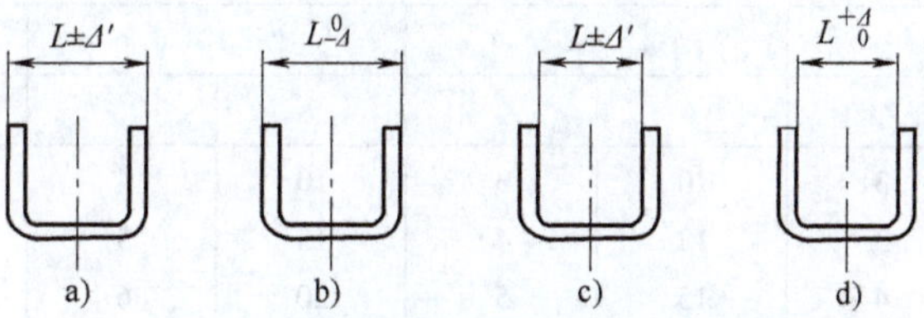

图 3-51　标注成不同尺寸的弯曲件

凸模宽度
$$L_p=(L+0.5\Delta')_{-\delta_p}^{0} \tag{3-38}$$

当工件标注成单向偏差时（图 3-51d）：

凸模宽度
$$L_p=(L+0.25\Delta)_{-\delta_p}^{0} \tag{3-39}$$

此时凹模宽度应按凸模宽度尺寸配制，并保证单面间隙为 c。即
$$L_d=(L_p+2c)_{0}^{+\delta_d} \tag{3-40}$$

式中，L_p、L_d 为弯曲凸模、凹模宽度尺寸（mm）；L 为弯曲件外形或内形基本尺寸（mm）；c 为弯曲模单边间隙（mm）；Δ 为弯曲件尺寸公差（mm）；Δ' 为弯曲件偏差（mm）；δ_p、δ_d 为弯曲凸模、凹模制造公差，采用 IT6～IT7。

三、凸、凹模圆角半径和凹模深度

（1）凸模圆角半径　当弯曲件的内侧弯曲半径为 r 时，凸模圆角半径应等于弯曲件的

弯曲半径，即 $r_p=r$，但必须使 r 大于允许的最小弯曲圆角半径。若因结构需要，必须使 r 小于最小弯曲半径时，则可先弯成较大的圆角半径，然后再采用整形工序进行整形。

若相对弯曲半径 r/t 较大，精度要求较高时，凸模圆角半径应根据回弹值作相应的修正。

（2）弯曲凹模的圆角半径　凹模圆角半径不宜过小，以免弯曲时擦伤材料表面，或出现压痕，或使弯曲力增加，使模具使用寿命降低。同时凹模两边的圆角半径 r_d 应一致，以防止弯曲时板料的偏移，通常 r_d 可根据板料厚 t 选取或直接查表 3-5。

$t \leqslant 2$mm 时，　　$r_d=(3\sim6)t$

$t=2\sim4$mm 时，　　$r_d=(2\sim3)t$

$t>4$mm 时，　　$r_d=2t$

（3）凹模工作部分深度　过小的凹模深度会使毛坯两边自由部分过大，造成弯曲件回弹量大，工件不平直；过大的凹模深度增大了凹模尺寸，浪费模具材料，并且需要大行程的压力机，因此，模具设计中，要保持适当的凹模深度，其值可参考表 3-5 选取。

表 3-5　凹模圆角半径与深度　（单位：mm）

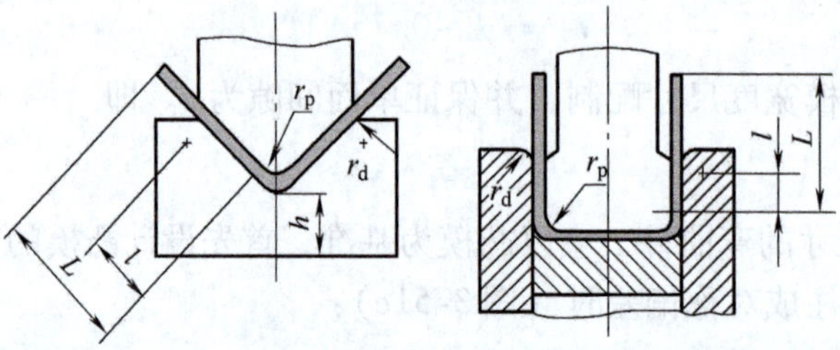

材料厚度 t	~0.5		0.5~2.0		2.0~4.0		4.0~7.0	
边长 L	l	r_d	l	r_d	l	r_d	l	r_d
10	6	3	10	3	10	4		
20	8	3	12	4	15	5	20	8
35	12	4	15	5	20	6	25	8
50	15	5	20	6	25	8	30	10
75	20	6	25	8	30	10	35	12
100			30	10	35	12	40	15
150			35	12	40	15	50	20
200			45	15	55	20	65	25

思考与练习题

3-1　弯曲变形有哪些特点？宽板与窄板弯曲时的应力应变状态为何有所不同？

3-2　弯曲过程中材料的变形区发生了哪些变化？简要说明板料弯曲变形区的应力和应变情况。

3-3　弯曲的变形程度用什么来表示？极限变形程度受到哪些因素的影响？

3-4　分析弯曲回弹产生的原因？试述减小弯曲回弹的常用措施。

3-5　什么是弯曲应变中性层？应变中性层产生偏移的原因是什么？

3-6　试分别计算如图 3-52 所示三个弯曲件的毛坯长度。

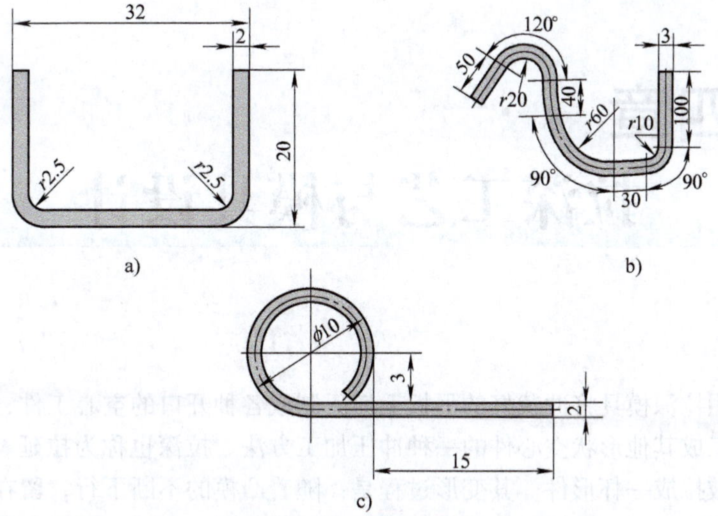

图 3-52　题 3-6 图

3-7　弯曲如图 3-53 所示零件，材料为 35 钢，已退火，料厚为 4mm。请完成以下工作：

（1）分析弯曲件的工艺性；

（2）计算弯曲件的展开长度和弯曲力（采用校正弯曲）；

（3）绘制弯曲模结构草图；

（4）确定弯曲凸、凹模工作部位尺寸，绘制凸、凹模零件图。

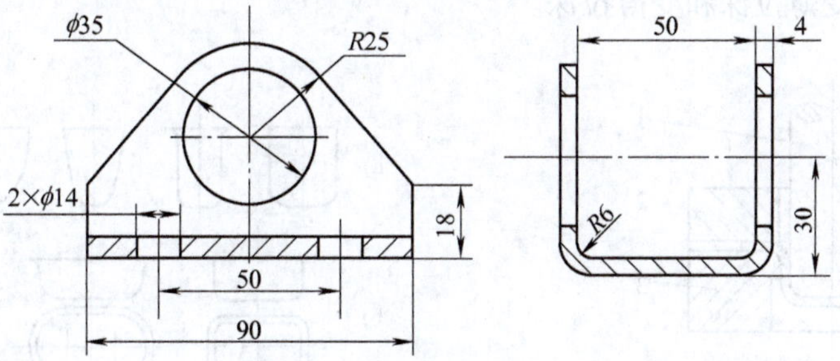

图 3-53　题 3-7 图

第四章

拉深工艺与模具设计

拉深是利用拉深模具将冲裁好的平板毛坯压制成各种开口的空心工件，或将已制成的开口空心件加工成其他形状空心件的一种冲压加工方法。拉深也称为拉延。图 4-1 所示即为一平板毛坯被拉成一杯形件。其变形过程是：随着凸模的不断下行，留在凹模端面上的毛坯外径不断缩小，并逐渐被拉进凸、凹模间的间隙中形成直壁，而处于凸模下面的材料则成为拉深件的底，当板料全部进入凸、凹模间的间隙时，拉深过程结束，平板毛坯就变成具有一定的直径和高度的杯形件。与冲裁模相比，拉深凸、凹模的工作部分不应有锋利的刃口，而应具有一定的圆角，凸、凹模间的单边间隙稍大于料厚。

用拉深工艺可以制得筒形、阶梯形、球形、锥形、抛物线型等旋转体零件（图 4-2a），也可制成方盒形等非旋转体零件。若将拉深与其他成形工艺（如胀形、翻边等）复合，则可加工出形状非常复杂的零件，如汽车车门等。因此拉深的应用非常广泛，是冷冲压的基本工序之一。

拉深分为不变薄拉深和变薄拉深。

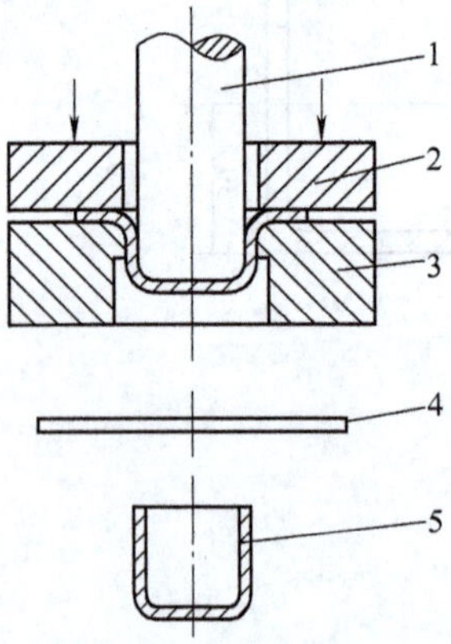

图 4-1　圆筒件拉深

1—凸模　2—压边圈　3—凹模

4—坯料　5—拉深件

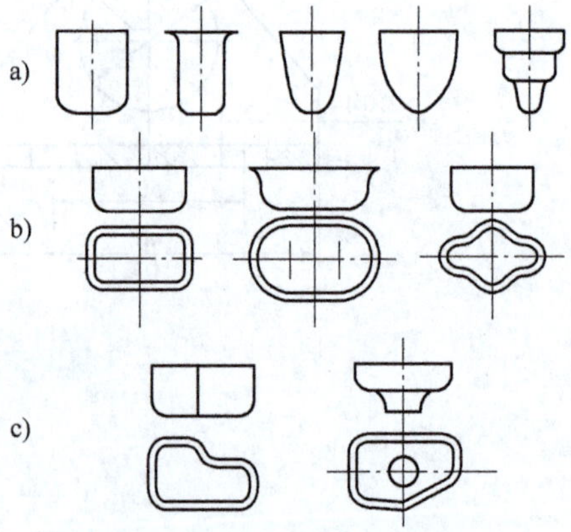

图 4-2　拉深件示意图

a）轴对称旋转体零件　b）轴对称盒形件　c）不对称复杂件

第一节　拉深变形过程分析

一、拉深变形过程及特点

如果不用模具，那么采用什么方法可以将一块圆形的平板毛坯加工成开口的圆筒形件？只要去掉如图 4-3 中所示的三角形阴影部分，再将剩余部分沿直径 d 的圆周弯折起来，并加以焊接就可以得到一个筒部直径为 d，高度为 $h=(D-d)/2$，周边带有焊缝，口部呈波浪的开口筒形件。这说明圆形平板毛坯在成为筒形件的过程中必须去除多余材料。但在实际拉深时并没有去除多余材料，因此只能认为多余的材料在模具的作用下产生了流动。为了了解材料产生了怎样的流动，可以作坐标网格试验。即拉深前在毛坯上画一些由等距离的同心圆和等角度的辐射线组成的网格（图 4-4），然后拉深，通过比较网格拉深前后的变化来了解材料的流动情况。拉深后筒底部的网格变化不明显，而侧壁上的网格变化很大，拉深前等距离的同心圆拉深后变成了与筒底平行的不等距离的水平圆周线，越到口部，圆周线的间距越大，即

$$a_1>a_2>a_3\cdots>a$$

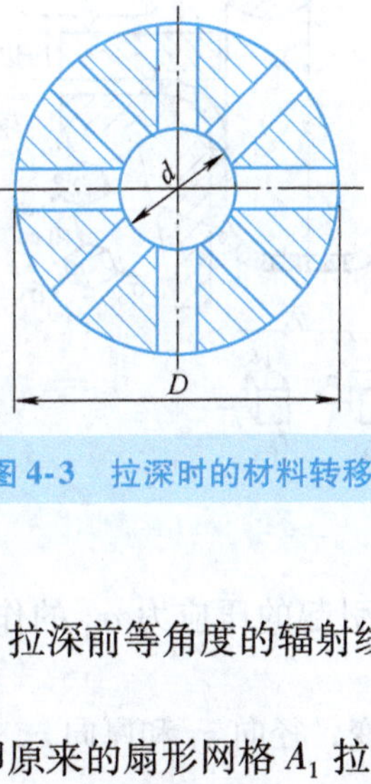

图 4-3　拉深时的材料转移

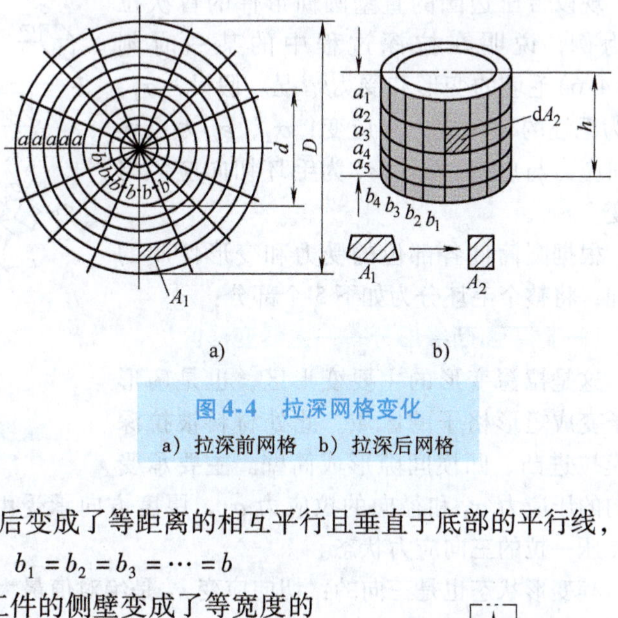

图 4-4　拉深网格变化
a）拉深前网格　b）拉深后网格

拉深前等角度的辐射线在拉深后变成了等距离的相互平行且垂直于底部的平行线，即

$$b_1=b_2=b_3=\cdots=b$$

也即原来的扇形网格 A_1 拉深后在工件的侧壁变成了等宽度的矩形 A_2，离底部越远，矩形高度越大。测量此时工件的高度，发现筒壁高度 h 大于环行部分半径差[$(D-d)/2$]。这说明材料沿高度方向产生了塑性流动。

那么这些金属又是怎样往高度方向流动的或者说拉深前的扇形网格是怎样变成矩形的呢？这可从变形区任选一个扇形格子来分析，如图 4-5 所示。从图中可看出，扇形的宽度大于矩形的宽度，而高度却小于矩形的高度，因此扇形格拉

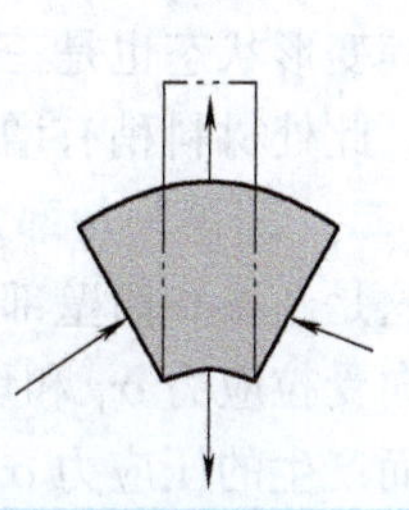

图 4-5　拉深时扇形单元受力与变形情况

深后要变成矩形格，必须宽度减小而长度增加。很明显扇形格只要切向受压产生压缩变形，径向受拉产生伸长变形就能如此。而在实际的变形过程中，由于有多余材料存在（图 4-3 中三角形部分），拉深时材料间的相互挤压而产生了切向压应力（图 4-5），凸模提供的拉深力而产生了径向拉应力。故而 $D-d$ 的圆环部分在径向拉应力和切向压应力作用下，径向伸长，切向缩短，扇形格子就变成矩形格子，多余金属也就流到工件口部，使高度增加了。

综上所述，拉深变形过程可描述为：处于凸模底下的材料在拉深过程中变化很小，变形主要集中在处于凹模平面上的（$D-d$）圆环形部分，该处金属在切向压应力和径向拉应力的共同作用下，沿切向被压缩，且越到口部压缩的越多；沿径向伸长，且越到口部伸长的越多。该部分是拉深的主要变形区。

二、拉深过程中毛坯的应力和应变状态

拉深过程中，材料的变形程度由底部向口部逐渐增大，因此拉深过程中毛坯各部分的硬化程度不一，应力与应变状态各不相同。而随着拉深的不断进行，留在凹模表面的材料不断被拉进凸、凹模的间隙而变为筒壁，因而即使是变形区同一位置的材料，其应力和应变状态也在时刻发生变化。

现以带压边圈的直壁圆筒形件的首次拉深为例，说明在拉深过程中的某一时刻（图 4-6）毛坯的变形和受力情况。假设：σ_1，ε_1 为毛坯的径向应力与应变；σ_2，ε_2 为毛坯厚向应力与应变；σ_3，ε_3 为毛坯切向应力与应变。

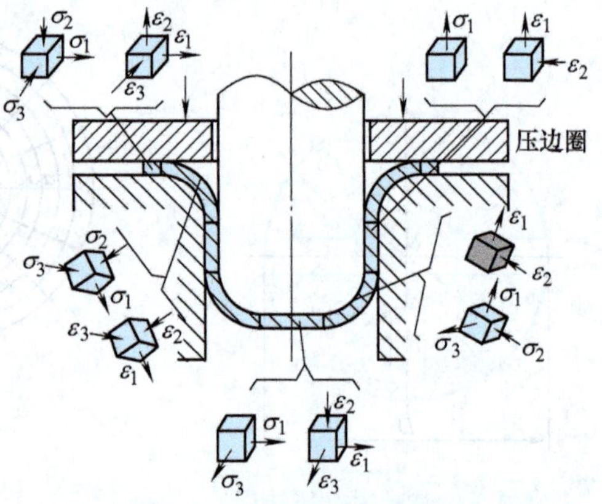

图 4-6　拉深中毛坯的应力应变情况

根据圆筒件各部位的受力和变形性质的不同，将整个毛坯分为如下 5 个部分：

（一）平面凸缘部分——主要变形区

这是拉深变形的主要变形区，也是扇形格子变成矩形格子的区域。此处材料被拉深凸模拉进凸、凹模间隙形成筒壁。主要承受切向的压应力 σ_3 和径向的拉应力 σ_1，厚度方向承受由压边力引起的压应力 σ_2 的作用，是二压一拉的三向应力状态。

其变形状态也是三向的：切向应变 ε_3 是绝对值最大的主应变，径向 ε_1 和厚向 ε_2 是拉应变，此处材料稍有增厚。

（二）凹模圆角部分——过渡区

这是凸缘和筒壁部分的过渡区，材料的变形比较复杂，除有与凸缘部分相同的特点，即径向受拉应力 σ_1 和切向受压应力 σ_3 作用外，厚度方向上还要受凹模圆角的压力和弯曲作用而产生的压应力 σ_2 的作用。变形状态也是三向的：ε_1 是绝对值最大的主应变，ε_2 和 ε_3 是压应变，此处材料厚度减薄。

（三）筒壁部分——传力区

这是由凸缘部分的材料转化而成的已经经过塑性变形的部分，它将凸模的作用力传给

凸缘，是传力区。拉深过程中直径受凸模的阻碍不再发生变化，即切向应变 ε_3 为零。σ_1 是凸模产生的拉应力，如果间隙合适，厚度方向上将不受力的作用，即 σ_2 为零。故它所受的为单向拉应力，只发生少量的径向伸长和厚度减薄。

（四）凸模圆角部分——过渡区

这部分是筒壁和圆筒底部的过渡区，材料承受筒壁较大的拉应力 σ_1、凸模圆角的压力和弯曲作用而产生的压应力 σ_2 和切向拉应力 σ_3。特别是底部和筒壁相切处拉深开始时，它处于凸、凹模间，需要转移的材料较少，受变形的程度小，冷作硬化程度低，加之该处材料厚度变薄，使传力的截面积变小，所以往往成为整个拉深件强度最薄弱的地方，成为拉深过程中的“危险断面”。当此处承受的拉应力超过材料的强度极限时，将在此处拉裂，使拉深件成为废品。

（五）圆筒底部——小变形区

这部分材料处于凸模下面，直接接受凸模施加的力并由它将之传给圆筒壁部，因此也是传力区。该处材料在拉深的一开始就被拉入凹模内，并始终保持平面形状。它受两向拉应力 σ_1 和 σ_3 作用，相当于周边受均匀拉力的圆板。变形是三向的，ε_1 和 ε_3 为拉伸，ε_2 为压缩。由于凸模圆角处的摩擦制约了底部材料的向外流动，故圆筒底部变形不大，只有 1%～3%，一般可忽略不计。

综上所述，拉深时的应力、应变是复杂的，也是时刻在变的，拉深件的壁厚是不均匀的。拉深件平面凸缘部分在切向压应力作用下会产生“起皱”，“危险断面”则可能出现拉裂，所以拉深中的主要破坏失稳形式是起皱和拉裂。

三、拉深过程的力学分析

（一）凸缘变形区的应力分析

（1）拉深中某时刻凸缘变形区的应力分布

设用半径为 R_0 的板料毛坯拉深半径为 r 的圆筒形零件，采用压边圈拉深时变形区材料径向受拉应力 σ_1 作用，切向受压应力 σ_3 作用，厚度方向受压边圈所加不大的压应力 σ_2 作用，如 σ_2 忽略不计则只需求 σ_1 和 σ_3 的值。

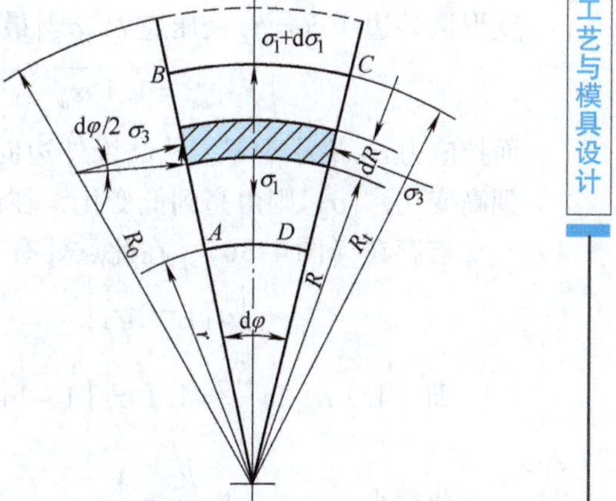

图 4-7 第一道拉深某瞬间毛坯凸缘部分单元体的受力状态（带压边而不考虑摩擦的影响）

要求出 σ_1 和 σ_3 两个未知数的值，必须列出两个方程，这可根据变形时金属单元体应满足的受力平衡条件和塑性条件（屈服准则）得到。为此从变形区任意半径 R 处截取宽度为 dR、夹角为 dφ 的微元体，分析其受力情况，如图 4-7 所示。根据微元体的受力平衡得

$$(\sigma_1+\mathrm{d}\sigma_1)(R+\mathrm{d}R)\mathrm{d}\varphi\, t-\sigma_1R\mathrm{d}\varphi\, t+2|\sigma_3|\mathrm{d}R\sin(\mathrm{d}\varphi/2)t=0$$

因为 $|\sigma_3|=-\sigma_3$，取 $\sin(\mathrm{d}\varphi/2)\approx\mathrm{d}\varphi/2$，并略去高阶无穷小，得

$$R\mathrm{d}\sigma_1+(\sigma_1-\sigma_3)\mathrm{d}R=0$$

塑性变形时需满足的塑性方程

$$\sigma_1 - \sigma_3 = \beta \overline{\sigma_m}$$

式中 β 值与应力状态有关，其变化范围为 1～1.155，在进行力学分析时，为了简便，均取一个平均值 $\beta=1.1$。$\overline{\sigma_m}$ 为考虑硬化时的平均塑性流动应力。

由上述两式并考虑边界条件（当 $R=R_t$ 时，$\sigma_1=0$），就可以求出径向拉应力 σ_1 和切向压应力 σ_3 的大小为

$$\sigma_1 = 1.1\,\overline{\sigma_m}\ln\frac{R_t}{R} \tag{4-1}$$

$$\sigma_3 = -1.1\,\overline{\sigma_m}\left(1-\ln\frac{R_t}{R}\right) \tag{4-2}$$

式中，$\overline{\sigma_m}$ 为变形区材料的平均抗力（MPa）；R_t 为拉深中某时刻凸缘半径（mm）；R 为凸缘区内任意点的半径，取值范围是 $r \sim R_t$（mm）。

把变形区内不同点的半径 R 代入式（4-1）和式（4-2）就可以算出各点的应力，它是按对数曲线规律分布的（图 4-8b）。从分布曲线可看出，在变形区内边缘即 $R=r$ 处径向拉应力 σ_1 最大，其值为

$$\sigma_{1\max} = 1.1\,\overline{\sigma_m}\ln\frac{R_t}{r} \tag{4-3}$$

而 $|\sigma_3|$ 最小，$|\sigma_3| = 1.1\,\overline{\sigma_m}\,(1-\ln R_t/r)$，在变形区外边缘 $R=R_t$ 处压应力 $|\sigma_3|$ 最大，其值为

$$|\sigma_3|_{\max} = 1.1\,\overline{\sigma_m} \tag{4-4}$$

而拉应力 σ_1 最小为零。从凸缘外边向内边 σ_1 由低到高变化，$|\sigma_3|$ 则由高到低变化，在凸缘中间必有一交点存在（图 4-8b），在此点处有

$$|\sigma_1| = |\sigma_3|$$

即 $$1.1\,\overline{\sigma_m}\ln\frac{R_t}{R} = 1.1\,\overline{\sigma_m}\left(1-\ln\frac{R_t}{R}\right)$$

化简得 $$\ln\frac{R_t}{R} = \frac{1}{2}$$

所以 $$R = 0.61R_t$$

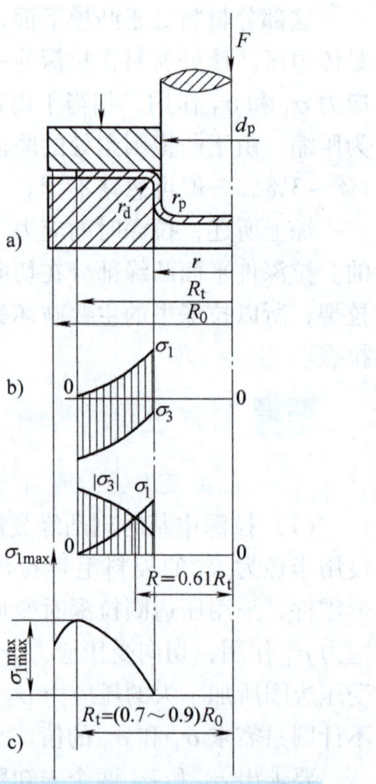

图 4-8 圆筒件拉深时的应力分布

即交点在 $R=0.61R_t$ 处。用 R 所作出的圆，将凸缘分成两部分，由此圆到凹模入口部分拉应力占优势（$|\sigma_1|>|\sigma_3|$），拉应变 ε_1 为绝对值最大的主应变，厚度方向的变形 ε_2 是压缩应变。由此圆向外到毛坯边缘，压应力占优势（$|\sigma_3|>|\sigma_1|$），压应变 ε_3 为绝对值最大的主应变，厚度方向上的变形 ε_2 是拉伸应变（增厚）。交点处就是变形区厚度方向变形是增厚还是减薄的分界点。

（2）拉深过程中 $\sigma_{1\max}$ 和 $|\sigma_3|_{\max}$ 的变化规律　$\sigma_{1\max}$ 和 $|\sigma_3|_{\max}$ 是在毛坯凸缘半径变化到 R_t 时，在凹模入口的最大拉应力和凸缘最外边的最大压应力。不同的拉深时刻，它们也是

不同的。了解 $\sigma_{1\max}$ 和 $|\sigma_3|_{\max}$ 如何变化，何时出现最大值，对防止拉深时的起皱和破裂很有必要。

1）$\sigma_{1\max}$ 的变化规律。由式（4-3）可知，$\sigma_{1\max}$ 与变形区材料的平均抗力 $\overline{\sigma}_m$ 及表示变形区大小的 R_t/r 的比值有关。$\sigma_{1\max}$ 在拉深过程中是增大还是减小，就取决于 $\overline{\sigma}_m$ 及 R_t/r 的变化情况。把不同的 R_t 所对应 $\sigma_{1\max}$ 的值连成曲线，即为整个拉深过程中凹模入口处径向拉应力 $\sigma_{1\max}$ 的变化情况（图 4-8c）。从图中看出，开始拉深时，即 $R_t=R_0$，此时 $\sigma_{1\max}=1.1\overline{\sigma}_m\ln R_0/r$。

随着拉深的进行，因加工硬化 σ_m 逐渐增大，而 R_t/r 逐渐减小，但此时 σ_m 的增大占主导地位，所以 $\sigma_{1\max}$ 逐渐增加，大约在拉深进行到 $R_t=(0.7\sim0.9)R_0$ 时，$\sigma_{1\max}$ 出现最大值 $\sigma_{1\max}^{\max}$，以后随着拉深的继续进行，由于 R_t/r 的减小占主导地位，$\sigma_{1\max}$ 也逐渐减少，直到拉深结束 $R_t=r$ 时，$\sigma_{1\max}$ 减少为零。

2）$|\sigma_3|_{\max}$ 的变化规律。由式（4-4）可知，$|\sigma_3|_{\max}$ 仅取决于 $\overline{\sigma}_m$，即只与材料有关。随着拉深的进行，变形程度增加，硬化加大，$\overline{\sigma}_m$ 增加，则 $|\sigma_3|_{\max}$ 也增加。$|\sigma_3|_{\max}$ 的变化规律与材料的硬化曲线相似。$|\sigma_3|_{\max}$ 增加会使毛坯有起皱的危险。

（二）筒壁传力区的受力分析

凸模提供的拉深力 F 通过筒壁传力区传到凸缘，将变形区的材料拉入凹模，在此过程中，筒壁所受的力（图 4-9）由以下几部分组成：

1）凸缘材料的变形抗力 $\sigma_{1\max}$。$\sigma_{1\max}$ 是拉深时变形区内边缘受的径向拉应力，是只考虑拉深时转移“剩余材料”所需的变形力。此力是凸模拉深力 F 通过筒壁传到凹模口处而产生的。

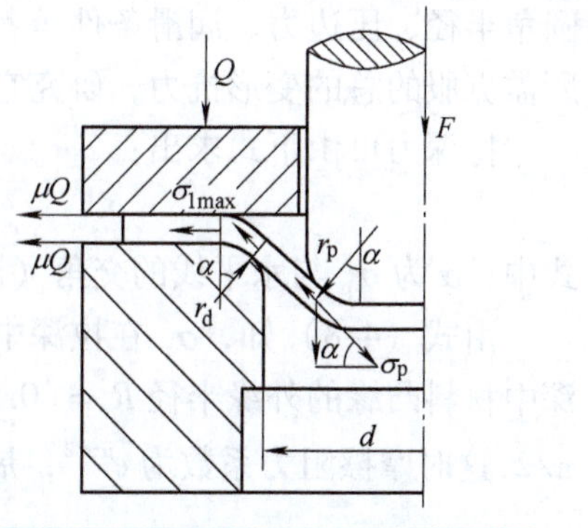

图 4-9　拉深毛坯内各部分受力分析

2）压边力 Q 在凸缘表面产生的摩擦力 μQ 引起的摩擦应力 σ_M。

3）毛坯流过凹模圆角表面遇到的摩擦阻力。

4）毛坯流过凹模圆角时产生弯曲变形以及离开凹模圆角进入凸、凹模间隙后又被拉直产生反向弯曲所需克服的阻力。

5）拉深初期毛坯在凸模圆角处弯曲时所需克服的弯曲阻力。

因此，从筒壁传力区传过来的力至少应等于上述各力之和。

上述各附加阻力可根据各种假设条件，并考虑拉深中材料的硬化来求出。

（1）压边力 Q 引起的摩擦应力

$$\sigma_M=\frac{2\mu Q}{\pi dt} \tag{4-5}$$

式中，μ 为材料与模具和压边圈之间的摩擦因数；Q 为压边力（N）；d 为凹模内径（mm）；t 为材料厚度（mm）。

（2）材料流过凹模圆角半径产生弯曲变形的阻力　可根据弯曲时内力和外力所作功相等的条件按下式计算：

$$\sigma_w = \frac{1}{4}R_m \frac{t}{r_d + t/2} \tag{4-6}$$

式中，r_d 为凹模圆角半径（mm）；R_m 为材料的抗拉强度（MPa）。

（3）材料流过凹模圆角后又被拉直成筒壁的反向弯曲力 σ_w' 按式（4-6）进行计算：

$$\sigma_w' = \sigma_w = \frac{1}{4}R_m \frac{t}{r_d + t/2}$$

拉深初期凸模圆角处的弯曲应力也按式（4-6）计算，即

$$\sigma_w'' = \frac{1}{4}R_m \frac{t}{r_p + t/2} \tag{4-7}$$

式中，r_p 为凸模圆角半径（mm）。

（4）材料流过凹模圆角时的摩擦阻力　可近似按受拉带沿滑轮的滑动摩擦理论来计算，即用摩擦阻力系数 $e^{\mu\alpha}$ 来修正。式中，e 为自然对数的底；μ 为摩擦因数；α 为包角（材料与凹模圆角处相接触的角度）。

这样，通过凸模圆角处危险断面传递的径向拉应力即为

$$\sigma_p = (\sigma_{1\max} + \sigma_M + 2\sigma_w + \sigma_w'')e^{\mu\alpha} \tag{4-8}$$

即
$$\sigma_p = \left(1.1\,\overline{\sigma}_m \ln\frac{R_t}{r} + \frac{2\mu Q}{\pi dt} + \sigma_b \frac{t}{2r_d + t} + \sigma_b \frac{t}{4r_p + 2t}\right)e^{\mu\alpha} \tag{4-9}$$

式（4-9）把影响拉深力的因素，如拉深变形程度、材料性能、零件尺寸、凸、凹模圆角半径、压边力、润滑条件等都反映出来了，σ_p 的大小即是拉深变形过程中拉深应力所需克服的总的变形抗力，研究它有利于研究改善拉深工艺。

拉深力可由下式求出：

$$F = \pi dt\sigma_p \sin\alpha \tag{4-10}$$

式中，α 为 σ_p 与水平线的交角（图4-9）。

由式（4-8）知，σ_p 在拉深中是随 $\sigma_{1\max}$ 和 α 包角的变化而变化的。根据前面分析，拉深中材料凸缘的外缘半径 $R_t = (0.7 \sim 0.9)\ R_0$ 时，$\sigma_{1\max}$ 达最大值。拉深筒形件时包角 α 为 $\pi/2$，这时摩擦阻力系数为 $e^{\mu\pi/2}$，展开后略去高阶项，则近似为

$$e^{\mu\frac{\pi}{2}} = 1 + \frac{\pi}{2}\mu \approx 1 + 1.6\mu$$

故 σ_p 的最大值为

$$\sigma_{p\max} = (\sigma_{1\max}^{\max} + \sigma_M + 2\sigma_w + \sigma_w'')(1 + 1.6\mu) \tag{4-11}$$

拉深过程中的最大拉深力则为

$$F_{p\max} = \pi dt\sigma_{p\max} \tag{4-12}$$

拉深中如果 $\sigma_{p\max}$ 值超过了危险断面的抗拉强度 R_m，则产生断裂。

四、拉深成形障碍及防止措施

由上面的分析可知，拉深时毛坯各部分的应力应变状态不同，而且随着拉深过程的进行还在变化，这使得在拉深变形过程中产生了一些特有的现象，具体表现在以下几方面。

（一）起皱

拉深时凸缘变形区的每个小扇形块在切向均受到 σ_3 压应力的作用。当作用力 σ_3 过

大，扇形块又较薄，σ_3 超过此时扇形块所能承受的临界压应力，则扇形块就会失稳弯曲而拱起。**当沿着圆周的每个小扇形块都拱起，则在凸缘变形区沿切向就会形成高低不平的皱折，这种现象称为起皱，**如图4-10所示。起皱在拉深薄料时更容易发生，而且首先在凸缘的外缘开始，因为此处的 σ_3 值最大。

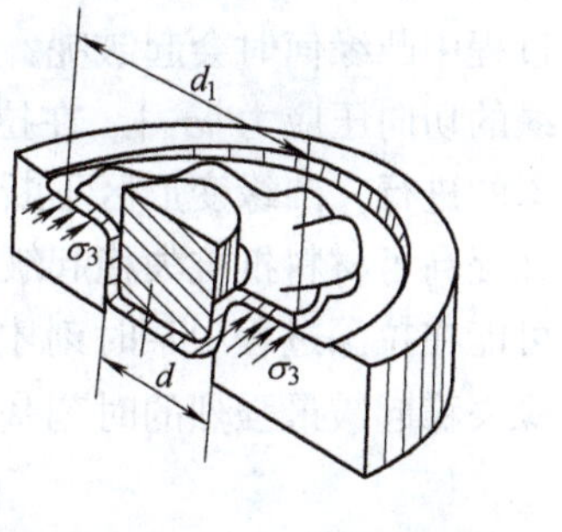

图4-10　毛坯凸缘起皱情况

变形区一旦起皱，对拉深的正常进行是非常不利的。因为毛坯起皱后，拱起的皱折很难通过凸、凹模间隙被拉入凹模，如果强行拉入，则拉应力迅速增大，容易使毛坯受过大的拉力而导致断裂报废。即使模具间隙较大，或者起皱不严重，拱起的皱折能勉强被拉进凹模内形成筒壁，但皱折也会留在工件的侧壁上，从而影响零件的表面质量，同时，起皱后的材料在通过模具间隙时与模具间的压力增加，导致与模具间摩擦加剧，磨损严重，使得模具的使用寿命大为降低。因此，起皱应尽量避免。

拉深时变形区是否失稳起皱，与该处材料所受的切向压应力大小和几何尺寸有关。主要决定于下列因素。

（1）凸缘部分材料的相对厚度　凸缘部分的相对料厚，即：$t/(D_t-d)$［或 $t/(R_t-r)$］，式中，t 为料厚；D_t 为凸缘外径；d 为工件直径；r 为工件半径；R_t 为凸缘外半径。凸缘相对料厚越大，即说明 t 较大而（D_t-d）较小，即变形区较窄较厚，因此抗失稳能力强，稳定性好，不易起皱。反之，材料抗纵向弯曲能力弱，就容易起皱。

（2）切向压应力 σ_3 的大小　拉深时 σ_3 的值决定于变形程度，变形程度越大，需要转移的剩余材料越多，加工硬化现象越严重，则 σ_3 越大，变形区越容易起皱。

（3）材料的力学性能　板料的屈强比 R_{eL}/R_m 小，则屈服强度小，变形区内切向压应力也相对减小，因此板料不容易起皱。当板厚向异性系数 $r>1$ 时，说明板料在宽度方向上的变形易于厚度方向，材料易于沿平面流动，因此也不容易起皱。

（4）凹模工作部分几何形状　与普通的平端面凹模相比，锥形凹模允许用相对厚度较小的毛坯而不致起皱。

生产中可用下述公式概略估算是否会起皱。

首次拉深中制件不起皱的条件是：

$$\frac{t}{D}\geqslant K_y(1-m_1)$$

以后各次拉深中制件不起皱的条件是：

$$\frac{t}{d_{i-1}}\geqslant K_y\left(\frac{1}{m_i}-1\right)$$

式中：采用平面凹模拉深时，系数 $K_y=0.045$；采用锥面凹模（通常凹模锥面与冲压方向所成角度为30°）拉深时，系数 $K_y=0.03$。符号下标 $i-1$ 和 i 分别表示第 $i-1$ 次和第 i 次拉深，其中 $i=2$、3、4…。

如果不能满足上述式子的要求，就要起皱。在这种情况下，必须采取措施防止起皱发生。最简单的方法（也是实际生产中最常用的方法）是采用压边圈。加压边圈后，材料被强迫在压边圈和凹模平面间的间隙中流动，稳定性得到增加，起皱也就不容易发生了。

拉深中起皱的规律：前面曾指出，拉深中是否起皱与压应力 σ_3 的大小和凸缘的相对厚度 $t/(R_t-r)$ 有关。σ_3 在凸缘外边缘最大，所以凸缘外边缘是首先起皱的地方。在拉深过程中凸缘何时会起皱呢？这决定于 σ_3 和凸缘相对厚度两个因素综合的结果。凸缘外边缘的切向压应力 $|\sigma_3|_{max}$ 在拉深过程中是不断增加的，这会增加失稳起皱的趋势。但随着拉深的进行，凸缘变形区不断缩小，材料厚度不断增大，凸缘的相对厚度是逐渐增大的，这又提高了材料抵抗失稳起皱的能力。两个作用相反的因素在拉深中相互消长，造成起皱只可能在拉深过程中某时刻才发生。实验证明，失稳起皱的规律与 σ_{1max} 的变化规律相似，凸缘失稳起皱最强烈的时刻基本上也就是 σ_{1max}^{max} 出现的时刻，即 $R_t=(0.7\sim0.9)R_0$ 时。

（二）拉裂

拉深件的拉裂（图 4-11）是由于拉深时的筒壁传力区拉应力超过了危险断面处材料的抗拉强度极限。从式（4-9）可看出，影响拉裂的主要因素有拉深变形程度、材料的力学性能、模具工作部分的几何尺寸、压边力的大小及润滑条件等。

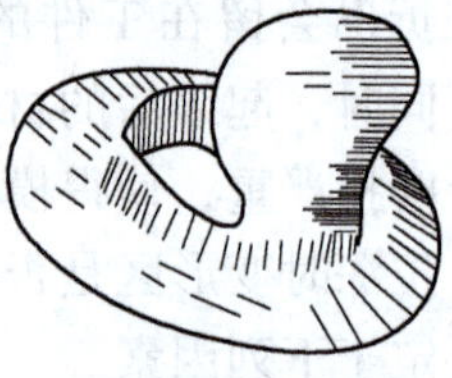

图 4-11 拉裂

为防止拉裂，可以从以下几方面考虑：根据板材成形性能，采用适当的拉深比和压边力；增加凸模表面粗糙度；改善凸缘部分的润滑条件；合理设计模具工作部分形状和尺寸；选用拉深性能好的材料等。

（三）硬化

拉深是一个塑性变形过程，拉深后的材料必然发生加工硬化，其硬度和强度增加，塑性下降。但由于拉深时变形不均匀，从底部到筒口部塑性变形由小逐渐加大，因而拉深后材料的性能也是不均匀的，拉深件硬度分布由工件底部向口部是逐渐增加的。这恰好与工艺要求相反，从工艺角度看工件底部硬化要大，而口部硬化要小才有利。

加工硬化的好处是使工件的强度和刚度高于毛坯材料，但塑性降低又使材料进一步拉深时变形困难。在工艺设计时，特别是多次拉深时，应正确选择各次的变形量，并考虑半成品件是否需要退火以恢复其塑性。对一些硬化能力强的金属（不锈钢、耐热钢等）更应注意。

综上所述，在拉深中经常遇到的质量问题是拉裂和起皱。但一般情况下起皱不是主要难题，因为只要采用压边圈等措施后即可解决。主要的问题是掌握了拉深工艺的这些特点后，在制订工艺、设计模具时就要考虑如何在保证最大的变形程度下避免毛坯拉裂，使拉深能顺利进行。同时还要使厚度变化和冷作硬化程度在工件质量标准的允许范围之内。

第二节 直壁旋转体零件拉深工艺计算

圆筒形件是最典型的拉深件，掌握了它的工艺计算方法，其他零件的工艺计算也就好着手了。下面介绍毛坯尺寸、拉深次数和半成品尺寸的确定。

一、拉深件毛坯尺寸的确定

拉深时，金属材料按一定的规律流动，毛坯的形状必须适应金属流动的要求。实践证明，旋转体零件的拉深毛坯可采用圆形毛坯。

由于拉深前和拉深后材料的体积不变，对于不变薄拉深因假设变形中材料厚度不变，则拉深前毛坯的表面积与拉深后工件的表面积认为近似相等。

如图 4-12 所示的零件其毛坯即为圆形。这样，当工件的质量、体积或面积已知时，其毛坯的尺寸就可以求得。其具体的方法有：等质量法、等体积法、等面积法、分析图解法和作图法等。生产上用得最多的是等面积法，具体求解步骤如下：

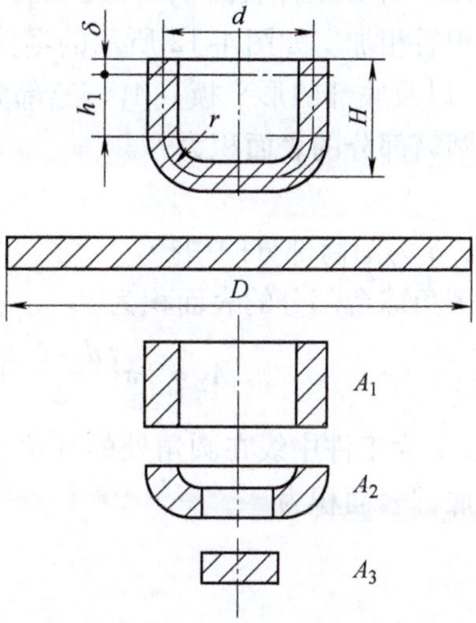

图 4-12　圆筒零件毛坯计算

（1）确定修边余量　由于材料的各向异性以及拉深时金属流动条件的差异，拉深后工件口部不平，通常拉深后需切边，因此计算毛坯尺寸时应在工件高度方向上（对无凸缘件）或凸缘上增加一修边余量δ。修边余量δ值可根据零件的相对高度查表 4-1、表 4-2。

表 4-1　无凸缘拉深件修边余量　　（单位：mm）

拉深高度 H	拉深相对高度 H d 或 H B			
	>0.5~0.8	>0.8~1.6	>1.6~2.5	>2.5~4
≤10	1.0	1.2	1.5	2
>10~20	1.2	1.6	2	2.5
>20~50	2	2.5	3.3	4
>50~100	3	3.8	5	6
>100~150	4	5	6.5	8
>150~200	5	6.3	8	10
>200~250	6	7.5	9	11
>250	7	8.5	10	12

注：1. B 为正方形的边宽或长方形的短边宽度。
2. 对于高拉深件必须规定中间修边工序。
3. 对于材料厚度小于 0.5mm 的薄材料作多次拉深时，应按表值增加 30%。

表 4-2　有凸缘拉深件修边余量　　（单位：mm）

凸缘直径 d_t（或 B_t）	相对凸缘直径 d_t d 或 B_t B			
	<1.5	1.5~2	2~2.5	2.5~3
<25	1.8	1.6	1.4	1.2
>25~50	2.5	2.0	1.8	1.6
>50~100	3.5	3.0	2.5	2.2
>100~150	4.3	3.6	3.0	2.5
>150~200	5.0	4.2	3.5	2.7
>200~250	5.5	4.6	3.8	2.8
>250	6.0	5.0	4.0	3.0

注：同表 4-1 注。

（2）计算工件表面积　为了便于计算，把零件分解成若干个简单几何体，分别求出其表面积后相加。如图4-12所示的零件可看成由圆筒部分（A_1），圆弧旋转而成的球台部分（A_2）以及底部圆形平板（A_3）三部分组成。

圆筒部分的表面积为

$$A_1 = \pi d(H-r) \tag{4-13}$$

式中，d 为圆筒部分的中径。

圆角球台部分的表面积为

$$A_2 = 2\pi\left(\frac{d-2r}{2}+\frac{2r}{\pi}\right)\frac{\pi}{2}r = \frac{\pi}{4}[2\pi r(d-2r)+8r^2] \tag{4-14}$$

式中，r 为工件中线在圆角处的圆角半径。

底部表面积为

$$A_3 = \frac{\pi}{4}(d-2r)^2 \tag{4-15}$$

工件的总面积为 A_1、A_2 和 A_3 部分之和，即

$$A = \pi d(H-r) + \frac{\pi}{4}[2\pi r(d-2r)+8r^2] + \frac{\pi}{4}(d-2r)^2 \tag{4-16}$$

（3）求出毛坯尺寸　设毛坯的直径为 D，根据毛坯表面积等于工件表面积，则

$$\frac{\pi}{4}D^2 = \pi d(H-r) + \frac{\pi}{4}[2\pi r(d-2r)+8r^2] + \frac{\pi}{4}(d-2r)^2$$

所以

$$D = \sqrt{d^2 - 1.72dr - 0.56r^2 + 4dH} \tag{4-17}$$

注意：对于式（4-17），若毛坯的厚度 $t<1$mm，以外径和外高或内部尺寸来计算，毛坯尺寸的误差不大。若毛坯的厚度 $t \geqslant 1$mm，则各个尺寸应以零件厚度的中线尺寸代入进行计算。

其他复杂形状零件的毛坯计算可查有关资料。

二、拉深次数的确定

在制定拉深件的工艺过程和设计拉深模时，为了用最少的拉深次数完成拉深，每次拉深时既要保证材料的应力不超过其强度极限，又要充分利用材料的塑性，达到最大可能的变形程度。拉深时材料允许的变形程度通常用拉深系数 m 表示。

（一）拉深系数的概念和意义

拉深系数是指拉深后圆筒形件的直径与拉深前毛坯（或半成品）的直径之比。 图4-13所示是用直径为 D 的毛坯拉成直径为 d_n、高度为 h_n 工件的工艺顺序。第一次拉成 d_1 和 h_1，第二次半成品为 d_2 和 h_2，依此最后一次即得工件的尺寸 d_n 和 h_n。其各次的拉深系数为

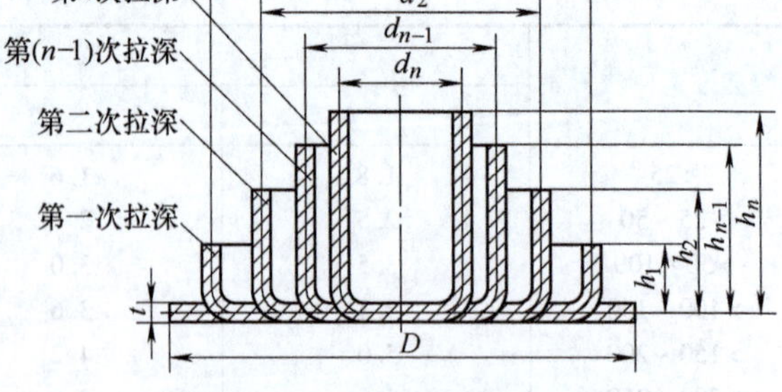

图4-13　拉深工序示意图

$$m_1 = \frac{d_1}{D}$$

$$m_2 = \frac{d_2}{d_1}$$

$$\cdots \tag{4-18}$$

$$m_{n-1} = \frac{d_{n-1}}{d_{n-2}}$$

$$m_n = \frac{d_n}{d_{n-1}}$$

工件的直径 d_n 与毛坯直径 D 之比称为总拉深系数，即工件实际所需要的拉深系数

$$m_{总} = \frac{d_n}{D} = \frac{d_1}{D} \times \frac{d_2}{d_1} \times \cdots \times \frac{d_{n-1}}{d_{n-2}} \times \frac{d_n}{d_{n-1}} = m_1 \times m_2 \times \cdots \times m_{n-1} \times m_n$$

拉深系数的倒数称为拉深程度或拉深比，其值为

$$K_n = \frac{1}{m_n} = \frac{d_{n-1}}{d_n} \tag{4-19}$$

将式（4-18）变换一下

$$m_1 = \frac{\pi d_1}{\pi D} = \frac{第一次半成品周长}{毛坯周长}$$

$$m_2 = \frac{\pi d_2}{\pi d_1} = \frac{第二次半成品周长}{第一次半成品周长}$$

$$\vdots$$

所以，拉深系数也等于拉深后工件周长与拉深前毛坯（或半成品）周长之比。当工件不是圆筒件时，其拉深系数可通过拉深前后的周长来计算。

拉深系数表示了拉深前后毛坯直径的变化量，反映了毛坯外边缘在拉深时的切向压缩变形的大小，因此可用它作为衡量拉深变形程度的指标。拉深时毛坯外边缘切向压缩变形量为

$$\varepsilon_1 = \frac{\pi Dt - \pi d_1 t}{\pi Dt} = 1 - \frac{d_1}{D} = 1 - m_1$$

$$\varepsilon_2 = \frac{\pi d_1 t - \pi d_2 t}{\pi d_1 t} = 1 - \frac{d_2}{d_1} = 1 - m_2$$

$$\cdots\cdots$$

$$\varepsilon_{n-1} = 1 - m_{n-1}$$

$$\varepsilon_n = 1 - m_n$$

即

$$\varepsilon = 1 - m \tag{4-20}$$

由此可知，拉深系数是一个小于 1 的数值，其值越大，表示拉深前后毛坯直径变化越小，即变形程度越小。其值越小，则毛坯直径变化越大，即变形程度大。同一直径的毛坯拉深两个直径不同的工件时变形大小的差别如图 4-14 所示。毛坯直径为 D，工件直径分别为 d_1 和 d_2，$d_1 > d_2$。在毛坯中取出圆心角夹角为 AOB 的区域来分析。当用 D 拉深 d_1 时需要转移的“多余三角形”材料为 CBB'，而拉深 d_2 时则为 EBB''，可见，拉深小直径工

件 d_2 时，转移的剩余材料比拉深 d_1 时要多，毛坯在切向上要缩短 BB'' 弧长后才能变成工件的周长，而拉深大直径 d_1 工件时只需缩短 BB' 的长度就够了。所以，拉深直径小的工件 d_2 时拉深系数小，则变形程度就大。

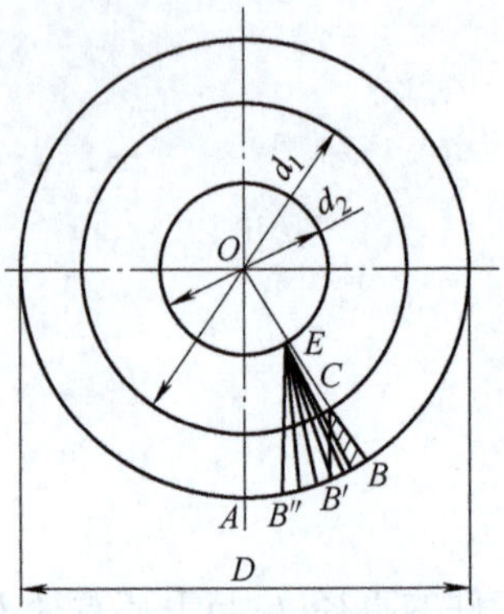

图 4-14　工件直径不同时的变形程度

拉深系数是一个重要工艺参数，它是拉深工艺计算的基础。知道了拉深系数就知道工件总的变形量和每道拉深的变形量，工件需拉深的次数及各次半成品的尺寸也就可以求出了。

在实际生产中采用的拉深系数值合不合理更关系拉深工艺的成败。假如采用的拉深系数过大，则拉深变形程度小，材料塑性潜力未被充分利用，每次毛坯只能产生很小的变形，拉深次数就要增加，冲模套数增多，成本增加，故很不经济。

但是，如拉深系数取得过小，则拉深变形程度过大，工件局部严重变薄甚至材料被拉破，得不到合格的工件。因此，拉深时采用的拉深系数既不能太大，也不能太小，应使材料塑性被充分利用的同时又不致被拉破。生产上为了减少拉深次数，一般希望采用小的拉深系数。根据上面的分析，拉深系数的减少有一个限度，这个限度称之为极限拉深系数。极限拉深系数就是使拉深件不破裂的最小拉深系数。

（二）影响极限拉深系数的因素

在不同的条件下极限拉深系数是不同的，影响极限拉深系数的因素有以下诸方面：

（1）材料方面　屈强比 R_{eL}/R_m 越小对拉深越有利。因 R_{eL} 小，表示变形区抗力小，材料容易变形。而 R_m 大则说明危险断面处强度高不易破裂，因而 R_{eL}/R_m 小的材料拉深系数可取小些。材料塑性差即伸长率 δ 值小时，因塑性变形能力差，则拉深系数要取大些。材料的厚向异性系数 r 和硬化指数 n 大时易于拉深，可以采用较小的拉深系数。这是由于 r 大时，板平面方向比厚度方向变形容易，即板厚方向变形较小，不易起皱，传力区不易拉破。n 大表示加工硬化程度大，则抗局部颈缩失稳能力强，变形均匀，因此板料总体成形极限提高。

材料的相对厚度大时，凸缘抵抗失稳起皱的能力增强，因而所需压边力减小，甚至不需要，这就减小了因压边力而引起的摩擦阻力，从而使总的变形抗力减少，故极限拉深系数可减小。

材料的表面光滑，拉深时摩擦力小，容易流动，所以极限拉深系数可减小。

（2）模具方面　模具间隙小时，材料进入间隙后的挤压力增大，摩擦力增加，拉深力大，故极限拉深系数取大值。

凹模圆角半径过小，则材料沿圆角部分流动时阻力增加，引起拉深力加大，故极限拉深系数应取较大值。

凸模圆角半径过小时，毛坯在此处的弯曲变形程度增加，危险断面强度过多地被削弱，故极限拉深系数应取大值。

模具表面光滑，粗糙度值小，则摩擦力小，极限拉深系数取小值。

如图 4-15 所示的锥形凹模，因其支撑材料变形区的面是锥形而不是平面，防皱效果好，可

以减小包角 α，从而减少材料流过凹模圆角时的摩擦阻力和弯曲变形力，因而极限拉深系数降低。

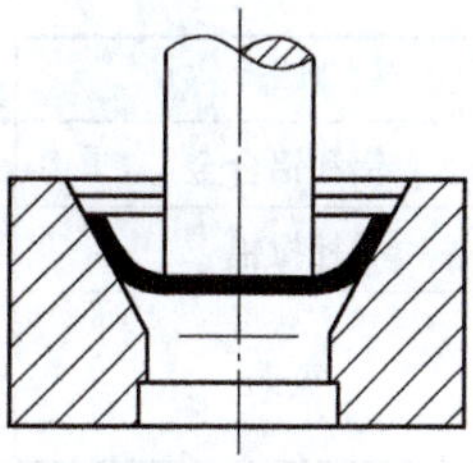

图 4-15　锥形凹模

(3) **拉深条件**　拉深时若不用压边圈，变形区起皱的倾向增加，每次拉深时变形不能太大，故极限拉深系数应增大。

第一次拉深时材料还没硬化，塑性好，极限拉深系数可小些。以后的拉深因材料已经硬化，塑性越来越低，变形越来越困难，故一道比一道的拉深系数大。

润滑好、摩擦小，极限拉深系数可小些。但凸模不必润滑，否则会减弱凸模表面摩擦对危险断面处的有益作用（盒形件例外）。

工件的形状不同，则变形时应力与应变状态不同，极限变形量也就不同，因而极限拉深系数不同。有凸缘和底部呈不同形状的圆筒形零件与无凸缘的圆筒形件不同，圆筒形件与矩形零件也不同。

在这些影响拉深系数的因素中，对于一定材料，一定的零件来说，相对厚度 t/D 是主要因素，其次是凹模圆角半径 r_d 以及拉深条件。在生产中则应注意润滑以减少摩擦力。

总结上述各影响极限拉深系数的因素可知：凡是能增加筒壁传力区危险断面的强度，降低筒壁传力区拉应力的因素，均会使极限拉深系数减小；反之，将使极限拉深系数增加。

（三）拉深系数的值

理论上如不考虑摩擦损失以及材料在凸、凹模圆角处的弯曲变形和材料的硬化，根据拉深时材料的拉应力不应超过危险断面强度，可求出第一次理想极限拉深系数，其值大约为0.4。即是说在理想情况下毛坯直径不能大于工件直径的两倍半，否则就拉破。当然，这个拉深系数在实际生产中通常是不能用的，但可用来衡量实际拉深工艺的完善程度。

生产上采用的极限拉深系数是考虑了各种具体条件后用试验方法求出的，通常 m_1 = 0.46 ~0.60，以后各次的拉深系数为0.70 ~0.86。无凸缘筒形件带压边圈和不带压边圈时的拉深系数分别可查表4-3 和表4-4。实际生产中采用的拉深系数一般均大于表中所列数字，因采用过小的接近于极限值的拉深系数会使工件在凸模圆角部位过分变薄，在以后的拉深工序中变薄严重的缺陷会转移到工件侧壁上去，使零件质量降低，所以，当零件质量要求较高时应采用稍大于极限值的拉深系数。

表 4-3　无凸缘圆筒形件的极限拉深系数

各次极限拉深系数	毛坯相对厚度 $t/D\times100$					
	>0.08 ~0.15	>0.15 ~0.3	>0.3 ~0.6	>0.6 ~1.0	>1.0 ~1.5	>1.5 ~2.0
$[m_1]$	0.63 ~0.60	0.60 ~0.58	0.58 ~0.55	0.55 ~0.53	0.53 ~0.50	0.50 ~0.48
$[m_2]$	0.82 ~0.80	0.80 ~0.79	0.79 ~0.78	0.78 ~0.76	0.76 ~0.75	0.75 ~0.73
$[m_3]$	0.84 ~0.82	0.82 ~0.81	0.81 ~0.80	0.80 ~0.79	0.79 ~0.78	0.78 ~0.76
$[m_4]$	0.86 ~0.85	0.85 ~0.83	0.83 ~0.82	0.82 ~0.81	0.81 ~0.80	0.80 ~0.78
$[m_5]$	0.88 ~0.87	0.87 ~0.86	0.86 ~0.85	0.85 ~0.84	0.84 ~0.82	0.82 ~0.80

注：1. 表中系数适用于08、10S、15S 钢及软黄铜 H62、H68。当材料的塑性好、屈强比小、塑性应变比大时（05、08Z 及 10Z 钢等），应比表中的数值减小 1.5% ~2.0%；而当材料的塑性差、屈强比大、塑性应变比小时（20、25、Q215、Q235、酸洗钢、硬铝、硬黄铜等），应比表中的数值增大 1.5% ~2.0%。（符号 S 为深拉深钢；Z 为最深拉深钢）。

2. 凹模圆角半径较小时，即 R_d = (4 ~8) t，表中系数取大值；凹模圆角半径较大时，即 R_d = (8 ~15) t，表中系数取小值。

表 4-4　其他金属材料的极限拉深系数

材料名称	牌　号	首次拉深 $[m_1]$	以后各次拉深 $[m_i]$
铝和铝合金	8A06、1035、3A21	0.52～0.55	0.70～0.75
杜拉铝	2A11、2A12	0.56～0.58	0.75～0.80
黄铜	H62	0.52～0.54	0.70～0.72
	H68	0.50～0.52	0.68～0.72
纯铜	T2、T3、T4	0.50～0.55	0.72～0.80
无氧铜		0.50～0.58	0.75～0.82
镍、镁镍、硅镍		0.48～0.53	0.70～0.75
康铜（铜镍合金）		0.50～0.56	0.74～0.84
白铁皮		0.58～0.65	0.80～0.85
酸洗钢板		0.54～0.58	0.75～0.78
不锈钢	12Cr13	0.52～0.56	0.75～0.78
	12Cr18Ni9	0.52～0.55	0.78～0.81
	06Cr18Ni11Nb、06Cr23Ni13	0.52～0.55	0.78～0.80
镍铬合金	Cr20Ni80Ti	0.54～0.59	0.78～0.84
合金结构钢	30CrMnSiA	0.62～0.70	0.80～0.84
可伐合金		0.65～0.67	0.85～0.90
钼铱合金		0.72～0.82	0.91～0.97
钽		0.65～0.67	0.84～0.87
铌		0.65～0.67	0.84～0.87
钛及钛合金	TA2、TA3	0.58～0.60	0.80～0.85
	TA5	0.60～0.65	0.80～0.85
锌		0.65～0.70	0.85～0.90

注：1. 毛坯相对厚度 $t/D \times 100 < 0.62$ 时，表中系数取大值；当 $t/D \times 100 \geqslant 0.62$ 时，表中系数取小值。

2. 凹模圆角半径 $R_d < 6t$ 时，表中系数取大值；凹模圆角半径 $R_d \geqslant (7\sim8)t$ 时，表中系数取小值。

（四）拉深次数的确定

（1）判断能否一次拉出　判断零件能否一次拉出，仅需比较实际所需的总拉深系数 $m_{总}$ 和第一次允许的极限拉深系数 $[m_1]$ 的大小即可。若 $m_{总} > [m_1]$，说明拉深该工件的实际变形程度比第一次允许的极限变形程度要小，所以工件可以一次拉成。若 $m_{总} < [m_1]$，则需要多次拉深才能制得零件。

如图 4-16 所示的零件，从表 4-1 查得修边余量 $\delta = 8\text{mm}$，按式（4-17）计算得 $D = 283\text{mm}$，由毛坯的相对厚度

$$t/D \times 100 = 2 \times 100/283 = 0.7$$

查表 4-3 中得出各次极限拉深系数：$[m_1] = 0.55$，$[m_2] = 0.78$，$[m_3] = 0.80$，$[m_4] = 0.82$。则零件的总拉深系数 $m_{总} = d/D = 88/283 = 0.31$。即 $m_{总} = 0.31 < [m_1] = 0.55$，故该零件需经多次拉深才能达到所需尺寸。

（2）**计算拉深次数** 计算拉深次数 n 的方法有多种，生产上经常用推算法辅以查表法进行计算。就是把毛坯直径依次乘以查出的极限拉深系数 $[m_1]$、$[m_2]$、…、$[m_n]$ 得出各次半成品的直径。直到计算出的直径 d_n 小于或等于工件直径 d 为止。则直径 d_n 的下角标 n 即表示拉深次数。例如由

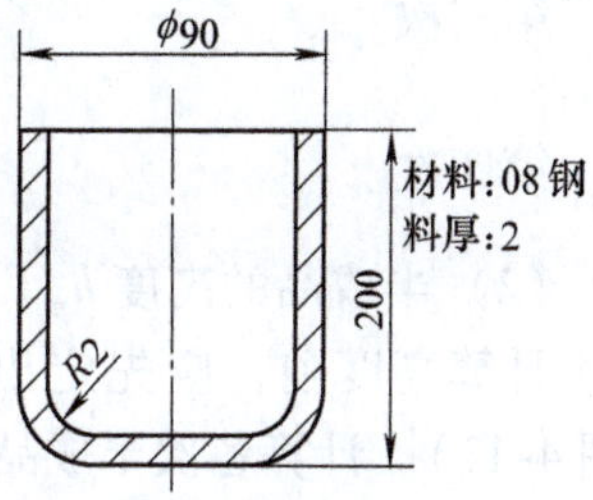

图 4-16 拉深零件图

$$d_1=[m_1]D=0.55\times283\text{mm}=155.7\text{mm}$$

$$d_2=[m_2]d_1=0.78\times155.7\text{mm}=121.4\text{mm}$$

$$d_3=[m_3]d_2=0.80\times121.4\text{mm}=97.1\text{mm}$$

$$d_4=[m_4]d_3=0.82\times97.1\text{mm}=79.6\text{mm}$$

可知该零件要拉 4 次才行。计算结果是否正确可用表 4-5 校核一下。零件的相对高度 $H/d=(199+8)/88=2.35$，相对厚度为 0.7，从表 4-5 中可知拉深次数在 3 ~ 4 次之间，和推算法得出的结果相符，这样零件的拉深次数就确定为 4 次。

三、半成品尺寸的确定

半成品尺寸的确定包括半成品的直径 d_n、筒底圆角半径 r_n 和筒壁高度 h_n。

表 4-5 无凸缘筒形件拉深相对高度 H/d 与拉深次数的关系（材料：08F，10F）

拉深次数	毛坯相对厚度 t/D（%）					
	0.08 ~ 0.15	0.15 ~ 0.3	0.3 ~ 0.6	0.6 ~ 1.0	1.0 ~ 1.5	1.5 ~ 2.0
1	0.38 ~ 0.46	0.45 ~ 0.52	0.5 ~ 0.62	0.57 ~ 0.71	0.65 ~ 0.84	0.77 ~ 0.94
2	0.7 ~ 0.9	0.83 ~ 0.96	0.94 ~ 1.13	1.1 ~ 1.36	1.32 ~ 1.60	1.54 ~ 1.88
3	1.1 ~ 1.3	1.3 ~ 1.6	1.5 ~ 1.9	1.8 ~ 2.3	2.2 ~ 2.8	2.7 ~ 3.5
4	1.5 ~ 2.0	2.0 ~ 2.4	2.4 ~ 2.9	2.9 ~ 3.6	3.5 ~ 4.3	4.3 ~ 5.6
5	2.0 ~ 2.7	2.7 ~ 3.3	3.3 ~ 4.1	4.1 ~ 5.2	5.1 ~ 6.6	6.6 ~ 8.9

注：大的 H/d 适用于首次拉深工序的大凹模圆角 $[r_d\approx(8\sim15)t]$。
小的 H/d 适用于首次拉深工序的小凹模圆角 $[r_d\approx(4\sim8)t]$。

（1）半成品的直径 d_n 拉深次数确定后，再根据计算直径 d_n 应等于工件直径 d，对各次拉深系数进行调整，使实际采用的拉深系数大于推算拉深次数时用的极限拉深系数。

设实际采用的拉深系数为 m_1、m_2、m_3、…、m_n，应使各次拉深系数依次增加，即

$$m_1<m_2<m_3<m_4$$

且 $[m_1]-m_1\approx[m_2]-m_2\approx[m_3]-m_3\approx[m_4]-m_4\approx\cdots\approx[m_n]-m_n$。据此如图 4-17 所示零件实际所需拉深系数调整为：$m_1=0.57$，$m_2=0.79$，$m_3=0.83$，$m_4=0.85$，调整好拉深系数后，重新计算各次拉深的圆筒直径即得半成品直径。则如图 4-17 所示零件的各次半成品尺寸为

第一次 $d_1=160\text{mm}\quad m_1=\dfrac{160}{283}\doteq0.57$

第二次 $d_2=126\text{mm}\quad m_2=\dfrac{126}{160}\doteq0.79$

第三次　　$d_3=104\text{mm}\quad m_3=\dfrac{104}{126}\doteq 0.83$

第四次　　$d_4=88\text{mm}\quad m_4=\dfrac{88}{104}\doteq 0.85$

（2）半成品的高度 h_n　各次拉深直径确定后，紧接着是计算各次拉深后半成品的高度。计算高度前，应先定出各次半成品底部的圆角半径，现取 $r_1=12$，$r_2=8$，$r_3=5$（图 4-17）。计算各次半成品的高度可由求毛坯直径的公式推出。即

第一次　　$h_1=\dfrac{D^2-d_{10}^2-2\pi r_1 d_{10}-8r_1^2}{4d_1}$

第二次　　$h_2=\dfrac{D^2-d_{20}^2-2\pi r_2 d_{20}-8r_2^2}{4d_2}$　　（4-21）

第三次　　$h_3=\dfrac{D^2-d_{30}^2-2\pi r_3 d_{30}-8r_3^2}{4d_3}$

式中，d_1，d_2，d_3 为各次拉深的直径（中线值）；r_1，r_2，r_3 为各次半成品底部的圆角半径（中线值）；d_{10}，d_{20}，d_{30} 为各次半成品底部平板部分的直径；h_1，h_2，h_3 为各次半成品底部圆角半径圆心以上的筒壁高度；D 为毛坯直径。

将图 4-17 所示零件以上各项的具体数值代入上述公式即求出各次拉深后筒壁高度为

$$h_1=\frac{283^2-136^2-2\pi\times 12\times 136-8\times 12^2}{4\times 160}\text{mm}=78\text{mm};$$

$$h_2=\frac{283^2-110^2-2\pi\times 8\times 110-8\times 8^2}{4\times 126}\text{mm}=123\text{mm};$$

$$h_3=\frac{283^2-94^2-2\pi\times 5\times 94-8\times 5^2}{4\times 104}\text{mm}=164\text{mm}。$$

各次半成品的总高度为

$$H_1=h_1+r_1+\frac{t}{2}=(78+12+1)\text{mm}=91\text{mm};$$

$$H_2=h_2+r_2+\frac{t}{2}=(123+8+1)\text{mm}=132\text{mm};$$

$$H_3=h_3+r_3+\frac{t}{2}=(164+5+1)\text{mm}=170\text{mm}。$$

拉深后得到的各次半成品如图 4-17 所示。

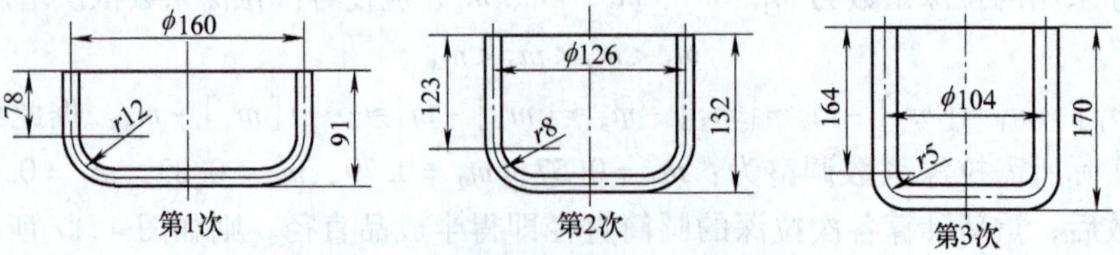

图 4-17　各次拉深的半成品尺寸

四、以后各次拉深的特点

以后各次拉深所用的毛坯与首次拉深时不同，不是平板而是筒形件。因此，它与首次

拉深相比，有许多不同之处：

1）首次拉深时，平板毛坯厚度和力学性能都是均匀的，而以后各次拉深时筒形毛坯的壁厚及力学性能都不均匀。

2）首次拉深时，凸缘变形区是逐渐缩小的，而以后各次拉深时，其变形区保持不变，只是在拉深终了以前，才逐渐缩小。

3）首次拉深时，拉深力的变化是变形抗力的增加与变形区的减小两个相反的因素互相消长的过程，因而在开始阶段较快地达到最大拉深力，然后逐渐减小到零。而以后各次拉深变形区保持不变，但材料的硬化及厚度增加都是沿筒的高度方向进行的。所以其拉深力在整个拉深过程中一直都在增加，直到拉深的最后阶段才由最大值下降至零（图 4-18）。

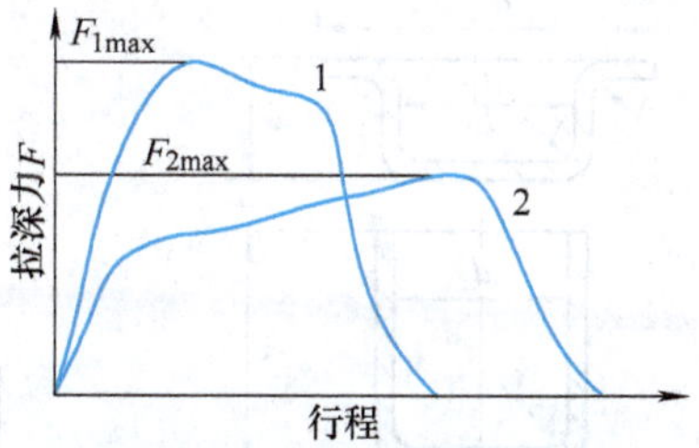

图 4-18 首次拉深与二次拉深力

1—首次拉深 2—二次拉深

4）以后各次拉深时的危险断面与首次拉深时一样，都是在凸模圆角处，但首次拉深的最大拉深力发生在初始阶段，所以破裂也发生在拉深的初始阶段，而以后各次拉深的最大拉深力发生在拉深的终了阶段，所以破裂就往往出现在拉深的末尾。

5）以后各次拉深的变形区的外缘有筒壁刚性支持，所以稳定性较首次拉深为好。只是在拉深最后阶段，筒壁边缘进入变形区以后，变形区的外缘失去了刚性支持，这时才易起皱。

6）以后各次拉深时由于材料已冷作硬化，加上变形较复杂（毛坯的筒壁必须经过两次弯曲才被凸模拉入凹模内），所以它的极限拉深系数要比首次拉深大得多，而且通常后一次都略大于前一次。

五、有凸缘圆筒形零件的拉深方法及工艺计算

有凸缘筒形件的拉深变形原理与一般圆筒形件是相同的。但由于带有凸缘（图 4-19），其拉深方法及计算方法与一般圆筒形件有一定的差别。

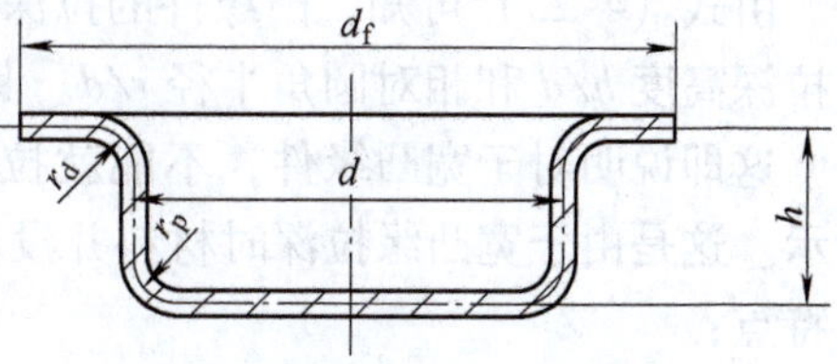

图 4-19 凸缘件毛坯计算

（一）凸缘形零件的拉深特点

有凸缘拉深件可以看成是一般圆筒形件拉深未结束时的半成品，即只将毛坯外径拉深到等于法兰边（即凸缘）直径 d_f 时拉深过程就结束，因此其变形区的应力状态和变形特点应与圆筒形件相同，图 4-20 所示为同一尺寸毛坯可以拉深不同尺寸有凸缘筒形件的拉深过程。

根据凸缘的相对直径 d_f/d 的比值不同，有凸缘筒形件可分为：窄凸缘筒形件（$d_f/d=1.1\sim1.4$）和宽凸缘筒形件（$d_f/d>1.4$）。窄凸缘件拉深时的工艺计算完全按一般圆筒形零件对待，若 h/d 大于一次拉深的许用值时，只在倒数第二道才拉出凸缘或者拉成锥形凸缘，最后校正成水平凸缘，如图 4-21 所示。若 h/d 较小，则第一次可拉成锥形凸缘，后校正成水平凸缘。

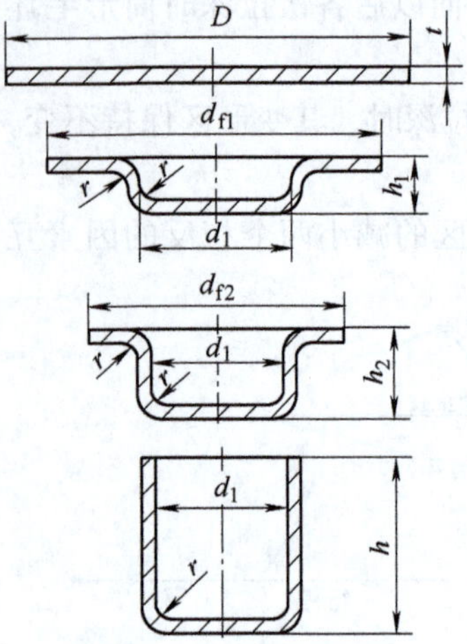

图 4-20　拉深过程

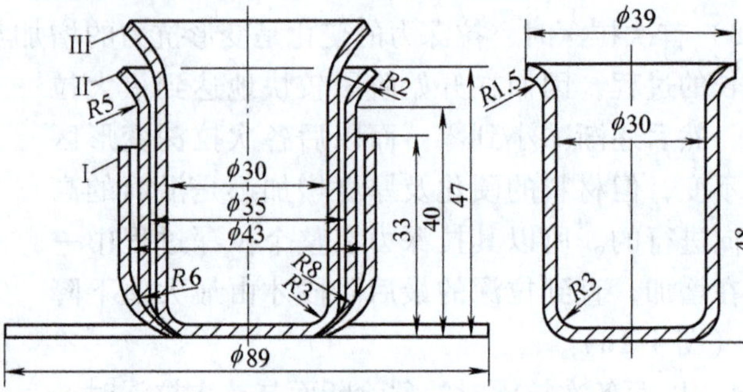

图 4-21　窄凸缘件拉深

下面着重对宽凸缘件的拉深进行分析，主要介绍与直壁圆筒形件的不同点。

当 $r_p = r_d = r$ 时（图 4-19），宽凸缘件的毛坯直径计算公式为

$$D = \sqrt{d_f^2 + 4dh - 3.44dr} \tag{4-22}$$

根据拉深系数的定义，宽凸缘件总的拉深系数仍可表示为

$$m = \frac{d}{D} = \frac{1}{\sqrt{\left(\frac{d_f}{d}\right)^2 + 4\frac{h}{d} - 3.44\frac{r}{d}}} \tag{4-23}$$

式中，D 为毛坯直径（mm）；d_f 为凸缘直径（mm）；d 为筒部直径（中径）(mm)；r 为底部和凸缘部的圆角半径（中线尺寸）(mm)；h 为凸缘件的拉深高度（中线尺寸）（mm）。

由式（4-23）可知，凸缘件的拉深系数决定于三个尺寸因素：相对凸缘直径 d_f/d、相对拉深高度 h/d 和相对圆角半径 r/d。其中 d_f/d 的影响最大，而 r/d 的影响最小。

这即说明对于宽凸缘件，不能就拉深系数的大小来判断变形程度的大小，如图 4-20 所示。这是由于宽凸缘拉深时材料并没有被全部拉入凹模，因此与圆筒形件相比具有自己的特点：

1）宽凸缘件的拉深变形程度不能单纯用拉深系数的大小来衡量。

2）宽凸缘件的首次极限拉深系数比圆筒件要小。

3）宽凸缘件首次极限拉深系数值与零件的相对凸缘直径 d_f/d 有关。由式（4-23）可知，d_f/d 越大，则极限拉深系数越小。

由此可看出，宽凸缘件首次极限拉深系数不能仅根据 d_f/d 的大小来选用，还应考虑毛坯的相对厚度，凸缘件的第一次拉深系数见表 4-6。

表 4-6　凸缘件的第一次拉深系数（适用于 08、10 钢）

凸缘相对直径 $\frac{d_f}{d_1}$	毛坯相对厚度 $\frac{t}{D}\times100$				
	>0.06~0.2	>0.2~0.5	>0.5~1	>1~1.5	>1.5
≤1.1	0.59	0.57	0.55	0.53	0.50
>1.1~1.3	0.55	0.54	0.53	0.51	0.49
>1.3~1.5	0.52	0.51	0.50	0.49	0.47
>1.5~1.8	0.48	0.48	0.47	0.46	0.45
>1.8~2.0	0.45	0.45	0.44	0.43	0.42
>2.0~2.2	0.42	0.42	0.42	0.41	0.40
>2.2~2.5	0.38	0.38	0.38	0.38	0.37
>2.5~2.8	0.35	0.35	0.34	0.34	0.33
>2.8~3.0	0.33	0.33	0.32	0.32	0.31

由表 4-6 可见，当 $d_f/d<1.1$ 时，有凸缘筒形件的极限拉深系数与无凸缘圆筒形件的基本相同。随着 d_f/d 的增加，拉深系数减小，到 $d_f/d=3$ 时，拉深系数为 0.33。这并不意味着拉深变形程度很大。因为此时 $d_f/d=3$，即 $d_f=3d$。而根据拉深系数 $m=d/D=0.33$ 又可得出 $D=d/0.33=3d$，从而得出 $d_f=D$，说明凸缘直径与毛坯直径相同，毛坯外径不收缩，零件的筒部是靠局部变形而成形，此时已不再是拉深变形了，变形的性质已经发生变化。

当凸缘件总的拉深系数一定，即毛坯直径 D 一定，工件直径一定，则用同一直径毛坯能够拉出多个具有不同 d_f/d 和 h/d 的零件，如图 4-20 所示，但这些零件的 d_f/d 和 h/d 值之间要受总拉深系数的制约，相互间的关系是一定的。d_f/d 大，则 h/d 小，或者 d_f/d 小则 h/d 大。因此也常用 h/d 来表示第一次拉深时的极限变形程度，见表 4-7。如果工件的 d_f/d 和 h/d 都大，则毛坯的变形区就宽，拉深的难度就大，一次就不能拉出工件来，只有多次拉深才行。

表 4-7　凸缘件的第一次拉深最大相对高度 h　d（适用于 08，10 钢）

凸缘相对直径 $\frac{d_f}{d_1}$	毛坯相对厚度 $\frac{t}{D}\times100$				
	>0.06~0.2	>0.2~0.5	>0.5~1	>1~1.5	>1.5
≤1.1	0.45~0.52	0.50~0.62	0.57~0.70	0.60~0.80	0.75~0.90
>1.1~1.3	0.40~0.47	0.45~0.53	0.50~0.60	0.56~0.72	0.65~0.80
>1.3~1.5	0.35~0.42	0.40~0.48	0.45~0.53	0.50~0.63	0.58~0.70
>1.5~1.8	0.29~0.35	0.34~0.39	0.37~0.44	0.42~0.53	0.48~0.58
>1.8~2.0	0.25~0.30	0.29~0.34	0.32~0.38	0.36~0.46	0.42~0.51
>2.0~2.2	0.22~0.26	0.25~0.29	0.27~0.33	0.31~0.40	0.35~0.45
>2.2~2.5	0.17~0.21	0.20~0.23	0.22~0.27	0.25~0.32	0.28~0.35
>2.5~2.8	0.16~0.18	0.15~0.18	0.17~0.21	0.19~0.24	0.22~0.27
>2.8~3.0	0.10~0.13	0.12~0.15	0.14~0.17	0.16~0.20	0.18~0.22

注：1. 较大值相应于零件圆角半径较大情况，即 r_d、r_p 为 $(10\sim20)t$。

2. 较小值相应于零件圆角半径较小情况，即 r_d、r_p 为 $(4\sim8)t$。

（二）宽凸缘圆筒形零件的工艺计算要点

（1）毛坯尺寸计算　毛坯尺寸计算仍按等面积原理进行，仿照无凸缘筒形件毛坯的计算方法计算，毛坯直径计算公式见式（4-22），d_f 要考虑修边余量 δ，其值可查表 4-2。

（2）判别工件能否一次拉成　这只需比较工件实际所需的总拉深系数和 h/d 与凸缘件第一次拉深的极限拉深系数和极限拉深相对高度即可。当 $m_{总} > [m_1]$，$h/d \leqslant [h_1/d_1]$，则可一次拉成，工序计算到此结束。否则，应多次拉深。

凸缘件多次拉深成形的原则：按表 4-6 的极限拉深系数或表 4-7 的极限拉深高度，第一次就把毛坯拉到凸缘直径等于工件所要求的直径 d_f（包括修边量）的中间过渡形状，并在以后的各次拉深中保持 d_f 不变，仅使已拉成的中间毛坯直筒部分参加变形，直至拉成所需零件为止。

凸缘件多次拉深成形过程中特别需要注意的是：d_f 一经形成，在后续的拉深中就不能变动。因为后续拉深时，d_f 的微量缩小也会使中间圆筒部分的拉应力过大而使危险断面破裂。为此，必须正确计算拉深高度，严格控制凸模进入凹模的深度。为了保证以后各次拉深凸缘直径不变，首次拉入凹模的材料应比零件最后拉深部分实际所需材料多 3%～10%（按面积计算，拉深次数多时取上限值，反之取下限值），这些多拉进的材料在以后各次拉深中，逐次将 1.5%～3% 的材料挤回到凸缘部分。这样做既可以防止筒部被拉破，也能补偿计算上的误差和板材在拉深中的厚度变化，还能方便试模时的调整。返回到凸缘的材料会使筒口处的凸缘变厚或形成微小的波纹，但能保持 d_f 不变，这些不影响工件的质量，而且可通过校正工序校正。

（3）拉深次数的计算　凸缘件多道拉深时，第一道拉深后得到的半成品尺寸在保证凸缘直径满足要求的前提下，其筒部直径 d_1 应尽可能的小，以减少拉深次数，同时又要能尽量多的将板料拉入凹模。

宽凸缘件的拉深次数仍可用推算法求出，具体的做法：先假定 d_f/d_1 的值，由相对料厚从表 4-6 中查出第一次拉深系数 m_1，据此求出 d_1，进而求出 h_1，并根据表 4-7 的最大相对高度验算 m_1 的正确性，若验算合格，则以后各次的半成品直径可以按一般圆筒件多次拉深的方法根据表 4-3 或表 4-4 中的拉深系数值进行计算，即第 n 次拉深后的直径为

$$d_n = [m_n] d_{n-1} \tag{4-24}$$

式中，d_n 为第 n 次拉深时的拉深系数，可由表 4-3 或表 4-4 查得；d_{n-1} 为前次拉深的筒部直径（mm）。

当计算到 $d_n \leqslant d$（工件直径）时，总的拉深次数 n 就确定了。若验算不合格，则重复上述步骤。

（4）半成品尺寸的确定　半成品尺寸包括半成品筒部直径 d_n，半成品的圆角半径 r_n 和半成品高度 h_n。

1）筒部直径 d_n 的确定。调整各工序拉深系数，使 d_n 等于工件直径 d（调整方法同无凸缘筒形件）。进而确定各次半成品的直径 d_n。

2）半成品的圆角半径 r_n。确定方法同无凸缘筒形件。

3）半成品高度 h_n。各次拉深后筒部高度可按下式进行计算：

$$h_n = \frac{0.25}{d_n}(D_n^2 - d_f^2) + 0.43(r_{pn} + r_{dn}) + \frac{0.14}{d_n}(r_{pn}^2 - r_{dn}^2) \tag{4-25}$$

式中，D_n 为考虑每次多拉入筒部的材料量后求得的假想毛坯直径；d_f 为零件凸缘直径（包括修边量）；d_n 为第 n 次拉深后的工件直径；r_{pn} 为第 n 次拉深后，侧壁与底部的圆角半径；r_{dn} 为 n 次拉深后，凸缘与筒部的圆角半径。

（三）宽凸缘零件的拉深方法

宽凸缘件的拉深方法有 4 种。

1）一种是中小型（$d_f<200$mm）、料薄的零件，通常靠减小筒形直径，增加高度来达到，即圆角半径 r_p 及 r_d 在首次拉深时就与 d_f 一起成形到工件的尺寸，在后续的拉深过程中基本上保持不变，如图 4-22a 所示。这种方法拉深时不易起皱，但制成的零件，表面质量较差，容易在直壁部分和凸缘上残留中间工序形成的圆角部分的弯曲和厚度局部变化的痕迹，所以最后应加一道压力较大的整形工序。

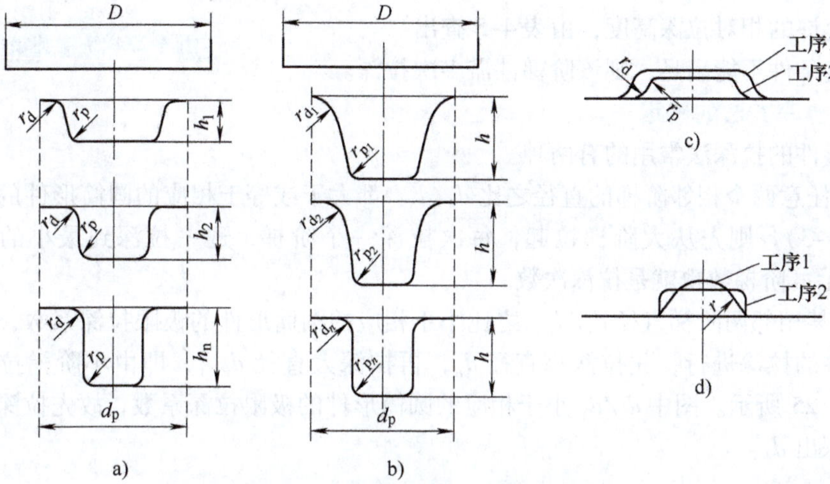

图 4-22　宽凸缘件的拉深方法

2）第二种方法如图 4-22b 所示，常用于 $d_f>200$mm 的工件拉深。零件的高度在开始拉深时就基本形成，在以后的整个拉深过程中基本保持不变，通过减小圆角半径 r_d、r_p，逐渐缩小筒形部分的直径来拉成零件。此法对厚料更为合适。用本法制成的零件表面光滑平整，厚度均匀，中间工序中圆角部分的弯曲与局部变薄的痕迹不太明显。但在第一次拉深时，因圆角半径较大，容易发生起皱，当零件底部圆角半径较小，或者对凸缘有不平度要求时，也需要在最后加一道整形工序。在实际生产中往往将上述两种方法综合起来用。

3）第三种方法如图 4-22c 所示，当凸缘过大而圆角半径过小时，首先以适当的圆角半径成形然后按图样尺寸整形。

4）第四种方法如图 4-22d 所示，对凸缘过大的，利用材料胀形的方法成形。

六、阶梯圆筒形件的拉深

阶梯圆筒形件（图 4-23）从形状来说相当于若干个直壁圆筒形件的组合，因此它的拉深同直壁圆筒形件的拉深基本相似，每一个阶梯的拉深即相当于相应的圆筒形件的拉深。但由于形状相对复杂，因此拉深工艺的设计与直壁圆筒形件有较大的差别。主要表现在拉深次数的确定和拉深方法上。

（一）拉深次数的确定

判断阶梯形件能否一次拉成，主要根据零件的总高度与其最小阶梯筒部直径之比（图4-23），是否小于相应圆筒形件第一次拉深所允许的相对高度，即

$$(h_1+h_2+h_3+\cdots+h_n)/d_n \leqslant h/d_n \tag{4-26}$$

式中 h_1、h_2、h_3，…，h_n 为各个阶梯的高度（mm）；d_n 为最小阶梯筒部直径（mm）；h 为直径为 d_n 的圆筒形件第一次拉深时可能得到的最大高度（mm）；h/d_n 为第一次拉深允许的相对拉深高度，由表4-5查出。

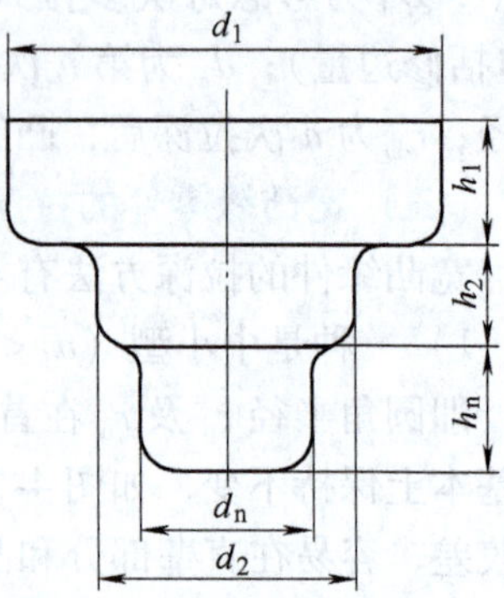

图4-23　阶梯圆筒形件

若上述条件不能满足，则该阶梯件需多次拉深。

（二）拉深方法的确定

阶梯形件的拉深法常用的有两种。

1）若任意两个相邻阶梯的直径之比 d_n/d_{n-1} 都大于或等于相应的圆筒形件的极限拉深系数（表4-3），则先从大阶梯拉起，每次拉深一个阶梯，逐一拉深到最小的阶梯，如图4-24所示。阶梯数也就是拉深次数。

2）若某相邻两阶梯直径 d_n/d_{n-1} 之比小于相应的圆筒形件的极限拉深系数，则按带凸缘圆筒形件的拉深进行，先拉深小直径 d_n，再拉深大直径 d_{n-1}，即由小阶梯拉深到大阶梯，如图4-25所示。图中 d_2/d_1 小于相应的圆筒形件的极限拉深系数，故先拉深 d_2，再用工序Ⅴ拉深出 d_1。

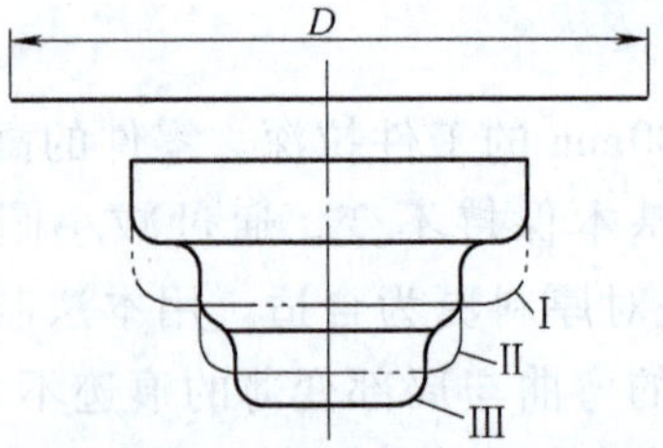

图4-24　由大阶梯逐一拉深到小阶梯

Ⅰ、Ⅱ、Ⅲ—工序顺序

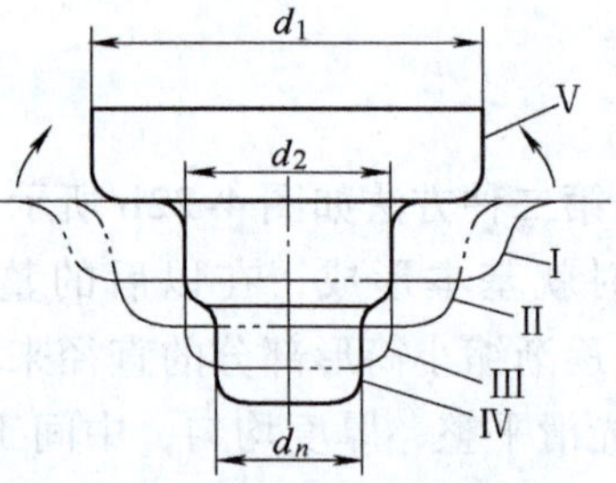

图4-25　由小直径拉深到大直径

Ⅰ、Ⅱ、Ⅲ、Ⅳ、Ⅴ—工序顺序

3）若最小阶梯直径 d_n 过小，即 d_n/d_{n-1} 过小，h_n 又不大时，最小阶梯可用胀形法得到。

4）若阶梯形件较浅，且每个阶梯的高度又不大，但相邻阶梯直径相差又较大而又不能一次拉出时，可先拉成球面形状或带有大圆角的筒形，最后通过整形得到所需零件，如图4-26所示。

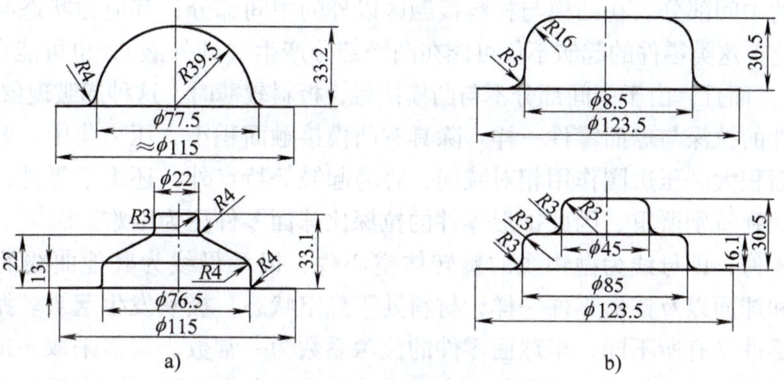

图 4-26 浅阶梯形件的拉深方法
a）球面形状 b）大圆角形状

第三节 非直壁旋转体零件拉深成形方法

一、非直壁旋转体零件拉深特点

非直壁旋转体（如球面、锥面及抛物面）零件的拉深，其变形区的位置、受力情况、变形特点等都与圆筒形件不同，所以在拉深中出现的各种问题和解决这些问题的方法，也与圆筒形件不同。对于这类零件就不能简单地用拉深系数去衡量成形的难易程度，也不能用它作为模具设计和工艺过程设计的依据。

在圆筒形件拉深时，毛坯的变形区仅仅局限于压边圈下的环形部分。而非直壁旋转体零件拉深时，变形区的位置不仅仅位于压边圈下，毛坯的中间部分也参与了变形。如球面零件拉深时（图 4-27），为使平面形状的毛坯变成球面零件形状，不仅要求压边圈下的环形部分产生与圆筒形件拉深时相同的变形，而且还要求毛坯的中间部分也应成为变形区，由平面变成曲面。因此在球面零件拉深时，毛坯的凸缘部分与中间部分都是变形区，而且在很多情况下中间部分反而是主要变形区。球面零件拉深时，毛坯凸缘部分的应力状态、变形特点和圆筒形件相同，而中间部分的受力情况和变形情况却比较复杂。在凸模力的作用下，位于凸模顶点附近的金属处于双向受拉的应力状态。随与顶点的距离加大切向应力 σ_3 减小，当超过一定界限以后，变成为压应力。在凸模与毛坯的接触区内，由于材料完全贴模，这部分材料两向受拉一向受压，与胀形相似。在开始阶段，由于单位压力大，其径向和切向拉应力往往会使材料达到屈服条件而导致接触部分的材料严重变薄。但随着接触区域的扩大和拉深力的减少，其变薄量是由球形件顶端往外逐渐减弱的。存在这样一环形区，其材料变薄量与凸模接触前由于切向压缩变形而增厚的量相等，此环形区以外材料增厚。球形类零件拉深时，需要转移的材料不仅处在压边圈的下面的环形区，而且还包括

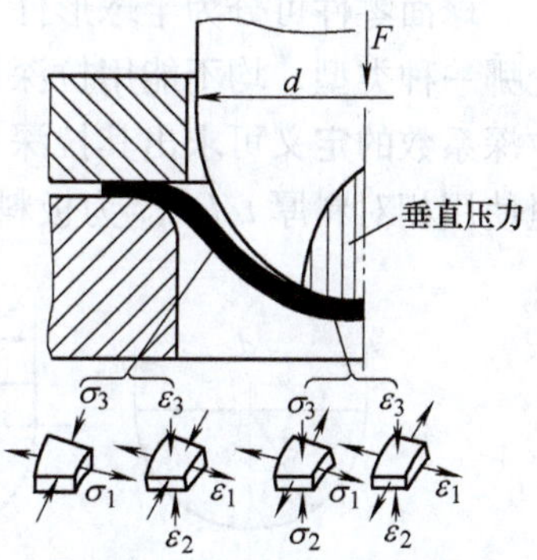

图 4-27 球形件的拉深

在凹模口内的中间部分。在凸模与材料接触区以外的中间部分，其应力状态与凸缘部分是一样的。因此，这类零件的起皱不仅可能在凸缘部分产生（即外皱），也可能在中间部分产生（即内皱），而且，由于中间部分不与凸模接触，板料较薄时，这种起皱现象更为严重。

锥形零件的拉深与球面零件一样。除具有凸模接触面积小、压力集中、容易引起局部变薄及自由面积大、压边圈作用相对减弱、容易起皱等特点外，还由于零件口部与底部直径差别大，回弹特别严重，因此锥形零件的拉深比球面零件更为困难。

抛物面零件，即母线为抛物线的旋转体空心件，以及母线为其他曲线的旋转体空心件。拉深时和球面以及锥形零件一样，材料处于悬空状态，极易发生起皱。抛物面零件拉深时和球面零件又有所不同，半球面零件的拉深系数为一常数，只需采取一定的工艺措施防止起皱。而抛物面零件等曲面零件，由于母线形状复杂，拉深时变形区的位置、受力情况、变形特点等都随零件形状、尺寸不同而变化。

由此可见，非直壁旋转体零件拉深时，毛坯环形部分和中间部分的外缘具有拉深变形的特点，切向应力为压应力；而毛坯中间部分却具有胀形变形的特点，材料厚度变薄，其切向应力为拉应力；两者之间的分界线即为应力分界圆。所以，可以说球面零件、锥形零件和抛物面零件等其他旋转体零件的拉深是拉深和胀形两种变形方式的复合，其应力、应变既有拉伸类、又有压缩类的特征。

非直壁旋转体零件的拉深是比较困难的。如为了解决球形件拉深起皱问题，在生产中常采用增加压边圈下摩擦力的办法，可采用加大凸缘尺寸、增加压边圈下的摩擦因数和增大压边力、采用拉深筋以及反拉深的方法等，以增加径向拉应力和减小切向压应力。

二、球面零件的拉深方法

球面零件可分为半球形件（图 4-28a）和非半球形件（图 4-28b、c、d）两大类，无论哪一种类型，均不能用拉深系数来衡量拉深成形的难易程度，因为对于半球形件，根据拉深系数的定义可求出其拉深系数为：$m=0.707$，是一个与拉深直径无关的常数。因此这里使用相对料厚 t/D（t 为板料厚度，D 为毛坯直径）来决定拉深的难易和拉深方法。

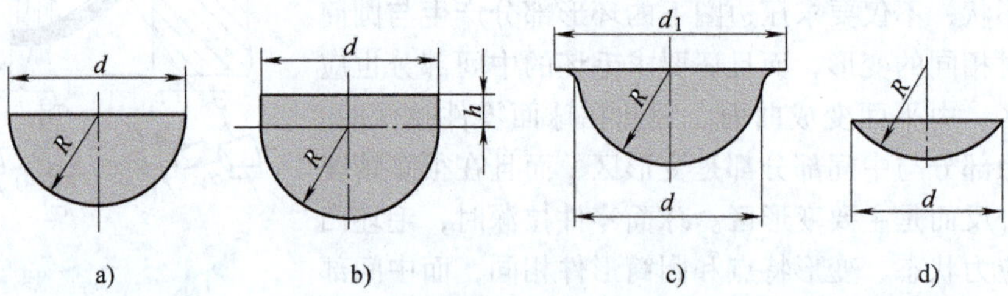

图 4-28 各种球面零件

a）半球面件 b）带直壁的半球面件 c）带凸缘的半球面件 d）浅球面件

当 $t/D>3\%$ 时，采用不带压边圈的有底凹模一次拉成；当 $t/D=0.5\%\sim3\%$ 时，采用带压边圈的拉深模拉深；当 $t/D<0.5\%$ 时，采用有拉深肋的凹模或反拉深凹模。

对于带有高度为 $(0.1\sim0.2)d$ 的圆筒直边或带有宽度为 $(0.1\sim0.15)d$ 的凸缘的非半球面零件（图 4-28b、c），虽然拉深系数有一定降低，但对零件的拉深却有一定的好处。当对半球面零件的表面质量和尺寸精度要求较高时，可先拉成带圆筒直边和带凸缘的非半球面零件，然后在拉深后将直边和凸缘切除。

高度小于球面半径（浅球面零件）的零件（图 4-28d），其拉深工艺按几何形状可分为两类：当毛坯直径 $D \leqslant q_t/Rt$（t 为板厚）时，毛坯不易起皱，但成形时毛坯易窜动，而且可能产生一定的回弹，常采用带底拉深模；当毛坯直径 $D \geqslant 9\sqrt{Rt}$时，起皱将成为必须解决的问题，常采用强力压边装置或用带拉深肋的模具，拉成有一定宽度凸缘的浅球面零件。这时的变形含有拉深和胀形两种成分。因此零件回弹小、尺寸精度和表面质量均提高了，当然，加工余料在成形后应予切除。

三、抛物面零件的拉深方法

抛物面零件拉深时的受力及变形特点与球形件一样，但由于曲面部分高度 h 与口部直径 d 之比大于球形件，故拉深更加困难。

常见的拉深方法有下面几种：

（1）浅抛物面形件（$h/d<0.5\sim0.6$）　因其高径比接近球形，因此拉深方法同球形件。

（2）深抛物面形件（$h/d>0.5\sim0.6$）　其拉深难度有所提高。这时为了使毛坯中间部分紧密贴模而又不起皱，通常需采用具有拉深筋的模具以增加径向拉应力，如汽车灯罩的拉深（图 4-29）就是采用有两道拉深筋的模具成形的。

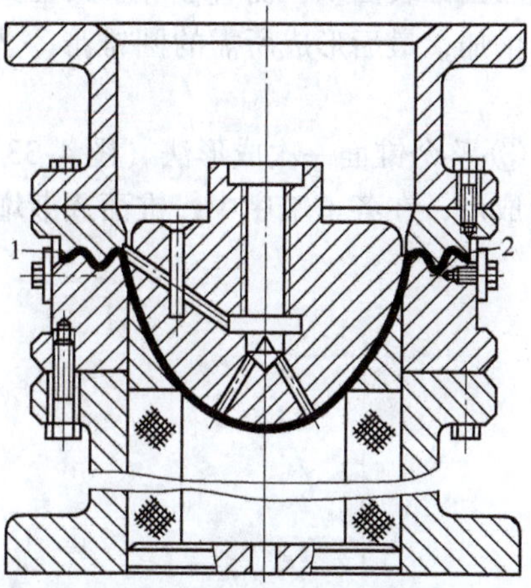

图 4-29　较深的抛物面形件（灯罩）拉深模
1，2—拉深筋

但这一措施往往受到毛坯顶部承载能力的限制，所以需采用多工序逐渐成形，特别是当零件深度大而顶部的圆角半径又较小时，更应如此。多工序逐渐成形的主要要点是采用正拉深或反拉深的办法，在逐步增加高度的同时减小顶部的圆角半径。为了保证零件的尺寸精度和表面质量，在最后一道工序里应保证一定的胀形成分。为此应使最后一道工序所用的中间毛坯的表面积稍小于成品零件的表面积。对形状复杂的抛物面形件，广泛采用液压成形。

四、锥形零件的拉深方法

锥形件拉深次数及拉深方法取决于锥形件的几何参数，即：相对高度 h/d_2、锥角 α 和相对料厚 t/D，如图 4-30 所示。一般来说，当相对高度较大，锥角较大，而相对料厚又较小时，变形困难，需多次拉深。

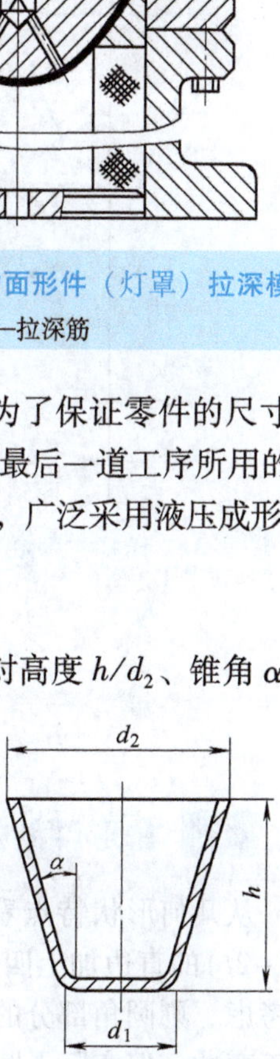

图 4-30　锥形件

根据上述参数值的不同，拉深锥形件的方法有：

1）对于浅锥形件（$h/d_2<0.1\sim0.25$，$\alpha=50°\sim80°$），可一次拉成，但因回弹严重，精度不高。可采用带拉深筋的凹模、压边圈或采用软模拉深。

2）对于中锥形件（$h/d_2=0.3\sim0.70$，$\alpha=15°\sim45°$），拉深方法取决于相对料厚：

当 $t/D>0.025$ 时，可不采用压边圈一次拉成，为保证工件的精度，最好在拉深终了时增加一道整形工序。

当 $t/D=0.015\sim0.020$ 时，也可一次拉成，但需采用压边圈、拉深筋、增加工艺凸缘等措施提高径向拉应力，防止起皱。

当 $t/D<0.015$ 时，因料较薄，容易起皱，需采用压边圈经多次拉深成形。

3）对于高锥形件（$h/d_2>0.8$，$\alpha\leqslant10°\sim30°$），因大小直径相差很小，变形程度更大，很容易产生变薄严重而拉裂和起皱，常需采用特殊的拉深工艺，通常有下列方法：

① 阶梯拉深成形法（图 4-31）。这种方法是将毛坯分数道工序逐步拉成阶梯形。阶梯与成品内形相切，最后在成形模内整形成锥形件。

② 锥面逐步成形法（图 4-32）。这种方法先将毛坯拉成圆筒形，使其表面积等于或大于成品圆锥表面积，而直径等于圆锥大端直径，以后各道工序逐步拉出圆锥面，使其高度逐渐增加，最后形成所需的圆锥形。当然，若先拉成圆弧曲面形，然后过渡到锥形将更好些。

③ 整个锥面一次成形法（图 4-33）。这种方法先拉出相应圆筒形，然后，锥面从底部开始成形，在各道工序中，锥面逐渐增大，直至成形。

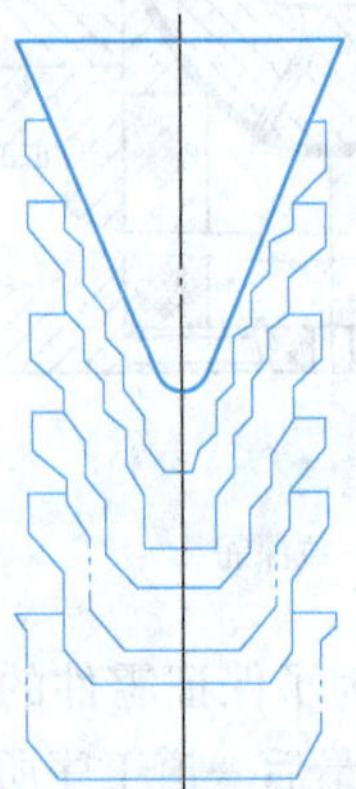

图 4-31　阶梯拉深成形法

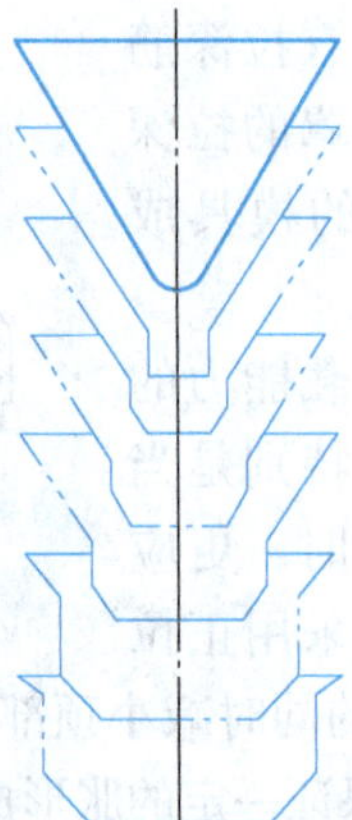

图 4-32　逐步拉深成形法

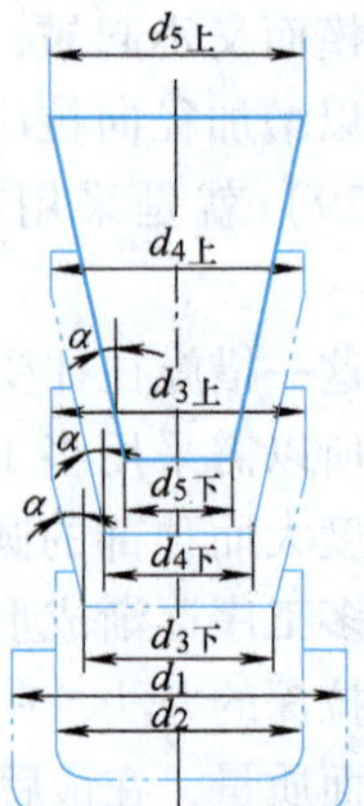

图 4-33　锥面一次成形法

第四节　盒形件的拉深

一、盒形件的拉深变形特点

从几何形状特点看，可将矩形盒状零件划分成两个长度为（$A-2r$）和两个长度为（$B-2r$）的直边加上四个半径为 r 的 1/4 圆筒部分（图 4-34）。若将圆角部分和直边部分分开考虑，则圆角部分的变形相当于直径为 $2r$、高为 H 的圆筒件的拉深，直边部分的变形相当于弯曲。但实际上圆角部分和直边部分是联系在一起的整体，因此盒形件的拉深又不完全等同于简单的弯曲和拉深，有着自己的变形特点，这可通过网格试验进行验证。

拉深前，在毛坯的直边部分划出相互垂直的等距平行线网格，在毛坯的圆角部分，划出等角度的径向放射线与等距离的同心圆弧组成的网格。变形前直边处的横向尺寸是等距的，即 $\Delta L_1=\Delta L_2=\Delta L_3$，纵向尺寸也是等距的，即 $\Delta h_1=\Delta h_2=\Delta h_3$。拉深后，零件表面的网格发生了明显的变化（图4-34），主要表现在：

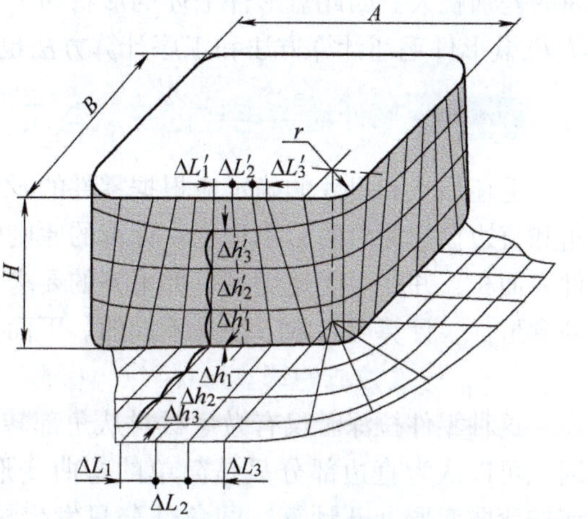

图4-34　盒形件拉深变形特点

（一）直边部位的变形

直边部位的横向尺寸 ΔL_1、ΔL_2、ΔL_3 变形后成为 $\Delta L_1'$、$\Delta L_2'$、$\Delta L_3'$，间距逐渐缩小，越向直边中间部位缩小越少，即 $\Delta L_3'<\Delta L_2'<\Delta L_1'<\Delta L_1$。纵向尺寸 Δh_1、Δh_2、Δh_3 变形后成为 $\Delta h_1'$、$\Delta h_2'$、$\Delta h_3'$，间距逐渐增大，越靠近盒形件口部增大越多，即 $\Delta h_3'>\Delta h_2'>\Delta h_1'>\Delta h_1$。可见，此处的变形不同于纯粹的弯曲。

（二）圆角部位变形

拉深后径向放射线变成上部距离宽，下部距离小的斜线，而不是与底面垂直的等距平行线。同心圆弧间距不再相等，而是变大，越向口部越大，且同心圆弧不位于同一水平面内。因此该处的变形不同于纯粹的拉深。

根据网格的变化可知盒形件拉深有以下变形特点：

1）盒形件拉深的变形性质与圆筒件一样，也是径向伸长，切向缩短。沿径向越往口部伸长的越多，沿切向圆角部分变形大，直边部分变形小，圆角部分的材料向直边流动。即盒形件的变形是不均匀的。

2）变形的不均匀导致应力分布不均匀（图4-35）。在圆角部的中点 σ_1 和 σ_3 最大，向两边逐渐减小，到直边的中点 σ_1 和 σ_3 最小。故盒形件拉深时若产生破坏，首先就发生在圆角处。又因圆角部材料在拉深时允许向直边流动，所以盒形件与相应的圆筒件比较，危险断面处受力小，拉深时可采用小的拉深系数，也不容易起皱。

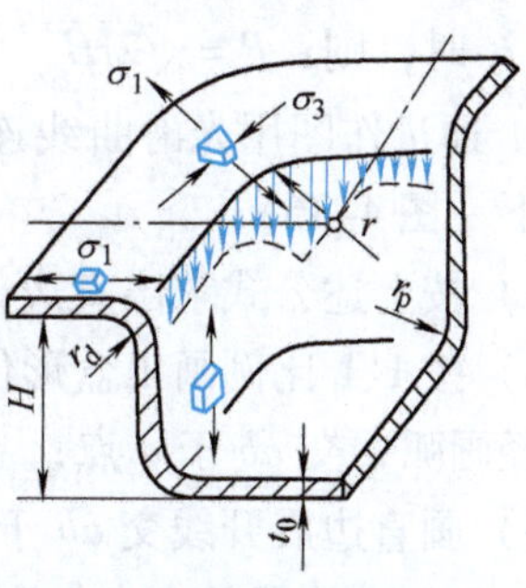

图4-35　盒形件拉深时的应力分布

3）盒形件拉深时，由于直边部分和圆角部分实际上是联系在一起的整体，因此两部分的变形相互影响。影响的结果是：直边部分除了产生弯曲变形外，还产生了径向伸长，切向压缩的拉深变形。影响的程度，随盒形件形状不同而不同，也就是说随相对圆角半径 r/B 和相对高度 H/B 的不同而不同。r/B 越小，圆角部分的材料向直边部分流的越多，直边部分对圆角部分的影响越大，使得圆角部分的变形与相应的圆筒件的差别就大。当 $r/B=0.5$ 时，则直边不复存在，盒形件成为圆筒件，盒形件的变形就与圆筒件一样了。

当相对高度 H/B 大时，圆角部分对直边部分的影响就大，直边部分的变形与简单弯曲的差别就大。因此盒形件毛坯的形状和尺寸必然与 r/B 和 H/B 的值有关。不同的 r/B 和 H/B,盒形件毛坯计算方法和工序计算方法也就不同。

二、盒形件拉深毛坯的形状与尺寸的确定

毛坯形状和尺寸的确定应根据零件的 r/B 和 H/B 的值来进行，因这两个因素决定了圆角和直边在拉深时的影响程度。计算的原则仍然是保证毛坯的表面积等于加上修边后的工件表面积，并尽可能地满足口部平齐的要求。一次拉深成形的低盒形件与多次拉深成形的高盒形件，计算毛坯的方法是不同的。下面主要介绍这两种零件毛坯的确定方法。

（一）一次拉成的低盒形件（$H=0.3B$，B 为盒形件的短边长度）毛坯计算

这种零件拉深时仅有微量材料从角部转移到直边，即圆角与直边间的相互影响很小，因此可以认为直边部分只是简单的弯曲变形，毛坯按弯曲变形展开计算。圆角部分只发生拉深变形，按圆筒形拉深展开，再用光滑曲线进行修正即得毛坯形状和尺寸，如图 4-36 所示。其步骤如下：

1. 按弯曲计算直边部分的展开长度 l_0

$$l_0=H+0.57r_p$$

$$H=H_0+\Delta H \qquad (4\text{-}27)$$

式中，H_0 为工件高度；ΔH 为盒形件修边余量（见表 4-1）。

2. 把圆角部分看成是直径为 $D=2r$，高为 H 的圆筒件，则展开的毛坯半径为

$$R=\sqrt{r^2+2rH-0.86r_p(r+0.16r_p)} \qquad (4\text{-}28)$$

当 $r=r_p$ 时，则：$R=\sqrt{2rH}$

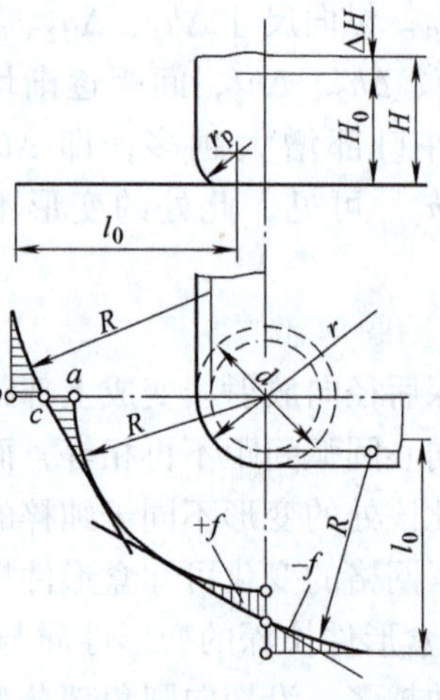

图 4-36 低盒形件毛坯作图法

3. 通过作图用光滑曲线连接直边和圆角部分，即得毛坯的形状和尺寸 具体作图步骤如下（图 4-36）：

1）按上述公式求出直边部分毛坯展开长度 l_0 和圆角部位展开长度 R；

2）按 1∶1 比例画出盒形件平面图并过 r 圆心画一水平线 ab，再以 r 圆心为圆心，以 R 为半径画弧，交 ab 于 a 点；

3）画直边展开线交 ab 于 b 点，展开线距离 r_p 圆心迹线的长度为 l_0；

4）过 ab 线段的中点 c 作圆弧 R 的切线，再以 R 为半径作圆弧与直边及切线相切。使阴影部分面积 $-f$ 与 $+f$ 基本相等。这样修正后，即得毛坯的外形。

（二）高盒形件（$H\geqslant 0.5B$）毛坯计算

毛坯尺寸仍根据工件表面积与毛坯表面积相等的原则计算。当零件为方盒形且高度比较大，需要多道工序拉深时，可采用圆形毛坯，其直径为

$$D=1.13\sqrt{B^2+4B(H-0.43r_p)-1.72r(H+0.5r)-4r_p(0.11r_p-0.18r)} \qquad (4\text{-}29)$$

公式中符号如图 4-37 所示。

对高度和圆角半径都比较大的盒形件（$H/B \geqslant 0.7 \sim 0.8$），拉深时圆角部分有大量材料向直边流动，直边部分拉深变形也大，这时毛坯形状可以为长圆形或椭圆形，如图4-38所示。将尺寸为 $A \times B$ 的盒形件，看作由两个宽度为 B 的半方形盒和中间为（$A-B$）的直边部分连接而成，这样，毛坯的形状就是由两个半圆弧和中间两平行边所组成的长圆形，长圆形毛坯的圆弧半径为

$$R_b = D/2$$

式中 D 是宽为 B 的方形件的毛坯直径，按式（4-29）计算。R_b 的圆心距短边的距离为 $B/2$。则长圆形毛坯的长度为

$$L = 2R_b + (A-B) = D + (A-B) \tag{4-30}$$

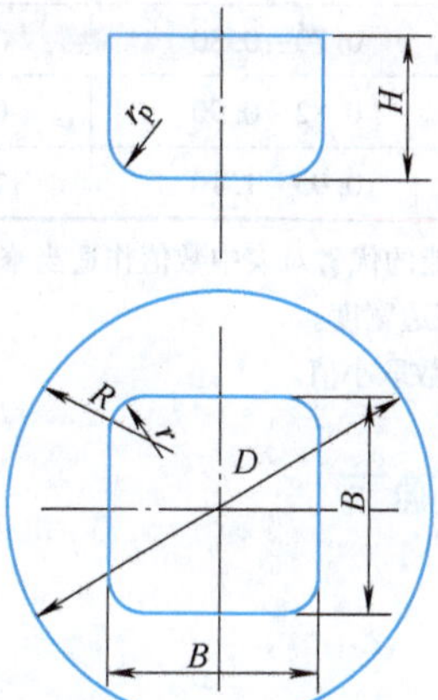

图4-37 方盒件毛坯形状与尺寸

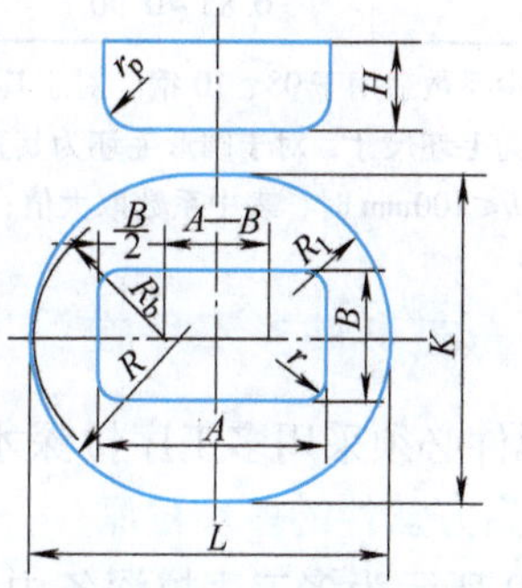

图4-38 高盒形件的毛坯形状与尺寸

长圆形毛坯的宽度为

$$K = \frac{D(B-2r) + [B + 2(H - 0.43r_p)](A-B)}{A-2r} \tag{4-31}$$

然后用 $R = K/2$ 过毛坯长度两端作弧，既与 R_B 弧相切，又与两长边的展开直线相切，则毛坯的外形即为一长圆形。

如 $K \approx L$，则毛坯做成圆形，半径为 $R = 0.5K$。

三、盒形件拉深变形程度

由于盒形件初次拉深时圆角部分的受力和变形比直边大，起皱和拉破的可能性易在圆角部发生，故盒形件初次拉深时的极限变形量由圆角部传力的强度确定。

拉深时圆角部分变形程度仍用拉深系数表示：

$$m = d/D$$

式中，d 为与圆角部相应的圆筒体直径；D 为与圆角部相应的圆筒体展开毛坯直径。

当 $r = r_p$ 时，与圆角部相应圆筒体毛坯直径为

$$D = 2\sqrt{2rH}，则\ m = \frac{d}{D} = \frac{1}{\sqrt{\frac{2H}{r}}} \tag{4-32}$$

式中，r 为盒形件的转角半径；H 为工件的高。

由式（4-32）可知初次拉深的变形程度可用盒形件相对高度 H/r 来表示，这在生产上还方便些。H/r 越大，表示变形程度越大。用平板毛坯一次能拉出的最大相对高度值见表4-8。若零件的 H/r 小于表4-8中的值，则可一次拉成，否则必须采用多道拉深。

表4-8　无凸缘盒形件首次拉深的最大相对高度 $[h/b]$

相对转角半径 r_C/b	毛坯相对厚度 $t/D\times100$			
	>0.2~0.5	>0.5~1.0	>1.0~1.5	>1.5~2.0
0.05	0.35~0.50	0.40~0.55	0.45~0.60	0.50~0.70
0.10	0.45~0.60	0.50~0.65	0.55~0.70	0.60~0.80
0.15	0.60~0.70	0.65~0.75	0.70~0.80	0.75~0.90
0.20	0.70~0.80	0.70~0.85	0.82~0.90	0.90~1.00
0.30	0.85~0.90	0.90~1.00	0.95~1.10	1.00~1.20

注：1. 表中系数适用于08、10钢。对于其他材料，可根据其成形性能的优劣对表中数值作适当修正。
2. D 为毛坯尺寸，对于圆形毛坯为其直径，对于矩形毛坯为其短边宽度。
3. 当 $b\leqslant100$mm 时，表中系数取大值；当 $b>100$mm 时，表中系数取小值。

四、高盒形件多工序拉深方法及工件尺寸的确定

高盒形件必须采用多工序拉深才能最后成形。

（一）高方盒件的多次拉深

图4-39所示为多工序拉深各中间工序的半成品形状和尺寸的确定方法。采用直径为 D_0 的圆形板料，中间工序都拉成圆筒形，最后一道工序拉成要求的正方形形状和尺寸。工序计算由倒数第二道即 $n-1$ 道开始往前推算，直到由 D_0 毛坯能一次拉成相应的半成品为止。

使过渡形状变形区内各处变形相等，是确定各道工序零件半成品形状和尺寸的出发点。整个工件所需拉深次数在计算后也就自然得出。倒数第二道（$n-1$）工序半成品直径的计算是工艺设计的关键。对于多道拉成的盒形件，由于毛坯要经过多次的拉深变形，角部有大量的材料要转移到直边去，即使是最后一道，变形沿周边也是不均匀的，仍然是角部的变形较大。为使拉深能正常进行，需控制圆角部位的边角距 δ 的大小。由图4-39所示的几何关系可知，（$n-1$）道工序半成品的直径用下式计算：

$$D_{n-1}=1.41B-0.82r+2\delta \tag{4-33}$$

式中，D_{n-1} 为 $n-1$ 次拉深工序后半成品直径；B 为方形盒件的宽度（按内表面计算）；r 为方形盒件角部的内圆角半径；δ 为方形盒件角部的壁间距离，为 $n-1$ 道工序半成品内表面到盒形件在圆角处内表面的距离。一般取 $\delta=(0.2\sim0.25)r$。

δ 值对拉深时毛坯变形程度的大小，以及变形分布的均匀程度有直接影响。工件的 r/B 大，则 δ 小；拉深次数多时，δ 也小。过大的 δ 值可能使拉深件被拉裂。$n-1$ 道直径确定后，其他各工序：（$n-2$）……等的直径可按圆筒件的计算方法确定。相当于用直径 D 的毛坯拉成直径 D_{n-1}、高为 H_{n-1} 的圆筒形零件。

（二）高矩形盒形件的多次拉深

采用如图4-40所示的中间毛坯形状与尺寸。可把矩形盒的两个边视为四个方形盒的

边长，在保证同一角部壁间距离 δ（同上文）相等时，可采用由四段圆弧构成的椭圆形筒，作为最后一道工序拉深前的半成品毛坯（是 $n-1$ 道拉深所得半成品）。其长轴与短轴处的曲率半径分别用 $R_{a(n-1)}$ 及 $R_{b(n-1)}$ 表示，并用下式计算：

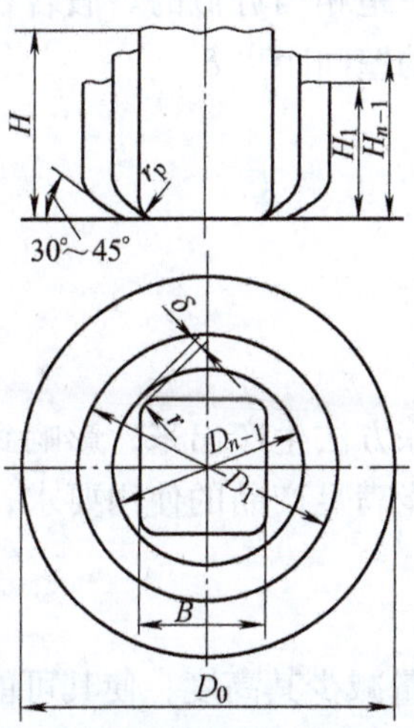

图 4-39　方盒件拉深的半成品形状与尺寸

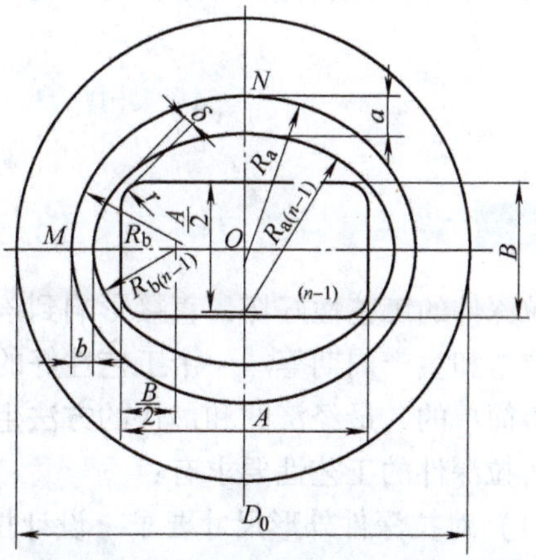

图 4-40　高矩形盒形件多工序拉深的半成品的形状与尺寸

$$R_{a(n-1)}=0.707B-0.41r+\delta$$

$$R_{b(n-1)}=0.707A-0.41r+\delta \tag{4-34}$$

式中，A、B 为矩形盒的长度与宽度。

椭圆长、短半轴 a_{n-1} 和 b_{n-1} 分别用下式求得

$$\begin{aligned} a_{n-1}&=R_{a(n-1)}-(A-B)/2 \\ b_{n-1}&=R_{b(n-1)}+(A-B)/2 \end{aligned} \tag{4-35}$$

由于 $n-1$ 道拉深得到的半成品形状是椭圆形筒，所以高矩形盒多工序拉深工艺计算问题又可归结为高椭圆形筒的多次拉深成形问题。

圆弧 $R_{a(n-1)}$ 和 $R_{b(n-1)}$ 的圆心可按图 4-40 所示的关系确定。得出 $n-1$ 道工序后的毛坯过渡形状和尺寸后，应该用上述的盒形件的第一次拉深的计算方法检查是否可能用平板毛坯一次冲压形成 $n-1$ 道工序的过渡形状和尺寸。如果不可能，便要进行 $n-2$ 道工序的计算。$n-2$道拉深工序把椭圆形毛坯冲压成椭圆形半成品。这时应保证

$$\frac{R_{a(n-1)}}{R_{a(n-1)}+a}=\frac{R_{b(n-1)}}{R_{b(n-1)}+b}=0.75\sim0.85$$

式中，a 和 b 分别是椭圆形过渡毛坯之间在长轴和短轴上的壁间距离（图 4-40）。

得到的椭圆形半成品之间的壁间距离 a 和 b 之后，可以在对称轴线上找到两交点 M 和 N，然后选定半径 R_a 和 R_b，使其圆弧通过 M 和 N，并且又能圆滑相接。R_a 和 R_b 的圆心都比 $R_{a(n-1)}$ 和 $R_{b(n-1)}$ 的圆心更靠近矩形件的中心点 O。得出 $n-2$ 道拉深工序的半成品形状

和尺寸后，应重新检查是否可能由平板毛坯直接冲压成功。如果还不能，则应该继续进行前一道工序的计算，其方法与前述相同。

由于矩形件拉深时沿毛坯周边的变形十分复杂，当前还不可能用数学方法进行精确计算，前述的各中间拉深工序计算半成品形状和尺寸的方法是相当近似的。假若在试模调整时发现圆角部分出现材料堆聚，应当适当减小圆角部分的壁间距离 δ。

第五节　拉深工艺设计

一、拉深零件的结构工艺性分析

拉深件的工艺性好坏，直接影响到该零件能否用拉深方法生产出来，影响到零件的质量、成本和生产周期等。一个工艺性好的拉深件，不仅能满足产品的使用要求，同时也能够用最简单的、最经济的和最快的方法生产出来。

对拉深件的工艺性要求有：

（1）对拉深件外形尺寸要求　设计拉深件时，应尽量减少其高度，使其可能用一次或两次拉深工序来完成。对于各种形状的拉深件，用一次工序可制成的条件为：

1）对于圆筒件一次拉成的相对高度 H/d 见表 4-9。

表 4-9　一次拉深的极限相对高度 H　d

材料名称	铝	硬铝	黄铜	软钢
相对拉深高度	0.73～0.75	0.60～0.65	0.75～0.80	0.68～0.72

2）对于盒形件一次制成的条件。当盒形件角部的圆角半径 $r=(0.05\sim0.20)B$（式中 B 为盒形件的短边宽度），拉深件高度 $H<(0.3\sim0.8)B$。

3）对于凸缘件一次制成的条件为零件的圆筒形部分直径与毛坯的比值 $d/D\geqslant0.4$。

（2）拉深件的形状要求　拉深件的结构形状应简单、对称，尽量避免急剧的外形变化。对于形状非常复杂的拉深件，应将其分解成若干个工件，分别加工后再进行连接（图 4-41a）。

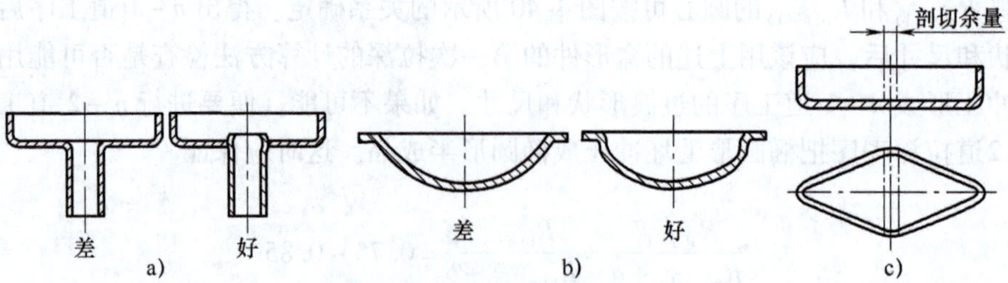

图 4-41　拉深件的形状设计

对于空间曲面的拉深件，应在口部增加一段直壁形状（图 4-41b），既可以提高工件刚度，又可避免拉深皱纹及凸缘变形。

应尽量避免尖底形状的拉深件，尤其是高度大时，其工艺性更差。

对于半敞开及非对称的拉深件，应考虑设计成成对的拉深件，以改善拉深时的受力状况（图4-41c），待拉深结束后再将其剖切成两个或更多个。

(3) 拉深件的形状误差　拉深件的壁厚在拉深变形过程中是会发生变化的，导致拉深件各处壁厚不完全一致，因此只能得到近似形状。图4-42a所示是直壁圆筒形件拉深成形后的壁厚变化情况。

拉深件的凸缘及底部平面存在一定的形状误差，如果对工件凸缘及底面有严格的平面度要求，应增加整形工序。

多次拉深时，内、外侧壁及凸缘表面会残留中间各工步产生的弯痕，如图4-42b所示，产生较大的尺寸偏差。如果工件壁厚尺寸及表面质量要求较高，应增加整形工序。

无凸缘件拉深时，由于材料各向异性的影响，拉深件口部会不可避免地出现"凸耳"现象，如图4-42c所示，如果对工件的高度有尺寸要求时，就需要增加切边工序。

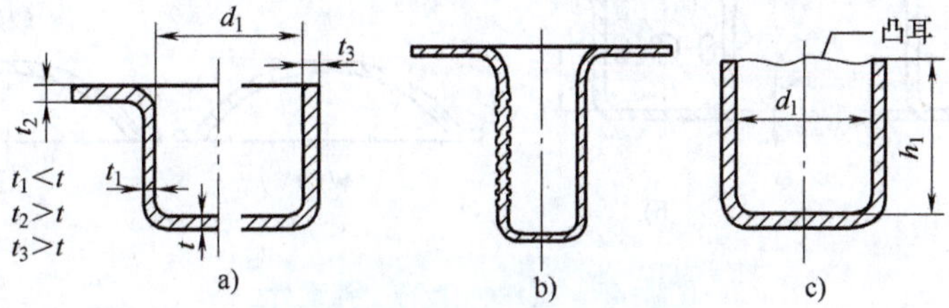

图4-42　拉深件的形状误差

(4) 拉深件的凸缘宽度　对于有凸缘的直壁圆筒形件，凸缘直径宜控制在 $d_1+12t\leqslant d_f\leqslant d_1+25t$ 范围内，如图4-43a所示。对于宽凸缘直壁圆筒形件，为改善其工艺性，减少拉深次数，通常应保证 $d_f\leqslant 3d_1$，$h_1\leqslant 2d_1$。对于有凸缘盒形件，凸缘宽度不宜超过 $r_{d1}+(3\sim5)t$，如图4-43b所示。

拉深件的凸缘宽度应尽可能保持一致，并与拉深部分的轮廓形状相似，如图4-43c所示。

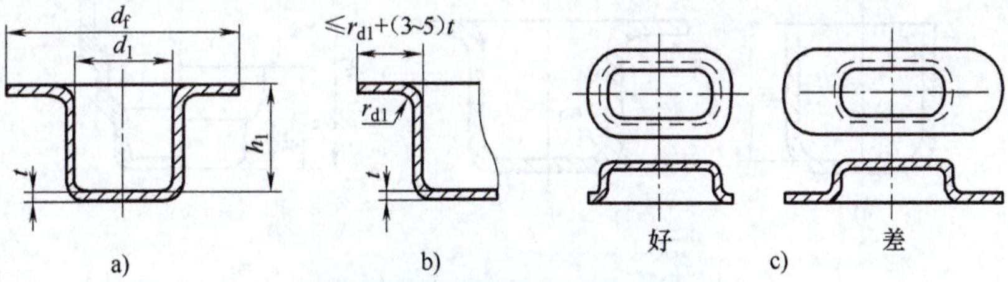

图4-43　拉深件的凸缘宽度

(5) 拉深件的圆角半径　拉深件的圆角半径（图4-44）应尽量大些，以减少拉深次数并有利于拉深成形。拉深件圆角半径可按如下原则进行选取：

拉深件底部圆角半径 r_{p1} 应满足 $r_{p1}\geqslant t$，为使拉深工序顺利进行，一般应取 $r_{p1}=(3\sim5)t$。增加整形工序时，可取 $r_{p1}\geqslant(0.1\sim0.3)t$。

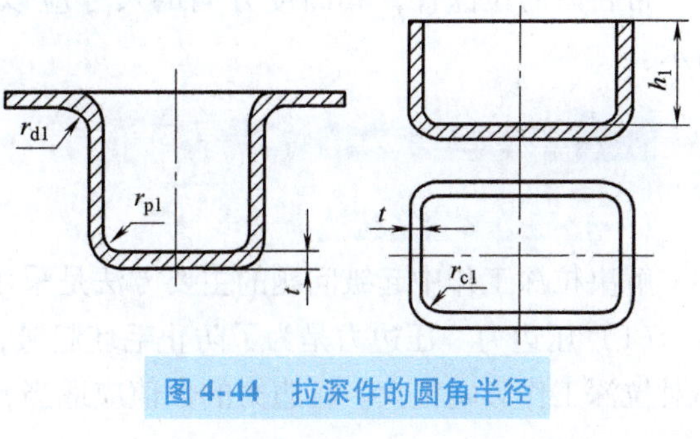

图4-44　拉深件的圆角半径

拉深件凸缘圆角半径 r_{d1} 应满足 $r_{d1} \geqslant 2t$，为使拉深工序顺利进行，一般应取 $r_{d1}=(5\sim8)t$。增加整形工序时，可取 $r_{d1} \geqslant (0.1\sim0.3)t$。

盒形件转角半径 r_{c1} 应满足 $r_{c1} \geqslant 3t$，为使拉深工序顺利进行，一般应取 $r_{c1} \geqslant 6t$。为便于一次拉深成形，应保证 $r_{c1} \geqslant 0.15h_1$。

（6）拉深件的冲孔设计　拉深件底部及凸缘上的冲孔的边缘与工件圆角半径的切点之间的距离不应 $<0.5t$（图 4-45a），拉深件侧壁上的冲孔，孔中心与底部或凸缘的距离应满足 $h_d \geqslant 2d_h + t$，如图 4-45b 所示。

拉深件上的孔位应设置在与主要结构面（凸缘面）同一平面上，或使孔壁垂直于该平面，以便冲孔与修边在同一工序中完成，如图 4-45c 所示。

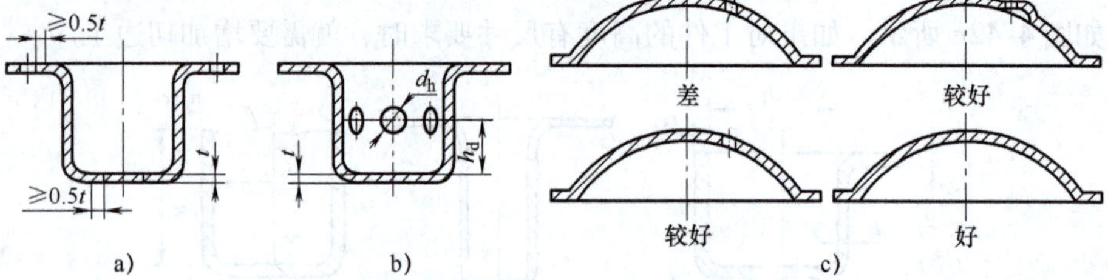

图 4-45　拉深件上的冲孔设计

（7）拉深件的尺寸标注　拉深件尺寸标注时，径向尺寸应根据使用要求只标注外形尺寸或内形尺寸，不能同时标注内、外形尺寸。对于有配合要求的口部尺寸应标注配合部分的深度，如图 4-46a 所示。

筒壁和底面连接处的圆角半径应标注在较小半径的一侧，即模具能够控制到的圆角半径一侧，如图 4-46b 所示。材料厚度不宜标注在筒壁或凸缘上。

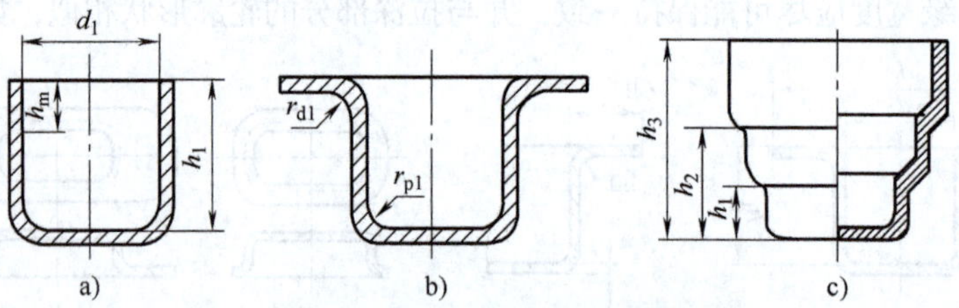

图 4-46　拉深件的尺寸标注

带台阶的拉深件，其高度方向的尺寸应以拉深件底部为基准进行标注，如图 4-46c 所示。

二、拉深工艺力的计算

（一）压边装置及压边力

解决拉深工作中起皱问题的主要方法是采用防皱压边圈，并施加合适的压边力。

（1）压边力　压边力是为了防止毛坯起皱，保证拉深过程顺利进行而施加的，它的大小对拉深工作影响很大。压边力的数值应适当，太小时，防皱效果不好，太大时，则会增加危险断面处的拉应力，引起拉裂破坏或严重变薄超差（图4-47，图4-48）。

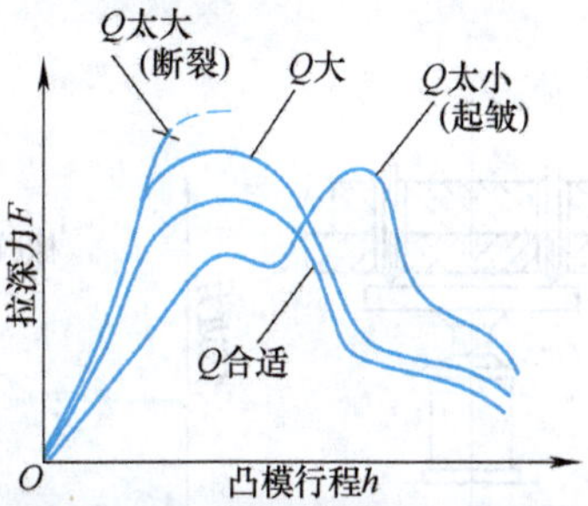

图4-47　拉深力与压边力的关系

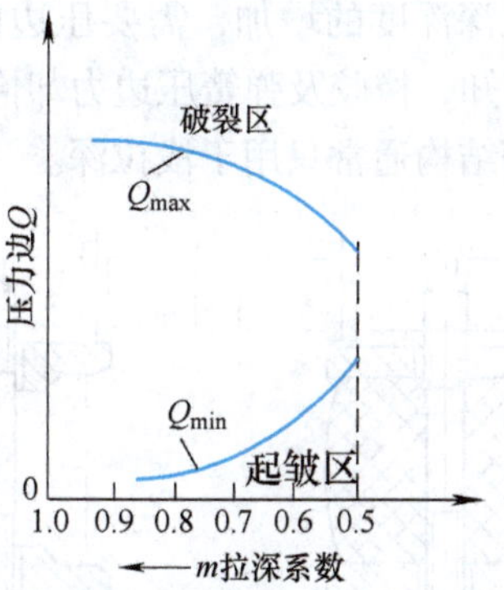

图4-48　压边力对拉深的影响

在生产中，压边力 Q 都有一个调节范围（图4-48），在最大压边力 Q_{max} 和最小压边力 Q_{min} 之间。当拉深系数小至接近极限拉深系数时，这个变动范围就小，压边力变动对拉深工作的影响就显著。通常是使压边力 Q 稍大于防皱作用所需的最低值，并按下列公式进行计算。

总的压边力

$$Q = Aq$$

式中，A 为在开始拉深瞬间，不考虑凹模圆角时的压边面积（mm^2）。

筒形件第一次拉深时 $Q=\frac{\pi}{4}[D^2-(d_1+2r_d)^2]q$

筒形件以后各道拉深时 $Q_n=\frac{\pi}{4}[d_{n-1}^2-(d_n+2r_d)^2]q$ （4-36）

式中　q 为单位压边力（MPa），通常取 $q=R_m/150$；d_1、…、d_n 为第一次及以后各次工件外径（mm）；r_d 为凹模入口的圆角半径（mm）。

在生产中，一次拉深时的压边力 Q 也可按拉深力的1/4选取，即

$$Q = 0.25F_1 \tag{4-37}$$

式中，F_1 为首次拉深的拉深力（N）。

拉深中凸缘起皱的规律与 σ_{1max} 变化规律相似，如图4-49所示。起皱趋势最严重的时刻是毛坯外缘缩小到0.85R_0 时。理论上合理的压边力应随起皱趋势的变化而变化。当起皱严重时压边力变大，起皱不严重时，压边力就随着减少。但要实现这种变化是很困难的。

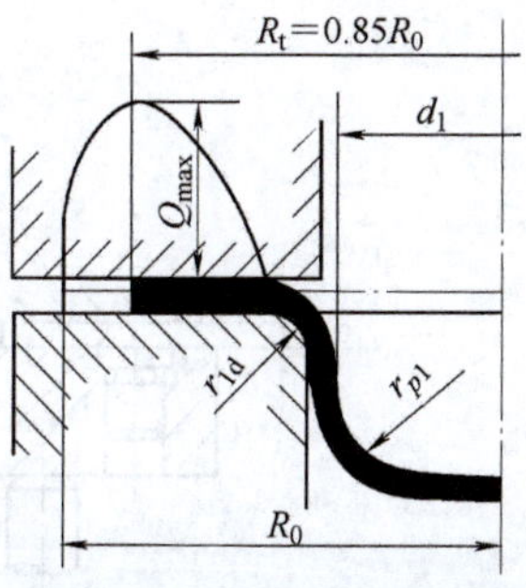

图4-49　首次拉深压边力 Q 的变化

（2）压边装置　生产中常用的压边装置有两大类，即弹性压边装置和刚性压边装置。

1）弹性压边装置多用于普通压力机，通常有三种形式：橡胶压边装置（图4-50a）；弹簧压边装置（图4-50b）；气垫式压边装置（图4-50c）。

这三种压边装置压边力的变化曲线如图 4-50d 所示。

随着拉深深度的增加，需要压边的凸缘部分不断减少，所需的压边力也逐渐减小。由图 4-50d 可知，橡胶及弹簧压边力却恰好与需要的相反，是随拉深深度的增加而增加。因此橡胶及弹簧结构通常只用于浅拉深。

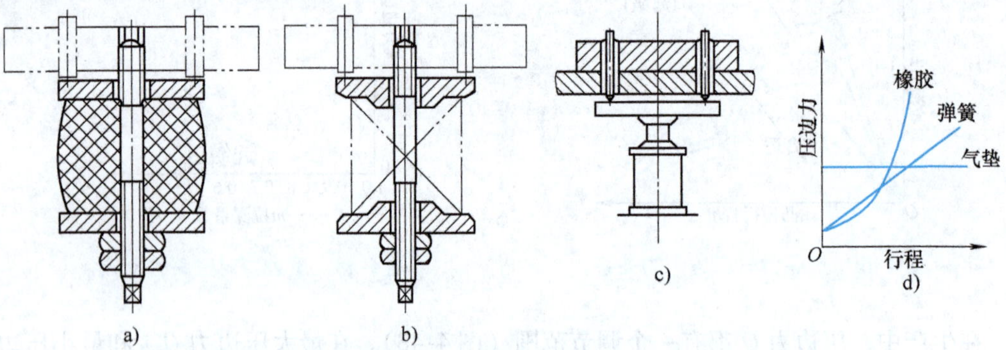

图 4-50　弹性压边装置

a）橡胶压边装置　b）弹簧压边装置　c）气垫式压边装置　d）压边力变化曲线

气垫压边力随行程的变化极小，可认为是不变的，压边效果好。但气垫结构复杂，制造、维修不易，且使用压缩空气，小厂往往不具备此条件，故又限制了其应用。弹簧与橡胶压边装置虽有缺点，但结构简单，对单动的中、小型压力机采用橡胶或弹簧装置还是很方便的。根据生产经验，只要正确地选择弹簧规格及橡胶的牌号和尺寸，就能尽量减少它们的不利方面，充分发挥它们的作用。

由于拉深行程较大，因此应选择总压缩量大、压边力随压缩量缓慢增加的弹簧。橡胶应选用软橡胶（冲裁卸料是用硬橡胶）。橡胶的压边力随压缩量增加很快，因此橡胶的总厚度应选大些，以保证相对压缩量不致过大。建议所选取的橡胶总厚度不小于拉深行程的 5 倍。

宽凸缘件拉深时，为了克服弹簧和橡胶的缺点，可采用图 4-51 所示的限位装置（定位销、柱销或螺栓），使压边圈和凹模间始终保持一定的距离 S。这样能在某种程度上限制压边力的增大。

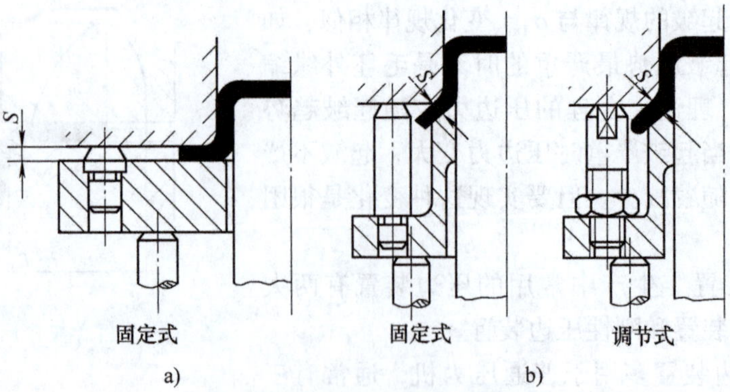

图 4-51　有限位装置的压边

a）第一次拉深　b）后续拉深

图 4-52 所示为一种恒力压边装置。上模下行时凹模 3 与压边圈 5 上的毛坯接触，压边圈下的弹簧受力后，将力传给顶板 1，橡胶也被压缩。上模继续下行，直至凹模与顶杆 2 接触，顶杆则推动顶板 1 下移，压缩橡胶块，而弹簧长度不再改变，故压边力也不再发生变化，达到压边力基本不变的效果。

2）刚性压边装置的特点是压边力不随行程变化，拉深效果较好，且模具结构简单。这种结构用于双动压力机，凸模装在压力机的内滑块上，压边装置装在外滑块上，如图 4-52 所示。

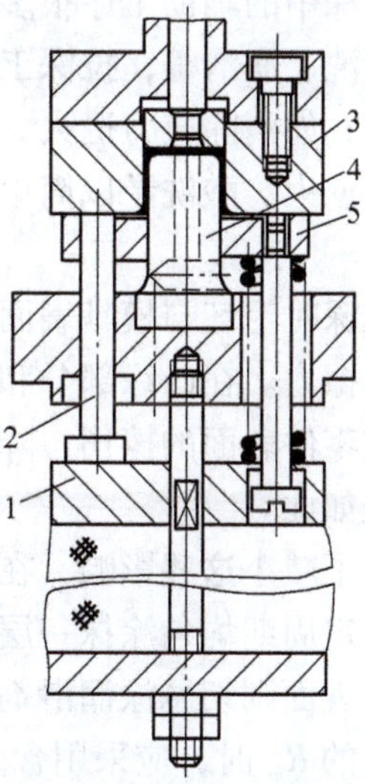

图 4-52　恒力压边装置

1—顶板　2—顶杆　3—凹模

4—凸模　5—压边圈

（二）拉深力的计算

从理论上计算拉深力前面已推导出公式（4-10），但它使用不便，生产中常用经验公式计算拉深力。对于圆筒形件、椭圆形件及盒形件的拉深载荷可按式（4-38）近似计算：

$$P = K_p L_s t R_m \tag{4-38}$$

式中　L_s 为工件断面周长（按料厚中心计）（mm）；K_p 为系数。对于圆筒形件的拉深，$K_p=0.5\sim1.0$；对于椭圆形件及盒形件的拉深，$K_p=0.5\sim0.8$；对于其他形状工件的拉深，$K_p=0.7\sim0.9$。当拉深趋近极限时 K_p 取大值；反之，取小值。

（三）拉深设备的选用

对于单动压力机，设备公称压力应满足：

$$F_{设} > F + Q$$

对于双动压力机，设备公称压力应满足

$$F_{内} > F$$

$$F_{外} > Q$$

式中，$F_{设}$ 为单动压力机的公称压力，单位为 N；$F_{内}$ 为双动压力机拉深滑块的公称压力（N）；$F_{外}$ 为双动压力机压边滑块的公称压力（N）。

选择设备的公称压力时，还应考虑设备制造厂家规定的安全系数。

当拉深行程较大，特别是落料、拉深复合冲压时，不能简单地将落料力与拉深力叠加去选择压力机，因为压力机的公称压力是指在接近下极限位置时的压力机压力。因此，应该注意压力机的压力-行程曲线。否则很可能由于过早地出现最大冲压力而使压力机超载损坏（图 4-53）。一般可按下式作概略计算：

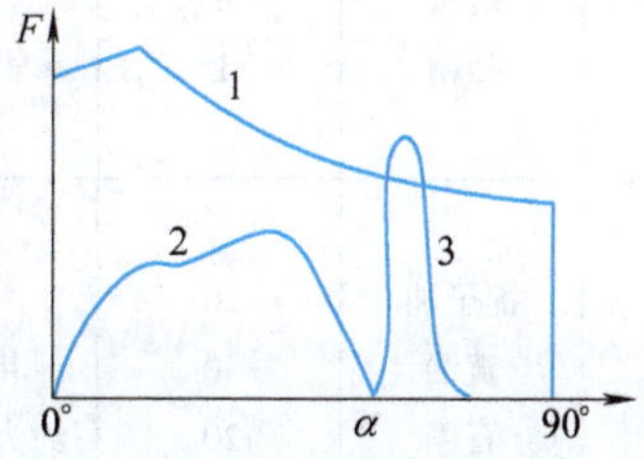

图 4-53　拉深力与压力机压力曲线

1—压力机压力曲线　2—拉深力　3—落料力

浅拉深时　$\Sigma F \leqslant (0.7\sim0.8) F_0$

深拉深时　$\Sigma F \leqslant (0.5\sim0.6) F_0$

式中，ΣF 为拉深力和压边力的总和，在用复合冲压时，还包括其他力；F_0 为压力机的公称压力。

三、拉深工艺的辅助工序

拉深中的辅助工序很多，大致可以分为拉深工序前的辅助工序，如材料的软化热处理、清洗、润滑等；拉深工序间的辅助工序，如软化热处理、涂漆、润滑等；拉深后的辅助工序，如消除应力退火、清洗、打毛刺、表面处理、检验等。下面就主要的辅助工序如润滑、退火、酸洗予以简单介绍。

（一）润滑

拉深时毛坯与模具表面接触时相互之间产生很大的压力，使毛坯在拉深时与接触表面产生摩擦力。在凸缘部分和凹模入口处的有害摩擦不仅会降低拉深的许用变形程度，而且会导致零件表面的擦伤，降低模具使用寿命，这在拉深不锈钢、高温合金等黏性大的材料时更是如此。

为了减小这些影响，在凹模圆角、平面、压边圈表面及与此部位相接触的毛坯表面应每隔一定周期均匀涂抹一层润滑油，并保持润滑部位的干净。而在凸模表面或与凸模接触的毛坯表面则切忌涂润滑剂。拉深低碳钢时常用的润滑剂见表4-10。当拉深应力较大，接近材料的 R_m 时，应采用含大量粉状填料的润滑剂，否则拉深中润滑剂易被挤掉，润滑效果不好。

表4-10 拉深低碳钢用润滑剂

简称号	润滑剂成分	含量（质量分数,%）	附注
5号	锭子油 鱼肝油 石墨 油酸 硫黄 钾肥皂 水	43 8 15 8 5 6 15	用这种润滑剂可收到最好的效果，硫黄应以粉末状加进去
6号	锭子油 黄油 滑石粉 硫黄 酒精	40 40 11 8 1	硫黄应以粉末状加进去
9号	锭子油 黄油 石墨 硫黄 酒精 水	20 40 20 7 1 12	将硫黄溶于温度约为160℃的锭子油内。其缺点是保存时间太久会分层
10号	锭子油 硫化蓖麻油 鱼肝油 白垩粉 油酸 苛性钠 水	33 1.6 1.2 45 5.5 0.1 13	润滑剂很容易去掉，用于单位压力大的拉深
2号	锭子油 黄油 鱼肝油 白垩粉 油酸 水	12 25 12 20.5 5.5 25	这种润滑剂比以上几种略差
8号	钾肥皂 水	20 80	将肥皂溶在温度为60～70℃水里 用于球形及抛物线形工件的拉深
	乳化液 白垩粉 焙烧苏打 水	37 45 1.3 16.7	可溶解的润滑剂。加3%（质量分数）的硫化蓖麻油后，可改善其效用

当拉深应力不大时，可采用不带填料的油质润滑剂。

拉深圆锥形、球形工件时可用乳化液，以增加摩擦力，减少毛坯起皱，同时起冷却作用，并减少模具的磨损。

变薄拉深时，润滑剂不仅是为了减少摩擦，同时又起冷却模具的作用，因此不可能采用干摩擦。在拉深钢质零件时，往往在毛坯表面进行表面处理，如镀铜或磷化处理，使毛坯表面形成一层与模具的隔离层，它能贮存润滑剂和在拉深过程中具有“自润”性能。

拉深不锈钢、高温合金等粘模严重、强化剧烈的材料，一般也需要对毛坯表面进行“隔离层”处理，常用的方法是在金属表面喷涂氯化乙烯漆（G01—4），而在拉深时再另涂机油。

（二）热处理

在拉深过程中，除铅和锡外，所有金属都要产生加工硬化现象，使金属强度指标 R_{eL}、R_m 增加，而塑性指标 A 和 Z 降低。同时，由于塑性变形不均匀，拉深后材料内部还存在残余应力。在多道拉深时，为了恢复冷加工后材料的塑性，应在工序中间安排退火，以软化金属组织。拉深工序后还要安排去应力退火。一般拉深工序间常采用低温退火。如低温退火后的效果不够理想也可采用高温退火。拉深完后则采用低温退火。

退火使生产周期延长，成本增加，应尽可能避免。对普通硬化金属，如 08 钢、10 钢、15 钢、黄铜和退火铝等，只要拉深工艺制定合适，加上模具设计合理，就可能免于中间退火。对于高硬化的金属，如不锈钢、耐热钢等，一般在一、二次拉深工序后即需进行中间退火。各种材料不需中间退火就能完成的拉深工序次数为：低碳钢 3 ~ 4 次；铝 4 ~ 5 次；黄铜 2 ~ 4 次；镁合金、钛合金 1 次。

（三）酸洗

退火后工件表面必然有氧化皮和其他污物，在继续加工时会增加模具的磨损，因此必须进行酸洗，否则使拉深不能正常进行。此外，有时酸洗也在拉深前的毛坯准备工作中进行。

酸洗前工件应用苏打水去油，酸洗后用冷水冲洗，以温度为 60 ~ 80°C 弱碱溶液中和酸性，并用热水洗涤。不能让酸液残留在工件表面上。

第六节　拉深模的类型与结构

拉深模按其工序顺序可分为首次拉深模和以后各工序拉深模，它们之间的本质区别是在压边圈的结构和定位方式上的差异。按其使用的冲压设备又可分为单动压力机用的拉深模、双动压力机用的拉深模及三动压力机用拉深模，它们的本质区别在于压边装置不同（弹性压边和刚性压边）。按工序的组合来分，又可分为单工序拉深模、复合模和级进式拉深模。此外还可按有无压边装置分为无压边装置拉深模和有压边装置拉深模等。下面将介绍几副实用而又常见的拉深模的典型结构。

（一）首次拉深模

（1）无压边装置的首次拉深模　如图 4-54 所示。此模具结构简单，常用于板料塑性好，相对厚度 $t/D \geqslant 0.03(1-m)$，$m_1 > 0.6$ 时的拉深。工件以定位圈 3 定位，拉深结束后的卸件工作由凹模底部的台阶完成，拉深凸模要深入到凹模下面，所以该模具只适合于浅拉深。为了保证装模时间隙均匀，模具设有专门的校模圈 2，工作时应将其拿开。为了便于卸件，凸模上开设有通气孔。

(2) 带弹性压边装置的首次拉深模　这是最广泛采用的结构形式（图 4-55）。压边力由弹性元件的被压缩而产生。这种装置可装在上模部分即为上压边，也可装在下模部分即为下压边。上压边的特征是由于上模空间位置受到限制，不可能使用很大的弹簧或橡胶，因此上压边装置的压边力小，这种装置主要用在压边力不大时。相反，下压边装置的压边力就可以较大，所以，拉深模具常采用下压边装置。

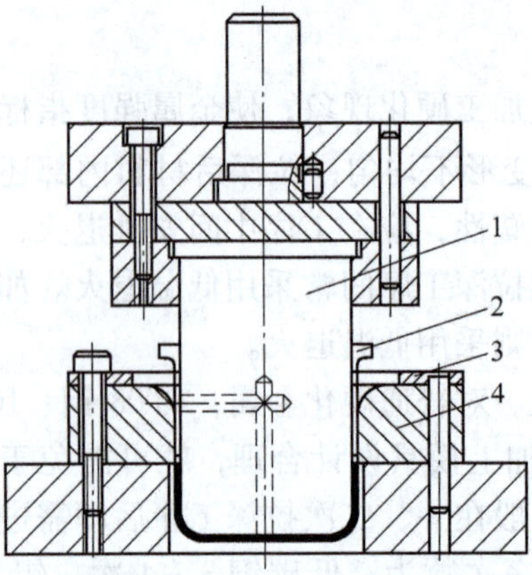

图 4-54　无压边装置的首次拉深模

1—凸模　2—校模圈

3—定位圈　4—凹模

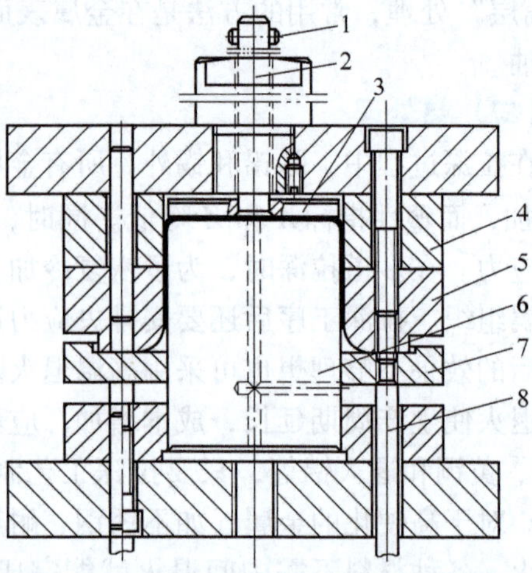

图 4-55　有弹性压边装置的首次拉深模

1—挡销　2—打杆　3—推件块

4—垫块　5—凹模　6—凸模

7—压边圈　8—卸料螺钉

(3) 落料首次拉深复合模　图 4-56 所示为在通用压力机上用的圆筒形件的落料拉深复合模。它一般采用条料为坯料，故需设置导料板与卸料板。拉深凸模 18 的顶面稍低于落料凹模 4 刃面约一个料厚，使落料完毕后才进行拉深。拉深时由压力机气垫通过顶杆 2 和压边圈 3 进行压边。拉深完毕后靠顶杆 2 顶件，卸料则由刚性卸料板 20 承担。

(4) 双动压力机上使用的首次拉深模（图 4-57）　因为双动压力机有两个滑块，其拉深凸模 3 与拉深滑块（内滑块）相连接，而上模座（上模座上装有压边圈 4）与压边滑块（外滑块 2）相连接。拉深时，压边滑块首先带动压边圈压住毛坯，然后拉深滑块带动拉深凸模下行进行拉深。此模具因装有刚性压边装置，所以模具结构显得很简单，制造周期也短，成本也低，但压机设备投资较高。

（二）以后各工序拉深模

此时拉深用的毛坯是已经经过拉深的半成品筒形件，而不再是平板毛坯，因此其定位装置及压边装置与首次拉深模是完全不同的。以后各工序拉深模的定位方法常用的有三种：第一种采用特定的定位板；第二种是凹模上加工出供半成品定位的凹窝；第三种利用

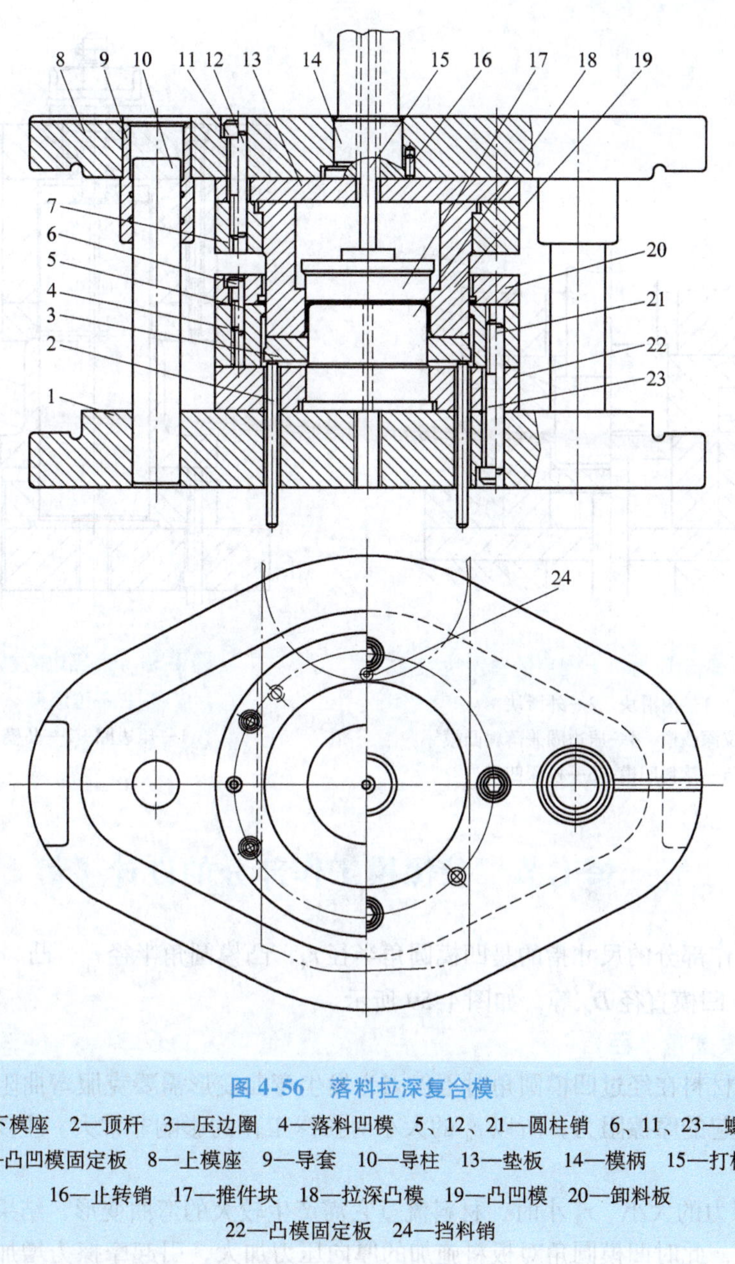

图 4-56 落料拉深复合模

1—下模座 2—顶杆 3—压边圈 4—落料凹模 5、12、21—圆柱销 6、11、23—螺钉 7—凸凹模固定板 8—上模座 9—导套 10—导柱 13—垫板 14—模柄 15—打杆 16—止转销 17—推件块 18—拉深凸模 19—凸凹模 20—卸料板 22—凸模固定板 24—挡料销

半成品内孔用凸模外形或压边圈外形来定位（图 4-58）。所用压边装置已不能为一平板结构，而应是一筒形结构。

图 4-58 所示是带压料装置的以后各工序拉深模，此结构是广泛采用的形式。压边圈 1 兼作毛坯的定位圈。由于再次拉深工件一般较深，为了防止弹性压边力随行程的增加而不断增加，可以在压边圈上安装限位销来控制压边力的增长，如图 4-51 所示。

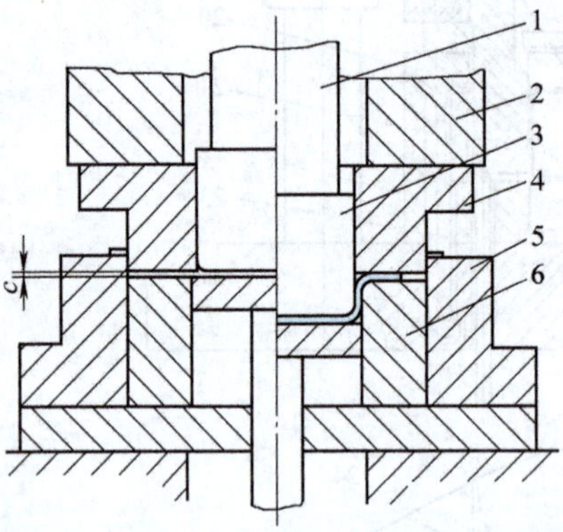

图 4-57　双动压力机上使用的首次拉深模
1—内滑块　2—外滑块
3—拉深凸模　4—压边圈兼落料凸模
5—落料凹模　6—拉深凹模

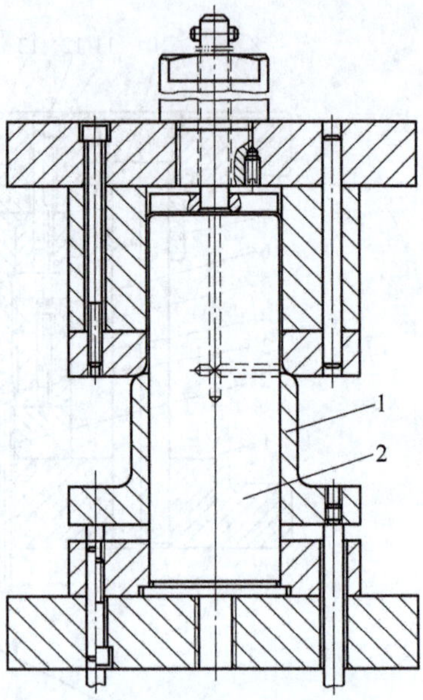

图 4-58　带压边的以后各工序拉深模
1—压边圈　2—凸模

第七节　拉深模工作部分的设计

拉深模工作部分的尺寸指的是凹模圆角半径 r_d，凸模圆角半径 r_p，凸、凹模的间隙 C，凸模直径 D_p，凹模直径 D_d 等，如图 4-59 所示。

(一) 凹模圆角半径 r_d

拉深时，材料在经过凹模圆角时不仅因为发生弯曲变形需要克服弯曲阻力，还要克服因相对流动引起的摩擦阻力，所以 r_d 的大小对拉深工作的影响非常大。主要影响到以下几个方面。

(1) 拉深力的大小　r_d 小时，材料流过它需产生较大的弯曲变形，结果需承受较大的弯曲变形阻力，此时凹模圆角对板料施加的厚向压力加大，引起摩擦力增加。当弯曲后的料被拉入凸、凹模间隙进行校直时，又会使反向弯曲的校直力增加，从而使筒壁内总的变形抗力增大，拉深力增加，变薄严重，甚至在危险断面处拉破。在这种情况下，材料变形受限制，必须采用较大的拉深系数。

(2) 拉深件的质量　当 r_d 过小时，坯料在滑过此处时容易被刮伤，结果使工件的表面质量受损。而当 r_d 太大时，拉深初期毛坯不与模具表面接触的宽度（图 4-60）加大，由于这部分材料不受压边力作用，因而容易起皱。在拉深后期毛坯外边缘也会因过早脱离压边圈的作用而起皱，使拉深件质量不好，在侧壁下部和口部形成皱褶，尤其当毛坯的相对厚度小时，这个现象更严重。在这种情况下，也不宜采用大的变形程度。

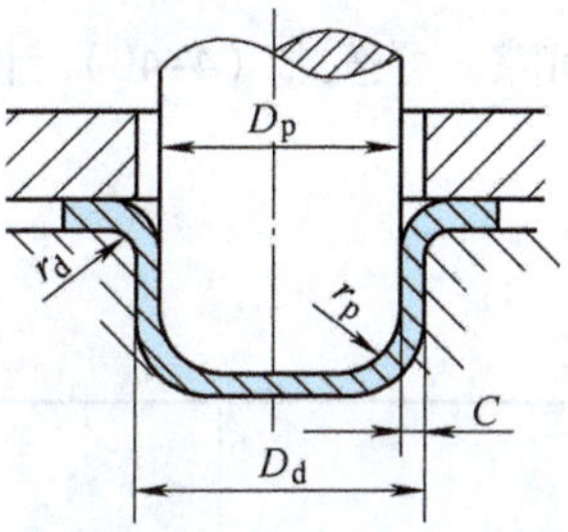

图 4-59　拉深模工作部分尺寸

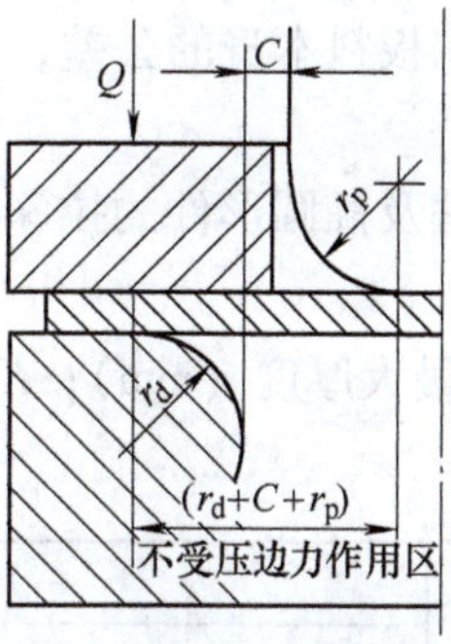

图 4-60　拉深初期毛坯与凸模、凹模的位置关系

(3) 拉深模的使用寿命　r_d 小时，材料对凹模的压力增加，摩擦力增大，磨损加剧，使模具的使用寿命降低。

所以 r_d 的值既不能太大也不能太小。在生产上一般应尽量避免采用过小的凹模圆角半径，在保证工件质量的前提下尽量取大值，以满足模具使用寿命的要求。通常可按经验公式计算：

$$r_{di}=0.8\sqrt{(d_{i-1}-d_i)t} \tag{4-39}$$

式中　$i-1$ 表示第 i 次拉深，$i=1, 2, 3\cdots$。

最后一次拉深时，r_d 应≥$2t$，若 $r_d<2t$，一般很难拉出，只能靠拉深后整形得到。

(二) 凸模圆角半径 r_p

凸模圆角半径对拉深工序的影响没有凹模圆角半径大，但其值也必须合适。r_p 太小，拉深初期毛坯在 r_p 处弯曲变形大，危险断面受拉力增大，工件易产生局部变薄或拉裂，且这个局部变薄和弯曲变形的痕迹在后续拉深时，将会遗留在成品零件的侧壁上，影响零件的质量。而且，多工序拉深时，由于后继工序的压边圈圆角半径应等于前道工序的凸模圆角半径，所以，当 r_p 过小时，在以后的拉深工序中毛坯沿压边圈滑动的阻力会增大，这对拉深过程是不利的。因而，凸模圆角半径不能太小。若凸模圆角半径 r_p 过大，会使 r_p 处材料在拉深初期不与凸模表面接触，易产生底部变薄和内皱，如图 4-60 所示。

一般情况下，除末道拉深工序外，可取 $R_{pi}=R_{di}$；对于末道拉深工序，凸模圆角半径 R_{pn} 可取工件圆角尺寸，且有 $R_{pn}\geq t$。如果工件要求的圆角半径小于上述允许值，应增加整形工序。

(三) 凸模和凹模的间隙 c

拉深模间隙是指单面间隙，即 $c=(D_d-D_p)/2$。间隙的大小对拉深力、拉深件的质量、拉深模的使用寿命都有影响。若 c 值太小，凸缘区变厚的材料通过它时，校直与变形的阻力增加，与模具表面间的摩擦、磨损严重，使拉深力增加，零件变薄严重，甚至拉破，模具使用寿命降低。但是间隙小时得到的零件侧壁平直而光滑，质量较好，精度较高。

间隙过大时，对毛坯的校直和挤压作用减小，拉深力降低，模具的使用寿命提高，但零件的质量变差，冲出的零件侧壁不直。

因此拉深模的间隙值也应合适，确定时要考虑压边状况、拉深次数和工件精度等。其原则是：既要考虑板料本身的公差，又要考虑板料的增厚现象，间隙一般都比毛坯厚度略大一些。

对于圆筒形件及椭圆形件的拉深，凸、凹模具的单边间隙 c 可按式（4-40）计算：

$$c = t_{max} + K_c t \tag{4-40}$$

式中，t_{max} 为板料最大厚度（mm）；K_c 为系数，见表4-11。

表4-11　系数 K_c

板料厚度 t /mm	一般精度		较精密	精密
	一次拉深	多次拉深		
≤0.4	0.07~0.09	0.08~0.10	0.04~0.05	0~0.04
>0.4~1.2	0.08~0.10	0.10~0.14	0.05~0.06	
>1.2~3.0	0.10~0.12	0.14~0.16	0.07~0.09	
>3.0	0.12~0.14	0.16~0.20	0.08~0.10	

注：1. 对于强度高的材料，表中系数取小值。

2. 精度要求高的工件，建议末道工序采用间隙（0.9~0.95）t 的整形拉深。

对于盒形件的拉深，模具转角部分的间隙应较直边部分大出0.1t，而直边部分的模具间隙可按式（4-40）计算，系数 K_c 按表4-11中较精密或精密级选取。

（四）凸模、凹模的尺寸及公差

工件的尺寸精度由末次拉深的凸、凹模的尺寸及公差决定，因此除最后一道拉深模的尺寸公差需要考虑外，首次及中间各道的模具尺寸公差和拉深半成品尺寸公差都没有必要作严格限制，这时模具尺寸只要取等于毛坯的公称尺寸即可。若以凹模为基准时，则凹模尺寸为

$$D_d = D^{+\delta_d}_{0} \tag{4-41}$$

凸模尺寸为

$$D_p = (D_d - 2c)^{0}_{-\delta_p} \tag{4-42}$$

对于最后一道拉深工序，拉深凹模及凸模的尺寸和公差应按零件的要求来确定。

当工件的外形尺寸及公差有要求时，如图4-61a所示，以凹模为基准，先确定凹模尺寸。因凹模尺寸在拉深中随磨损的增加而逐渐变大，故凹模尺寸开始时应取小些，为

$$D_d = (D - 0.75\Delta)^{+\delta_d}_{0} \tag{4-43}$$

凸模尺寸为

$$D_p = (D - 0.75\Delta - 2c)^{0}_{-\delta_p} \tag{4-44}$$

当工件的内形尺寸及公差有要求时，如图4-61b所示，以凸模为基准，先定凸模尺寸。考虑到凸模基本不磨损，以及工件的回弹情况，凸模的开始尺寸不要取得过大，为

$$D_p = (d + 0.4\Delta)^{0}_{-\delta_p} \tag{4-45}$$

凹模尺寸为

$$D_d = (d + 0.4\Delta + 2c)^{+\delta_d}_{0} \tag{4-46}$$

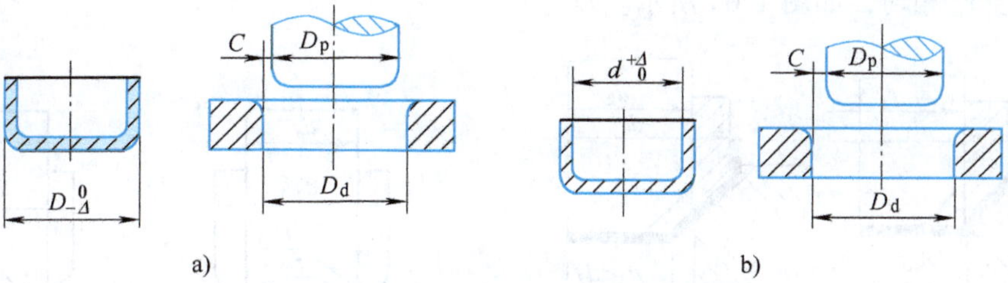

图 4-61　拉深零件尺寸与模具尺寸

a）外形有要求时　b）内形有要求时

凸、凹模制造公差 δ_p 和 δ_d，可根据工件公差来选定。工件公差为 IT13 级以上者，δ_p 和 δ_d 可按 IT6 ~ IT8 级，工件公差在 IT14 级以下者，则 δ_p 和 δ_d 可按 IT10 级。

（五）凸、凹模的结构形式

拉深凸模与凹模的结构形式取决于工件的形状、尺寸以及拉深方法、拉深次数等工艺要求，不同的结构形式对拉深的变形情况和变形程度的大小及产品的质量均有不同的影响。

当毛坯的相对厚度较大，不易起皱，不需用压边圈压边时，应采用锥形凹模，如图 4-15 所示。这种模具在拉深的初期就使毛坯呈曲面形状，因而较平端面拉深凹模具有更大的抗失稳能力，故可以采用更小的拉深系数进行拉深。

当毛坯的相对厚度较小，必须采用压边圈进行多次拉深时，应该采用如图 4-62 所示的模具结构。如图 4-62a 所示凸、凹模具有圆角结构，用于拉深直径 $d \leqslant 100$mm 的拉深件。如图 4-62b 所示凸、凹模具有锥角结构，用于拉深直径 $d \geqslant 100$mm 的拉深件。对于有锥角的拉深件，其凸模圆角半径应增大到 $r_p = (1.5 \sim 2) r_d$，采用这种有锥角的凸模和凹模除具有改善金属的流动，减少变形抗力、材料不易变薄等一般锥形凹模的特点外，还具有减轻毛坯反复弯曲变形的程度，提高零件侧壁质量，使毛坯在下次工序中容易定位等优点。不论采用哪种结构，均需注意前后两道工序的冲模在形状和尺寸上的协调，使前道工序得到的半成品形状有利于后道工序的成形。例如，压边圈的形状和尺寸应与前道工序凸模的相应部分相同，拉深凹模的锥面角度 α 也要与前道工序凸模的锥角一致，前道工序凸模的锥顶径 d_1' 比后续工序凸模直径 d_2 小，以避免毛坯在 A 部可能产生的不必要的反复弯曲而使工件筒壁质量变差等。如图 4-63 所示。

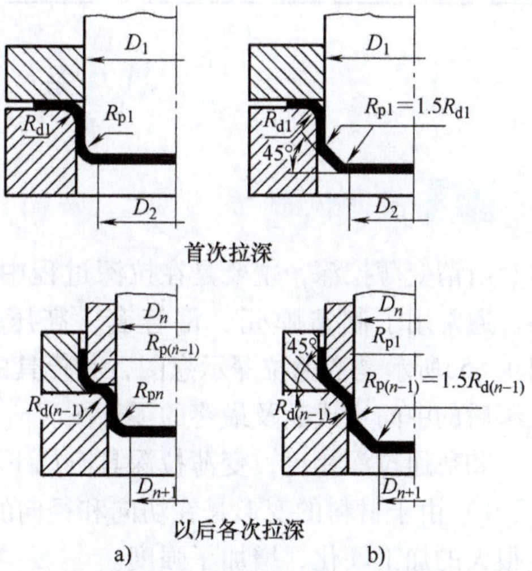

图 4-62　拉深模工作部分结构

为了使最后一道拉深后零件的底部平整，如果是圆角结构的冲模，其最后一次拉深凸模的圆角半径的圆心应与倒数第二道拉深凸模圆角半径的圆心位于同一条中心线上。如果是锥角的冲模结构，则倒数第二道工序［（$n-1$）道］凸模底部的斜线应与最后一道的凸

模圆角半径 r_n 相切，如图 4-64 所示。

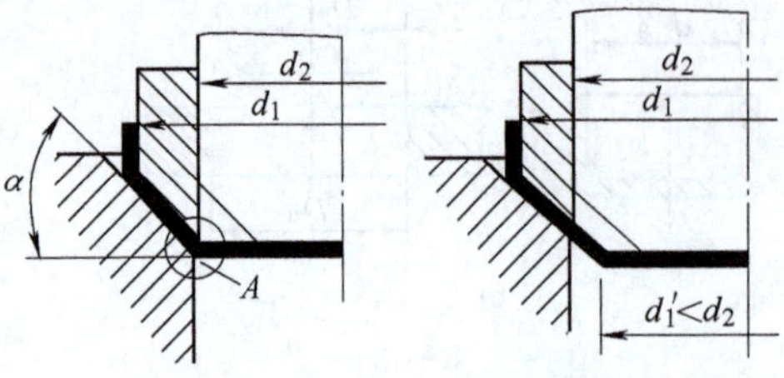

a)　　b)

图 4-63　锥角尺寸的确定

a）A 处不合理　b）合理

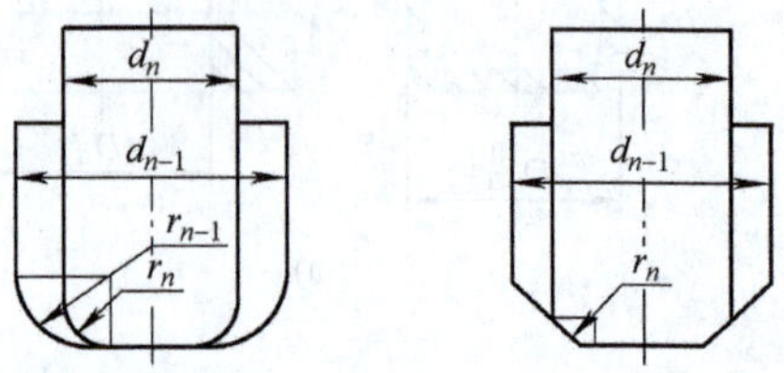

a)　　b)

图 4-64　最后拉深中毛坯底部尺寸的变化

凸模与凹模的锥角 α 对拉深有一定的影响，α 大对拉深变形有利，但 α 过大时，对于相对厚度小的材料可能要引起皱纹，因而 α 大小可根据材料厚度确定。一般来说，当料厚为 0.5～1.0mm 时，$\alpha=30°\sim40°$；当料厚为 1.0～2.0mm 时，$\alpha=40°\sim50°$。

为便于取出工件，拉深凸模应钻一通气孔，其尺寸可查表 4-12。

表 4-12　通气孔尺寸　（单位：mm）

凸模直径 d_p	～50	>50～100	>100～200	>200
出气孔直径 d	5	6.5	8	9.5

第八节　其他拉深方法

一、变薄拉深

所谓变薄拉深，主要是在拉深过程中改变拉深件筒壁的厚度，而毛坯的直径变化很小。通常用于制造弹壳、雷管套、高压容器、高压锅等，或用于制备薄壁管状毛坯。图 4-65a所示是变薄拉深示意图，其模具的间隙小于板料厚度；图 4-65b 所示是各次变薄拉深后的中间半成品及最终的零件图。

和普通拉深相比，变薄拉深具有如下特点：

1）由于材料的变形是在切向和径向的压应力及轴向的拉应力作用下完成的，材料产生很大的加工硬化，增加了强度。

2）表面粗糙度值小，Ra 为 0.2μm 以下。

3）因拉深过程的摩擦严重，故对润滑及模具材料的要求较高。

变薄拉深时变形区内的应力应变状态如图 4-65a 所示，图中 σ_1、σ_2、σ_3 分别是轴向、径向、切向应力；ε_1、ε_2、ε_3 分别是轴向、径向、切向应变。

变薄拉深大多是采用由非变薄拉深方法获得的筒形毛坯，有时也可直接采用平板毛坯，如图 4-66 所示模具可以在压力机的一次行程中，完成一次非变薄拉深和二次变薄拉深。由于拉深过程中毛坯的壁厚发生明显改变，因此变薄拉深的毛坯尺寸可按变形前后材料体积不变的原则计算。

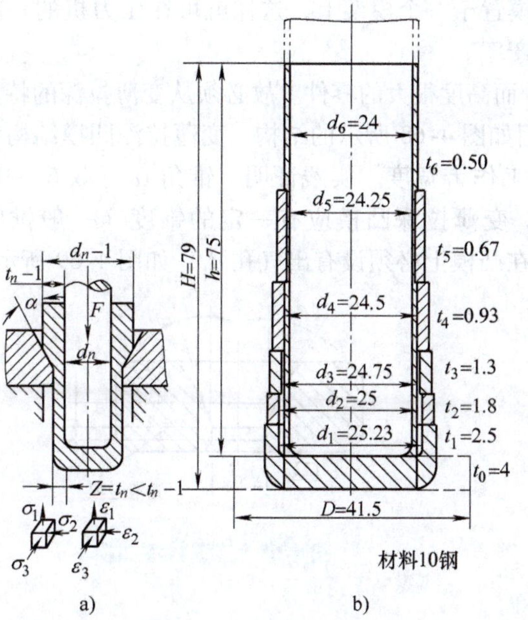

图 4-65　变薄拉深

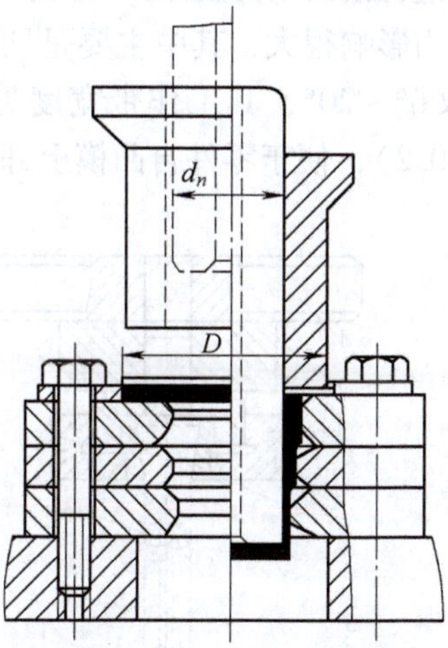

图 4-66　多层凹模变薄拉深

变薄拉深的变形程度用变薄系数表示：

$$\varphi_n = t_n / t_{n-1}$$

式中，t_{n-1}，t_n 分别为前后两道工序的材料壁厚。

极限变薄系数值见表 4-13。

表 4-13　极限变薄系数 φ 值

材　料	首次变薄系数 φ_1	中间各次变薄系数 φ_m	末次变薄系数 φ_n
铜、黄铜（H68）（H80）	0.45～0.55	0.58～0.65	0.65～0.73
铝	0.50～0.60	0.62～0.68	0.72～0.77
软钢	0.53～0.63	0.63～0.72	0.75～0.77
25～35 钢①	0.70～0.75	0.78～0.82	0.85～0.90
不锈钢	0.65～0.70	0.70～0.75	0.75～0.80

① 为试用数据。

注：厚料取较小值，薄料取较大值。

在批量不大的生产中通常采用通用模架，其结构如图 4-67 所示。由图可见，下模采用紧固圈 5 将凹模 12、定位圈 13 紧固在下模座内，凸模也以紧固环 3 及锥面套 4 紧固在上模座 1 上。不同工序的变薄拉深，只需松开紧固圈 5 和紧固环 3，更换凸模、凹模和定位圈，卸和装都较方便，为了装模和对模方便，可采用校模圈 14 对模。对模以后应将校模圈取出，然后再进行拉深工作，也可以用定位圈代替校模圈。该模具没有导向装置，靠压力机本身的导向精度来保证。如在 13、12 处均安装凹模，便可在一次行程中完成两次变薄拉深。零件由刮件环 7 自凸模 15 上卸下后，由下面出件。

在大量生产中常把两次或三次拉深凹模置于一个模架上，这样就可在压力机的一次行程中完成两次或三次拉深，有利于提高生产率。

变薄拉深用于制造壁部与底部厚度不等而高度很大的零件。故必须从变薄拉深的特点出发，进行模具结构设计，凹模结构一般采用如图 4-68 所示的结构。变薄拉深凹模结构对变形抗力影响很大，其中主要是凹模锥角、工作带宽度。实践证明，锥角 α 可取 6°～10°，α_1 取 6°～20°，其工作带宽度见表 4-14。变薄拉深凸模应有一定的锥度（一般锥度为 500∶0.2），便于零件自凸模上卸下，而且在凸模上必须设有出气孔 d_1，如图 4-69 所示。

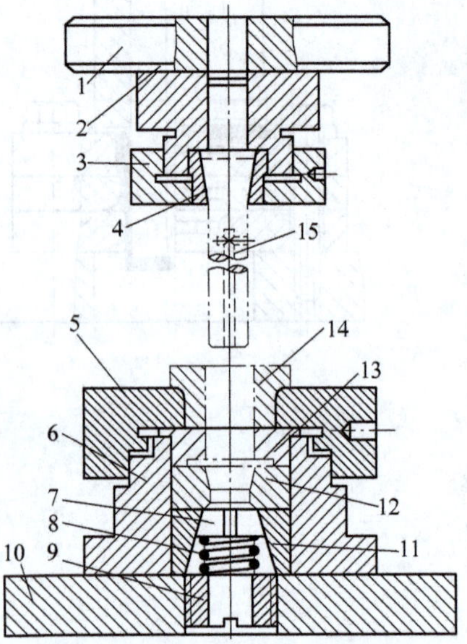

图 4-67　变薄拉深通用模架

1—上模座　2—凸模固定板　3—紧固环
4—锥面套　5—紧固圈　6—下模座
7—刮件环　8—弹簧　9—螺塞
10—下模座　11—锥面套
12—凹模　13—定位圈
14—校模圈　15—凸模

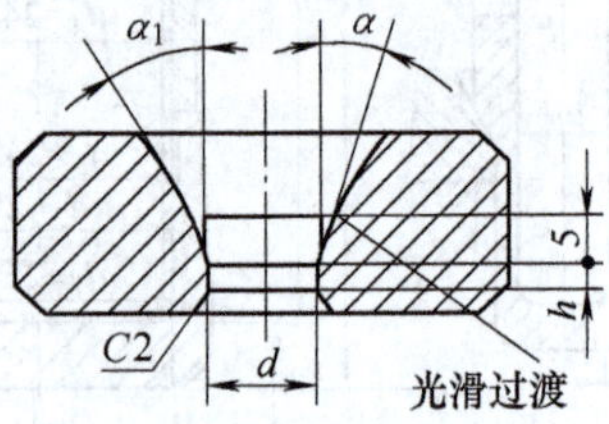

图 4-68　变薄拉深凹模

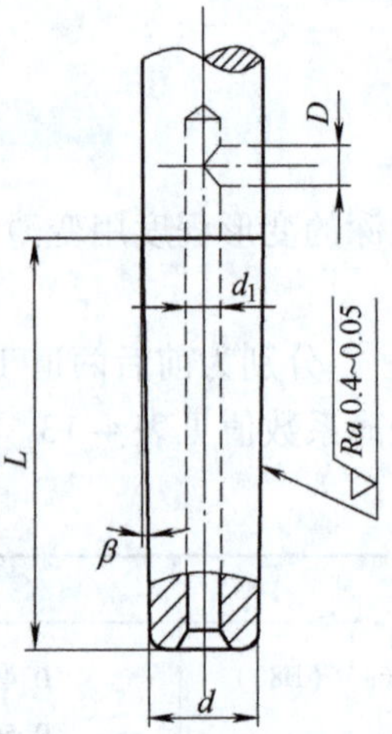

图 4-69　变薄拉深凸模

表 4-14　凹模工作带宽度　（单位：mm）

d	<10	>10～20	>20～30	>30～50	>50
h	0.9	1.0	1.5～2.0	2.5～3.0	3.0～4.0

二、软模拉深

用橡胶、液体或气体的压力代替刚性凸模或凹模，直接作用于毛坯上，也可进行冲压加工。它可完成冲裁、弯曲、拉深等多种冲压工序。由于软模拉深所用模具简单且通用化，在小批量生产中获得广泛应用。

（一）软凸模拉深

用液体代替凸模进行拉深，其变形过程如图 4-70 所示。在液压力作用下，平板毛坯中部产生胀形，当压力继续增大，使毛坯凸缘产生拉深变形，凸缘材料逐渐进入凹模，形成筒壁。毛坯凸缘拉深所需液压力，可由下列平衡条件求出：

$$\pi d^2 p_0/4 = \pi dtp$$

得

$$p_0 = 4tp/d$$

式中，t 为板厚（mm）；d 为工件直径（mm）；p_0 为开始拉深时所需的液压力（MPa）；p 为板材拉深所需的平均单位压力（MPa）。

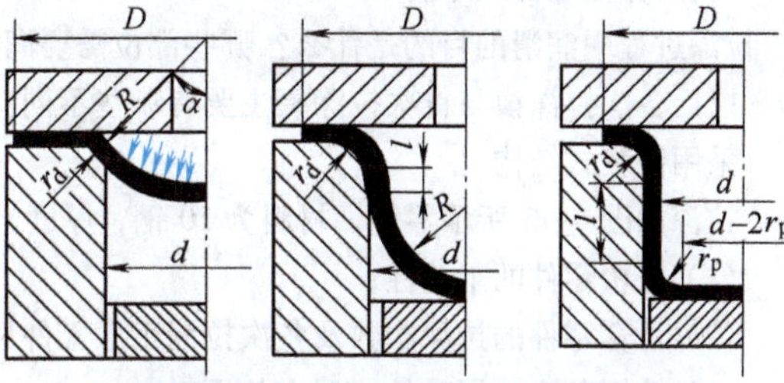

图 4-70　液体凸模拉深的变形过程

用液体凸模拉深时，由于液体与毛坯之间几乎无摩擦力，零件容易拉偏，且底部产生胀形变薄，所以该工艺方法的应用受到一定的限制。但此法模具简单，甚至无需冲压设备，故常用于大零件的小批量生产。锥形件、半球形件和抛物面件等用液体凸模拉深，可得到尺寸精度高、表面质量好的零件。

此外，也可采用聚氨酯凸模进行浅拉深。

（二）软凹模拉深

用橡胶或高压液体代替金属拉深凹模。拉深时，软凹模将毛坯压紧在凸模上，增加了凸模与材料间的摩擦力，从而防止了毛坯的局部变薄，提高了筒部传力区的承载能力，同时减少了毛坯与凹模之间的滑动和摩擦，降低了径向拉应力，能显著降低极限拉深系数，此时 m 可达 0.4～0.45。而且零件壁厚均匀、尺寸精确、表面光洁。

图 4-71 所示为带压边圈和不带压边圈的聚氨酯橡胶凹模拉深。不带压边圈拉深（图 4-71a），由于毛坯易起皱，能够拉深的极限高度一般只有板厚的 15 倍。如采用压边圈（图 4-71b）拉深，则能够拉深的极限深度为钢模拉深的 1～2 倍。

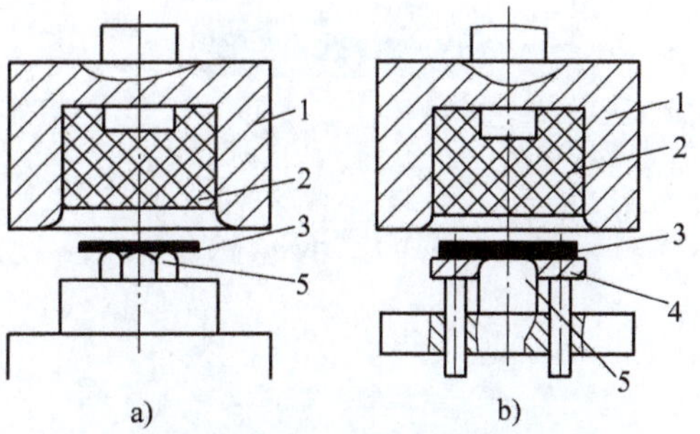

图 4-71　聚氨酯橡胶拉深模

a）不带压边圈拉深　b）带压边圈拉深

1—容框　2—聚氨酯橡胶　3—毛坯

4—压边圈　5—凸模

思考与练习题

4-1　拉深变形具有哪些特点？用拉深方法可以制成哪些类型的零件？

4-2　圆筒形零件拉深时，毛坯变形区的应力应变状态是怎样的？

4-3　拉深工艺中，会出现哪些失效形式？说明产生的原因和防止的措施。

4-4　什么是圆筒形件的拉深系数？影响极限拉深系数的因素有哪些？拉深系数对拉深工艺有何意义？

4-5　有凸缘筒形零件与无凸缘筒形零件拉深比较，有哪些特点？工艺计算有何区别？

4-6　非直壁旋转体零件的拉深有哪些特点？如何减小回弹和起皱问题？

4-7 拉深模压边圈有哪些结构形式？适用哪些情况？

4-8 确定如图 4-72 所示压紧弹簧座（材料 08Al，料厚 $t = 2\text{mm}$）的拉深次数和各工序尺寸，绘制各工序草图并标注全部尺寸。

4-9 拉深过程中润滑的目的是什么？哪些部位需要润滑？

4-10 以后各次拉深模与首次拉深模主要有哪些不同？为何在单动压力机上常用的以后各次拉深模常常采用倒装式结构？

4-11 拉深如图 4-73 所示零件，材料为 10 钢，厚度 $t = 2\text{mm}$，大批量生产。试完成以下工作内容：

（1）分析零件的工艺性；

（2）计算零件的拉深次数及各次拉深工序工件尺寸；

（3）计算各次拉深时的拉深力与压料力；

（4）绘制首次落料拉深复合模的结构图。

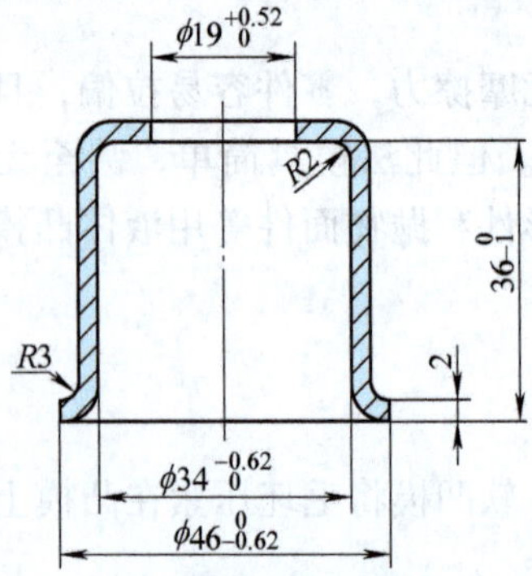

图 4-72 题 4-8 图

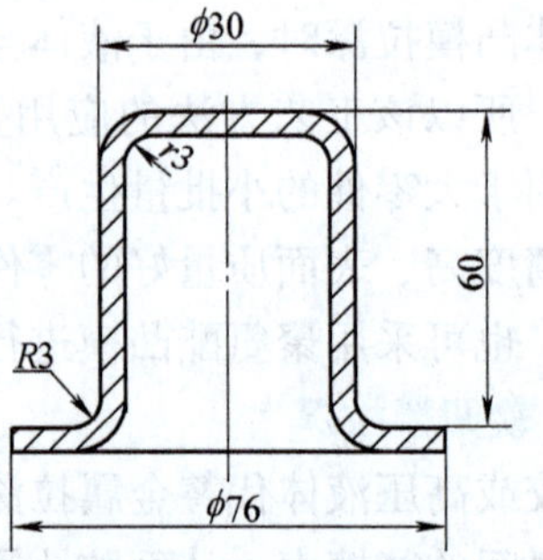

图 4-73 题 4-11 图

第五章 其他成形工艺与模具设计

其他成形工艺是指翻边、缩口、旋压、胀形、整形等，这些工艺方法的变形特点不尽相同，常和冲裁、弯曲、拉深等工序组合，完成一些复杂形状零件的冲压加工。

第一节 翻 边

翻边是指沿曲线或直线将薄板坯料边部或坯料上预制孔边部窄带区域的材料弯折成竖边的塑性加工方法。翻边主要用于零件的边部强化，去除切边以及在零件上制成与其他零件装配、连接的部位或具有复杂特异形状、合理空间的立体零件，同时提高零件的刚度。在大型钣金成形时，也可作为控制破裂或褶皱的手段。所以在汽车、航空、航天、电子及家用电器等工业部门中得到十分广泛的应用。

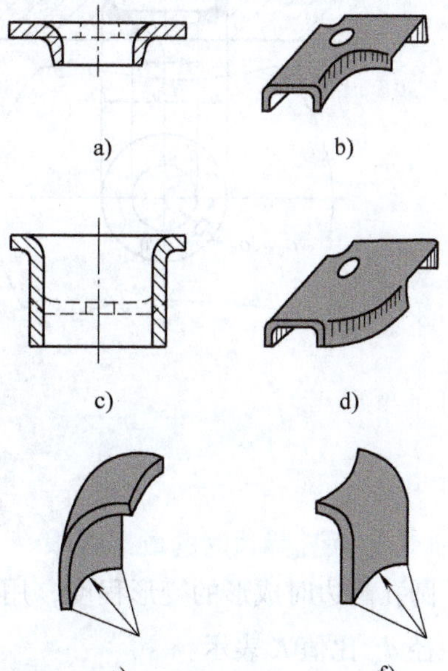

图 5-1 各种翻边件

a）平面圆孔翻边 b）平面内凹外缘翻边 c）立体件上圆孔翻边 d）平面外凸外缘翻边 e）压缩类曲面翻边 f）拉伸类曲面翻边

翻边的种类、形式很多，如图 5-1 所示。根据成形过程中边部材料长度的变化情况，可将翻边分为伸长类翻边和压缩类翻边。根据变形工艺特点，翻边可分为内孔（圆孔或非圆孔）翻边、外缘翻边、变薄翻边等。外缘翻边还可分为外缘内凹翻边（图 5-1b）和外缘外凸翻边（图 5-1d）。圆孔翻边、外缘内凹翻边等属伸长类翻边，其变形特点是：变形区材料受拉应力，切向伸长，厚度变薄，易发生破裂。外缘外凸翻边等属压缩类翻边，其变形特点是：变形区材料受切向压缩应力，产生压缩变形，厚度增加，易起皱。非圆孔翻边通常是伸长类翻边、压缩类翻边和弯曲成形的组合形式。当翻边的变形区边缘为一直线时，翻边成形就转变为弯曲成形。

一、圆孔翻边

（一）圆孔翻边的变形机理

圆孔的翻边过程就是把平板上或空心件上预先制好的孔扩大成带有竖立边缘的孔（图5-2）。翻边前毛坯孔的直径为 d_0，翻边过程中，凸模底部材料在凸模的作用下，孔内径不断扩大，材料逐渐靠近凹模内壁而形成侧壁，直到翻边结束，变形区内径的尺寸等于凸模的直径，即形成了竖直的边缘。

翻边的变形区在凹模圆角区内，凸模底部的材料为主要变形区，变形区材料处于切向、径向受拉的应力状态。切向应力在孔边缘最大，径向应力在孔边缘为零。

圆孔翻边时的变形情况，可通过画在平板毛坯上的径向及环形坐标网格的变化（图5-3）看出纤维沿切向发生了拉伸，因而材料厚度变薄，而同心圆之间的距离变化不显著。

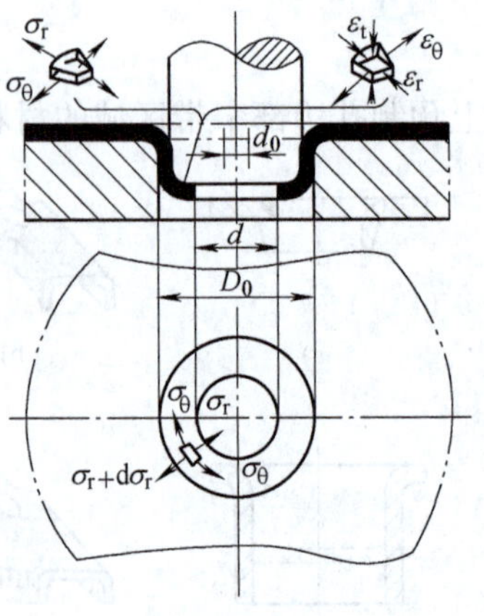

图5-2 圆孔翻边

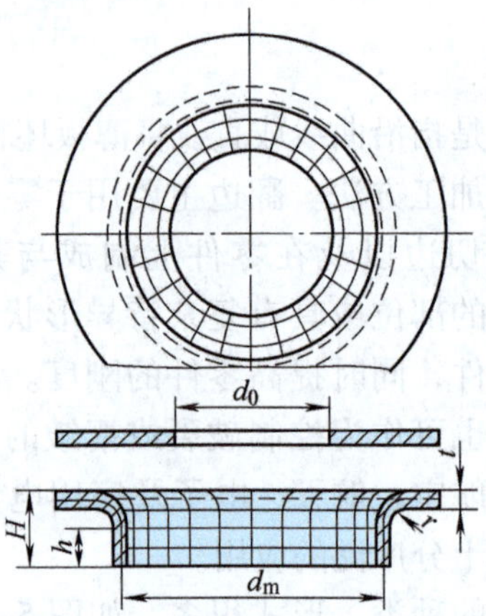

图5-3 圆孔翻边的网格变化

（二）圆孔翻边时的成形极限

圆孔翻边时成形的变形程度，用坯料上预制孔的初始直径 d_0 与翻边成形完成后竖边的中径 d_m 比值 K 表示：

$$K=\frac{d_0}{d_m} \tag{5-1}$$

K 称为翻边系数，K 值越小，表示翻边时变形程度越大。

圆孔翻边过程中，孔边缘处的材料所承受的切向拉应力和拉应变的作用最大，材料厚度减薄最为严重，随着翻边成形接近终了，材料拉伸变薄量增加到最大值。因此，孔边缘是圆孔翻边成形的变形危险区。

圆孔翻边的成形极限可根据口部是否发生破裂来确定。所以在翻边过程中应保证毛坯孔边缘的金属伸长变形小于材料塑性伸长所允许的极限值。翻边系数 K 与竖边边缘厚度 t 变薄量的关系可近似表达为

$$t \approx t_0 \sqrt{K} \tag{5-2}$$

式中，t_0 为原毛坯料厚。

由式（5-2）可知，K 值越小，竖边孔缘厚度减薄越大，容易发生破裂，当翻边系数减小到使孔的边缘濒于破裂时，这种极限状态下的翻边系数称为极限翻边系数，以 K_l 表示。低碳钢和其他金属的极限翻边系数分别见表 5-1 和表 5-2，通常可用它们反映圆孔翻边成形极限，K_l 越小，成形极限越大。

表 5-1 低碳钢极限圆孔翻边系数 K_l

凸模形状	孔的加工方法	比值 d_0/t_0										
		100	50	35	20	15	10	8	6.5	5	3	1
球形凸模	钻 孔	0.7	0.6	0.52	0.45	0.4	0.36	0.33	0.31	0.3	0.25	0.2
	冲 孔	0.75	0.65	0.57	0.52	0.48	0.45	0.44	0.43	0.42	0.42	—
圆柱形凸模	钻 孔	0.8	0.7	0.6	0.5	0.45	0.42	0.4	0.37	0.35	0.3	0.25
	冲 孔	0.85	0.75	0.65	0.6	0.55	0.52	0.5	0.50	0.48	0.47	—

表 5-2 其他金属极限圆孔翻边系数 K_l

经退火的毛坯材料	极限翻边系数		经退火的毛坯材料	极限翻边系数	
	K_l	$K_{l\min}$		K_l	$K_{l\min}$
白铁皮	0.70	0.65	钛合金 TA1（冷态）	0.64～0.68	0.55
黄铜 H62 t=0.5～6.0mm	0.68	0.62	TA1（300～400℃）	0.40～0.50	—
铝 t=0.5～5.0mm	0.70	0.64	TA5（冷态）	0.85～0.90	0.75
硬铝合金	0.89	0.80	TA5（500～600℃）	0.65～0.70	0.55
			不锈钢，高温合金	0.65～0.69	0.57～0.61

注：竖边上允许有不大的裂纹时，可用 $K_{l\min}$，而在一般情况下，均采用 K_l。

影响圆孔翻边成形极限的因素有：

（1）材料种类及其力学性能　材料断后伸长率 A 和硬化指数 n 大，K_l 小，成形极限大。

（2）预制孔的孔口状态　孔缘无毛刺和无冷作硬化时，K_l 较小，成形极限较大。为了改善孔缘情况，可采用钻孔方法或在冲孔后进行整修，有时还可在冲孔后进行退火，以消除孔缘表面的硬化。为了避免毛刺降低成形极限，翻边时需将预制孔有毛刺的一侧朝向凸模放置。

（3）材料的相对厚度　相对厚度越大，K_l 越小，成形极限越大。这是因为较厚的材料对拉伸变形的补充性较好，使材料断裂前的伸长值大些。

（4）凸模的形状　用球形、锥形和抛物线形凸模翻边时，变形条件比平底凸模优越，K_l 较小。在平底凸模中，其相对圆角半径 r_p/t 越大，极限翻边系数越小。

（三）圆孔翻边的工艺计算

翻边时的工艺计算应根据翻边孔的直径算出预制孔的直径 d_0，并核算其翻边高度是否能一次翻成。当工件的翻边系数 K 值小于表 5-1、表 5-2 所列数值时，表示一次翻边不能达到，这时应先拉深，然后在底部冲孔，再翻边。

（1）预冲孔直径 d_0 的计算　由于在圆孔翻边时，材料主要受切向拉伸变形，同心圆之间的距离变化不显著，预制孔直径可根据弯曲件中性层长度不变的原则做近似计算（图 5-4）：

$$d_0 = D_1 - \left[\pi\left(r + \frac{t_0}{2}\right) + 2h_1\right] \tag{5-3}$$

将 $D_1 = d_m + 2r + t_0$，$h_1 = h - r - t_0$ 代入式（5-3）化简后得

$$d_0 = d_m - 2(h - 0.43r - 0.72t_0) \tag{5-4}$$

由式（5-4）整理得翻边高度 h 为

$$h = \frac{d_m}{2}(1 - K) + 0.43r + 0.72t_0 \tag{5-5}$$

当翻边系数 K 选定后，h 也就相应确定。$K = K_l$ 时，可得最大翻边高度 h_{max}。当工件要求的高度大于 h_{max}，就需要先拉深，再冲孔翻边。

（2）拉深后再翻边的计算　拉深后再翻边时，应先决定翻边所能达到的最大高度，然后根据翻边高度及工件的高度来决定拉深件的高度。

拉深后的翻边高度为（图 5-5）

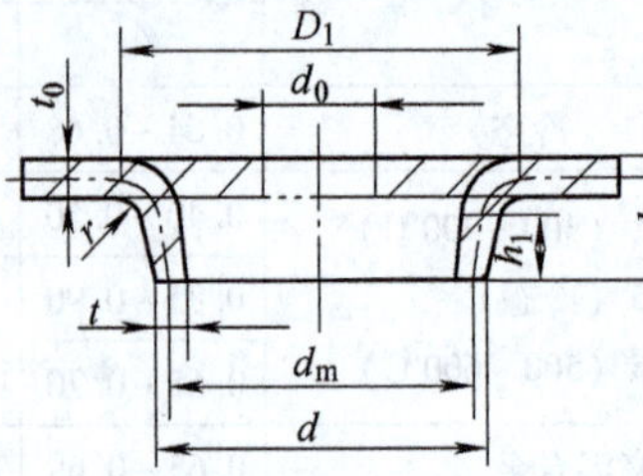

图 5-4　圆孔翻边件的尺寸

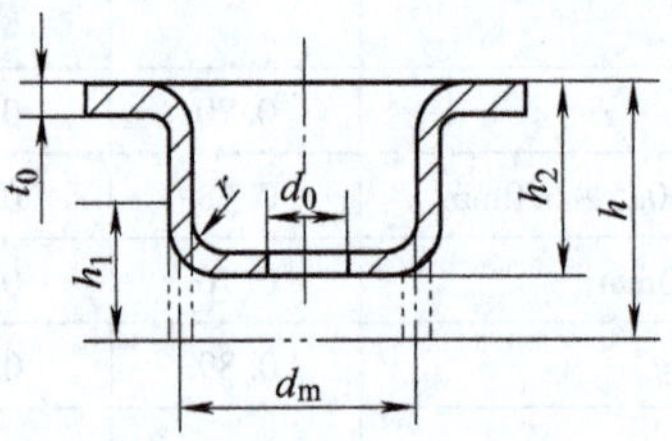

图 5-5　拉深后再翻边

$$h_1 = \frac{d_m - d_0}{2} - \left(r + \frac{t_0}{2}\right) + \frac{\pi}{2}\left(r + \frac{t_0}{2}\right)$$

整理得

$$h_1 \approx \frac{d_m}{2}(1 - k) + 0.57\left(r + \frac{t_0}{2}\right) \tag{5-6}$$

预制孔直径

$$d_0 = d_m + 1.14\left(r + \frac{t_0}{2}\right) - 2h_1 \tag{5-7}$$

翻边前的拉深高度 h_2 为

$$h_2 = h - h_1 + r + t_0 \tag{5-8}$$

若对式（5-6）取 $K = K_l$，即可得翻边能达到的最大高度

$$h_{1max} = \frac{d_m}{2}(1 - k_l) + 0.57\left(r + \frac{t_0}{2}\right) \tag{5-9}$$

此时预制孔直径

$$d_0 = k_l d_m \tag{5-10}$$

翻边前拉深高度

$$h_2 = h - h_{1max} + r + t_0 \tag{5-11}$$

对于翻边高度较大的零件，除采用先拉深再翻边的方法外，也可采用多次翻边的方法，但工序之间需要退火且每次所用翻边系数应比前次增大15%~20%。

（四）圆孔翻边力计算

当采用圆柱形平底凸模时，圆孔翻边力可用下式计算：

$$F = 1.1\pi(d_m - d_0)t_0 R_{eL} \tag{5-12}$$

式中，F 为翻边力（N）；d_m 为翻边后竖边的中径（mm）；d_0 为圆孔的初始直径（预制孔）（mm）；t_0 为毛坯厚度（mm）；R_{eL}为材料屈服点（MPa）。

平底凸模底部圆角半径 r_p 对翻边力有一定影响，增大 r_p 可降低翻边力。

采用球底凸模时

$$F = 1.2\pi d_m t_0 R_{eL} m \tag{5-13}$$

式（5-13）中符号意义同式（5-12），其中 m 为系数，与 K 值有关，见表5-3。

表5-3　m 与 K 的关系

K	m	K	m
0.5	0.2~0.25	0.7	0.08~0.12
0.6	0.14~0.18	0.8	0.05~0.07

（五）翻边模设计

翻边模的结构与拉深模相似（图5-6）。设计时，平底凸模的圆角半径 r_p 应尽可能大，凹模圆角对翻边成形影响不大，可按零件圆角确定。凸模、凹模的间隙可按表5-4选取。

表5-4　翻边时凸模和凹模的单边间隙　（单位：mm）

毛坯厚度	0.3	0.5	0.7	0.8	1.0	1.2	1.5	2.0
平板毛坯翻边	0.25	0.45	0.6	0.7	0.85	1.0	1.3	1.7
拉深后翻边	—	—	—	0.6	0.75	0.9	1.1	1.5

若零件对竖边垂直度有要求，翻边凸、凹模之间的单边间隙可取为（0.75~0.85）t_0，可保证翻边后的竖边成为直壁。若零件对翻边后的竖边垂直度无要求，应尽量取较大的凸、凹模间隙。如若翻边件的圆角半径很大，竖边高度很小，其目的是为了减轻质量，增加结构的刚度时，可取单边间隙为（4~5）t_0。

二、外缘翻边

（一）内凹翻边

用模具将毛坯上内凹的边缘，翻成竖边的冲压加工方法称为内凹翻边（图5-7）。其应力和应变情况与圆孔翻边相似，属于伸长类翻边。

内凹翻边的变形程度用 E_S 表示：

$$E_S = \frac{b}{R - b} \tag{5-14}$$

式（5-14）中的符号如图5-7所示。

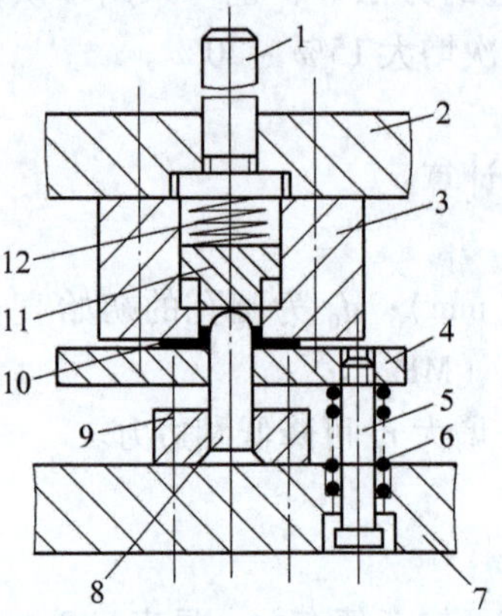

图 5-6 翻边模

1—模柄 2—上模座 3—凹模 4—退件板 5—卸料螺钉 6、12—弹簧 7—下模座 8—凸模 9—凸模固定板 10—零件 11—推件块

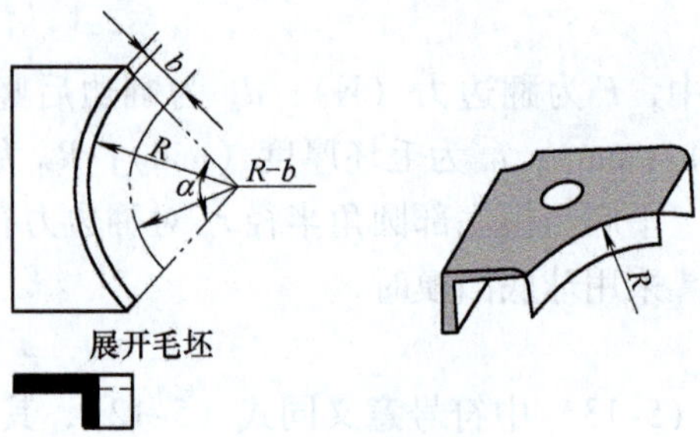

图 5-7 内凹翻边

内凹翻边若变形程度过大，竖边边缘的切向伸长和厚度就比较大，容易发生破裂。竖边边缘不破裂时极限变形程度 E_{SL} 见表 5-5，通常将它们作为内凹翻边的成形极限。

表 5-5 外缘翻边允许的极限变形程度

材料名称及牌号	E_{SL}（%）		E_{CL}（%）		材料名称及牌号	E_{SL}（%）		E_{CL}（%）	
	橡胶成形	模具成形	橡胶成形	模具成形		橡胶成形	模具成形	橡胶成形	模具成形
铝合金					黄铜				
1A30—0	25	30	6	40	H62 软	30	40	8	45
1A30—HX9	5	8	3	12	H62 半硬	10	14	4	16
3A21—0	23	30	6	40	H68 软	35	45	8	55
3A21—HX9	5	8	3	12	H68 半硬	10	14	4	16
5A02—0	20	25	6	35	钢				
5A03—HX9	5	8	3	12					
2A12—0	14	20	6	30	10	—	38	—	10
2A12—HX8	6	8	0.5	9	20	—	22	—	10
2A11—0	14	20	4	30	12Cr18Ni9 软	—	40	—	10
2A11—HX8	5	6	0	0	12Cr18Ni9 硬	—	15	—	10
					17Cr18Ni9	—	40	—	10

（二）外凸翻边

用模具将毛坯上外凸的外边缘翻成竖边的冲压加工方法称为外凸翻边（图 5-8）。其应力和应变情况类似于浅拉深，属压缩类翻边。

外凸翻边的变形程度用 E_C 表示：

$$E_C = \frac{b}{R+b} \tag{5-15}$$

式（5-15）中的符号如图 5-8 所示。

外凸翻边时由于切向压应力的作用，产生较大的压缩变形，容易起皱，故成形极限主要受压缩起皱的限制。表 5-5 列出了竖边不起皱时的极限变形程度 E_{CL}。当翻边高度较大，起皱趋势增大时，为避免起皱，可采用压边装置。

外缘翻边的毛坯计算与毛坯外缘曲线性质有关。对内凹翻边，可参考圆孔翻边毛坯计算方法。对外凸翻边，可参考浅拉深毛坯计算方法。

外缘翻边既可用刚体冲模进行，也可用软模或其他加工方法进行。

三、非圆孔翻边

非圆孔翻边的变形性质与其孔缘轮廓性质有关。凡是内凹弧线部分，其变形性质与圆孔翻边相同，变形区材料主要是产生切向拉伸变形，凡是外凸弧线部分，其翻边属压缩类变形。图 5-9 所示为外凸弧线段 c、直线段 b 和内凹弧线段 a 组成的非圆孔，翻边时 c 段属于压缩类翻边，b 段属于弯曲，a 段属于伸长类翻边。非圆孔翻边时，伸长类翻边区的变形可以扩展到与其相连的弯曲变形区域或压缩类翻边区，从而可减轻伸长类翻边区的变形程度，所以非圆孔翻边时，内凹弧线段的极限翻边系数 K_l' 可以小于圆孔翻边时的极限翻边系数 K_l，两者之间的关系为

$$K_l' = (0.85 \sim 0.95) K_l \tag{5-16}$$

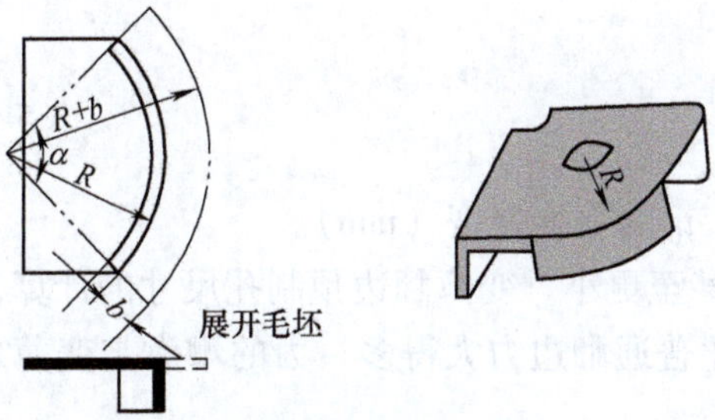

图 5-8　外凸翻边

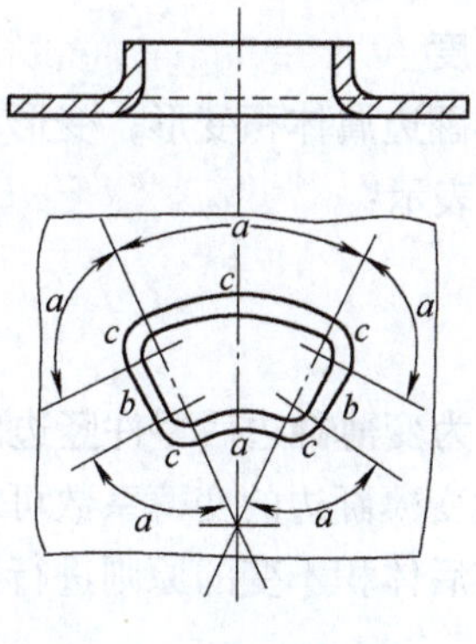

图 5-9　非圆孔翻边

低碳钢材料在非圆孔翻边时，允许的极限翻边系数 K_l' 与孔缘线段对应圆心间的关系见表 5-6，表中 r 表示孔缘线曲率半径。

非圆孔翻边所采用的预制孔形状和尺寸，可根据各段孔缘的曲线性质分别类比圆孔翻边、弯曲和浅拉深毛坯计算方法确定。通常翻边后弧线段的竖边高度较直线段竖边高度稍低，为消除误差，弧线段的展开宽度应比直线段大 5% ~10%。由理论计算出的孔形应加以适当修正，使各段孔缘能平滑过渡。

表 5-6　非圆孔件的极限翻边系数 K_f'（低碳钢材料）

α	比值 $r/2t$						
	50	33	20	12.5~8.3	6.6	5	3.3
180°~360°	0.8	0.6	0.52	0.5	0.48	0.46	0.45
165°	0.73	0.55	0.48	0.46	0.44	0.42	0.41
150°	0.67	0.5	0.43	0.42	0.4	0.38	0.375
135°	0.6	0.45	0.39	0.38	0.36	0.35	0.34
120°	0.53	0.4	0.35	0.33	0.32	0.31	0.3
105°	0.47	0.35	0.30	0.29	0.28	0.27	0.26
90°	0.4	0.3	0.26	0.25	0.24	0.23	0.225
75°	0.33	0.25	0.22	0.21	0.2	0.19	0.185
60°	0.27	0.2	0.17	0.17	0.16	0.15	0.145
45°	0.2	0.15	0.13	0.13	0.12	0.12	0.11
30°	0.14	0.1	0.09	0.08	0.08	0.08	0.08
15°	0.07	0.05	0.04	0.04	0.04	0.04	0.04
0°	压弯变形						

四、变薄翻边

若零件的翻边高度较大难于一次成形，内壁又允许变薄时，可采用变薄翻边，以提高生产率并节约材料。

变薄翻边时，成形凸模、凹模间的间隙小于坯料的厚度，凸模下方的材料成形为竖边后，会在凸模和凹模之间的小间隙内受到挤压，被强迫拉深变薄，从而增加一次翻边成形的竖边高度。

变薄翻边属体积变形，变形程度不仅决定于翻边系数，还决定于竖边的变薄系数 K，K 用下式表示：

$$K = \frac{t_1}{t_0} \tag{5-17}$$

式中，t_1 为变薄翻边后零件竖边的厚度（mm）；t_0 为毛坯厚度（mm）。

一次变薄翻边的变薄系数可取 0.4~0.5，甚至更小。变薄翻边预制孔尺寸的计算，应按翻边前后体积不变的原则进行。变薄翻边力比普通翻边力大得多，力的增大与变薄量增大成正比。

图 5-10 所示为用阶梯凸模进行变薄翻边的例子。毛坯经过各阶梯的挤压，竖边厚度逐渐变薄，从 2mm 最终变为 0.8mm。凸模上各阶梯的间距应大于零件高度，以便前一阶梯挤压之后再用后一阶梯挤压。

生产中常采用变薄翻边来成形小螺纹底孔（多为 M6 以下螺纹孔）。图 5-11 所示是用抛物线凸模变薄翻边成形小螺纹底孔时的毛坯和模具示意图，它们之间的几何尺寸关系如下：

变薄翻边后的孔壁厚度 t_1 取为

$$t_1 = \frac{d - d_p}{2} = 0.65t_0 \tag{5-18}$$

毛坯预制孔 d_0 约取为

$$d_0 = 0.45d_p \tag{5-19}$$

凸模直径 d_p 由螺纹小径 d_s 决定，应保证

$$d_s \leqslant \frac{d_p + d}{2} \tag{5-20}$$

凹模内径（竖边外径）d 取为

$$d = d_p + 1.3t_0 \tag{5-21}$$

翻边高度 h 可由体积不变原则算出，一般取为

$$h = (2 \sim 2.5)t_0 \tag{5-22}$$

式（5-22）中符号如图 5-11 所示。

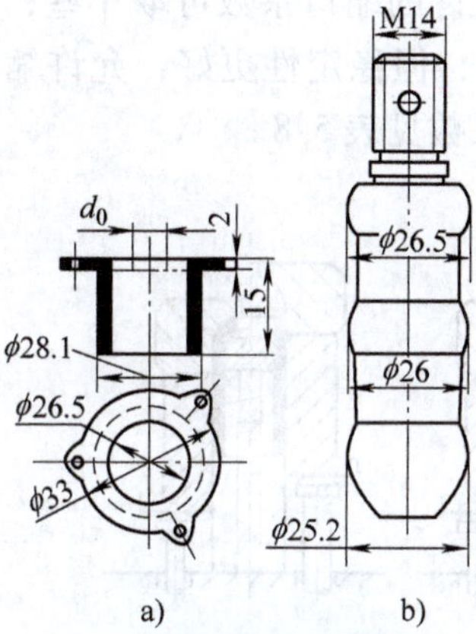

图 5-10 变薄翻边

a）零件 b）凸模

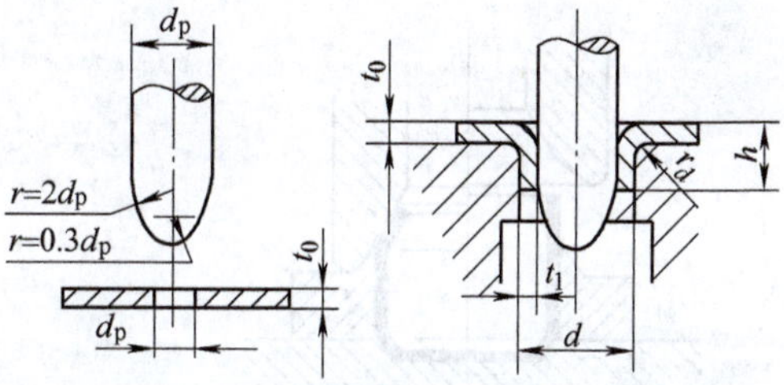

图 5-11 变薄翻边成形小螺纹底孔

第二节 缩 口

将空心件或管件的口部直径缩小的成形方法称为缩口（图 5-12）。缩口变形时，变形区的材料主要受切向压应力的作用（同时轴向也受压应力作用），使毛坯口部的直径减小而高度和厚度增加。因此，缩口在变形过程中的主要问题是失稳起皱。不仅变形区的材料在切向压应力的作用下易于失稳起皱，而且非变形区的筒壁也会因为承受全部缩口压力而易于失去稳定，产生变形。所以缩口时的极限变形程度主要受失稳条件的限制。

缩口的变形程度用缩口系数 K 表示：

$$K = \frac{d}{D} \tag{5-23}$$

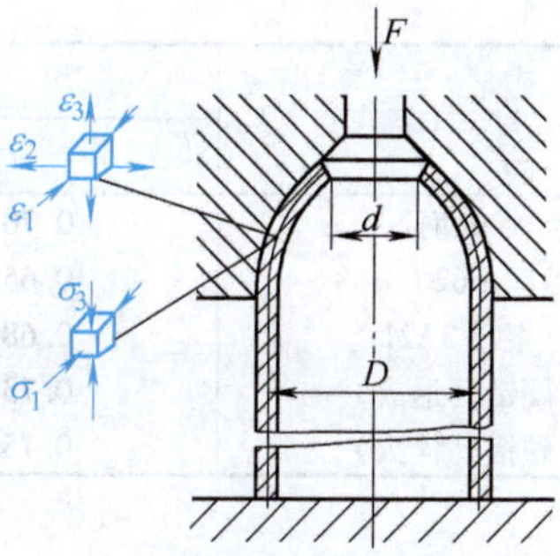

图 5-12 缩口

式中，d 为缩口变形后零件的直径（mm）；D 为缩口变形前毛坯的直径（mm）。

缩口系数与材料的力学性能、厚度及表面质量有关，一般可按表 5-7 选取。

表 5-7 材料厚度不同时平均缩口系数 K_j 的变化

材 料	材料厚度/mm		
	~0.5	>0.5~1.0	>1.0
黄铜	0.85	0.80~0.70	0.70~0.65
钢	0.85	0.75	0.70~0.65

缩口系数和模具的结构形式关系极大。缩口模的支承形式一般分为三种，第一种是无支承形式（图 5-13），这种模具结构简单，但毛坯稳定性差；第二种是外支承形式（图 5-14a），这种模具较前者复杂，但毛坯稳定性较好，允许的缩口系数可取小些；第三种为内、外支承形式（图 5-14b），这种模具较前两种复杂，但稳定性更好，允许缩口系数可以取得更小。几种材料在三种支承形式下的平均缩口系数见表 5-8。

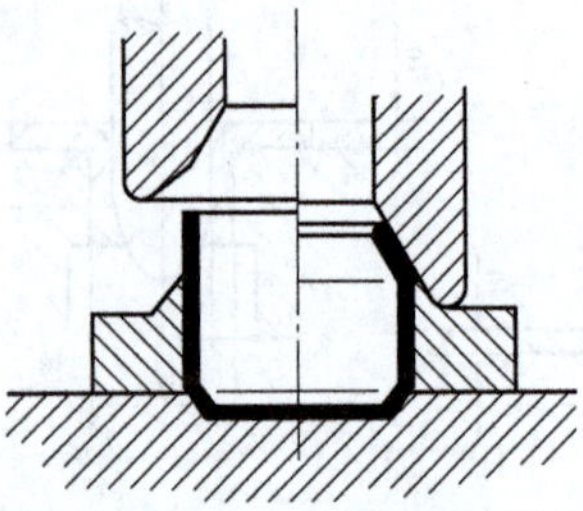

图 5-13 简单缩口模

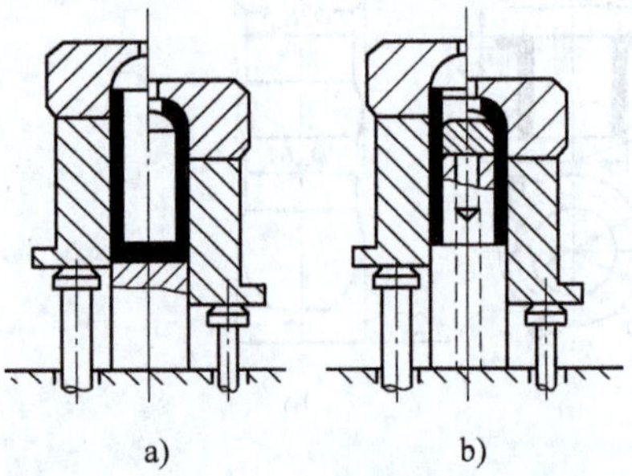

图 5-14 缩口模的支承形式
a）外支承缩口模 b）内外支承缩口模

当零件的缩口系数小于表 5-8 所列的数值时，则需进行多次缩口，第一道工序可取 $K_1=0.9K_j$，以后各道工序可取 $K_n=(1.05\sim1.1)K_j$。在进行多次缩口时，最好在每次工序后进行中间退火。

表 5-8 平均缩口系数 K_j

材 料	支 承 方 式		
	无支承	外支承	内外支承
软钢	0.70~0.75	0.55~0.60	0.30~0.35
黄铜 H62、H68	0.65~0.70	0.50~0.55	0.27~0.32
铝，3A21	0.68~0.72	0.53~0.57	0.27~0.32
硬铝（退火）	0.73~0.80	0.60~0.63	0.35~0.40
硬铝（淬火）	0.75~0.80	0.68~0.72	0.40~0.43

缩口时的毛坯计算可根据变形前后体积不变的原则进行。图 5-15 所示为不同的缩口形式及其毛坯计算所用的公式，式中符号如图所示。

无支承的缩口模可按下式计算缩口力

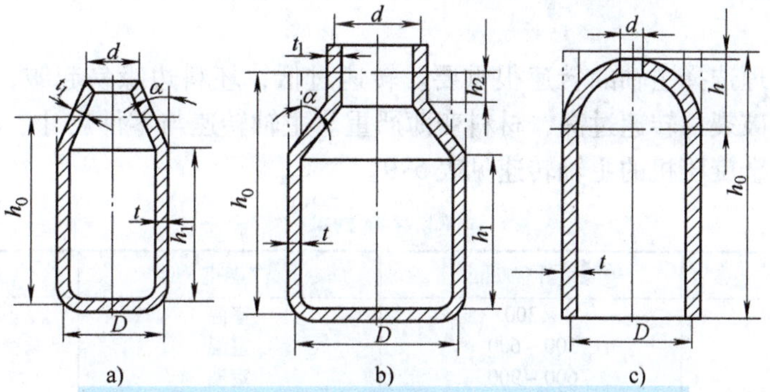

图 5-15　缩口时的毛坯计算（公式中符号如图示）

a) $h_0 = 1.05\left[h_1 + \frac{D^2 - d^2}{8D\sin\alpha}\left(1 + \sqrt{\frac{D}{d}}\right)\right]$

b) $h_0 = 1.05\left[h_1 + h\sqrt{\frac{d}{D}} + \frac{D^2 - d^2}{8D\sin\alpha}\left(1 + \sqrt{\frac{D}{d}}\right)\right]$

c) $h_0 = h_1 + \frac{1}{4}\left(1 + \sqrt{\frac{D}{d}}\right)\sqrt{D^2 - d^2}$

注：式中　h——毛坯压缩部分高度（mm）；

h_1——圆柱部分高度（mm）。

$$F = (2.4 \sim 3.4)\pi t R_m (D - d) \tag{5-24}$$

式中，F 为缩口力（N）；t 为毛坯厚度（mm）；R_m 为材料抗拉强度（MPa）；D 为毛坯直径（按中心层计）（mm）；d 为缩口部分直径（按中心层计）（mm）。

第三节　旋　压

旋压是将板料或毛坯重心夹紧在胎具上，由旋压机带动胎模和毛坯一起高速旋转，同时用赶棒加压于毛坯，使毛坯产生局部塑性变形并使变形逐步扩展，最后获得所需形状和尺寸的制件（图 5-16）。

旋压是一种特殊的成形方法。用旋压方法可以完成各种形状旋转体的拉深、翻边、缩口、胀形和卷边等工序。

在旋压过程中，改变毛坯形状，直径增大或减小，而其厚度不变或有少许变化者称为不变薄旋压。在旋压中不仅改变毛坯的形状而且壁厚有明显变薄者，称为变薄旋压，又称强力旋压。

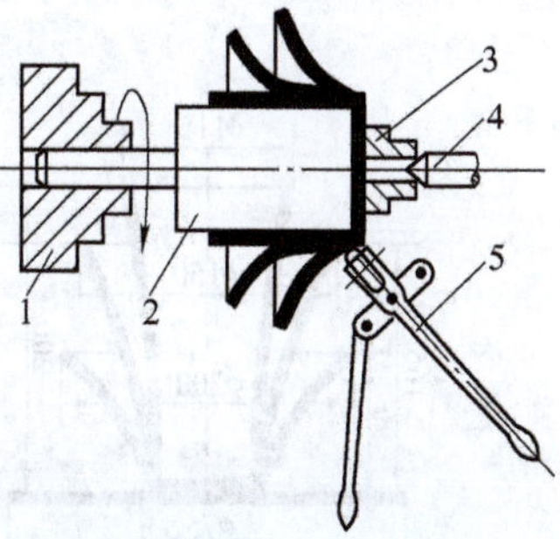

图 5-16　旋压
1—卡盘　2—胎具　3—顶块
4—顶针　5—赶棒

一、不变薄旋压

不变薄旋压的基本方式主要有：**拉深旋压**（拉旋）、**缩径旋压**（缩旋）和**扩径旋压**（扩旋）三种。

拉深旋压是指用旋压的方法生产拉深件，是不变薄旋压中最主要和应用最广泛的旋压方法。在旋压过程中，赶棒与毛坯基本上为点接触，毛坯在赶棒的作用下，一方面材料产生局部的凹陷面发生塑性流动；另一方面材料沿旋压力的方向倒伏。

旋压时，合理选择主轴的转速很重要。转速过低，坯料边缘易起皱，增加成形阻力，甚至导致工件的破裂；转速过高，材料变薄严重。主轴转速与零件尺寸、材料力学性能及厚度有关。铝合金旋压机的主轴转速见表5-9。

表5-9　旋压机主轴转速（铝合金）

料厚/mm	毛坯外径/mm	加工温度/℃	转速/($r\cdot min^{-1}$)
1.0~1.5	<300	室温	600~1200
1.5~3.0	300~600	室温	400~750
3.0~5.0	600~900	室温	250~600
5.0~10.0	900~1800	200	50~250

对于软钢，旋压机主轴转数可取400~600r/min；铜600~800r/min；黄铜800~1100r/min。

旋压成形虽是局部成形，但如果变形量过大，就会起皱，对于圆筒形零件，其旋压变形量的比值一般为

$$\frac{d}{D}=0.6\sim0.8 \tag{5-25}$$

式中，d为圆筒直径（mm）；D为坯料直径（mm）。

旋压锥形件，极限比值可小些：

$$\frac{d_{min}}{D}=0.2\sim0.3 \tag{5-26}$$

式中，d_{min}为圆锥体的最小直径（mm）。

如果所要求的零件形状不可能在一道工序中完成，旋压应以连续的几道工序在不同的胎具上进行，但各胎具的最小直径是相同的（图5-17）。

除拉深旋压外，将回转体空心件或管毛坯进行径向局部旋转压缩，以减小其直径称为缩径旋压；将毛坯进行局部（中部或端部）直径增大称为扩径旋压（图5-18）。

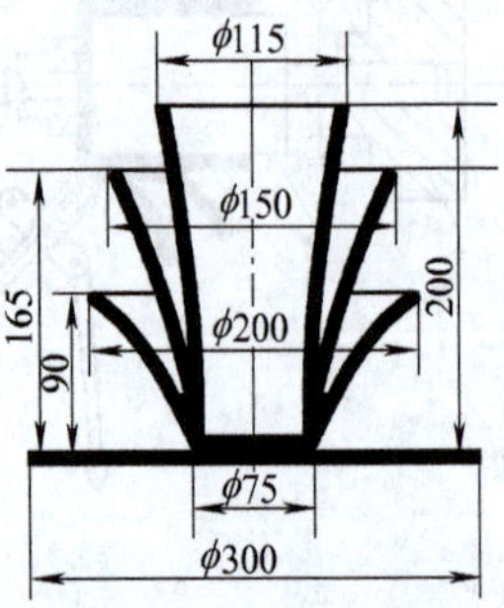

图5-17　几道连续工序的旋压

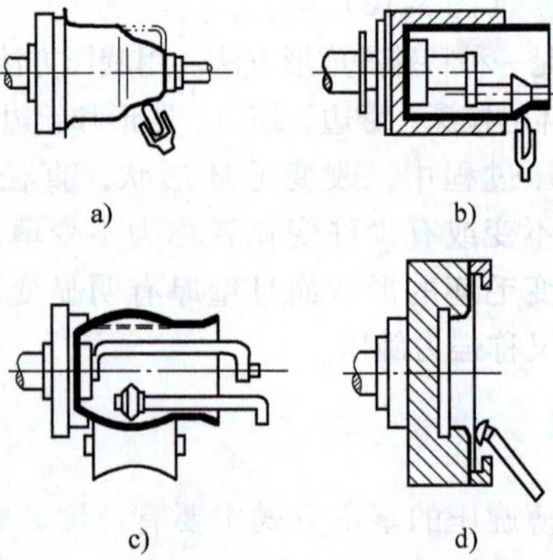

图5-18　各种旋压成形方法

a）拉深　b）缩口　c）胀形　d）翻边

旋压的优点是旋压模具简单，能用最简单的设备和模具制造出形状复杂的零件，但生产率低，手工操作劳动强度大，质量不够稳定，多用于批量小而形状复杂的零件。

目前，旋压工艺向着自动化的方向发展，已生产出带数控系统的旋压自动机，使旋压工艺的应用范围更加扩大，能得到与切削加工相匹配的尺寸精度，表面可和研磨相比。

二、变薄旋压

坯料的厚度在旋压过程中被强制变薄的旋压即为变薄旋压， 又称强力旋压。根据旋压件的类型和变形机理的差异，变薄旋压可分为锥形件变薄旋压（剪切旋压）和筒形件变薄旋压（挤出旋压）两种。前者用于加工锥形、抛物线形和半球形等异形件，后者则用于筒形件和管形件的加工。

异形件变薄旋压只有轴向的剪切滑移而无其他任何变形，旋压前后工件的直径和轴向厚度不变，从工件的纵断面上看，其变形过程犹如按一定母线形状推动一叠扑克牌一样（图 5-19）。

变薄旋压的变形程度用减薄率 ψ 表示：

$$\psi = \frac{t_0 - t}{t_0} \tag{5-27}$$

式中，t_0 为毛坯厚度（mm）；t 为零件厚度（mm）。

旋压前后毛坯厚度 t_0 与零件厚度 t 之间的关系为（图 5-20）

$$t = t_0 \sin\alpha$$

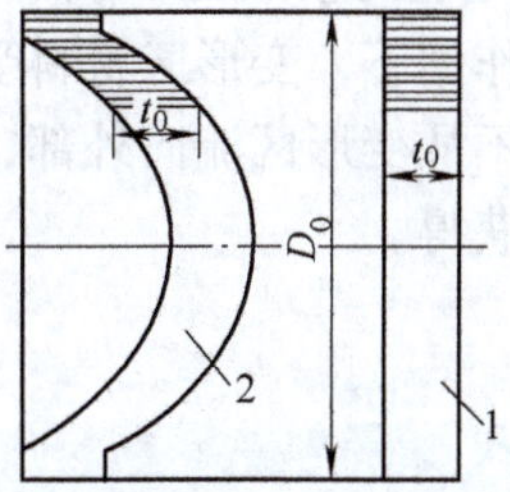

图 5-19　变薄旋压时的纯剪切变形

1—毛坯　2—旋压件

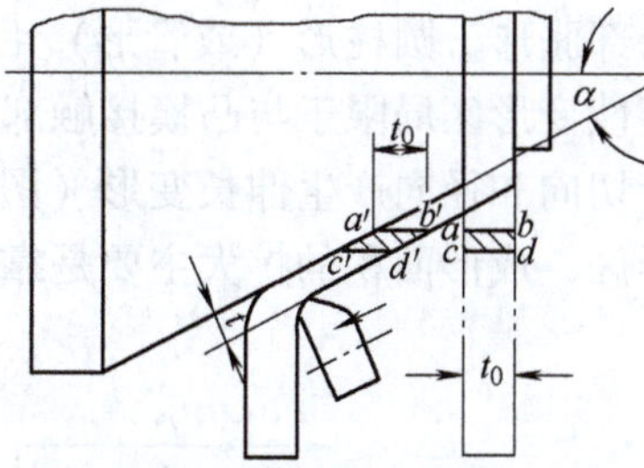

图 5-20　锥形件的变薄旋压

旋压半球形或抛物线形零件，板坯可用等断面的，也可用变断面的。等断面毛坯旋压后所得零件的壁厚是不相等的，如图 5-21 所示。在零件凸缘直径不变的情况下，在不同的位置（不同的 α 角）上得到不同的壁厚。

变薄旋压的毛坯可以用板材、预冲压成形的杯形件、经过车削的锻件或铸件、经预成形或车削的焊接件和管材，也可直接车削。

目前在美国变薄旋压已广泛采用热环轧毛坯，此毛坯旋压前切削量少，金属损失少，尤其对贵重金属意义更大。

筒形件的变薄旋压变形不存在锥形件的正弦关系，而只是体积的位移，所以也称为挤出旋压。它遵循塑性变形体积不变的条件和金属流动的最小阻力定律。

影响变薄旋压件质量的因素有减薄率、旋压方向、进给量、转速、旋轮直径和圆角半径、旋轮与模具间隙的调整等。其中减薄率是变薄旋压时的一个重要工艺参数，它直接影响旋压力的大小和旋压精度的高低。旋压时，各种金属的最大总减薄率见表5-10。进给量一般为0.25～0.75mm/r，转速一般为200～700r/min；滚轮圆角半径不小于毛坯原始厚度，滚轮与模具之间的间隙最好符合正弦定律的规定。

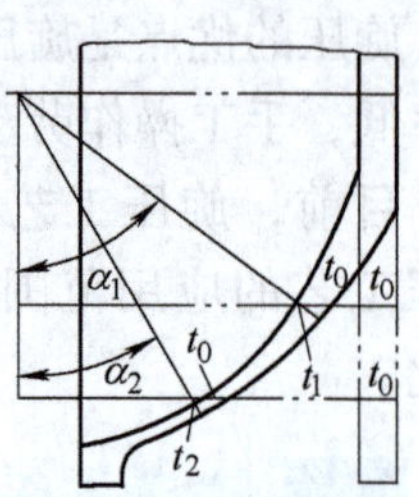

图5-21 用等断面毛坯旋压半球形零件

表5-10 旋压最大总减薄率 ψ（无中间退火）（单位：%）

材料	圆锥形	半球形	圆筒形
不锈钢	60～75	45～50	65～75
高合金钢	65～75	50	75～82
铝合金	50～75	35～50	70～75
钛合金	30～55	—	30～35

注：钛合金为加热旋压。

第四节 胀　形

胀形是利用模具使板料拉伸变薄局部表面积增大以获得零件的加工方法。主要用于平板毛坯的局部胀形、圆柱形（或管形）毛坯的胀形及平板毛坯的胀拉成形等。

胀形塑性变形区局限于与凸模接触部分。在凸模力的作用下，变形区材料受双向拉应力作用，沿切向和径向产生伸长变形（图5-22），材料既不从变形区流向外部，也不从外部流入变形区，成形面积的扩大主要是靠毛坯厚度变薄而获得。

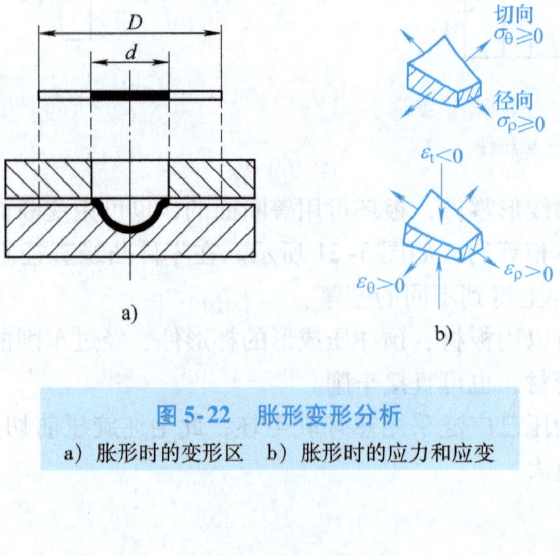

图5-22 胀形变形分析

a）胀形时的变形区 b）胀形时的应力和应变

胀形时，由于毛坯变形区的材料受双向拉应力作用，其平均应力 σ_m 的数值较大。胀形的主要工艺问题是破裂问题，即材料拉伸失稳后，因强度不足而引起的破裂，所以胀形的成形极限以零件是否发生破裂来判断。

一、局部胀形

局部胀形是一种使材料发生拉深，形成局部的凹进或凸起，借以改变毛坯形状的方法。主要用于加强肋和凸形压制、零件及艺术装饰品的浮雕压制、不对称开口零件的冷压成形（图 5-23）。

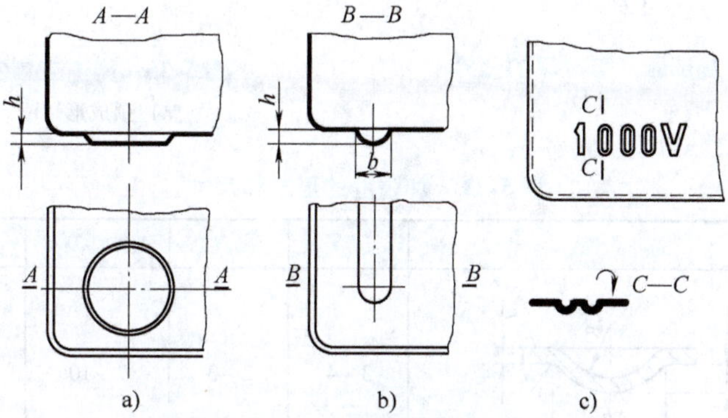

图 5-23 局部胀形的几种形式
a）压凸包 b）压加强肋 c）压字

在宽凸缘拉深中，当毛坯外形尺寸大于制件筒形直径的 3 倍时，凸缘部分不可能产生切向收缩变形，零件的成形主要靠凸模下方及附近材料的拉薄，它与宽凸缘拉深的分界点如图 5-24 所示。

局部胀形的变形程度主要取决于材料的力学性能，材料塑性好、硬化指数值大时，变形程度的极限值就高，另外还受零件形状、凸模表面质量、润滑条件等因素的影响。

根据零件形状和材料性质，局部胀形可以由一次或多次工序完成。对于压加强肋等成形，材料一次成形极限用断面变形程度 ε_p 表示：

$$\varepsilon_p = \frac{l - l_0}{l_0} \leqslant (0.70 \sim 0.75)A \tag{5-28}$$

式中，l_0 为成形前的原始长度（mm）；l 为成形后加强肋的曲线轮廓长度（mm）；A 为材料断后伸长率。

如果计算结果不满足上述条件，则应增加工序，如图 5-25 所示。常用的加强肋形式和尺寸见表 5-11。

对于压凸包，材料一次成形极限程度用极限胀形深度 h_{max} 表示。用半圆形凸模对低碳钢、软铝等压凸包成形时，可能达到的极限深度为凸模球直径的 1/3，用平端面凸模成形时，达到的极限深度见表 5-12。

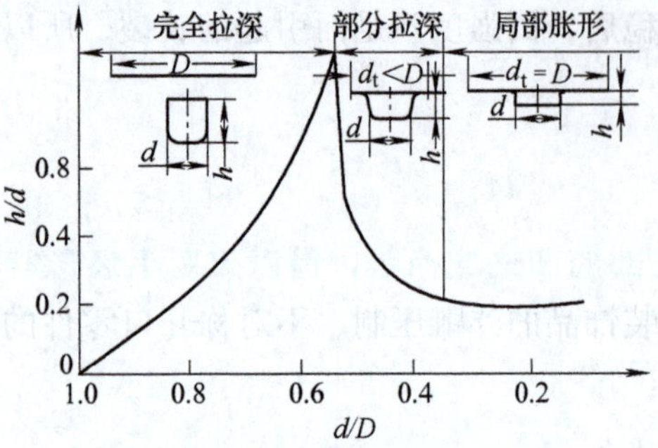

图 5-24 局部胀形与拉深的分界

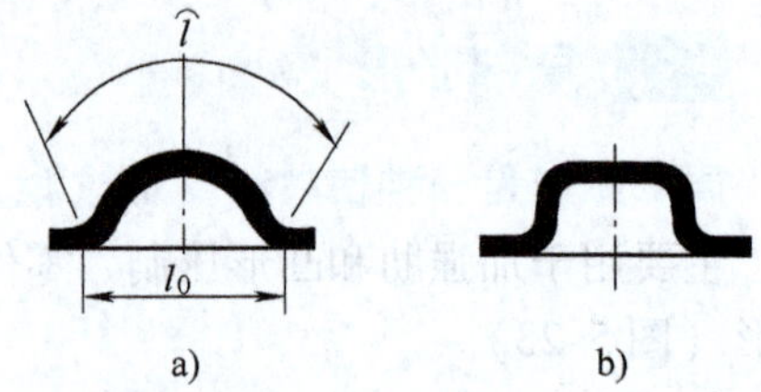

图 5-25 两道工序完成的加强肋

a）预成形 b）最终成形

表 5-11 加强肋的形式和尺寸

名称	简 图	R/t	h/t	b/t 或 D/t	r/t	α
半圆形肋	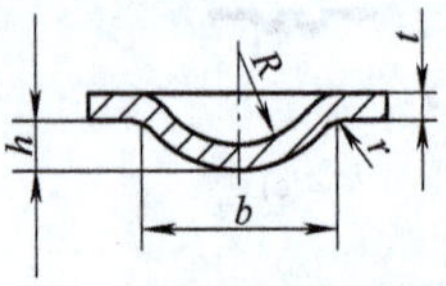	3 ~ 4	2 ~ 3	7 ~ 10	1 ~ 2	—
梯形肋	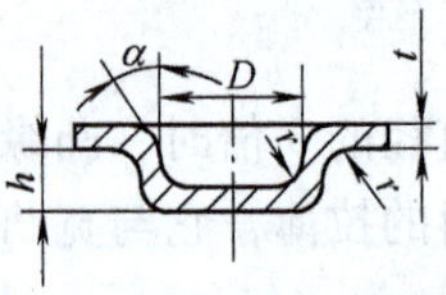	—	1.5 ~ 2	≥3	0.5 ~ 1.5	15° ~ 30°

表 5-12 平板局部冲压凸包时的成形极限

简 图	材 料	许用成形高度 h_{max}/d
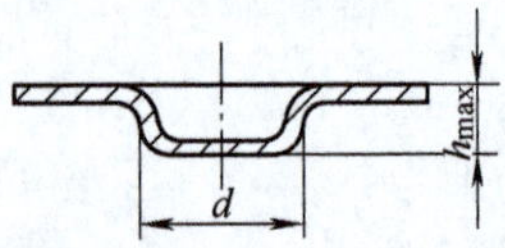	软钢	≤0.15 ~ 0.2
	铝	≤0.1 ~ 0.15
	黄铜	≤0.15 ~ 0.2

压加强肋的变形力按下式计算：

$$F = KLtR_m \tag{5-29}$$

式中，F 为变形力（N）；K 为系数，可取为 0.7 ~ 1，当加强肋形状窄而深时取大值，宽而浅时取小值；L 为加强肋周长（mm）；t 为毛坯厚度（mm）；R_m 为材料抗拉强度（MPa）。

压凸包时，冲压力可按下式计算：

$$F = KAt^2 \tag{5-30}$$

式中，F 为冲压力（N）；K 为系数，对钢为 200～300N/mm^4，对铜为 50～200N/mm^4；A 为局部胀形面积（mm^2）；t 为板材厚度（mm）。

压加强肋的模具结构如图 5-26 所示。图中凸模上部宽度 b 和凸模高度 h_p，分别取零件上凸肋的上口宽度和高度，凹模深度 $h_d=(0.5\sim2)+h_p$；凸、凹模圆角半径 r_p、r_d 为工件上的 r 值。

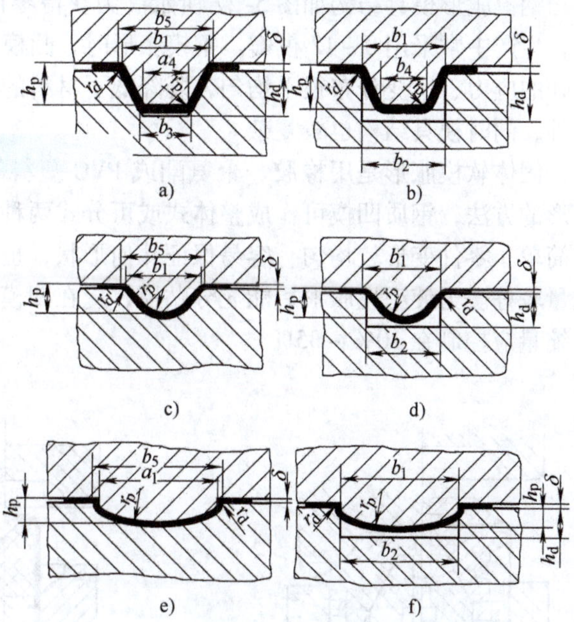

图 5-26　压加强肋模具的结构形式和尺寸

二、圆柱空心毛坯的胀形

将圆柱形空心毛坯（管状或桶状）向外扩胀成曲面空心零件的冲压方法称为圆柱形空心毛坯胀形，用这种方法可获得许多形状复杂的零件。

圆柱空心毛坯胀形时，材料主要受切向伸长变形，材料的破坏形式均为开裂。胀形变形程度用胀形系数 K_p 来表示：

$$K_p=\frac{d_{max}}{d_0} \tag{5-31}$$

式中，d_0 为圆柱空心毛坯原始直径（mm）；d_{max} 为胀形后零件的最大直径（mm）。

极限胀形系数的影响因素主要是材料的塑性，它和材料切向许用伸长率 $\delta_{\theta p}$ 有下列关系：

$$\delta_{\theta p}=\frac{\pi d_{max}-\pi d_0}{\pi d_0}=K_p-1 \tag{5-32}$$

一些金属材料的极限胀形系数和切向许用伸长率的试验值见表 5-13，供使用参考。

表 5-13　极限胀形系数和切向许用伸长率（试验值）

材　　料	厚度/mm	极限胀形系数 K_p	切向许用伸长率 $\delta_{\theta p}$(%)
铝合金 3A21M	0.5	1.25	25
纯铝 1070A、1060	1.0	1.28	28
1050A、1035	1.5	1.32	32
1200、8A06	2.0	1.32	32
黄铜 H62	0.5～1.0	1.35	35
H68	1.5～2.0	1.40	40
低碳钢 08F	0.5	1.20	20
10、20	1.0	1.24	24
不锈钢	0.5	1.26～1.32	26～32
	1.0	1.28～1.34	28～34

若制件胀形的形状有利于变形均匀和补偿材料厚度、轴向施加压力、变形区局部施加压力、变形区局部加热等，均能不同程度地提高变形程度。

空心毛坯的胀形可采用钢模胀形、固体软模胀形或液（气）压胀形等方法。

钢模胀形模具结构如图 5-27 所示。为获得零件所要求的形状，可采用分瓣式凸模结构，生产中常采用 8～12 模瓣。钢模胀形时，凸模与坯料间有较大的摩擦力作用，使毛坯各处的应力、应变分布很不均匀，既降低了材料的极限胀形变形量，也很难得到高精度的零件，同时模具结构也较复杂。

固体软模胀形是用橡胶、聚氨酯或 PVC 塑料等材料作凸模，以金属作刚性凹模进行胀形的方法，钢质凹模可作成整体式或可分式两种（图 5-28）。固体软模胀形时，模具结构简单，零件变形较均匀，容易保证几何形状，也便于复杂形状的空心件成形，零件表面质量较好。为使毛坯胀形后能充分贴模，应在凹模壁上的适当位置开设通气孔。软凸模的压缩量应控制在 10%～35%。

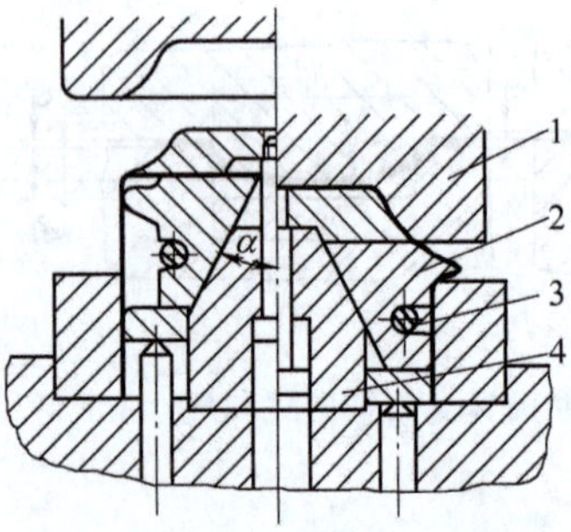

图 5-27　刚性分瓣凸模胀形
1—凹模　2—分瓣式凸模
3—弹簧　4—锥面模芯

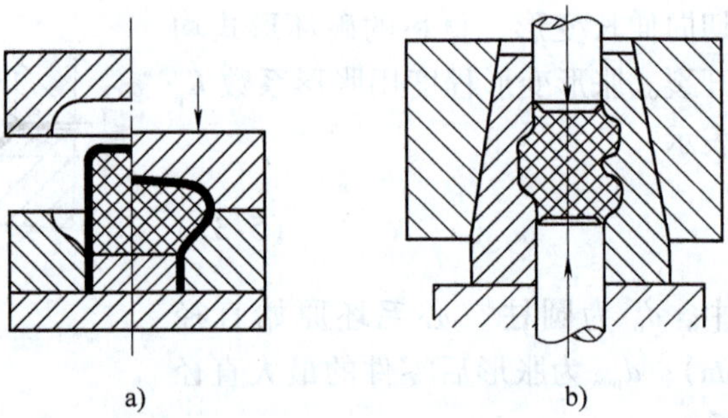

图 5-28　固体软模胀形
a）整体式　b）可分式

液压胀形时，毛坯放在凹模内，利用高压液体充入毛坯空腔，使其直径胀大，最后贴靠凹模成形。液压胀形是在无摩擦状态下成形的，传力均匀，极少出现不均匀变形，机动性好，适用于表面质量和精度要求较高的复杂形状零件。

液压胀形有两种成形方法（图 5-29），图 5-29a 所示是直接在两端密封的零件坯料内侧加压，图 5-29b 所示是对封闭的橡胶囊加压，较之第一种方法，此法密封问题易解决，生产环境清洁，生产率高，但橡胶囊制造较困难，使用寿命短。

胀形毛坯的直径 d_0 和轴向两端不固定时毛坯展开长度 L_0（图 5-30）可按下式计算：

$$d_0 = \frac{d_{max}}{K} \tag{5-33}$$

$$L_0 = L[1 + (0.3 \sim 0.4)\delta] + \Delta h \tag{5-34}$$

式中，δ 为零件变形区切向最大伸长率，由式（5-32）决定；Δh 为修边余量（mm），可取 10～20mm；L 为零件母线长度（mm）；

其余符号意义如图 5-30 所示。

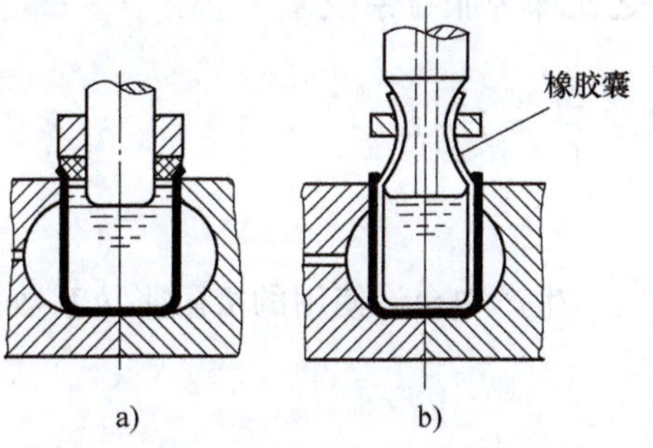

图 5-29　液压胀形

a）直接加液压胀形法　b）橡胶囊充液胀形法

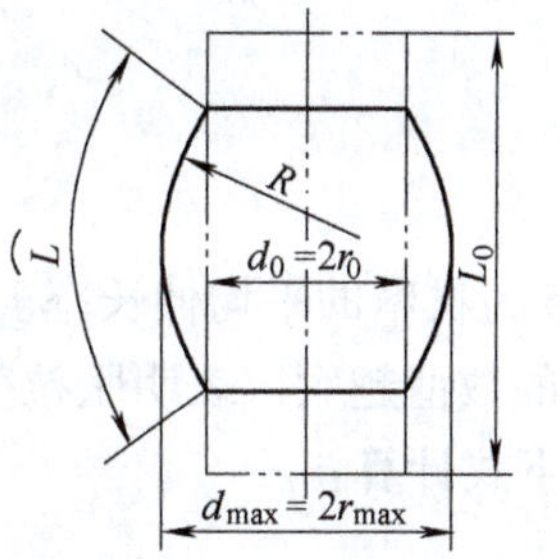

图 5-30　胀形变形区毛坯尺寸

软凸模胀形时所需单位压力 p 可分两种情况计算。一种为两端不固定，允许毛坯轴向自由收缩时

$$p=\frac{2t_0}{d_{max}}R_m \tag{5-35}$$

另一种为两端固定，毛坯轴向不能自由收缩时

$$p=2t_0R_m\left(\frac{1}{d_{max}}+\frac{1}{R}\right) \tag{5-36}$$

式（5-35）和式（5-36）中符号意义如图 5-30 所示。

三、胀拉成形

生产中常有一些底部曲率半径很大的制件，如汽车上的某些覆盖件和飞机蒙皮等，底部曲面的变形属于胀形，但曲面部分变形量很小，通常称之为大曲率半径胀形。

此类胀形因其曲面变形量很小，破裂不是生产中的主要问题，经常发生的情况是贴模不良而使零件脱模后曲面回弹造成较大的形状误差。

为解决这类零件的回弹问题，生产中常采用胀拉成形（简称拉形）。胀拉成形原理与拉弯成形相似，即在毛坯贴靠凸模曲面成形时，对毛坯附加胀力 F，胀拉力一方面增大材料变形程度，另一方面减小甚至消除弯曲时材料内部的压应力成分，从而达到减小零件回弹，增强零件刚度的目的（图 5-31）。

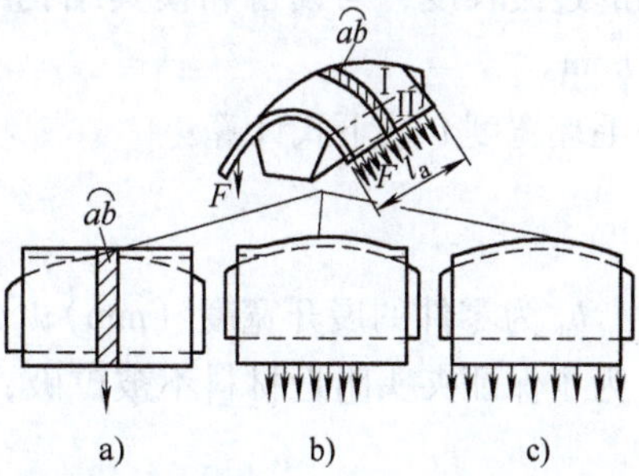

图 5-31　胀拉成形

a）开始阶段　b）中间阶段　c）终了阶段

Ⅰ—成形区　Ⅱ—传力区

拉形时，传力区不与模具接触，没有模具表面的摩擦作用，所以传力区的拉应力大于成形区的拉应力，同时传力区在夹头附近还有应力集中问题，因此成形时容易在此区域发生拉破现象。

拉形变形程度的计算，是从成形件上取出$\widehat{ab}$段狭条（图5-31），此条带在胀拉时被伸长，伸长后长度l_{max}与条带的原始长度l_0之比即为胀拉系数k_1

$$k_1 = \frac{l_{max}}{l_0} = 1 + \frac{\Delta l}{l_0} = 1 + \delta \tag{5-37}$$

式中，δ为材料的平均伸长率。

k_1的数值越大，表明胀拉变形程度也越大。生产中允许使用的极限胀拉系数k_{1max}的数值可用下式计算：

$$k_{1max} = 1 + 0.8\delta_e^{-\frac{\mu\alpha}{2n}} \tag{5-38}$$

由式（5-38）可知，胀拉系数k_1与材料的硬化指数n、伸长率δ、摩擦因数μ、毛坯在模具上的包角α有关，同时还和钳口的形状有关。

退火状态下的铝合金2A12和7A04的极限胀拉系数见表5-14，当零件的胀拉系数$k_1 > k_{1max}$时，应增加过渡模，进行二次胀拉成形。

表5-14　退火状态下铝合金2A12和7A04的极限胀拉系数k_{1max}

材料厚度/mm	1	2	3	4
k_{1max}	1.04～1.05	1.045～1.06	1.05～1.07	1.06～1.08

计算胀拉成形的毛坯尺寸，应注意在零件四周只留合理的最小余量。如图5-32所示，毛坯长度L为

$$L = l_0 + 2(\Delta l_1 + \Delta l_2 + \Delta l_3) \tag{5-39}$$

式中，l_0为零件的展开长度（mm）；Δl_1为修边余量，一般取10～20mm；Δl_2为凸模与夹口间的过渡长度，与设备和模具结构有关，一般取150～200mm；Δl_3为夹持长度，一般取50mm。

毛坯宽度b按下式计算：

$$b = b_1 + 2\Delta l_4 \tag{5-40}$$

式中，b_1为零件的展开宽度（mm）；Δl_4为修边余量，一般取20mm。

为了保证夹头附近材料不被拉破，一般取胀拉力F为

$$F = 0.9R_mA \tag{5-41}$$

式中，R_m为材料的抗拉强度（MPa）；A为夹头夹紧材料的断面积（mm^2）。

胀拉成形模具结构较为简单，原则上只用凸模，并且受力也小，设计较为简单，主要注意成形时零件的脊背线应尽量接近水平，使材料能均匀变形。凸模宽度应比零件最大宽度大15mm以上，凸模圆角半径$r_p \geqslant 8t_0$（t_0为毛坯厚度），凸模高度与零件尺寸、形状及凸模材料有关，一般不应小于300mm。图5-33所示是在液压机上使用的胀拉成形模。

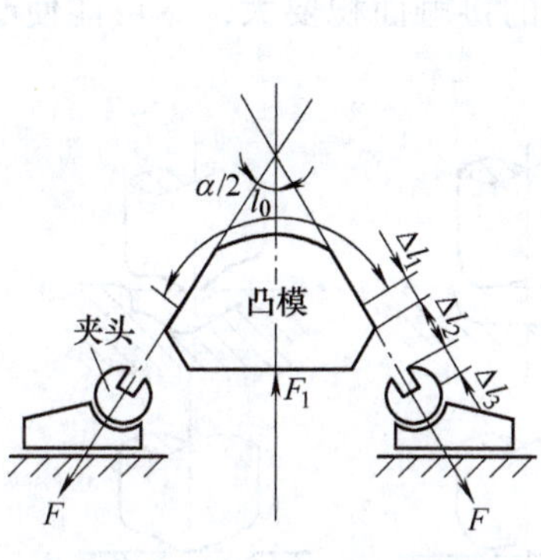

图 5-32　胀拉成形毛坯尺寸计算

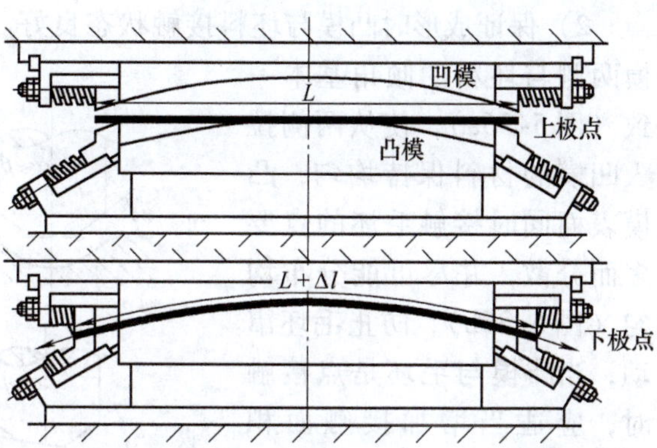

图 5-33　在液压机上使用的胀拉成形模

第五节　大型覆盖件的成形

大型覆盖件用来覆盖发动机、底盘、构成驾驶室和车身的表面零件。与一般冲压件相比，大型覆盖件多是尺寸大、形状复杂、相对厚度（板厚与毛坯最大长度之比）小（相对厚度最小值可达0.0003）的三维曲面，成形规律难以掌握，同时外观质量要求高，配合精度高、形状和尺寸的一致性及互换性好、刚度好，还要有良好的成形工艺性。因此，大型覆盖件的成形过程有其特殊性，如拉延是其关键冲压工序且通常为一次拉延成形；拉延是兼有胀形的拉胀复合变形且拉延时的变形是变路径的。正因如此，大型覆盖件的冲压工艺的制定不同于一般冲压件，如需要选择合适的冲压方向、设计压料面和工艺补充面等。下面就大型覆盖件的冲压工艺要点作一简介。

一、冲压方向

冲压方向选择的好坏，直接影响到零件成形的质量和模具的结构复杂性，选择时应符合下述原则：

1）保证凸模能够顺利进入凹模，不应出现凸模接触不到的死区（图5-34），工件上需成形的部位要在一次冲压中完成（图5-35）。

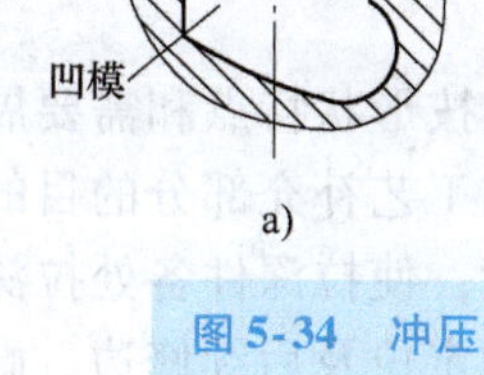

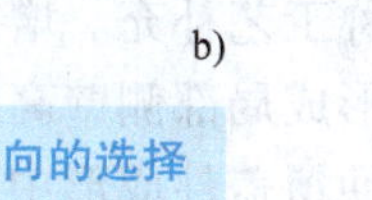

图 5-34　冲压方向的选择
a）不合理　b）合理

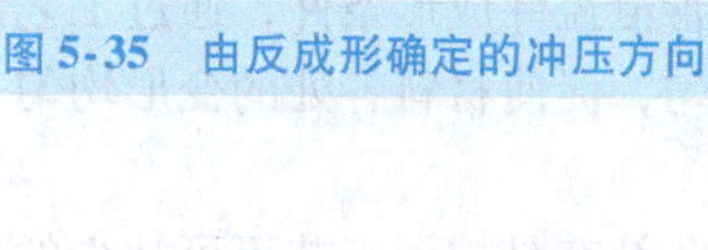

图 5-35　由反成形确定的冲压方向

2）保证成形时凸模与坯料接触状态良好。凸模与坯料的接触面积要大，尽可能使凸模两侧与坯料的倾角基本一致（图5-36a），使从两侧拉入凹模的材料保持均匀；凸模表面同时接触毛坯的点要多而分散，并尽可能分布均匀（图5-36b），防止毛坯窜动；当凸模与毛坯是点接触时，应适当增加接触面积（图5-36c），防止局部应力集中造成局部开裂，但也要避免凸模端部与毛坯大面积接触，致使材料变形不足影响零件刚度的情况。

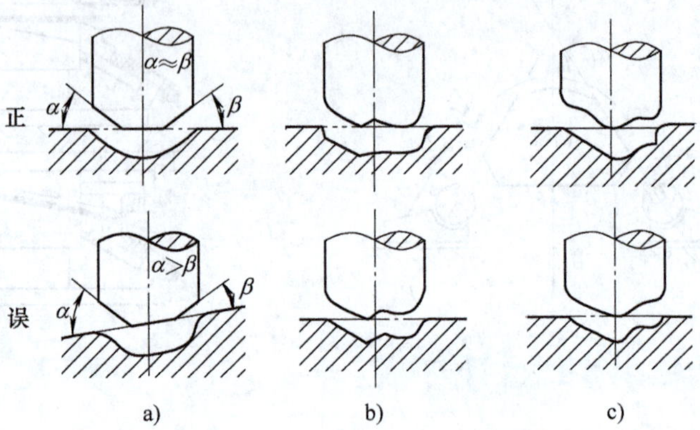

图5-36　凸模与毛坯的接触状态

3）尽量减少拉深深度，成形深度尽可能相同，并保持压料面各部位进料阻力大小均匀。

二、压料面

压料面是指处于压边圈下面的毛坯凸缘部分，压料面形状是保证拉深过程中材料不破裂和顺利成形的首要条件。它可以是零件的本体，也可以是工艺补充部分，若为后者，需在成形完毕后切除。

确定压料面的形状时，应满足以下要求：

1）压料面应为平面、单曲面或曲率很小的双曲面等可展开面。压料面应有利于降低拉深深度，平压料面效果最佳。为了降低拉深深度，常使压料面形成一定的倾斜角，但倾斜角不宜大于40°。

2）压料面应保证凸模对毛坯有一定长度的拉深效应。压边圈和凸模的形状应保持一定的几何关系，使毛坯在拉深过程中始终处于张紧状态，并能平稳渐次地紧贴凸模，为此，凸模展开长度应大于压料面展开长度（图5-37）。

3）确定压料面时，要考虑毛坯定位的稳定、可靠和送料与取料的方便。

4）压料面应平滑光顺，有利于毛坯往凹模形腔内流动。压料面上不得有局部的鼓包、凹坑和下陷。如果压料面是覆盖件本身的凸缘面，而凸缘上有凸起和下陷时，应增加整形工序。

三、工艺补充部分设计

为了给覆盖件创造一个良好的成形条件，必须将零件的边缘按形状特点和需要展开后再加上必须的于覆盖件本体以外的材料补充，称工艺补充。增加工艺补充部分的目的主要是：改善覆盖件成形条件，通过工艺延伸，能形成局部侧壁高度，使拉深件各处拉深深度较为均匀，促使材料各处的变形均匀一致，方便覆盖件成形中的定位及后续修边、翻边等工序。

工艺补充是拉深工艺不可缺少的部分，拉深后又需将它们修切掉，所以工艺补充部分应尽量减少，以提高材料的利用率。

工艺补充部分设计步骤如下：

1）填补零件上所有的孔洞，在局部变形程度较大的地方开工艺切口或工艺孔（图 5-38），以释放变形过程中过大的拉应力，防止破裂。

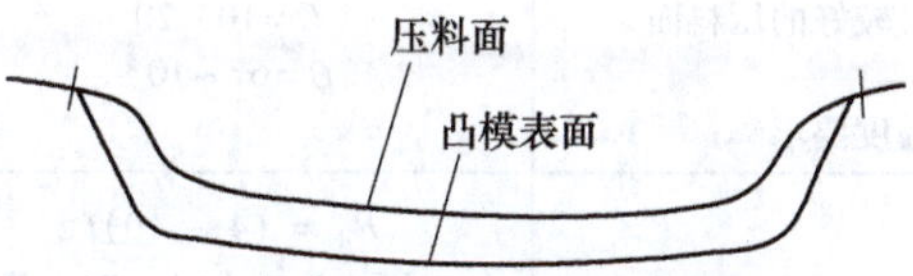

图 5-37　压料面展开长度比凸模表面展开长度短的示意图

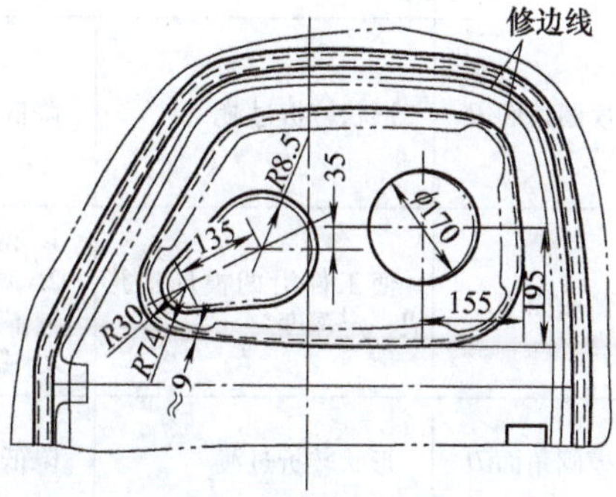

图 5-38　汽车外门板的工艺切口

2）将零件的边缘按形状特点和需要进行展开，决定切边方向（图 5-39）和定位形式。

3）建立零件的展开边缘与压料面之间的工艺补充部分（图 5-40）。工艺补充部分结构设计见表 5-15。

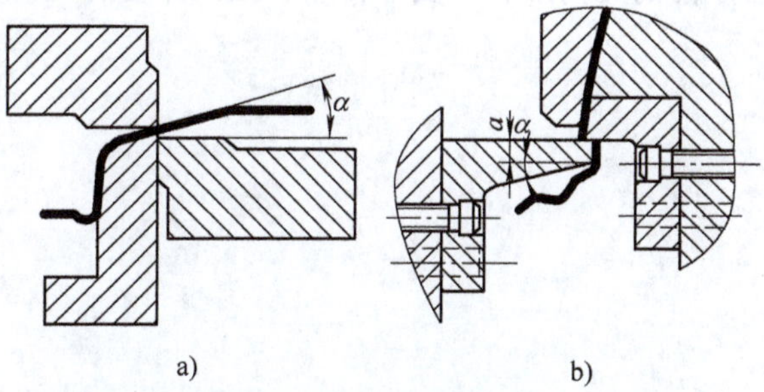

图 5-39　切边方向

a）垂直切边（α＜30°）　b）侧向切边（α≥15°）

a—工艺补充余量（≥8mm）

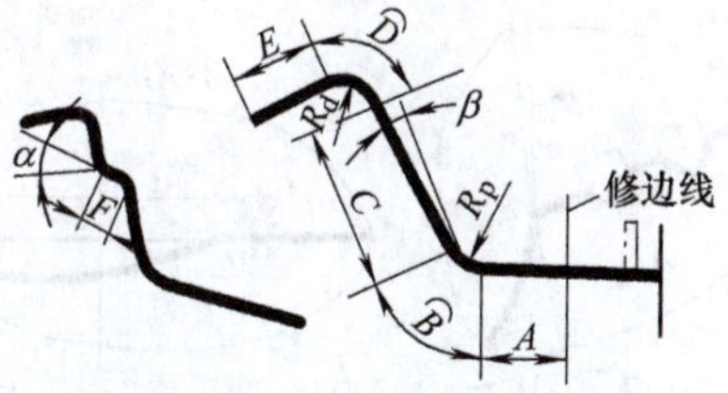

图 5-40　工艺补充部分结构和示意图

四、拉深肋（槛）

在汽车覆盖件冲压成形中，为了增大材料的流动阻力，以促使毛坯承受足够的拉胀成形，提高零件的刚度，调节毛坯上各处材料的流动状况，使其变形均匀一致，防止“多则皱，少则裂”的现象，降低对坯料与压料面接触状态的要求，提高覆盖件成形的表面质量，增加成形稳定性，往往要设置拉深肋或拉深槛（图 5-41）。拉深肋断面呈半圆形，拉深槛断面呈梯形，安装在凹模孔口，它的阻力作用比拉深肋大，主要用于拉深深度浅、外形平坦的拉深件。

表 5-15 工艺补充部分结构设计

名　称	性　质	作　用	尺寸 mm
底面 A	从工件的切边线到凸模圆角	1. 调整时，不致因凸模圆角调大而影响工件尺寸 2. 保证切边模有足够强度 3. 满足定位结构要求	$A \geqslant 5$
凸模圆角面 B	形状转折过渡	降低变形阻力	形状简单 $R_p = (4 \sim 8)t$ 形状复杂 $R_p \geqslant 10t$
侧壁面 C	使工件沿凹模周边形成一定深度	1. 得到足够的变形阻力 2. 调节深度，配置较好的压料面 3. 满足定位要求 4. 满足切边刃口强度要求	$C = 10 \sim 20$ $\beta = 6° \sim 10°$
凹模圆角面 D	形状转折过渡	降低变形阻力	$R_d = (4 \sim 10)t$ 料厚或深度大时，取大值
凸缘面 E	压料面	1. 控制变形阻力 2. 布置拉深肋和定位	$E = 40 \sim 50$
棱台面 F		使侧向切边改为垂直切边，简化冲模结构	$F = 3 \sim 5$　$\alpha \leqslant 40°$

注：表中英文代号如图 5-40 所示。

拉深肋（槛）在坯件周边的布置，与零件的几何形状、变形特点、拉深深度有关。布置原则如下（图 5-42）：

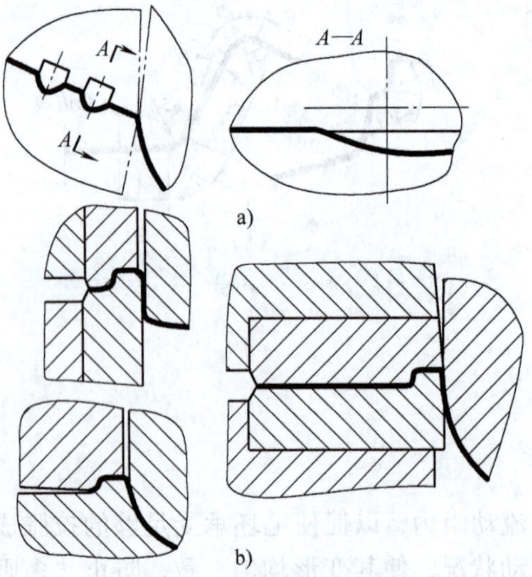

图 5-41　拉深肋和拉深槛

a）拉深肋　b）拉深槛

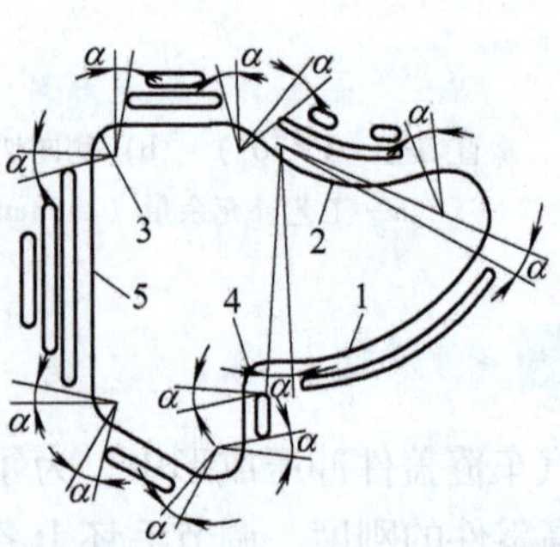

图 5-42　拉深肋的布置

$\alpha = 8° \sim 12°$

1～5—拉伸件的各段轮廓　1、2、5—易成形的轮廓　3、4—难成形的轮廓

1）如从改变、平衡不均匀的流动阻力，调整进入凹模的材料流量的目的出发，可在拉深深度大的直线部位，设置1～3条拉深肋，外边一条肋每端要短40mm，拉深深度大的圆弧部位不设拉深肋，拉深深度相差较大时，深的部位不设肋，浅的部位设肋。

2）若为补偿变形阻力不足，提高材料变形程度，可设置1～3条整圈的或间断的拉深肋。

3）若为增加径向拉应力，减小切向压应力，防止坯料起皱，可在容易起皱的部位设置局部的短肋。

4）拉深肋尽量靠近凹模圆角，可增加材料利用率和减少模具外廓尺寸，但要考虑不要影响修边模的强度。

第六节　渐进成形

渐进成形是一种柔性化的板料数控加工技术。与传统的冲压成形不同，它在成形中不需要专用的模具，而且能使板料具有更高的成形性能，可以在局部区域内成形出用常规方法无法加工的复杂曲面，数控渐进成形可成形出的制件种类很多，见表5-16，应用范围广，适用于单件或小批量的生产。

表5-16　渐进成形工艺可制得的典型制件

锥形件	锥台件	球形件	筒形件
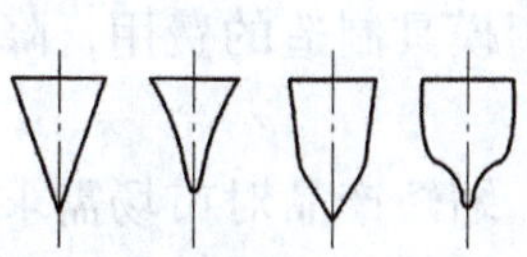	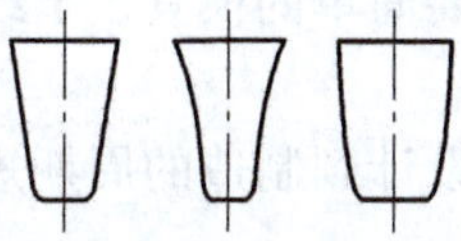	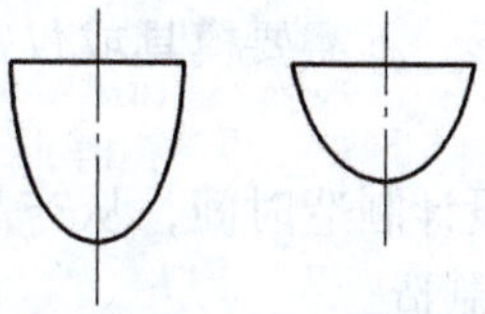	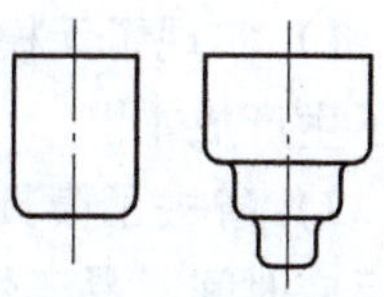
盒形件		棱锥	棱台
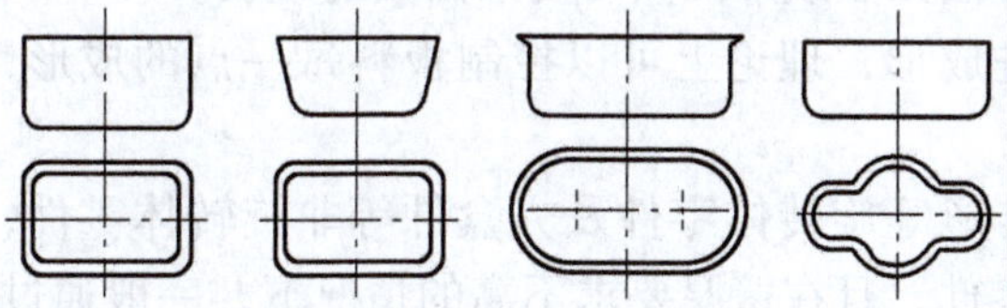		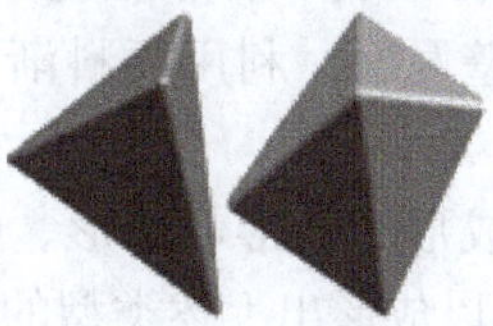	
汽车覆盖件（车门）	雕塑（头像）		浮雕字

渐进成形引入快速原型制造技术（rapid prototyping）的分层制造（layered manufacturing）的思想，将复杂的三维数字模型沿高度方向离散成许多断面层（即分解成一系列等高线层），并生成各等高线层面上的加工轨迹。成形工具在计算机的控制下沿该等高线层面上的加工轨迹运动，使板料沿成形工具轨迹包络面逐次成形，即以成形工具的运动所形成的包络面来代替模具的型面，以对板料进行逐次局部变形代替整体变形，最终将板料成形为目标工件（图5-43）。

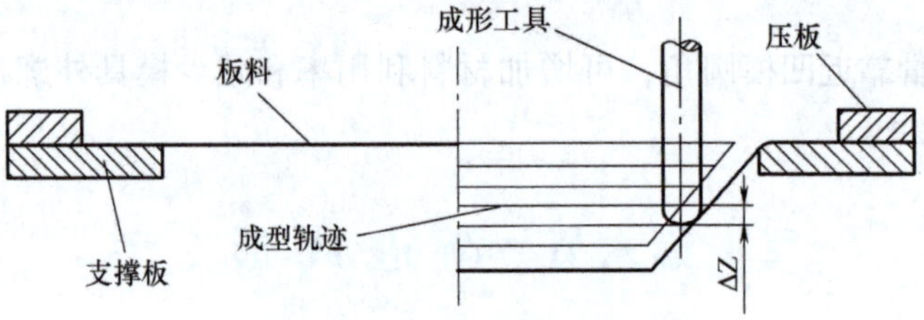

图5-43 渐进成形示意图

一、板料渐进成形工艺的特点

板料渐进成形工艺是一种新型的板料加工技术，与传统的板料成形工艺相比，实现了无模成形；与其他无模成形工艺相比，是分层逐点成形，能充分发挥板料成形性能。其优点如下：

1）实现了无模成形，不需要模具或仅需要简单的模具，节约了模具制造的费用，降低了生产成本。

2）省去了模具的设计制造时间，从产品设计到制造的周期短，缩短产品对市场需求的反应时间，易于快速制造。

3）板料成形技术采用的是逐点渐进成形，能对板料变形进行逐点控制，依靠变形的累积最终成形，更能充分地利用材料的成形性能，可以制造变形程度更大的零件。同时板料渐进成形能够在局部区域成形出常规成形方法无法成形的具有复杂曲面的形状。

4）从成形制件的壁厚看，利用板料渐进成形，理论上可以控制板料每一点的成形，因而制件壁厚均匀。

5）利用拉深可以成形出筒形、球形、锥形等旋转体零件及方盒件等非旋转体零件，利用渐进成形技术也可以成形出上述类型的零件，且在壁厚要求不高的情况下，一般通过单道次或两道次即可成形出目标工件，提高了生产效率。

6）从产品生产自动化程度来看，渐进成形与传统的板料成形工艺相比，其三维造型、工艺规划、成形过程模拟、成形过程控制等全部通过计算机完成，CAD/CAM一体化制造，自动化程度高。

与此同时，渐进成形工艺也存在以下缺点：

1）渐进成形工艺不适合大批量的生产。

2）用于渐进成形工艺的板料规格有一定限制，由于受现阶段用于成形的机床主轴所能承受的成形力限制，板料的厚度不宜过大。

二、板料渐进成形工艺的分类

根据成形后零件底部相对原始板料的方向，可以将渐进成形工艺分为正向成形（Positive Incremental Forming，PIF）和负向成形（Negative Bulge Incremental Forming，NIF/BIF）。此外，还可根据成形时是否对板料进行加热，可分为热渐进成形和冷渐进成形；根据成形道次的数目，板料渐进成形可以分为单道次渐进成形和多道次渐进成形。

板料渐进负向成形工艺成形过程如图 5-44 所示。它是将板料固定装置安装于成形设备上，通过特定的支撑板和压板夹紧板料。成形工具按照预先编好的数控程序分层逐点地对板料进行塑性加工，在成形第一层轮廓后，程序驱动成形工具在 Z 轴方向上增加一个下压量到第二层位置，完成第二层的成形，如此反复至整个工件成形完成。板料渐进负向成形的特点是装置简单，不需要支撑装置和导向装置，只需要夹紧装置，零件的内表面成为加工面。

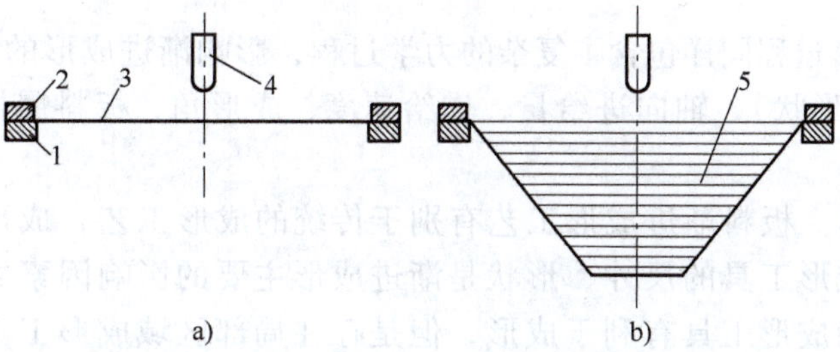

图 5-44　板料渐进负向成形示意图

a）成形前　b）成形后

1—支撑板　2—压板　3—板料　4—成形工具　5—成形轨迹

板料渐进正向成形工艺成形过程如图 5-45 所示。该成形系统主要由成形工具、导向装置（导柱、导套）、支承模型（或简单模具）、托板、压板和成形机床组成。成形时，首先将待成形板料置于支承模型上，用托板和压板夹紧板料。成形过程中成形工具在程序驱动下运动，金属板料、托板和压板一起沿导柱随着成形工具在 Z 轴方向进行随动，成形过程与板料渐进负向成形过程类似。板料渐进正向成形的特点是需要支撑和导向装置，零件的外表面为加工面。

热渐进成形主要用于加工在常温下难成形的金属材料，如镁合金、钛合金等，利用加热设备先对板料进行加热，然后再利用渐进成形工艺进行加工。也可利用板料自身电阻的自阻电加热渐进成形，由于板料是在加热条件下进行加工的，故称为热渐进成形。

单道次渐进成形就是通过一个道次实现制件最终形状的成形。多道次渐进成形就是通过多个道次实现制件的最终成形，即在每个道次成形出一定的中间形状，在最后一个道次成形出最终形状。

三、板料渐进成形工艺的影响因素

板料成形过程包括复杂的物理现象，涉及力学中三大非线性问题，即几何非线性（大位移、大变形）、材料非线性（弹塑性、弹粘性、各向异性）、状态非线性（接触和摩

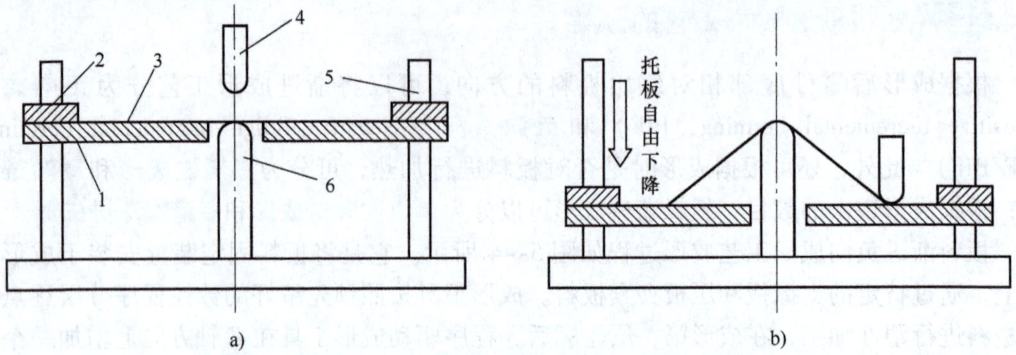

图 5-45　板料渐进正向成形示意图

a) 成形前　b) 成形后

1—托板　2—压板　3—板料　4—成形工具　5—导柱　6—支承模型

擦)。板料渐进成形过程同样包含了复杂的力学过程，影响渐进成形的因素很多，主要有成形工具（尺寸、形状)、轴向进给量、进给速度、成形角、板料属性（厚度、性能)、温度等。

(1) 成形工具　板料渐进成形工艺有别于传统的成形工艺，成形工具也有别于传统的成形工具，成形工具的尺寸、形状是渐进成形主要的影响因素之一。在成形过程中，选择半径大的成形工具有利于成形，但是存在局部区域成形工具不能加工到位的情况，即表面质量较差，尤其是加工复杂零件时容易产生干涉。选择半径过小的成形工具则容易导致应力集中，致使板料产生破裂。因此要选择合理大小的成形工具尺寸。

常采用的成形工具形状有头部为半球体或大半球冠的金属杆及平头带圆角的成形工具。一般来说，相同杆径下，球头成形工具的成形性能优于平头成形工具。

(2) 轴向进给量　在渐进成形过程中，轴向进给量或 Z 轴进给量是重要的成形路径参数，如图 5-46 所示。它会影响变形稳定性、成形精度及表面粗糙度等，也会影响加工效率，需要选取合理数值。

(3) 进给速度　进给速度是指单位时间内工件与成形工具在进给运动方向的相对位移。进给速度是影响成形效率的重要因素，合理的进给速度将会产生良好的成形效果，所以对于进给速度进行优化，具有重要意义。加工轨迹分为空走部分（如抬刀、平移、进刀等）和加工部分，因而需要分别对这两部分速度进行优化。由于空走部分速度对于加工制件的影响甚微，可以提高这部分运动速度，以减少辅助运动时间；另一种方法是直接对加工轨迹进行优化，尽量减少空走运动轨迹，同样可减少辅助运动时间。同时，提高加工部分进给速度可以减少加工时间，提高生产效率。

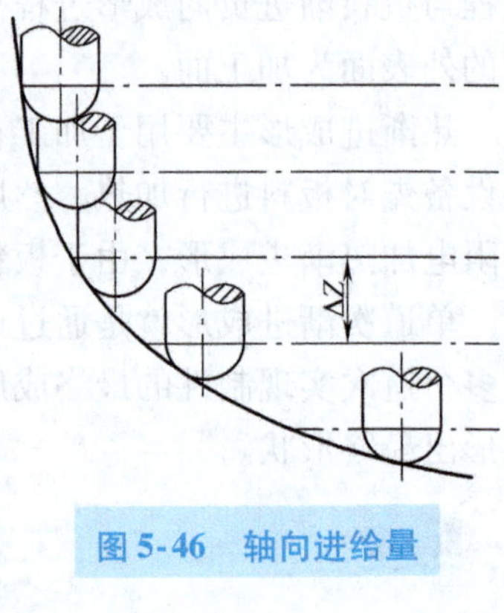

图 5-46　轴向进给量

一般而言，对于尺寸较大、形状简单的制件，可提高进给速度，对于尺寸较小，形状复杂的制件如有拐角、尖角等，进给速度不宜过快；在成形过程中，开始阶段一般可选用较高的进给速度，随着成形过程的进行快结束时应适当减小进给速度。此外，渐进成形设备自身存在限制，尤其是加工不易变形板料时要考虑主轴的承受能力，选取合适的进给速度。

（4）成形角　成形角是影响零件壁厚分布的主要因素之一，一般认为单道次成形的零件壁厚分布与成形角存在如下关系：

$$t = t_0 \cos\theta \tag{5-42}$$

式中，t 为成形后板料厚度（mm）；t_0 为成形前板料厚度（mm）；θ 为成形角（°）。

式（5-42）即为单道次制件壁厚所满足的余弦定律。单道次成形后制件的壁厚与余弦定律在很大程度上吻合，因此余弦定律在设计成形路径时能起到一定的预测壁厚的作用，对路径的设计优化有着重要意义，如图5-47所示。

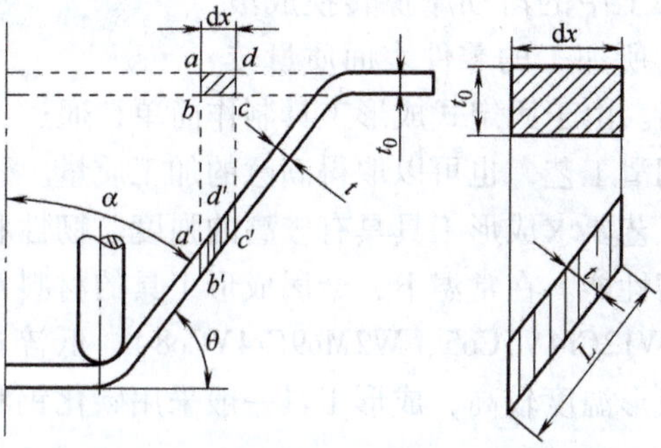

图5-47　零件壁厚分布与成形角关系图

四、板料渐进成形设备与工具

渐进成形工艺主要的成形装备有渐进成形机、成形工具头、板料固定及导向装置，此外还有一些辅助措施如润滑剂等。

（1）渐进成形机　渐进成形机是渐进成形工艺的主要设备。简单的三维轴对称零件的渐进成形通常可以在数控立铣加工机床上进行，将数控切削刀具换成专用的成形工具以及配置起辅助作用的成形支承装置，但其承载能力受到限制，板料的厚度不宜要求过厚。随着渐进成形技术的发展，国内外都出现了专门用于板料渐进成形的数控机床。

日本某公司制造了专用的数控渐进成形机，并且已经实现了设备的系列化；德国学者H. Meier开发了采用虚拟轴机器人的成形设备，成形工具自由度高，可通过对成形路径的优化提高成形精度；斯洛文尼亚的一些学者对板料渐进成形开裂在线自动鉴别装置进行了开发研究，通过对成形过程中力的明显变化的跟踪测量，开发出在线破裂自动检测装置，当破裂发生时控制系统控制机床自动停止。

国内第一台数控渐进成形机是由华中科技大学与湖北省某锻压机床有限公司合作开发研制的，并开发了相应的系统控制软件，该设备的最大加工范围为800mm×500mm×300mm，通过一系列的工艺试验及汽车覆盖件的产品试制，取得了不错的效果。目前国内已出现加工范围为800mm×600mm×300mm，成形能力为低碳钢2mm，铝板4mm的专用数控渐进成形机。

（2）成形工具头　金属板料数控渐进成形的成形工具直接与被加工的板料接触，成形工具的形状、尺寸、硬度和表面粗糙度等对成形质量都有较大的影响。为了提高成形零件的表面质量，需要对成形工具的形状、结构和表面状态进行研究。

目前常使用的成形工具主要有三种：第一种是头部为半球体或大半球冠的金属杆，第二种是头部由可以任意滚动的硬质金属球和金属杆组装而成的成形工具，第三种是带圆角的平头成形工具，如图5-48所示。采用固定式球头工具时，由于成形过程中成形工具与板料之间发生的摩擦为滑动摩擦，板料表面容易被擦伤。而采用头部可以自由滚动的金属球的成形工具可以将加工中的滑动摩擦转换成滚动摩擦，减小了摩擦力，所加工的零件表面质量较好，但制造复杂，成本高。由于固定式成形工具制作简单，通过提高成形工具的硬度和表面质量，辅助以良好的润滑工艺，也可以取得满意的加工质量。

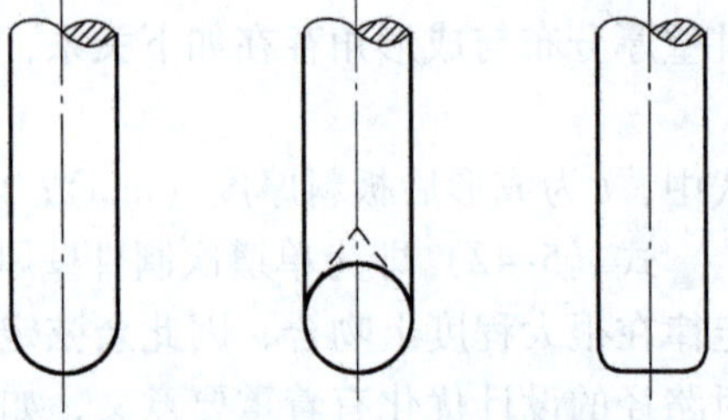

图5-48　三种不同结构的成形工具

板料数控渐进成形工艺要求成形工具具有较高的强度、韧性和表面硬度，同时需要有较好的耐疲劳性能和耐磨性能。在常温下，金属成形工具的材料常见的有以下几种：轴承钢（GCr15）、高速钢（W12Cr4V5Co5、W2Mo9Cr4VCo8）、低淬透性调质钢（40Cr）等。对于热渐进成形，由于成形温度较高，成形工具一般采用碳化钨和耐高温涂料的保护涂层制成。

思考与练习题

5-1　何为翻边、胀形、缩口？在这些成形工序中，由于变形过度而出现的材料损坏形式分别是什么？

5-2　缩口与拉深工序在变形特点上有何异同点？

5-3　简述覆盖件成形特点和成形工艺设计原则。

5-4　工艺补充面的作用是什么？它可分为几种类型？

5-5　为减小翻边的变薄量，先压出凹窝再冲孔翻边。图5-49a、b虚线所示的两种成形形状，哪一种形状对减小翻边变薄更有效？

5-6　试分析确定如图5-50所示各零件的冲压工艺方案，并设计如图5-50a所示零件的$\phi45$圆孔翻孔模具结构。

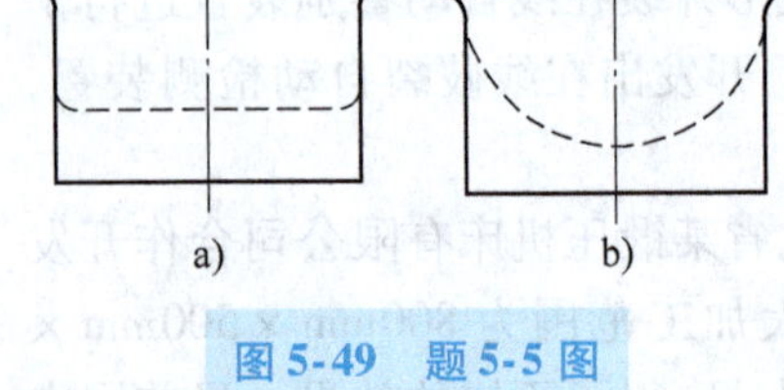

图5-49　题5-5图

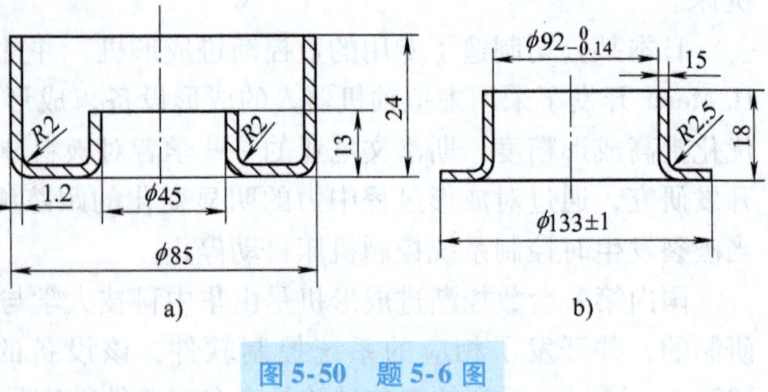

图5-50　题5-6图

第六章
多工位级进模设计

多工位级进冲压是指在一副模具中沿被冲原材料（条料或卷料）的直线送进方向，具有至少两个或两个以上等距离工位，并在压力机的一次行程中，在不同的工位上完成两个或两个以上冲压工序的冲压方法。这种方法使用的模具即为多工位级进冲压模具，简称级进模，又称跳步模、连续模、多工位级进模。

多工位级进模是一种结构复杂、加工精度要求高的能实现连续冲压的先进模具，是技术密集型模具的重要代表，是冲模发展方向之一。这种模具除冲孔、落料工作外，还可根据零件结构的特点和成形性质，完成弯曲、拉深、翻孔、翻边、压筋等成形工序，甚至还可以在模具中完成铆接、旋转等装配工序。

本章主要介绍多工位级进模的排样设计、模具典型结构及模具主要零件设计。

第一节　多工位级进模的排样设计

在多工位级进冲压中，工序件在级进模内随着压力机每冲压一次就向前送进一个步距，到达不同的工位。由于各工位的加工内容互不相同，因此，在级进模设计中，要确定从毛坯板料到产品零件的加工过程，即级进模各工位所要进行的加工工序内容，这一设计过程就是排样设计，排样设计是级进模设计的核心，它决定了级进模的基本形式。

图6-1所示是支架的排样图，该排样图一经确定，也就确定了以下几个方面的内容：

1）零件各部分在模具中的冲制顺序；

2）模具的工位数及各工位的作业内容；

3）被冲零件在条料上的排列方式、排列方位等，并反映出材料利用率的高低；

4）模具步距的公称尺寸和定距方式；

5）条料的宽度；

6）载体的形式；

7）模具的基本结构。

所以排样设计是多工位级进模设计的重要内容，是模具结构设计的依据之一，是决定多工位级进模设计优劣的主要因素之一。

排样设计的基本方法是首先将产品进行工序分解，再按照产品的形状、工序性质、产品精度要求、模具结构要求等进行排样，如图6-2所示。

排样设计要解决的关键问题包括：

工序确定与排序、载体设计、分段冲切设计、空工位设置与步距设计、定位形式选择与设计等内容。

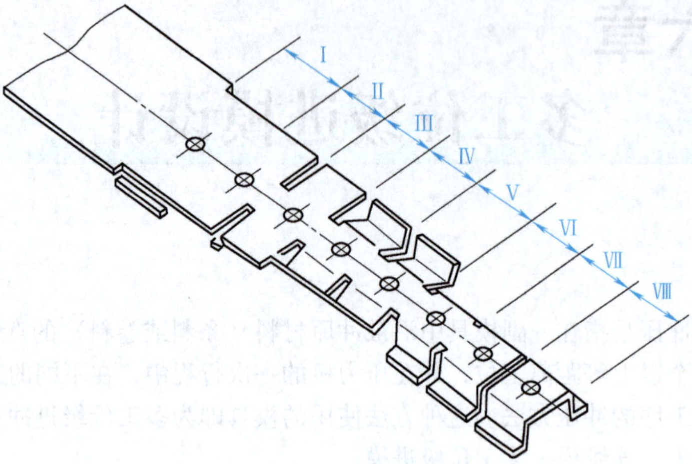

图 6-1　支架排样图

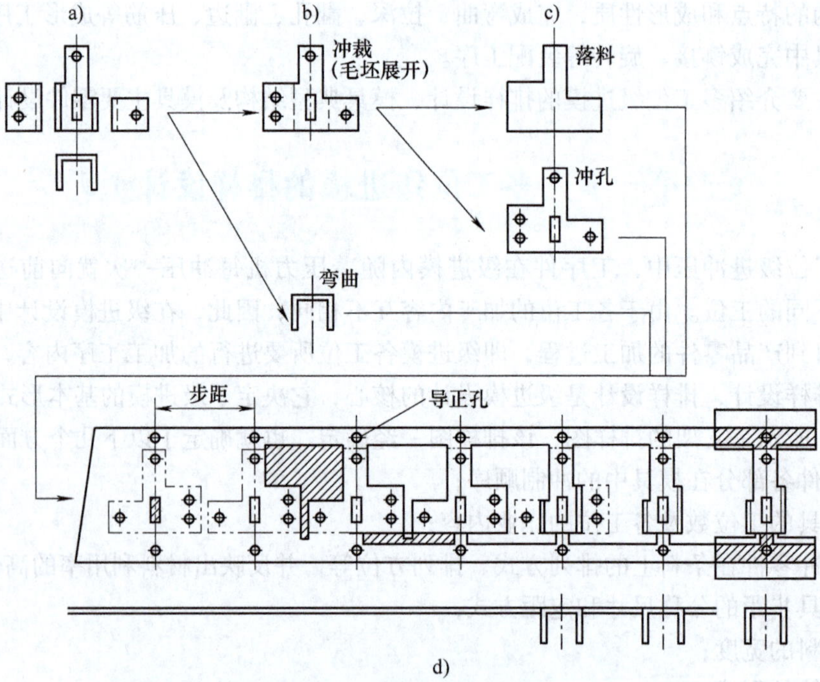

图 6-2　工序排样过程

a）产品图　b）工序分解　c）工序二次分解　d）工序排样图

一、工序确定与排序

在排样设计过程中，首先要考虑被加工的零件在全部冲压过程中共分为几个加工工序、各工序的加工内容及工序的优化组合，并对工序组排序。在确定工序数目和顺序时，要针对各冲压工序的特点。

（一）级进冲裁的工序排样

1）先冲孔，后冲外形。

2）尽量避免采用复杂形状的凸模、凹模，即对复杂的孔形或外形进行分解，采用分段切除的办法，如图 6-3 所示。

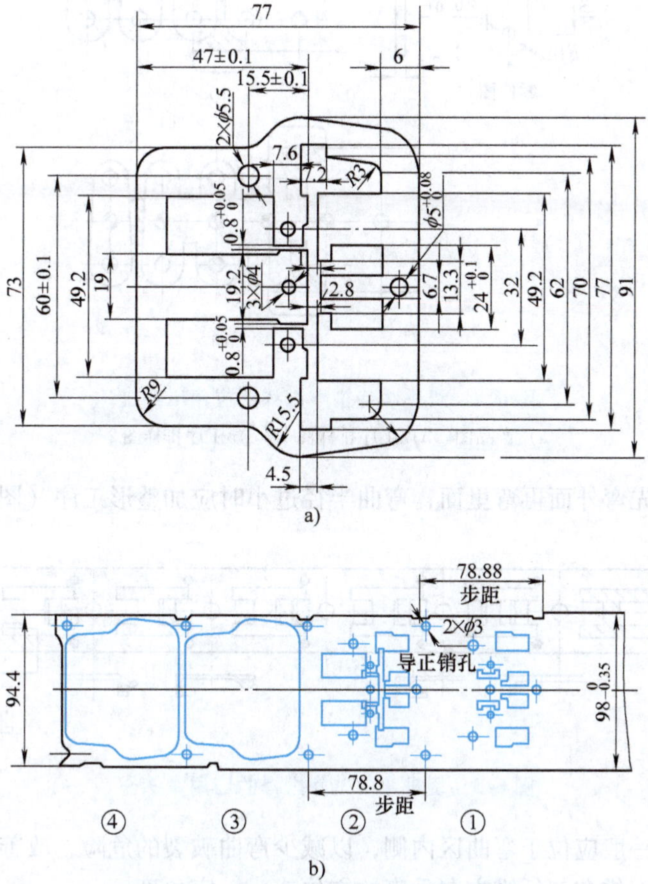

图 6-3　级进冲裁工序排样的应用举例一

a）产品图　b）排样图

3）零件上有严格要求的相对尺寸，应放在同一工位冲出。若无法安排在同一工位冲出，可安排在相近工位冲出，如图 6-4 所示。

4）尺寸与形状要求高的轮廓应在较后的工位上冲出。

5）外形薄弱部位的冲切应安排在较前的工序。

6）靠近弯边的孔，应先弯曲后冲孔。

7）空工位的设置，应视模具的具体情况。

8）轮廓周界较大的冲切工艺尽量安排在中间冲切。

（二）级进弯曲的工序排样

1）对于带孔的弯曲类零件，一般应先冲孔，再冲切掉需要弯曲部分的周边材料，然后再弯曲，最后切除其余废料，使工件与条料分离，如图 6-2 所示。但当孔靠近弯曲变形区且又有精度要求时应先弯曲后再冲孔，以防孔变形。

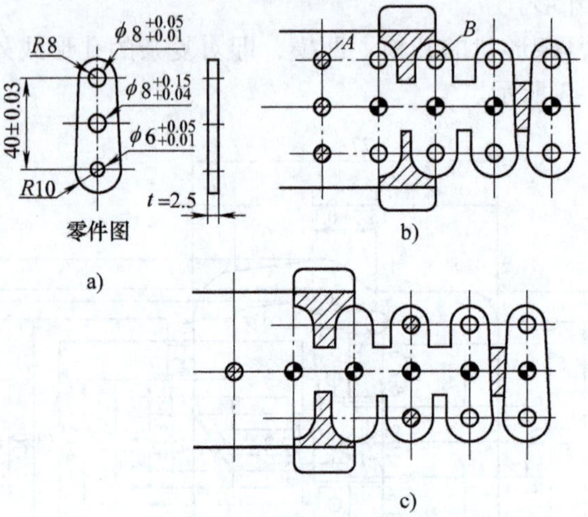

图 6-4　级进冲裁工序排样的应用举例二

a）产品图　b）工序排样图 1　c）工序排样图 2

2）压弯时应先弯外面再弯里面，弯曲半径过小时应加整形工序（图 6-5）。

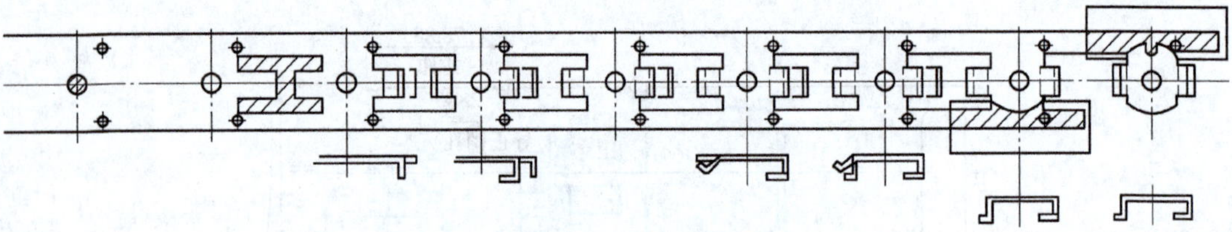

图 6-5　级进弯曲工序排样的应用举例一

3）毛刺方向一般应位于弯曲区内侧，以减少弯曲破裂的危险，改善产品外观。

4）弯曲线应安排在与纤维方向垂直的方位或成一定角度。

5）对于小型不对称的弯曲件，为避免弯曲时载体变形和侧向滑动，应尽量成对弯曲后再剖切分开（图 6-6）。

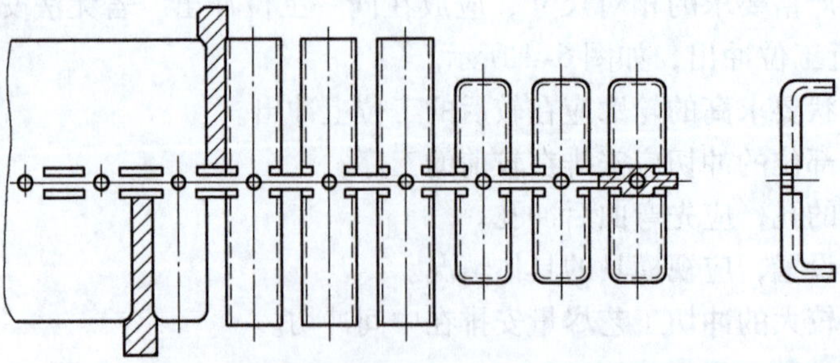

图 6-6　级进弯曲工序排样的应用举例二

6）对于一个零件的两个弯曲部分有尺寸精度要求时，则应在同一工位一次成形以保证尺寸精度。

7）在一个工位上，弯曲变形程度不宜过大。对精度要求高的复杂弯曲件，应以整形工序保证工件的精度。

8）尽可能以压力机行程方向作为弯曲方向，以简化模具结构。

（三）级进拉深的工序排样

级进拉深按材料变形区与条料分离情况，可分为无工艺切口和有工艺切口两种工艺方法。无工艺切口的级进拉深，如图6-7a所示，即是在整体带料上连续拉深。有切口的级进拉深是在零件的相邻处切开一切口或切缝（图6-7b）。无论是哪种拉深方法，凸缘材料的收缩是拉探时材料变形的主要特征。在级进拉深工序排样中，关键是要解决因凸缘收缩而导致的各工序步距和条料宽度不一致的问题。为此，级进拉深工序排样应遵循以下的原则：

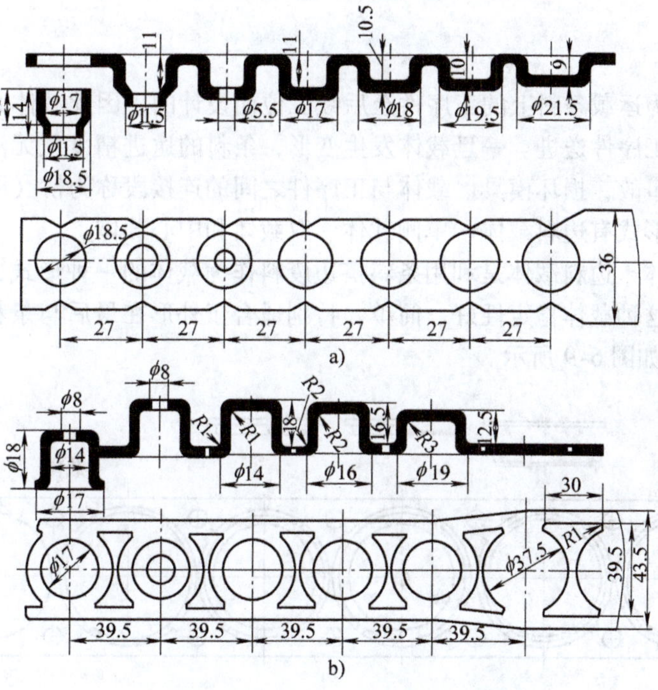

图6-7 级进拉深工序排样的应用举例

a）无切口带料拉深 b）有切口带料拉深

1）保证条料的搭边和载体有足够的强度。

2）在最末的落料工位前设置整形工位，以确保产品质量。

3）拉深件底部有较大孔时，可以在拉深前先冲较小的预备孔。

4）适当增加空位，便于在试模过程中调整拉深次数，并保证载体的刚度。

5）适当采用工艺切口，以改善拉深条件。

6）要考虑废料的切断处理。

7）对于既有拉深，又有弯曲和其他工序的制件，应当先拉深，再安排其他工序。

二、载体设计

级进冲压过程是连续进行的，且各工位的加工内容不同，因此，把工序件从第一工位运送到最末工位是级进模的基本条件之一。载体就是级进冲压时条料上连接工序件并将工序件在模具上稳定送进的部分材料，如图6-8所示。

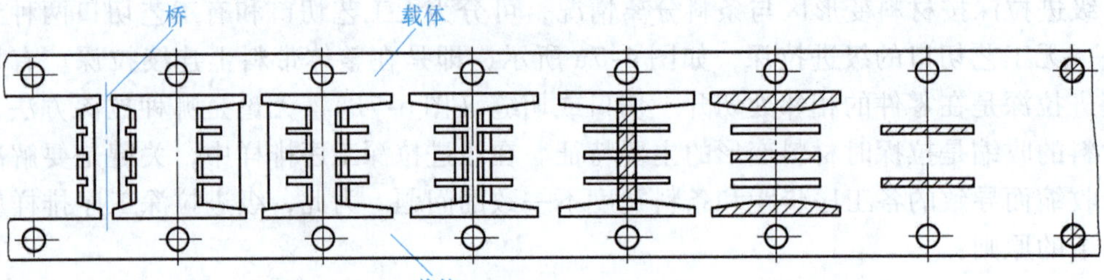

图6-8　载体示意图

既然载体是为运载条料上的工序件至后续工位而设计的，因此载体必须具有足够的强度，能平稳地将工序件送进。一旦载体发生变形，条料的送进精度就无法保证，甚至阻碍条料送进而造成事故，损坏模具。载体与工序件之间的连接段称为桥（图6-8）。

载体的基本形式有边料载体、单侧载体、双载体和中心载体。

（1）边料载体　边料载体是利用条料搭边废料作为载体的一种形式，此时沿整个工件周边都有废料。这种载体稳定性好、简单，特别适合于外形在最后与条料完全分离的排样（落料型排样），如图6-9所示。

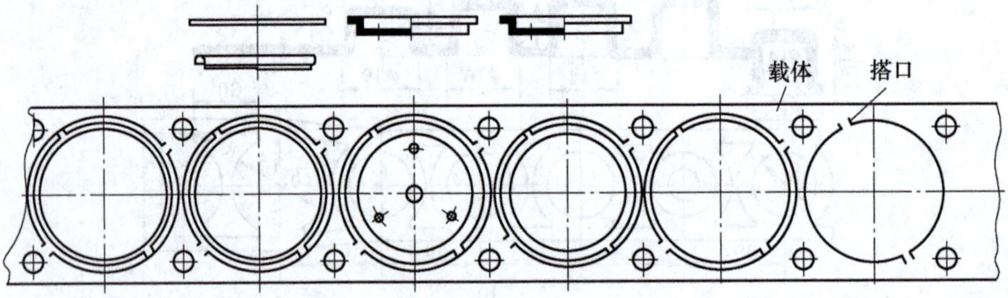

图6-9　边料载体

（2）单侧载体　简称单载体。是在条料的一侧留出一定宽度的材料，并在适当位置与工序件连接，实现对工序件的运载。单载体适合于工件外形逐步切断的切边形排样，一般应用于条料厚度在0.5mm以上的冲压件，特别对于零件一端或多个方向带有弯曲的场合，如图6-10所示。

（3）双载体　双载体又称标准载体。它是在条料两侧分别留出一定宽度的材料运载工序件，工序件连接在两侧载体的中间，所以双载体比单载体更稳定，具有更高的定位精度。这种载体主要用于薄料（$t \leqslant 0.2$mm），工件精度要求较高的场合，但材料的利用率有所降低，往往是单件排列。双载体分为等宽双载体和不等宽双载体两种，图6-11所示为不等宽双载体。

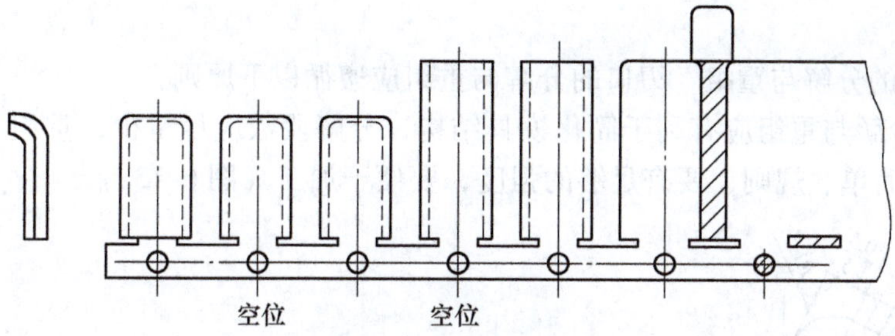

图 6-10　单侧载体

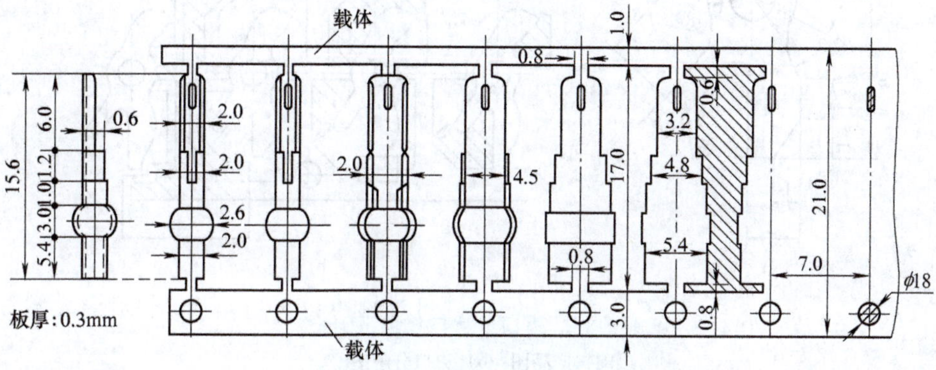

图 6-11　不等宽双载体

（4）中心载体　中心载体与单侧载体类似，但载体位于条料中部，它比单侧载体和双载体节省材料，如图 6-12 所示。在弯曲件的工序排样中应用较多，最适合材料厚度＞0.2mm，对称性两外侧有弯曲的零件。中心载体宽度可根据零件的特点灵活掌握，但不应小于单载体的宽度。

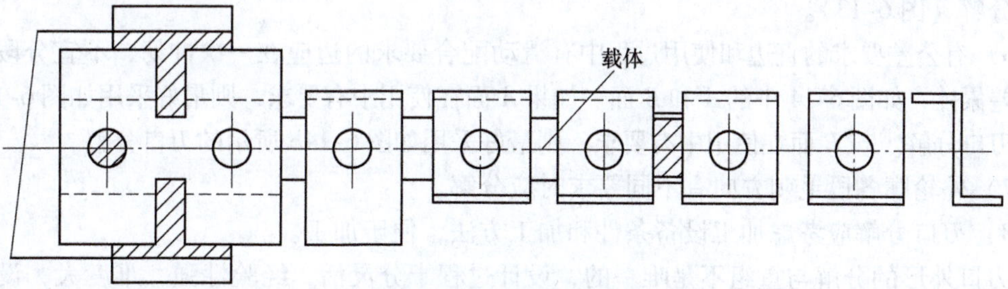

图 6-12　中心载体

三、分段冲切设计

分段冲切设计就是把复杂的内形轮廓或外形轮廓分解为若干个简单几何单元，各单元又通过组合、补缺等方式构成新的冲切轮廓的工艺设计过程。分段冲切的目的是为了实现复杂零件的冲压或简化模具结构，其任务即是设计合理的凸模和凹模刃口形状。

分段冲切设计主要解决工件轮廓的分解与重组以及轮廓分解时分段搭接头的基本形式。

（1）轮廓的分解与重组　刃口的分解与重组应遵循以下原则：

1）刃口分解与重组应有利于简化模具结构，分解段数应尽量少，重组后形成的凸模和凹模外形要简单、规则，要有足够的强度，要便于加工（图6-13）。

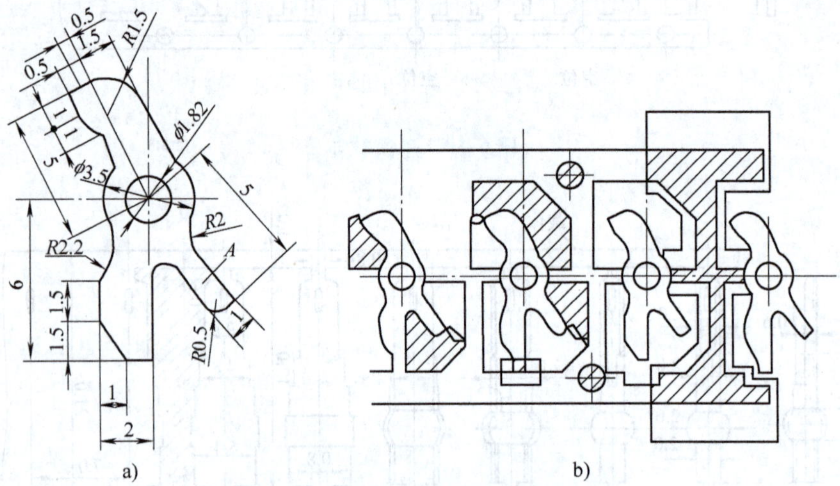

图6-13　刃口分解与重组示例一

a）产品图　b）刃口分解图

2）刃口分解应保证产品零件的形状、尺寸、精度和使用要求。

3）内外形轮廓分解后各段间的连接应平直或圆滑。

4）分段搭接点应尽量少，搭接点位置要避开产品零件的薄弱部位和外形的重要部位，放在不显眼的位置。

5）复杂外形以及有窄槽或细长臂的部位最好分解（图6-13图中的A处），复杂内形最好分解（图6-13）。

6）有公差要求的直边和使用过程中有滑动配合要求的边应在一次冲切，不宜分段，以免误差累计，如图6-14中的A和B面。如果A面在使用中有要求，则最好采用如图6-14c所示的刃口分解。若B面在使用中有要求，则最好采用如图6-14b所示的刃口分解。

7）外轮廓各段毛刺方向有不同要求时应分解。

8）刃口分解应考虑加工设备条件和加工方法，便于加工。

刃口外形的分解与重组不是唯一的，设计过程十分灵活，经验性强，难度大，设计时应多考虑几种方案，经综合比较选出最优方案，图6-14所示是刃口分解与重组示例。

（2）轮廓分解时分段搭接头的基本形式　内外形轮廓分解后，各段之间必然要形成搭接头，不恰当的分解会导致搭接头处产生毛刺、错牙、尖角、塌角、不平直和不圆滑等质量问题。常见的搭接头形式有3种：

1）平接。平接就是把零件的直边段分两次冲切，两次冲切刃口平行、共线，但不重叠，如图6-14b所示。平接在搭接头处容易产生毛刺、错牙、不平直等质量问题，应尽量

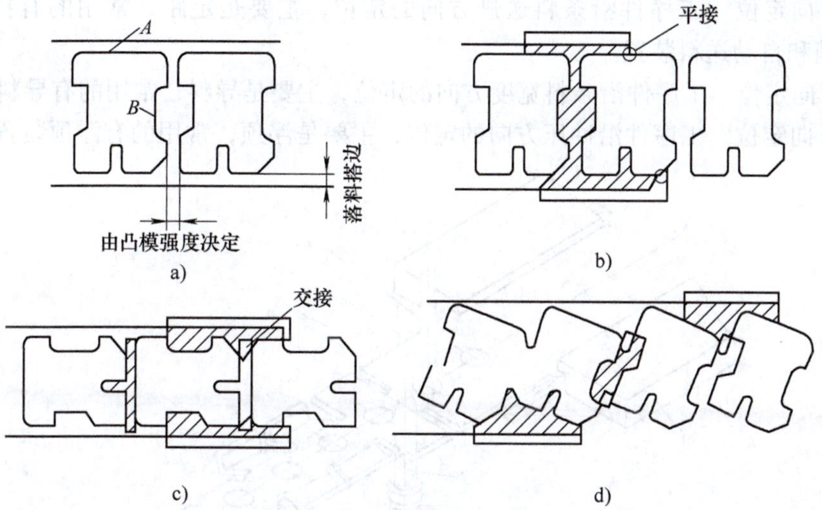

图 6-14　刃口分解与重组示例二

避免采用。为了保证平接的各段的搭接质量，应在各段的冲切工位上设置导正销。

2）交接。交接指毛坯轮廓冲切刃口分解与重组后，新的冲切刃口之间相互交错，有少量重叠部分，如图 6-14c、d 所示。按交接方式进行刃口分解，对保证搭接头的连接质量比较有利，使用最普遍。

3）切接。切接是毛坯圆弧部分分段冲切时的搭接形式，即在前一工位先冲切一部分圆弧段，在后续工位上再冲切其余部分，前后两段应相切。

与平接相似，切接也容易在搭接头处产生毛刺、错牙、不圆滑等质量问题。为了改善切接质量，可以在圆弧段设计凸台。

四、空工位设置及步距设计

（1）空工位设置　**空工位简称空位，是指工序件经过时，不做任何加工的工位**（图 6-10）。设置空工位的目的是为了提高模具强度，保证模具使用寿命和产品质量以及在模具中设置特殊机构（如斜楔机构）或是为了试模时调整工序用。级进模中空工位的设置比较普遍，但应遵循一定的原则：用导正销做精确定位时可多设置空位；步距小时（一般 <8mm）可多设置空工位；形状简单、精度要求低时可多设置空工位；否则应少设空工位，以免增加模具尺寸，增大累计误差。

（2）步距设计　**步距是指条料在模具中逐次送进时每次应向前移动的距离**，也即模具中两相邻工位之间的距离，级进模中任意两相邻工位间的距离都必须相等。步距的基本尺寸按不同的排样方式有不同的计算方法，具体的可查阅相关资料。

步距精度即允许的步距公差范围，将直接影响冲压件的质量和精度。步距精度高，所得冲压件的精度也高，但模具制造比较困难，因此步距精度的确定必须根据冲压件的具体情况来定。

五、定位形式选择与设计

工序件在级进冲压过程中的定位包括三个方向，即 X 向、Y 向和 Z 向定位。

(1) X 向定位　工序件沿条料送进方向的定位，主要是定距，常用的有挡料销、侧刃、导正销和自动送料装置。

(2) Y 向定位　工序件沿条料宽度方向的定位，主要是导料，常用的有导料板。

(3) Z 向定位　工序件沿冲压方向的定位，主要是浮顶，常用的有浮顶装置。

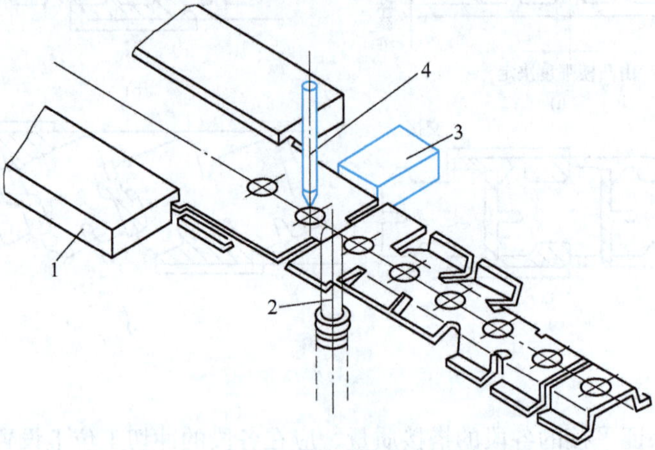

图 6-15　导正销与侧刃定位
1—导尺　2—浮顶器　3—侧刃挡块　4—导正销

此外，从定位精度来看，又可分为粗定位和精定位。上述挡料销、侧刃、自动送料装置、导料和浮顶都是粗定位，精定位指的是导正销导正。级进模中的精确定位通常都是采用导正销和其他粗定位方式配合使用，如导正销和侧刃配合使用（图 6-15），导正销和自动送料装置配合使用等。

导正销导正方式有两种：直接导正和间接导正。所谓直接导正就是利用产品零件本身的孔作为导正孔，导正销可安装于凸模之中，也可单独设置。间接导正是利用载体或废料上专门冲出的导正销孔进行导正。

导正销在对工序件进行精定位时，有时会引起导正孔变形或划伤，因此对精度和质量要求高的产品零件应尽量避免在工件上直接导正。

设置导正销时，应遵循以下原则：

1）导正孔要在第一工位冲出，紧接的第二工位上要有导正销，在以后的工位上，根据工位数优先在容易窜动的工位设置导正销。

2）重要的加工工位之前要有导正销。

3）必须要设置导正销而又与其他工序干涉时，可设置空位。

4）尽可能采用间接导正，这样可用较大的导正销。

上述工作完成之后，排样设计基本结束。下面以图6-16所示零件为例说明排样图的设计过程。因其形状简单，其展开尺寸可通过计算得出。对于有多重弯曲、卷边、拉深、成形的复杂工件，其展开尺寸须经过计算后再进行反复试验才能得到。

图 6-17 所示为上述弯曲件展开后毛坯的 4 种排样方式。整个工件面积约为 1133.1mm^2。经计算，各种排样的材料利用率分别为：$\eta_a = 1133.1/(64 \times 26.6) = 0.67$，

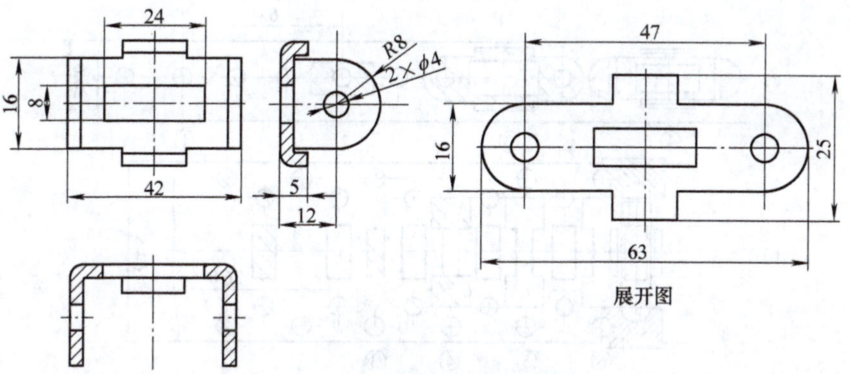

图 6-16　弯曲工件及其展开图

工件材料：黄铜　料厚：1mm

$\eta_b = 1133.1/(26 \times 64.3) = 0.68$，$\eta_c = 1133.1/(25 \times 64.3) = 0.7$，$\eta_d = 1133.1/(52 \times 30.1) = 0.72$。由此可见，图 6-17a 所示排样利用率最低，图 6-17d 所示排样利用率最高，但图 6-17d 所示是使工件倾斜排列，这就要求级进模上的模块也要倾斜设置，结果制模工时要比图 6-17b 所示排样多 20%。图 6-17c 所示排样虽有较高的材料利用率，但由于工件仅中间连接，不利于后续工位的稳定送料。一般认为图 b、d 所示排样的送料稳定性好。图 6-18 所示是图 6-17a、b、d 三种排样方式的模具工位布置图。

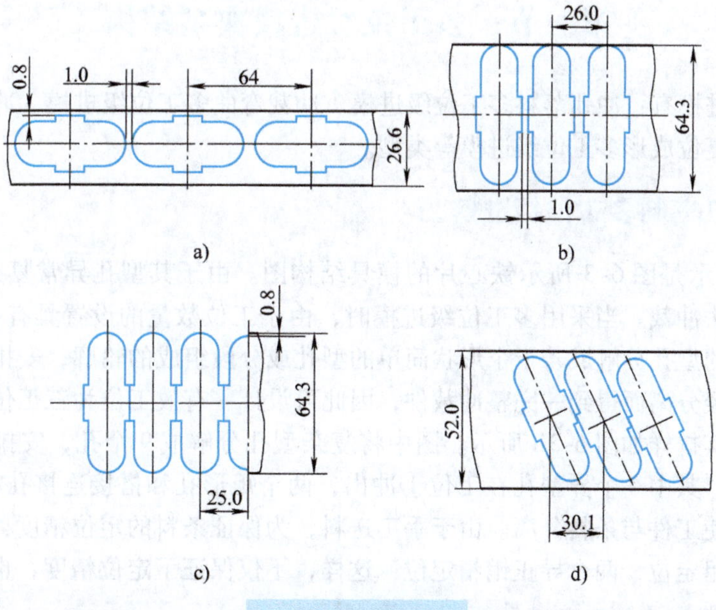

图 6-17　排样方式

工序排样图设计完成后，经检查无误应标注必要尺寸，包括条料宽度、步距公称尺寸、搭边值、导正销孔径等，并应标出有效工位号和各工位加工内容。如图 6-18c 所示。

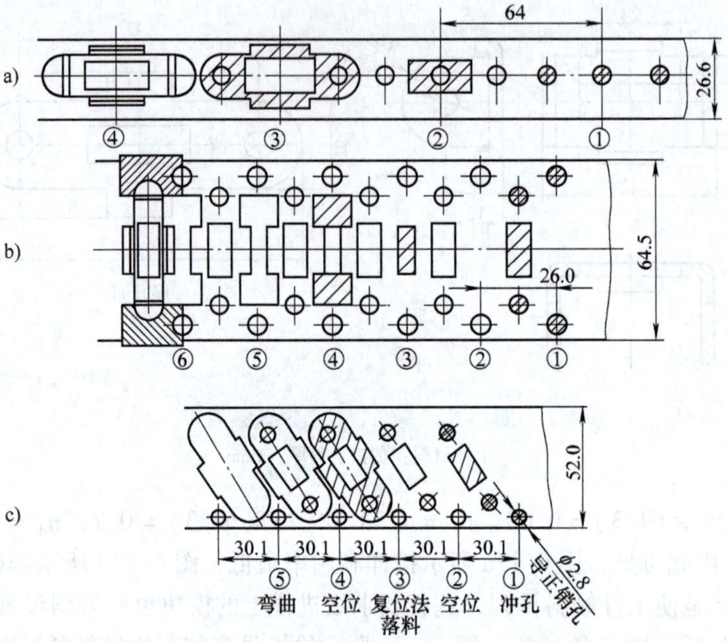

图 6-18 模具工位布置图

第二节 多工位级进模典型结构

多工位级进模有：冲孔落料多工位级进模、冲裁弯曲多工位级进模、冲裁拉深多工位级进模及落料复位成形多工位级进模等类型。

一、冲孔落料多工位级进模

图 6-19 所示是图 6-3 所示铁心片的模具结构图。由于其型孔异常复杂且尺寸不大，用一般模具无法冲裁。当采用多工位级进模时，由于工位数量的设置具有一定的灵活性，可将形状复杂的型孔分解成若干个形状简单的型孔或分段组成的轮廓，安排在相邻工位顺序冲切，最后经分离而得到一完整冲裁件，因此可设计一有效工位为三工位的级进模来冲制该铁心片，其排样如图 6-3b 所示。图中将复杂型孔分解成 9 个孔，安排在相邻的①和②两个工位上，其中 6 个异型孔在工位①冲出，两个矩形孔和搭接连接孔在工位②冲出，工位③落料，使工件与条料分离。由于手工送料，为保证条料的定位精度，可采用前后设置的两个侧刃粗定位，两个导正销精定位，这样，不仅保证了定位精度，也避免了单侧刃造成的料尾损耗。

二、冲裁弯曲多工位级进模

级进弯曲是将条料的局部冲裁与坯料的依次弯曲成形有机地组合在一起的成形工艺。它是多工位级进模中结构最复杂、运动机构最多的一种模具。冲裁的作用是在规定的工位冲导正孔，冲出不受弯曲影响的零件上的各种型孔，在弯曲成形工位前冲出待弯曲部位的

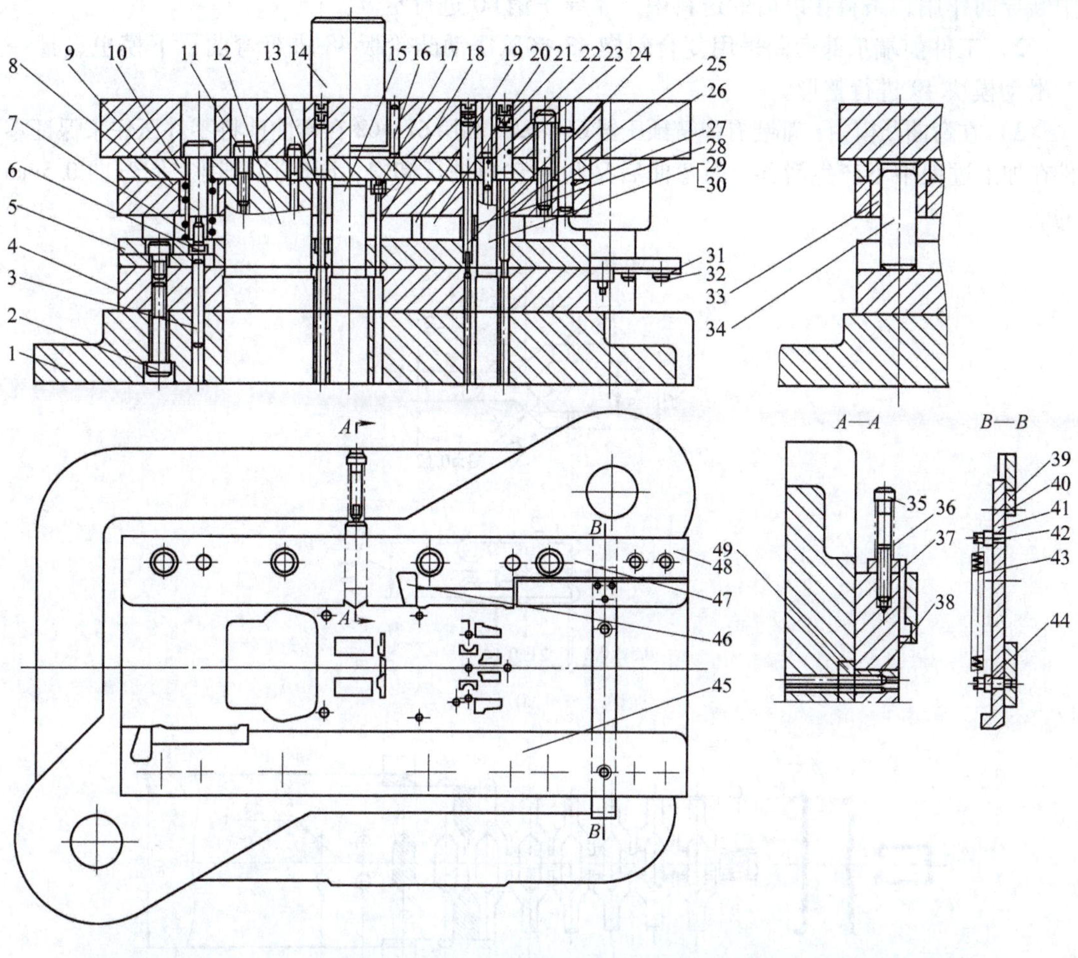

图 6-19　铁心片多工位级进模结构示意图

1—下模座架　2、6、11、22、26、35、47—螺钉　3、16、17、27—圆柱销　4—凹模　5—卸料板　7、36—弹簧　8—卸料螺钉　9—固定板　10—垫板　12—落料凸模　13—导正销　14—模柄　15—矩形孔凸模　18—长凸模　19—冲导正孔凸模　20—侧刃凸模　21—丝堵　23—垫柱　24、25—圆凸模　28—小槽凸模　29、30—异型凸模　31—承料板　32—半圆头螺钉　33—小导套　34—小导柱　37—侧压挡块　38—镶块　39—侧压板　40—铆钉　41—滑板　42、44—芯柱　43—拉簧　45—主导料板　46—侧刃挡块　48—副导料板　49—小垫板

展开尺寸与形状，在条料上冲出传递坯料的载体及弯曲后冲孔和将弯曲件与载体分离。

图 6-20a 所示是弹簧钩的零件图，图 6-20b 所示是其排样图。从图中可看出，这是一个以弯曲为主的冲裁弯曲件，尺寸不大，但形状较为复杂，尤其是右端的弯曲，在加工中比较困难。为此设计了一个 11 工位的多工位级进模，如图 6-21 所示，采用中间载体、自动送料、导正销定位、连续分部弯曲的方法冲压。这样既保证了定位精度，也克服了回弹的影响。这副模具的主要特点是：

1）由于导料板在第三工位切除余料后便不再起作用，因此从第三工位起，导料板就中断导向作用，条料在以后的送料中，靠导正销60进行定位。

2）工件前端爪部弯曲采用复合斜楔43挤压摆动凸轮板48进行弯曲，下模也设计一对滑动模块49进行整形。

3）在弯曲凸模中，都装有弹簧预压器61、62，利用61、62在弯曲前将零件压住来保证零件在加工过程中不产生滑移，而弯曲后又利用它们进行卸料，同时还利用它们弯曲0.5mm的面。

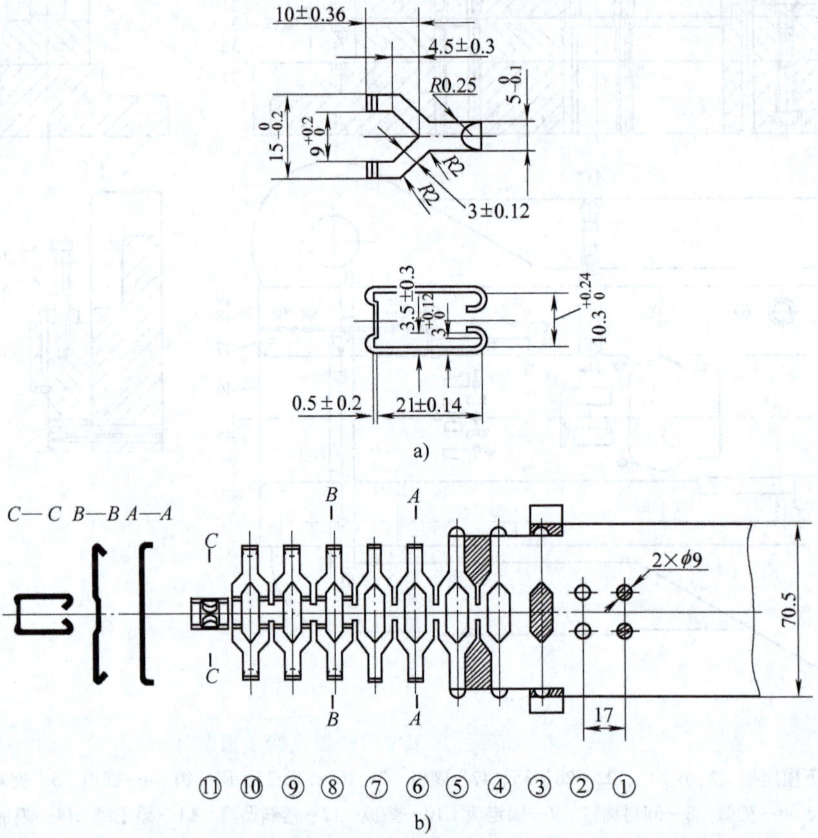

图6-20 弹簧钩零件排样图

a）弹簧钩零件图 b）弹簧钩的排样图

① 冲导正孔 ② 空位 ③ 冲切两端成形余料和中间异型孔 ④ 冲切两侧连接余料 ⑤ 空位 ⑥ 两侧前段弯曲 ⑦ 空位 ⑧ 两前端弯曲成形，中间预压弯 ⑨ 空位 ⑩ 空位 ⑪ 弯曲成形，切断分离

4）采用浮动送料装置减小条料与凹模间的摩擦，四导柱导向保证导向精度。

三、冲裁拉深多工位级进模

冲裁拉深是级进成形工艺中应用最早的一种。在成批或大量生产中，外形尺寸在60mm以内，材料厚度在2mm以下的以拉深成形为主的冲压件均可用带料的级进拉深成形。带料级进拉深是在带料上直接（不截成单个毛坯）进行拉深。零件拉成后才从带料上冲裁下来。因此，这种拉深生产率很高，但模具结构复杂，只有大批量生产且零件不大的情况下才采用。或者零件特别小，手工操作很不安全，虽不是大批生产，但是产量也比较

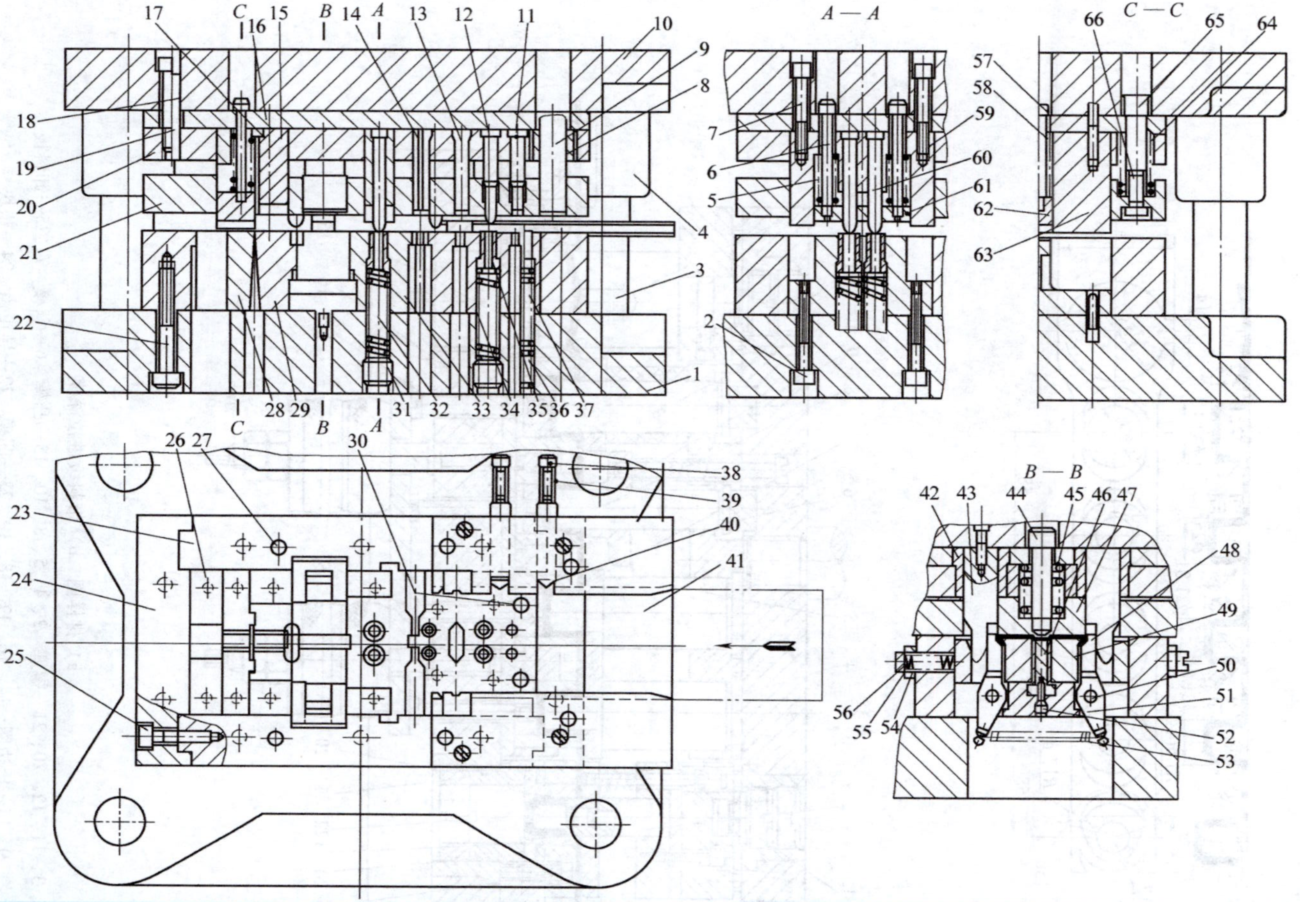

图 6-21 弹簧钩多工位级进模装配图

1—下模座 2、7、19、22、25、52—内六角头螺钉 3—导柱 4—导套 5、32、37、39、45、55、58、64—弹簧 6、57—卸料螺钉 8—小导套 9—小导柱 10—上模座 11—圆凸模 12—导正钉 13—六方凸模 14—异形凸模 15、26—垫块 16—垫板 17—切断凸模 18、27—销钉 20—固定板 21—卸料板 23—围框长条 24—围框端板 28—压弯下模拼块 29—下模垫块 30—柱式浮顶器 31、36—丝堵 33、34—凹模拼块 35—套式浮顶器 38、66—螺钉 40—侧挡块 41—承料板 42—套 43—复合斜楔 44—卸料钉 46—模芯 47—上活动芯 48—摆动凸轮板 49—滑动模块 50—轴 51—座块 53—拉簧 54—六角螺母 56—可调丝堵 59、63—压弯凸模 60—导正销 61、62—预压器 65—螺母

大时，也可考虑采用。

图6-22a所示为采用工艺切口的级进拉深排样图，共六个工位：切口、拉深（共三次）、整形、切断分离。图6-22b所示是其模具结构示意图，采用正装式结构。这副模具的主要特点有：

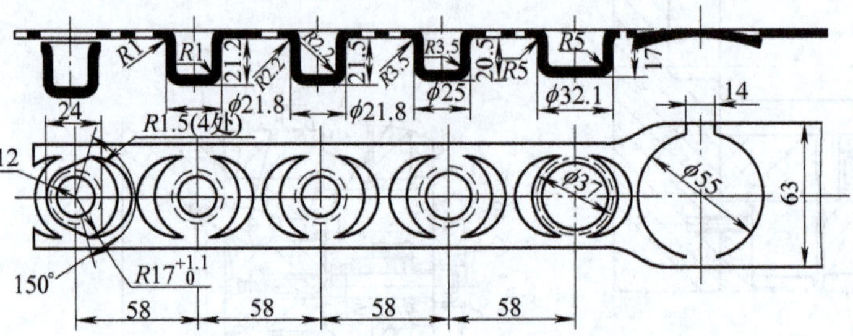

a)

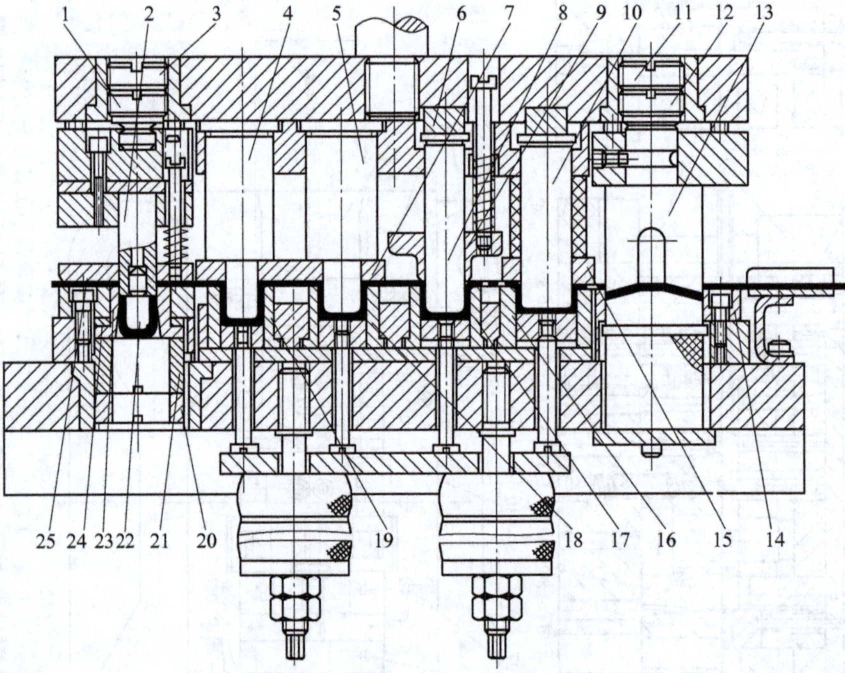

b)

图6-22　带料级进拉深

a）排样图　b）带料级进拉深模

1、3、11、12、20、21—螺塞　2、4、5、8、10、13—凸模　6—斜楔　7、25—卸料板

9、15—压边圈　14、16、17、18、19、23—凹模　22—导正销　24—垫块

1）采用手工送料，开始由目测预定位，一次拉深以后的定位，分别采用压边圈9、凸模4及导正销22插入毛坯来实现。

2）切口凸模13和切断凸模2均以球面与上模板接触，并以螺塞11、12和1、3调节它们的高度。拉深凸模 10、8 利用装在其顶部的斜楔 6 调节其高度。

3）采用正装拉深下出件的方式。

四、落料复位成形多工位级进模

落料复位成形是级进成形工艺中的一种特殊成形工艺。主要应用于一次可以成形的浅拉深件、成形后凸缘需要校平的拉深件，以及弯曲线位于展开料中间部位的中小型弯曲件的冲压。待零件上的孔全部冲出后，在成形前，先将零件的毛坯沿其规定的轮廓进行冲切，但不与条料或载体全部分离，落料凸模切入条料的深度以不超过料厚的 30% 为宜。落料凹模内装有强力顶板，坯料是在凸模与顶板的夹持下进行冲切的，等凸模回程时，顶板将条料再压回条料内（即复位），然后随条料向前移动一个或两个工位再进行成形。成形时零件如果不与条料分离，成形后仍全部或部分位于型孔内，在随后的工位上，由推件凸模将零件从条料型孔内推出。

图 6-23 所示是采用落料复位成形工艺加工库钩的示例。从图 6-23a 所示的排样图可以看出，这副模具能一次加工两个零件。第一工位冲出工件上的所有孔，第二工位落料并弯曲得到第一个零件，第三工位空位，第四工位利用落料复位凸模 10 沿外轮廓进行落料，在上模回程时，落下的料被强力顶料板 15 顶回条料的孔内并随着条料的送进被送到第五工位，第五工位弯曲并推出工件。

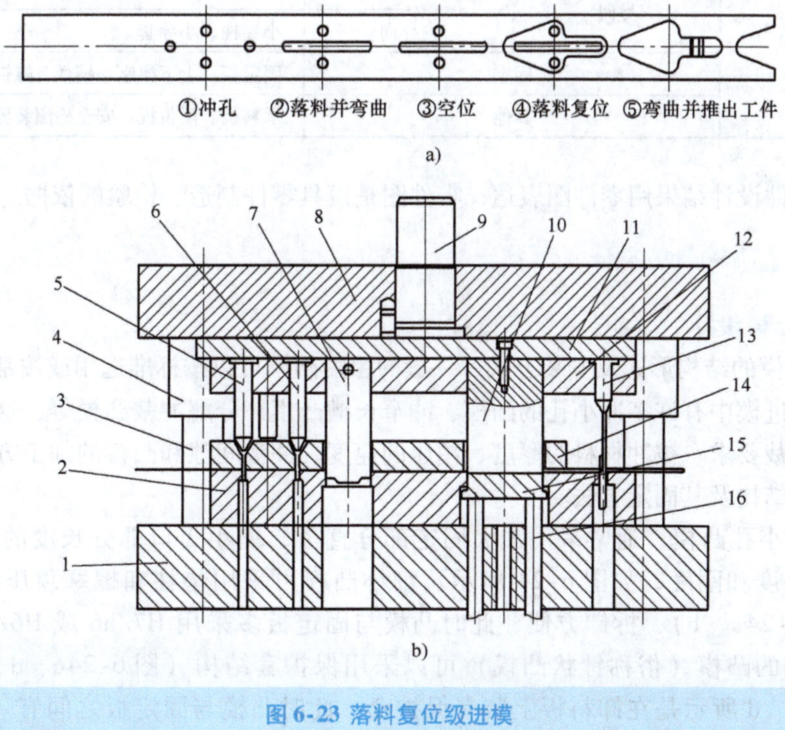

图 6-23 落料复位级进模

1—下模座　2—凹模　3—导柱　4—导套　5、6—冲孔凸模　7—切断弯曲凸模　8—上模座　9—模柄　10—落料复位凸模　11—垫板　12—固定板　13—弯曲凸模　14—卸料板　15—顶料板　16—顶杆

第三节　多工位级进模主要零件设计

多工位级进模主要零件包括：工作零件、定位零件、卸料零件及辅助装置等内容。

一、多工位级进模零件分类

一般多工位级进模由几十个乃至几百个零件组成。按照模具零件在模具中所完成的功能不同，模具零件可以分为工作单元和辅助单元，见表6-1。

表6-1　多工位级进模结构组成

单　元	功　能		主要零件
工作单元	冲压加工		凸模、凹模
辅助单元	卸料		卸料板、卸料螺钉、弹性元件
	定位	X向	挡料销、侧刃、自动送料装置
		Y向	导料板、侧压装置
		Z向	浮顶销等
		精定位	导正销
	导向	外导向	导柱、导套
		内导向	小导柱、小导套
	固定		固定板、上下模座、模柄、螺钉、销钉
	其他		承料板、限位板、安全检测装置等

模具零件设计结果用零件图表达，零件图是模具零件制造、检验的依据。

二、工作零件设计

（一）凸模设计

（1）凸模的结构形式及安装方式　一般的粗短凸模可以按标准选用或按常规设计，而在多工位级进模中有许多冲小孔的凸模、冲窄长槽凸模、分解冲裁凸模等，这些凸模应根据具体的冲裁要求、被冲材料的厚度、冲压的速度、冲裁间隙和凸模的加工方法等因素来考虑凸模的结构及其固定方法。

对于冲小孔凸模，通常采用加大固定部分直径，缩小刃口部分长度的措施来保证小凸模的强度和刚度，如图6-24所示。细小凸模可采用垫柱和螺塞顶压固定的安装结构（图6-24a、b），拆卸方便，此时凸模与固定板多采用H7/h6或H6/h5的配合。对特别细小的凸模（俗称针状凸模）可以采用保护套结构（图6-24c、d、e、f），其中图6-24c、d所示是在卸料板上装有保护套，此时凸模与固定板之间有一定的间隙，需要对卸料板用小导柱、小导套进行导向（图6-25）。

在多工位级进模中，由于高速冲压，冲孔后的废料会随着凸模回程贴在凸模端面上而被带出模具，并掉在凹模表面，若不及时清除将会使模具损坏，设计时应考虑采取一些措施，防止废料随凸模上窜。故对于$\phi2.0$mm以上的凸模应采用能排除废料的

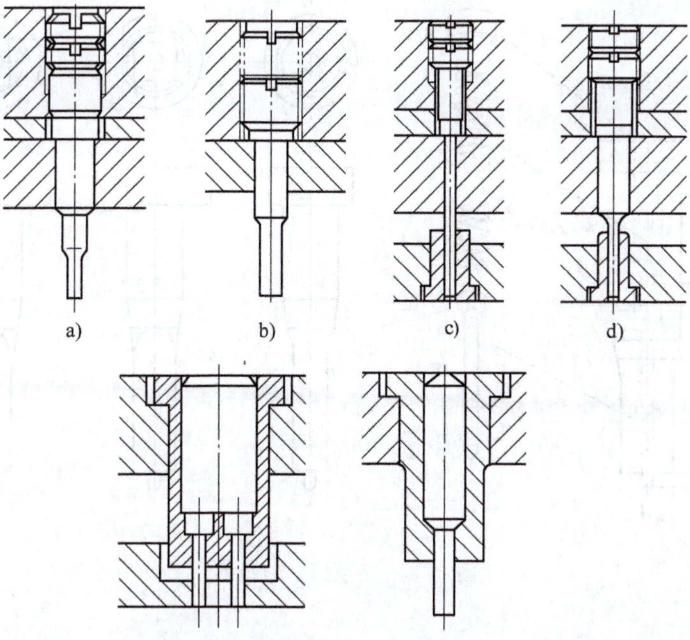

图 6-24　常见的小凸模及其装配形式

结构形式。图 6-26 所示为带顶出销的凸模结构，利用弹性顶销使废料脱离凸模端面，也可在凸模中心加通气孔，减小冲孔废料与冲孔凸模端面间的“真空区压力”，使废料易于脱落。

除了上述冲圆孔凸模外，级进模中还有许多是分解冲裁制件轮廓的冲裁凸模，这些凸模的形状大多不规则，通常采用线切割结合成形磨削的加工方法。图 6-27 所示为成形磨削凸模的 6 种形式，图 6-27a 所示为直通式凸模，常采用的固定方法是铆接和吊装在固定板上。图 6-27b、c 所示是同样断面的冲裁凸模，其考虑因素是固定部分台阶定在单面还是双面，及凸模受力后的稳定性。如图 6-27d 所示两侧有异形凸出部分，凸出部分窄小易产生磨损和损坏，因此结构上宜采用镶拼结构。图 6-27e 所示为一般使用的整体成形磨削带凸起的凸模。图 6-27f 所示为用于快换的凸模结构。

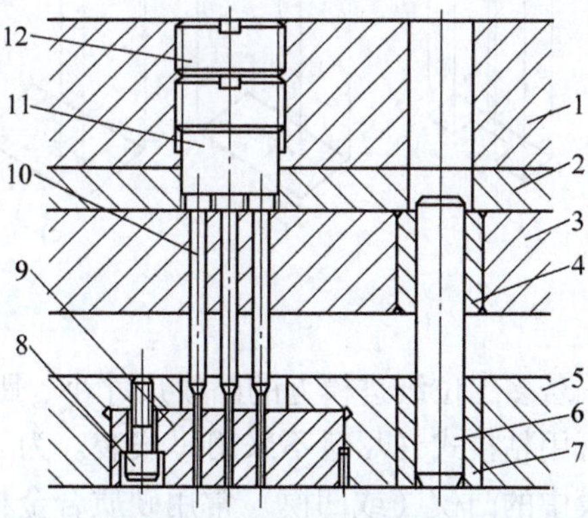

图 6-25　小导柱、导套导向保护细小凸模

1—上模座　2—垫板　3—固定板　4—小导套　5—卸料板　6—小导柱　7—安装套　8—螺钉　9—保护板　10—小凸模　11—垫柱　12—丝堵

图 6-28 所示为上述凸模常用的螺钉固定和锥面压装的固定方法。对于较薄的凸模，可以采用如图 6-29a 所示销钉吊装的固定方法或图 6-29b所示的侧面开槽用压板固定凸模的方法。

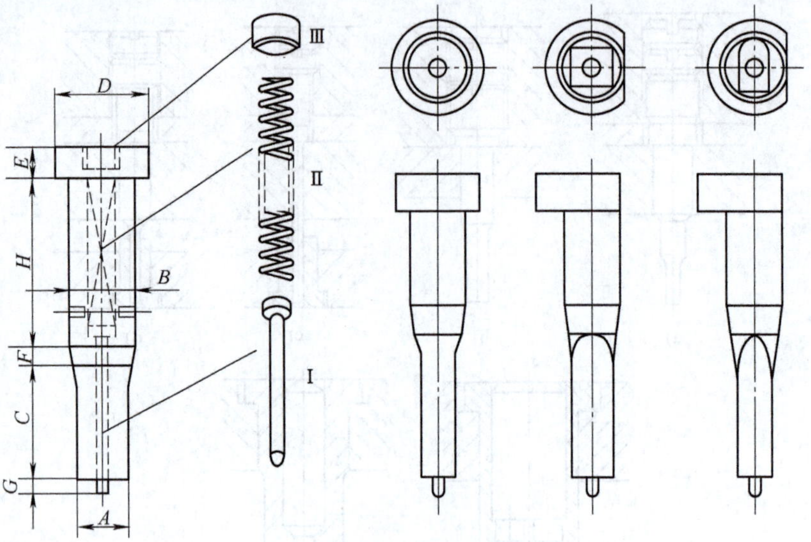

图 6-26 带顶出销的凸模

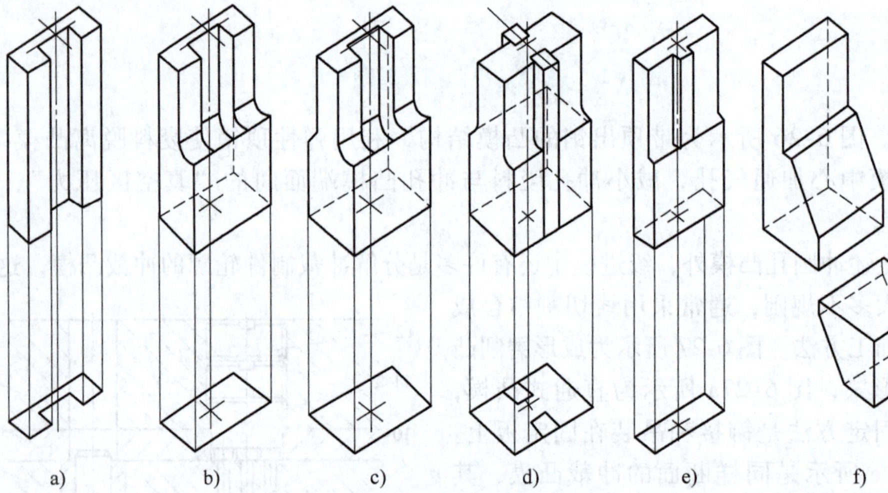

图 6-27 成形磨削凸模

若多工位级进模上的凸模尺寸小、距离近，则可以采用组合式安装，如图 6-30 所示。也可用粘接式（尽量不采用）安装。为了提高模具使用寿命，适应自动化作业，多工位级进模中的凸模（或凹模）常用硬质合金材料，它的安装方式如图 6-31 所示。

需要指出的是，冲裁弯曲多工位级进模或冲裁拉深多工位级进模的工作顺序一般是先由导正销导正条料，待弹性卸料板压紧条料后，开始进行弯曲或拉深，然后进行冲裁，最后是弯曲或拉深工作结束。冲裁是在成形工作开始后进行，并在成形工作结束前完成，所以冲裁凸模和成形凸模高度是不一样的，两者之间有一定的差量，有时甚至要求很严，此时应考虑凸模高度能够可调，以满足其同步性，如图 6-32 所示。

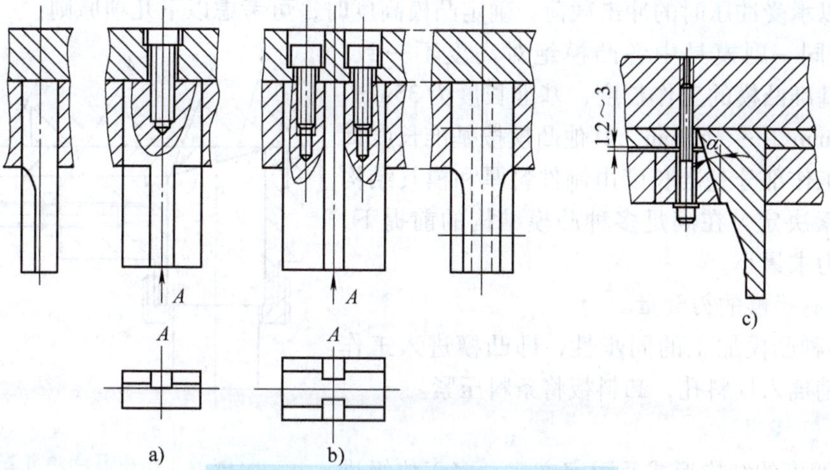

图 6-28　凸模常用的固定方法（一）
a)、b) 螺钉固定　c) 锥面压装

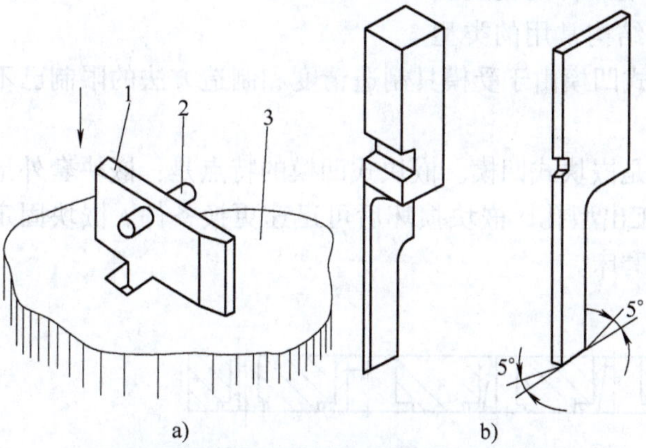

图 6-29　凸模常用的固定方法（二）
a) 销钉吊装　b) 带压板槽的小凸模
1—凸模　2—销钉　3—凸模固定板

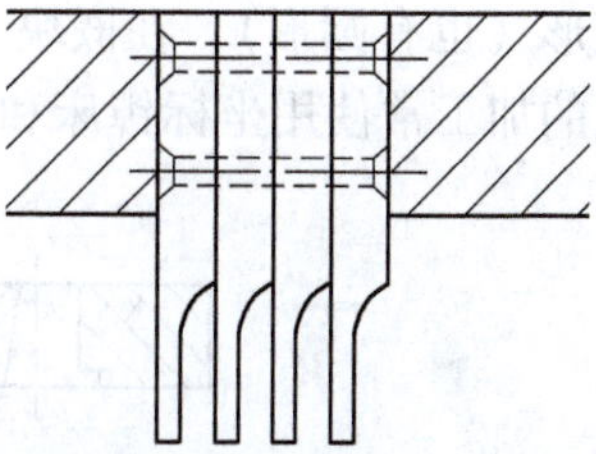

图 6-30　组合式凸模安装

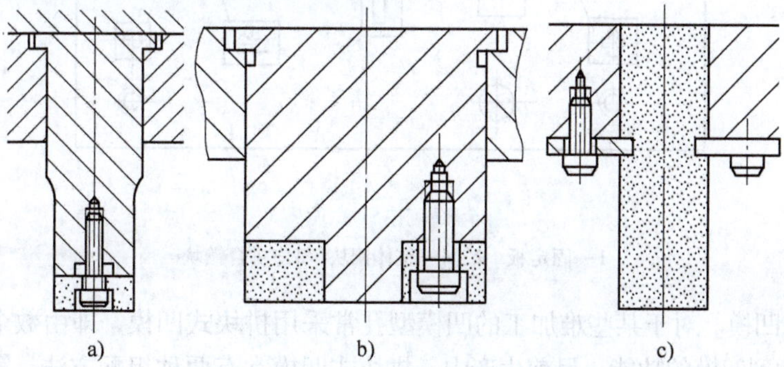

图 6-31　硬质合金凸模的安装与固定

（2）凸模长度　凸模要有合适的长度，以便满足安装、冲压的需要，还要有足够的强度和刚度以承受冲压时的冲击载荷。确定凸模高度时，可考虑以下几项原则：

1）在同一副模具中各凸模绝对高度不一致，应确定一基准凸模的工作长度，基准长度为35mm、40mm、45mm、…、65mm，其他凸模按基准长度计算，凸模工作部分基准长度由制件料厚和模具结构大小等因素决定，在满足多种凸模结构的前提下，基准长度力求最小。

2）应有足够的刃磨量。

3）各种凸模加工的同步性，即凸模进入工作前，导料销插入导料孔，卸料板将条料压紧。

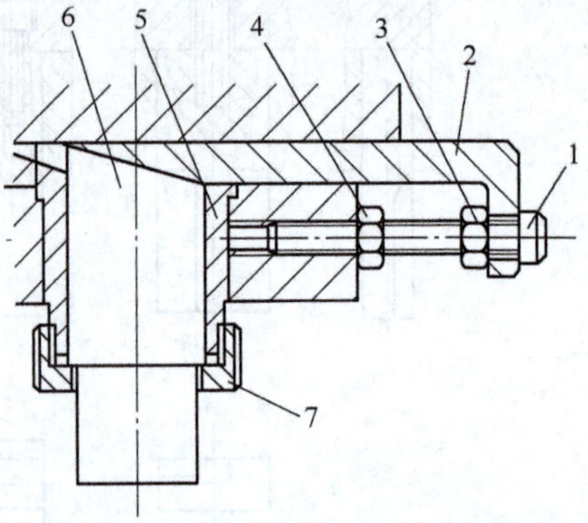

图 6-32　凸模高度的可调装置

1—螺钉　2—调节滑块　3、4—螺母　5—凸模固定套　6—凸模　7—锁紧螺母

（二）凹模设计

（1）凹模的结构形式及固定方式　多工位级进模凹模的设计与制造较凸模更为复杂和困难。凹模板及凹模板组件是否合理，直接影响工件的精度及模具制造、维修的复杂程度。凹模结构常用的类型有整体式、嵌块式和拼块式。整体式凹模由于受模具制造精度和制造方法的限制已不适用于多工位级进模。

1）嵌块式凹模。图6-33所示是嵌块式凹模。嵌块式凹模的特点是：嵌块套外形设计成矩形（也有圆形），在嵌块上加工出型孔，嵌块损坏后可迅速更换备件。嵌块固定板安装孔的加工常使用坐标镗床和坐标磨床。

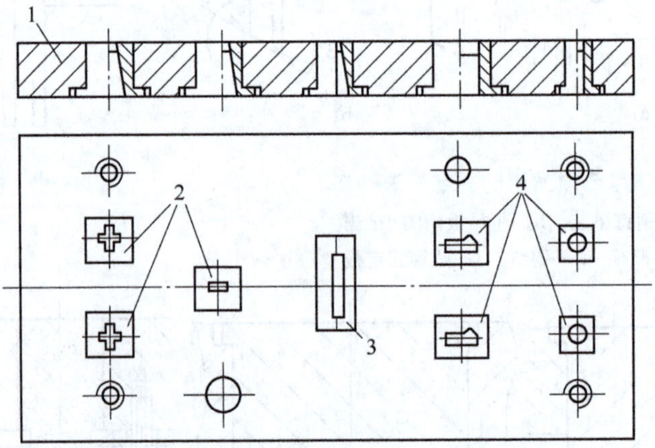

图 6-33　嵌块式凹模

1—固定板　2、4—整体镶块　3—拼合镶块

2）拼块式凹模。对于某些难加工的凹模型孔常采用拼块式凹模，即由数个凹模块组装在凹模容框内，达到凹模的功能。目前生产中，拼块式凹模常有两种组配方法，第一种组配方法称拼合组配法，如图6-34所示，即首先在一模块上分别加工（常用线切割）出一个或多个封闭形状的凹模刃口作为凹模组件，然后将这些凹模组件按要求的位置关系装配在凹模容框内，并在下面加整体垫板以组成整体凹模（图6-34a），或者直接将凹模组件组合成并列组合式凹模

(图6-34b)。另一种组配方法称成形磨削组配法，如图6-35所示。它充分利用成形磨削加工工艺加工各模块的外形，由这些模块的外形组成各冲切工位的凹模刃口（即将凹模刃口的内形加工变为各模块的外形加工），再将这些加工好的模块按一定的位置要求装在凹模容框内，也需在下面加整体垫板，这种组配方法制造方便，加工精度高，无论是型孔精度还是孔距精度都十分精确，且模具使用寿命也长，故目前在生产中应用广泛。

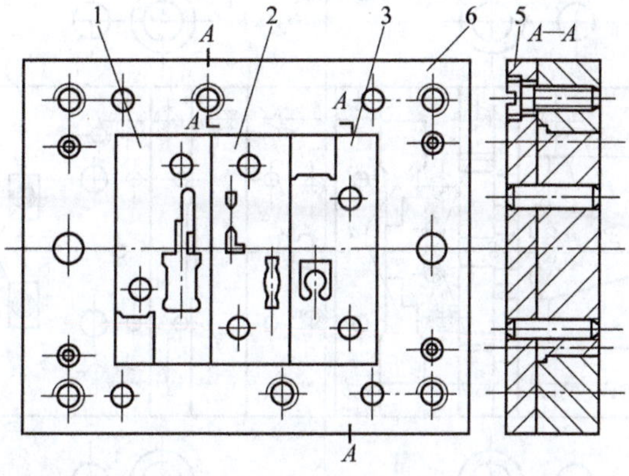

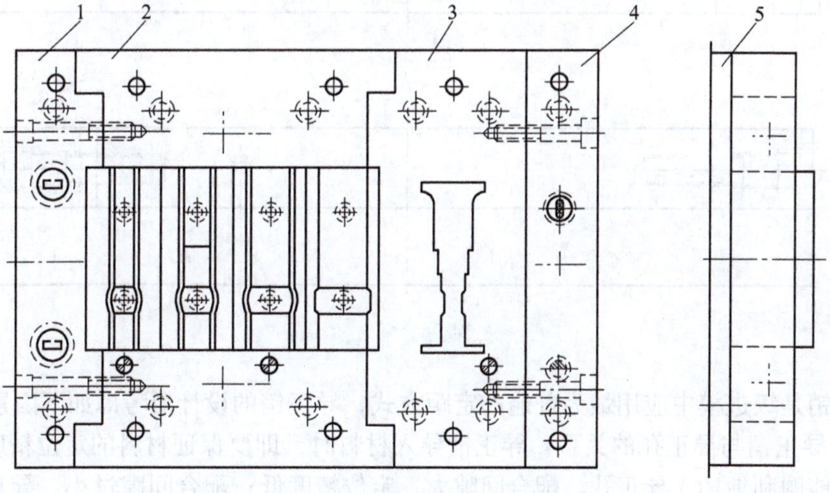

图6-34　凹模拼合组配法

a）凹模组块装配在凹模容框　b）并列组合式凹模

1、2、3、4—凹模拼块　5—垫板　6—凹模容框

（2）凹模外形尺寸的确定　级进模的外形都为矩形，因此主要是确定凹模厚度和长宽尺寸，需从刃口受力情况、刃口轮廓长度、成形工序的形成要求及固定方法等方面进行综合考虑，具体的可参阅有关资料。

三、定位机构设计

多工位级进模中对工序件的定位包括定距、导料和浮顶。

(一) 定距机构设计

定距常见的有三种形式，即导正销和侧刃配合使用；导正销和自动送料装置配合使用；导正销、侧刃和自动送料装置配合使用。其中起精确定距的是导正销。下面着重介绍导正销的设计要点。

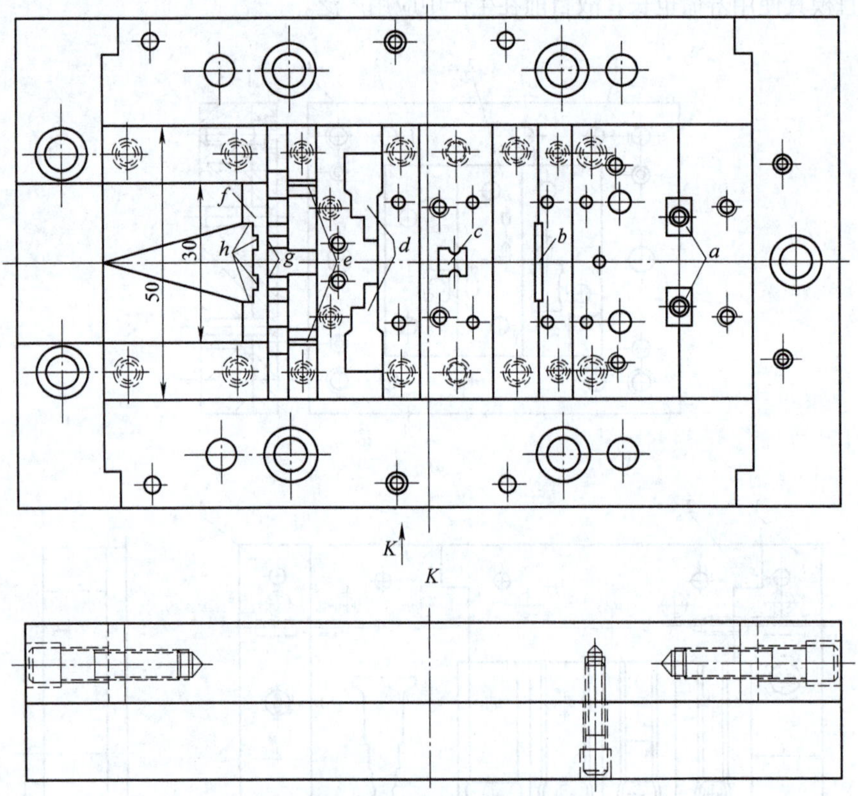

图 6-35 凹模成形磨削组配法

导正销是级进模中应用最为普遍的定距方式，导正销的设计要考虑如下因素：

(1) 导正销与导正孔的关系 导正销导入材料时，即要保证材料的定位精度，又要保证导正销能顺利地插入导正孔。配合间隙大，定位精度低；配合间隙过小，导正销磨损加剧并形成不规则形状，从而又影响定位精度，导正销的直径见表 6-2。

表 6-2 导正销直径

t/mm	导正销直径	备注
≤0.5	$D = d_p - 0.125t$	步距精度有严格要求
>0.5	$D = d_p - 0.035t$	步距精度无严格要求
≥0.7	$D = d_p - 0.02t$	步距精度有严格要求

注：d_p—冲导正销孔凸模直径。

(2) 导正销的伸出量 导正销的前端部分应伸出于卸料板的下平面，如图 6-36 所示。伸出量 x 的取值范围为 $0.6t < x < 1.5t$（t 是板料厚度）。薄料取较大的值，厚料取较小的值，当 t = 2mm 以上时，$x = 0.6t$。

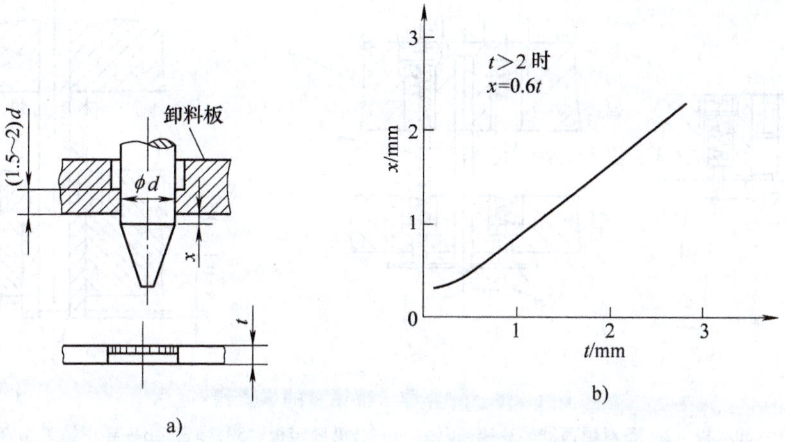

图 6-36　导正销的伸出量

a）导正销与卸料板的尺寸关系　b）导正销伸出长度与料厚的关系

（3）导正销的头部形状　导正销的头部形状从工作要求来看分为引导和导正部分，根据几何形状可分为圆弧和圆锥头部，详细的结构见本书第二章。

（4）导正销的固定方式　图 6-37 所示为导正销的固定方式，图 6-37a 所示为导正销安装在固定板或卸料板上，图 6-37b 所示为导正销安装在凸模上。

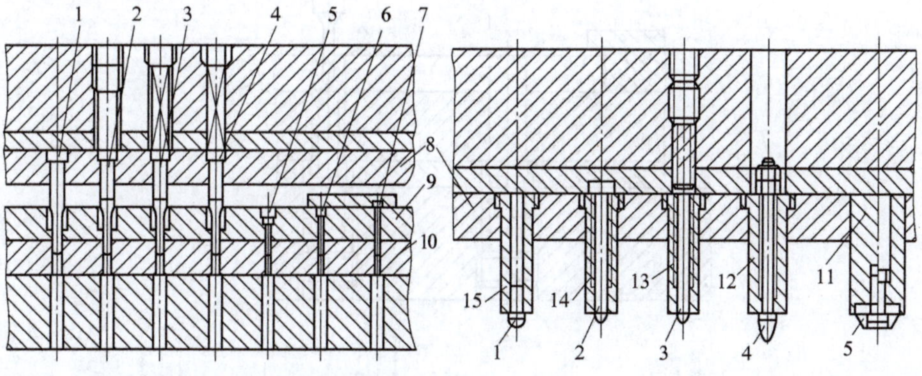

图 6-37　导正销的固定方式

a）导正销安装在固定板或卸料板上　b）导正销安装在凸模上

1、2、3、4、5、6、7—导正销　8—固定板　9—卸料板　10—凹模　11、12、13、14、15—凸模

为防止导正销带起条料，影响条料的正常送进，可在导正销头部设置弹顶器，如图 6-38所示。

当导正销在一副模具中多处使用时，其伸出长度 x、直径尺寸和头部形状必须保持一致，以使所有的导正销承受基本相等的载荷。

（二）导向与浮顶装置设计

多工位级进模依靠送料装置的机械动作，把带料按设计的步距尺寸送进模具实现自动冲压。由于带料经过冲裁、弯曲、拉深等变形后，在条料厚度方向上会有不同高度的弯曲

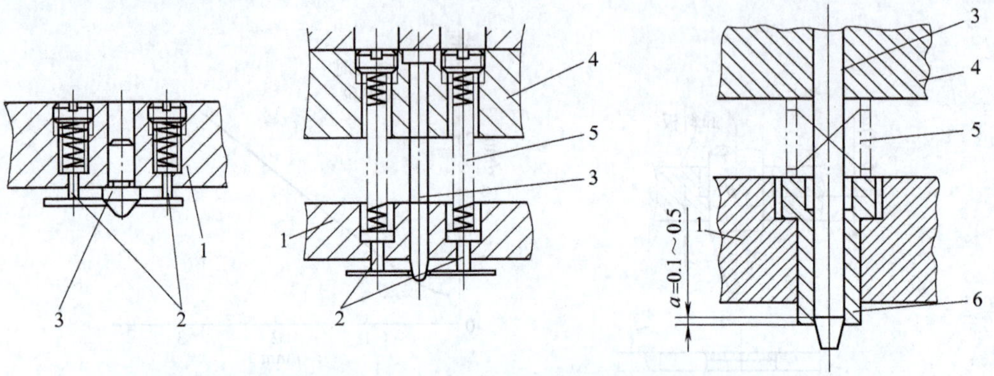

图 6-38　配合导正销设置的弹顶器

1—卸料板　2—条料弹顶器　3—导正销　4—凸模固定板　5—弹簧　6—导正销弹顶套

和凸起，为了顺利送进带料，必须将已经成形的带料顶起，使凸起和弯曲的部位离开凹模洞壁并略高于凹模工作表面，这种使带料顶起的特殊机构称浮顶装置，该机构往往和带料的导向零件共同使用构成条料的导向系统。

（1）浮顶装置的结构　图 6-39 所示是常用的浮顶器结构，由浮顶销、弹簧和螺塞组成。浮顶器提升带料的高度取决于制品的最大成形高度，具体的尺寸关系如图 6-40 所示。

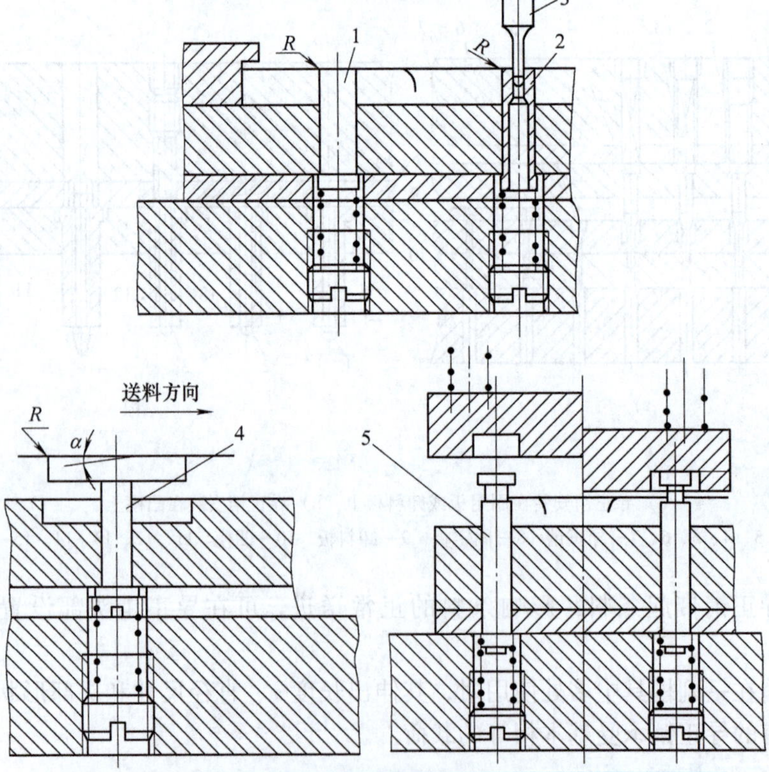

图 6-39　浮顶器结构

1—普通浮顶销　2—浮顶套　3—导正销　4—浮顶块　5—槽式浮顶销

（2）浮顶装置的类型　常见的浮顶装置有三种类型。

1）普通浮顶器（图6-40）。这种浮顶器只起浮顶带料离开凹模平面的作用，因此可以设在任意位置，但应注意尽量设置在靠近成形部位的材料平面上，浮顶力大小要均匀、适当。

2）套式浮顶器（图6-41）。这种浮顶器除了浮顶条料离开凹模平面，还兼起保护导正销的作用，应设置在有导正销的对应位置上。冲压时，导正销进入套式浮顶销的内孔。

3）槽式浮顶器（图6-42）。这种浮顶器不仅起浮顶带料离开凹模平面的作用，还对带料进行导向，此时模具局部或全部长度上不宜安装导料板，而是由装在凹模工作型孔两侧（或一侧）、平行于送料方向、装有带导向槽的槽式浮顶销进行导料。

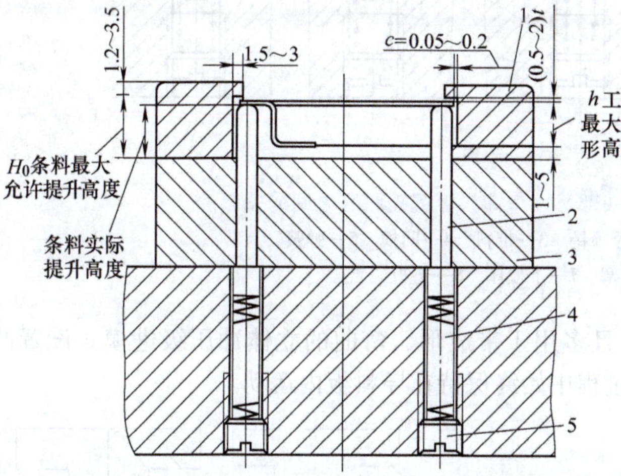

图6-40　普通浮顶器

1—带凸台导料板　2—浮顶销　3—凹模　4—弹簧　5—螺塞

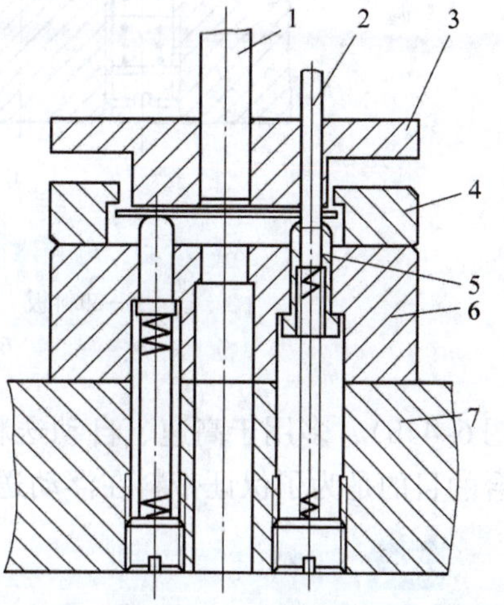

图6-41　套式浮顶器

1—凸模　2—导正销　3—卸料板　4—带凸台导料板　5—套式浮顶销　6—凹模　7—下模座

槽式浮顶器在设计中最重要的是槽式浮顶销的结构设计和卸料板凹坑深度的确定。图6-43a所示是带料送进时的工作位置，当送料结束，上模下行时，卸料板1的凹坑底面首先压缩浮顶销2，使带料3与凹模4平齐并开始冲压。当上模回升时，弹簧将浮顶销推至最高位置，准备进行下一步的送料导向。图6-43b、c所示是常见的设计错误，前者卸料板凹坑过深，造成带料被压入凹坑内；后者是卸料板凹坑过浅，使带料向下被挤入与浮顶销配合的孔内，因此，设计时必须注意尺寸的协调。

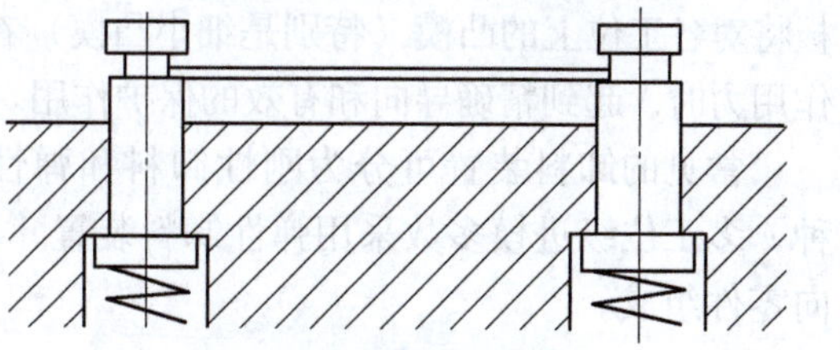

图6-42　槽式浮顶器

（3）导料板　多工位级进模与普通冲裁模一样，也用导料板对带料沿送进方向进行导向，它安装在凹模上平面的两侧，并平行于模具中心线。多工位级进模中的导料板有两种形式，一种为普通型的导料板，如图6-44a所示，其结构及工作原理与普通模具相同，主要适用于低速、手工送料，且为平面冲裁的级进模；另一种为带凸台的导料板（见

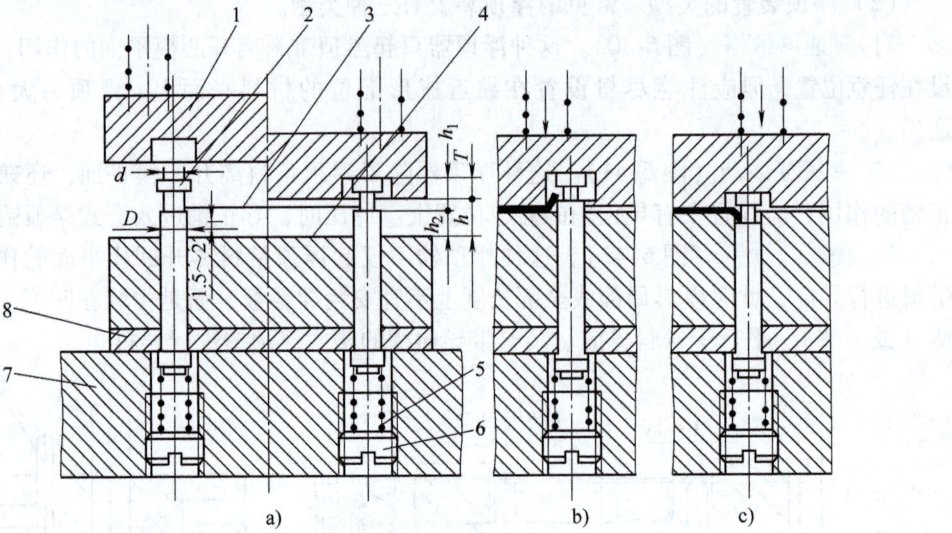

图 6-43 槽式浮顶器头部尺寸与卸料板沉孔深度之间的关系
1—卸料板 2—浮顶销 3—带料 4—凹模 5—弹簧
6—螺塞 7—下模座 8—垫板

图 6-44b），多用于高速、自动送料，且多用于带成形、弯曲的立体冲压级进模。设置凸台的目的是为了保证带料在浮动送料过程中始终保持在导料板内运动。

四、卸料装置设计

卸料装置是多工位级进模结构中的重要部件，它的作用除冲压开始前压紧带料，防止各凸模在冲压时由于先后次序的不同或受力不均而引起带料窜动，并保证冲压结束后及时平稳地卸料外，更重要的是卸料板将对各工位上的凸模（特别是细小凸模）在受侧向作用力时，起到精确导向和有效的保护作用。

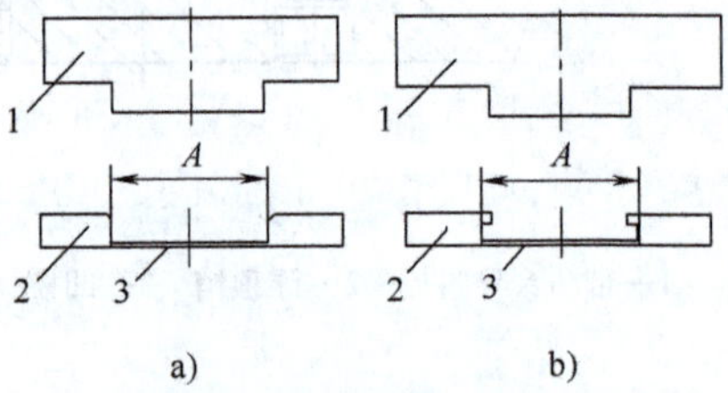

图 6-44 两种导料板
a）普通导料板 b）带凸台导料板
1—卸料板 2—导料板 3—条料

常见的卸料装置可分为刚性卸料和弹性卸料两种，多工位级进模多数采用弹性卸料装置，主要由卸料板、弹性元件、卸料螺钉和辅助导向零件组成。

（一）卸料板的结构

多工位级进模的弹压卸料板，由于型孔多、形状复杂，为保证型孔的尺寸精度、位置精度和配合间隙，多采用分段拼装结构固定在一块刚度较大的基体上。图 6-45 所示是由 5 个拼块组合而成的卸料板。基体按基孔制配合关系开出通槽，两端的Ⅰ、Ⅴ两块按位置精度的要求压入基体通槽后，分别用螺钉、销钉定位固定，中间Ⅱ、Ⅲ、Ⅳ三块拼块经磨削加工后直接压入通槽内，仅用螺钉与基体联接，安装位置尺寸采用对各分段的接合面进行研磨加工来调整，从而控制各型孔的尺寸精度和位置精度。

（二）卸料板的导向形式

由于卸料板有保护小凸模的作用，所以要求卸料板有很高的运动精度，为此要在卸料

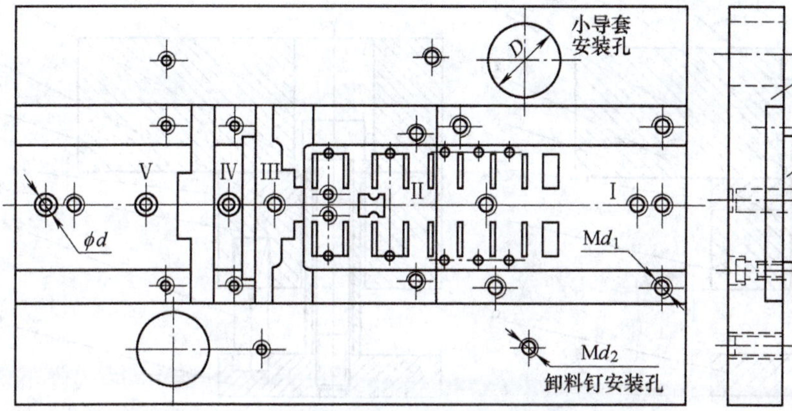

图 6-45　拼块组合式弹压卸料板

板与上模座之间增设辅助导向零件——小导柱和小导套，如图 6-46 所示。当冲压材料比较薄，且模具的精度要求较高，工位数又比较多时，应选用滚珠式导柱导套。

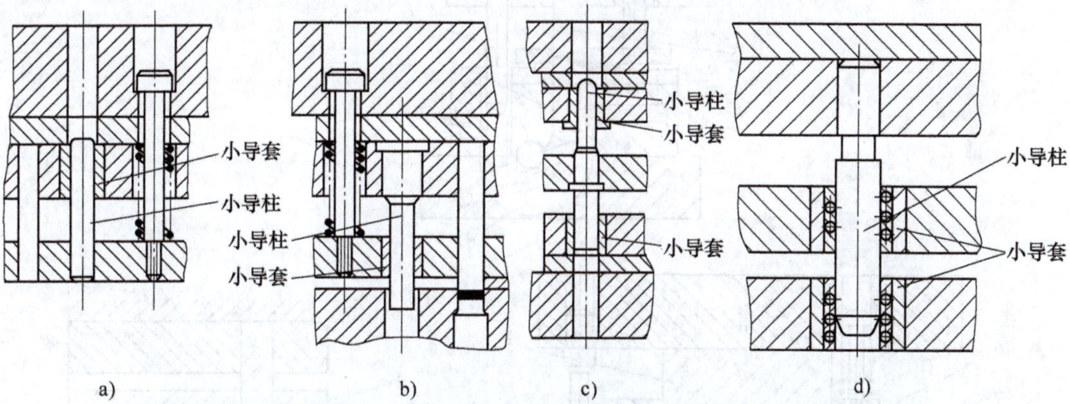

图 6-46　卸料板的辅助导向形式

a）小导柱安装在卸料板上　b）小导柱安装在固定板上　c）小导柱安装在上模座上
d）两头导向的小导柱安装在卸料板上

（三）卸料板的安装形式

图 6-47 所示是目前多工位级进模中广泛应用的卸料板的连接形式，这种连接组件由螺钉、套管和垫片组成，螺钉的工作长度由套管的高度保证。这一结构已形成标准《定距套件》JB/T 7650.7—2008，使用时直接查阅标准即可。

五、冲压方向的转换机构设计

在级进弯曲或其他成形工序冲压时，往往需要对制件某一部位或某些部位进行水平冲压（称为侧冲），或者由凸模（或凹模）反向冲压（称为倒冲），即凸模（或凹模）由下向上运动完成冲压加工，因此需将压力机滑块的垂直向下运动，转化成凸模（或凹模）向上或水平等不同方向的运动，以实现不同方向的成形。完成侧向冲压加工的机构，主要是靠斜楔和滑块机构来实现。完成倒冲冲压加工的机构，主要由杠杆机构来实现，也可用斜

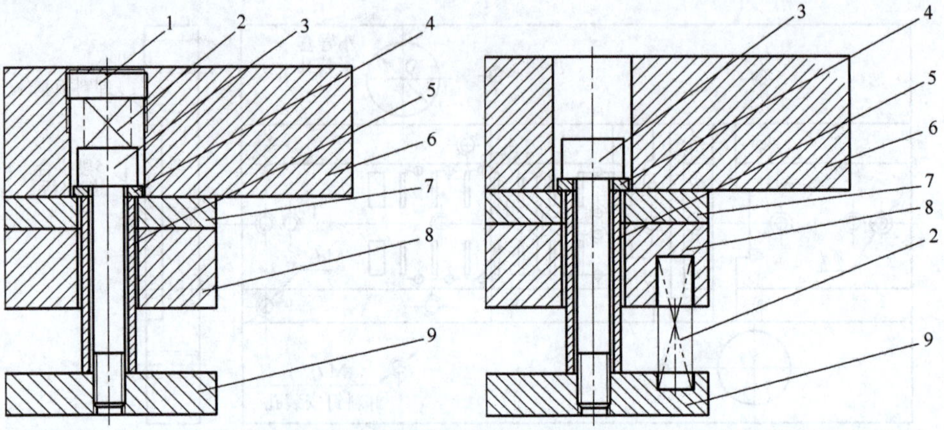

图 6-47　卸料板安装形式

1—螺塞　2—弹簧　3—螺钉　4—垫圈　5—套管　6—上模座　7—垫板　8—固定板　9—卸料板

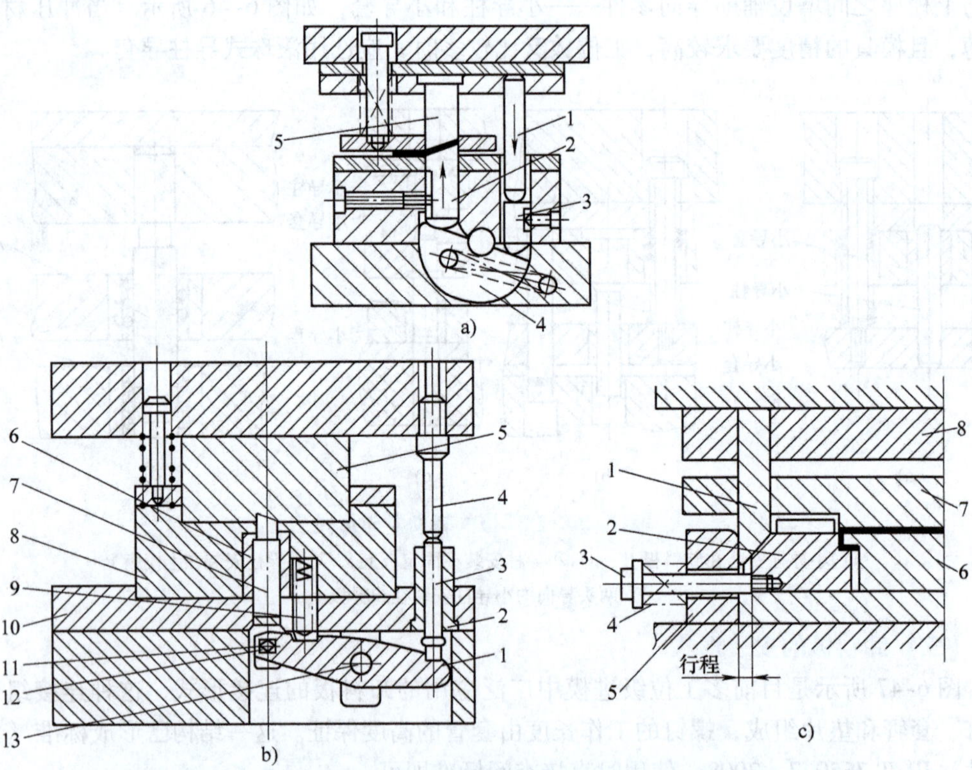

图 6-48　冲压方向转换机构

a）摆块机构

1—主动杆　2—凸模　3—从动杆　4—摆块　5—上模

b）杠杆机构

1—杠杆　2—导向套　3—从动杆　4—主动杆　5—上模　6—护套　7—冲头　8—凹模　9—弹簧　10—垫板　11、13—轴　12—轴套

c）斜滑块机构

1—斜楔　2—滑块　3—螺钉　4—弹簧　5—挡块　6—凸模　7—压板　8—固定板

楔和滑块机构来实现。如图 6-48 所示。图 6-48a 所示是用摆块机构向上成形；图 6-48b 所示是利用杠杆摆动转化成凸模向上的直线运动，实现冲切或弯曲，图 6-48c 所示是采用斜滑块机构进行加工。

图 6-49 所示是侧向冲孔模具结构示意图，其中图 6-49a 所示采用的是固定卸料结构，图 6-49b所示采用的是弹性卸料结构。

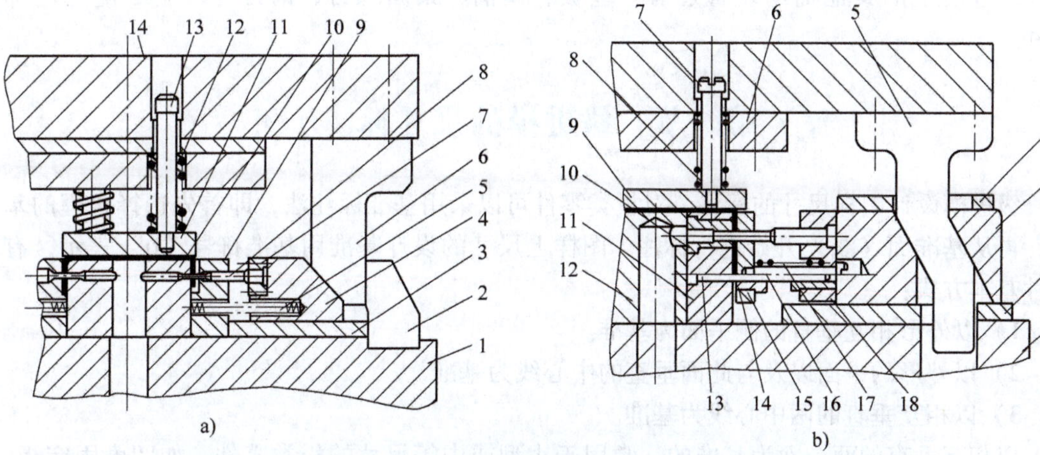

图 6-49 侧向冲孔模具结构示意图

a）固定卸料结构

1—下模座 2—挡块 3—垫板 4—斜滑块 5、12—弹簧 6—斜楔 7—固定板 8—凸模 9—卸料板 10—凹模 11—压料板 13—卸料螺钉 14—上模座

b）弹性卸料结构

1—下模座 2—垫板 3—滑块 4—盖板 5—斜楔 6、11、18—固定板 7、16—卸料螺钉 8、17—弹簧 9—压料板 10—凹模 12—凹模座 13—小导柱 14—小导套 15—卸料板

六、辅助装置

（一）模架

多工位级进模的模架应具有足够的刚度和强度，并保证工作时运动平稳。大型模具应采用六导柱或四角导柱模架。在普通压力机上工作的小型模具，可以选用对角导柱模架。根据模架上导柱与导套的配合间隙，将模架分为三类：

一级 超精级模架 0.003 ~0.005mm

二级 精密级模架 0.005 ~0.010mm

三级 普通级模架 0.013 ~0.023mm

选用时应考虑冲裁间隙、零件的精度要求和模具的复杂程度等。

（二）固定板

固定板的主要作用是固定凸模，多工位级进模的固定板还可在其相应位置安装导正销、斜楔、弹性卸料装置、小导柱和小导套等，因此固定板应具有足够的厚度和一定的耐磨性。固定板厚度可按凸模设计长度的 40% 选用。一般级进模固定板可选用 45 钢，淬火硬度 43 ~45HRC，精度要求高的级进模，固定板应选用 T10A、CrWMn 等，淬火硬度 52 ~

56HRC，在低速冲压，各凸模无需经常拆卸时，固定板可以无需淬火。

固定板的结构有整体式、分段式和镶拼式等，整体式固定板适合于工位不多的小型多工位级进模；分段式的每段固定板可以分开制造、热处理，并可分别固定，各段固定板间距离调整方便；镶拼式固定板是用若干拼块和镶件拼合成固定板中的一个个安装型孔，所有拼块拼合后，由镶条构成的围框紧固而成，尤其适用于硬质合金的级进模。

级进模中的其他辅助装置还有：垫板、模柄、紧固螺钉、销钉等，应尽量选用标准件。

第四节　级进模的尺寸标注

级进模设计图样尺寸的标注，对板类零件可以采用基准标注法，即首先选择合理的基准，再从基准面（线）开始进行标注。图样上尺寸的设计基准用基准符号“0”表示，有三种基本方式：

1）以外形相互垂直的侧平面为基准。

2）以外形的一面以及与此面垂直的中心线为基准。

3）以相互垂直的两中心线为基准。

以相互垂直的两个面为基准的，常用于小型或中等尺寸的板类零件，如凹模固定板、卸料板等，可以采用从零开始单向递增标注尺寸，如图6-50a所示。以外形的一面以及与此面垂直的中心线为基准的，多用于对一坐标轴对称的板件或凸、凹模工作部分尺寸的标注，对于板件在非对称方向的尺寸仍从“0”开始计量，用单向递增的标注法，如图6-50b所示。以中心线为基准的，广泛应用于有对称要求的板件或圆形零件，也是机械加工中常用的一种基准。可以中心线为零双向标注“+”和“-”的尺寸（“+”和“-”可以省略），也可双向对称标注尺寸，如图6-50c所示。上述方法一般是标注位置尺寸，各型孔本身的尺寸可直接标注在型孔上或采用移出标注法，如图6-51所示。

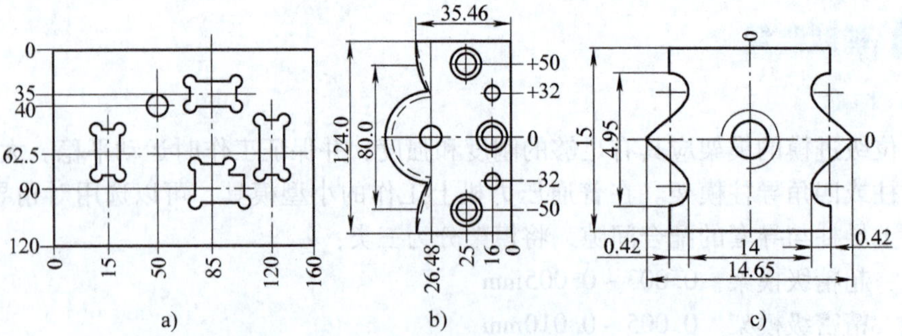

图6-50　级进模基准选择示例

a）直角面为基准　b）一侧及与此垂直的中心线为基准　c）中心线为基准

尺寸精度标注时，为了简化标注，并为采用数控机床加工提供方便，以及为提高模具精度和达到互换性要求，同时提高图面的清晰度，在设计图样上采用分类统一精度要求。对于统一精度的尺寸，图样上省去标注公差，而是用所标注的代表精度等级的基准符号“0”“0.0”“0.00”“0.000”来表示，小数点后不同的位数代表不同的精度等级，每一种精度等级按照尺寸分段有不同的允许公差值。

需要说明的是关于级进模精度的标注没有统一的标准，各个厂家有自己的标注方法，如有的公司采用未注公差的形式，即图样上不标注公差值，只标注尺寸，公差值以说明的形式写在图样的相应处，这也是国际上比较通用的一种方法。

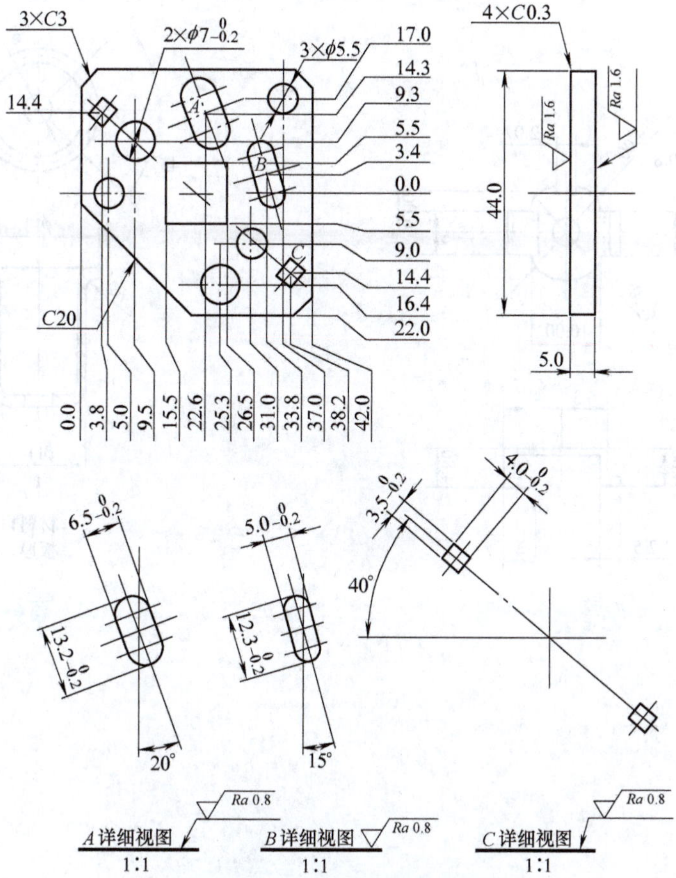

图 6-51　级进模尺寸标注示例

思考与练习题

6-1　简述多工位级进模的特点及类型。

6-2　为什么排样设计是多工位级进模设计的关键？

6-3　简述多工位级进冲压排样设计的一般原则。

6-4　什么是载体？简述常见的载体种类和应用范围。

6-5　简述冲切刃口设计的一般原则。

6-6　简述常见搭接头的形式及应用范围。

6-7　什么是空工位？级进模中设置空工位的目的是什么？

6-8　多工位级进冲压时带料的定位方式有哪些？

6-9　多工位级进模的凸模固定要考虑哪些问题？常用的固定形式有哪些？

6-10　多工位级进模中凹模的基本结构有哪几种？各有何特点及应用？

6-11　在多工位级进模中，导料装置的结构形式有哪几种？设计带槽式浮顶销的导料装置应注意哪些问题？

6-12 多工位级进模中的卸料板的导向装置有哪几种结构形式？各用于何种场合？

6-13 试完成图 6-52 所示零件的排样设计，并绘制模具结构图。

6-14 试完成图 6-53 所示零件的排样设计。

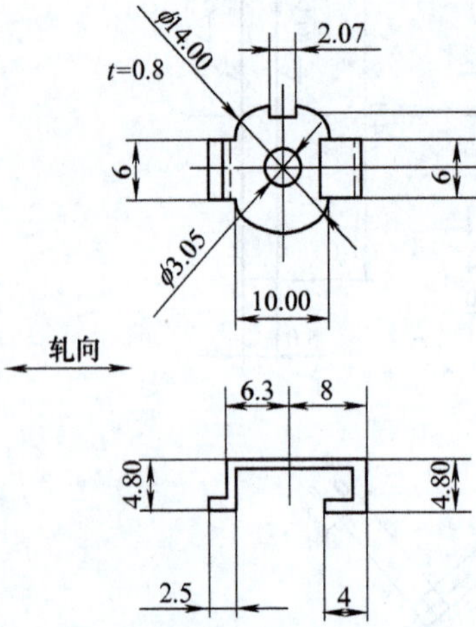

图 6-52 题 6-13 图

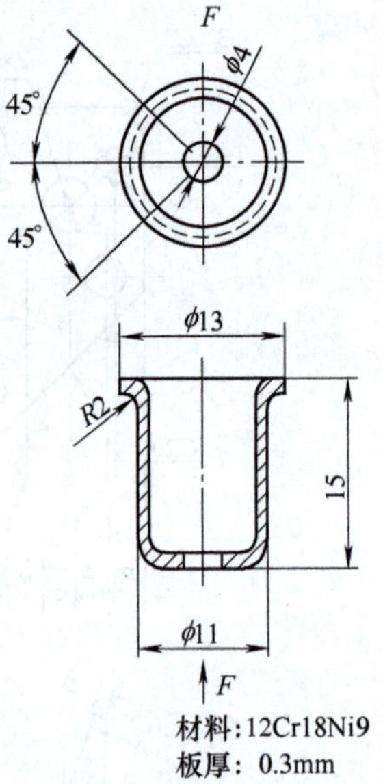

图 6-53 题 6-14 图

第七章 简易冲模设计

在冲压生产中，由于各行各业对冲压件的质量要求以及所需冲压件的批量大小不同，因而在进行模具的结构设计以及选用模具材料时，应根据冲压件的质量要求以及批量大小而定，在保证冲压件质量的前提下，尽量缩短制模周期、降低制模成本，以获得更好的技术—经济指标。

简易冲模是指在模具结构及制造工艺等方面比相对应的一般冲模要简易，是一种经济实用的冲压模具。目前在生产实践中已获得广泛应用的简易模具主要有：聚氨酯橡胶模、铋锡低熔点合金模、锌基合金模、钢带冲模、板模以及组合冲模等。这类模具的共同特点是：结构简单、成本低、制备周期短，因而对新产品试制及多品种、中小批量生产很有实用价值。

第一节 聚氨酯橡胶模

橡胶模具是将凸、凹模之一改用橡胶来代替的一种模具。对冲裁模而言，落料时用橡胶作凹模，冲孔时用橡胶作凸模，与它们配合使用的凸模或凹模仍为钢模。聚氨酯橡胶是一种人工合成的高分子材料，它具有很高的耐磨损和抗切割能力，其性能介于橡胶和塑料之间。由于它是一种弹性体，在封闭容框内受压时，具有液体在各个方向上传递的单位压力相同的性质。因此对于被冲压制件来说，只要一定的单位压力，就能使封闭弹性体产生很小的变形，便能冲出精度高、毛刺小、质量稳定的制件。利用聚氨酯橡胶模具可以完成落料、冲孔、弯曲及各种成形的冲压工序。

一、聚氨酯橡胶的性能

聚氨酯橡胶根据邵氏硬度的不同分为多个牌号，高硬度聚氨酯橡胶能产生较高的单位压力和剪切力，具有一定的弹性，耐冲击，主要用于冲裁模，在工作中其压缩量不大于5%。

低硬度聚氨酯橡胶具有较高流动性和韧性，在压缩较大的情况下，不产生永久变形，主要用于各种成形模和弹性元件，其压缩量不大于10%～35%。

各种聚氨酯橡胶都有较好的耐磨、耐油、耐老化及抗撕裂性能，与天然橡胶相比，耐磨性和耐油性高出数倍。

二、聚氨酯橡胶冲裁模

图7-1所示为聚氨酯橡胶冲裁模的落料过程。聚氨酯橡胶压入容框内代替冲裁凹模，在冲裁过程中处于密封状态（图7-1a）。当滑块下行时，橡胶受到钢制凸模的压力，就以同样的反压力迫使材料沿着凸模外形周边发生弯曲、拉伸，并在凸模的刃口处产生塑性变形（图7-1b）。当压力机滑块继续下行，被冲材料受到的橡胶压力超过其本身抗剪强度时，沿凸模四周边便产生裂纹，随之就断裂分离（图7-1c）。

橡胶的单位压力与冲件材料厚度成正比，即制件材料薄，橡胶压缩量小，单位压力减小；冲制材料厚，橡胶压缩量大，单位压力较大。聚氨酯橡胶冲裁模许用的制件厚度，一般以0.5mm以下为宜，对钢板最大不超过1mm，对铝最大不超过1.5mm。利用聚氨酯橡胶可以冲裁钢和有色金属，也可以冲裁非金属塑料薄膜、绝缘纸等。

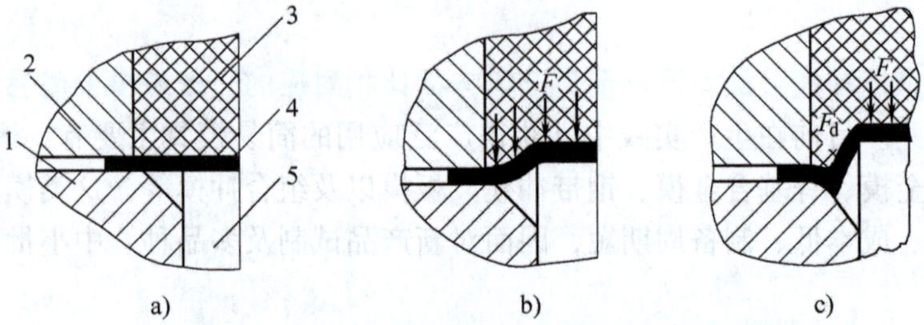

图7-1 聚氨酯橡胶冲裁模的落料过程

1—卸料板 2—容框 3—橡胶 4—冲件 5—钢制凸模

在冲裁过程中，由于橡胶始终把冲压件压在凸模上，故制件很平整。此外由图7-1b所示可知，橡胶紧贴着凸模刃口流动，为无间隙冲裁，制件基本无毛刺。

图7-2所示是一副倒装式聚氨酯落料冲孔复合模。落料凹模和冲孔凸模由聚氨酯橡胶14代替，冲裁件精度由凸凹模12决定。活动式压料板15在冲裁时起压料作用，回程时将条料从凸凹模上卸下。由于工件比较厚，所以其顶杆16由弹簧17推动。作落料凹模的聚氨酯模垫14是装在容框6内的整体聚氨酯平板，容框尺寸比凸凹模每边大0.5~1.5mm，对于复杂形状的落料件，容框与凸模仿形即可，聚氨酯垫应比容框大0.5mm，以少量的过盈装入容框内。这种模具结构形式不存在修配凸、凹模的间隙问题，从而使模具制造工时大大下降。

在冲孔模和复合模设计中，钢制凹模型腔内应设置顶杆，顶杆的形式及其参数如图7-3所示。图中所示为各种顶杆的下极限位置，冲裁完毕后，由上顶出冲孔的废料。设置此顶杆更重要的原因是用其来控制聚氨酯的变形情况，以保证凹模刃口处板料受力合理，即使应力集中于刃口处，使板料产生应力集中并分离，从而可以获得高质量的冲裁件，如图7-4所示。常用顶杆的几何参数可参考表7-1选取。

在设计聚氨酯橡胶冲裁模时，作为工作元件的橡胶模垫，一定要选用硬度在95A以上的聚氨酯橡胶，因为硬度高才能提供大的冲裁力和获得较高的使用寿命。

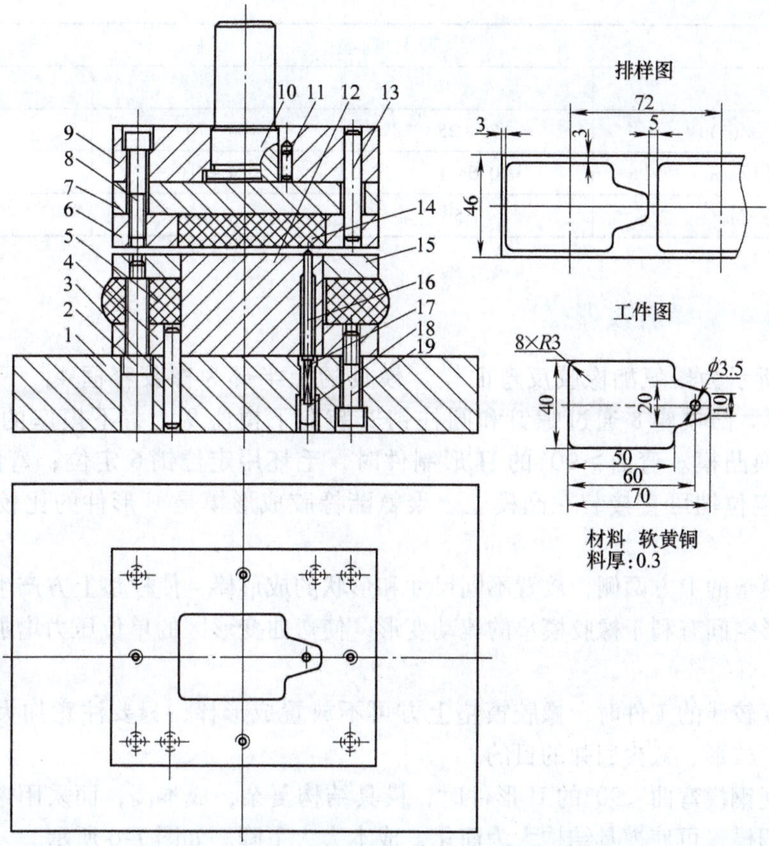

图 7-2 聚氨酯落料冲孔复合模

1—下模板 2—卸料螺钉 3、11、13—圆柱销 4—凸凹模固定板 5、14—聚氨酯橡胶 6—容框 7—垫板 8、19—螺钉 9—上模板 10—模柄 12—凸凹模 15—活动式压料板 16—顶杆 17—弹簧 18—螺塞

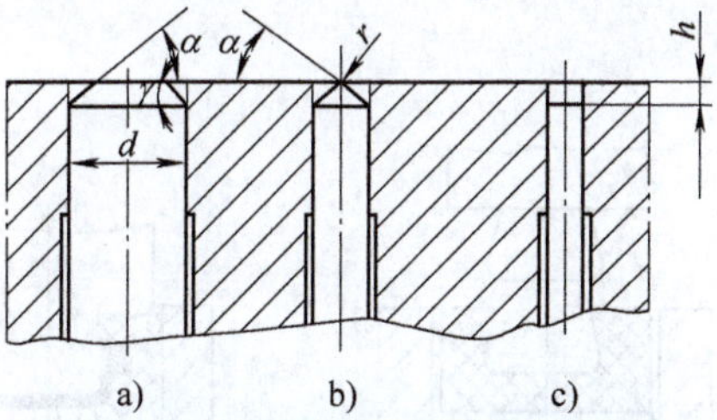

图 7-3 顶杆的形式及其参数

a) A 型 $d \geqslant 5$ b) B 型 $2.5 \leqslant d \leqslant 5$ c) C 型 $d < 2.5$

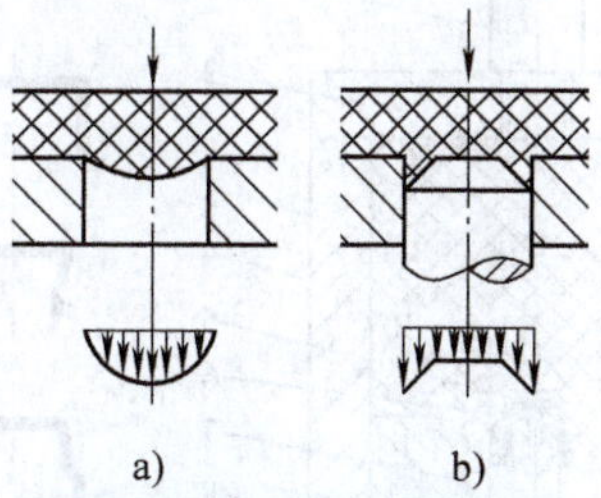

图 7-4 有顶杆和无顶杆时的压力分布

a) 无顶杆 b) 有顶杆

表 7-1 顶杆的几何参数

被冲材料厚度/mm	0.2~0.3	0.1~0.2	<0.1
冲孔直径/mm	>5	2.5~5	<2.5
材料硬度	硬	半硬	

（续）

	顶杆类型		
	A	B	C
角度 α/(°)	70～25	60～70	—
高度 h/mm	0.6～1	0.4～0.6	0.4
半径 r/mm	0.5	0.5	—

三、聚氨酯橡胶成形模

图 7-5 所示为聚氨酯橡胶反弯曲模。模具的上半部为橡胶容框 4，下半部为凸模 7 与凸模座 8。凸模座 8 通过螺钉和圆柱销安装在下模座 9 上，下模座的中心工艺孔用于快速更换凸模。弯曲≥90°的 Π 形制件时，毛坯用定位销 6 定位；弯曲 <90°的 U 形制件时，定位销可直接装在凸模上。聚氨酯橡胶成形模是 U 形件的比较经济的一种弯曲方法。

在橡胶模垫的上方两侧，放置不同尺寸和形状的成形棒，使模垫上方产生一个成形空间，这种成形空间有利于橡胶模垫的流动变形，使弯曲变形区的单位压力增加，工件的回弹减小。

弯曲深度较浅的工件时，橡胶模垫上方可不放置成形棒，只要注意加大模具的压下量，即可达到校形、减少回弹的目的。

采用常规钢模弯曲 <90°的 U 形件时，模具结构复杂，成本高，而采用聚氨酯橡胶模垫作为成形凹模，可使模具结构大为简化，成本大大下降。如图 7-6 所示。

对于平板式模垫，为提高模垫的流动性，通常选用硬度较低的 80A 和 75A 聚氨酯橡胶，而对于带有型腔的模垫，为提高单位压力，通常要选用硬度较高的 85A、90A 的聚氨酯橡胶。

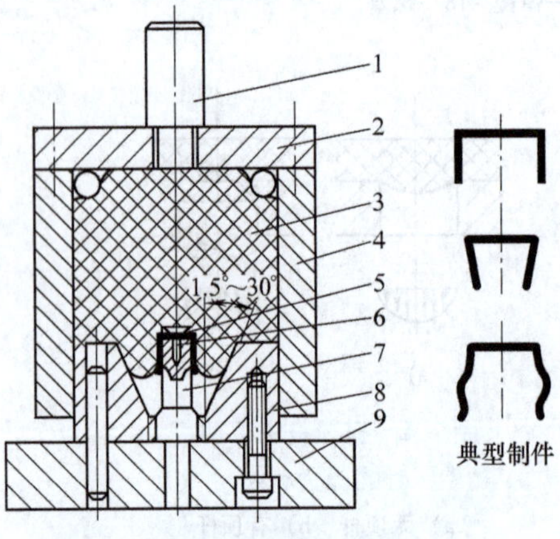

图 7-5　反弯曲模

1—模柄　2—上模座　3—橡胶模垫　4—容框　5—定位板　6—定位销　7—凸模　8—凸模座　9—下模座

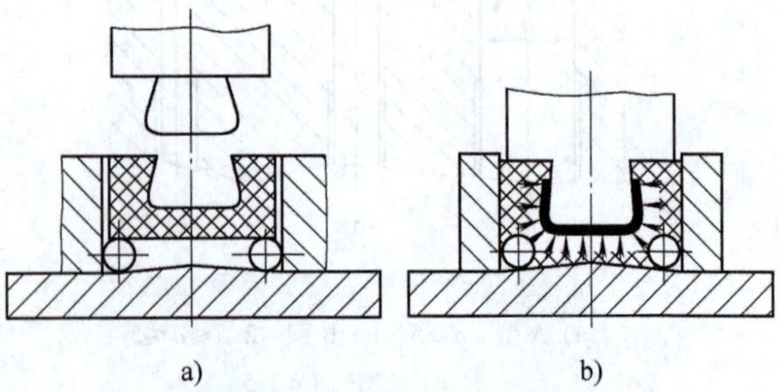

图 7-6　<90°U 形弯曲模

a）模具构造　b）弯曲零件

聚氨酯橡胶已广泛应用于拉深工艺、局部成形工艺、翻边工艺和管材的胀形工艺等，以及在拉深或胀形后期，对于已成形的立体零件进行局部压印、冲孔复合工艺。

用聚氨酯橡胶作拉深凸模，拉深锥形件、半球形或抛物线形工件时，利用橡胶凸模与板材之间的摩擦力，可以有效地改变板材的受力状态，减少拉深件中间胀形区的减薄量，从而提高工件的成形高度。

第二节　铋-锡低熔点合金模

以低熔点合金作为模具材料，用铸造代替机械加工制造模具，在汽车、机械、电子、仪表等领域得到广泛的应用。其特点是：凸凹模可在铸造的同时完成，模具间隙均匀，合金材料可反复使用。

以铋、锡低熔点合金元素为主要成分、熔点约在 70～150℃的低熔点合金模具适用于成形大、中形尺寸的各种覆盖件，其制模工时约为 6～8h，制模成本比钢模低 60%～90%。工厂只需备一个适当的合金容框，就可以满足各种覆盖件的成形加工需要。

图 7-7 所示为一个典型的内热气压水冷拉深覆盖件的成形模结构示意图。图中双点画线部分为样件 17，也称为样模，这是制模的依据，它的形状和欲成形的工件大致相同，只是其厚度应等于成形模的模具间隙，在其四周附加有用于分离已成形的凸模、凹模和压边圈用的内挡墙和外挡墙。样件上有小孔，以便铸模时熔化的合金由样模外侧流入样模内腔形成凸模。样件可以用钢板敲制、用玻璃布糊制，甚至用纸浆糊制好后涂上耐高温胶即可。

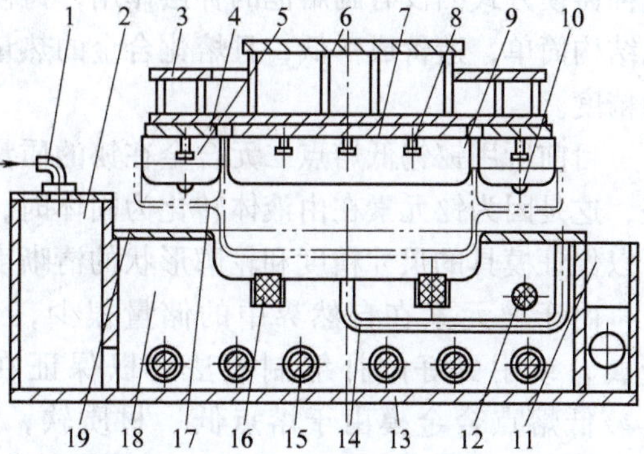

图 7-7　低熔点合金覆盖件成形模

1—进气管　2—副熔池　3—压边圈框架　4—压边圈连接板　5—压边圈　6—凸模架　7—凸模板　8—螺钉　9—凸模　10—拉深肋　11—冷却水室　12—测温装置　13—主熔池　14—排气管　15—电加热器　16—顶出器　17—样件　18—凹模　19—凹模板

该模具常在专用压力机上使用，因合金的熔点很低，通过模具上熔池内的加热管即可将合金熔化。主熔池的作用是熔化、凝固合金并形成凹模，副熔池的作用是当主熔池内合金表面凝固后，由气压装置加压，向主熔池补充合金，从而提高铸模的精度，提高模具内部组织的致密性。另外在熔化的合金由样件外侧向内腔流动时，通过加压还可以提高流入的速度，以减少铸模时间。主熔池的周围设有冷却水室，其作用是加快合金的凝固时间，减少制模工时，同时也可使合金急冷，提高合金硬度。在凸模板和压边圈板上装有螺钉，其作用是紧固合金。排气管要在铸模时一同铸入，而顶出器则是在铸模后放置上去的。

模具的凹模口加添了钢板，因为在成形覆盖件时，此凹模口处的板材剧烈变形，对凹模口产生严重的磨损，加上钢板后可以提高模具的使用寿命。在模具磨损比较严重的部位，也可以加添钢制镶块，以提高使用寿命。

对于带有曲面凸缘的覆盖件，此凹模口不必加添钢板，直接由低熔点合金铸出，目的是减少制模成本，但使用寿命较低。

使用熔池制造覆盖件成形模，只要工件的尺寸在熔池尺寸范围内，有样件即可铸出，所以熔池是通用的，凸模和压边圈的固定板也可以通用，只有必要的钢镶块是专用的，所以制模的周期很短，成本很低，一副模具使用完毕后，即可再铸新模，只需保存样件，故存放空间小。

由于合金的熔点很低，可以在压力机上铸模，省去重新安装和调整模具的工作。国内外均已研制并使用了自铸模压床，这种压力机本身就配有低熔点合金的熔池。对于个别磨损的模具部位或铸模不太理想的部位，普通的电熔铁即可进行修补，且合金很软，所以成形覆盖件时，不会划伤工件的表面。

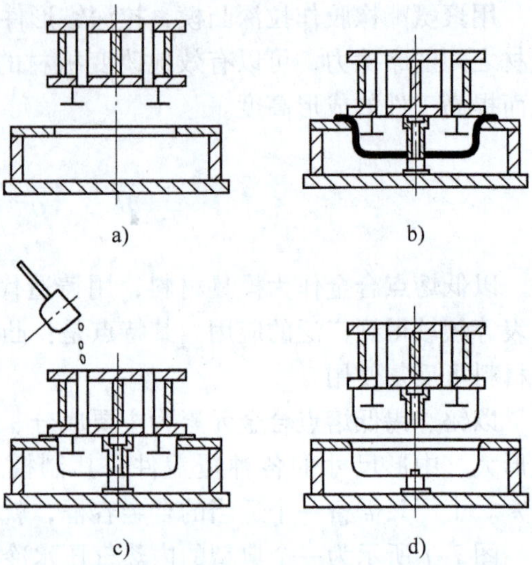

图 7-8 机外制模工艺过程

a）铸模熔池及凸模体 b）在熔池内装样模及凸模体 c）浇注熔化的低熔点合金 d）分模、修模

制作低熔点合金模，也可以采用如图 7-8 所示的简易容框和机外铸模工艺进行铸模。这种铸模方式因没有副熔池的补偿作用，铸模精度和质量稍低，制模周期也较长，但是熔池结构简单，造价成本低，且熔化合金的热量不会传递到压力机上，因而不会影响压力机的精度。

目前所用铋锡低熔点二元合金在铋的质量分数高于47%时，合金冷凝时体积会产生膨胀，这是因为铋元素在由液体转化为固体时，会产生 3.3% 的体积膨胀率，但这种冷胀性可以保证模具的尺寸精度和轮廓形状的清晰度以及模具的内在质量。

由于铋元素在自然界中的储量很少，价格很高，目前各国学者正在研究其替代金属，或用更好的补缩制模法，以保证在少铋的情况下，铸造出高质量的成形模具。低熔点合金模由于熔点低、材质软，故其使用寿命不高，只能用于试制和小批量生产。

第三节 锌基合金模

一、锌基合金冲模用材料

对于薄料冲裁以及板材成形工艺可采用来源广泛、价格便宜、制作方便的锌基合金做模具的工作零件。

锌基合金一般采用锌的质量分数为 99.95%、铝的质量分数为 99.7%、电解铜的质量分数为 99.95% 和镁的质量分数为 99.95% 的高纯度金属元素按比例配制而成，可以获得性能良好的锌基合金模具材料。这四种元素配成的四元合金，其熔点在380℃左右，故常称之为中熔点合金。其强度和硬度低于普通碳钢而高于以锡为主的低熔点合金。这种合金元素在自然界中含量丰富、价格便宜、熔点低，合金硬度低、加工方便、制模周期短。由于锌基合金冲裁模经常采用凸模冲制凹模型腔的方法，故冲裁间隙易于保证。其模具成本比钢模大大降低，同时用其作成形模具时，使用寿命又大大高于低熔点合金模。

锌基合金锭的浇口、冒口以及废模，均可直接重熔使用，炉温在500℃即可。

二、锌基合金冲裁模

对于薄板件的试制和小批量生产，可采用锌基合金制作冲裁用的凸模或凹模。

在新产品试制阶段或批量小于1000件的薄板小批量生产，可用锌基合金作为冲裁凸模和凹模；对于批量小于2000件，有一定质量要求的落料件，通常采用锌基合金凹模和钢制凸模的结构形式，这是目前生产中最为广泛的一种结构形式；对于批量小于2000件，有一定质量要求的冲孔件，生产中常采用锌基合金凸模和钢制凹模的结构形式。这是因为冲孔件的毛刺取决于凹模刃口，落料件的毛刺取决于凸模刃口，钢制凸模或凹模硬度高于所冲板料，刃口锋利，易于使板材产生应力集中和裂纹，从而使所需工件毛刺高度较低，而锌基合金材料硬度低于所冲板料，在冲裁时刃口出现塌角，板材处于面支承状态，不易产生裂纹，故在锌基合金模具刃口的一侧，毛刺高度较高。

锌基合金模具的结构和普通钢制冲裁模类似，在生产中有单工序模（通常用锌基合金做凹模）、复合模（通常用锌基合金做落料凹模）和级进模（通常用锌基合金做落料凹模）。

用锌基合金做凹模，碳钢做凸模，形成一硬一软两种冲模刃口，其冲裁变形过程（图7-9）与常规冲裁不同，各国学者对此做了大量的理论分析和试验研究，先后提出了“单向裂纹扩展分离理论”“动态间隙”和“自动补偿理论”。下面就前两个理论进行简单介绍。

在板材的弹性变形（冲裁初期）阶段，凸、凹模端面受到很大的轴向压力，使凸模的径向尺寸变大，而凹模型腔的径向尺寸变小，但由于凸模采用碳钢制造，所以变形量很小，通常可忽略不计，而锌基合金较软，屈服强度低，所以变形量较大，很容易出现塌角（图7-9b），从而对板料呈现环带面支撑。在所冲板材被挤入凹模型腔后，板材对凹模型腔施加侧向力，从而使型腔尺寸变大。在板材冲裁过程中，这种凹、凸模之间的实际间隙值不断变化，这一间隙称之为“动态间隙”。

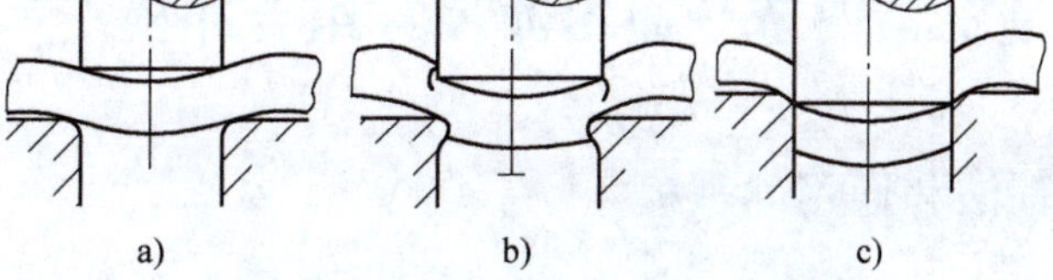

图7-9　锌基合金冲裁模的冲裁过程

a）弹性变形阶段　b）塑性挤切变形阶段

c）断裂分离阶段

在冲裁过程中，由于凸模采用钢料制造，刃口锋利，板材容易产生应力集中，随着凸模的下行，在凸模刃口处的板材出现裂纹，并沿刃口连线向板材内扩展，而在锌基合金凹模一侧的板材，由于模具刃口出现塌角，板材处于三向受力状态，较晚才会产生裂纹，或在产生裂纹前，板材上表面的裂纹就扩展完成了板材的分离过程，这种现象就称之为“单向裂纹扩展分离理论”或“双向差异裂纹扩展分离理论”。

锌基合金凹模由于熔点低、硬度低，可以采用铸造法制出略小于实际尺寸的型腔，或采用凸模压印后用机械加工方法粗加工出略小于实际尺寸的型腔，通常每边留 0.2 ~ 0.3mm 余量，然后用凸模挤切凹模型腔，这样可以很容易地保证冲裁间隙的均匀性。这种模具的初始间隙为零，在实际冲裁时，通过工件不断地刮削锌基合金而得到合理的间隙值。

为提高模具使用寿命，在凹模上表面覆盖一层贝氏体薄钢片，称为第二代锌基合金冲裁模。

三、锌基合金成形模

锌基合金也可用于制作各种弯曲模、拉深模、局部成形模以及塑料成形的注射模、吹塑模等。其模具结构和普通钢模结构相同，特点是通常可以采用有色金属铸造法进行铸造制模，减少了普通钢模的大量的机械加工工作量。而且锌基合金材质软，用锉刀和砂轮就可以修整模具，对于损坏的部位或收缩的部位，用普通气焊即可以进行修补，因而缩短了制模周期，降低了制模成本，其成本约为钢模的 1/8 ~ 1/6，但使用寿命低于钢模。

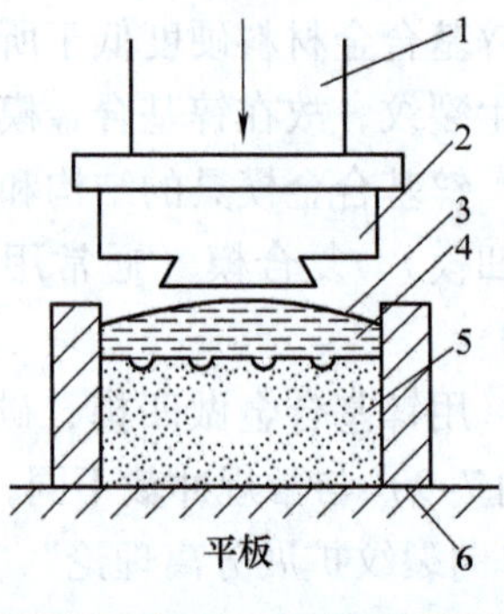

图 7-10 半熔化加压制模工艺
1—滑块 2—凸模体 3—样件 4—锌基合金溶液 5—砂 6—平板

对于需要带型腔的成形凸模、凹模和各种塑料模，可以采用如图 7-10 所示的半熔化加压制模法，将型砂预热到 200 ~ 250℃，将450℃左右的锌基合金溶液倒入模框内，待溶液降温成半熔糊状时，将模体压入。当锌基合金液面冷却成浅白色时，缓慢加压，压力约 4 ~ 20MPa，保压 1 ~ 3min 即可脱模。如果脱模后发现精度不高，可趁热再压下，加压到 60MPa，即可提高铸模精度。铸模前，可在样件上涂高岭土或石墨粉涂料，或用喷灯喷镀炭黑作脱模剂。

第四节 通用冲模与组合冲模

一、逐次冲裁法和通用冲裁模

对于质量要求不高，生产批量不大，而产品更新换代频繁，冲压件的形状、尺寸和厚度又相近时，除采用上述各类专用简易模具外，也可采用逐次冲压法和各种通用模具。

任何冲压件，尽管其形状和尺寸各异，但其冲裁轮廓线大多数是由直线、圆弧、圆孔等组成的。在冲压加工时，将各段直线、圆弧、圆孔分别用一些专门设计的、可以在一定应用范围内通用的冲孔模、切边模、切角模、圆弧冲模等，逐次一一冲出，这就是“逐次冲裁法”。冲出的半成品件，再用通用弯曲模、通用拉深模加工，这一全过程就是“逐次冲压法”。

如图 7-11a 所示的盖板件，按常规工艺，采用单工序模，需两副模具冲两次；采用级进模或复合模，仅用 1 副模具冲 1 次即可，但这些模具都是专用的。如采用逐次冲裁法，则需用切边模冲 4 次，用切圆弧模冲 4 次，用小圆孔冲模冲 4 次，共用 3 副模具冲 12 次才能加工完毕。对这一冲裁件而言，模具用得多，冲裁次数也多，且所冲制的零件质量不高，但是这 3 副模具除了可以冲图 7-11a 所示零件外，还可以冲图 7-11b 所示零件，更可以冲各种类似的冲裁件，其经济效益就在于此。

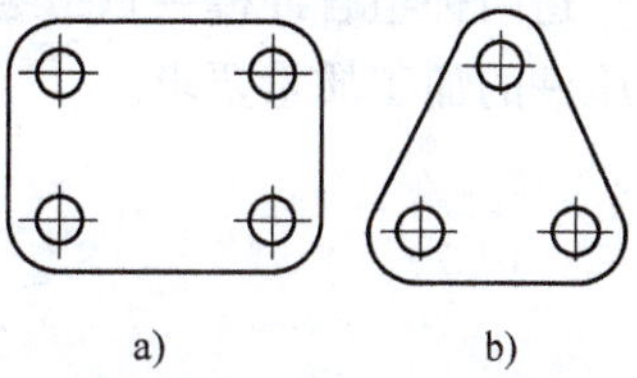

图 7-11　盖板件示意图

逐次冲裁法使用通用冲模，每一副模具的冲裁间隙可调整，凸、凹模也可以快速调换。其可调范围以及所需的通用冲模种类，均应根据本厂的实际冲压产品的规格、尺寸和形状而定。范围太小，不能满足本单位生产需要，就失去了可调的意义；而调整范围太大，又必然使模具的结构复杂，制模困难，从而提高了模具的成本。所以一定要认真分类、归纳、研究，提出适当的可调加工范围和可调模具的种类、规格。

必须指出，这种模具和加工方法不适用于质量要求高和所需批量大的冲裁件。

逐次冲裁法的加工顺序十分重要。要针对每一个具体的待加工冲裁件，认真严格地制定加工顺序。否则不仅不能保证质量，甚至不能顺利地进行加工。

另外，通用冲裁模多承受侧向力，所以在模具结构上通常要设置反侧块。各模具零件由于要经常更换和调整，所以要有严格的高精度定位基准，要有良好的强度和刚度以及较高的耐磨性，即应有较高的使用寿命。

对于工厂，加工出一组通用冲模后，再生产类似的新产品时，就可以不再投产，或少投产新的模具。这不但降低了新产品的成本，而且也缩短了新产品投放市场的周期。

二、组合冲模

组合冲模类似于儿童玩的积木，它是由许多标准的模具零件或组合机床夹具零件，根据待冲裁件或其他加工件的具体形状和尺寸，再加上少量的专用模具零件，临时组合而成的冲模。适用于新产品的试制和小批量生产。

组合冲模有两种类型，一种为“积木式组合冲模”。这是完全在机床组合夹具的基础上发展起来的，如图 7-12 所示。它以标准的机床夹具零件为主，配上适当的专用模具零件组装而成。这类组合模具适用于以机械加工为主，冲压加工为辅的工厂。

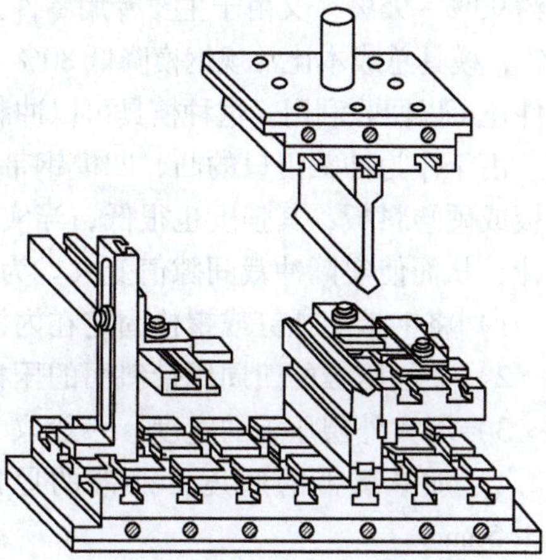

图 7-12　积木式组合冲模

另一类为配套式组合冲模。它是以标准的模

具零件为主，加上必要的专用模具零件组装而成的。专用零件只有凸模、凹模等工作零件和部分卸料零件。有时连凸模、凹模、卸料板以及定位板均由标准模块组装而成。这类组合冲模适用于以冲压加工为主的工厂。

这两种组合冲模一旦组装成功，其使用性能和普通常规冲模一样，完全可以达到一般冲压件的加工质量要求。

第五节　钢带冲模

钢带冲模也称钢皮冲模，主要用于冲裁加工。它是以淬硬的钢带作为冲裁切刃，并在嵌入木质层压板、塑料、低熔点合金或钢板等制成的模板中，配以通用模架的一种简易型冲模。适用于冲裁尺寸精度要求不高而轮廓尺寸较大的制件。其特点是作凸、凹模切刃的钢带可以弯制而成，制造简单，周期短，成本低。

一、切刀式钢带冲模

切刀式钢带冲模（图7-13）是一种半模式模具结构，通常适用于冲制材料厚度为0.8~1.2mm的较薄的有色金属板料。由于是半模结构，这种模具不存在修配凸、凹模间隙的问题，不需要设置导向机构，为保证切刀钢带有足够的强度及能顺利地分离板料，切刀通常带有45°的斜角。平板1可采用光滑的硬木板、硬塑料板、硬橡胶或废铝板，冲几次后需要移动一个位置，否则切痕会影响冲裁件的质量。

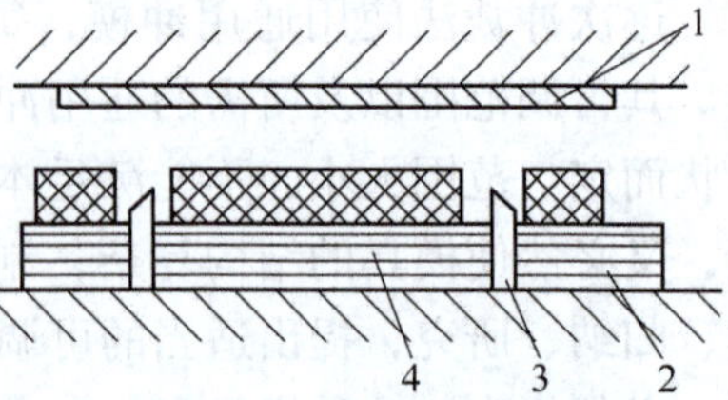

图7-13　切刀式钢带冲模

1—平板　2—外模板　3—压入式切刀　4—内模板

二、常规式钢带冲模

常规式钢带冲模（图7-14）是目前应用最广泛的钢带冲模。这种冲模以钢带与层压板为专用模芯，采用通用模架，模具结构简单，专用零件少。由于其刃口为钢带，可节约模具钢材约90%~95%。又由于主要专用零件为层压板，容易加工，故比常规钢模可节省加工工时80%，模具总成本比常规钢模降低80%。同时对制模技术工人的技术水平要求低；部分模具零件还可以回收利用。这种模具可以冲制较厚的钢板，一次修磨寿命可达4000~5000件。

由于作为冲裁刃口的凸、凹模钢带，其刚度比较低，固定钢带的层压板通常为木质层压板或硬塑料板，其强度也很低，当实际冲裁板料时，钢带在受到板料的侧向力时会产生退让，从而使实际冲裁间隙值变大。为了防止和克服退让的影响，通常可采用如下措施：

1）将钢带用螺钉或螺栓固定在内模板上，从而使内模板也分担一部分侧向力。

2）在层压板的四周用带斜面的压板将层压板紧固，可有效地防止层压板开裂和退让。

3）增大外层压板的宽度，一般取100~150mm，用双排螺钉，将其紧固在下模板上。

4）加厚钢带的厚度，钢带的厚度应大于被冲板材的厚度，其最小厚度不得小于1.5mm。

5）减少钢带高出外模板（或内模板）的高度，其高出量不得超过0.5~1.0mm。

6）由于实际冲裁时，作为凹、凸模的钢带会产生退让，所以制模时钢带的双面静态

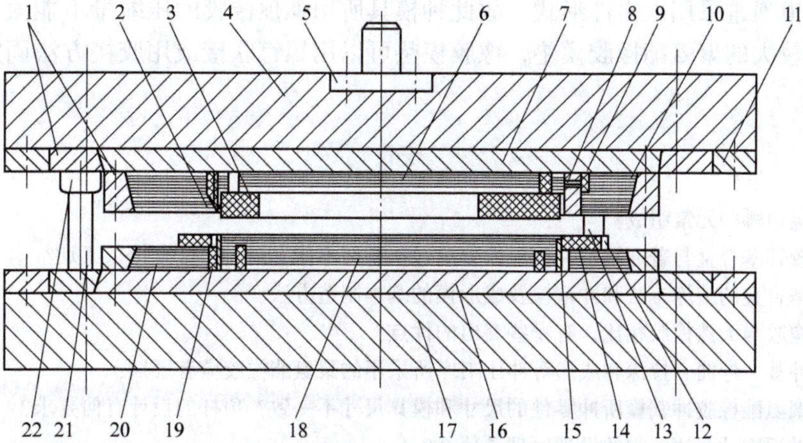

图 7-14　大型厚钢板常规式钢带冲模

1—压板　2—钢带凹模　3—聚氨酯橡胶（80A）顶件器　4—上模板　5—模柄　6—上内模板　7—上垫板　8—凹模刃口镶块　9—紧固螺钉　10—上外模板　11—挡铁　12、22—导套　13、21—导柱　14—聚氨酯橡胶（80A）卸料器　15—钢带凸模　16—下垫板　17—下模座　18—下内模板　19—低熔点合金填料　20—下外模板

间隙值通常取材料厚度的 1% 左右。

实际冲裁时钢带的退让会使实际间隙增大，所冲板材厚度越大，侧向力也就越大，实际间隙的增大量也就大，这种随着冲裁板材厚度不同，侧压力不同，因而实际间隙值不同的自动调整间隙的性能，使同一副模具可以冲几种相近厚度的板材。但冲过较厚板材的钢带冲模，不能再冲较薄的板材，因为此时的间隙可能已经变大了，所以通常先冲薄板，再冲厚板。

在此必须说明，由于退让，常规式钢带冲模不适于冲厚度 <0.35mm 的薄料。因为仅钢带的退让，就不能保证实际的冲裁间隙处于合理的冲裁间隙范围内了。

常规式钢带冲模可以完成落料、冲孔单工序加工，也可以进行落料-冲孔复合加工。

三、样板式钢带冲模

当所冲裁的零件外形细长时，如采用常规式钢带冲模，其凸模的内模板也很细长，因而其强度很弱。当冲裁零件的中心孔与外形距离较小时，作为常规式复合钢带冲模的冲孔凹模刃口和落料凸模刃口之间的内模板强度也很弱。在上述两种情况下，可以采用整体式钢制落料凸模和冲孔-落料凸凹模，而落料的凹模仍采用钢带刃口，由于其形状和冲裁件的形状一致，相当于一块较厚的样板，故此种冲裁模称为样板式钢带冲模。其模具结构如图 7-15 所示。

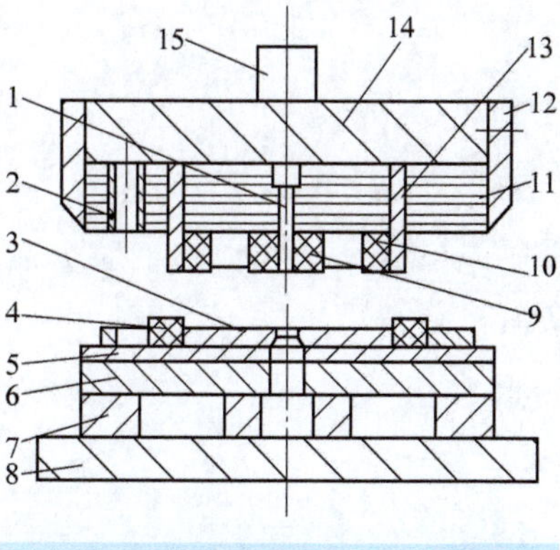

图 7-15　落料-冲孔样板式钢带冲模

1—冲孔凸模　2—导套　3—凸凹模　4—聚氨酯（80A）卸料器　5—垫板　6—下模板　7—垫块　8—模座　9、10—聚氨酯橡胶（80A）顶件器　11—外模板　12—加强压板　13—钢带凹模　14—上模板　15—模柄

钢带冲模通常采用上出件形式，故此种模具所用弹顶橡胶的压缩量不能太大，通常采用弹性模量较大的聚氨酯橡胶模垫，橡胶模垫可以用螺钉联接或用胶接方法固定到上、下模板上。

思考与练习题

7-1 锌基合金由哪些元素组成？

7-2 分析比较锌基合金与普通钢模冲裁时的分离过程有何不同？断面特征有什么区别？

7-3 试述锌基合金的熔炼方法和冲裁模及成形模的基本制造方法。

7-4 聚氨酯橡胶与天然橡胶相比，有哪些突出的优点？

7-5 为什么冲裁、弯曲、拉深和成形等冲压工序所采用的聚氨酯橡胶应有区别？

7-6 为什么聚氨酯橡胶冲裁模所冲零件的尺寸和模具尺寸不一致？顶杆的设计有何要求？

7-7 什么叫做逐次冲裁法？它的设计原理是什么？

7-8 积木式组合冲模由哪些原件组成？各类元件设计有何要求？

7-9 组合冲模的结构特点和应用范围是什么？

第八章 氮气弹簧在冲压模具中的应用

第一节 氮气弹簧的作用与发展概况

氮气弹簧是一种具有弹性功能的部件，它将高压氮气密封在缸体内，外力通过柱塞杆或活塞将氮气压缩，当外力去除时，靠高压氮气的膨胀来获得一定的弹压力，这种部件称为氮气弹簧，也可称为氮气缸或氮气缸弹压装置。

一、冲模弹性元件的应用概况

模具工业中一直大量使用弹性元件。目前冲压工艺所用的常规弹性元件是弹簧、橡胶和气垫。随着科学技术的不断发展，模具朝着精密、高效、长使用寿命的方向迅速发展，常规弹性元件已不能很好地适应各种冲压工艺的要求。

弹簧、橡胶类弹性元件的弹压力随行程的增大而增大，不具备弹压力恒定的性能，这对拉深压边是很不理想的。它们的起始弹压力都不大，不能很好地适应要求起始力比较大的弯曲、翻边等工艺。此外弹簧、橡胶类弹性元件还具有安装空间比较大、模具调试不方便的缺点。

气垫具有提供较稳定的压力的优点，但是一般只在大型压力机上才配备。气垫充的是低压空气，需要配备专用的压缩空气气源供应系统。气垫的压力传递通过气垫顶杆来执行，顶杆孔开在压力机垫板上，模具在设计、调整时都要受到杆孔位置的限制，不具有灵活性。

因此，冲压技术希望开发新型的弹性功能部件来替代常规的弹性元件，新型的弹性元件应具有更加完善的性能。氮气弹簧作为新型弹性功能部件能够弥补上述不足，达到压力恒定，简化模具设计、制造，方便模具调整的目的。它可以作为独立部件，安装在模具中使用，也可以设计成一种氮气弹簧系统，成为模具的一个部分参与工作。

二、氮气弹簧的发展概述

早在 20 世纪 60 年代，人们为了改进弹性元件的性能，曾通过改变弹簧的截面、形状、形式和材料等，以适应各种不同的要求，在圆柱形弹簧基础上发展了矩形弹簧、碟形弹簧、片簧等强力弹簧。对橡胶材料的性能也进行了改进和提高，出现了聚氨酯橡胶，开发出具有不同性能、不同形状、不同尺寸规格的橡胶材料等，适应各种不同模具的需要。尽管如此，仍然没有完全解决常规弹性元件存在的问题。

与此同时，美国着手研究和开发氮气缸弹压装置，首先采用非独立式的氮气弹簧系统，来代替或部分代替气垫。利用中压氮气代替低压空气作为气源，实用效果不是很理想。后来又利用高压氮气代替低压空气取得了较好的效果。这种构想很快就被汽车工业所采用，从而提高了冲压工艺水平和冲压件产品质量，取得了一定的效果。随着在模具工业中的应用，这类装置的密封性能得到了改进和提高，出现了独立式氮气弹簧和小型化氮气弹簧。到了20世纪70年代，这种新型装置开始普及起来，并将这种独立式的弹性功能部件用做模具的弹性元件并用于其他产品上。如今氮气弹簧产品的弹压力从几十牛顿到几十千牛顿，结构尺寸有小型、中型、大型、长型、短型。结构形式也是多种多样，有柱塞式、活塞式和复腔式，独立式和非独立式，也有采用氮气弹簧座板将数个氮气弹簧连成一体使用的，将氮气弹簧的气室开在上、下模座内，形成氮气弹簧系统参与模具工作。将氮气弹簧系统设计在压力机滑块内，使压力机具有上气垫功能。对于冲裁、拉深、弯曲、成形等工艺，尤其是汽车车身模具采用氮气弹簧技术越来越广泛。可以根据工艺要求选择不同性能的氮气弹簧，从而取得更好效果。除了在冲压模具和注塑模具中得到广泛应用外，氮气弹簧还可以应用到其他领域。如在汽车产品中，采用氮气弹簧来开启后背箱门和发动机盖，开启汽车、拖拉机门窗，飞机行李仓门的开启，客车上可倾座椅的调节也都采用了氮气弹簧，还有如高级座椅升降复位氮气弹簧，自卸卡车平衡氮气弹簧，试验台吸振平衡氮气弹簧，机械手平衡氮气弹簧装置等。与此同时，氮气弹簧的连接固紧也有了标准形式，其固紧件和固紧装置也有了标准。氮气弹簧技术已经发展成为一种比较完善的新技术，并被纳入ISO世界标准中。

第二节　氮气弹簧的设计原理与特性

一、气源的选择

根据气体可压缩原理设计的氮气弹簧，气缸内需要充填气体，以便获得弹压力。选择氮气作为工作介质，主要基于以下几个原因：

1）氮气是一种惰性气体，工作性能稳定、无毒、无腐蚀，它也是一种不燃烧的气体，工作安全可靠，因此氮气是一种比较理想的气源。

2）氮气的资源非常丰富，在空气中含有78%氮气，容易获取，是一种廉价的气源。

3）氮气作为普通商品，以压力氮气瓶的形式供应，其额定标准压力为15MPa，这样在使用时，不需要增压泵装置，只需要购买商品氮气瓶，就可获得所需压力的氮气。氮气瓶的安装、调节，与氧气瓶的安装相同，使用方便。

因此选用氮气作为气源，氮气弹簧也由此而命名。

二、氮气弹簧的设计原理

气体与固体、液体相比最大的特点是分子间的距离相当长，分子运动较自由。由于气体分子间的距离大，分子间的内聚力小，体积随压力和温度的变化而变化，因此气体与液体相比具有明显的可压缩性。

氮气弹簧的设计是用氮气作为工作介质，它的工作过程，可以近似认为是等温膨胀和压缩过程。氮气弹簧的工作过程可看作是等温变化过程，氮气弹簧的工作简图如图 8-1 所示。一定质量的氮气，在其状态变化过程中，当温度不变时，遵循气体状态方程——玻意耳定律：

$$pV = p_1V_1 = p_2V_2 = \text{常数}$$

式中，p 为容器内压力（Pa）；p_1、p_2 为容器初始压力、容器压缩后压力（Pa）；V 为气体体积（m^3）；V_1、V_2 为气体压缩前、后体积（m^3）。

从上式可以看出，在温度不变的条件下，气体压力与体积成反比。

由此氮气弹簧弹压力 F 的计算公式为

$$F = p \times \frac{\pi}{4}D^2$$

式中，F 为弹压力（N）；D 为柱塞杆直径（m）；p 为缸内压力（Pa）；

弹压力与充气压力的关系如图 8-2 所示。

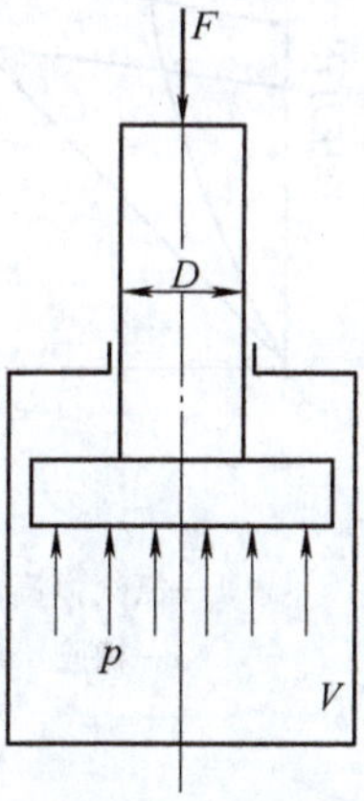

图 8-1　氮气弹簧的工作简图

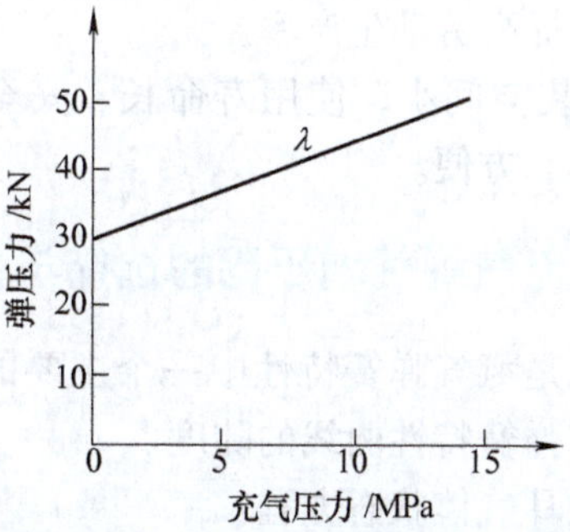

图 8-2　弹压力与充气压力的关系

根据上述设计原则，可以选择不同的初始工作压力，获得不同的弹压力，也可以选择不同的氮气弹簧质量体积，来获得不同斜率的弹压力增压特性曲线，以便满足冲压工艺中不同工序要求不同弹压力的需要。例如拉深压边时，要求压边力基本恒定，在设计氮气弹簧时，其增压特性曲线斜率可以设计得平缓些。对弯曲、翻边、卸料等工序，希望具有较大的起始弹压力，该曲线斜率则可设计得比较陡。

氮气弹簧的结构设计和密封设计是氮气弹簧设计成败的关键技术。氮气弹簧的结构一般可分为：活塞式和柱塞式两大类型，采用单腔或复腔的气室结构，气室多为背压式结构。从本体结构而言，氮气弹簧又可分为独立式和非独立式两大类。

充气、配气系统的设计，可分为缸内压力可调和压力不可调两大配气系统；氮气弹簧串接和并接结构形式；配置氮气弹簧座板式的结构形式等。根据不同的质量体积，获得不同的氮气弹簧特性曲线。

三、氮气弹簧基本性能参数

氮气弹簧一般是在常温下使用，其使用环境参数是：频率响应不高于 30 ~ 40 次/min；柱塞或活塞的运动速度应在 30 ~ 40m/min 范围内；备用行程一般设计为 3 ~ 5mm，常温下正常使用。在这种条件下氮气弹簧的性能参数可以确定为以下几项内容：① 充气额定压力（Pa）；② 额定初始弹压力（N）；③ 有效工作行程（mm）；④ 一次充气寿命（次）；⑤ 特性曲线与增压比；⑥ 工作环境温度（℃）；⑦ 结构形式和最大偏载角。

上述这些技术性能参数，对不同的使用要求，可以进行适当的调整。

四、氮气弹簧的特点

各种弹性元件特性曲线如图 8-3 所示。将氮气弹簧特性曲线与常规弹性元件的特性曲线相比，氮气弹簧的特点可以归纳为以下几个方面：

1）不需要预紧就可以提供较大的初始弹压力。

2）弹压力在模具整个行程中基本保持恒定。

3）弹压力的大小、受力点的位置可以方便调节，并可方便地实现弹压力的平衡。

4）简化模具结构、缩短模具制造周期、缩短换模时间，从而提高劳动生产率。

5）安装空间小，使用寿命长、安全、可靠，安装和维修简单、方便。

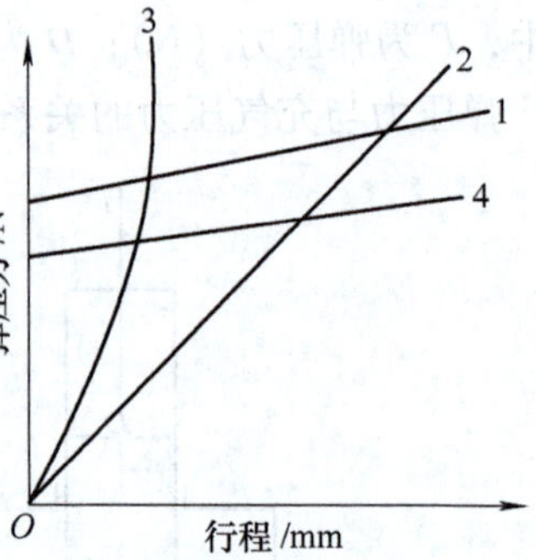

图 8-3　各种弹性元件特性曲线比较
1—氮气弹簧　2—弹簧
3—橡胶　4—气垫

五、氮气弹簧增压比的选择与优化设计

增压比是氮气弹簧特性中一个主要的参数，它直接关系到氮气弹簧特性曲线的陡度。

由玻意耳气体状态方程：

$$p_1V_1 = p_2V_2$$

可得
$$\frac{p_2 - p_1}{p_1} = \frac{V_1 - V_2}{V_2}$$

即
$$\frac{\Delta p}{p_1} = \frac{\Delta V}{V_2} = \lambda；\ p_2 - p_1 = p_1\lambda$$

故
$$p_2 = (1+\lambda)p_1$$

同理可得
$$V_1 = (1+\lambda)V_2$$

式中，p_1、p_2、V_1、V_2 同前；λ 为增压比；ΔV 为压缩前后体积差。

增压比的变化是通过改变压缩容积而实现的。由此就派生出各种不同的氮气弹簧外廓尺寸。

在冲压工艺中，常常希望获得恒定的弹压力，所谓恒定的弹压力并不是指其压力增量等于零，工艺的要求和应用实践表明，如果将增压比 $\Delta p/p_1$ 控制在 0.16 以下或氮气弹簧的每一毫米的行程引起的压力增量不大于 10N，都可视为此时氮气弹簧所提供的弹压力是恒定的，大于这个数值，则认为压力是不恒定的。

第三节　氮气弹簧的结构与分析

一、氮气弹簧的结构形式

氮气弹簧的结构如图 8-4 所示。它由下列几大部分构成：① 柱塞或活塞；② 缸体、缸盖和缸底；③ 静密封部分；④ 动密封部分；⑤ 导向部分；⑥ 充气结构组件；⑦ 润滑系统；⑧ 紧固联接部分；⑨ 安全阀、防尘装置和防偏载自位装置；⑩ 标记。

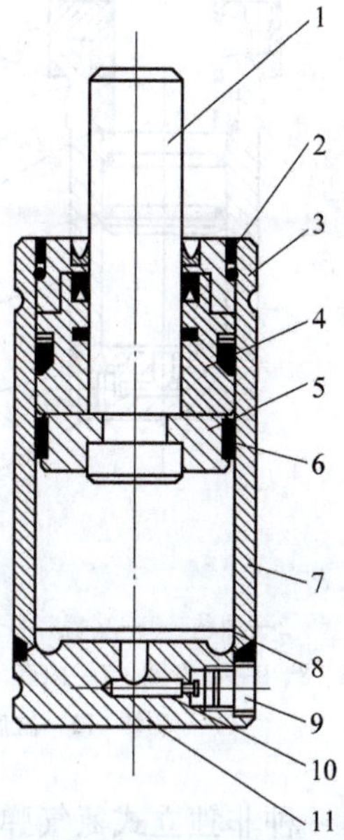

图 8-4　柱塞式氮气弹簧结构图

1—柱塞　2—端面防尘密封　3—钢丝圈　4—上内套　5—支撑环　6—运动密封圈　7—缸体　8—内控容积　9—螺塞　10—充气嘴　11—缸底

按用途可分为独立式氮气弹簧和非独立式氮气弹簧两种：

(一) 独立式氮气弹簧（图 8-5）

每个氮气弹簧构成一个独立单元，自成一个封闭体系，氮气的压缩和膨胀均在缸内进行。其特点是：弹压力相对固定，不需要现场调整，受力点的移动比较方便，在安装时固定容易，体积较小。

(二) 非独立式氮气弹簧（又称氮气弹簧座板）(图 8-6)

将若干个氮气弹簧通过氮气弹簧座板连接在一起，或是将若干个独立式氮气弹簧用软管连接在一起，成为一个氮气弹簧系统。氮气的压缩和膨胀是在氮气弹簧座板的气室中进行，结构比较复杂，功能也比较强，使用比较广泛。该系统由一块厚钢板（作为座板）和若干个氮气弹簧组成，而氮气弹簧是由缸筒、活塞和缸盖三个部件组成。在座板上开有横向和纵向孔系与氮气弹簧配合，组成统一的气室，然后将外露的部分用堵头密封。氮气弹簧采用螺纹同该座板连接在一起，外螺纹开设在缸筒上，并有端面止口，与氮气弹簧座板上的止口配合形成静密封结构。缸筒的底部是开口形状，没有缸底，与孔系沟通形成完整的气室，一般都采用活塞式结构。系统工作时，氮气弹簧座板是全部密封的，往往将它设计成为模具的一部分，作为垫板或上模座，或是下模座。氮气弹簧在座板上的位置，应根据不同的冲压进行设计，并注意其通用性。这种氮气弹簧系统的特点是：一般是一组氮气弹簧同时参加工作，能有效地保证弹压力恒定，氮气弹簧在座板上的位置，即受力点是不可以调整的，但系统弹压力的调整比较方便，可以通过座板上的调压装置，对系统进行充气和调压。氮气弹簧座板的结构比较大且较复杂，成本较高。

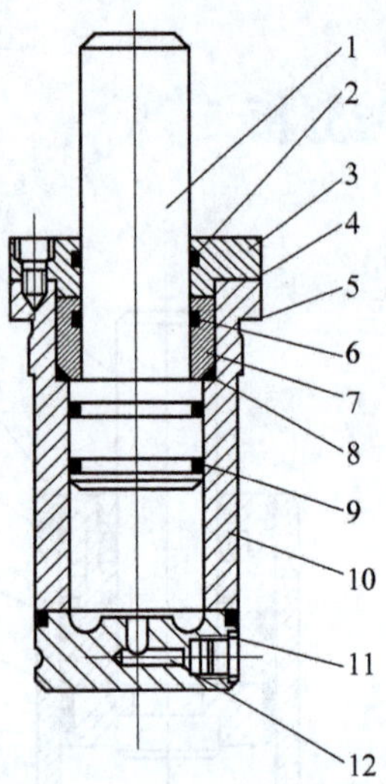

图 8-5　独立式氮气弹簧结构图

1—活塞　2—油毡　3—端盖　4—垫圈　5—垫片
6、8、9—O 形圈　7—内套　10—缸筒
11—螺塞　12—缸底

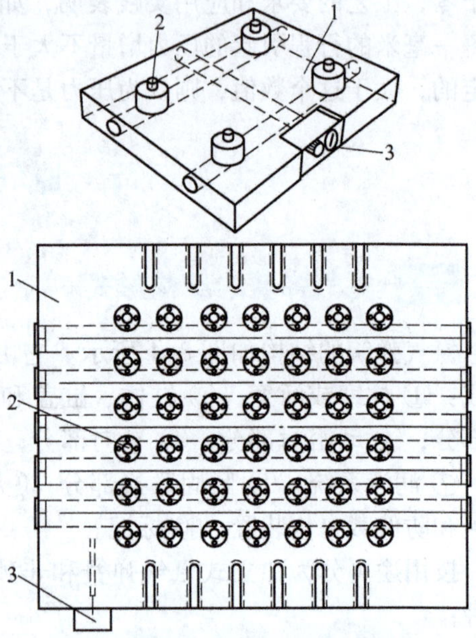

图 8-6　氮气弹簧座板结构图

1—座板　2—氮气弹簧　3—控制阀

另一种非独立式氮气弹簧形式，是将独立式氮气弹簧通过专用的高压软管，将若干个氮气弹簧串接或并接为一个系统参与工作，如图 8-7 所示。这种系统氮气弹簧的位置比较灵活，改变高压连接管的长度，即可很方便地改变氮气弹簧的位置，该系统中也应安装调压装置，以供系统充气和配气调压使用。

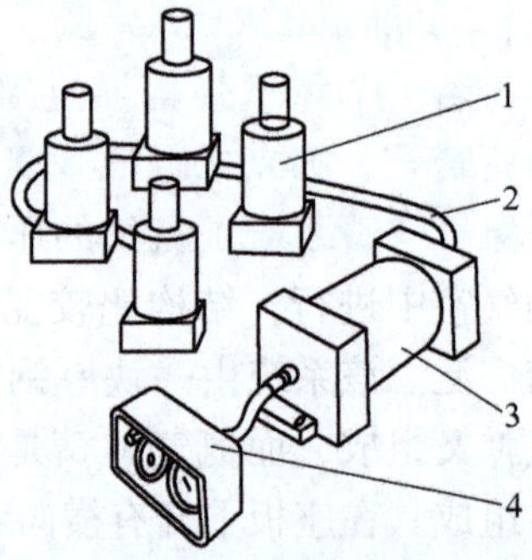

图 8-7　串接氮气弹簧系统结构图

1—氮气弹簧　2—高压连接管
3—气罐　4—控制阀

（三）柱塞式和活塞式

如果按氮气弹簧气室结构分类，氮气弹簧可分为柱塞式和活塞式。

1）柱塞式多用于独立式氮气弹簧，它的结构比较紧凑，氮气弹簧运动时，柱塞为主导向杆，缸筒为辅助导向。为了提高氮气弹簧的使用寿命，柱塞表面都是采用镀硬铬或是电化学处理，密封件和导向件都是标准零件，均采用特殊材料制造。

2）活塞式多用于非独立式氮气弹簧系统。氮气弹簧运动时，活塞为主导向，活塞杆与套筒的导向为辅助导向，与氮气弹簧座板采用外螺纹联接，是标准化设计，以利于维修和更换。端面密封多为固定式三角静密封结构，简单、方便，缸筒内表面，也需要镀硬铬或电化学特殊处理，提高表面耐磨度，以利于提高氮气弹簧的使用寿命。

（四）单腔与复腔式

无论哪一种结构，气室还可以分为单腔式和复腔式。复腔式氮气弹簧可获得更为理想的特性曲线和比较小的增压比。复腔式氮气弹簧结构如图8-8所示。在缸内有一个套筒，将气室分为内腔和外腔，套筒的定位设在缸底上，活塞在套筒内运动，并通过套筒上的孔，将两个气室沟通成为一体。柱塞或活塞的导向长度，一般要占全长的1/3～1/4，以保证运动的稳定性和抗偏载能力。导向长度过长，导致氮气弹簧的外廓高度太高，导向长度过小，导致氮气弹簧运动不稳定，容易产生泄漏。

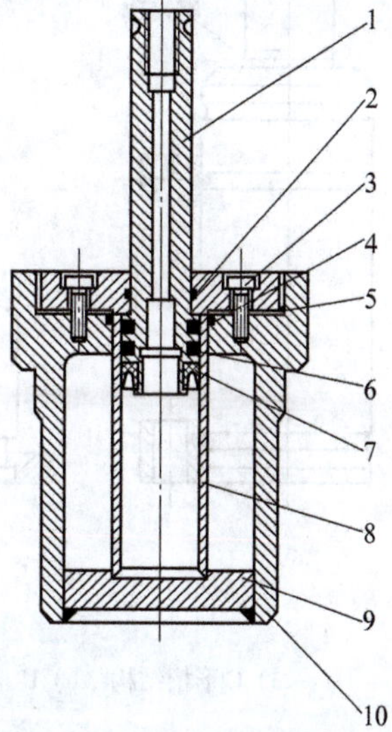

图8-8　复腔活塞式氮气弹簧结构图
1—活塞　2、4、6—O形圈　3—螺钉　5—垫圈　7—Y形圈　8—内腔套筒　9—底板　10—缸筒

二、氮气弹簧的安装连接

氮气弹簧在模具中的位置，可以是正置和反置。氮气弹簧的固定安装基本上分为4种类型，如图8-9所示。

（一）法兰盘安装

利用在缸体上开设的U形或C形槽，将法兰盘与氮气弹簧固紧为一体，安装在模具上。

C形和U形槽的结构如图8-10所示。U形槽一般开在氮气弹簧的下部，然后靠法兰盘的舌端压紧氮气弹簧。C形槽则开在氮气弹簧的上部或下部，然后利用专用的圆柱形弹簧卡圈与法兰盘连接在一起。

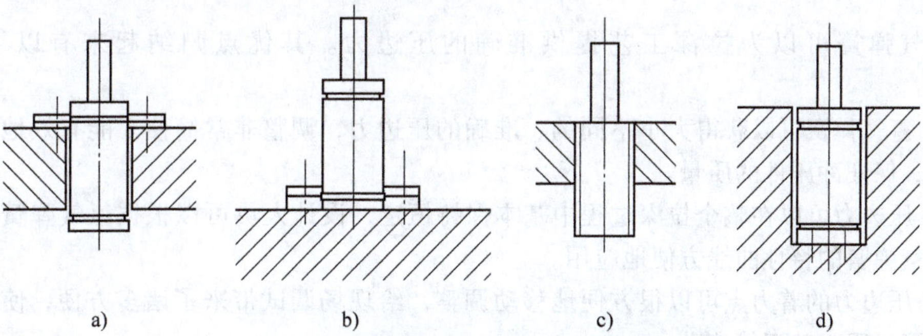

图8-9　氮气弹簧安装基本形式
a）缸筒上部法兰盘安装　b）缸筒下部法兰盘安装
c）缸筒外部螺纹安装　d）缸筒底部螺孔安装

（二）螺孔安装

利用在氮气弹簧底部开设的2～4个螺钉孔，直接将氮气弹簧安装在模具上（图8-11）所示，螺孔的直径一般为M6和M8。小型氮气弹簧有时将螺纹直接开设在缸体上，直接进行安装。

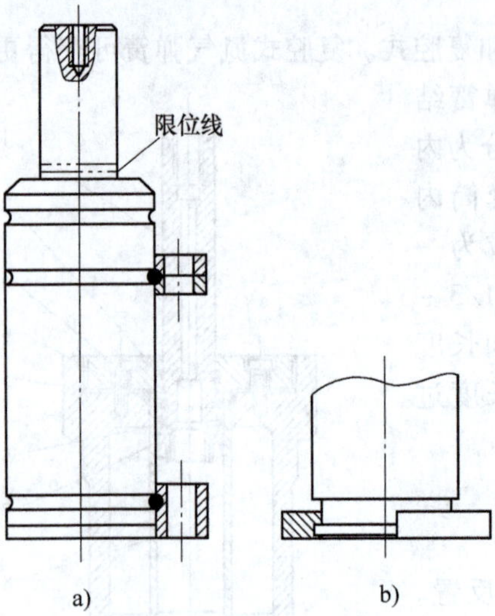

图 8-10 槽形结构
a) C 形槽结构 b) U 形槽结构

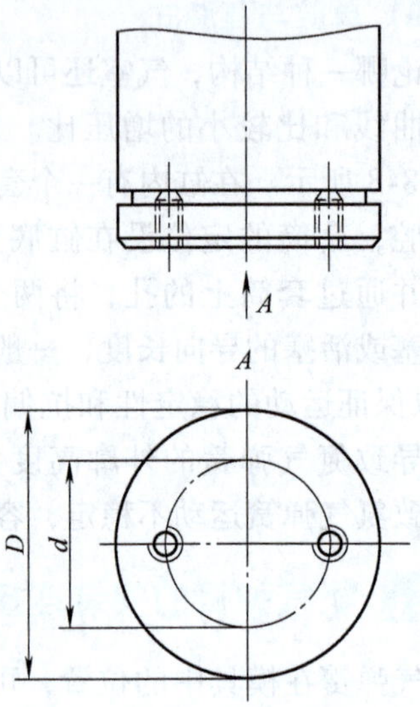

图 8-11 氮气弹簧底部螺孔

第四节 氮气弹簧在冲压工艺和模具中的应用

在不同冲压工艺中模具上使用氮气弹簧时的结构简图如图 8-12 所示。

一、拉深工艺

氮气弹簧可以为拉深工艺提供准确的压边力。其优点归纳起来有以下几个方面：

1）氮气弹簧可以获得大小不同的、准确的压边力，调整非常简便。能有效地防止拉深起皱、保证冲压件的质量。

2）压边力可以在整个拉深过程中基本保持恒定，设计人员可以根据氮气弹簧的增压比和氮气弹簧的特性曲线方便地应用。

3）压边力的着力点可以很方便地移动调整，给现场调试带来了诸多方便，使金属在塑性变形过程中趋于等流动。

图 8-13 所示是使用氮气弹簧的倒装拉深模具在复杂形状零件拉深中，如汽车覆盖件，因其塑性变形的复杂性、形状多样性等，给模具设计带来难度。一般是借助于设计经验来确定工艺参数，如拉延筋的位置、形状等。采用氮气弹簧，将使问题简化。例如，模具压边的着力点位置可方便改变，压边力的大小可以通过选择不同型号的氮气弹簧来实现，并可使单动油压机实现双动的功能。因此应用氮气弹簧技术，是目前解决覆盖件金属等流动问题的有效途径。

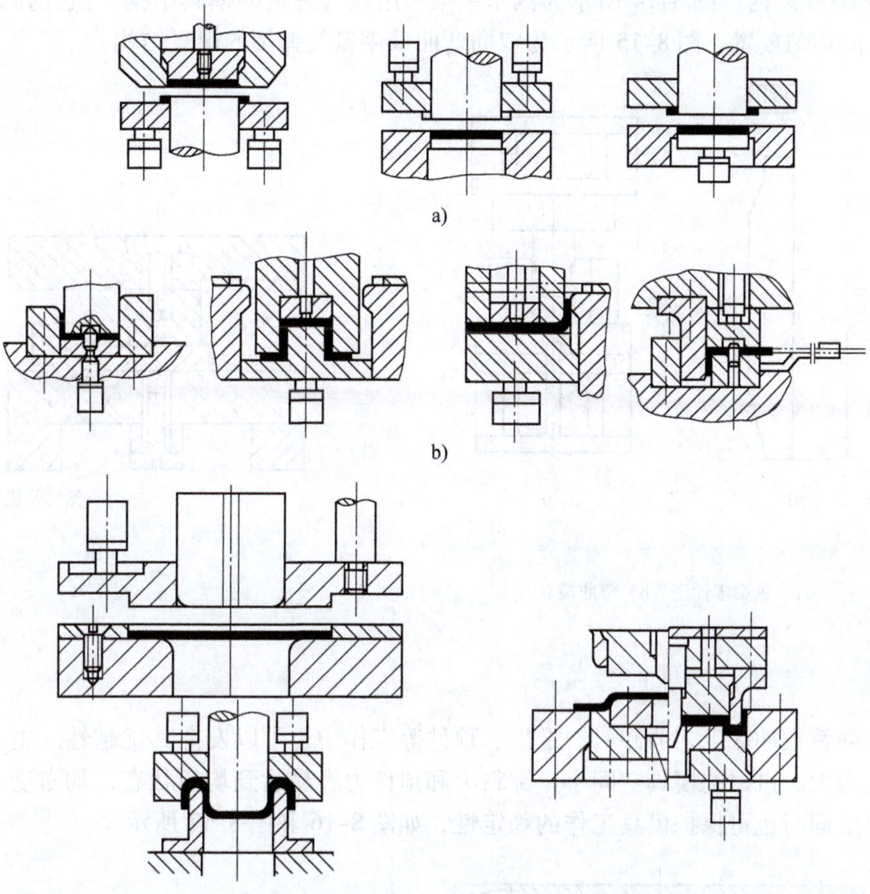

图 8-12　冲压模具使用氮气弹簧时的结构简图

a）冲裁模具结构简图　b）弯曲模具结构简图　c）拉深模具结构简图　d）翻边成形模具结构简图

二、弯曲工艺

氮气弹簧不需要预紧就可以获得足够大的、准确的初始力的特点，使其在弯曲工艺中能起到很好的作用。特别是在厚板的双向弯曲中，要保证弯曲件具有稳定的质量，更应采用氮气弹簧。在弯曲开始时，依靠托件板便可以将板料紧紧压住，获得相当大的预压力，使板料同时进入凹模圆角区，基本消除了弯曲过程中侧滑的现象。在弯曲成形完成后，又可以很平稳地将工件顶出，减小了弯曲回弹，提高了零件的尺寸精度和对称度。在汽车变截面横梁和纵梁的弯曲中，采用氮气弹簧可以不采用专用的汽车大梁压力机，就能有效地控制纵向回

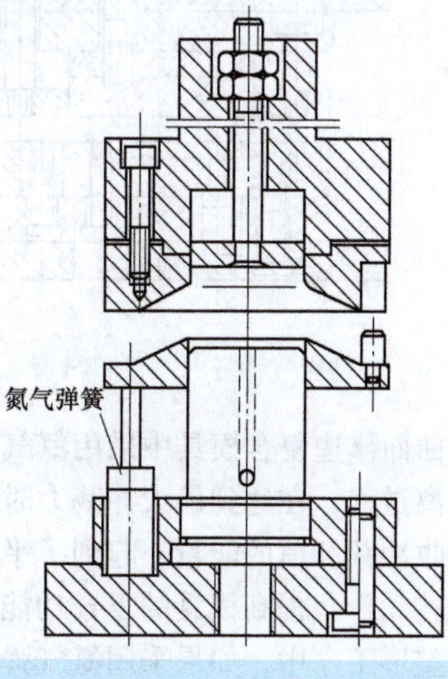

图 8-13　采用氮气弹簧的倒装拉深模具结构

弹量在 1/1000 之内。图 8-14 所示为汽车纵梁采用氮气弹簧的模具结构，氮气弹簧沿纵梁的长度方向均匀放置。图 8-15 所示为双向弯曲采用氮气弹簧的模具结构。

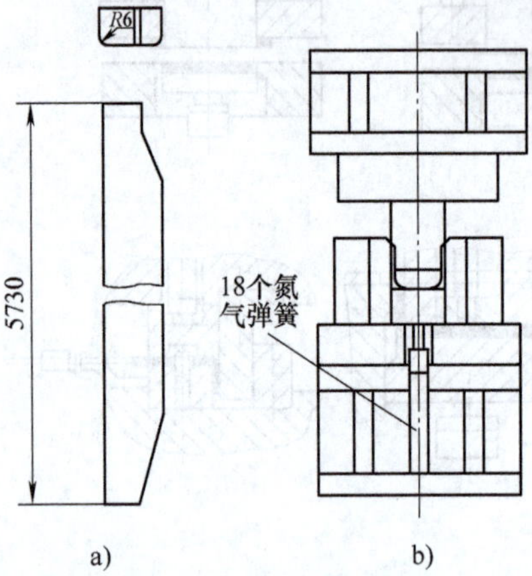

图 8-14　汽车纵梁采用氮气弹簧的模具结构
a）纵梁零件图　b）弯曲模具

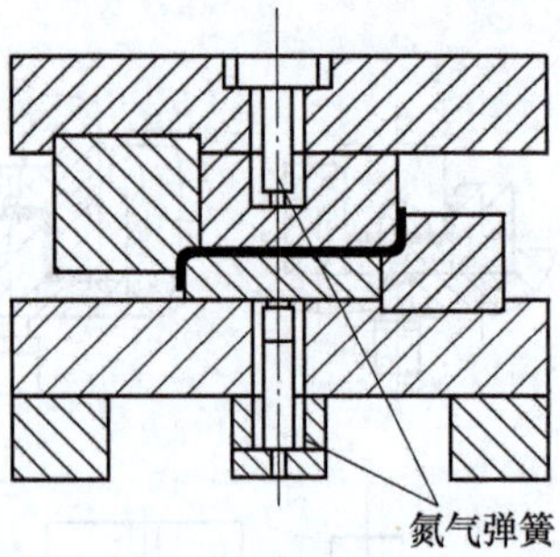

图 8-15　双向弯曲采用氮气弹簧的模具结构

三、冲裁卸料、顶件与整形

氮气弹簧在冲裁工艺的卸料、推件、顶件等工作中也可以发挥其优越性。主要表现在它的弹压力大，占据的模具空间小，卸料力和顶件力容易达到均衡状态，均布受力。保证平稳卸料的同时也可保护模具工作的稳定性，如图 8-16 和图 8-17 所示。

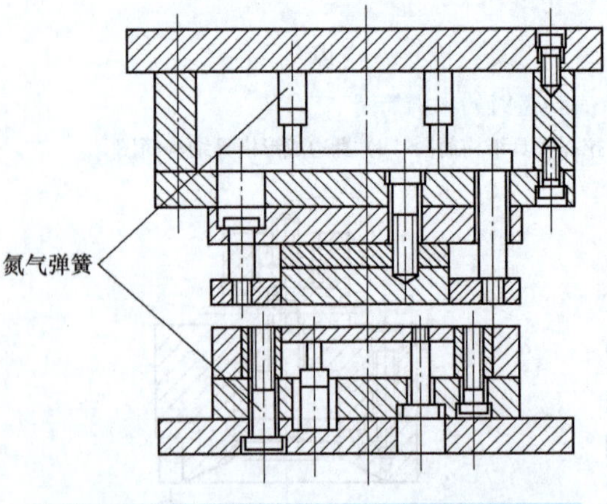

图 8-16　采用氮气弹簧的冲裁卸料模具结构

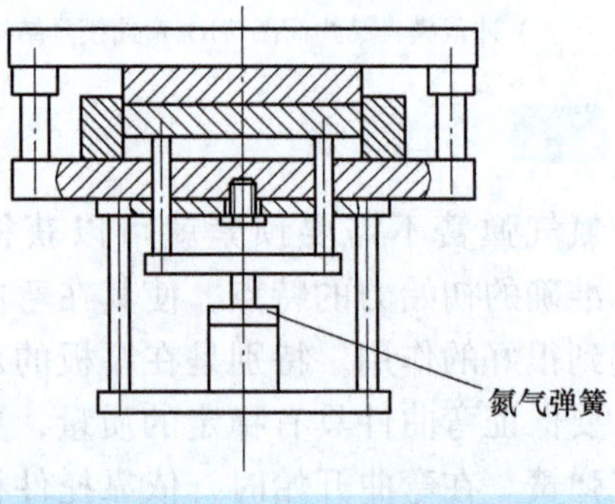

图 8-17　采用氮气弹簧的冲裁顶件模具结构

在曲面修边复合模具中采用氮气弹簧，很容易满足设计者均匀布置着力点的要求。冲裁的分离过程，在达到最大冲裁力时，材料分离后就要急剧卸荷，因此氮气弹簧也可以被用来吸收冲裁卸荷的能量，起到了平衡压力的作用。从而在同一工位可进行如修边之类的复合工艺动作，提高模具的复合功能。曲面修边这类模具的结构如图 8-18 所示。

在整形工序中，如果采用氮气弹簧，也可以使模具的调整变得简单，确保模具能在下死点工作，获得足够大的整形力。采用这种柔性系统的模具结构，有效地保证了压力机的安全，模具的调整比较容易。这种方法对于抛物线形和带有底筋形的整形零件，效果尤其明显。

四、翻边成形工艺

在非封闭曲线翻边中，防止工件侧滑是保证翻边质量的关键，在设计这类模具时，确保获得较大的初始预压力是必要的。氮气弹簧能很容易满足工艺需要，它具有足够大的行程和足够大的弹压力可供选择，不需要预紧就可以达到设计者的要求，从而保证翻边工件的尺寸精度和成形质量。采用氮气弹簧的翻边模具结构如图 8-19 所示。

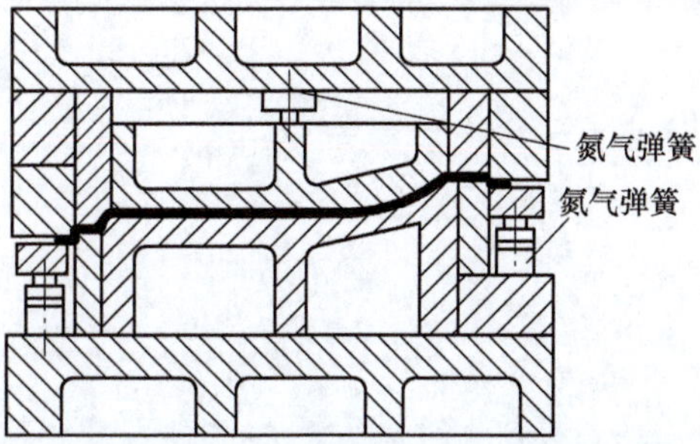

图 8-18 采用氮气弹簧的修边复合模具结构

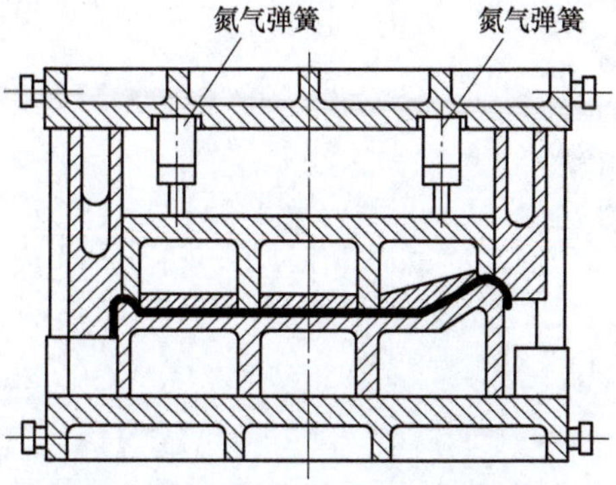

图 8-19 采用氮气弹簧翻边模具结构图

起伏成形主要用于压制加强筋，提高工件的刚度，减轻质量。对于具有连续凸筋的零件，由于受到材料伸长率的限制，难以一次压筋成形，采用氮气弹簧就可以在一套模具中，根据不同的行程长度，分段阶梯成形，保证零件的质量。

五、精密冲裁工艺

精密冲裁的条件主要是依靠 V 形齿圈压板和反压顶件器，使材料在受压状态下进行冲裁，增强金属内部的径向压力，避免裂纹的产生。以往齿圈和顶件器的压力都必须单独设计，或是采用专用的精密冲裁压力机，在普通的压力机上难以进行这种工艺。氮气弹簧技术开拓了这方面应用的前景，采用独立式氮气弹簧或采用氮气弹簧系统来获得齿圈和顶件器的压力，不需要专用的精冲压力机，在普通的压力机上就可以完成精密冲裁工艺。

思考与练习题

8-1 独立式氮气弹簧、非独立式氮气弹簧的结构及工作原理分别是怎样的？

8-2 氮气弹簧在模具中安装时应该注意哪些问题？

8-3 采用氮气弹簧作为弹性元件可实现在普通曲柄压力机上进行精密冲裁，请绘制带氮气弹簧的精冲模具结构示意图。

第二篇

热锻工艺与模具设计

第九章 热锻工艺概述

第一节 热锻工艺特点

热锻工艺又称锻造，是机械制造工业中提供毛坯的主要途径之一。其优越性在于：它不但能获得金属零件的形状，而且能改善金属的原来组织，提高金属的力学性能和物理性能。一般对于受力大的重要机械零件，大多用锻造方法制造。

一、锻造工艺的重要性

锻造工艺在制造业中占有重要的地位。

1）国防工业中飞机上的锻件占85%（质量分数），坦克上的锻件占70%（质量分数）；大炮、枪支的大部分零件都是锻制而成的。

2）机床制造工业中，各种机床上的主要零件，如主轴、传动轴、齿轮和切削刀具等都是由锻件制成的。

3）电力工业中，发电设备的主要零件，如水轮机主轴、涡轮机叶轮、转子、护环等均由锻件制成。

4）交通运输工业中，机车上的锻压件占60%（质量分数），汽车上的锻压件占80%（质量分数），轮船上的发动机曲轴和推力轴等主要零件也是锻制而成的。

5）农业用拖拉机、收割机等现代农业机械上的许多主要零件也都是锻制成的。

6）日常生活用品如锤子、斧头、钢丝钳、刀等也均是锻制而成的。

二、锻造的分类及其特点

锻造是利用锻压设备，通过工具或模具使金属毛坯产生塑性变形，从而获得具有一定形状、尺寸和内部组织工件的一种压力加工方法。

（一）锻造的分类

按金属变形时的温度，锻造可分为热锻、温锻及冷锻。根据工作时所受作用力的来源，锻造又可分为手工锻造和机器锻造两种。

手工锻造（简称手锻）是用手锻工具依靠人力在铁砧上进行的。这种生产方式已有数千年历史，目前已逐渐淘汰，仅用于零活和修理或初学者对基本操作技能的训练。

机器锻造（简称机锻）是现代锻造生产的主要方式，在各种锻造设备上进行。根据所用设备和工具的不同还可分成 4 类：

1）自由锻造又称自由锻，它把加热好的金属毛坯放在自由锻造设备的平砧上或简单的工具之间进行锻造。由锻工来控制金属的变形方向，从而获得符合形状和尺寸要求的锻件。

2）模型锻造又称模锻，它是把加热好的金属毛坯放在固定于模锻设备上的模具内进行锻造。由型腔限制金属的变形，从而获得与型腔形状一致的锻件。

3）胎模锻造又称胎模锻，是自由锻造向模型锻造过渡的锻造变形方法。它把加热好的金属毛坯用自由锻的方法预锻成近似锻件的形状，然后在自由锻设备上用胎模终锻成形（形状简单的锻件可直接把毛坯放入胎模内成形）。胎模是一种不固定在自由锻设备上，依靠平砧来传递锤击力的单型腔模具。

4）特种锻造是近代发展的新工艺，即在专用设备上或在特殊模具内使金属毛坯成形的一种特殊锻造工艺。一般锻造方法很难或无法得到的锻件可用特种锻造得到。如径向锻造、热挤压、辊锻、电热镦等。

（二）锻造工艺的特点

锻造与其他加工方法相比，具有以下特点：

1）改善金属组织，提高金属力学性能和物理性能。 通过锻造能使铸造组织中的气孔及疏松压实，把粗大的晶粒击碎成细小的晶粒，并形成纤维组织。当纤维组织沿着零件轮廓合理分布，可以提高零件的塑性和冲击韧度。因而，锻制成的零件强度高，可承受更大的冲击力。在承受同样大小冲击力的情况下，锻制零件的尺寸可以减小，既节省金属，又使机器更加轻巧。

2）节约金属材料和切削加工工时。 如某型号汽车上的曲轴净重 17kg，采用钢坯直接切削加工时，切屑为轴重的189%；采用锻件后再切削加工，切屑只占轴重的 30%，并可减少 1/6 的切削工时。

3）具有较高的劳动生产率。 据统计，每模锻 100 万 t 钢，可比切削加工减少 2～8 万名工人，少用 15000 台机床。

4）锻造有很大的灵活性。 可以锻制形状很简单的锻件（如模块、齿轮坯等），也可锻制形状很复杂、不需或只需少量切削加工的精密锻件（如曲轴、精锻齿轮等），这些锻件质量最小的不到 1kg，大的可达几百公斤甚至几百吨；既可单件小批生产，又可大批量生产。

三、我国锻造行业的发展概况及今后发展的方向和任务

早在 2500 多年前的春秋时期，锻造已用于制造业。20 世纪 50 年代前，我国机械制造工业非常落后，而锻造生产更是机械制造工业中最落后的一环。全国的锻造生产基本上采用手工锻造，仅少数采用小吨位的自由锻锤，生产一些简单的锻件作为切削加工的毛坯。在设备方面，仅有几个小厂制造一些小吨位的简单锻造设备。锻工的劳动条件极为恶劣，劳动强度极大。

随着机械制造工业的巨大发展，锻造生产也随之得到迅速发展。不仅改革了旧的锻造加热炉，还广泛采用机械设备来替代锻工繁重的体力劳动，改善车间环境，文明生产，从而改善了锻造工人的劳动条件。

在工艺方面，推广模锻工艺，采用了高效率、少无切削的特种锻造工艺，如精密模锻、辊锻和挤压等，掌握了合金钢和大型锻件的各种锻造技术。当今，我国的大锻件生产已具备了制造600MW火电全套大锻件、700MW水电全套大锻件、600～1000MW核电大锻件、千吨级石化压力容器、大型高铬钢轧辊、7万t级远洋轮成套大锻件以及航空航天、军工用基础件，曲轴、模块、轴承等重型基础件的制造能力。国内可锻最大钢锭260t，最大锻件150t等。

加热设备方面，用无烟节煤炉代替了落后的煤炉，制造了高效薄壁旋转加热炉和敞焰无氧化加热炉。随着我国工业的进一步发展，煤气和燃油加热炉及电加热已广泛采用，感应电加热（中频、工频）已在先进的自动化锻压生产线中为首选的加热设备。

此外，为了提高锻造生产的机械化程度，目前已因地制宜地发展了具有我国特点的操作机和装出料机（包括机械传动、液压传动和混合传动的）。

综上所述，我国的锻造行业已形成了具有自己特点的体系，为发展我国的重型机械工业和巩固国防奠定了有力的基础。

锻造生产总的发展方向是在提高劳动生产率和锻件质量前提下，广泛采用机械化、自动化和先进工艺，实现精密化、高效化、数字化和低消耗，使锻件的形状和尺寸及表面质量最大限度地与产品零件相接近，以达到少无切削加工的目的。

目前我国锻造行业的任务是：

1）提高大型锻件和合金钢锻件的质量及锻造生产的机械化与自动化程度。

2）进一步推广模锻，发展大型、先进的模锻设备，扩大模锻生产，提高模锻件在整个锻件中占的比重。

3）根据热源条件，发展煤气、天然气、油、电等先进的加热技术。

4）大力推广少无切削工艺，发展高效、精密锻造工艺及锻压设备。

第二节　热锻原材料及下料方法

锻造用的金属材料包括碳素钢、合金钢、有色金属及其合金等。按加工状态可以分为铸锭、轧材、挤压棒材等。大型锻件和某些合金钢的锻造一般直接用锭料锻制，中小型锻件一般用轧材、锻坯和挤压棒材生产。常用下料方法如下：

（一）锯削

锯削下料常在圆盘锯和弓形锯及高速带锯上进行。

圆盘锯是由电动机带动带齿的锯盘慢速旋转并移动，将棒料切断。锯盘的最大直径可达2m，能够锯切的棒料直径在750mm以下。

弓形锯是由电动机带动带齿的锯条作往复移动，把棒料切断。可以锯切的棒料直径为100mm以下。对于直径特别小的棒料，也可以成捆地锯断。

锯削的特点是切口断面平整，尺寸准确；但生产率较低，有锯口损失，并且锯条和锯盘的损耗也比较大。

高速带锯是一种较先进的下料设备，带锯是环形的，工作时，循环拉动加工工件。所以带锯的生产效率高，毛坯形状规则。但锯条的损耗也高。

（二）剪切

剪切下料一般是在剪切机上进行，它可以剪断直径为200mm以下的钢坯。当冷剪钢坯时，被剪处将会产生很大的应力而出现裂纹，因此，高碳钢、合金钢和断面尺寸较大的钢坯在剪切之前需预热至350～700℃；对于低碳钢、中碳钢等断面尺寸较小的钢坯可以冷剪。

剪切机下料的特点是可以装置自动送料出料机构，工人的劳动条件较好，生产效率高，节约金属，提高材料的利用率。但剪切端面不平，略带歪斜，尤其是在热态下剪切直径大的钢坯时更为严重。剪切机在大批量生产的模锻车间中得到普遍采用。

剪切下料也可以在切边压力机、摩擦压力机等设备上进行。

（三）折断下料

折断下料在水压机或曲柄压力机上进行。压力通过冲头传到材料上，从而使材料沿预先的切口折断。其原理如图9-1所示。折断前一般用锯切或气割加工作出预切口，其目的是为了在切口处造成大的应力集中，以保证材料在一定的部位折断时，不产生大的塑性变形而影响断面质量。

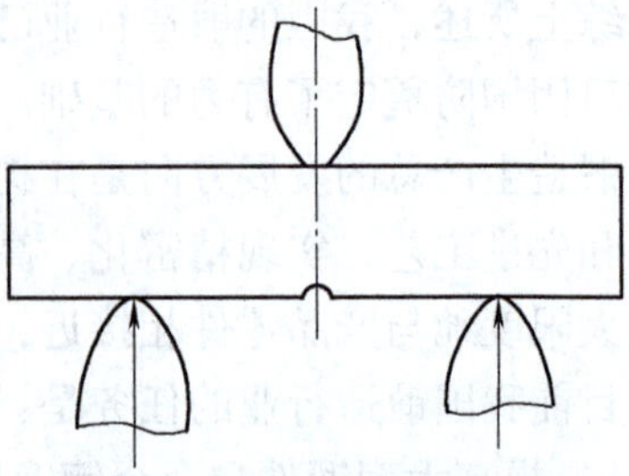

图9-1 冷折下料工作原理图

折断适用于硬度较高的高碳钢及高合金钢。如GCr15、GCr15SiMn等轴承钢，加热温度为300～400℃。

（四）其他下料方法

对于单件小批量的锻件毛坯，采用的下料方法还有：砂轮切割下料，砂轮切割机可切割直径在40mm以下的任何硬度的金属毛坯。砂轮切割的特点是生产率高且切割断面平整；但薄片砂轮的损耗较大，工人的劳动条件较差，需要有良好的通风设备。

火焰切割（气割）下料，利用气割器或普通割炬，用氧气气流将钢局部加热至熔化温度，使其逐步熔断。主要用于大型钢坯和锻件的大断面切割（切割断面的厚度可达1500mm以上），也可用于小批量生产的大型模锻件的切边。

第三节 锻前加热的目的及方法

金属毛坯锻前加热的目的是提高金属塑性、降低变形抗力、使之易于流动成形并获得良好的锻后组织。故锻前加热对提高锻造生产率，保证锻件质量以及节约能源消耗等都有直接影响。金属毛坯的加热方法可分为火焰加热、电加热与少无氧化加热等。

一、火焰加热

火焰加热是利用燃料（煤、焦炭、重油、柴油和煤气）在火焰加热炉内燃烧，产生含有大量热能的高温气体（火焰），通过对流、辐射把热能传给毛坯表面，再由表面向中心热传导而使金属毛坯加热。

在加热温度低于600～700℃时，毛坯加热主要是靠对流传热。所谓对流传热，是通过火焰在毛坯四周不断流动，借助高温气体与毛坯表面的热交换，把热能传给金属毛坯。当加热温度超过700～800℃时，毛坯加热则以辐射传热为主。所谓辐射传热，是通过高温气体与炉膛将热能转变为辐射能，以微波方式传播的辐射能被金属毛坯吸收后，再由辐射能转变成为热能而使毛坯加热。一般普通锻造加热炉在高温加热时，辐射传热占90%以上，对流传热只占8%~10%。

火焰加热方法的优点是燃料来源方便、炉子修造简单、加热费用较低、对毛坯的适应范围广。但劳动条件差、加热速度慢、效率低、加热质量难于控制等。这种加热方法广泛用于各种毛坯的加热。

二、电加热

电加热是通过把电能转变为热能的方法来加热金属毛坯。其中有感应电加热、接触电加热、电阻炉加热和盐浴炉加热等。

(1) 感应电加热 感应电加热的原理如图9-2所示。在感应器通入交变电流产生的交变磁场作用下，金属毛坯内部产生交变涡流。由于涡流和磁化发热（磁性转变点以下），便直接将金属毛坯加热。

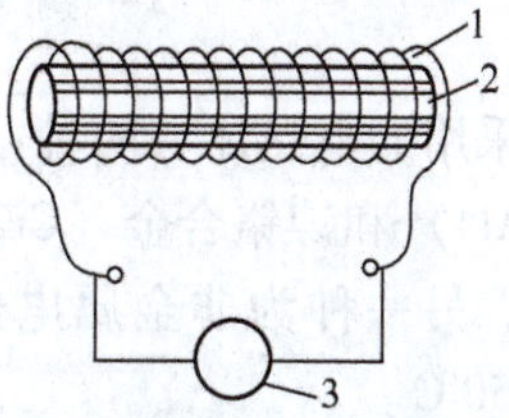

图9-2 感应电加热原理图

1—感应器 2—毛坯 3—电源

毛坯进行感应电加热时，内部产生的电流密度沿断面分布是不均匀的，中心电流密度小，表层电流密度大，这种现象称为趋肤效应。由此表层金属主要是因电流通过而被加热，心部金属则靠外层热量向内传导加热。对于大直径的毛坯，为了提高加热速度，应选用较低的电流频率，以增大电流透入深度；而对小直径的毛坯，由于截面尺寸较小，可采用较高的电流频率，这样能够提高电效率。

按所用电流频率不同感应电加热可分为高频加热（$f = 10^5 \sim 10^6$Hz）、中频加热（$f = 500 \sim 10000$Hz）和工频加热（$f = 50$Hz）。在锻压生产中，以中频感应电加热应用最多。

感应电加热的特点是：加热速度快、加热质量好、温度控制准确、金属烧损较少（一般$<0.5\%$）、操作简单、工作稳定，便于和锻压设备组成生产线实现机械化-自动化，劳动条件较好，对环境没污染。但设备投资费用高，一种规格感应器所能加热的毛坯尺寸范围很窄，电能消耗较大（大于接触电加热，小于电阻炉加热）。感应电加热是模锻成形的主要加热方法。

(2) 接触电加热 接触电加热的原理如图9-3所示。以低压大电流直接通入金属毛坯，由于金属存在一定电阻，电流通过就会产生热量，从而使之加热。

对于一定尺寸的毛坯，要加热到规定的温度，则需产生一定的热量。而一般金属的电阻值比较小，为提高生产率和缩短加热时间，必须以大电流通入毛坯。为了避免短路，常采取降低电压的办法，以得到低电压的大电流。所以，接触电加热用的变压器二次侧空载电压只有2~15V。

接触电加热的特点是：加热速度快、金属烧损少，加热温度范围不受限制，热效率高、耗电少、成本低、设备简单、操作方便。但毛坯的表面粗糙度和形状尺寸要求严格，特别是毛坯的端部必须规整，不得产生畸变。此外，加热温度的测量和控制也比较困难。适用于长毛坯的整体或局部加热。

(3) 电阻炉加热 电阻炉工作原理如图9-4所示。利用电流通入炉内的电热体所产生的热量，以辐射和对流传热的方式来加热金属毛坯。

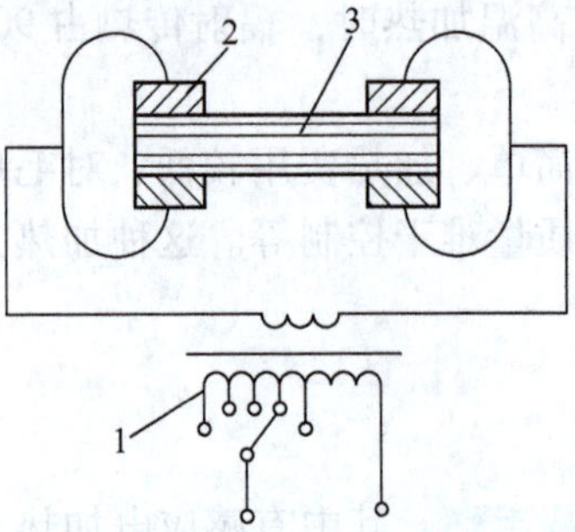

图 9-3　接触电加热原理图
1—变压器　2—触头
3—毛坯

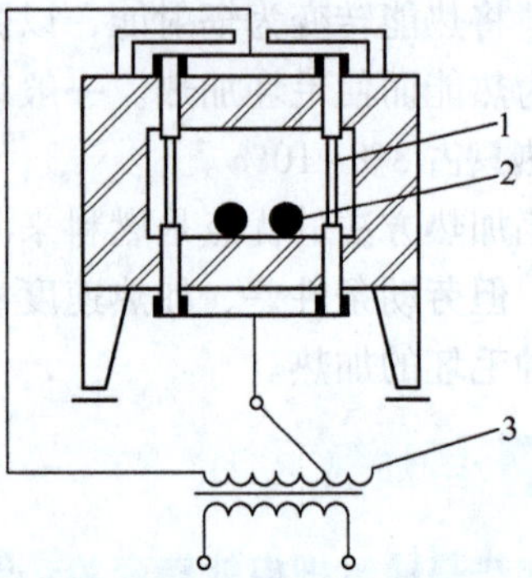

图 9-4　电阻炉工作原理图
1—电热体（碳化硅棒）
2—毛坯　3—变压器

采用的电热体有两种：一种是金属电热体，材料为铁铬铝合金（Cr25Al5，Cr17Al5，Cr13Al4）和镍铬合金（Cr20Ni80，Cr15Ni60），制成线状或带状，使用温度一般在 1100℃以下；另一种为非金属电热体，材料是碳化硅和二硅化钼，制成棒状，使用温度可高达 1350℃。

这种电加热法的加热温度受到电热体的限制，热效率也比其他电加热法低。但对毛坯加热的适应范围较大，便于实现加热机械化自动化，也可用保护气体进行少无氧化加热。

三、少无氧化加热

精锻成形时，为了获得表面光洁和尺寸准确的锻件，减少金属的烧损，降低锻件表面粗糙度值和提高尺寸精度，延长模具的使用寿命，宜用无氧化或少氧化（指金属烧损 $<$ 0.5%）加热。

目前在精锻生产中，实现少无氧化加热的方法有：快速加热、利用介质保护加热与少无氧化火焰加热等。

（1）快速加热　快速加热包括：火焰加热法的辐射快速加热和对流快速加热，电加热法的感应电加热、接触电加热等。此外，还可采用火焰炉与感应炉联合进行快速加热，即先在火焰炉中将毛坯加热到 700～900℃，然后在感应器中快速加热到锻造温度。以上快速加热方法，由于加热速度很快，毛坯表面氧化皮很薄，可实现少氧化加热。目前毛坯进行少无氧化快速加热所能达到的最大直径：火焰快速加热为 150～160mm，感应电加热为 30～50mm。

（2）介质保护加热　在毛坯表面四周采用保护介质与氧化性炉气隔开进行加热，便可避免氧化，实现少无氧化加热。

用于少无氧化加热的保护介质按物质形态不同分为：气体保护介质（如纯惰性气体、石油液化气等）、液体保护介质（如玻璃熔体、熔盐等）和固体保护介质（如玻璃粉、珐琅粉、金属粉等）。如图 9-5、图 9-6 所示。

（3）少无氧化火焰加热　通过控制燃烧炉气的性质，使钢料加热且少无氧化，这就称为少无氧化火焰加热。实现少无氧化火焰加热的方法有敞焰少无氧化加热及平焰少无氧化加热两种。如图 9-7、图 9-8 所示。

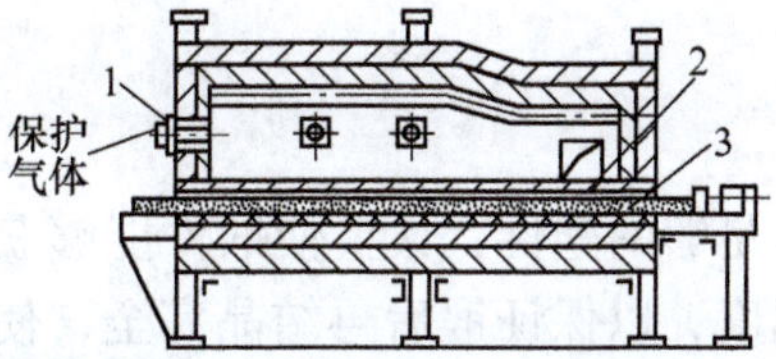

图 9-5　通保护气体的马弗炉示意图

1—烧嘴　2—马弗管　3—毛坯

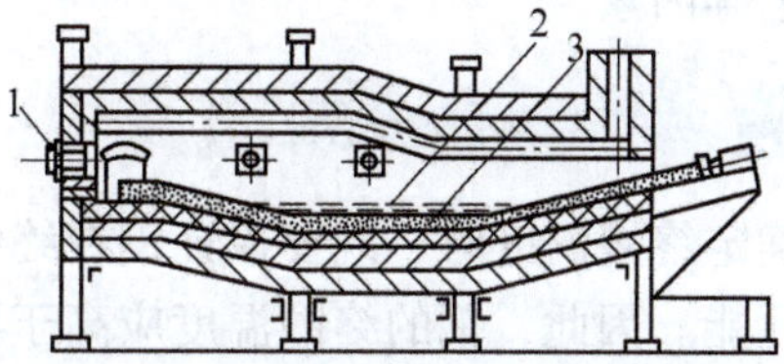

图 9-6　推杆式半连续式玻璃浴炉示意图

1—烧嘴　2—玻璃液　3—毛坯

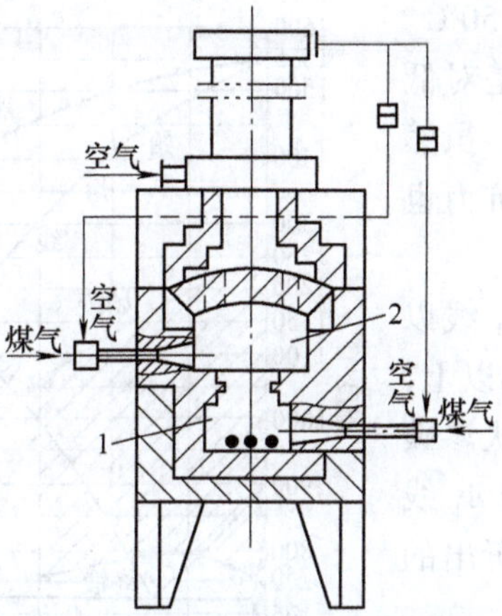

图 9-7　一室二区敞焰少无氧化加热炉示意图

1—加热区　2—高温区

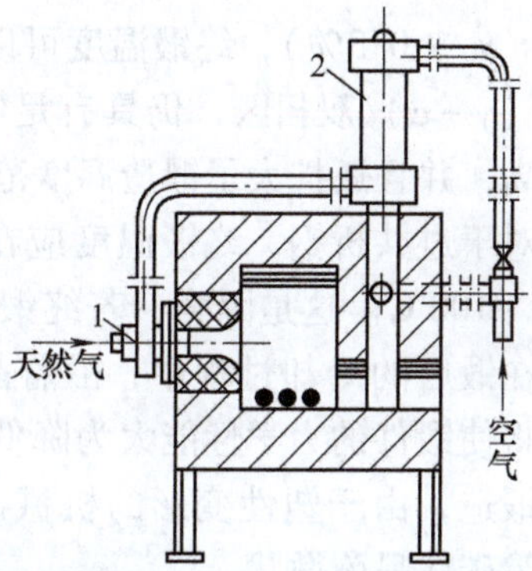

图 9-8　平焰少无氧化加热炉示意图

1—平焰烧嘴　2—预热器

第四节　热锻温度范围的确定

热锻是在一定的温度范围内进行的。钢的锻造温度范围是指开始锻造温度（始锻温度）与结束锻造温度（终锻温度）之间的一段温度区间。

确定锻造温度范围的基本原则是：保证钢有较高的塑性、较低的变形抗力，得到高质量锻件的同时锻造温度范围尽可能宽广些，以便减少加热火次，提高锻造生产率。

确定锻造温度范围的基本方法是：以钢的相图为基础，参考钢的塑性图、抗力图和再结晶图，由塑性、质量和变形抗力三方面加以综合分析，从而定出始锻温度和终锻温度。

一般来说，碳钢的锻造温度范围根据铁-碳相图便可直接确定。对于多数合金结构钢的锻造温度范围，可以参照碳含量相同的碳钢来考虑。但对塑性较低的高合金钢，以及不发生相变的钢种（如奥氏体钢、纯铁体钢），则必须通过试验，才能得出合理的锻造温度范围。

一、始锻温度的确定

确定钢的始锻温度，首先必须保证钢无过烧现象。因此对碳钢来讲，始锻温度应低于铁-碳相图的始熔线150~250℃，如图9-9所示。此外，还应考虑毛坯组织、锻造方式和变形工艺等因素。

二、终锻温度的确定

在确定终锻温度时，既要保证钢在终锻前具有足够的塑性，又要使锻件能够获得良好的组织性能。因此，钢的终锻温度应高于再结晶温度，以保证锻后再结晶完全，使锻件得到细晶粒组织。

就碳钢而言，终锻温度不能低于铁-碳相图的 A_1 线（图9-9）。否则，塑性显著降低，变形抗力增大，加工硬化现象严重，容易产生锻造裂纹。

对于亚共析钢，终锻温度应在 A_3 线以上15~50℃。因位于单相奥氏体区，组织均一而塑性良好。但是对低碳钢（$w_C<0.3\%$），终锻温度可以降到 A_3 线以下，虽然处于（$\gamma+\alpha$）双相区，仍具有足够的塑性，变形抗力也不太高，并且还扩大了锻造温度范围。

对于过共析钢，终锻温度应在Acm线以下，A_1 线以上50~100℃。这是因为，若终锻温度选在Acm线以上，则会在锻后的冷却过程中，沿着晶界析出二次网状渗碳体，将使锻件的力学性能大为降低。如在Acm线与 A_1 线之间锻造，由于塑性变形的机械破碎作用，可使析出的二次渗碳体呈弥散状。

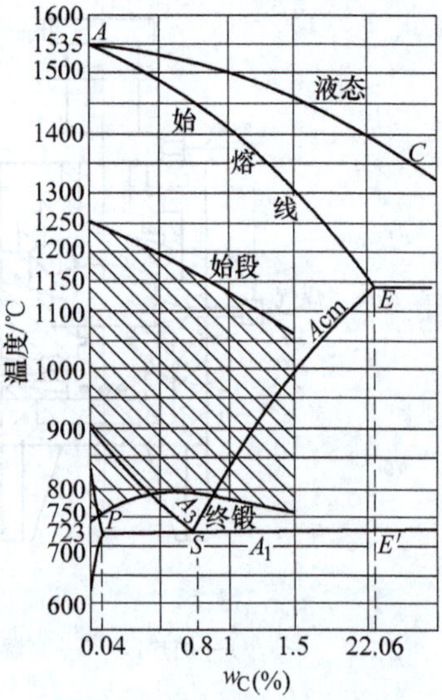

图9-9 碳钢的锻造温度范围

还须指出，钢的终锻温度与钢的组织、锻造工序和后续工序等也有关。对于无相变的钢种，由于不能用热处理方法细化晶粒，只有依靠锻造来控制晶粒度。为了使锻件获得细小晶粒，这类钢的终锻温度一般偏低。当锻后立即进行锻件余热热处理时，终锻温度应满足余热热处理的要求。如锻件的材质为低碳钢，终锻温度则稍高于 A_3 线。

一般精整工序的终锻温度，允许比规定值低50~80℃。各类钢的锻造温度范围见表9-1。

表9-1 各类钢的锻造温度范围

钢 种	始锻温度/℃	终锻温度/℃	锻造温度范围/℃
普通碳素钢	1280	700	580
优质碳素钢	1200	800	400
碳素工具钢	1100	770	330
合金结构钢	1150~1200	800~850	350
合金工具钢	1050~1150	800~850	250~300
高速工具钢	1100~1150	900	200~250
耐热钢	1100~1150	850	250~300
弹簧钢	1100~1150	800~850	300
轴承钢	1080	800	280

第五节　钢在加热中的常见缺陷与加热规范的制订

一、钢在加热过程中的常见缺陷

毛坯在加热过程中，由于加热不当常引起氧化、脱碳、过热、过烧、裂纹等缺陷。

（1）氧化　毛坯在高温加热时，其表层中的铁和炉中的氧化性气体（如 O_2、CO_2、H_2O 等）发生化学反应，结果使毛坯表层生成氧化铁（氧化皮），这种缺陷即为“氧化”。

由于氧化引起的危害有：毛坯烧损；氧化皮在锻造成形时被压入锻件表面，影响其表面质量；氧化皮又硬又脆，加剧模具磨损；引起炉底腐蚀损坏。

（2）脱碳　加热到高温时，毛坯表层中的碳和炉中的氧化性气体及某些还原性气体（如 H_2）发生化学反应，造成毛坯表层的碳含量减少，即为“脱碳”，这一层称为脱碳层。

如毛坯在加热时发生了脱碳，会使锻件表面变软，强度和耐磨性降低。当脱碳层厚度较深时，会影响到锻件质量。

（3）过热和过烧　当毛坯加热温度超过始锻温度或毛坯在高温下停留时间过长，都会引起奥氏体晶粒迅速长大，这种缺陷即为“过热”。晶粒开始急剧长大的温度称为过热温度。

当毛坯加热温度接近熔点时，晶间低熔点物质开始熔化，氧化性气体渗入晶界，破坏了晶间的联系，这种缺陷即为“过烧”。产生过烧的温度称为过烧温度。

过热和过烧都会造成不良的锻件组织，导致锻件强度和韧度降低。过烧的毛坯进行锻造时，轻则在表面引起网络状裂纹，一般称之为“龟裂”；重则使毛坯破裂成碎块。所以，过烧是加热的致命缺陷，最后毛坯只能报废。

（4）裂纹　在毛坯加热过程中，由于其表层与心部温度的差异造成的温度应力，对于钢锭的内部残余应力，以及具有相变毛坯的表层与心部相变不同时形成的组织应力等都可能产生毛坯心部裂纹。

二、钢的加热规范

加热规范是指规定加热过程中各个阶段的炉温和时间的关系。加热规范主要内容有：装炉温度、低温和高温区的升温速度、保温阶段的保温时间、加热至始锻温度的最高炉温和所需总的加热时间。

制订加热规范的原则：在保证毛坯加热质量前提下（即在加热过程中不产生裂纹、不过热、过烧、温度均匀、氧化脱碳少等），缩短加热时间和节省燃料，力求加热过程越快越好。

（1）加热温度　包括装炉温度，各个阶段的保温温度及出炉温度。

对于尺寸小、塑性好、导热性高、热膨胀系数小的材料可以在高温装炉。否则，为避免加热时产生较大的温度应力而出现裂纹，一般应低温装炉。

加热过程中各阶段的保温时间，也按钢材性能与毛坯的尺寸确定。出炉温度一般比始锻温度要高一些。

（2）加热速度　是指在单位时间内表面温度上升的度数，称为加热速度（℃/h）。它也可用单位时间内金属热透的厚度（mm/min）来表示。

锻造加热中有两种加热速度，即可能的加热速度和金属允许的加热速度。可能的加热速度是指炉子以最大的供热能力加热时，所能达到的加热速度。金属允许的加热速度，是指金属在加热时不产生加热裂纹的加热速度。

在低温阶段（约在800℃以前），炉温与毛坯表面温度间的差别很大，这时的加热速度可能达到最大值，由此而引起的温度应力也可能最大。同时，由于钢料在低温时塑性较差，特别是有蓝脆温度区域以及原有残余应力的存在，因此钢在这个阶段产生裂纹的危险性最大。在高温阶段，由于钢的塑性急剧地增加，温度应力和残余应力逐渐得到消除，产生裂纹的危险性也就大为减少，因此可以用最快的加热速度来加热。

实践证明，只有加热导热性很差的高碳钢、高合金钢或断面尺寸较大的钢锭，因为产生裂纹的可能性较大，需要低温预热，并要待塑性提高和产生裂纹的危险性消除之后，方可用最大的、技术上所能达到的加热速度来加热。对于那些导热性较好的低碳钢、低合金钢或断面尺寸较小的钢锭，均可不经预热，而直接装入炉温等于或高于始锻温度的炉内，以最大的加热速度进行加热。

（3）**加热时间　毛坯从开始加热至始锻温度所需的时间，称为加热时间。**加热时间不包括毛坯在始锻温度下的保温时间。

加热时间至今尚无成熟的理论计算公式，并且现有的理论计算公式又非常复杂，应用很不方便，因此通常用经验公式或图表资料来计算确定。

三、钢锭和钢坯的加热规范

（1）加热规范的类型　钢锭和钢坯的加热规范按加热曲线的形状可分为5类7种，见表9-2。

表9-2　加热规范类型

规范类型	加热曲线	说明
一段规范	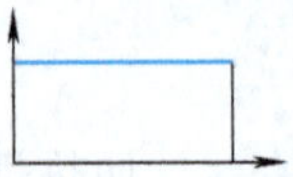	在加热过程中炉温不变
二段规范	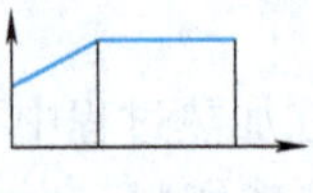	由升温和在锻造温度下保温两阶段组成
三段规范	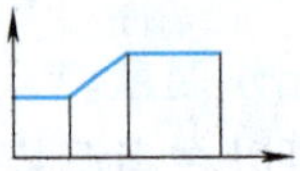	由在装炉温度下保温，升温和在锻造温度下保温三阶段组成
	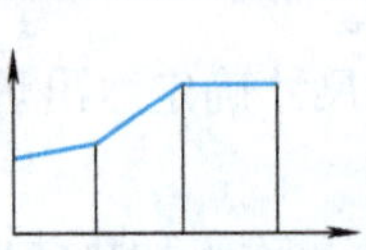	由缓慢升温，快速升温，在锻造温度下保温三阶段组成
四段规范	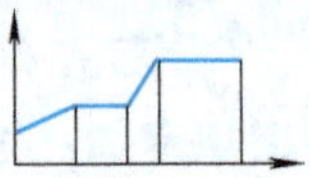	由缓慢升温，在相变温度下保温，快速升温和在锻造温度下保温四阶段组成
	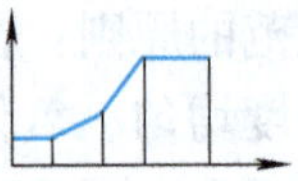	由在装炉温度下保温，缓慢升温，快速升温和锻造温度下保温四阶段组成
五段规范	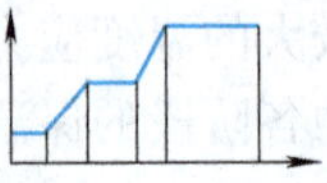	由在装炉温度下保温，缓慢升温，在相变温度下保温，快速升温和锻造温度下保温五阶段组成

（2）热锭料加热　钢锭加热分为热态和冷态两种。热态加热就是将浇注好的钢锭，立即从铸钢车间保温送至锻造车间，直接装炉加热，并要求装炉时表面温度不低于550～650℃，其温度高低视钢种而定，$w_C \not> 0.40\% \sim 0.50\%$ 的碳素钢为550℃；$w_C > 0.40\% \sim 0.50\%$ 的碳素钢、低合金钢及中合金钢为600℃。高合金钢及白点敏感的钢为650℃。

对于表面温度低于550～650℃的锭料，就不能作为热锭料来加热，而应按冷钢锭考虑。

热锭料加热时，装炉温度要稍许降低，其值视断面尺寸和钢种而定，一般装炉温度约为1000～1100℃。

采用热锭料加热的优点为：缩短加热时间，减少氧化损失及燃料消耗，避免钢锭冷却产生缺陷，提高炉子生产率。因此，生产中应尽量采用。

（3）冷锭料加热　冷钢锭加热规范与钢锭的材质和尺寸（或质量）有关。对于质量小于200～2500kg，直径小于500～550mm的结构钢钢锭，一般可不经预热和不分段，而直接加热到始锻温度。对于 w_C 为 $0.35\% \sim 0.45\%$ 的碳素钢钢锭，甚至重达7000kg，也可直接加热到锻造温度。

对于大钢锭来说，由于断面上温差大，温度应力较大，内部缺陷较多，残余应力较大，所以一般采用分段加热。

（4）钢坯的加热规范　对于一般碳素结构钢和合金结构钢的钢坯，都可不经预热和保温，而采用高温直接装炉，快速加热到锻造温度后即可出炉锻造。对于导热性很低的高合金钢，如高速钢钢材，若直径较大时，需要采用分段加热规范。

各种钢锭的加热规范可查阅有关资料。加热规范并不是一成不变的数据，它随着加热工艺的不断改进以及钢锭质量的不断改善而不断地变化着。因此，目前并无统一的加热规范，各厂都是根据自己的具体情况来拟定。

思考与练习题

9-1　锻压生产在国民经济发展中的地位和作用如何？

9-2　锻压技术发展的状况及其所包括的范围是什么？

9-3　锻压生产发展的趋势与任务是什么？

9-4　锻造工艺的特点是什么？为什么说它是不可替代的？

9-5　什么是锻造，在生产上是怎么分类的？

9-6　热锻原材料的下料方法有哪些，各有什么优缺点？

9-7　锻前加热的目的、方法及对锻件质量有何影响？

9-8　确定锻造温度范围的原则是什么？

9-9　确定锻造温度范围的基本方法有哪些？

9-10　说出钢在加热过程中的常见缺陷。

9-11　什么是加热规范？怎样制订加热规范？

9-12　怎样实现少无氧化加热？

第十章　自由锻造工艺

自由锻是一种通用性很强的工艺方法。它可以锻造多种多样形状的锻件，并具有以下特点：

1）所用工具简单、通用性强、灵活性大，适合单件和小批锻件的生产。

2）自由锻件是由毛坯逐步变形而成，工具只与毛坯部分接触，故所需设备功率比模锻要小得多，所以自由锻也适于锻造大型锻件。

3）能锻造多种多样、变形程度相差很大的锻件。

4）自由锻是靠人工操作来控制锻件形状和尺寸的，锻件的精度与操作者的技术程度有很大关系，同时具有效率低、劳动强度较大的特点。

自由锻工艺所包含的内容包括锻件的成形规律和提高锻件的质量两个方面。对于碳钢和低合金钢的中小型锻件，原材料大多是经锻轧而成的质量较好的钢材，在锻造时主要是成形问题。而对大型锻件和高合金钢锻件，一般是以内部组织较差的钢锭为原材料，在锻造时关键是质量问题。

自由锻设备主要有锻锤和水压机。图 10-1 所示为常用的自由锻锤的形式。

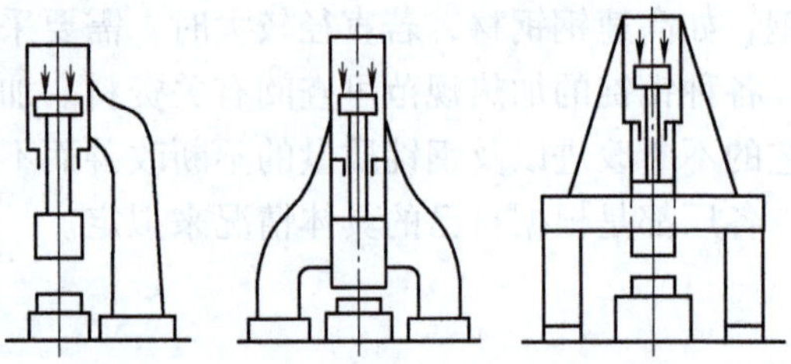

图 10-1　自由锻锤结构形式
a）单臂式　b）拱式　c）桥式

第一节　自由锻工序分类

自由锻的工序可以分为基本工序、辅助工序和修整工序三类。

（1）基本工序　改变毛坯的形状和尺寸以获得锻件的工序称为基本工序。包括镦粗、拔长、冲孔、芯轴扩孔、芯轴拔长、弯曲、切割、错移、扭转、锻接等。

（2）辅助工序　为了完成基本工序而使毛坯预先产生某一变形的工序称为辅助工序，如钢锭倒棱、预压钳把、分段压痕等。

（3）修整工序　用来精整锻件尺寸和形状，消除锻件表面不平、歪扭等，使锻件完全达到锻件图要求的工序称为修整工序，如鼓形滚圆、端面平整、弯曲校正等。修整工序的变形量通常都很小。

上述各种自由锻工序的简图见表 10-1。

表 10-1 自由锻工序简图

基本工序		
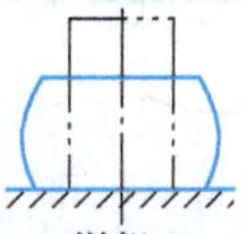 镦粗	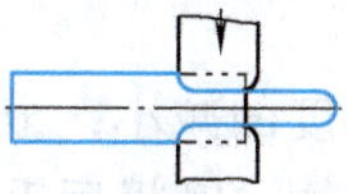 拔长	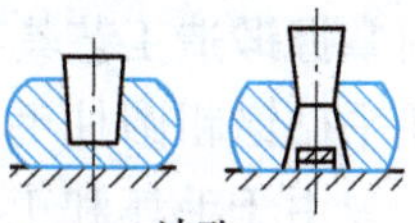 冲孔
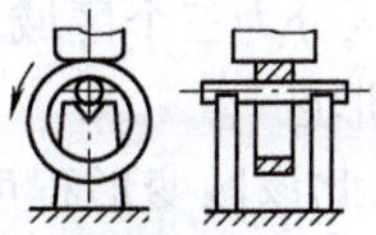 芯轴扩孔	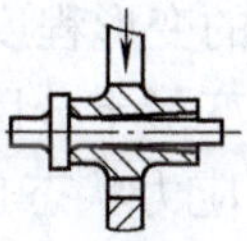 芯轴拔长	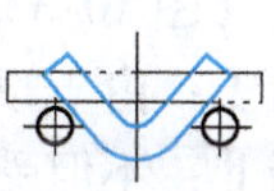 弯曲
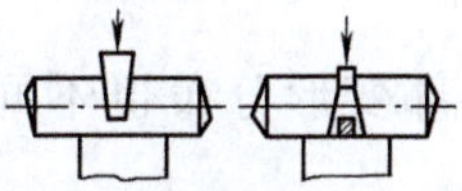 切割	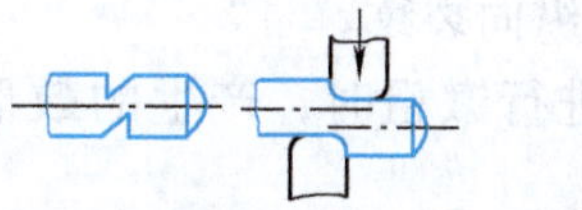 错移	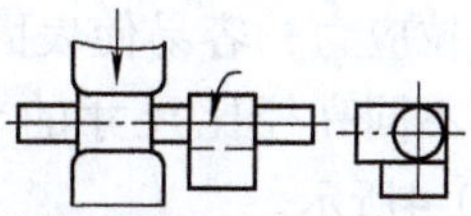 扭转
辅助工序		
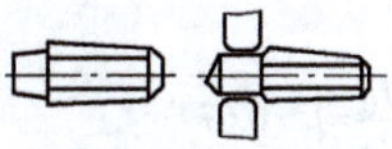 压钳把	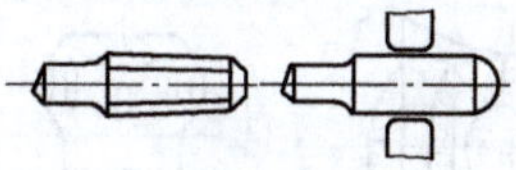 倒棱	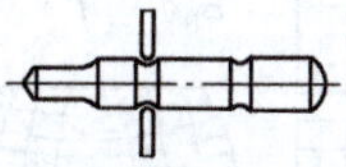 压痕
修整工序		
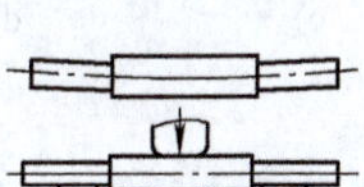 校正	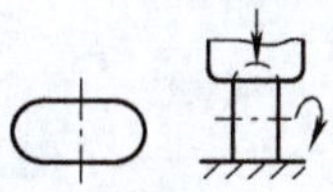 滚圆	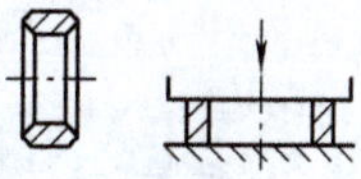 平整

第二节 自由锻基本工序分析

一、镦粗

使毛坯高度减小，横截面面积增大的锻造工序称为镦粗。

（1）平砧镦粗 指毛坯在上下平砧间进行的镦粗，如图 10-2 所示。

镦粗的变形程度可用毛坯镦粗前后的高度之比——镦粗比 K_H 来表示，即

$$K_H = \frac{H_0}{H} \tag{10-1}$$

式中，H_0、H 分别为镦粗前、后毛坯的高度（mm）。

镦粗是自由锻最基本的工序。一方面直接成形锻件（如饼块锻件、空心锻件）必须采用镦粗成形，另一方面还与其他锻造工序（如拔长、冲孔等）联合使用。因此，了解镦粗变形规律，对掌握锻造工艺具有重要意义。

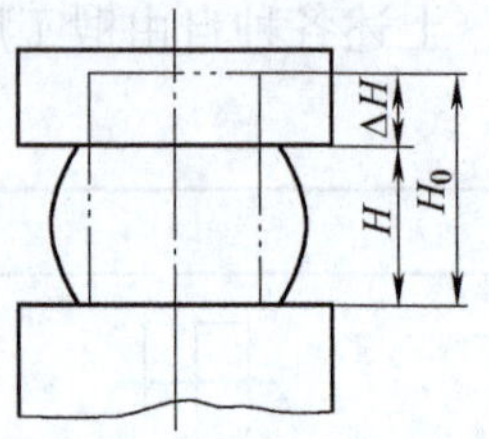

图 10-2　平砧镦粗

用平砧镦粗圆柱毛坯时，随着高度的减小，金属不断向四周流动。由于毛坯和工具之间存在摩擦，镦粗后毛坯的侧表面将变成鼓形，同时造成毛坯内部变形分布不均。通过网格实验可以看到（图 10-3)，根据镦粗后网格的变形程度大小，可将变形区分为三个区域。

区域Ⅰ：由于摩擦影响最大，该区变形十分困难，称为“难变形区”。

区域Ⅱ：不但受摩擦的影响较小，应力状态也有利于变形，因此该区变形程度最大，称为“大变形区”。

区域Ⅲ：其变形程度介于区域Ⅰ与区域Ⅱ之间，称为“小变形区”。因鼓形部分存在切向拉应力，容易使表面产生纵向裂纹。

不同高径比尺寸的毛坯进行镦粗时，产生的鼓形特征和内部变形分布也不同，如图 10-4所示。

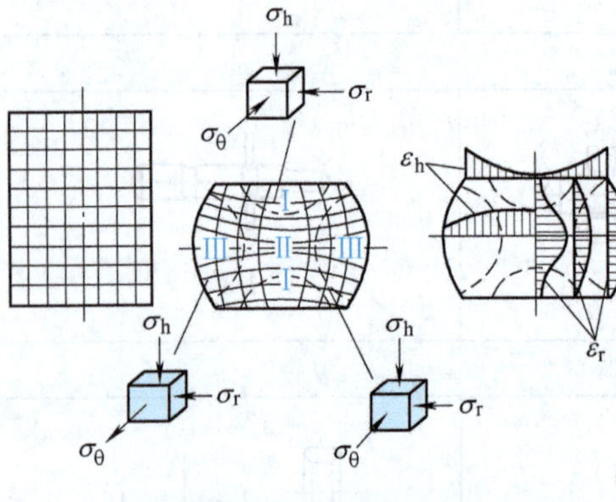

图 10-3　圆柱坯料镦粗时的变形分布

Ⅰ—难变形区　Ⅱ—大变形区　Ⅲ—小变形区

ε_h—高度变形程度　ε_r—径向变形程度

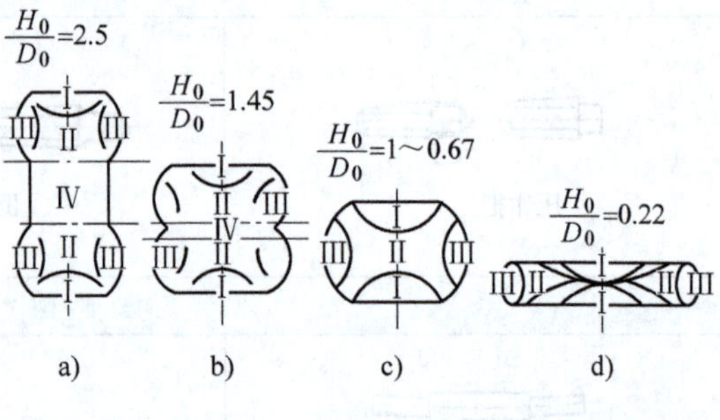

图 10-4　高径比对镦粗鼓形与变形分布的影响

Ⅰ—难变形区　Ⅱ—大变形区　Ⅲ—小变形区　Ⅳ—均匀变形区

上述平砧镦粗时的金属流动情况，对锻造工艺和锻件质量都很不利。由于毛坯侧面出现鼓形，不但要增加修整工序，并且可能引起表面纵裂，对低塑性金属尤为敏感。此外，由于毛坯内部变形的不均匀，必然引起锻件晶粒大小不均，从而导致锻件的性能不均，这对晶粒度要求严格的合金钢锻件影响极大。如镦粗圆盘锻件时，在锻件的中部（相当Ⅱ区）变形程度很大，为三向压应力状态，不但有利于焊合缺陷，还可得到细晶粒组织。而在锻件两端（相当Ⅰ区），因为属于难变形区，所得组织晶粒粗大。因此，为了保证锻件质量，要求尽量减小鼓形，提高变形的均匀性。在锻造生产中可以采用以下工艺措施来提高变形的均匀性，如图 10-5、图 10-6、图 10-7 所示。

对高径比 $H_0/D_0>3$ 的毛坯进行镦粗时，容易产生纵向弯曲，而使变形失去稳定。因此，在镦粗时对毛坯的高径比（或高宽比）应有所限制。通常圆形截面毛坯的高径比不宜超过2.5~3，方形或矩形截面毛坯的高宽比不大于3.5~4。

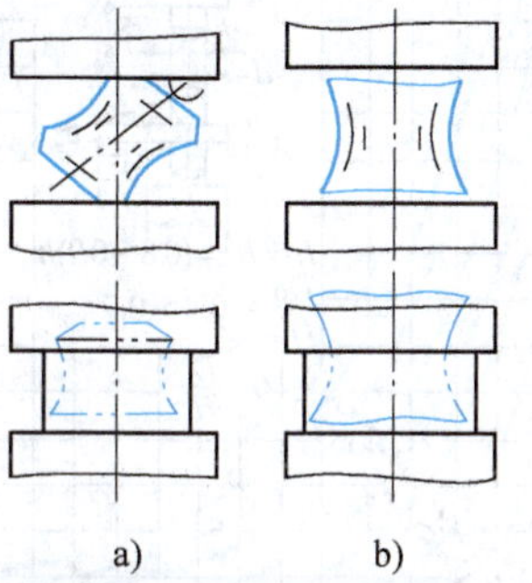

图 10-5 凹形毛坯镦粗

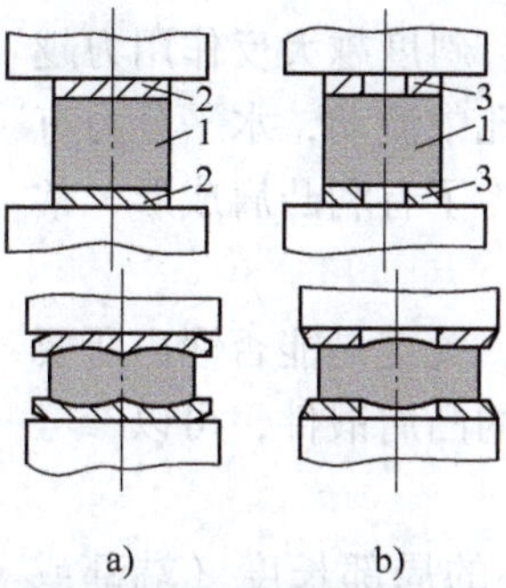

图 10-6 软金属垫镦粗

1—毛坯 2—板状软垫

3—环状软垫

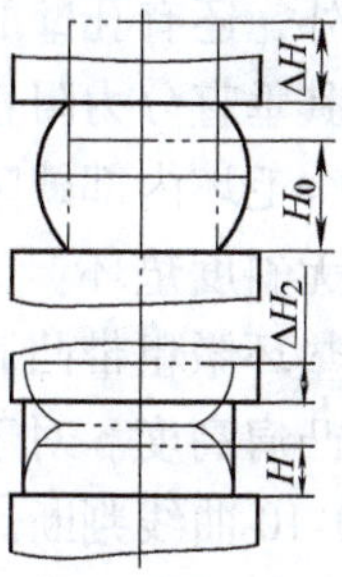

图 10-7 两件叠起镦粗

(2) 垫环镦粗 毛坯在单个垫环上或在两个垫环间进行的镦粗称为垫环镦粗（图10-8）。这种镦粗方法用于锻造带有单边或双边凸肩的饼块锻件。由于锻件凸肩直径和高度比较小，采用的毛坯直径要大于环孔直径，因此垫环镦粗变形实质属于镦挤。

垫环镦粗时，金属可朝两个方向流动，即径向流动与轴向流动。因此必然存在一个不产生流动的分界面，称为分流面。分流面的位置与下列因素有关：毛坯高度与直径之比（H_0/D_0）、环孔与毛坯直径之比（d/D_0）、变形程度（ε）、环孔斜度（α）及摩擦条件等。

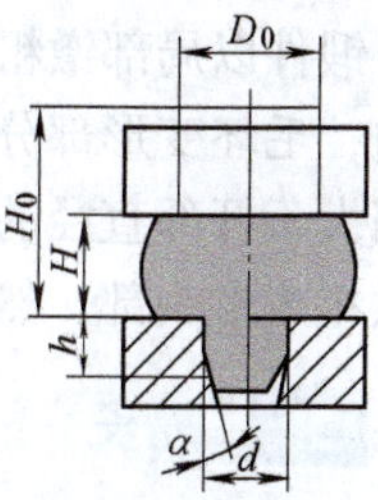

图 10-8 垫环镦粗

毛坯尺寸、垫环孔径和变形程度对流动的影响如图 10-9 所示：图 10-9a 所示为 $H_0/D_0>1$ 的毛坯镦粗开始阶段。这时分流面在环孔附近，Ⅰ区金属流向四周，Ⅱ区金属挤入环孔，凸肩高度增量 $\Delta h=h_1+h_2$ 小于压下量 $\Delta H=H_0-H$；图 10-9b 所示为毛坯镦粗到某一高度，分流面扩大到整个环孔范围，由于Ⅱ区得到扩大，凸肩高度增量 Δh 接近或等于压下量 ΔH；图 10-9c 所示为毛坯镦粗程度很大时，分流面已经超出了环孔直径，使得Ⅱ区更加扩大，凸肩高度增量 Δh 大于压下量 ΔH。

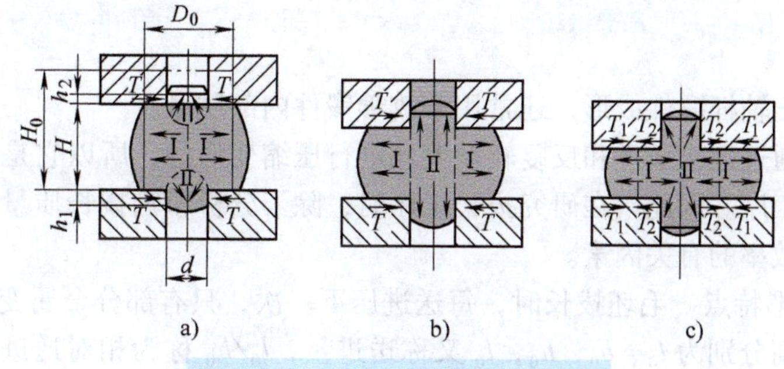

图 10-9 垫环镦粗时的金属流动

环孔斜度对流动的影响：当环孔无斜度时，流动仅受孔壁摩擦阻力的影响。如环孔有斜度时，除摩擦阻力外，还有孔壁的反作用力。斜度越大反作用力越大，其垂直分力阻止金属向环孔中流动，水平分力有利焊合毛坯内部缺陷。因此，为了有利凸肩成形，常采用无斜度垫环。

垫环镦粗带凸肩的锻件时，关键是能否锻出所要求的凸肩高度。对于一定尺寸的凸肩锻件，可以参考图 10-10 曲线判断。

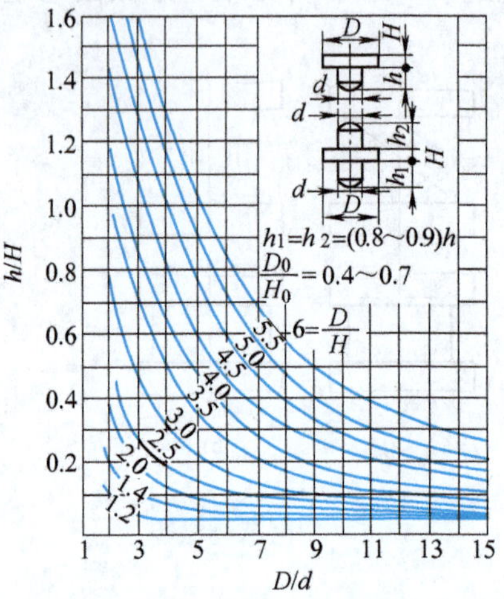

图 10-10　垫环镦粗的锻件尺寸比例

(3) 局部镦粗　只在毛坯的局部长度（端部或中间）内进行镦粗称为局部镦粗，如图 10-11 所示。

这种镦粗方法可以锻造凸肩直径和高度较大的饼块锻件，也可锻造端部带有较大法兰的轴杆锻件。

局部镦粗的金属流动特征与平砧镦粗相似，但受不变形部分“刚端”的影响。

锻件以局部镦粗成形时，毛坯尺寸最好是按杆部直径选取。为了避免镦粗时产生纵向弯曲，毛坯变形部分高径比应小于 2.5 ~3。因此，对于头部较大而杆部较细的锻件，只能采用大于杆部直径的毛坯。锻造时可先拔长杆部，然后再局部镦粗头部。或者相反，先局部镦粗成形头部，然后再拔长得到杆部。

二、拔长

使毛坯横截面减小而长度增加的锻造工序称为拔长，如图 10-12 所示。

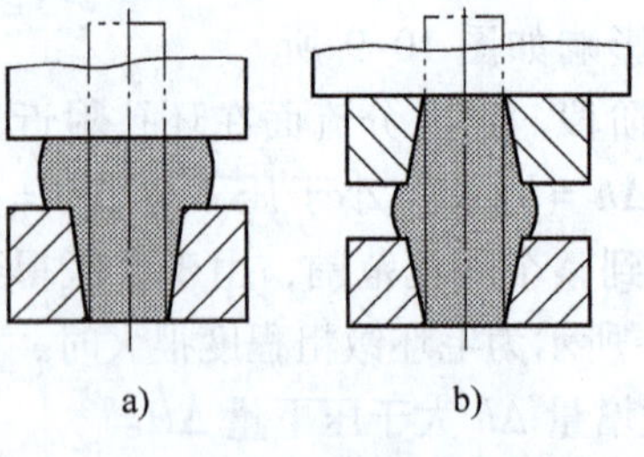

图 10-11　局部镦粗

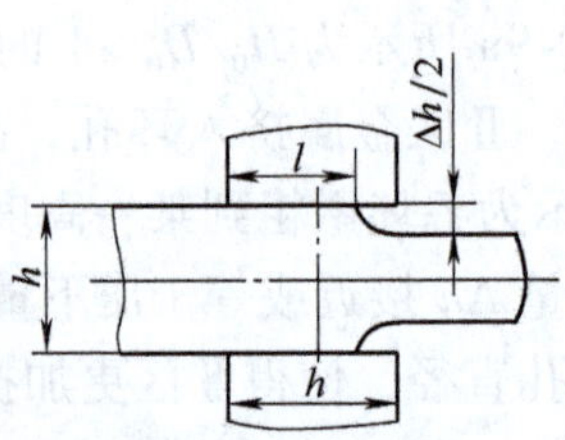

图 10-12　拔长

拔长除了用于轴杆锻件成形，还常用来改善锻件内部质量。

由于拔长是通过逐次送进和反复转动毛坯进行压缩变形的，所以它是锻造中耗费工时最多的一个锻造工序。因此，在研究拔长工序时，除了分析影响拔长质量的因素以外，还应分析影响拔长效率的有关因素。

(1) 拔长变形特点　毛坯拔长时，每送进压下一次，只有部分金属变形。设拔长前变形区的长、宽、高分别为 l_0、b_0、h_0，l_0 又称送进量，l_0/h_0 称为相对送进量，拔长后变形区的长、宽、高分别为 l、b、h，$\Delta h = h_0 - h$ 称为压下量，$\Delta b = b - b_0$ 称为展宽量，$\Delta l = l - l_0$，称为拔长量。

拔长的变形程度以毛坯拔长前后的截面积之比（锻造比）K_L 来表示，即

$$K_L = \frac{A_0}{A} \tag{10-2}$$

式中　A_0、A 分别为拔长前、后毛坯的截面积（mm^2）。

拔长时的金属流动规律，根据最小阻力定律可知，当进料比（l/b）较小时，金属向轴向流动的变形程度（ε_l）较大，横向变形程度（ε_b）较小，随着 l/b 的不断增大，ε_l 逐渐减小，而 ε_b 逐渐增大；ε_l，ε_b 随l/b变化的情况如图 10-13 所示。可见，为提高拔长生产率，应当采用较小的进料比。但送进量也不宜过小，否则会增加压下次数，这在一定程度上将降低拔长效率。因此，通常取 $l=(0.4 \sim 0.8)b$。如采用型砧拔长，由于金属横向流动受到限制，迫使金属主要沿着轴向流动，所以与平砧相比拔长效率较高。

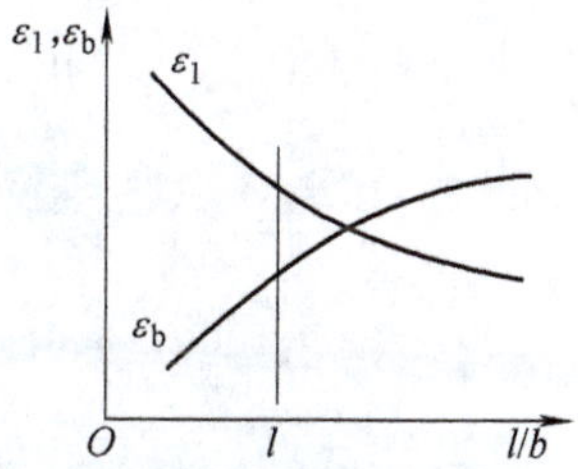

图 10-13　横向和轴向变形程度随相对变形量的变化

ε_l—轴向变形程度

ε_b—横向变形程度

在毛坯沿着轴向逐次送进拔长时，变形相当于一系列镦粗工序的组合。通过采用网格法的拔长实验可看到（图 10-14），拔长具有与镦粗变形相类似的特征，即毛坯侧表面产生鼓形，内部的变形分布不均匀。从其网格变化可看到，毛坯各个部分都能充分变形，因而拔长后锻件内部组织比较均匀。这也是拔长能够改善内部组织，提高锻件质量的原因所在。

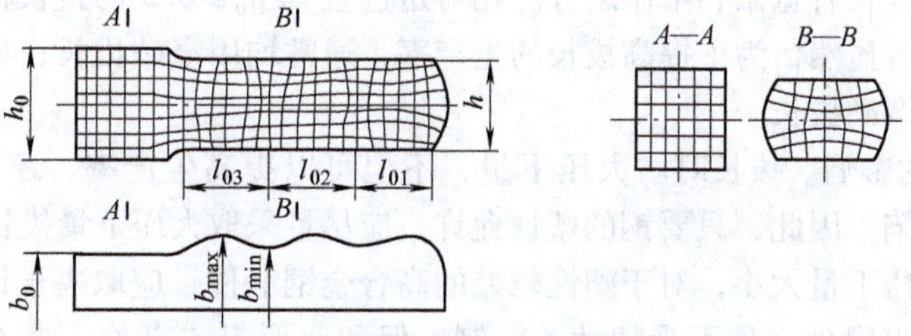

图 10-14　拔长时毛坯纵向截面的网格化

（2）影响拔长质量的工艺因素　拔长时的锻透的程度、内外部裂纹及锻件成形质量，与拔长时的变形分布和应力状态有关，取决于送进量、压下量、砧子形状、拔长操作等因素。

1）送进量的影响。送进量的大小，不仅关系到拔长效率，而且还影响锻件质量。

当送进量较小时（$l_0/h_0<0.5$），变形区出现双鼓形。这时变形集中在上下表面层，锻件中心部分非但不能锻透，并且出现轴向拉应力，容易引起内部横向裂纹，如图 10-15a 所示。送进量如小于单边压下量，还会在锻件表面形成折叠，如图 10-16 所示。

当送进量过大时（$l_0/h_0>1$），变形区出现单鼓形。这时心部变形很大，可以锻透，但在鼓形侧面和角部受拉应力，易引起表面横向裂纹和角裂。如果毛坯在同一位置反复转动重击，金属沿对角线产生剧烈地相对流动，还会使塑性低的锻件产生十字裂纹，如图 10-15b所示。

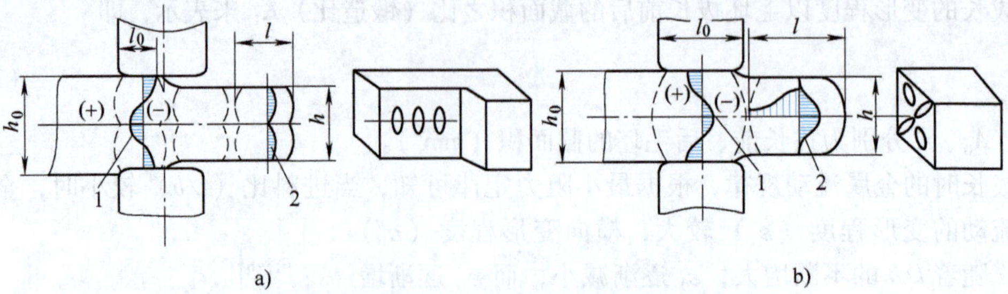

图 10-15 拔长送进量对变形和压力分布的影响

a）$l_0/h_0<0.5$ b）$l_0/h_0>1$

1—轴向应力 2—轴向变形

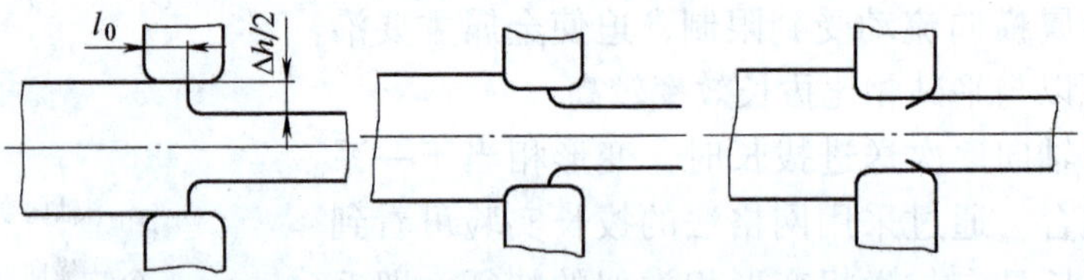

图 10-16 拔长产生折叠过程的示意图（$l_0<\Delta h/2$ 时）

综合考虑送进量对拔长效率和锻件质量两方面的影响，一般认为，相对送进量 $l_0/h_0=0.5\sim0.8$较为合适，绝对送进量常取 $l=(0.4\sim0.8)B$，式中 B 为砧宽。

在生产中，拔长有宽砧和窄砧之分。相对送进量 $l_0/h_0\geqslant0.5$ 的拔长称为宽砧拔长，反之则为窄砧拔长。显然，为了提高拔长的生产率，通常均用窄砧拔长；如锻件要求充分锻透时，则应采用宽砧拔长。

2）压下量的影响。拔长时增大压下量，不但可以提高生产率，还可强化心部变形，有利锻合内部缺陷。因此，只要钢的塑性允许，应尽量采取大压下量拔长。

关于拔长的压下量大小，对于塑性较差的高合金钢锻件，应取决于钢的塑性。而一般塑性较好的结构钢锻件，虽不受塑性的限制，但和变形工艺有关。为了避免锻件产生折叠，单边压下量 $\Delta h/2$ 应小于送进量 l_0。此外还要考虑毛坯翻转 90°后拔长时不产生弯曲，毛坯每次压下后的宽高比应小于 2.5 ~3.0。

3）砧子形状的影响。拔长常用的砧子形状有三种，即上下 V 形砧、上平下 V 形砧和上下平砧。当用不同形状的砧子拔长时，毛坯内部变形区分布不相同，如图 10-17所示。

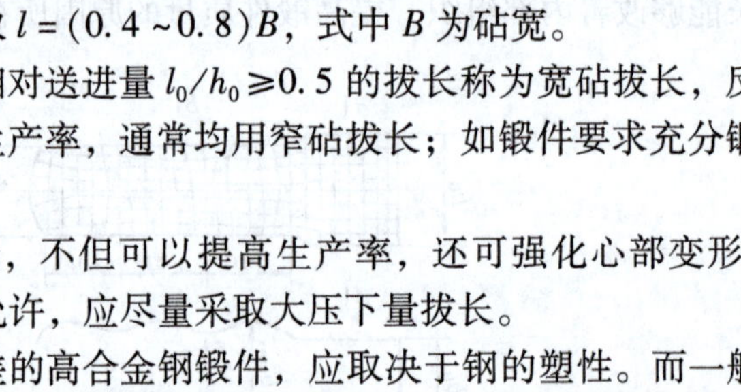

图 10-17 拔长砧子形状及其对变形区分布的影响

a）上下 V 形砧 b）上平下 V 形砧 c）上下平砧

Ⅰ—难变形区 Ⅱ—大变形区 Ⅲ—小变形区

上下 V 形砧拔长时，毛坯中心的变形程度最大，又处于强烈三向压应力状态，因此能够很好地锻合心部缺陷，且拔长效率也高，毛坯轴线不会偏移。

上平下 V 形砧拔长时，最大的变形区不在毛坯中心，而在距中心 1/2 ~3/4

半径处，所以这种砧子锻透性比较差。此外，由于毛坯上下变形深入程度不等，不断翻转后会使轴线变成螺旋线，其结果将造成中心缺陷区的扩大。

上下平砧拔长矩形截面毛坯时，只要相对送进量选取合适，就能够使毛坯的中心锻透。如采用大压下量，把毛坯压成扁方，则锻透效果更好。但用上下平砧拔长圆形截面毛坯时，因为工件与砧子接触面很窄，金属横向流动大，轴向流动小，拔长效率低。同时，由于变形集中于上下表层，在心部产生拉应力，容易引起中心裂纹，如图 10-18 所示。为此，应按如图 10-19 所示毛坯截面的变形方案拔长，不但可以提高拔长效率，还能减小中心开裂危险。

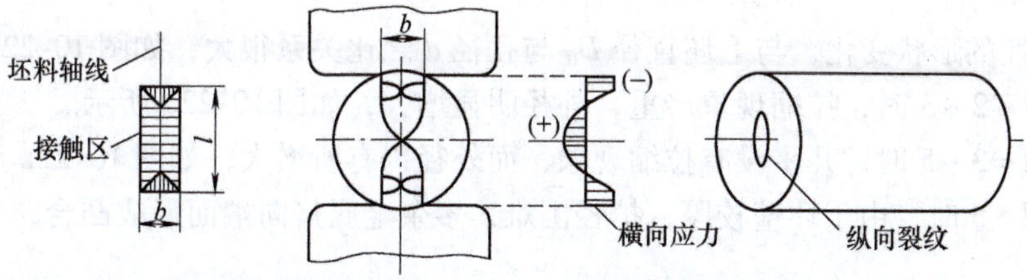

图 10-18　平砧拔长圆形截面毛坯时的变形区和横向应力分布

4）拔长操作的影响。拔长时毛坯送进与翻转的方法有三种（图 10-20）。第一种方法是沿螺旋线翻转 90°拔长，适用于锻造台阶轴锻件。第二种方法是反复转动 90°拔长，常用于手工操作锻造。第三种方法是沿整个毛坯长度方向拔长一遍后再翻转 90°拔长，多用于锻造大型锻件，这种操作易使毛坯端部产生弯曲，因此需先翻转 180°将料平直，然后再翻转 90°依次拔长。翻转前后拔长的送进位置要相互错开，这样可使锻件沿轴线方向的变形趋于均匀。

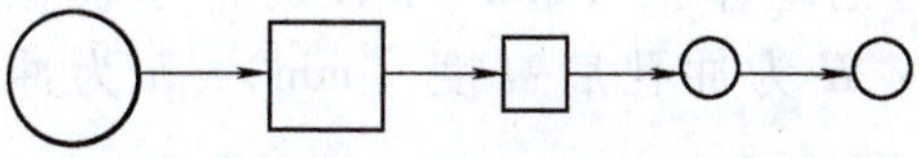

图 10-19　平砧拔长圆形截面毛坯时的截面变化过程

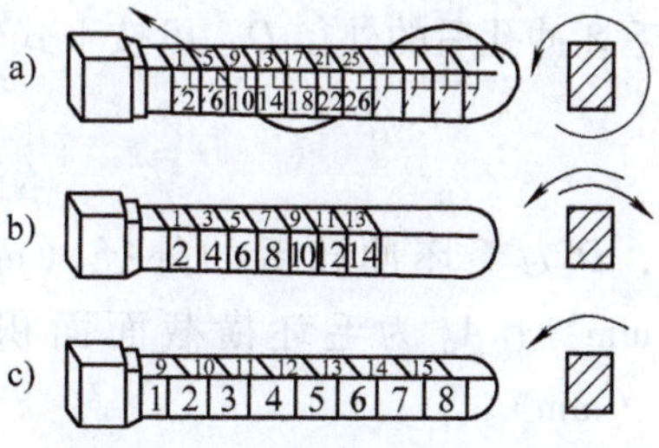

图 10-20　拔长操作方法

拔长短毛坯时，可从毛坯的一端拔至另一端。而拔长长毛坯和钢锭时，则应从毛坯的中间向两端拔。

三、冲孔

采用冲子将毛坯冲出透孔或不透孔的锻造工序称为冲孔。

锻造各种带孔锻件和空心锻件时都需要冲孔，常用的冲孔方法有：实心冲子冲孔、空心冲子冲孔和在垫环上冲孔三种。

（一）实心冲子冲孔

实心冲子冲孔过程如图 10-21 所示。冲子从毛坯的一面冲入，当孔冲到深度为毛坯高度的 70%~80% 时，将毛坯翻转 180°再用冲子从另一面把孔冲穿。因此又称为双面冲孔。

冲孔时，毛坯分成两部分：冲头下面的圆柱区和冲头以外的圆环区。冲孔过程中，圆柱区金属的变形相当于处在圆环包围下的镦粗。由于圆柱区的金属与圆环区的金属是同一连续整体，被压缩的圆柱区金属必将拉着圆环区的金属同时下移。这种作用的结果使毛坯产生拉缩现象，即上端面下凹，而高度减小。同时，由于圆柱区的金属被镦粗挤向四周，使圆环区相似于内压作用下的胀形，因而引起毛坯的直径增大，并在圆环切向产生拉应力。

冲孔毛坯的形状变化，与毛坯直径 D_0 与孔径 d 之比关系很大，如图 10-22 所示。

当 $D_0/d \leqslant 2\sim3$ 时，拉缩现象严重，外径明显增大，如图 10-22a 所示。

当 $D_0/d = 3\sim5$ 时，几乎没有拉缩现象，而外径仍有所增大，如图 10-22b 所示。

当 $D_0/d > 5$ 时，由于环壁较厚，扩径困难，多余金属挤向端面形成凸台，如图 10-22c 所示。

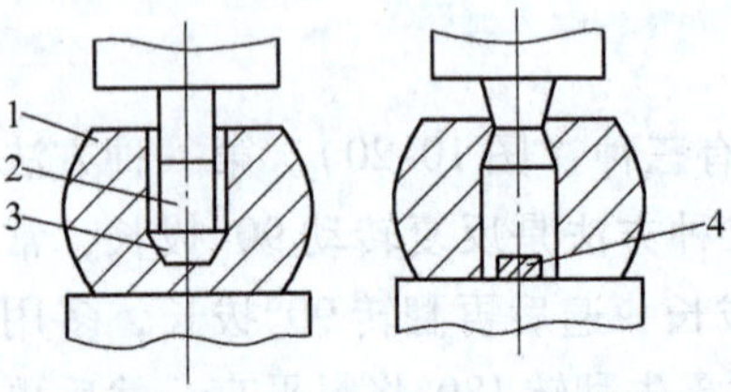

图 10-21　实心冲子冲孔

1—毛坯　2—冲垫　3—冲子　4—芯料

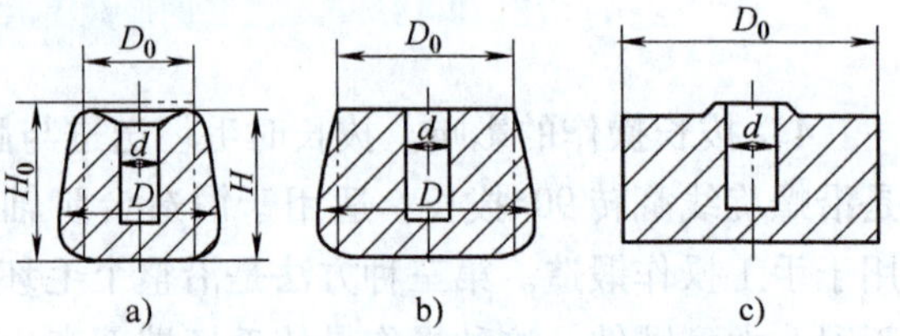

图 10-22　冲孔时毛坯形状变化的情况

毛坯冲孔后的外径 D，可按下式估算：

$$D = 1.13\sqrt{\frac{1.5}{H}[V + A(H-h)] - 0.5A_0} \tag{10-3}$$

式中，D 为毛坯冲孔后的外径（mm）；V 为毛坯体积（mm^3）；A 为冲子横截面面积（mm^2）；A_0 为毛坯横截面面积（mm^2）；H 为冲孔后高度（mm）；h 为冲底的高度（mm）。

毛坯冲孔后的高度，总是小于或等于毛坯原高度 H_0。冲孔深度与毛坯高度的关系如图 10-23 所示。

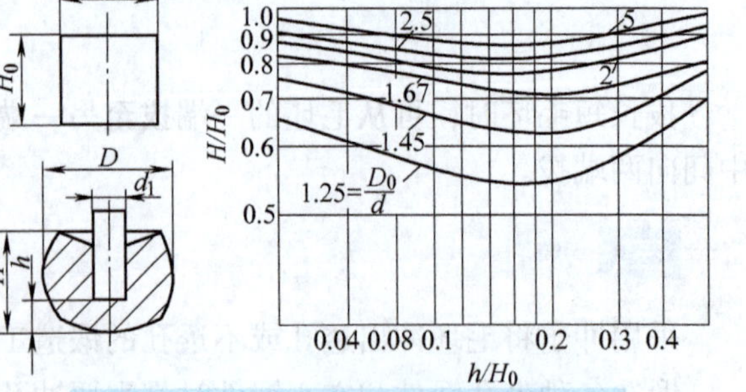

图 10-23　冲孔深度与坯料高度的关系

综上所述，实心冲子冲孔时，毛坯直径 D_0 与孔径 d 之比应大于 2 ~ 3，即 $D_0/d \geqslant 2\sim3$；毛坯高度 H_0 要小于毛坯直径 D_0，即 $H_0 \leqslant D_0$。毛坯高度可按以下方法取值：

1）当 $D_0/d < 5$ 时，取 $H_0 = (1.1\sim1.2)H$；

2）当 $D_0/d \geqslant 5$ 时，取 $H_0 = H$。

由于冲孔时在圆环区存在切向拉应力，当钢的塑性较差时，或冲孔温度过低时，锻件表面容易引起纵向裂纹，因此要求在高温下冲孔。

实心冲子冲孔的优点是操作简单、芯料损失较少，连皮高度为 $h = 0.25H$。这种冲孔方法广泛用于孔径 <400mm 的锻件。

（二）空心冲子冲孔

空心冲子冲孔过程如图 10-24 所示。冲孔时毛坯形状变化较小，但芯料损失大。在锻造大型锻件时，能将钢锭中心质量差的部分冲掉，为此在冲孔时应把钢锭冒口端向下。这种冲孔方法主要用于孔径在 400mm 以上的大锻件。

（三）在垫环上冲孔

在垫环上冲孔过程如图 10-25 所示。冲孔时毛坯形状变化小，但芯料损失比较大，连皮高度为 $h =（0.7 \sim 0.75）H$。这种冲孔方法只适用于高径比 $H/D < 0.125$ 的薄饼锻件。

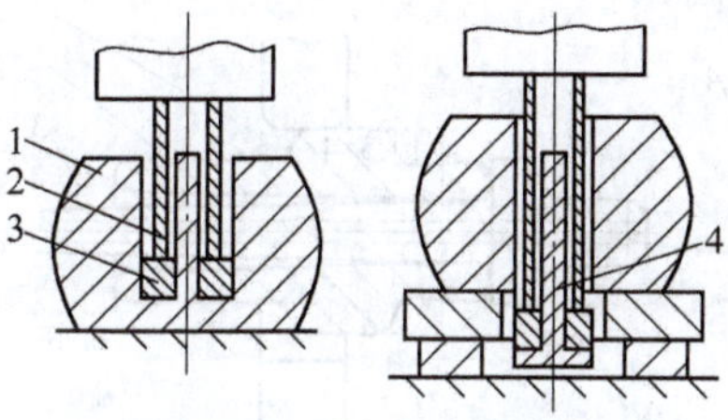

图 10-24　空心冲子冲孔

1—毛坯　2—冲垫　3—冲子　4—芯料

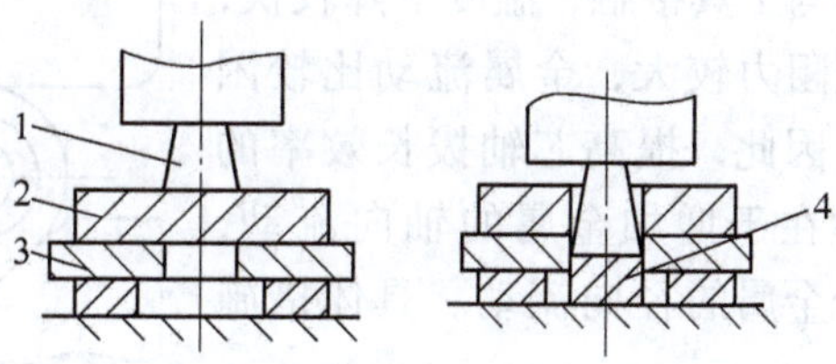

图 10-25　在垫环上冲孔

1—冲子　2—毛坯　3—垫环　4—芯料

四、扩孔

减小空心毛坯壁厚而增加其内外径的锻造工序称为扩孔，用以锻造各种圆环锻件。常用的扩孔方法有：冲子扩孔和芯轴扩孔两种。

（一）冲子扩孔

冲子扩孔是用直径较大并带有锥度的冲子进行胀孔，如图 10-26 所示。

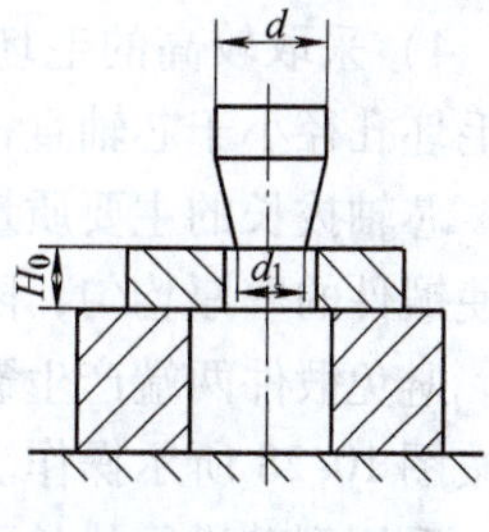

图 10-26　冲子扩孔

扩孔时毛坯上端面略有拉缩现象，并且由于毛坯是沿径向胀孔，因此毛坯切向有拉应力，容易胀裂。为了防止锻件胀裂，首先要求每次扩孔变形量不宜过大，其次，应避免扩孔时温度过低，即每火扩孔次数不宜多。

根据经验，当锻件质量 <30kg 时，冲孔后可扩孔 1 ~2 次。再加热一火，允许再扩孔 2 ~3 次。当锻件质量 >30kg 时，冲孔后可扩孔一次，再加热一火，允许再扩孔 2 ~3 次。

冲子扩孔适用于 $D/d > 1.7$ 和 $H \geqslant 0.125D$ 的壁不太薄的锻件。

（二）芯轴扩孔

芯轴扩孔的变形实质是相当毛坯沿圆周方向拔长，如图 10-27 所示。用芯轴扩孔时，随着壁厚的减薄，内、外径同时扩大，高度稍有增加。若毛坯孔径大于芯轴直径，便可直接套在芯轴上扩孔。否则，得先用冲子扩孔，再进行芯轴扩孔。

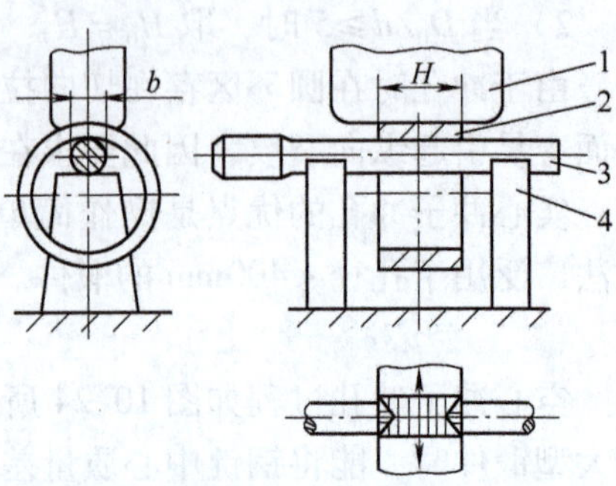

图 10-27 芯轴扩孔

1—扩孔砧子 2—锻件 3—芯轴 4—支架

五、芯轴拔长

减小空心毛坯外径（壁厚）而增加其长度的锻造工序称为芯轴拔长，如图 10-28 所示，用于锻造各种长筒锻件。芯轴拔长变形和拔长一样，使毛坯截面减小而长度增长，区别是用空心毛坯拔长。因此是拔长的一种变态工序，同样存在拔长效率和拔长质量的问题。

由于芯轴拔长时毛坯内外表面均与工具接触，温度下降较快，摩擦阻力较大，金属流动比较困难。因此，提高芯轴拔长效率的关键在于增加金属的轴向流动，减少金属的径向流动。具体措施如下：

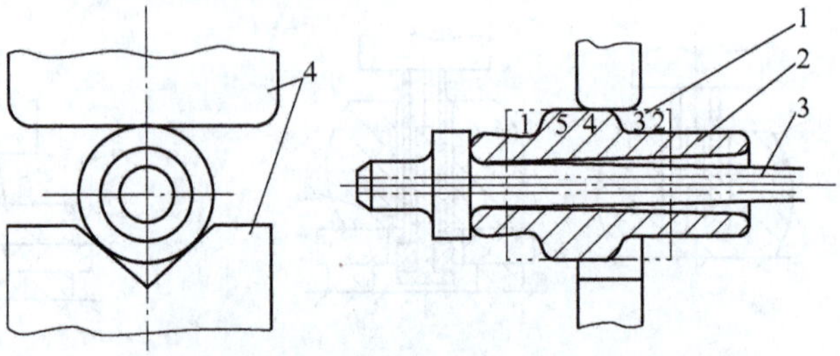

图 10-28 芯轴拔长

1—坯料 2—锻件 3—芯轴 4—砧子

1）为了减小毛坯温度的下降，可提高毛坯的加热温度，拔长前将芯轴预热到 150～250℃。

2）芯轴制成 1/100～1/150 斜度，并要求芯轴表面光滑，在拔长时涂以润滑剂（石墨加油），以便减小轴向摩擦阻力。

3）用型砧拔长，限制金属横向流动，提高轴向流动能力。

4）采取较高的毛坯，通常取 $H_0=(0.6\sim1)D_0$，H_0、D_0 分别为毛坯的高度与直径。当毛坯孔径小于芯轴直径时，拔长前应进行扩孔。

芯轴拔长的主要质量问题是：锻件的壁厚不均匀，内壁容易产生裂纹，尤其是两端。为使锻件的壁厚均匀，除要求毛坯加热均匀之外，拔长时每次转动角度和压下量也要均匀。避免锻件两端产生裂纹，应在高温下先锻毛坯的两端，然后再拔长中间部分，拔长顺序按图 10-28 所示操作。

采用型砧进行拔长可以改善芯轴拔长时的应力状态。对不同尺寸的锻件，可采用不同的型砧。

第三节 自由锻工艺规程制订

自由锻工艺规程的内容包括：

1）根据零件图绘制锻件图；

2）确定毛坯的质量和尺寸；

3）制订变形工艺及选用工具；

4）选择锻压设备；

5）确定锻造温度范围、加热和冷却规范；

6）确定热处理规范；

7）提出锻件的技术条件和检验要求；

8）填写工艺卡片等。

在编制自由锻工艺规程时，必须密切结合生产条件、设备能力和技术水平等实际情况，力求经济合理、技术先进，以便能够正确指导生产。

一、绘制锻件图

锻件图是根据零件图绘制的。它是在零件图的基础上考虑加工余量、锻造公差、锻造余块、检验试样及工艺卡头等绘制而成。它是计算毛坯、设计工具和检验锻件的依据。

（1）加工余量　自由锻件的精度和表面质量都很低，不能达到零件图的要求，锻后需要进行机械加工。为此，锻件表面留有供机械加工用的金属层，即加工余量。加工余量的大小与锻件的形状和尺寸、精度和表面粗糙度要求、生产条件（如工具、辅具、设备精度和操作者技术水平）等有关，其数值可查阅锻工手册。零件的公称尺寸加上机械加工余量，称为锻件的公称尺寸。对于不加工的黑皮部分，则不需加机械加工余量。

（2）锻造公差　在实际锻造生产中，由于各种因素的影响，如锻件在热态时测量误差，终锻温度的差异，工具与设备状态和操作者技术水平等，锻件的实际尺寸不可能达到锻件的公称尺寸，允许有一定限度的误差，称为锻造公差。通常，锻造公差约为加工余量的1/4～1/3。

机械加工余量和锻造公差的相互关系，如图10-29所示。锻件的余量和公差具体数据，可查阅有关国家标准并结合实际情况选择。

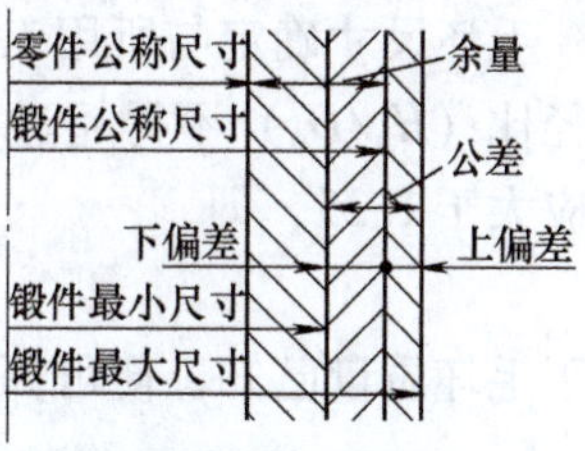

图10-29　锻件的各种尺寸和公差余量

（3）锻造余块　为了简化锻件外形或根据锻造工艺需要，在零件的某些地方添加一部分大于余量的金属，这部分附加的金属称为锻造余块，如图10-30、图10-31所示。当零件相邻台阶直径相差不大时，可在直径较小部分添加径向余块。如零件的凸缘（法兰）较短时，为了防止锻造时凸缘变形，应添加轴向余块使凸缘增长。对于零件上较小的孔，窄的凹档和难以锻造的复杂形状，可增加余块使锻件形状简化。由于添加了余块，方便了锻造成形，但增加了机械加工工时和金属材料损耗。因此，是否添加余块应根据锻造难易程度、机械加工工时、金属材料消耗、生产批量和工具制造等综合考虑确定。

对于某些重要锻件，为了检验锻件内部组织和力学性能，还需在锻件适当部位留出试样余块。试样余块位置与尺寸的确定，应能反映锻件的组织与性能。如一般取在钢锭的冒口一端，其锻造比应与所检验部分相同。

对于需要进行垂直热处理的大型锻件，要求锻件留有吊挂工件的热处理夹头。此外，有的零件还要求锻件留有机械加工夹头。

当余量、公差和余块等确定后，便可绘制锻件图。锻件图上的锻件形状用粗实线。为了便于了解零件的形状和检查锻后的实际余量，在锻件图内用双点画线画出零件简单形状。锻件的尺寸和公差标注在尺寸线上面，零件的尺寸加括号标注在尺寸线下面。

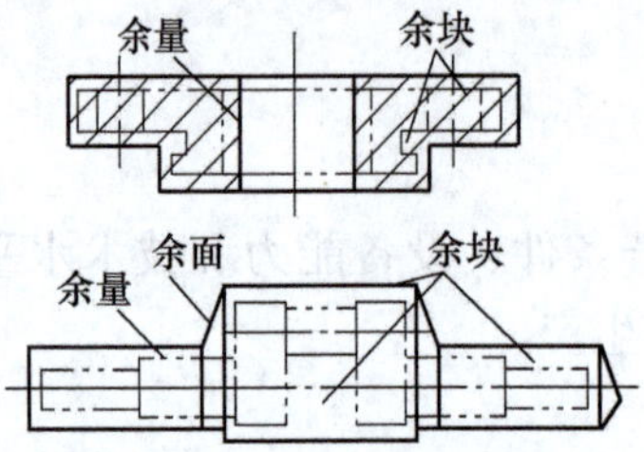

图 10-30　锻件的各种余块

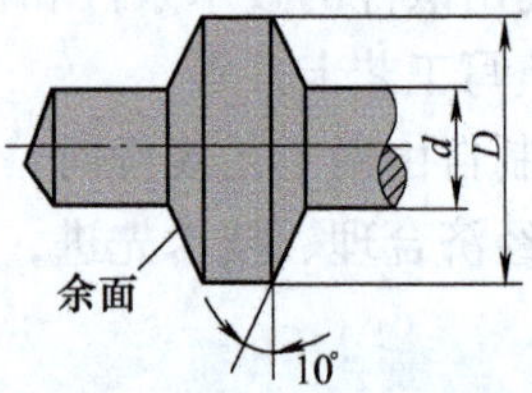

图 10-31　锻件台阶余块

二、确定毛坯质量和尺寸

（一）毛坯质量的计算

毛坯质量 $G_{坯}$ 为锻件质量与锻造时各种金属损耗质量之和。可按下式计算：

$$G_{坯}=G_{锻}+G_{损} \tag{10-4}$$

式中，$G_{锻}$ 为锻件质量；$G_{损}$ 为各种金属损耗质量。它包括钢料加热烧损 $G_{烧}$、冲孔芯料损失 $G_{芯}$、端部切头损失 $G_{切}$。用钢锭锻造时，还应考虑切除冒口部分质量 $G_{锭头}$ 和锭底部分质量 $G_{锭尾}$。

钢料加热烧损 $G_{烧}$，一般以毛坯质量百分比（烧损率）表示。其数值与所用加热设备类型、加热规范、毛坯尺寸和形状有关，可以查相关表格确定。

（二）毛坯尺寸的确定

毛坯尺寸确定与所用工序有关。采用镦粗方法锻造时，为了避免产生弯曲现象，毛坯高径比（H_0/D_0）不得超过 2.5。但毛坯过短会使下料操作困难，毛坯高径比（H_0/D_0）还应大于 1.25，即

$$1.25D_0 \leqslant H_0 \leqslant 2.5D_0$$

由于毛坯质量已知，便可算出毛坯体积 $V_{坯}$。

$$V_{坯}=\frac{G_{坯}}{\rho} \tag{10-5}$$

式中，ρ 为钢的密度。

毛坯直径 D_0（或边长 a_0）可按下式计算：

对圆形毛坯
$$D_0=(0.8\sim1.0)\sqrt[3]{V_{坯}} \tag{10-6}$$

对方形毛坯
$$a_0=(0.75\sim0.90)\sqrt[3]{V_{坯}} \tag{10-7}$$

初步确定毛坯直径 D_0（或边长 a_0）之后，应按国家标准选用标准直径（或边长）。

在选定毛坯直径后，就可确定毛坯高度 H_0（即下料长度），

$$H_0=\frac{V_{坯}}{\frac{\pi D_0^2}{4}}=\frac{V_{坯}}{A_{坯}} \tag{10-8}$$

式中，D_0 为选定的毛坯直径；$A_{坯}$ 为截面积。

采用拔长方法锻造时，应按锻件最大截面积 $A_{锻}$ 考虑锻造比、修整量要求等选取毛坯尺寸。

$$A_{坯}=K_L A_{锻} \qquad D_0=1.13\sqrt{A_{坯}} \tag{10-9}$$

式中，K_L 为锻造比。

当选定毛坯直径后，便可确定毛坯长度 L_0。

$$L_0=\frac{V_{坯}}{A_{坯}}=\frac{V_{坯}}{\frac{\pi}{4}D_0^2} \tag{10-10}$$

三、变形工艺与锻造比

（1）制订变形工艺的内容　确定锻件成形必需的基本工序、辅助工序和修整工序，确定工序顺序，设计工序尺寸等。

各类锻件变形工序的选择，可根据锻件的形状、尺寸和技术要求，结合各锻造工序的变形特点，参考有关典型工艺具体确定。常见的锻件分类及所需锻造工序见表10-2。

表10-2　常见的锻件分类及所需锻造工序

零件类别	图　例	锻造工序
盘类锻件	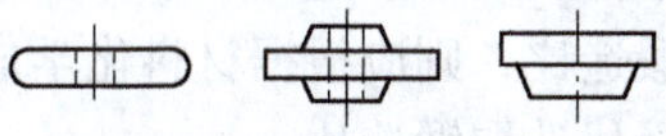	镦粗（或拔长、镦粗），冲孔
轴类锻件	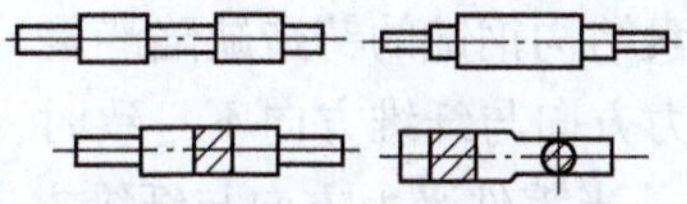	拔长（或镦粗、拔长），切肩和锻台阶
筒类锻件	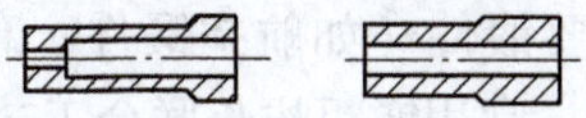	镦粗（或拔长、镦粗），冲孔，在芯轴上拔长
环类锻件	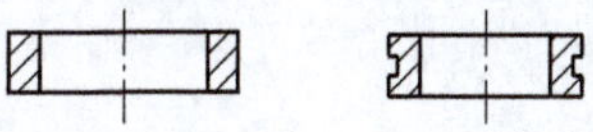	镦粗（或拔长、镦粗），冲孔，在芯轴上扩孔
曲轴类锻件	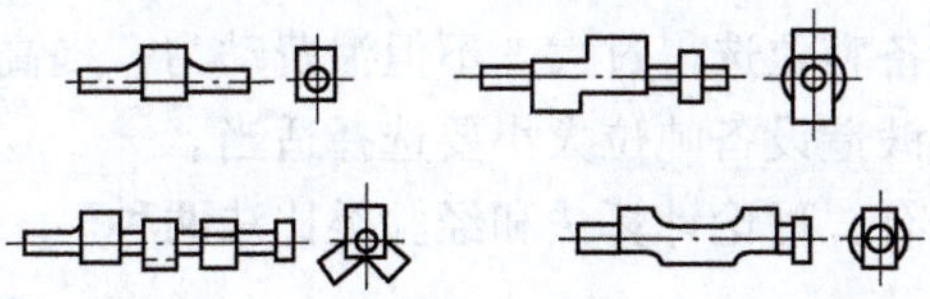	拔长（或镦粗、拔长），错移和锻台阶，扭转
弯曲类锻件	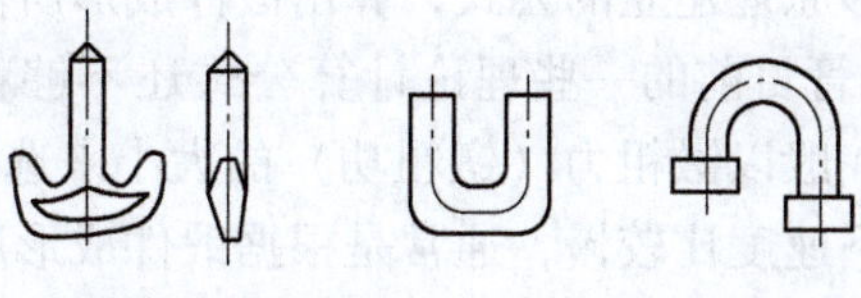	拔长，弯曲

工序尺寸设计和工序选择是同时进行的，在确定工序尺寸时应注意下列几点：

1）工序尺寸必须符合各工序的规则，例如镦粗时毛坯高径比应小于2.5～3。

2）必须估计各工序变形时毛坯尺寸的变化，例如冲孔时毛坯高度有所减小，扩孔时毛坯高度有所增加等。

3）应保证锻件各个部分有适当的体积，如拔长采用压痕或压肩进行分段等。

4）在锻造最后进行精整时要有一定的修整留量，例如在压痕、压肩、错移、冲孔等工序毛坯产生拉缩现象，因此在中间工序应留有适当的修整留量。

5）多火锻造大型锻件时应注意中间各火次加热的可能性。

6）对长度方向尺寸要求准确的长轴锻件，在设计工序尺寸时，要考虑到修整时长度尺寸会略有伸长。

（2）锻造比　锻造比是表示锻件在锻造成形时变形程度的一种方法，锻造比大小反映了锻造对锻件组织和力学性能的影响。锻造过程随着锻造比增大，内部孔隙焊合、铸态树枝晶被打碎、锻件的纵向和横向力学性能均得到明显提高。当锻造比超过一定数值后，由于形成纤维组织，横向力学性能（塑性、韧性）急剧下降，导致锻件出现各向异性。可见，锻造比是衡量锻件质量的一个重要指标。锻造比过小，锻件就达不到性能要求；锻造比过大，不但增加了锻造工作量，并且还会引起各向异性。因此，在制订锻造工艺规程时，应合理的选取锻造比大小。

用钢材锻制的锻件（莱氏体钢锻件除外），由于钢材经过了大变形的锻或轧，其组织与性能均已得到改善，一般不需考虑锻造比，用钢锭（包括有色金属铸锭）锻制的大型锻件，就必须考虑锻造比。零件技术条件提出了锻造比要求，即以技术条件要求选取锻件锻造比。如零件的技术条件没有规定锻造比，则应根据材料化学成分、零件受力情况以及所用钢锭大小等因素，综合权衡利弊择优选取锻造比。

一般来讲，合金结构钢锭比碳素结构钢锭的铸造缺陷严重，所需的锻造比应大些。

对一般结构钢锻件，当零件受力方向与纤维方向不一致时，为了保证横向性能，避免产生各向异性，应取锻比为2～2.5。当零件受力方向与纤维方向一致时，为使纵向性能提高，可将锻比选取到4。对于一些重要锻件（如航空锻件、高合金钢锻件），为了充分破碎铸态组织，获得较高综合力学性能，常用镦粗拔长联合工艺，锻比要求高达6～8。

四、选定设备吨位

在制订锻造工艺规程时，设备吨位的选择也很重要。如选的设备吨位太小，锻件内部锻不透，而且生产率低；若设备吨位选得过大，不但浪费动力，提高锻件成本，操作也不灵便，还易打坏工具。因此，锻造设备吨位大小要选择适当。

确定锻造设备吨位的方法有：理论计算法和经验类比法两种。

（一）理论计算法

理论计算法是根据塑性成形原理建立的公式，算出锻件成形所需的最大变形力（或变形功），按此选取设备吨位。尽管目前的一些理论计算公式还不够精确，但仍能给确定锻造设备的吨位提供一定依据，一般以镦粗力（镦粗功）的大小来选择设备。

用水压机锻造时，由于压下速度比较慢，通常是根据锻件成形所需的变形力 F 来选择设备吨位

$$F = pA \tag{10-11}$$

式中，p 为平均单位压力（MPa）；A 为毛坯与工具的接触面在水平方向的投影面积（mm^2）。

因此，只要算出平均单位压力 p 便可确定变形力 F。

1）圆柱体毛坯镦粗，当 $H/D \geqslant 0.5$ 时，平均单位压力可按下式计算：

$$p = R_{eL}\left(\frac{1+\mu D}{3H}\right) \tag{10-12}$$

式中 D、H 为镦粗终了锻件的直径和高度（mm）；R_{eL} 为屈服强度（MPa），是钢料在相应变形温度、速度条件下的真实应力；μ 为摩擦因数，在热锻时一般取 $\mu=0.3 \sim 0.5$，热锻如无润滑，一般取 $\mu=0.5$。

当 $H/D \leqslant 0.5$ 时，平均单位压力可用下式计算：

$$p = R_{eL}\left(1+\frac{\mu D}{4H}\right) \tag{10-13}$$

2）长方体毛坯镦粗，长为 l、宽为 b、高为 H 的锻件，平均单位压力的计算公式：

长板锻件，即 $l \gg b$ 时，则

$$p = 1.15R_{eL}\left(1+\frac{\mu b}{2H}\right) \tag{10-14}$$

方形锻件，$l=b$ 时，则

$$p = 1.15R_{eL}\left(1+\frac{\mu b}{3H}\right) \tag{10-15}$$

用锻锤锻造由于锤击速度快，应根据锻件成形所需的变形功 W 来选择设备的打击能量或吨位。圆柱锻件的镦粗功为

$$W = R_{eL}V\left[\ln\frac{H_0}{H}+\frac{1}{9}\left(\frac{D}{H}-\frac{D_0}{H_0}\right)\right] \tag{10-16}$$

式中，D_0、H_0 为毛坯的直径和高度（mm）；D、H 为镦粗后直径和高度（mm）；V 为锻件体积（mm^3）。

长板锻件的镦粗功为

$$W = 1.15R_{eL}V\left[\ln\frac{H_0}{H}+\frac{1}{8}\left(\frac{b}{H}-\frac{b_0}{H_0}\right)\right] \tag{10-17}$$

式中，b_0、H_0 为毛坯的宽度和高度（mm）；b、H 为镦粗后的宽度和高度（mm）。

以上理论计算公式还可做成图线，这样在实际计算应用时十分简便。图 10-32 所示为圆柱体毛坯镦粗平均单位压力 p 的计算图线，图 10-33 所示为圆柱体锻件镦粗功 W 的计算图线。

计算变形功后，所需锻锤打击能量 L 为

$$L = W/\eta \tag{10-18}$$

式中，W 为最后一击的变形功（kN · m）；η 为打击效率，一般 $\eta=0.7 \sim 0.9$。

通常锻锤吨位是以落下部分重量 G 表示，与其打击能量具有如下关系：

$$L = \frac{G}{2g}v^2 \tag{10-19}$$

式中，G 为锻锤落下部分重量（kN）；g 为重力加速度，$g=9.8m/s^2$；v 为锻锤打击速度，一般蒸汽空气锤的打击速度 $v=6 \sim 7m/s$。

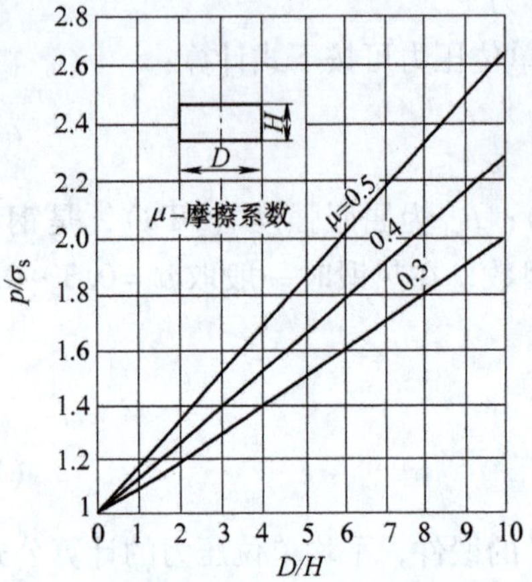

图 10-32　圆柱体毛坯镦粗平均单位压力的计算图线

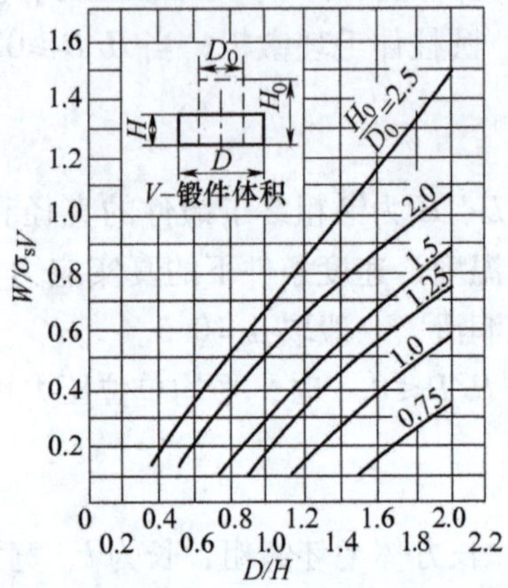

图 10-33　圆柱体锻件镦粗功的计算图线

（二）经验类比法

经验类比法是在统计分析生产实践数据的基础上，整理出经验公式、表格或图线，根据锻件某些主要参数（如质量、尺寸、接触面积），直接通过公式、表格或图线选定所需锻压设备吨位。锻锤吨位可按如下经验公式计算：

镦粗时

$$G=(0.002\sim0.003)kA \tag{10-20}$$

式中，k 为与抗拉强度 R_m 有关的系数，按表 10-3 确定；A 为锻件镦粗后的接触面积（mm^2）。

拔长时

$$G=2.5A \tag{10-21}$$

式中，A 为毛坯横截面面积（mm^2）。

表 10-3　系数 k

R_m/Pa	k
400	3 ~ 5
500	5 ~ 8
800	8 ~ 13

自由锻锻锤和水压机的锻造能力范围，可查有关手册。

五、制订自由锻工艺规程卡

锻造工艺规程卡上需填写工艺规程制订的所有内容。它包括下料方法、工序安排、火次、加热设备、加热及冷却规范、锻造设备、锻件锻后处理等。齿轮坯锻造工艺卡的主要内容见表 10-4。

表 10-4　齿轮坯锻造工艺卡

锻件名称	齿　轮
锻件材料	45 钢
毛坯质量/kg	19.5
锻件质量/kg	18.5
毛坯尺寸/mm	$\phi120\times221$
每坯锻件数	1

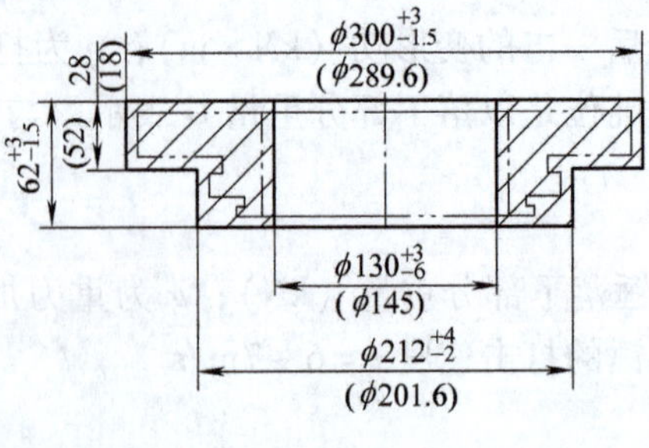

（续）

火次	温度/℃	工序名称	变形过程图	设 备	工 具
1	1200～800	镦粗	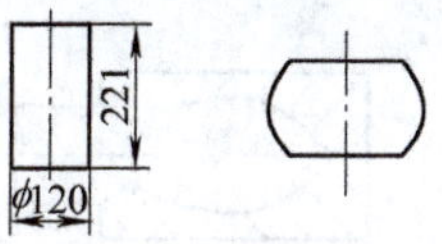	750kg 自由锻锤	
2	1200～800	局部镦粗 （漏盘镦粗）	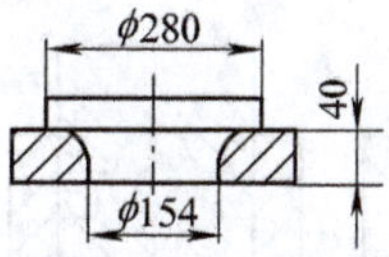	750kg 自由锻锤	普通漏盘
3	1200～800	冲孔	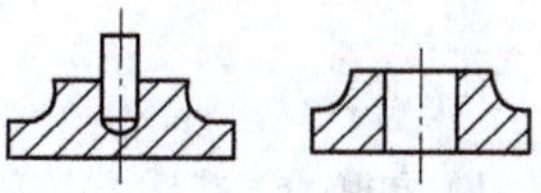	750kg 自由锻锤	冲头
4	1200～800	冲头扩孔		750kg 自由锻锤	冲头
5		修整	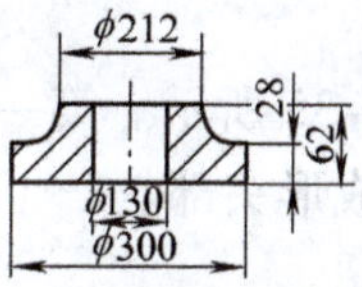	750kg 自由锻锤	

第四节 胎模锻造简介

一、胎模锻及工艺特点

在自由锻设备上采用活动模具成形锻件的方法称为胎模锻。胎模锻主要工艺特点是：

1）与自由锻相比，可以得到较高的锻件精度和较高的生产率。

2）与模锻相比，不需要专用的模锻设备，可以在自由锻锤上生产模锻件，而且胎模的制造简单、成本低。

3）采用人力操作胎模，劳动强度大。

4）适用于小型锻件小批或中批生产。

二、胎模的种类与应用特点

（1）摔模（图 10-34a） 上、下两模块靠有弹性的模把连接并定位。操作时，毛坯应连续转动，直至上、下两模块闭合。摔模主要用于回转体锻件的成形和长轴类锻件的制坯。

（2）扣模（图 10-34b） 操作时毛坯不需转动。用于非回转体锻件的成形或制坯。

（3）垫模（图 10-34c） 仅有下模块，上模即平砧。用于轮、盘类锻件成形或制坯。

（4）套模（图10-34d）　由模套、上冲头与下模垫组成。用于轮、盘类锻件的成形。
（5）合模（图10-34e）　由上模、下模与导销组成。用于各种锻件的成形。

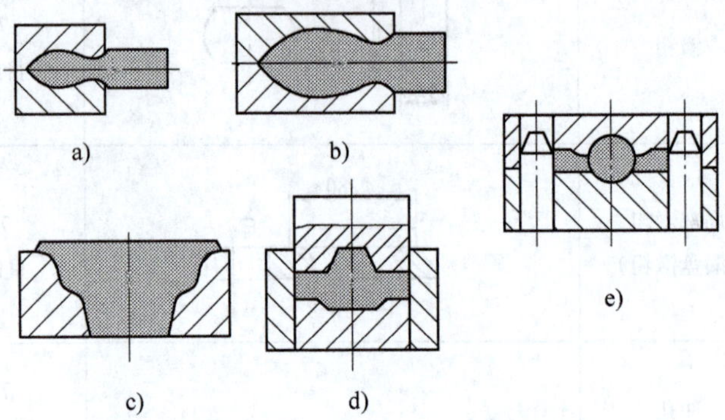

图10-34　胎模的种类
a）摔模　b）扣模　c）垫模　d）套模　e）合模

三、胎模锻造工艺实例

（1）传动轴　工艺过程如图10-35所示。第一工步在型摔中摔出头部，第二工步在光摔中拔长杆部；第三工步在垫模中成形头部。

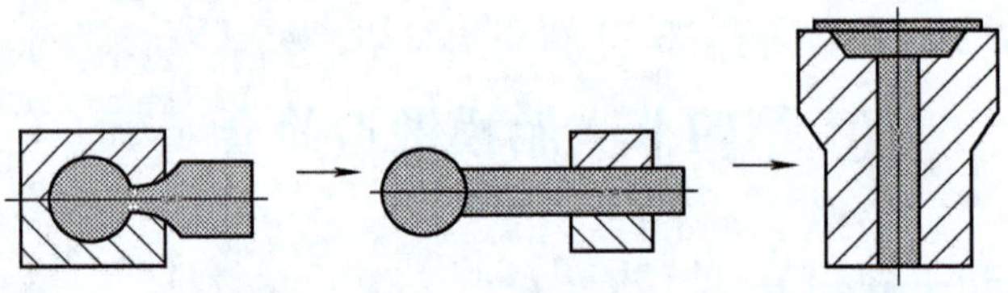

图10-35　传动轴胎模锻工艺简图

（2）齿轮　工艺过程如图10-36所示。第一工步将毛坯在平砧间镦粗，第二工步在垫模上成形，第三工步在漏模上冲孔。

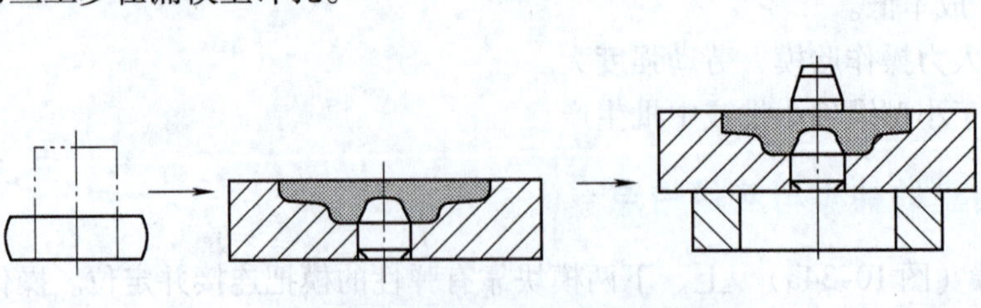

图10-36　齿轮胎模锻工艺简图

（3）双联齿轮　如图10-37所示。第一工步在套模中预锻；第二工步将预锻件翻转180°放入套模中终锻。双联齿轮锻件的中部，要求锻出直径较小的凹档，因此，终锻工步需采用可分开的两个半模。

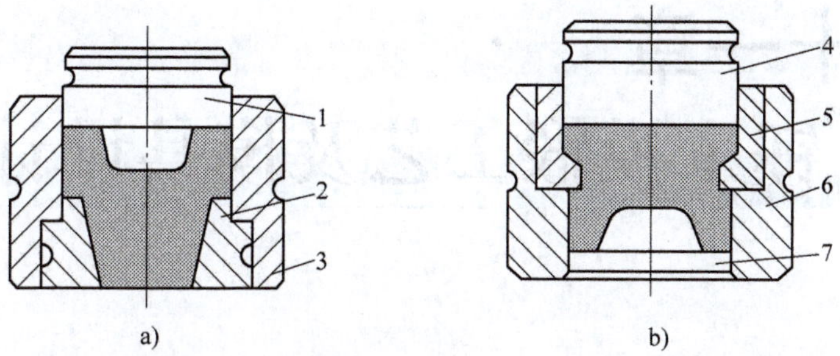

图 10-37　双联齿轮胎模锻工艺简图

a）预锻　b）终锻

1—预锻上模　2—预锻下模　3—预锻模套　4—终锻上模　5—终锻半模　6—终锻模套　7—终锻模垫

思考与练习题

10-1　自由锻有哪些主要工序？简要说明其操作要领和应用场合。

10-2　自由锻的特点是什么？

10-3　在自由镦粗时为什么会出现鼓形或双鼓形？

10-4　什么是镦粗？什么是镦粗比？镦粗比对成形质量有何影响？

10-5　什么是拔长？拔长有何特点？

10-6　说出影响拔长质量的因素，并加以分析。

10-7　什么是冲孔，有几种冲孔方式？

10-8　什么是芯轴拔长？应用在什么场合？

10-9　自由锻工艺规程包括哪些内容？

10-10　什么是锻造比？它怎样影响锻件的质量？

10-11　什么是胎模？简述其种类、特点和应用场合。

第十一章 锤上模锻工艺及模具设计

锤上模锻是在压力作用下，毛坯在锻模型腔中被迫产生塑性变形，从而获得比自由锻更高质量的锻件。它是大批量锻件生产的主要方法，具有以下特点：

1）金属在型腔中的变形是在锤头的多次打击下逐步完成的，锤头的冲击力使金属变形，可以利用金属的流动惯性，迫使金属充填型腔。

2）在锤上可实现多工步成形，锤头打击速度快，生产效率高。

3）模锻锤的导向精度不高，锤头行程不固定，模锻件的尺寸精度不高。

4）无顶出装置，锻件出模困难，模锻斜度可适当大些。

5）生产操作方便，劳动强度比自由锻小。

模锻锤包括蒸汽空气模锻锤、无砧座锤、高速锤和液压模锻锤。蒸汽空气模锻锤应用最为普遍。一般将蒸汽空气模锻锤简称为模锻锤。模锻锤的结构如图11-1所示。模锻锤规格是以落下部分质量表示。

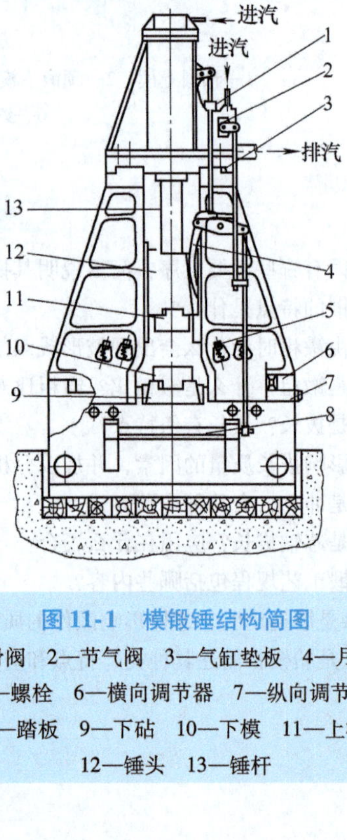

图11-1 模锻锤结构简图

1—滑阀 2—节气阀 3—气缸垫板 4—月牙板 5—螺栓 6—横向调节器 7—纵向调节器 8—踏板 9—下砧 10—下模 11—上模 12—锤头 13—锤杆

第一节 模锻件的分类

由于模锻工艺的制订、模具设计及设备吨位的选择，都直接与锻件的形状和尺寸有关，因此必须先将模锻件进行分类。

按照锻件分模线和主轴线（通过锻件各截面重心的连线在平面图上的投影）的形状，以及锻件在平面图上轮廓尺寸的比例，将模锻件分为三类，见表11-1。

（1）第一类短轴类锻件 这类锻件的特点是锻件在平面图上两个相互垂直方向的尺寸相等或相接近，在水平面上的投影为圆形或方形。主要变形工步的锤击方向与主轴线平

表 11-1　模锻件分类表

类　别	组　别	锻件图例
Ⅰ类——短轴类锻件	一、简单形状	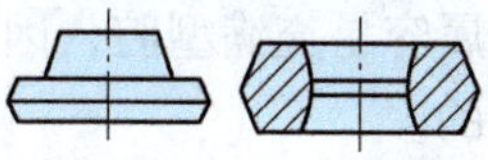
	二、复杂形状	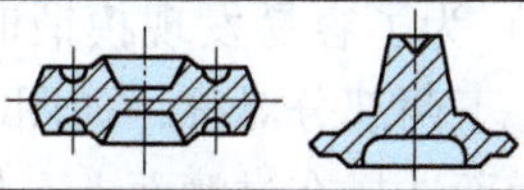
Ⅱ类——长轴类锻件	一、直长轴线	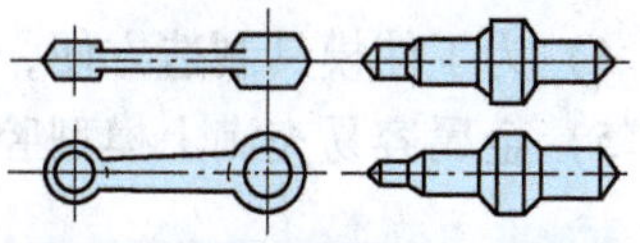
	二、弯曲轴线	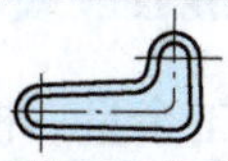
	三、叉类	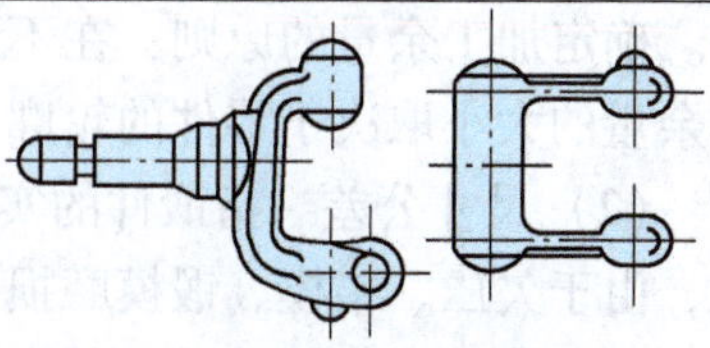
Ⅲ类——复杂类锻件		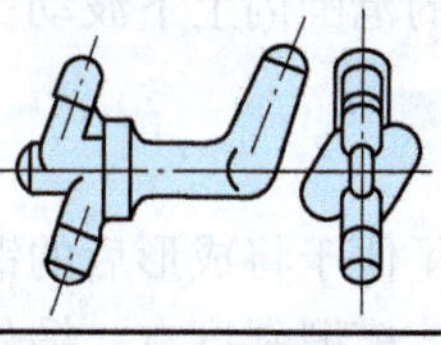

行，模锻时金属沿高度、宽度、长度方向同时流动，属于体积变形。如齿轮、法兰盘、十字头等均属这类锻件。

（2）第二类长轴类锻件　这类锻件的特点是轴线的长度大于其他两个方向的尺寸，锤击方向与轴线垂直，在模锻型腔中，变形的金属沿主轴线方向的变形流动很小，主要沿高度和宽度方向流动。连杆和直轴等锻件都属此类。

（3）第三类复杂外形锻件　这类锻件的特点是具有以上两类锻件特征的组合。

第二节　模锻件图的制订

模锻件图是确定模锻工艺和设计锻模的依据，又是指导模锻工进行生产和检验人员验收锻件的主要技术文件。模锻件图分为冷锻件图和热锻件图。冷锻件图用于锻件的检验；热锻件图用于锻模设计和加工。

在设计冷锻件图时，应考虑下列因素：分模面的位置、加工余量和公差、模锻斜度和圆角半径、冲孔连皮和技术条件等。

一、分模面位置的选择

分模面位置的选择很重要，它直接影响锻件成形、出模和材料利用率等问题。因此，在制定锻件图时要全面考虑各种因素，正确而合理地选择分模面位置。其选择原则如下：

第十一章　锤上模锻工艺及模具设计

1）要保证锻件能从型腔中取出来，因此锻件的侧表面上不得有内凹的形状。

2）分模的位置要尽量使型腔的深度最小和宽度最大，这样金属容易充满型腔，因为宽而浅的型腔是以镦粗的方式充满的。

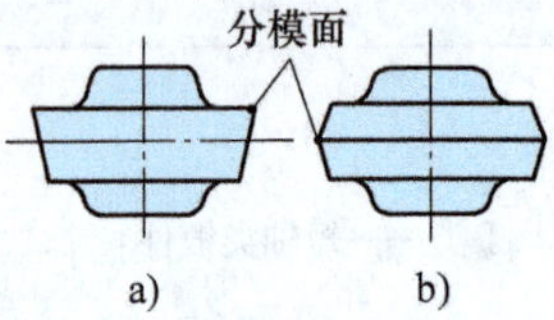

图 11-2　分模面位置示意图

3）为了容易发现模锻时的锻件错移，分模面应尽量使上、下两部分对称，如图 11-2b 所示，而且应尽量避免使分模面选择在过渡面上，如图 11-2a 所示。

4）为了使模具制造方便，尽量采用平面分模，凸出部分也尽量不要高出分模面。

5）金属容易充满上模型腔，锻件较复杂部分应尽量安排在上模。

二、加工余量和公差的确定

（1）加工余量　模锻件是加工机械产品零件的毛坯，所以必须留有足够的机械加工余量。确定加工余量的原则：在不影响产品零件加工的前提下，应尽量选用小加工余量。加工余量的大小取决于零件的轮廓尺寸、质量大小、精度和表面粗糙度等。

（2）尺寸公差　指锻件的实际尺寸与锻件图规定的公称尺寸之间的偏差。在模锻过程中，由于欠压、错模、锻模磨损、锻件表面氧化及锻件冷却收缩不均等原因，使锻件尺寸在一定的范围内上下波动。其大小取决于锻件外形尺寸、精度、表面粗糙度等级等。

三、模锻斜度的选择

为了便于将成形后的锻件从型腔中取出，锻模侧壁必须做成一定的斜度，通常称为模锻斜度。模锻斜度有：锻件外壁上的斜度称为外斜度和锻件内壁上的斜度称为内斜度。锻件冷却时，其外壁因收缩而离开型腔，容易出模，而锻件内壁收缩，则使锻件包住型腔凸出部分，出模困难。因此，内斜度应比外斜度大一级。但为了减少材料损耗和机加工余量，应尽量选择小的模锻斜度。

常用斜度：当锻件为钢、钛耐热合金时，外模锻斜度取5°~7°，内模锻斜度取 7°、10°、12°；当锻件为铝、镁合金时，外模锻斜度取 3°~5°，内模锻斜度取 5°~7°。

为了使分模线两侧的模锻斜度相互接头，而人为增大的斜度称为匹配斜度，如图 11-3 所示。对于锻件本身具有的、大于常用模锻斜度的斜度称为自然斜度。自然斜度大于或等于模锻斜度。

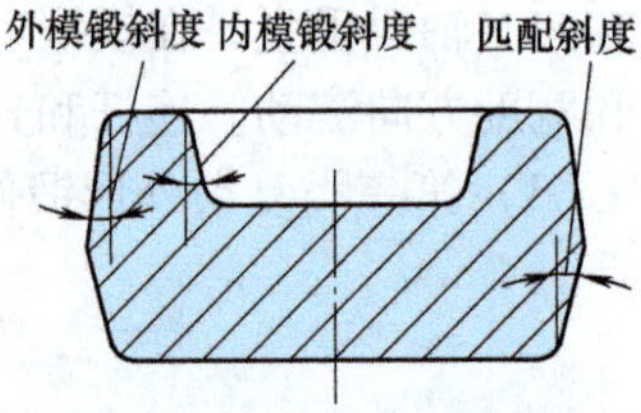

图 11-3　确定模锻斜度

四、圆角半径的确定

为了便于金属在型腔内流动，避免锻件产生折伤并保持金属流线的连续性，提高锻模使用寿命，必须把锻件上所有尖锐棱角做成圆弧，圆弧的半径称为圆角半径。如图 11-4 所示，锻件上向外凸出的圆角半径，称为外圆角半径 r，向内凹进的圆角半径，称为内圆角半径 R。

较大的圆角半径对金属充满型腔、提高锻件质量和模具使用寿命是有利的。但是，外圆角半径太大，会使锻件在圆角处的余量减小；而内圆角半径太大，又会增加金属的消耗，如图 11-5所示。外圆角半径 r 可按下式确定：

$$r = 余量 + c \qquad (11\text{-}1)$$

式中，c 为零件上相应处的圆角或倒角。

锻件内圆角半径 R 应比外圆角半径 r 大，一般可取：$R=(2\sim3)r$。为了便于选用标准刀具，对于同一锻件上不采取过多不同的圆角半径；对于以压入法成形和金属流动特别剧烈的部位，应适当加大圆角半径。

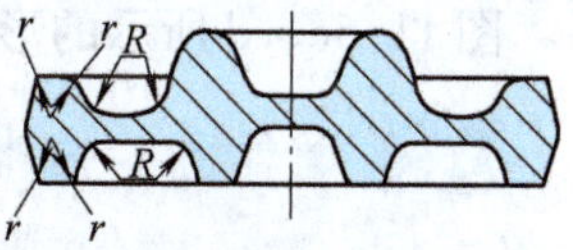

图 11-4 锻件圆角半径

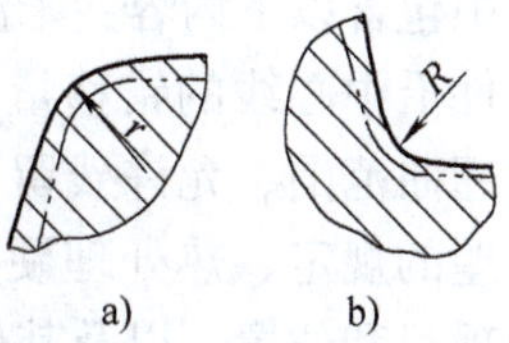

图 11-5 圆角半径对锻件余量的影响

a）外圆角半径太大

b）内圆角半径太大

五、冲孔连皮

具有通孔的零件，在模锻时不能直接锻出通孔，仅能冲出一个不通孔，即孔内还留有一层具有一定厚度的金属层，称为冲孔连皮。冲孔连皮可以在切边时冲掉或在机械加工时切除。模锻时采用冲孔连皮的目的是为了使锻件更接近于零件形状，减少金属消耗，缩短机加工工时。同时，冲孔连皮可以减轻锻模的刚性接触，起缓冲作用，避免锻模的损坏。

（1）冲孔连皮的形式　当孔径 $d>25$mm，冲孔深度 h 不大于冲孔直径 d 时，此类锻件可在模锻过程中进行冲孔，其冲孔连皮形式如图 11-6a、b、c、d 所示，对于孔径较小（$d<25$mm）而厚度较大的锻件，在模锻时只能压出凹穴，如图 11-6e 所示。

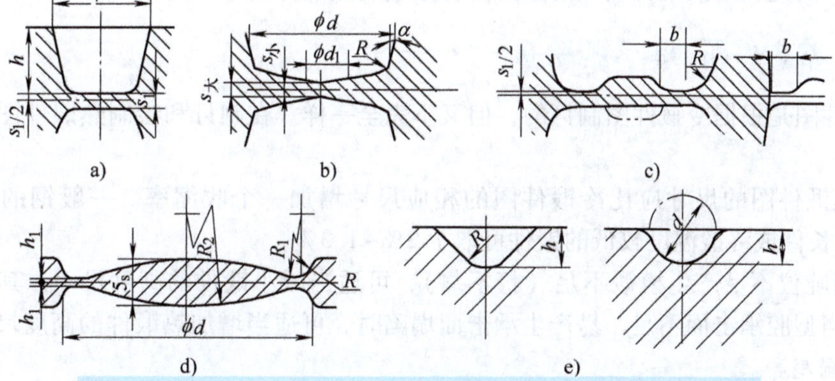

图 11-6 冲孔连皮形式

（2）连皮尺寸的确定方法

1）平底连皮，如图 11-6a 所示。连皮厚度可根据图 11-7 确定；

2）斜底连皮，如图 11-6b 所示。当冲孔的直径较大（$d>60$mm），若采用平底连皮进行冲孔时，因连皮较薄且有大量金属外流，易于在锻件上靠近连皮处形成折伤，冲头容易压塌。在这种情况下，选用斜底连皮较好。斜底连皮具有一定的斜度，金属容易流动，冲头不易磨损，锻件也不会折伤。但这种斜底连皮的缺点是冲切困难。斜底连皮尺寸如下：

$$S_{大} = 1.35S$$
$$S_{小} = 0.65S \qquad (11\text{-}2)$$
$$d_1 = (0.25\sim0.35)d$$

式中，S 为采用平底连皮时的厚度（mm），按图 11-7 确定；d 为冲孔直径（mm）。

图 11-6c、d 所示的形式用得不多。

六、锻件图的技术条件

凡是有关锻件质量而又不能在锻件图上表示的，都应写入锻件图的技术条件中。一般来说，技术条件中包含以下内容：未注明的模锻斜度和圆角半径、锻件沿中心线的错移量、允许表面缺陷值、锻件允许翘曲范围、允许残留飞边和毛刺的大小、锻件壁厚差的规定、热处理硬度值、锻件的清理方法、印记项目和位置，以及其他特殊要求等。

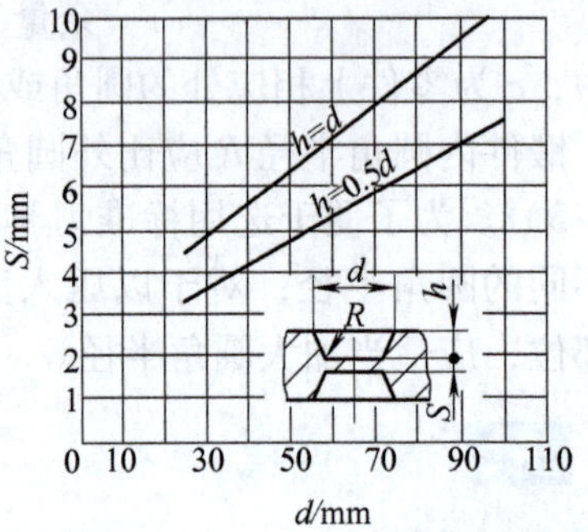

图 11-7 平底冲孔连皮厚度的确定

对于以上技术条件中所列各项要求，并非适用所有模锻件，锻件的技术条件是根据零件图的要求和模锻设备具体情况，经供需双方协商后制订的。

第三节 终锻型腔的设计

终锻型腔是锻件最后成形的型腔，通过它获得带飞边的锻件，终锻型腔是按照热锻件图设计的，因此，终锻型腔设计的主要内容是绘制热锻件图和确定飞边槽尺寸。

一、热锻件图的制订和绘制

热锻件图是根据冷锻件图制订的，但又不完全一样。在制订和绘制热锻件图时应注意以下几点：

1）热锻件图的尺寸应比冷锻件图的相应尺寸增加一个收缩率。一般钢的收缩率为 1.5%，细长件或终锻温度较低的锻件可取 1.2%~1.3%。

2）当吨位不足产生模锻不足（打不靠），可适当减小锻件的高度尺寸，其值可接近负偏差；当型腔承击面不足，易产生承击面塌陷时，可适当增加热锻件的高度尺寸，其值可接近正偏差。

3）型腔容易磨损处，应在锻件负公差的范围内增加一定磨损量，以提高锻模使用寿命。

4）锻件上形状复杂且较高的部分应尽量放在上模。

二、开式模锻成形过程

锤上模锻时，金属流动过程大致分为四个阶段：

（1）第一阶段　镦粗变形过程如图 11-8a 所示。毛坯在锤击作用下，发生镦粗变形（或局部压入变形），高度减小，径向尺寸逐渐增大，当压下量达到 ΔH_1 即在金属与模壁接触之前，镦粗所需的变形力不大。

（2）第二阶段　飞边形成过程，如图 11-8b 所示。第一阶段结束后，金属流动受到模壁的阻碍，金属流向高度方向的同时，开始流入飞边槽。当压下量达到 ΔH_2 时，出现少许飞边，此时所需变形力显著增大。

（3）第三阶段　型腔充满过程，如图 11-8c 所示。由于飞边的阻碍作用，在变形金属内部形成更为强烈的三向压应力状态。在压下量达到 ΔH_3 的过程中，金属在向飞边流动的同时，逐渐充满型腔各处。在这一阶段，飞边厚度减小，宽度增大，温度下降，变形抗力明显上升，造成径向阻力增大，促使整个型腔得以充满。

（4）第四阶段　打靠或锻足阶段，如图 11-8d 所示。在此阶段，飞边温度低，阻力大，为把多余金属排入飞边槽，使上下模打靠，所需的打击力最大，压下量 ΔH_4 应 <2mm，所消耗的打击能量为整个锻件成形全过程消耗能量的 30%~50%。

四个阶段中，压下量与打击力的关系如图 11-8e 所示。

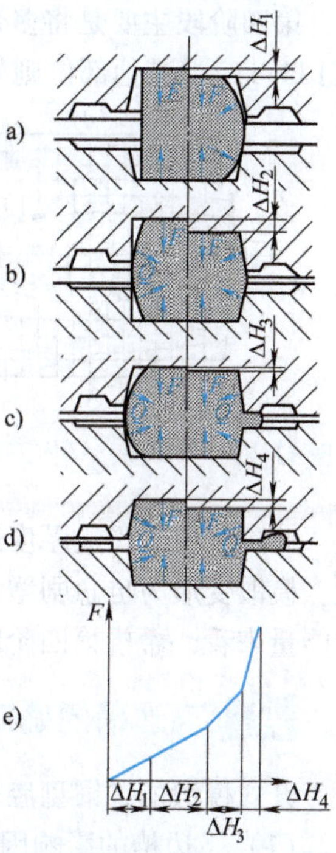

图 11-8　金属流动过程

三、开式模锻的应力应变分析

第一阶段属于局部加载，整体受力，整体变形。为使问题简化，假设模孔无斜度（图 11-9），变形金属分为 A、B 两区。A 区为直接受力区，B 区的受力主要是由 A 区的变形引起的。A 区的受力情况犹如环形件镦粗，故又可分为内外两区，即 $A_内$ 和 $A_外$，其间有一个流动分界面。由于 B 区金属的存在使 $A_内$ 区金属向内流动的阻力增大，与单纯的环形镦粗相比流动分界面的位置要内移。B 区内金属的变形犹如圆形砧内拔长。各区的应力应变如图 11-9 所示。

第二和第三阶段中，金属也有两个流动方向，金属一方面充填型腔，一方面由飞边桥部流出形成飞边，并逐渐减薄。由于模壁阻力，特别是飞边桥部的阻力作用，迫使金属充满型腔。这一阶段金属向两个方向流动的阻力都很大，处于明显的三向压应力状态，变形抗力迅速增大。这一阶段凹圆角充满后变形金属可分为五个区（图 11-10）。A 区内金属的变形犹如一般环形件镦粗，$A_外$ 为外区，$A_内$ 为内区。B 区内金属的变形犹如在圆型砧内摔圆。C 区为弹性变形区，D 区内金属的变形犹如外径受限制的环形件镦粗。各区的应力应变简图和金属流动方向如图 11-10 所示。

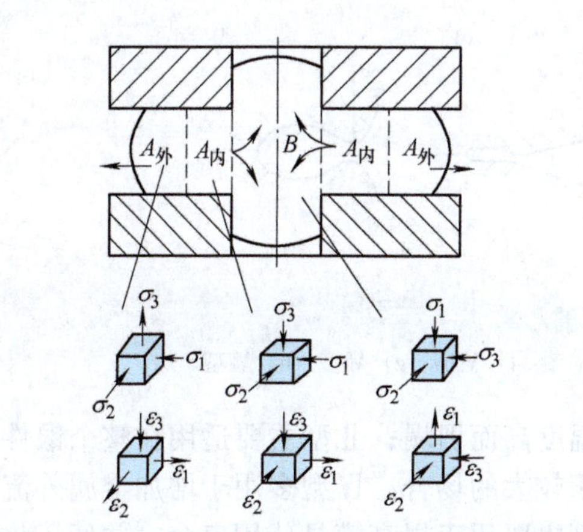

图 11-9　孔板间镦粗时各变形区的应力应变图

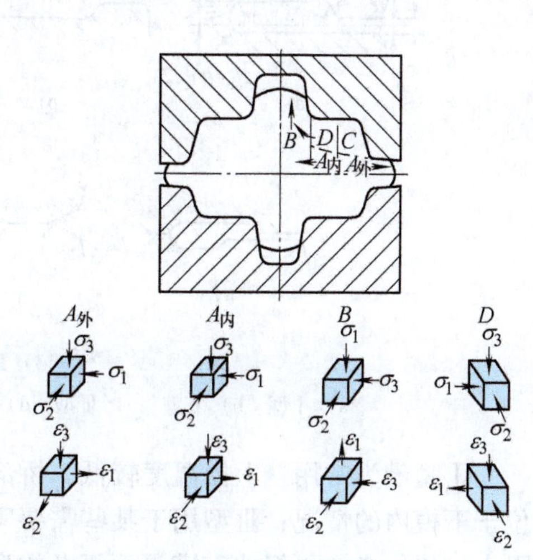

图 11-10　开式模锻时各变形区的应力应变图

第四阶段主要是将多余金属挤入飞边仓部。此时金属变形仅发生在分模面附近的区域（图 11-11），其他部位则处于弹性变形状态。变形区的应力应变状态如图 11-12 所示。

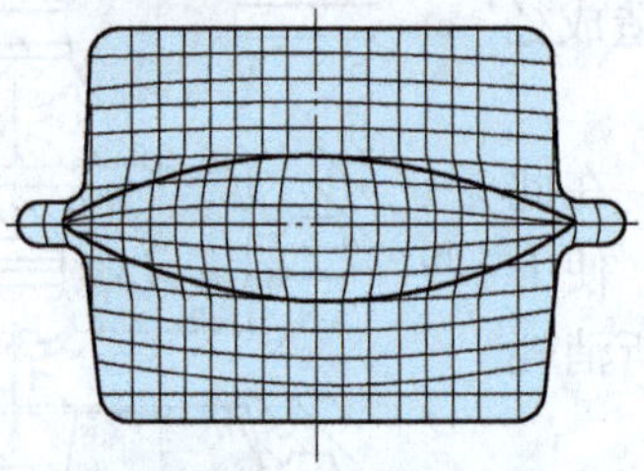

图 11-11　第四阶段子变形区的网格变化

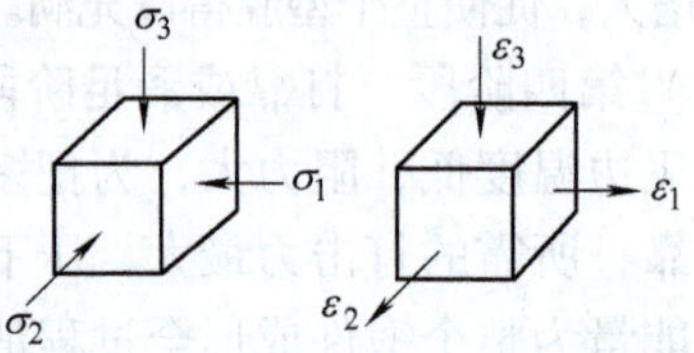

图 11-12　第四阶段变形区的应力应变图

此阶段由于飞边厚度进一步减薄，温度降低，多余金属由飞边桥部流出的阻力急剧增大。模锻变形力也急剧增大，因此第二、三阶段是锻件成形的关键阶段，从减小模锻所需的能量来看，希望第四阶段尽可能短些。变形力应按第三阶段计算。

四、飞边槽的确定

开式模锻的终锻型腔周边必须设置飞边槽，其形式及尺寸大小对锻件成形影响很大。

（1）飞边槽的影响因素与作用　根据飞边对锻件质量、模具使用寿命、材料消耗、能量消耗等可能引起的影响及锻件成形的难易程度，选用合理的飞边槽结构。其作用如下：

1）容纳多余的金属。

2）增加金属流入型腔的阻力，迫使金属更好地充满型腔。

3）起缓冲作用，减轻上下模打击，防止锻模早期破裂和压塌。

4）便于切边。

（2）飞边槽形式　飞边槽有多种形式，如图 11-13 所示。

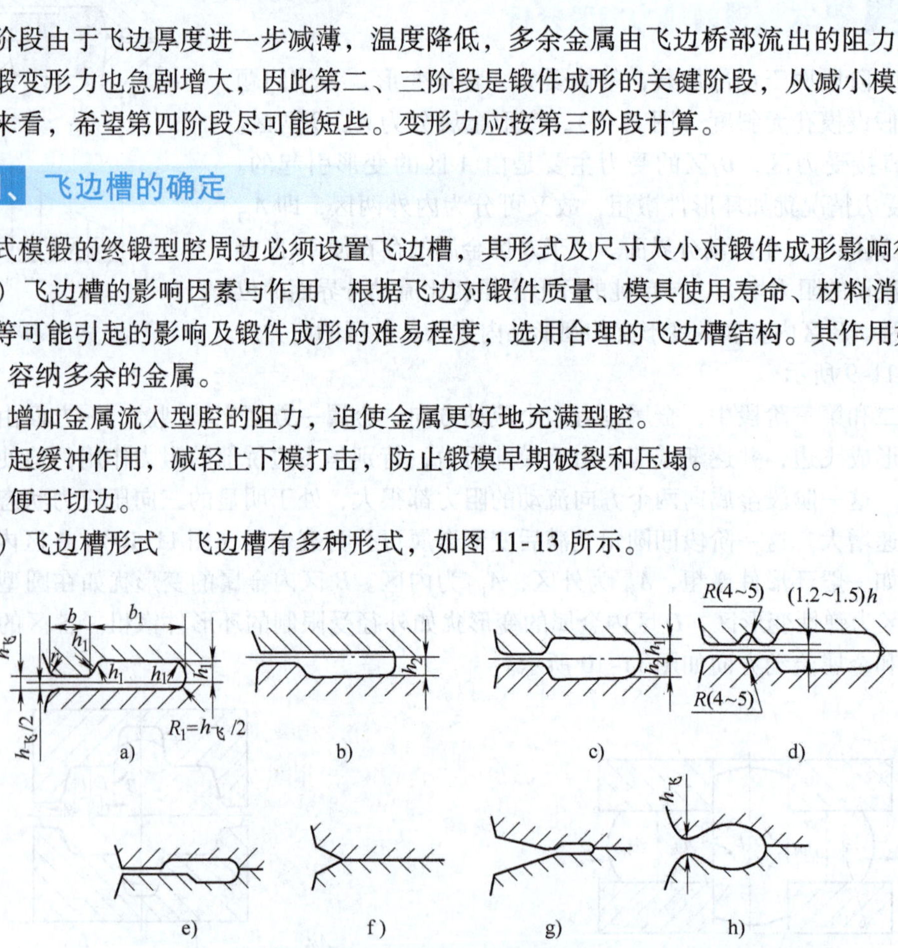

图 11-13　飞边槽的形式

a）Ⅰ型　b）Ⅱ型　c）Ⅲ型　d）Ⅳ型　e）Ⅴ型　f）Ⅵ型　g）Ⅶ型　h）Ⅷ型

Ⅰ型最为常用。上模温度较低，桥部不会因温度高而坍塌；Ⅱ型主要适用在整个锻件位于下模内的情况；Ⅲ型用于某些需要飞边槽容积较大的场合；Ⅳ型多用于增加金属外流阻力，迫使金属更好地充满深而复杂的型腔；Ⅴ型主要用于提高模具使用寿命，并便于将锻件放在切边凹模的细颈上的情况；Ⅵ、Ⅶ型均为楔形飞边，主要依靠飞边桥部斜面产生的水平分力阻止金属外流；Ⅵ型用于预锻型腔，Ⅶ型用于终锻型腔；Ⅷ型称为扩张型飞边，主要用于锻件形状简单，容易充满的情况，如回转类锻件，其特点是：在模锻前期飞边桥部有一定程度的阻力，阻止金属外流，但该作用较前几种形式要小一些，而其对多余体积金属的排出没有太大的阻碍作用，因而可以一定程度地减小变形载荷、降低能耗。

（3）飞边槽尺寸确定　飞边槽最主要的尺寸是桥部高度尺寸 $h_飞$ 及宽度 b。$h_飞$ 增大，金属的流动阻力减小，反之阻力增大；b 增加时阻力增大。按表 11-2 中所用锻锤吨位选取相近的数值来确定飞边槽尺寸。$h_飞$ 按下式计算，再由表 11-2 来确定飞边槽其他尺寸。

平面图形为任意形状的锻件：

$$h_飞 = 0.015\sqrt{A_分} \tag{11-3}$$

平面图形为方形的锻件：$h_飞 = 0.015a_分$；平面图形为圆形的锻件：$h_飞 = 0.0133D_分$。式中，$A_分$ 为锻件在分模面上的投影面积（mm^2）；$a_分$、$D_分$ 为锻件在分模面上的边长、直径（mm）。

表 11-2　飞边槽尺寸

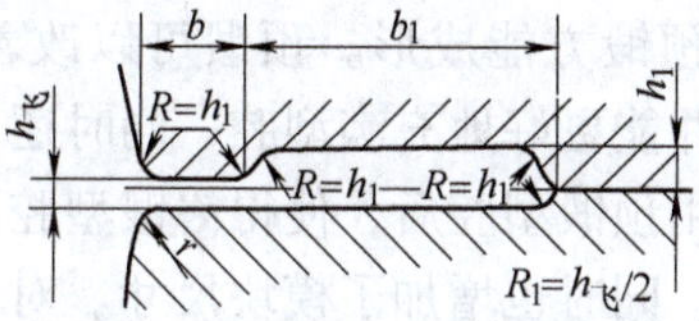

锻锤吨位 /t	$h_飞$ /mm	h_1 /mm	b /mm	b_1 /mm	r /mm	备　注
1	1～1.6	4	8	22～25	1.5	齿轮锁扣 $b_1 = 30$
2	1.8～2.2	4	10	25～30	2.5	齿轮锁扣 $b_1 = 30$
3	2.5～3.0	5	12	30～40	3	齿轮锁扣 $b_1 = 30$
5	3～4	6	12～14	40～50	3	齿轮锁扣 $b_1 = 30$
10	4～6	8	14～16	50～60	3	
16	6～9	10	16～18	60～80	4	

注：在使用本表时对以下几方面的情况应作适当变动：

1）当同一锻件选用设备偏大时，$h_飞$ 值应适当减小；

2）当同一锻件选用设备偏小时，为防止打不靠，在保证金属充满型腔的情况下，适当增加飞边桥部的高度；

3）用压入法模锻较复杂锻件时，可适当增大尺寸 b 和 b_1。

五、钳口的选定

钳口是供放置钳子夹持毛坯用的，当浇型检验型腔时，钳口可作浇型的浇口。在终锻型腔和预锻型腔的前端一般要设计钳口，如图 11-14 所示。图 11-15 所示为常用钳口，其尺寸由钳夹头直径 d 确定，具体尺寸参照相关资料确定。

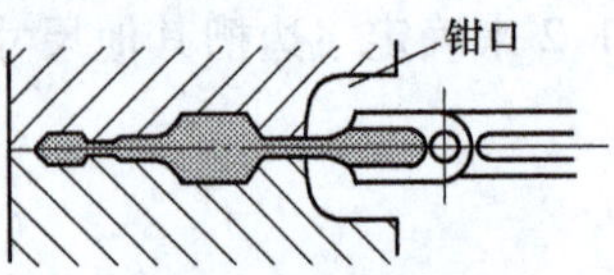

图 11-14 钳口

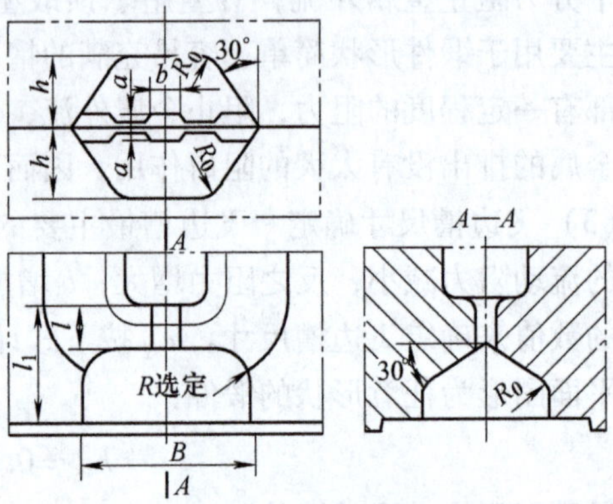

图 11-15 常用钳口

第四节 预锻型腔的设计

对于形状复杂的锻件需经预锻方能成形。预锻可以改善金属在终锻型腔中的流动情况，避免在锻件上形成折伤，并能更好地充满型腔，同时还可以减少终锻型腔的磨损，提高锻模的使用寿命。但是，采用预锻型腔后，使得终锻型腔不能设在锻模的中心，产生偏心打击，引起上下模产生错移，同时也增加了模块尺寸。对于尺寸较大的锻件，当需要预锻和终锻两副模具联合生产时，就要增加设备，生产率也随着降低。因此，在生产中是否需要采用预锻，应根据具体情况全面考虑。预锻型腔一般用于有工字形截面、叉形和带有较高筋的锻件，如图11-16所示。

一、预锻型腔的设计

预锻型腔和终锻型腔一样，也按热锻件图进行设计，与终锻型腔不同之处有以下几点。

（1）预锻型腔各处圆角半径要比终锻型腔大些 如图 11-17 所示。

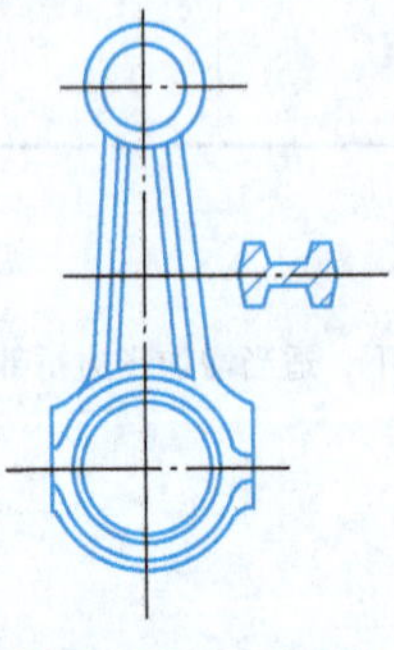

图 11-16 连杆

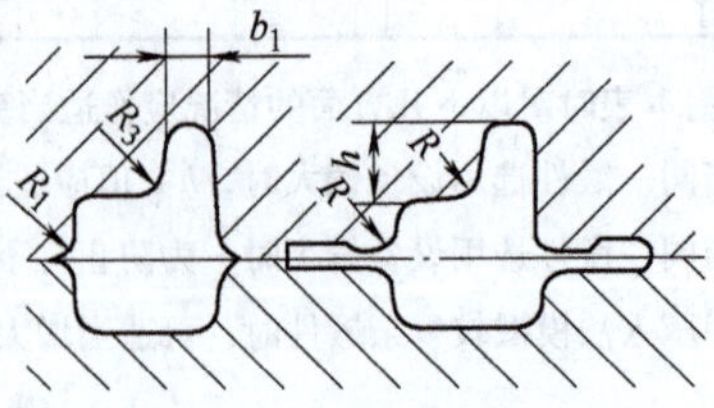

a) b)

图 11-17 圆角半径比较

a）预锻 b）终锻

对于型腔入口处圆角 R_1，可按下式计算：

$$R_1 = R + C \tag{11-4}$$

式中，R 为终锻型腔边缘圆角半径（mm）；C 为圆角半径的增大值（mm），可查表 11-3。

为了便于制造，可以在计算所得的数值中取较大的一个值，作为统一的圆角半径。对于锻件凸部或筋部处的转角半径：

当 $h \leqslant b_1$ 时　$$R_3 = R_1 \tag{11-5}$$

当 $h > b_1$ 时　$$R_3 = 1.2R_1 + 3 \tag{11-6}$$

表 11-3　圆角半径的增大值　（单位：mm）

模腔深度	<10	10~25	25~50	>50
C	2	3	4	5

对于锻件急转弯处，截面突然改变的地方，其圆角半径也应适当增大，如图 11-18 所示。

（2）型腔的宽与高　预锻后的毛坯在终锻过程中应以镦粗成形为主。因此，预锻型腔的高度应比终锻型腔大 2~5mm，宽度则比终锻型腔小 1~2mm；横断面面积应比终锻型腔稍大些，即预锻型腔的容积略大于终锻型腔，因此预锻型腔不设飞边槽。

（3）模锻斜度　预锻型腔的模锻斜度与终锻相同。筋的高度应略小于终锻型腔相应部位的高度，一般取 $h' = (0.8 \sim 0.9)h$。当 h/b 较大时，取小系数；反之，取大系数。筋的顶部宽度则相同，即 $b' = b$。由此不难看出，筋的底部宽度将是 $c' < c$。由于预锻后毛坯的横断面面积应小于终锻的相应面积，应适当加大底部的圆角半径 R'，使终锻时筋部顺利成形，如图 11-19 所示。由此可见，预锻后毛坯放入终锻型腔中，由于模壁与毛坯间无阻力，筋部最终成形时的应力状态有利于筋部的成形，且避免了转角处产生折叠。

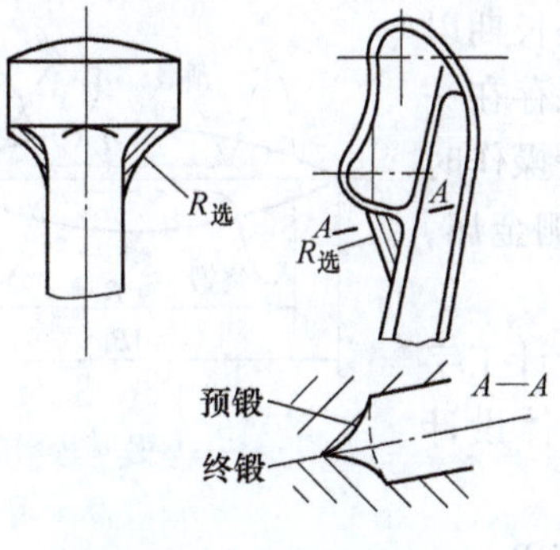

图 11-18　预锻型腔水平面上拐角处的圆角形式

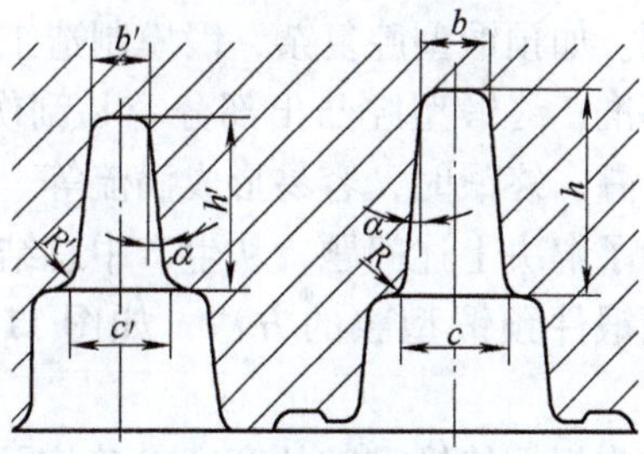

图 11-19　预锻与终锻的尺寸关系

（4）特殊剖面　对于锻件个别部位需进行特殊设计，并以剖面的形式画出。

1）叉形劈开部分。模锻叉形锻件时，在预锻型腔中必须采用劈开台进行分料。劈开台的形式有两种，如图 11-20 所示。一般情况下采用如图 11-20a 所示的形式，窄而深时采用如图 11-20b 所示的形式。

2）工字形断面设计。当锻件有工字形断面时，如不采用预锻型腔，易使锻件产生折叠，如图 11-21 所示。因此，要根据筋的相对高度采用适当的预锻方法。

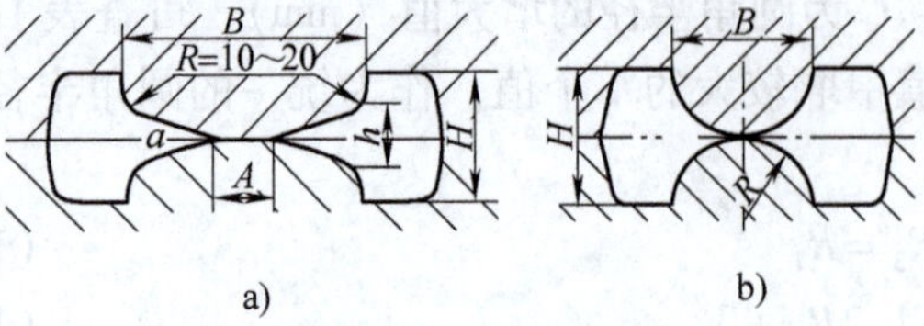

图 11-20　劈开台

图 11-21　工字形断面

当 $h<2b$ 时，预锻型腔宽度 $B'=B-(2\sim3)$mm。高度 h' 根据预锻型腔的横断面面积等于终锻型腔横断面面积与毛边断面面积之和来确定，如图 11-22a 所示。

$h>2b$ 时，预锻型腔宽度 $B'=B-(1\sim2)$mm。高度 h 的确定方法是，先假定预锻型腔为梯形断面求出 H'，然后按 $x=(H-H')/4$ 求解后，使 $f_1=f_2$，用圆弧线作出预锻型腔的形状，得到 h' 值，如图 11-22b 所示。

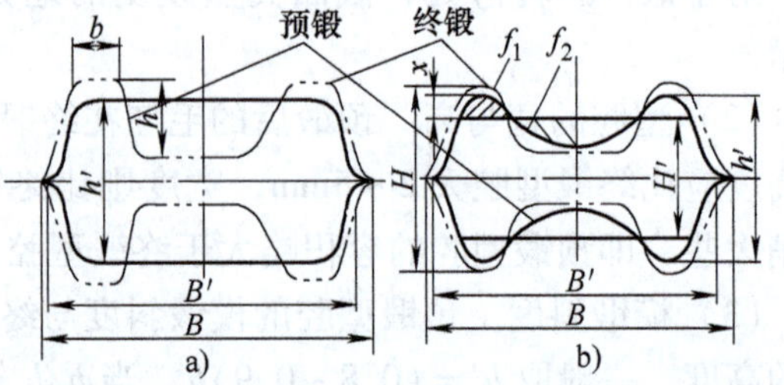

图 11-22　工字形断面的预锻型腔设计方法一

计算 H' 时，应遵守预锻型腔断面面积等于终锻型腔断面面积加上毛边断面面积的条件，即

$$A'=A+2A_{飞}-A_{欠压} \tag{11-7}$$

式中，A' 为预锻型腔断面面积（mm^2）；A 为终锻型腔断面面积（mm^2）；$A_{飞}$ 为单边飞边断面面积（mm^2）；$A_{欠压}$ 为预锻型腔未打靠的断面面积，$A_{欠压}=B'h_{欠压}$，通常 $h_{欠压}=1\sim5$mm。

上述工字形断面锻件的预锻型腔的设计方法，是长期以来习惯的设计方法。虽然行之有效，流行广泛，但也存在一些问题。如预锻型腔复杂，锻模制造工时增加；终锻操作时定位不准；终锻型腔凸出部分容易刮伤预锻件肋内侧金属，造成折叠；终锻时，容易形成涡流等。

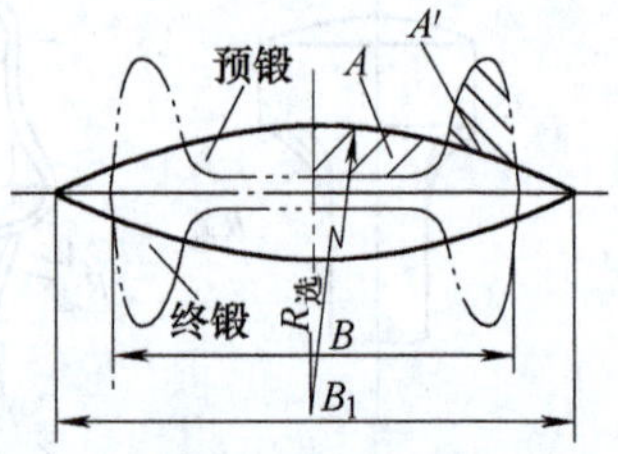

图 11-23　工字形断面的预锻型腔设计方法二

为了解决上述问题，从生产中总结出了另一种设计工字形断面锻件预锻型腔的方法，如图 11-23 所示。具体设计如下：

首先根据终锻型腔的宽度 B 确定预锻型腔的宽度 B_1：

$$B_1=B+(10\sim20)\text{mm} \tag{11-8}$$

然后做圆弧，使面积 $A=(1.0\sim1.1)A'$。为使终锻时首先产生飞边后充填型腔，令 $B_1>B$。

生产实践表明，利用此方法设计的工字形断面锻件的预锻型腔，提高了锻件的外表及内部质量，也提高了生产率，避免了涡流和穿肋缺陷，缩短了锻模制造周期。

3）对于具有难以充满的高筋，如图 11-24 所示，应视具体情况适当减小筋的高度，增大顶部圆角，使面积 $A\leqslant B$，以防止终锻时金属倒流，形成折伤。

4）枝芽与阻力沟如图 11-25 所示。对于带枝芽的模锻件，在设计预锻型腔时，应尽量使枝芽形状简化。对于特别难充满部分应采用阻力沟。

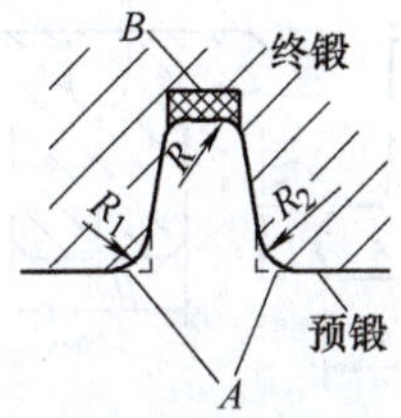

图 11-24 较高筋的预锻型腔

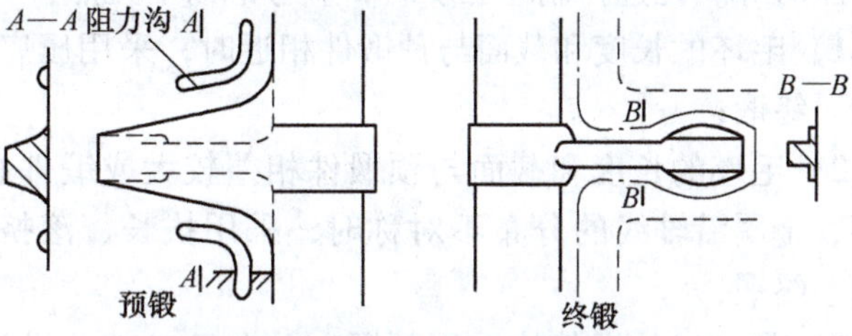

图 11-25 枝芽部分的预锻槽与阻力沟

二、模锻工步的选择

模锻时，毛坯按照锻件的复杂程度和具体生产条件，在锻模的一系列型腔中逐步变形，最后成为锻件。毛坯在每一型腔中的变形过程称为模锻工步。

合理的模锻工步能使毛坯符合金属的变形规律，得到良好质量的锻件，同时操作安全，金属消耗少，生产效率高。选择模锻工步时除主要考虑锻件的形状特征外，还应考虑生产条件和生产批量等情况。

（一）短轴类锻件

该类锻件的模锻工步一般采用镦粗、终锻或者镦粗、成形、终锻。在确定毛坯的镦粗形状和镦粗直径时，应考虑以下几点：

1）当轮毂较低并有较薄的轮辐或筋时，为防止轮辐与轮缘过渡区产生折叠，要求镦粗后毛坯直径 $D_{镦}$ 满足 $D_1 < D_{镦} < D_2$，如图 11-26 所示。

2）当轮毂较高并且有轮辐时，不仅要考虑防止折叠产生，而且还要保证锻件在高度方向上充满，因此，镦粗后毛坯的直径 $D_{镦}$ 应满足 $(D_1 + D_2)/2 < D_{镦} < D_2$，如图 11-27 所示。

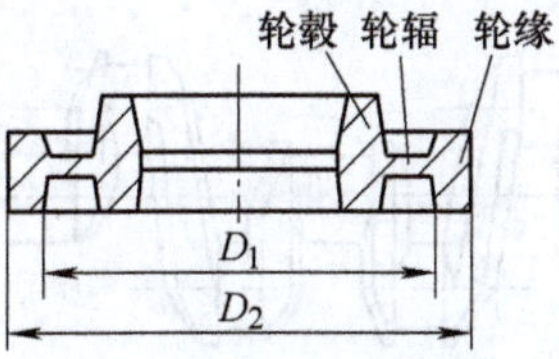

图 11-26 轮毂矮的锻件

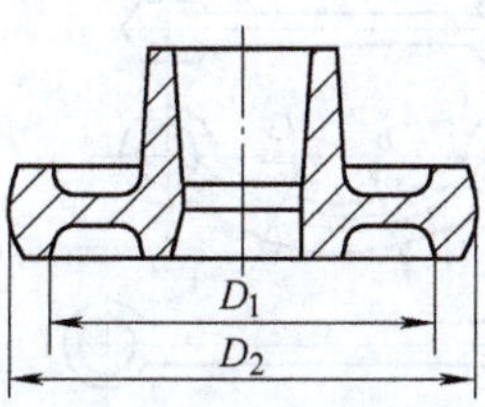

图 11-27 轮毂高的锻件

3）如图11-28a所示，当轮毂较高，又具有较大的凸缘，且内孔较深，下模冲头凸出分模面时，为保证高度和凸缘的充满，同时考虑毛坯放入终锻型腔中的定位，要求采用成形镦粗，成形镦粗后的毛坯，如图 11-28b 所示。毛坯与锻件相应尺寸有下列关系：

$$H_1' > H_1;\ D_1' \leqslant D_1;\ d' \leqslant d$$

（二）长轴类锻件

该类锻件的模锻工步一般采用制坯、预锻、终锻。制坯工序包括：拔长、滚挤、弯曲、压肩等。在选择制坯工步时，应考虑以下几点：

1）毛坯的长度和截面与预锻件相近时，采用压肩、预锻、终锻；

2）毛坯的长度和截面与预锻件相差较大或锻件有枝芽，金属沿轴线的分布不对称时，采用拔长、滚挤、预锻、终锻；

3）带叉口的锻件均采用预锻，并在叉口部分设计劈料台。

4）弯曲轴线锻件应采用弯曲、终锻。

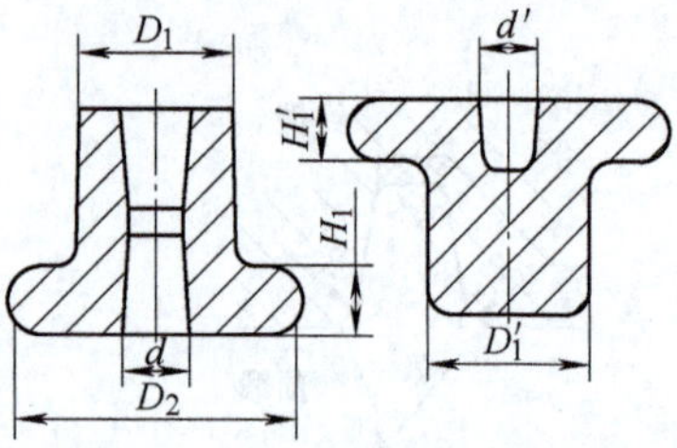

a)　　　b)

图 11-28　轮毂高凸缘大的锻件

a）锻件　b）毛坯

制坯工步的作用是初步改变原毛坯的形状，合理地分配毛坯，以适应锻件横截面积要求，使金属能较好地充满锻模型腔。

毛坯沿轴向的金属分配对不同锻件要求是不一样的。合适的形状应该是在保证型腔充满的条件下，在模锻之后，锻件各处飞边均匀，也即应使毛坯上各截面的面积等于锻件长度上各相应截面面积加上飞边的面积。按这一要求得到的毛坯，通常称为计算毛坯。计算毛坯是拔长、滚挤、压肩工步设计的基础。

（1）计算毛坯

1）计算毛坯长度的确定。计算毛坯长度等于锻件长度，即

$$L_{计} = L_{锻}$$

弯曲锻件计算毛坯的长度分三种情况。

第一种：弯曲时毛坯无拉长现象，即锻件各截面相差不大，弯曲的拐只有一个时，可用锻件宽度内侧 $b/3$ 处的展开长度为计算毛坯的长度，如图 11-29 所示。

第二种：弯曲时拉长现象严重，如多拐曲轴，可以近似取锻件水平投影的长，如图 11-30所示。

第三种：介于以上二者之间者，根据情况可取二者中间值。

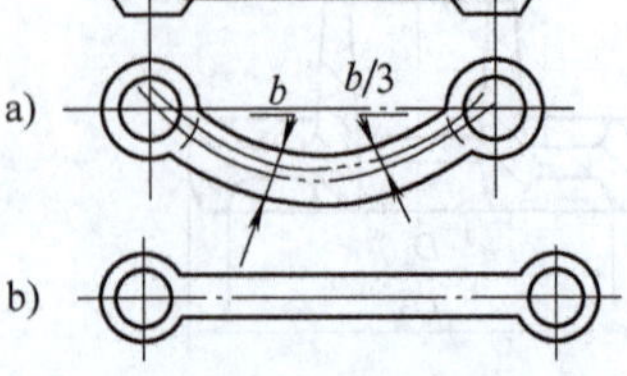

图 11-29　弯曲锻件

a）锻件　b）展开后的形状

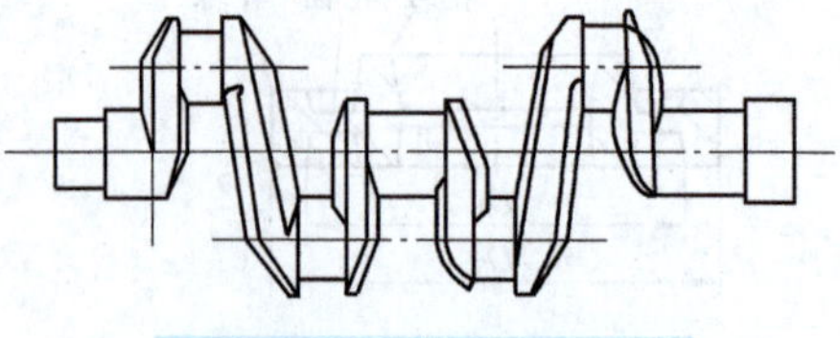

图 11-30　多拐曲轴锻件

2）计算毛坯的各截面面积和计算毛坯截面图。计算毛坯各截面面积按下式计算：

$$A_{计} = A_{锻} + 2\eta A_{飞边} \tag{11-9}$$

式中，$A_{计}$ 为任意一处计算毛坯截面面积（mm^2）；$A_{锻}$ 为相对应处锻件的截面面积（mm^2）；$A_{飞边}$ 为相对应处飞边槽截面面积（mm^2）；η 为充满系数，形状简单的锻件取

0.3～0.5，形状复杂的锻件取0.5～0.8。

计算出锻件各部分的截面积（$A_{计}$）后，再以比例系数（M）来除各截面的面积（$A_{计}$），得到表示高度的线段：

$$h_{线} = A_{计}/M \tag{11-10}$$

式中，$h_{线}$ 为截面图中各相应截面的线段高度（mm）；M 为比例系数（mm）。

将这些线段从同一水平线开始，画在相应截面的引出线上，并将这些线段的端点光滑地连接起来，便可得到计算毛坯的截面图，如图11-31所示。

截面图的特点是：其上各部分的面积乘上比例系数 M，即代表计算毛坯上相应部分的体积。

3）计算毛坯各截面直径及计算毛坯直径图。计算毛坯各截面直径 $d_{计}$ 按下式计算：

$$d_{计} = 1.13\sqrt{A_{计}} \tag{11-11}$$

式中，$d_{计}$ 为任意一处计算毛坯截面直径（mm）。

当计算出锻件各截面不同的直径（$d_{计}$）及计算毛坯的长度（$L_{计}$）后，将所得出的直径（$d_{计}$）按大小画在相应截面的引出线上，再将端部各点用直线和光滑曲线连接起来，就得到计算毛坯直径图，如图11-31所示。

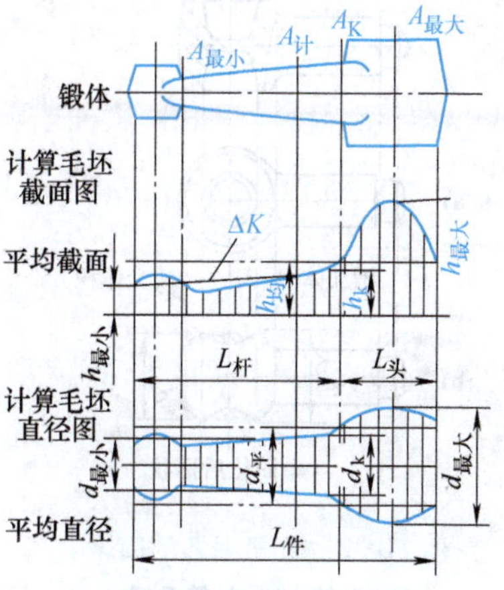

图11-31　计算毛坯图

4）计算毛坯平均截面积及其平均直径。计算毛坯平均截面积 $A_{平}$ 和平均直径 $d_{平}$ 按下式计算：

$$A_{平} = \frac{V_{计}}{L_{计}} = \frac{A_{线}M}{L_{计}} \quad d_{平} = 1.13\sqrt{A_{平}} \tag{11-12}$$

式中，$V_{计}$ 为计算毛坯体积（mm^3）；M 为比例系数（mm）；$A_{线}$ 为截面线图的总面积（mm^2），其值可按坐标法或求积法求得。

5）计算毛坯的头部及杆部。计算毛坯上 $d_{计} > d_{平}$ 的部分，称为头部；$d_{计} < d_{平}$ 的部分，称为杆部，如图11-31所示。

6）计算毛坯形状的简化。对头部具有孔形的锻件，在制定计算毛坯图时，为了便于头部的聚料和简化滚挤型腔形状，必须将计算毛坯形状简化。简化原则是应使减少部分体积等于增加部分体积，如图11-32所示，并以简化后的 d'_{max} 来代替简化前 $d_{最大}$。

对于杆部具有由折线或曲线组成的轮廓线或杆部具有凸部时，为了求杆部与头部转接处尺寸 d_k（mm），须将计算毛坯的杆部转化为截面圆体，如图11-31所示。此时可用下列公式求得

$$d_k = \sqrt{3.82\frac{V_{杆}}{L_{杆}} - 0.75d_{最小}^2} - 0.5d_{最小} \tag{11-13}$$

d_k 的大小常可简便地从截面图上求出，其关系为

$$d_k = 1.13\sqrt{A_k} = 1.13\sqrt{h_k M} \tag{11-14}$$

7）简单计算毛坯与复杂计算毛坯。对只有一个头部和一个杆部的计算毛坯称为简单

计算毛坯，如图 11-31 所示。如果具有两个头部和一个杆部或者二杆一头，多个头部和多个杆部的计算毛坯就称为复杂计算毛坯。

复杂计算毛坯应转化为简单计算毛坯，因为选择制坯工步时是根据简单计算毛坯来考虑的。复杂计算毛坯转化为简单计算毛坯的方法可参见下例。

例 对于具有一头二杆的计算毛坯的转化法，如图 11-33 所示。应在头部中间找一划分线，将其划分为两个简单计算毛坯。在确定划分线的位置时，应使每一个简单计算毛坯中，头部不足的体积 $V_{头1}$ 和杆部多余的体积 $V_{杆1}$ 相等。

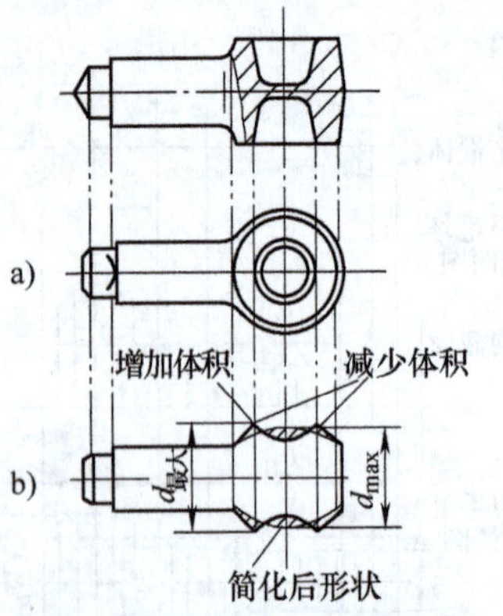

图 11-32 计算毛坯的简化

a）锻件 b）计算毛坯

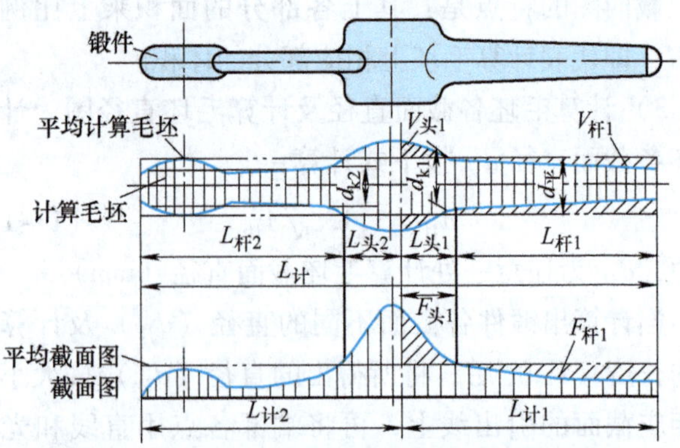

图 11-33 复杂计算毛坯转化为简单计算毛坯

待定划分线的位置还可更简单地从截面图上定出，因为这里面有一个面积恒等的关系，即截面图上 $F_{头1}=F_{杆1}$。

这样，在定出划分线后，便可得到两个长度各为 $L_{计1}$ 和 $L_{计2}$ 的简单计算毛坯直径图和截面图。

（2）制坯工步确定 制坯工步确定可综合考虑如下因素：

1）比值 $\alpha=d_{max}/d_{平}$ 越大，挤到头部去的金属就越多，应采用聚料效果较高的制坯工步；

2）比值 $\beta=L_{计}/d_{平}$ 越大，金属沿轴向移动的距离越大，应采用拔长效率较高的制坯工步；

3）锥度 $K=(d_k-d_{min})/L_{杆}$ 值越大，金属在制坯型腔中变形时作用在金属上的水平分力也越大；

4）锻件的质量 $G_{锻}$ 越大，标志着流动金属的体积越大。

根据这四个因素（α、β、K、$G_{锻}$）查图 11-34，即可确定哪一种制坯工步。

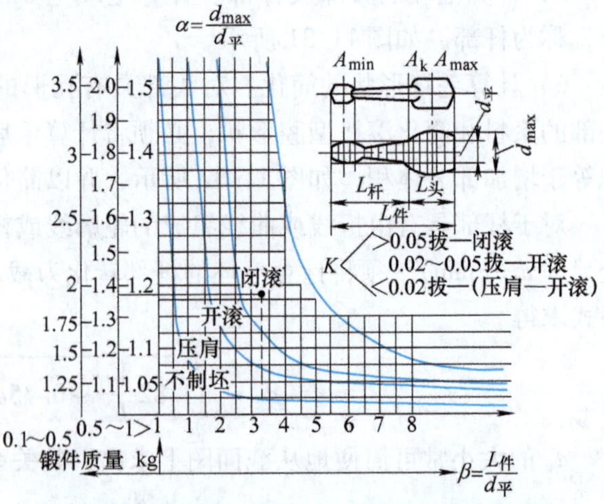

图 11-34 第一制坯模锻工步的应用范围图解

例如：有一锻件：$G_{锻}=0.8$kg、

$\alpha=1.37$、$\beta=3.2$，由图 11-34 查得应采用闭式滚挤制坯。

在应用图 11-34 时，还应注意，如果是复杂计算毛坯，则应先转化为若干简单计算毛坯，查图 11-34，然后选用其中变形效率最高的制坯工步作为整个计算毛坯应采用的制坯工步（在图中越向右上方的制坯型腔，其变形效率越高）。

第五节　其他型腔设计

一、拔长型腔的设计

拔长型腔和拔长台是用来减小毛坯某部分的横断面，同时增加其长度，具有分配金属的作用。拔长台是一种简易的拔长型腔。当毛坯被拔长部分较短时，没有必要设置拔长型腔，而是在锻模的分模平面上留出一平台，边缘倒圆用来进行拔长毛坯。拔长台的形状如图 11-35 所示，图中尺寸关系如下：

$$L=L_{杆}+10\text{mm}$$
$$B=(1.4\sim1.6)D_{坯} \tag{11-15}$$
$$R=10\sim25\text{mm}$$

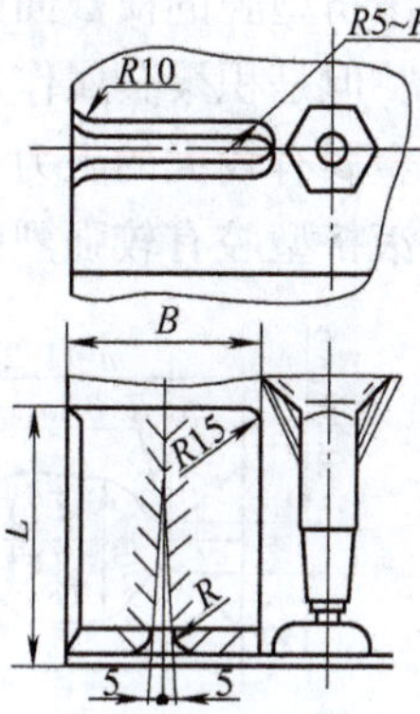

图 11-35　拔长台

拔长型腔，按其型腔的形式分为开口式和闭口式，按其排列方式又可分直式和斜式。这里仅介绍开口直式拔长型腔的设计，如图11-36所示。

（1）拔长坎尺寸的确定　拔长后不滚挤时，其拔长坎的高度为

$$a=(0.7\sim0.8)d_{最小}$$

式中，$d_{最小}$为计算毛坯的最小直径(mm)。

拔长后滚挤时，其拔长坎的高度为

$$a=(0.8\sim0.9)a_c \tag{11-16}$$

式中，a_c为拔长后方形杆的边长，按下列公式计算：

$$a_c=\sqrt{\frac{V_{杆}}{L_{杆}}}\text{或}\ a_c=\sqrt{A_{杆平}} \tag{11-17}$$

式中，$V_{杆}$ 为计算毛坯杆部体积（mm^3）；$L_{杆}$ 为计算毛坯杆部长度（mm）；$A_{杆平}$为计算毛坯杆部平均面积（mm^2）。

当 $L_{杆}\geqslant500\text{mm}$ 时取较小的系数值，当 $L_{杆}<200\text{mm}$ 时取较大的系数值，当 $200\text{mm}<L_{杆}<500\text{mm}$ 时取中间值。

拔长坎的长度：$C=(1.1\sim1.5)D_{坯}$ (11-18)

拔长型腔宽度：

$$B=(1.2\sim1.5)D_{坯}+20\text{mm} \tag{11-19}$$

式中，$D_{坯}$ 为毛坯直径，$D_{坯}<40\text{mm}$ 时取大的系数值；$D_{坯}>80\text{mm}$ 时取小的系数值。

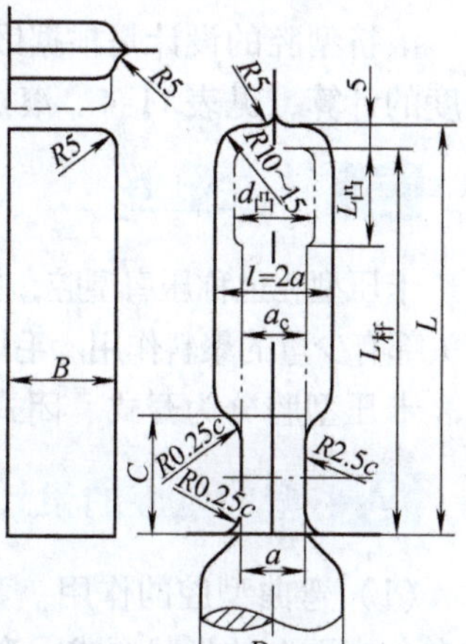

图 11-36　开口直式拔长型腔

（2）拔长型腔尺寸的确定　其尺寸确定如下：

拔长型腔长度　$L = L_{杆} + (5 \sim 10)\text{mm}$　(11-20)

拔长型腔高度　$l = 2a$　或　$l = 1.2d_{凸}$　(11-21)

二、滚挤型腔设计

滚挤型腔用来减小毛坯某部分的横截面而增大另一部分的横截面，并少量增加毛坯的长度，起到分配金属的作用，使毛坯接近于计算毛坯的形状，同时滚光毛坯表面，避免产生折叠和去除氧化皮。

滚挤型腔的形式较多，有开口式、闭口式、不对称闭口式、半开口式、不等宽闭口式等。这里仅介绍开口式、闭口式滚挤型腔的设计。

开口式滚挤型腔的横截面呈长方形，型腔一边是敞开着的，如图 11-37a 所示。而闭口式滚挤型腔的横截面则为椭圆形，如图 11-37b 所示。开口式型腔制造简单，加工费用较低，但是积聚金属作用比闭式型腔差。闭式型腔由于横截面是椭圆形的模壁，对横向流动的金属有较大的阻力，可迫使金属在纵向强烈地流动，以充满积聚部分的型腔，因此，闭式滚挤型腔有较强烈的积聚作用。

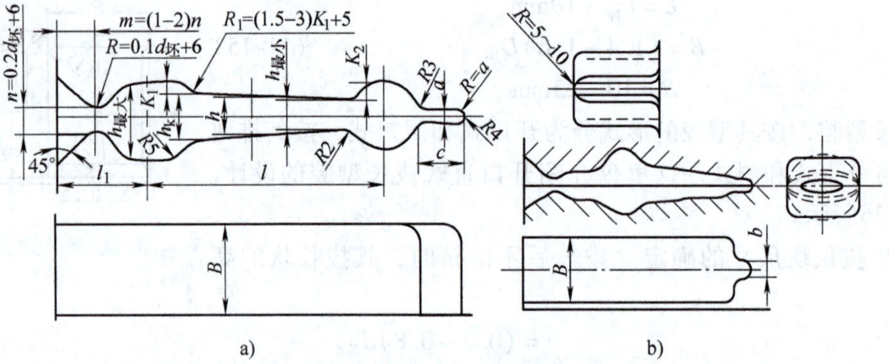

图 11-37　滚挤型腔

a）开口式滚挤型腔　b）闭式滚挤型腔

滚挤型腔的设计是根据锻件的计算毛坯和毛坯截面尺寸来确定的。滚挤型腔的高度和宽度的计算，见表 11-4。滚挤型腔长度：$L = 1.015L_{计}$，尾部小槽可按表 11-5 选取。

三、卡压型腔

卡压型腔也称压肩型腔，如图 11-38 所示。它的作用是用来略为减少毛坯高度，增大宽度，使头部有少量的聚料作用。毛坯在卡压型腔中只锤击一次，并平移送入终（预）锻型腔。

卡压型腔分为开式、闭式两种，通常采用开式。

四、弯曲型腔的设计

（1）弯曲型腔的作用　弯曲型腔用于将毛坯放入型腔内经过弯曲后，使其符合终锻型腔在分模面上的形状要求。弯曲型腔没有聚料作用，毛坯在弯曲型腔中不翻转，在送入终（预）锻型腔时需翻转 90°。

（2）弯曲型腔的形式　常用形式有自由弯曲式和夹紧弯曲式。自由弯曲式适用于具有

表 11-4 滚挤型腔高度和宽度的计算

<table>
<tr><th colspan="3">计算项目</th><th colspan="4">计算公式</th><th>符号说明</th></tr>
<tr><td colspan="3" rowspan="6">滚挤型腔各段高度 h</td><td colspan="4">$h=K\sqrt{A_{计}}$ 系数 K 按下表确定</td><td rowspan="6"></td></tr>
<tr><td rowspan="2">$d_{坯}$/mm</td><td colspan="2">毛坯截面减小部分 $A_{计}<A_{坯}$</td><td rowspan="2">毛坯截面增大部分 $A_{计}>A_{坯}$</td></tr>
<tr><td>闭口式</td><td>开口式</td></tr>
<tr><td><30</td><td>0.9</td><td>0.85</td><td>1.13</td></tr>
<tr><td>30～60</td><td>0.85</td><td>0.8</td><td>1.15</td></tr>
<tr><td>>60</td><td>0.8</td><td>0.75</td><td>1.2</td></tr>
<tr><td rowspan="4">滚挤型腔宽度</td><td rowspan="2">原毛坯</td><td>闭口式</td><td colspan="4">从杆部考虑：$B_{杆}=1.15\dfrac{A_{坯}}{h_{最小}}$，($B_{杆}\leqslant 1.7d_{坯}$ 或 $B_{杆}\leqslant 1.9b_{坯}$)
从头部考虑：$B_{头}=1.1d_{最大}=1.24\sqrt{A_{最大}}$
型腔宽度 B 应按 $B_{杆}$ 及 $B_{头}$ 中之较大值取</td><td rowspan="4">$A_{计}$——计算毛坯相应部分截面面积
$A_{坯}$——选用毛坯截面面积
$d_{坯}$——选用毛坯直径
$b_{坯}$——选用方形毛坯边长
$h_{最小}$——滚挤型腔最小高度
$B_{杆}$——相应于锻件杆部的型腔宽度
$B_{头}$——相应于锻件头部的型腔宽度</td></tr>
<tr><td>开口式</td><td colspan="4">从杆部考虑：$B_{杆}=\dfrac{A_{坯}}{h_{最小}}+10\text{mm}$，($B_{杆}\leqslant 1.5d_{坯}$ 或 $B_{杆}\leqslant 17A_{坯}$)
从头部考虑：$B_{头}=d_{最大}+10\text{mm}$
型腔宽度 B 应按 $B_{杆}$ 及 $B_{头}$ 中之较大值取</td></tr>
<tr><td rowspan="2">毛坯经过拔长</td><td>闭口式</td><td colspan="4">从杆部考虑：$B_{杆}=1.25\dfrac{A_{杆平}}{h_{最小}}$，
从头部考虑：$B_{头}=1.1d_{最大}$
型腔宽度 B 应按 $B_{杆}$ 及 $B_{头}$ 中之较大值取</td></tr>
<tr><td>开口式</td><td colspan="4">从杆部考虑：$B_{杆}=\dfrac{A_{杆平}}{h_{最小}}+10\text{mm}$，($B_{杆}\leqslant 1.5d_{坯}$ 或 $B_{杆}\leqslant 17b_{坯}$)
从头部考虑：$B_{头}=d_{最大}+10\text{mm}$
型腔宽度 B 应按 $B_{杆}$ 及 $B_{头}$ 中之较大值取</td></tr>
</table>

表 11-5 尾部小槽尺寸 （单位：mm）

模锻方法 \ 尺寸	$D_{坯}$	a	b	c	R_3	R_4
单件或两件调头模锻	≤30	4	20	20	5	4
	30～60	6	20	25	5	6
	60～100	8	40	30	10	8
	100	10	50	35	10	10
一料多件模锻	≤30	6	25	25	5	6
	>30	8	30	30	5	8

圆浑形弯曲的锻件，一般只有一个弯角，如图 11-39 所示。夹紧弯曲式，毛坯在型腔内除了弯曲成形外，还具有拉伸。这种弯曲成形适用于多个弯或具有急突弯曲形状的锻件，如多拐曲轴等。

（3）弯曲型腔的设计　弯曲型腔是根据终锻型腔在分模面上的外形尺寸进行设计制造的。有关尺寸如图 11-39 和图 11-40 所示。

1）弯曲型腔在急弯处应作成较大的圆角，以免在终段时锻件在该处形成折叠，如图 11-41所示。

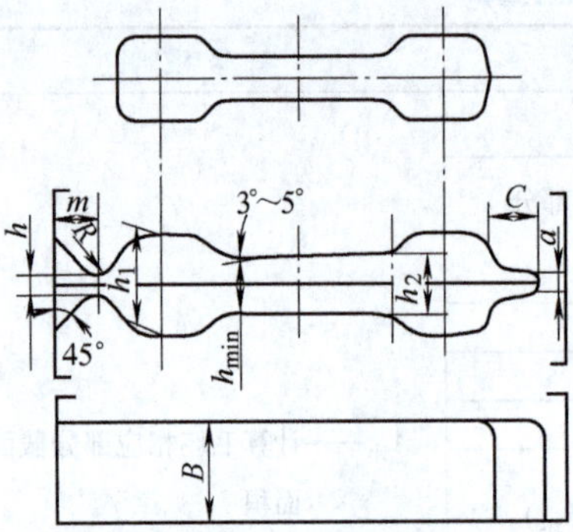

图 11-38　卡压型腔

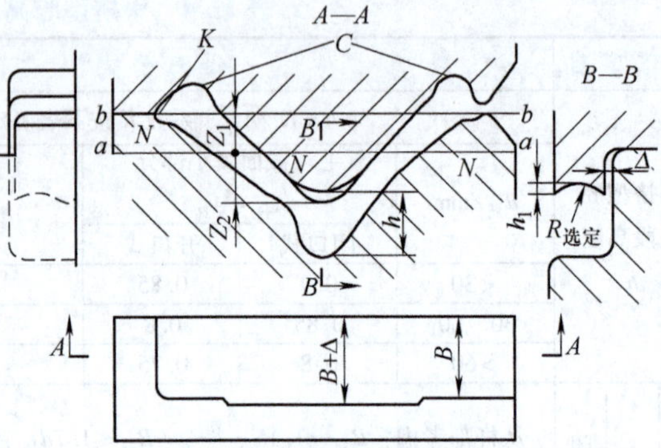

图 11-39　自由弯曲式型腔

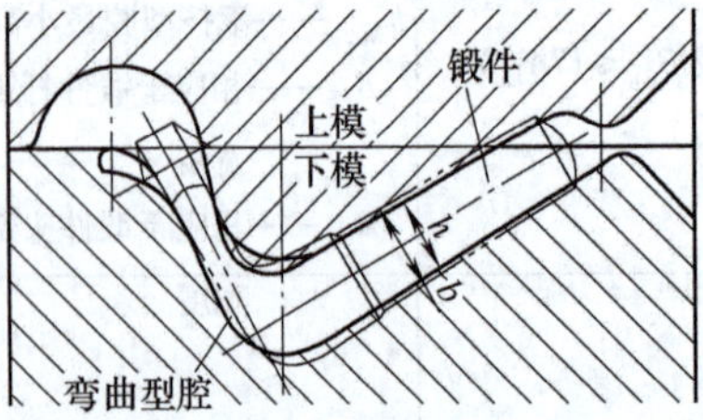

图 11-40　弯曲型腔形式图

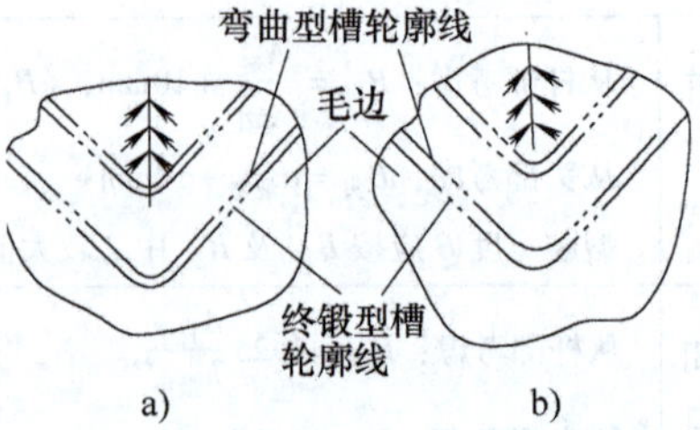

图 11-41　急突弯曲型腔的轮廓

2）弯曲型腔在下模上应有两个支承点，以支持压弯前的毛坯，此两支点的高度应使毛坯呈水平位置。

3）当用原毛坯在弯曲型腔内压弯时，在弯曲型腔末端应作出挡料台控制位置，如果毛坯已经过滚挤，可利用钳口颈部定位。

4）弯曲型腔中的凸出部分应制出横向弧形凹坑，如图 11-39 中的 B-B 剖视所示，以便使毛坯定位，防止在操作时料偏或往下掉。

5）设计弯曲型腔的凸出部分时，应使上下模大致相等。即使图 11-39 中的 $Z_1=Z_2$，保证上下模的加工量基本相等。另外，为了便于压弯后的毛坯容易取出，弯曲型腔要有适当的斜度。

弯曲型腔有关尺寸的计算如下：

1）型腔宽度

$$B=\frac{A_{坯}}{h_{最小}}+(10\sim20)\,\mathrm{mm} \tag{11-22}$$

式中，$A_{坯}$ 为毛坯截面积（mm^2）；$h_{最小}$ 为型腔的最小高度（mm）。

2）凹坑深度 h_1（图 11-39）：

$$h_1=(0.1\sim0.2)h \tag{11-23}$$

3）上下模间隙（图 11-39）可按表 11-6 确定。

五、镦粗台与压扁台

（1）镦粗台　模锻圆形或近似圆形锻件时，需要将毛坯进行镦粗。镦粗台的作用就是

表 11-6　上下模间隙 Δ　　（单位：mm）

模锻锤吨位/t	<1	1~1.5	2~2.5	3~4	5~8	10~15
间隙 Δ	3	4	5	6	7	9

用来减小毛坯的高度，增加直径，使毛坯在终锻型腔的打击次数减少，并有利于金属充满型腔和提高锻模使用寿命，还可避免或减少终锻时产生折叠等缺陷（图 11-42）。镦粗时，毛坯轴线与分模面垂直放置。

（2）压扁台　压扁台的作用是压扁毛坯，减小毛坯厚度增加宽度，使毛坯放入终锻型腔时能覆盖一定的型腔面积，以防止锻件产生折叠等缺陷。同时，能去氧化皮，提高模具使用寿命，如图 11-43 所示。

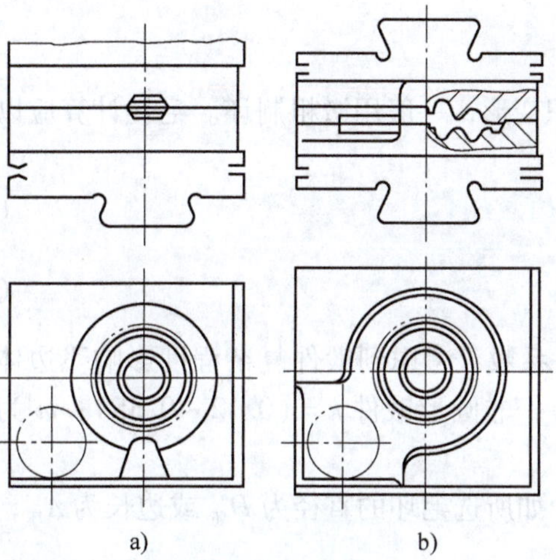

图 11-42　镦粗台

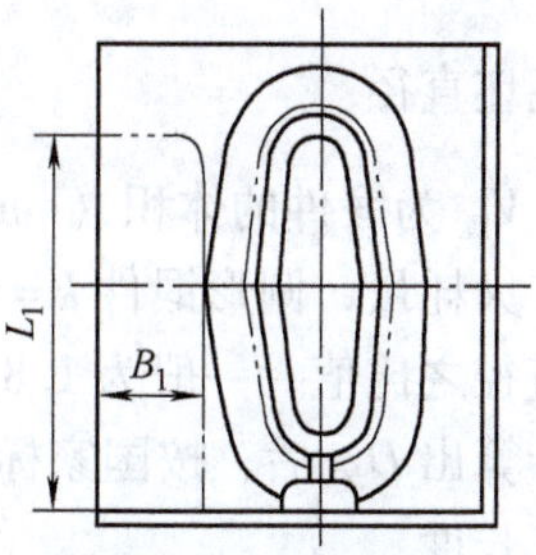

图 11-43　压扁台

六、切断型腔

切断型腔常用于一料多件模锻（或一火多件模锻）每锻出一件时，就切下一件，以便继续锻制下一个锻件，如图 11-44 所示。

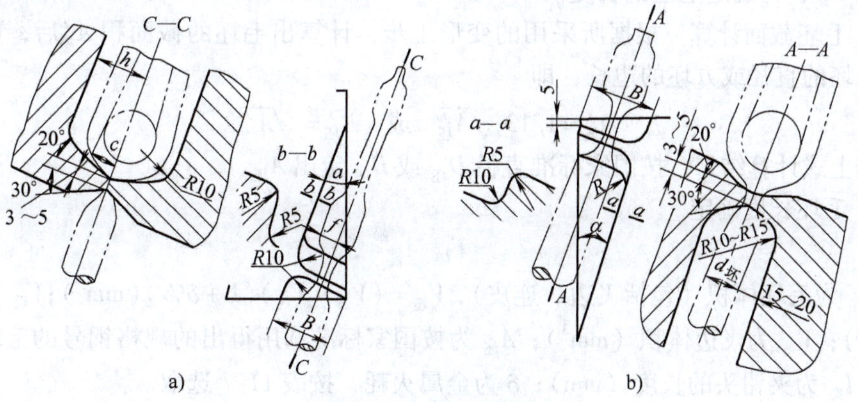

图 11-44　切断型腔

切断型腔可设置在锻模分模面的任何一个角上。位于锻模的右前角或左前角为前切刀，采用前切刀操作方便，但切断后的锻件容易堆积在锤的导轨旁边，影响操作。后切刀为了便于操作，一般放在左后角，由此切下的锻件直接落到锻锤后面的传送带上，送到下一工位。

第六节　毛坯体积计算与尺寸确定

确定模锻所需原毛坯尺寸时，应根据锻件的形状、尺寸以及所采用的模锻方法，先计算出所需的金属体积，然后再算出毛坯的截面尺寸和下料长度。不同类别的锻件，由于其变形特点不同，所需毛坯的计算方法也不同。

一、短轴类锻件

短轴类锻件在终锻时的变形是属于体积变形，一般用镦粗制坯。毛坯计算应以镦粗变形为依据计算：

毛坯体积

$$V_{坯}=(1+k)V_{锻} \tag{11-24}$$

毛坯直径

$$D_{坯}=1.13\sqrt[3]{\frac{(1+k)V_{锻}}{m}} \tag{11-25}$$

式中，$V_{锻}$ 为锻件的体积（mm^3）；k 为宽裕系数，考虑到锻件复杂程度影响飞边体积，另外还有火耗量，圆形锻件 $k=(0.12\sim0.25)$，非圆形锻件 $k=(0.12\sim0.35)$；m 为毛坯高度与直径之比值，一般为 1.8～2.2。

计算出 $D_{坯}$ 后，按国家标准规格选用。如所选毛坯的直径为 $D_{坯}$ 或边长为 $A_{坯}$，按下式确定其长度：

$$L_{坯}=1.27V_{坯}/D_{坯}^2 \text{ 或 } L_{坯}=V_{坯}/A_{坯}^2 \tag{11-26}$$

二、长轴类锻件

长轴类锻件在模锻型腔中的变形形式近似平面变形，所以在确定原毛坯尺寸时，应以计算毛坯图为依据，并考虑采用不同的制坯工步计算出所需毛坯的截面积 $A'_{坯}$，然后选取标准直径 $D_{坯}$，并确定毛坯的长度。

（1）毛坯截面计算　根据所采用的变形工步，计算出毛坯的截面积 $A'_{坯}$后，可以按下式确定毛坯的直径或方坯的边长，即

$$D'_{坯}=1.13\sqrt{A'_{坯}} \quad \text{或} \quad B'_{坯}=\sqrt{A'_{坯}} \tag{11-27}$$

根据上式计算结果，按国家标准直径 $D_{坯}$ 或 $B_{坯}$ 定出 $A_{坯}$。

（2）毛坯长度确定

$$L_{坯}=V_{坯}\ \ A_{坯}+l_{夹} \tag{11-28}$$

式中，$V_{坯}$ 为毛坯体积（包括飞边、连皮），$V_{坯}=(V_{锻}+V_{飞})(1+\delta\%)(mm^3)$；$V_{锻}$ 为锻件体积（mm^3）；$V_{飞}$ 为飞边体积（mm^3）；$A_{坯}$ 为按国家标准选用得出的规格钢号的毛坯截面积（mm^2）；$l_{夹}$ 为夹钳头的长度（mm）；δ 为金属火耗，按表 11-7 选取。

表 11-7　金属材料的火耗 δ

加热方法	$\delta(\%)$	加热方法	$\delta(\%)$
室式煤炉	4～2.5	连续式煤气炉	2～1.5
室式油炉	3～2.5	电炉	1.5～1
连续式油炉、室式煤气炉	2.5～2	感应式接触电加热	1～0.5

第七节　锻锤吨位的确定

终锻成形时所需的最大打击能量较为复杂，在生产实践中，模锻锤的吨位可按下列经验公式计算：

双动模锻锤　$$G=(3.5\sim6.3)K\cdot A_{总}/100 \quad (11\text{-}29a)$$

单动模锻锤　$$G_1=(1.5\sim1.8)G \quad (11\text{-}29b)$$

式中，G、G_1 为模锻锤的吨位（kg）；$A_{总}$ 为包括飞边（按全部50%计算）、冲孔连皮在内的锻件水平投影面积（mm^2）；K 为材料系数，按表 11-8 选取。

表 11-8　材料系数 K

钢　　种	K
低、中碳结构钢，低碳合金钢，如 20、45	1
中碳低合金钢，如 45Cr	1.1
高合金钢、耐热钢、不锈钢，如 GCr15、2Cr13、45CrNiMo	1.25

第八节　锻模的结构设计与锻模材料

当各型腔设计完毕，就可进行锻模的结构设计，即型腔的排列，确定各型腔在锻模上的相对位置锁扣设计，确定模块尺寸等。

一、型腔的排列

（1）型腔顺序排列的原则

1）终锻或预锻的变形力比制坯要大得多，为了减小偏心力矩，改善锻锤及模具的工作条件，获得良好的锻件质量，应尽可能使终锻型腔及预锻型腔中心线靠近锻模的中心，其他型腔按工艺顺序排列，操作时一般只允许改变一次方向。

2）型腔的排列应与加热炉、切边压力机位置相适应。

3）氧化皮最多的型腔，应位于吹风向的下方。

4）弯曲型腔的位置，应使锻件翻转后能直接放入终锻或预锻型腔。

5）拔长型腔，如在右边应取直式为宜，在左边应取斜式为宜。

6）前切刀一般位于锻模的右前角，后切刀一般位于锻模的左后角。

（2）终锻型腔与预锻型腔的排列　型腔中心是打击时作用于上模的反作用合力作用点，即在终锻（或预锻）时，金属变形抗力的作用点。当变形抗力分布均匀时，型腔中心即为型腔（包括飞边槽）在分模面上水平投影面积的重心。锻模中心是锻模的燕尾中心线与键槽中心线的交点，应与锤杆中心线重合。

锻模上无预锻型腔时，终锻型腔中心应与锻模中心重合。锻模上有预锻和终锻槽时，这两个型腔的中心均不与锻模中心重合，排列时应两者兼顾，并注意以下几点：

1）两型腔间距应尽可能缩小并靠近键槽中心线，对于不同的锻件可采取不同的方法布置，如图 11-45、图 11-46、图 11-47 所示。

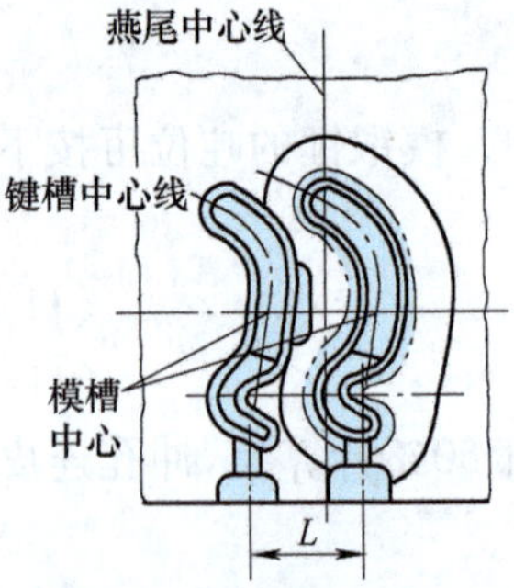

图 11-45　终锻型腔与预锻型腔正常排列图

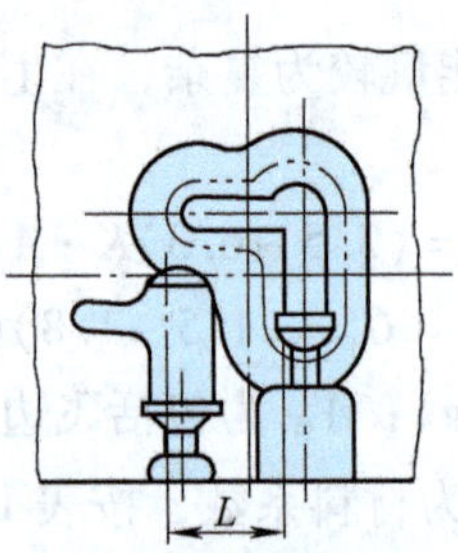

图 11-46　终锻型腔与预锻型腔图前后错开排列

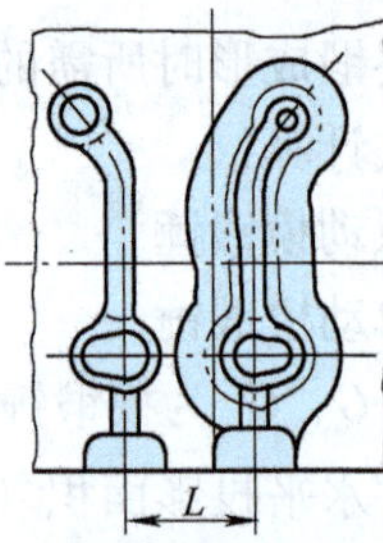

图 11-47　终锻型腔与预锻型腔反向排列

2）两型腔中心尽可能靠近燕尾中心线。预锻型腔中心必须在燕尾宽度内。终锻型腔与锻模燕尾中心线的偏移量 a 应不超过表 11-9 中的数值。并使 $a/b<1/2$，如图 11-48 所示。

表 11-9　终锻模槽与锻模燕尾中心线的允许偏移量 a

设备吨位 kN	10	15	20	30	50	100	160
a mm	25	30	40	50	60	70	75

当 $L/5<a<L/3$、$2L/3<b<4L/5$ 时，在设计预锻型腔时，可预先考虑上、下型腔的错移量，Δ 值由经验确定，一般在 1～4mm 范围内，如图 11-48 中 A—A 剖面所示。

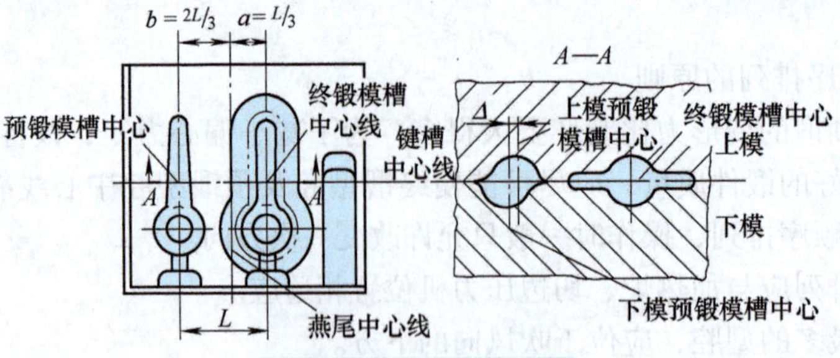

图 11-48　型腔的排列

3）具有落差的锻件采用平衡块式锁扣时，为了减少错移与平衡块的磨损，平衡块凸出部分在下模时，型腔中心应向平衡块相反的方向离开键槽中心移动距离 $S_1=(0.2\sim0.4)h$，如图 11-49a 所示；平衡块凸出部分在上模时，型腔中心应向平衡块方向离开键槽中心移动距离 $S_2=(0.2\sim0.4)h$，如图 11-49b 所示。

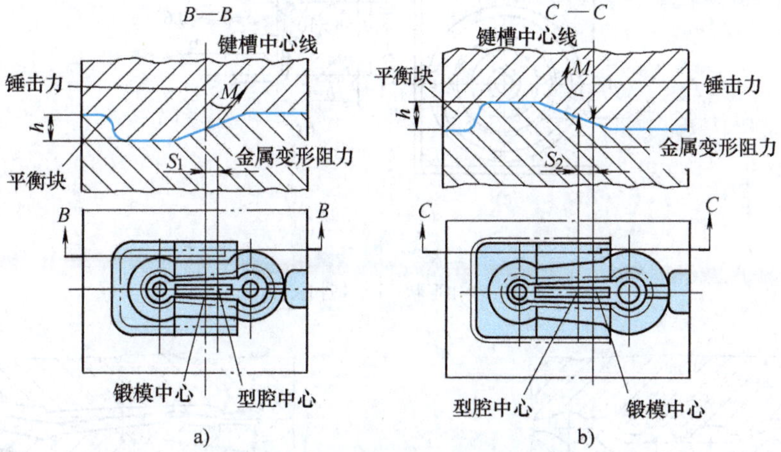

图 11-49　具有相反力矩的型腔布置

a）凸出部分在上模　b）凸出部分在下模

4）关于型腔排列还应考虑的其他问题是模锻槽中较难充满的部分应尽量接近锻模中心，这样有利于金属充满型腔，另外，为了有利于锻件从型腔中取出和工人操作方便，型腔应靠近钳口。

二、锁扣

（1）锁扣的作用　当模锻某些锻件由于分模面不在一个平面上，锻模的反作用力将产生一个水平分力，这个分力会使上下模相互之间发生错移，为了平衡这个水平分力，就需要设置平衡锁扣。此外，锁扣还可提高锻件质量，减小其错移量，便于上下模的调整和提高生产率。

（2）常用锁扣类型及设计　各种形式锁扣如图 11-50、图 11-51、图 11-52、图 11-53、图 11-54 所示。

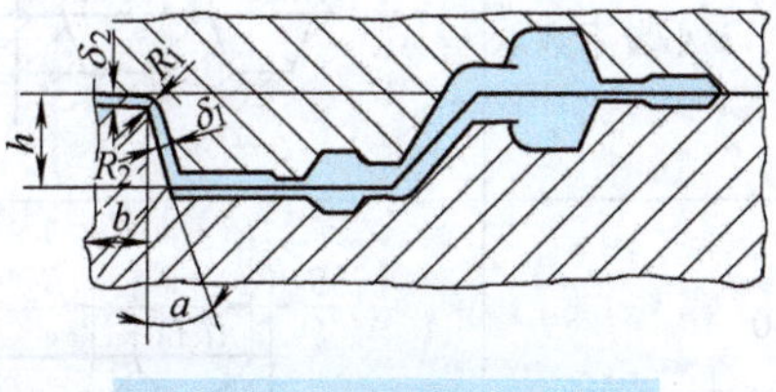

图 11-50　平衡块式锁扣

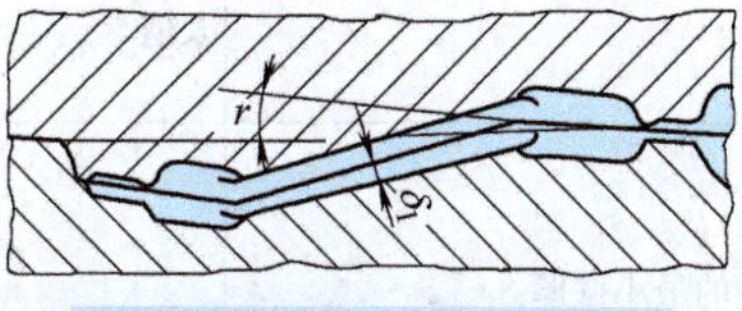

图 11-51　混合式平衡锁扣

三、模壁厚度及型腔距离的确定

要计算锻模的强度是很困难的，所以从型腔至锻模边缘的壁厚和型腔间的壁厚一般是根据锻模的使用经验而定。模壁厚度和型腔间壁厚可按表 11-10 确定。

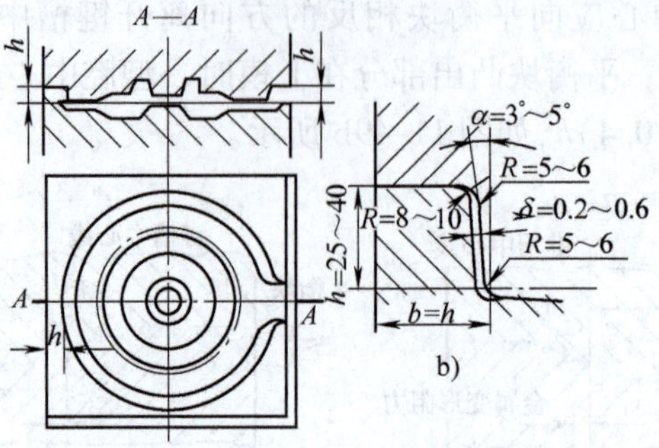

图 11-52　圆形锁扣

a）锁扣形状　b）锁扣尺寸

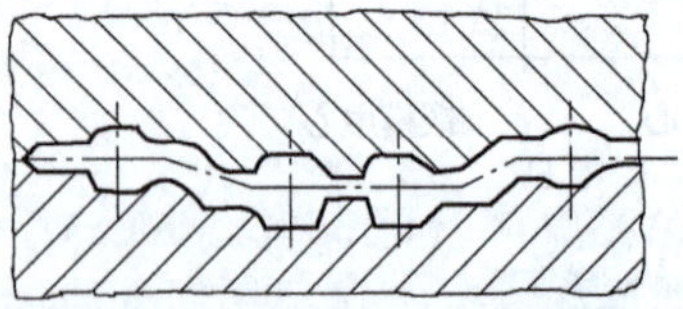

图 11-53　对称式平衡锁扣

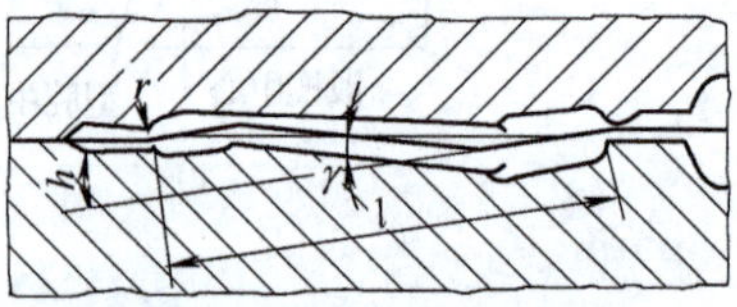

图 11-54　倾斜式平衡锁扣

四、模块尺寸的确定和模块标准

（1）确定模块尺寸的原则

1）生产中是根据锻模中型腔的数量、尺寸、安排方法及型腔间的距离等因素来确定其模块的最小轮廓尺寸的，并根据工厂标准模块中相近的较大值来选定。

2）在型腔布排后，要校核模块中心（即分模面上对角线的交点）与锻模中心是否重合，如不重合，则两者之间的偏移量不允许大于模块轮廓尺寸的 10%，如图 11-55 所示。

表 11-10　模壁厚度和型腔间壁厚　　（单位：mm）

项　目	公　式	图　例
终（预）锻模的最小壁厚 S_0	$S_0=(1\sim2)h$ 式中　h 为型腔深度，h 小者系数取大值	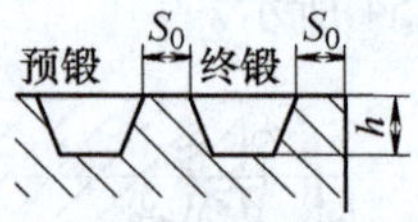
滚挤型腔的最小壁厚 S_1、S_2	$S_1=5\sim10$ $S_2=10\sim15$	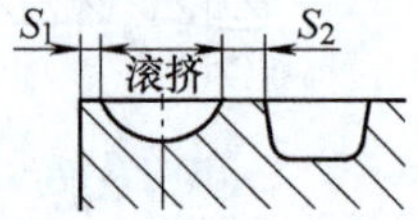
一模多件模锻时，相邻两终（预）锻模型腔间的最小壁厚 S_3	$S_3=(0.5\sim1)h$	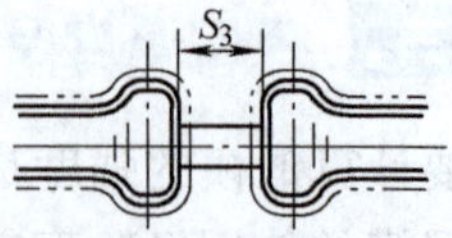

3）锻模的最小承击面积根据生产经验，每吨锻锤需配以 25000～30000mm^2 的承击面。承击面太小，容易造成分模面压陷或压崩。随着锻锤吨位增大，承击面可相应减小，如5t 模锻锤用的锻模，承击面为90000mm^2。

4）模块允许的最大宽度要使上模边缘与锻锤导轨之间的最小间隙不小于20mm。锻模最小宽度应保证模块左右两侧超出燕尾相应两侧各10mm。

5）当锻件较长，必须使锻模伸出模座和锤头外时，则所伸出的悬空部分长度应满足下式要求：

$$l < H/3 \tag{11-30}$$

式中，H 为上模或下模块的高度（mm）。

6）考虑锻模翻新的需要，其高度值希望大些，但高度太大会影响锻锤上下摆动的距离，一般锻模高度 $H=(1.4\sim1.8)H_{最小}$。在考虑锻模翻新修理次数的情况下，上下模的最小闭合高度应不小于锻锤所允许的最小高度 $H_{最小}$。模块最小高度 H_1 根据型腔最大深度 h 来确定，如图 11-56 所示。其值见表 11-11。

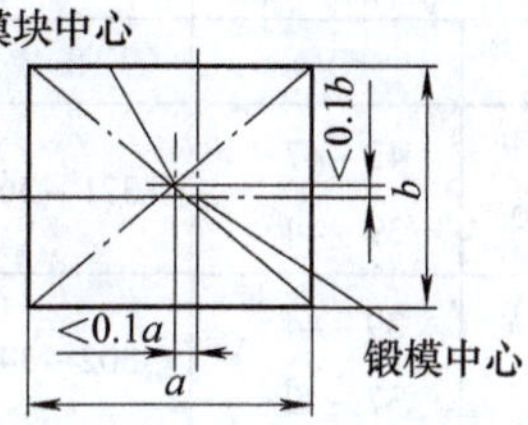

图 11-55　锻模中心从模块中心偏移的限度

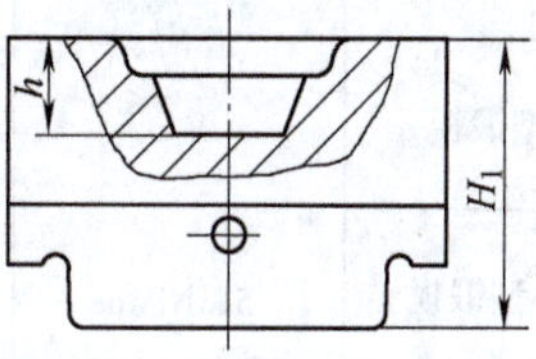

图 11-56　型腔最大深度 h 与最小高度 H_1

表 11-11　型腔最大深度与模块最小高度的相应数值　（单位：mm）

锻模型腔最大深度 h	<32	32～43	40～50	50～60	60～80	80～100	100～120	120～160	160～200	200～240	240～280
模块最小高度 H_1	170	190	210	230	260	290	320	390	450	500	550

7）上模块的最大质量 G 最大不得超过锻锤吨位的35%，下模质量不限。

8）锻模材料金属流线方向应与打击方向相垂直，禁止金属流线与打击方向一致，对于长轴类和圆形锻件，模块流线方向如图11-57所示。

（2）模块选取　根据所生产的产品，按照上述原则算出模块的轮廓尺寸，选取标准模块。

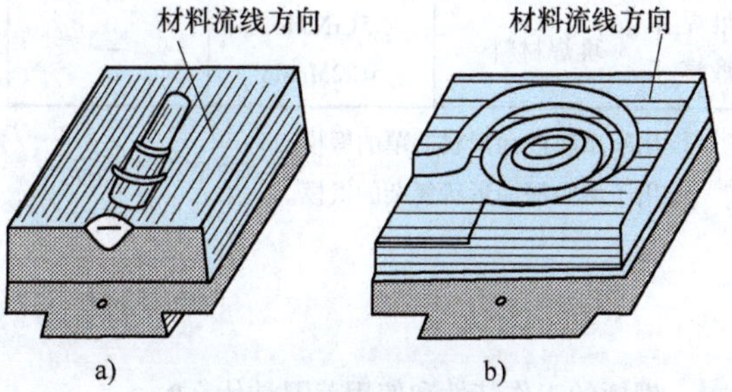

图 11-57　模块材料流线方向

a）长轴件　b）圆形件

五、锻模材料

（1）锻模材料应具有以下特性

1）在高温下具有较高的强度、硬度和冲击韧度，以便能承受较大的变形抗力和具有良好的耐磨性。

2）具有较好的耐热疲劳性能，锻模在冷热交变的工作条件下仍能有较高的使用寿命。

3）淬透性能好，使整个模块具有均匀的力学性能。

4）良好的回火稳定性能，使锻模在工作时不致因受热而产生硬度下降的现象。

5）良好的导热性和抗氧化性，以避免模具因工作部分表面温度过高而降低其力学性能，保持模具工作部分表面的粗糙度。

6）良好的加工工艺性能，包括切削加工性能和热加工性能。

（2）常用锤锻模材料及其硬度　常用锤锻模材料及其硬度见表 11-12。5CrMnMo 钢具有良好的强度、耐磨性、韧性和良好的淬透性，适用于制造中小型热锻模；5CrNiMo 钢具有良好的综合力学性能，加热至 500℃时仍能保持高的强度极限和屈服强度，有很好的淬透性，适用于制造大型热锻模。

表 11-12　常用锤锻模材料及其硬度

<table>
<tr><th rowspan="3">锻模种类</th><th rowspan="3">锻模或零件名称</th><th colspan="2" rowspan="2">锻模钢牌号</th><th colspan="4">锻模硬度</th></tr>
<tr><th colspan="2">型腔表面</th><th colspan="2">燕尾部分</th></tr>
<tr><th>主要材料</th><th>代用材料</th><th>HBW</th><th>HRC</th><th>HBW</th><th>HRC</th></tr>
<tr><td rowspan="5">锻钢锻模</td><td>小型锻模</td><td rowspan="5">5CrNiMo
5CrMnSiMoV</td><td rowspan="5">5W2CrSiV
3W4Cr2V
5CrMnMo</td><td>387 ~ 444①
364 ~ 415②</td><td>42 ~ 47①
39 ~ 44②</td><td>321 ~ 364</td><td>35 ~ 39</td></tr>
<tr><td>中小型锻模</td><td>364 ~ 415①
340 ~ 387②</td><td>39 ~ 44①
37 ~ 42②</td><td>302 ~ 340</td><td>32 ~ 37</td></tr>
<tr><td>中型锻模</td><td>321 ~ 364</td><td>35 ~ 39</td><td>286 ~ 321</td><td>30 ~ 35</td></tr>
<tr><td>大型锻模</td><td>302 ~ 340</td><td>32 ~ 37</td><td>269 ~ 321</td><td>28 ~ 35</td></tr>
<tr><td>校正模</td><td>390 ~ 460</td><td>42 ~ 47</td><td>302 ~ 340</td><td>32 ~ 37</td></tr>
<tr><td rowspan="2">镶块锻模</td><td>模　体</td><td>ZG50Cr</td><td>ZG40Cr</td><td colspan="4" rowspan="2">硬度要求与锻钢锻模相同</td></tr>
<tr><td>镶　块</td><td>5CrNiMo
5CrMnSiMoV
3Cr2W8V</td><td>5CrMnMo
5CrMnSi</td></tr>
<tr><td rowspan="2">铸钢堆焊锻模</td><td>模　体</td><td>ZG45Mn2</td><td>—</td><td colspan="4" rowspan="2">硬度要求与锻钢锻模相同</td></tr>
<tr><td>堆焊材料</td><td>5CrNiMo
5Cr2MnMo</td><td>—</td></tr>
</table>

① 用于型腔浅而形状简单的锻模。

② 用于型腔深而形状复杂的锻模。

思考与练习题

11-1　锻锤的工作特性和使用范围是什么？

11-2　模锻锤与自锻锤的主要区别是什么？

11-3　什么是冷锻件图、热锻件图？怎样制订模锻件图？

11-4　锤上模锻选择锻件分模面时应注意什么问题？为什么带孔锻件不能锻出通孔？

11-5　锤上模锻时，锻件图上为什么要考虑模锻斜度和圆角半径？如何确定？

11-6　说出飞边槽的作用、种类，画出简图。

11-7　什么是终锻型腔、预锻型腔、滚挤型腔？各有什么作用和特点？怎样设计？

11-8　拔长台的作用是什么，怎样确定？

11-9　弯曲型腔的作用，怎样设计弯曲型腔？

11-10　在确定锻模的结构时，型腔的排列有什么规则？

11-11　什么是型腔中心、键槽中心、燕尾中心？

11-12　说出你所知道的锻模材料，怎样选用锻模材料？

第十二章 压力机模锻工艺及模具设计

近年来，在自动化、高效率生产与大批量流水线生产中，压力机上模锻已越来越多地代替锤上模锻。

第一节 热模锻压力机模锻工艺及模具设计

热模锻压力机又称锻压机，它是针对模锻锤的缺点由一般曲柄压力机发展而成的。是仅次于锻锤被广泛应用的模锻设备。工作时，依靠曲柄的传动，使得滑块上、下往复运动进行锻压。热模锻压力机的结构和工作原理如图 12-1 所示。

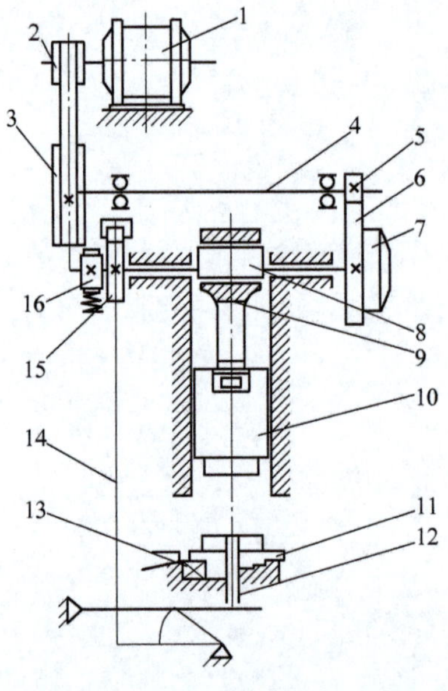

图 12-1 热模锻压力机结构简图

1—电动机 2—小带轮 3—大带轮 4—中间轴 5—小齿轮 6—大齿轮 7—摩擦离合器 8—曲柄 9—连杆 10—象鼻形滑块 11—楔形工作台 12—下顶杆 13—斜楔 14—下顶出机构 15—凸轮 16—带式制动器

一、热模锻压力机上模锻特点

热模锻压力机具有压力机的特性，因此热模锻压力机上模锻具有以下特点：

1）热模锻压力机滑块行程一定，下极限位置速度较慢。如采用一次成形，坯料中部变形大而易向水平方向剧烈流动，形成很大飞边，造成型槽深处金属不容易充满，易产生折叠，因此对于复杂锻件，通常采用制坯工步。

2）热模锻压力机上模锻具有静压力的特点，变形流动缓慢，适于对变形速度敏感的低塑性合金（耐热合金、镁合金）材料的成形。

3）由于热模锻压力机导向精度高，并可采用带有导向装置的组合模，各个工步的型槽可单独制作，用紧固螺钉紧固在通用模架上。所以能锻出精度较高的锻件，可有效地提高锻件的材料利用率和劳动生产率。而且模块的尺寸比锤上的模块要小得多，从而有效地节约了模具材料，单独制作的模块制造、使用、修理也方便得多。

4）热模锻压力机进行拔长、滚挤工步比较困难，因此需要采用拔长、滚挤等制坯工步时需借助其他设备，如空气锤、辊锻机、平锻机等进行制坯。

5）热模锻压力机上锻压时，坯料表面的氧化皮不易去除，且坯料上下两端面的氧化皮容易压入锻件表层，因此应尽量采用电加热或少无氧化加热。

二、锻件的分类与锻件图的制订

（1）锻件的分类 根据其模锻工艺特点将锻件进行分类，见表 12-1。

（2）锻件图的制订 确定锻件图的原则和内容与锤上模锻相同，其不同点如下：

1）热模锻压力机有顶出装置，锻件能方便地从深型腔内取出，因此分模面可以灵活地选择。

2）锻件拔模斜度一般比锤上模锻件小一级。外斜度为 3°～7°，一般常取 5°。内斜度为 7°～10°，或视孔的相对深度而定。当孔深＞0.75 倍孔径（$h>0.75d$）时，最好采用两级拔模斜度，如图 12-2 所示。

表 12-1 锻件分类

类 别	组 别	锻 件 示 例	主 要 特 点	
第Ⅰ类	1	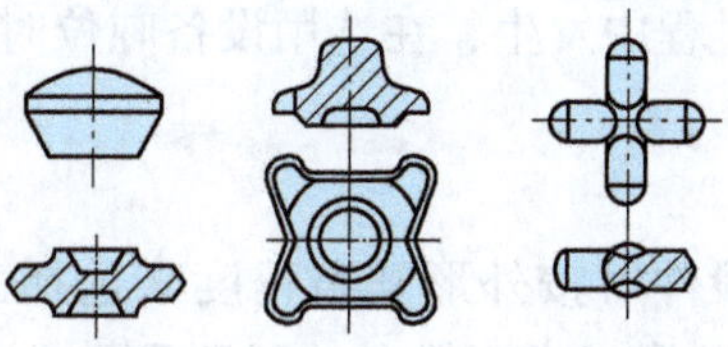	在水平面上投影为圆形、方形或接近这种形状	主要靠镦粗或少量挤压成形
	2	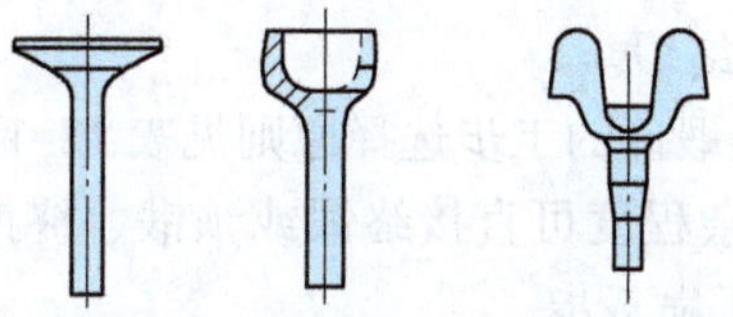		镦粗或挤压成形
	3	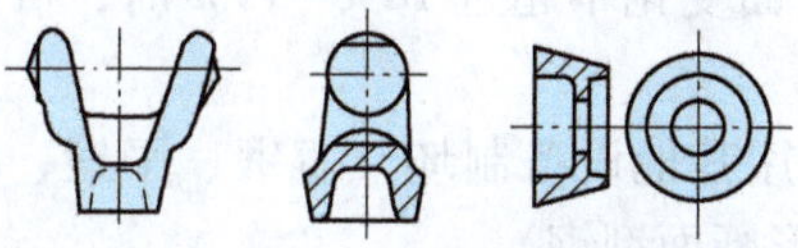	在水平面上投影为圆形、方形或接近这种形状	主要靠挤压和少量的镦粗成形
第Ⅱ类	1	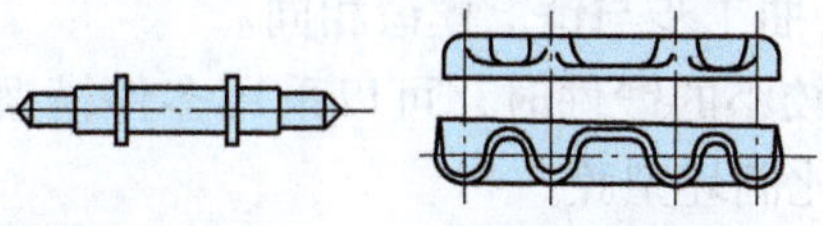	杆类	截面变化不大
	2	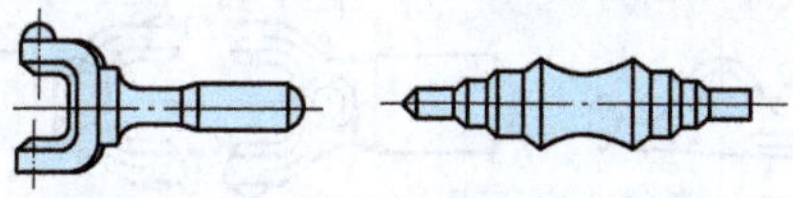		截面变化大
	3	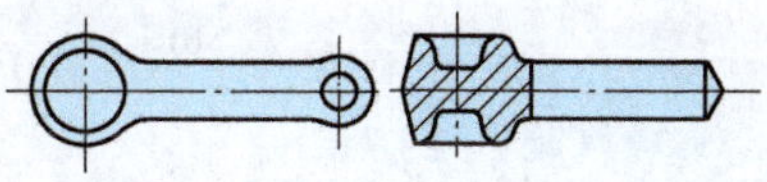		截面变化较大
	4	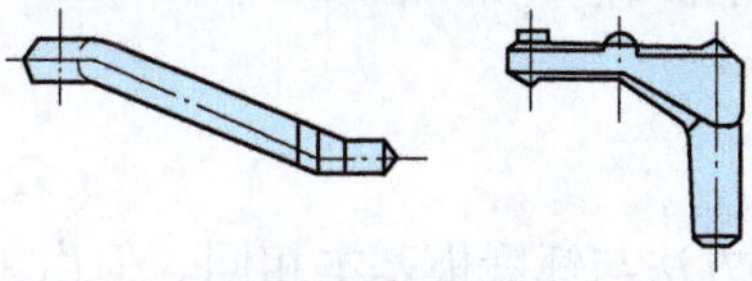		弯曲

三、选择设备吨位

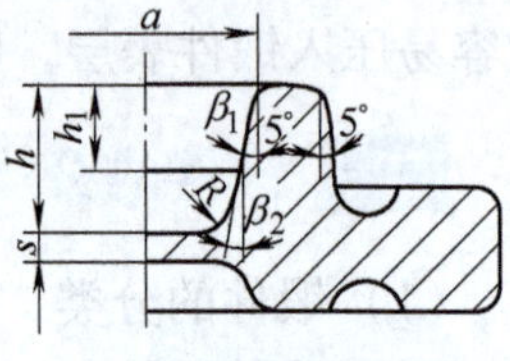

图 12-2　孔壁模锻两级斜度

热模锻压力机的吨位是根据锻件的锻造压力 F 来确定的。锻造压力 F(kN) 可按下列经验公式计算：

$$F = KA \qquad (12\text{-}1)$$

式中，A 为包括飞边桥部在内的锻件投影面积（cm^2）；K 为钢种系数，一般取 6.4~7.3，高强度钢材选用大系数。

式（12-1）中的系数对于外形简单、圆角较大、筋较厚而低以及壁较厚的锻件，取小值；对于形状复杂、圆角较小、筋薄而高以及小型锻件，取大值。

选择热模锻压力机吨位时应注意以下两点：

1）热模锻压力机的使用吨位最好不大于公称吨位的 80%，有利于防止过载而引起的闷车，有利于提高锻件质量，减少设备的修理量。

2）生产实践表明，闷车往往在预锻过程中发生，在选用设备吨位时应予以注意。

四、工步选择

（1）第Ⅰ类锻件的工步选择　此类锻件可按外形复杂程度来选择工步，见表 12-1。其选择原则与锤上模锻相比，不同点是：预锻工步用得多，而且重要，同时挤压工步也常采用。常用的工步有镦粗、挤压、预锻、终锻。

（2）第Ⅱ类锻件的工步选择　第Ⅱ类锻件的工步选择原则见表 12-1：

1）断面变化小的锻件，视其形状复杂程度可直接终锻或预锻、终锻。当此锻件宽度与毛坯直径之比大于 1.6~2 时，应增加压扁工步。

2）对断面有一定变化的锻件，当断面变化不超过 10%~15% 时，可采用压肩、终锻或压肩、预锻、终锻。

3）对截面变化大的锻件，一般需采用其他设备制坯（辊锻、平锻、楔横轧、空气锤等）或采用成型毛坯（周期性轧坯或异形断面型钢）。

4）对弯曲类锻件，是否需要采用弯曲工步与锤上模锻相同。

在热模锻压力机上模锻质量和尺寸较小的锻件时，可以采用多件模锻，如图 12-3 所示，以便提高生产效率，减少工步及简化制坯型腔。

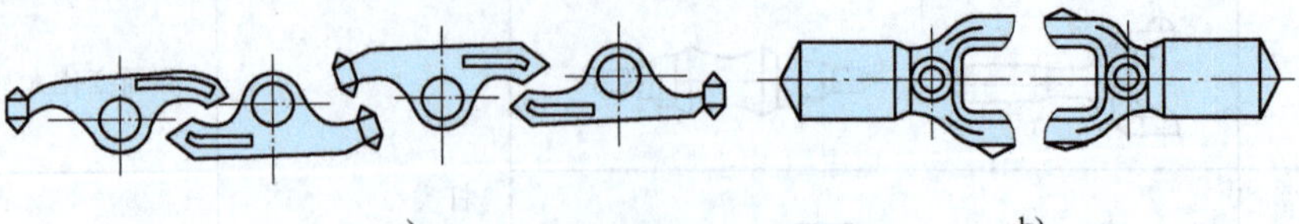

图 12-3　多件模锻示例

a）交错排列法　b）一字排列法

五、工步设计

热模锻压力机模锻型腔的设计过程和方法与锤锻模基本相同。但由于压力机模锻的预锻工步用得较多，预锻型腔和终锻模的差别较大，所以除了设计热锻件图外，还要设计各工步的毛坯变形图，通常称为“工步图”，用来制造各个型腔，这个过程称为工步设计。现以第Ⅰ类锻件为例，概述工步设计的原则和过程。

（1）终锻工步设计　终锻工步是根据热锻件图设计的，其方法与锤上模锻相似，不同之处有以下几点：

1）上下模充满的难易程度无多大差别，因此，不一定要将形状复杂的部分安排在上模，而应考虑锻件的定位和取出方便。

2）由于压机在一次行程中充满型腔，因此在型腔的深处，特别是以压入方法成形时，空气难于排出，此部分空气压力由于金属的流入而增高，从而阻碍锻件成形。因此，需设计排气孔，孔径为1.2～2mm即可。

3）由于压机有顶杆装置，且顶杆与金属接触部分起型腔的作用，因此，在设计时应予以考虑。

4）直径小于26mm的孔，一般不冲出，需冲孔时，连皮厚度通常取 $S=6\sim8$mm。

5）飞边槽的形式与锤上模锻相似，不同之处在于仓部是开通的，如图12-4所示。

（2）预锻工步设计　预锻工步设计原则与锤上模锻相似。预锻工步的设计对锻件质量、模具使用寿命等有很大影响，因此设计时应着重考虑以下几点：

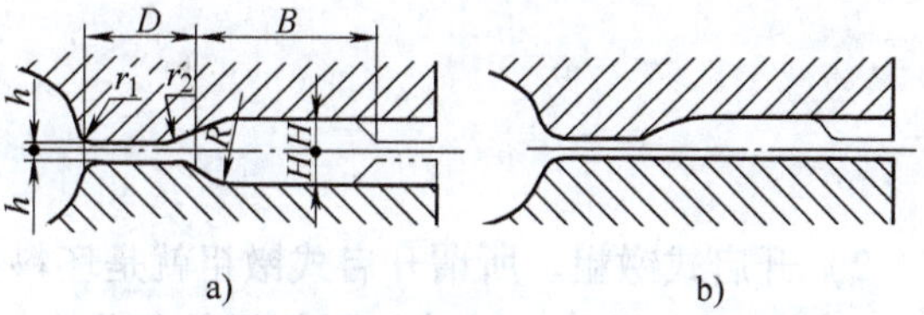

图12-4　飞边槽的形式
a）用于形状较复杂的锻件　b）用于形状简单的锻件

1）预锻工步图的高度尺寸相应要比终锻大2～5mm（齿轮类锻件取小值，叉类锻件取大值），而宽度尺寸比终锻要小0.5～1mm，特别是对高筋和凸出部分，应取较大差值。

2）预锻工步的体积要比终锻工步略大，以保证终锻时更好地充满型腔。同时，在预锻工步中金属还应合理地分配，避免终锻时产生折纹。对于齿轮的轮毂部分，预锻工步体积可比终锻工步大1%～6%。对于冲孔件，当孔径不大时，如图12-5a所示，预锻冲孔深度与终锻冲孔深度之差 Δh 不应大于5mm，否则终锻时造成较多的多余金属往径向流动而形成折纹。而当孔径较大时，如图12-5b所示，终锻连皮中心应开一个仓，以备容纳多余金属，从而可避免锻件出折纹。

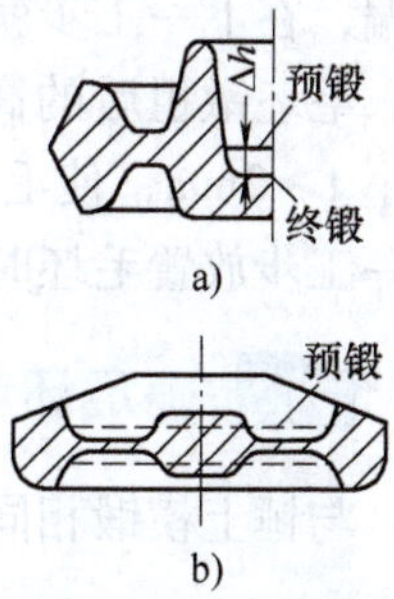

图12-5　预锻冲孔
a）孔径不大时
b）孔径较大时

3）在预锻工步图中，某些部位的形状尺寸与终锻工步应基本吻合，以便在终锻时更好地定位和防止形成折纹。以齿轮为例，如图12-6a所示，如预锻工步图的下部设计成如图12-6b所示的形状，或者预锻直径 $D_{预}$ 大于终锻直径 $D_{终}$，如图12-6c所示，则终锻时可能在锻件轮缘内侧形成折纹。

（3）镦粗工步设计　其镦粗的形式如下：

1）封闭式镦粗。所谓封闭式镦粗即是在型腔内镦粗，如图12-7所示。经过封闭式镦粗后的坯料能达到一定的形状要求，使毛坯更接近于预锻（或终锻）工步图，从而改善金属在预锻（或终锻）型腔中流动情况，更好地充满型腔。采用封闭式镦粗时，氧化皮不易清除。要求模锻前加热质量高或事先清除氧化皮。

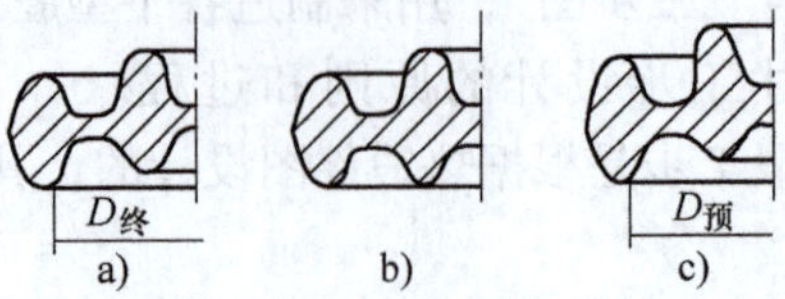

图 12-6 几种预锻工步的错误设计方法
a）终锻工步图 b）预锻工步图的下部和终锻不吻合 c）预锻工步图的轮缘内径过大

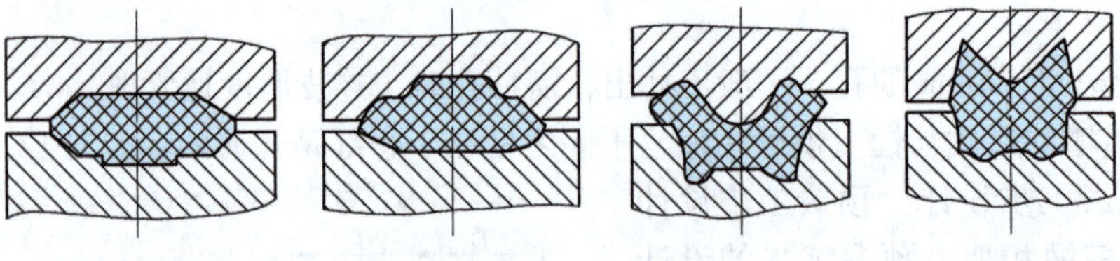

图 12-7 封闭式毛坯型腔

2）开启式镦粗。所谓开启式镦粗就是坯料在两个平面内进行镦粗，如图 12-8a、b 所示。这种方法能很好地清除坯料侧面的氧化皮。

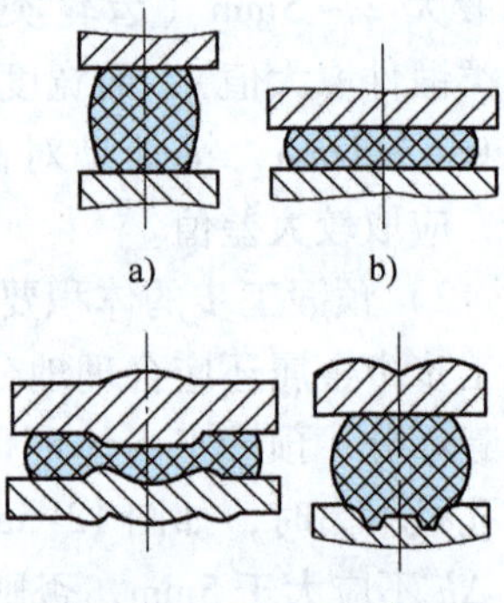

图 12-8 敞开式毛坯模槽

除毛坯有特殊要求外，在一般情况下多采用开启式镦粗。有时为了便于在预锻时定位，在镦粗平面上制出一定的凹槽，如图 12-8c、d 所示。其外径比毛坯大 2～3mm，深度要足够，以保证坯料能垂直放正，否则会使毛坯镦粗发生歪斜，造成镦偏，在下一工步就容易引起锻件缺肉或产生折纹。

毛坯镦粗后的高度，一般情况应等于锻件的最大高度或略小 1～2mm，使毛坯的外径尽量接近锻件的外径，这样便于下一工步放置毛坯时对准型腔中心，从而保证更好地成形。

六、确定坯料尺寸

与锤上模锻相同（参照锤上模锻）。

七、锻模结构

热模锻压力机上模锻，一般都采用通用模架和镶块组成的组合式锻模。

（一）模架（夹持器）

模架是通用的，但由于各种锻件要求的工步数不同，镶块形状不同（有圆形和矩形的）以及每个镶块所需的顶出器数目不同（有一个或两个），所以每台热模锻压力机必须设计一至几套通用模架。

模架由上下模板、导柱、导套、顶出装置以及安装（紧固）调整镶块用的零件等组成。从工艺角度出发，要求模架在结构上应保证镶块装拆和调整方便、紧固牢靠、通用性大。模架的形式很多，可按不同的工艺要求设计，没有统一的标准，目前有两种模架用得比较多，其主要区别在于镶块的安装调整方法不同，而模板、导向装置、顶出装置则是相同的。下面就介绍这两种模架。

（1）压板式模架　压板式模架是采用斜面压板来压紧镶块。图 12-9 所示为三型腔、矩形镶块、斜面压板式热模锻压力机模架。

其特点是镶块紧固刚度大、结构较简单，但通用性小，镶块拆装困难、不能翻新。

（2）键式模架　这种模架取消了压板式模架上的后挡块、斜面压板、侧向压紧以及模板上的凹槽，镶块放在垫板上，垫板放在模板上，镶块、垫板、模板之间都用十字形布置的键进行前后、左右方向的定位和调整，镶块的上下方向用压板压紧。图 12-10 所示为四工位、二顶出器键式模架结构。

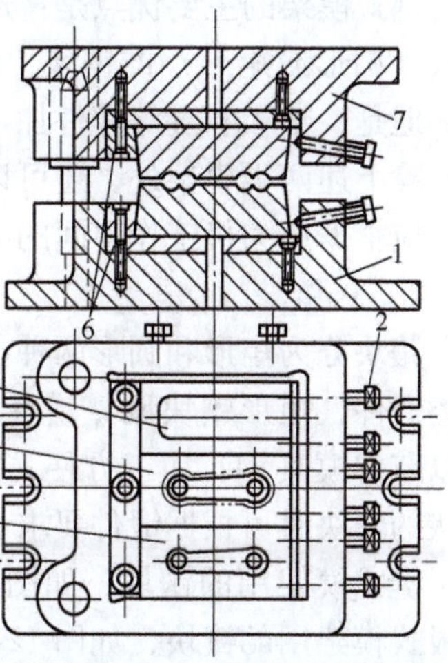

图 12-9　三型腔矩形镶块模具结构

1—下模座　2—螺栓　3—预锻模镶块　4—终锻模镶块　5—制坯模镶块　6—楔形固定板　7—上模座

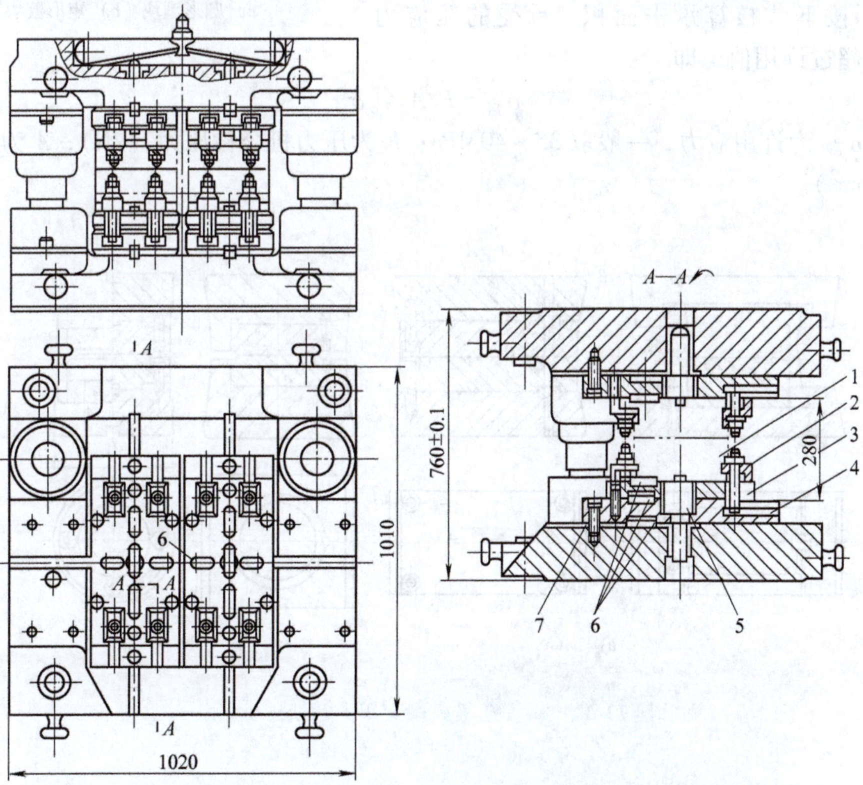

图 12-10　四工位、二顶出器键式模架结构

1—镶块　2—压板　3—中间垫板　4—底层垫板　5—偏头键　6—导向键　7—螺钉

键式模架的主要优点是：通用性很高，一副模架可以适应各种不同尺寸的锻件及不同形状（圆形或矩形）的镶块；镶块的装拆和调整都很方便，可以快速更换，镶块可以翻新。但是，垫板和键等零件加工精度要求较高，镶块紧固的刚度较差。

除上述两类模架外，还可以按工艺要求设计其他形式的模架。模架的轮廓形状和尺寸，应根据压力机工作空间的结构尺寸及最大锻件用的镶块尺寸设计。

（二）镶块

镶块分为矩形和圆形两种。矩形镶块适用于任何形状的锻件，而圆形镶块仅适用于镦粗类锻件，矩形镶块调整错移方便，而圆形镶块可以节省模具钢、加工方便，因此在选用这两种形状的镶块时可根据锻件要求和具体情况来定。

键式模架用的镶块，如图12-11所示。斜面压板式模架用的镶块，如图12-12所示。

镶块的平面尺寸决定于型腔尺寸及模壁厚度，模壁厚度 S 可按下式初步确定：

$$S=(1\sim1.5)h\geqslant40\text{mm} \tag{12-2}$$

式中，h 为型腔最宽处深度（mm）。

这样就可以初步求出镶块平面尺寸及承击面积，然后按下式核算承击面积，承受的压应力 $\sigma_{压}$ 是否超过许用值，即

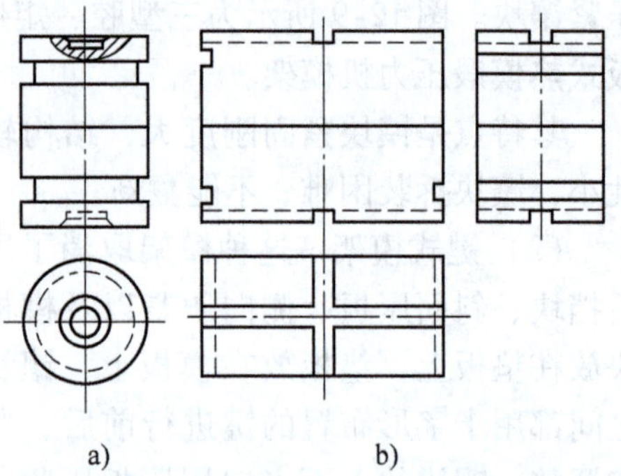

图12-11　键式模架用的镶块外形

a）圆形镶块　b）矩形镶块

$$\sigma_{压}=F/A\leqslant[\sigma] \tag{12-3}$$

式中，$[\sigma]$ 为许用应力，一般取35～40MPa；F 为压力机公称压力（kN）；A 为镶块承击面积（mm^2）。

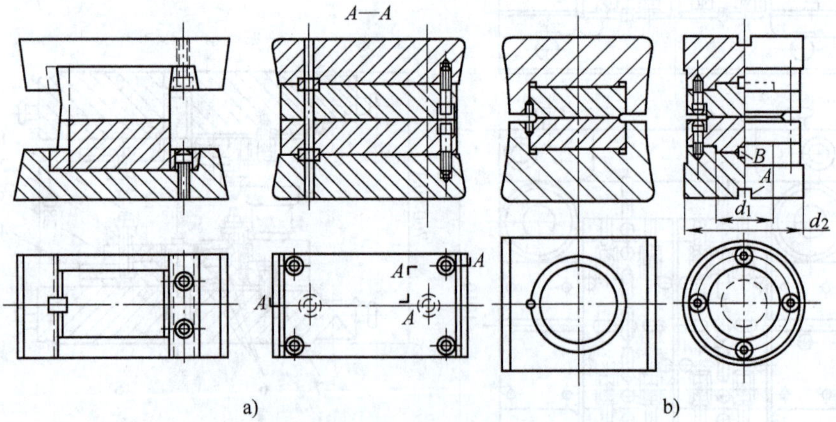

图12-12　斜面压板式模架用的镶块结构形式

a）矩形镶块　b）圆形镶块

（三）顶出器

镶块里一般都有单独的顶出器，它在模架中的顶出装置推动下将锻件顶出。只有在少数情况下（主要是专用锻模），模架中顶出装置的顶杆才一直伸入镶块直接顶出锻件。

顶出器的配置应根据锻件情况来决定，如图 12-13 所示。

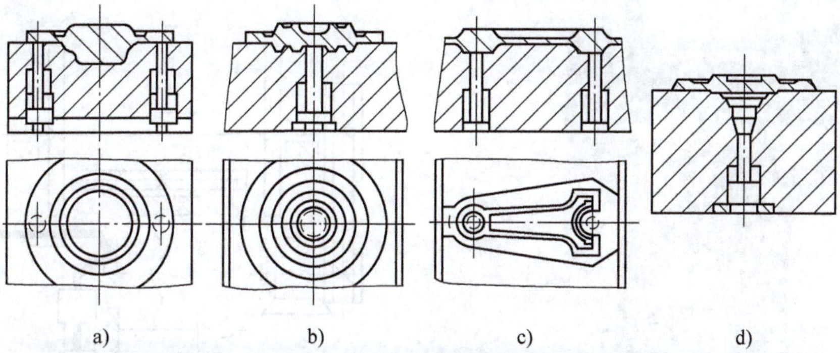

图 12-13　镶块中顶出器的配置

a）顶在飞边上　b）顶在连皮上　c）采用两个顶出器顶出　d）顶在锻件本体上

在一般情况下，顶出杆顶在飞边上，如图 12-13a 所示。当锻件有较大直径的冲孔连皮时，则应顶在连皮上，如图 12-13b 所示。如果必须顶在锻件上，则应尽可能顶在锻件的加工表面上，如图 12-13c、d 所示。

（四）排气孔

在终锻型腔中应开有排气孔，如图 12-14 所示。排气孔孔径一般为 1.2～2mm，孔深为 20～30mm（如镶块翻新还应考虑翻新量），然后与直径为 $\phi8\sim\phi20$mm 的孔相连直至镶块底部。开孔的位置必须在金属最后充填的地方，否则得不到应有的效果，当型腔底部有顶出器或其他能排气的缝隙时，则不需另开排气孔。

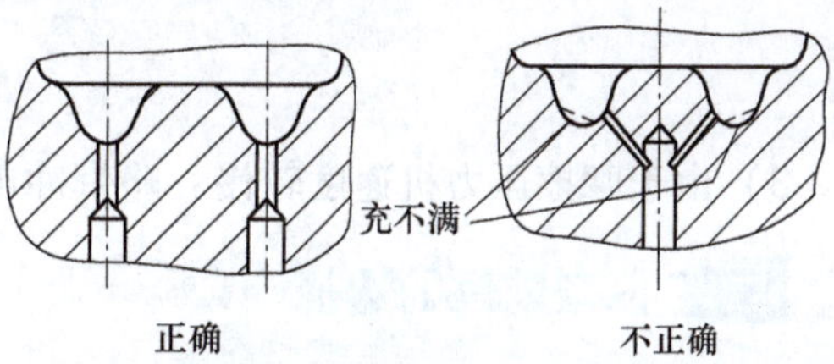

图 12-14　模槽排气孔

第二节　摩擦压力机模锻工艺及模具设计

摩擦压力机是一种最常见的螺旋压力机形式，是中小型工厂较为普遍使用的一种锻压设备。它采用摩擦方式驱动飞轮旋转储能，最常用的是双盘摩擦压力机（图 12-15、图 12-16），它一般用来镦制螺栓、螺母、铆钉紧固件和用于整形、压弯等工序。现已广泛采用摩擦压力机进行模锻或精密模锻。

一、摩擦压力机模锻工艺特点

1）在摩擦压力机上模锻，通常采用单型腔模锻，用其他设备（自由锻锤、辊锻机等）进行制坯。也可以在偏心载荷不大的情况下布置两个型腔，如压弯、终锻或者镦粗、终锻。对于细长杆锻件也有将预锻和终锻两个型腔布置在一个模块上的，但这时两型腔中心线的距离应小于压下螺杆直径的一半。

2）由于摩擦压力机行程不定及有顶出装置，所以适合于精密模锻和长杆类的镦锻。如用于挤压和切边工序时，需在模具上（或在设备上）采用限制行程装置。

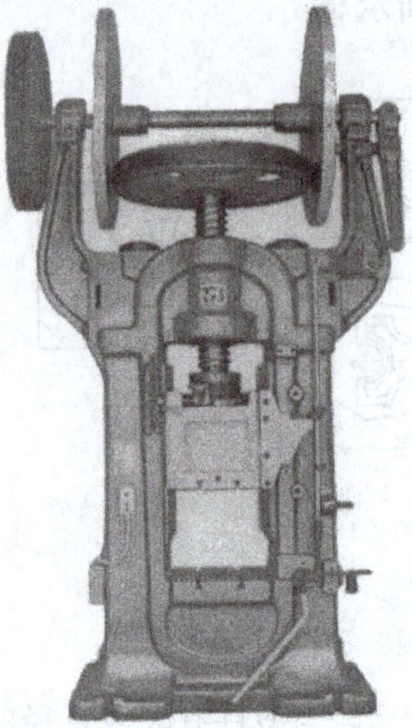

图 12-15　双盘摩擦压力机外观图

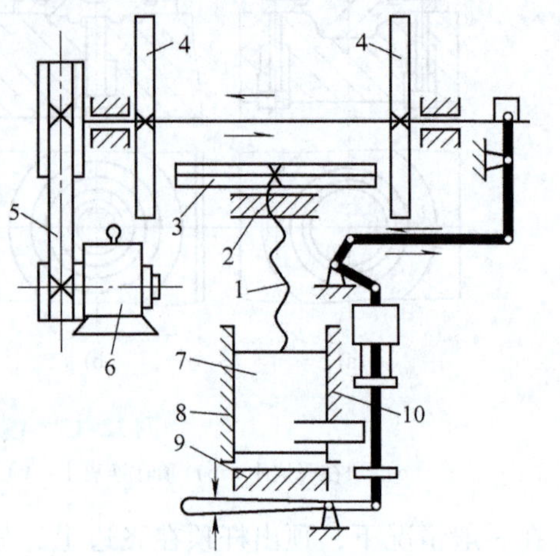

图 12-16　摩擦压力机传动简图

1—螺杆　2—螺母　3—飞轮　4—摩擦盘　5—V 带　6—电动机　7—滑块　8、10—导轨　9—机座

3）由于摩擦压力机速度较慢，略带冲击性，金属变形经常要在 2 ~ 3 次打击中完成。

二、设备吨位的选择

选择摩擦压力机吨位时，应考虑设备的工艺特点和实际生产条件，最好按 2 ~ 3 次打击成形来选择，如果不能成形时，可增加火次或预切边。

根据实际生产经验，摩擦压力机吨位选择可按下式确定：

$$F=(1.75\sim2.8)KA_{总} \tag{12-4}$$

式中，$A_{总}$ 为锻件总变形面积（包括锻件在分模面的投影面积、冲孔连皮面积及飞边面积）（mm^2）；K 为钢种系数（kN/mm^2），系数 2.8 用于变形困难（如挤压变形、有飞边变形等）及生产率高的条件下，反之则取 1.75。

上式适用于锤击 2 ~ 3 次成形时所需设备吨位，如果需一次锤击成形则应按计算值增大一倍。

三、终锻型腔和预锻型腔设计

摩擦压力机上终锻及预锻型腔的设计方法与锤上模锻相同。但是应当注意，摩擦压力机是不宜承受偏心载荷的。因此在一个模块上同时布置预锻和终锻型腔时，两型腔压力中心距离应小于摩擦压力机压下螺杆直径的 1/2，且终锻型腔和预锻型腔的压力中心距螺杆的中心分别为两型腔间距的 1/3 和 2/3。

四、锻件的制坯

摩擦压力机上模锻用的毛坯，其制坯工步多数在其他设备上进行，如自由锻锤、辊锻机、电镦机等。目前以用自由锻锤型砧制坯为主。

在自由锻锤上制坯可分以下两种：

1）采用胎模锻方法制坯。可参阅胎模锻造的有关资料及书籍。

2）采用空气锤固定型砧的方法制坯。型砧结构，如图12-17所示。在型砧上可进行拔长、滚挤、镦粗、打扁、压肩、冲挤、切断、倒角等工步。合理地选用和组合这些工步就能锻出符合要求的毛坯。以上工步的型腔设计参照锤上模锻。

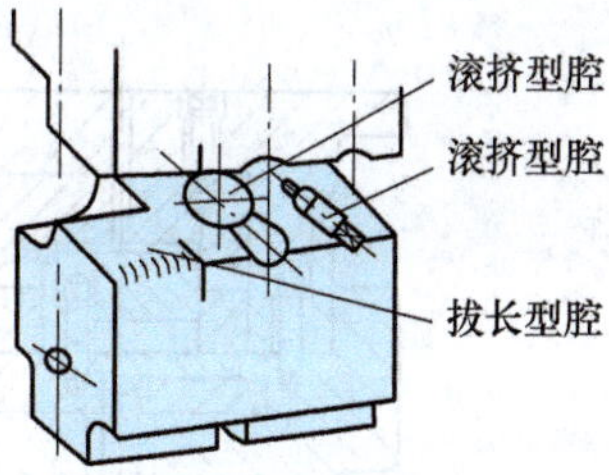

图12-17　型砧结构图

五、模具结构设计

（1）模具结构形式的选择　摩擦压力机上的模具结构具有双重工作特点，既可以采用锤锻模的结构也可以采用锻压机的结构形式。摩擦压力机上用整体式锻模结构形式和锤锻模相同，锻模的设计步骤和方法也可参考锤上模锻，目前较大吨位的模具多采用整体式锻模，如图12-18所示。组合式锻模（或镶块锻模）节约模具材料，便于实现模具零件的标准化，而且生产周期短，模具成本低，所以中小批量的生产多用此种形式，如图12-19和图12-20所示。摩擦压力机上模锻，上下模的导向方式，如图12-21，图12-22所示。

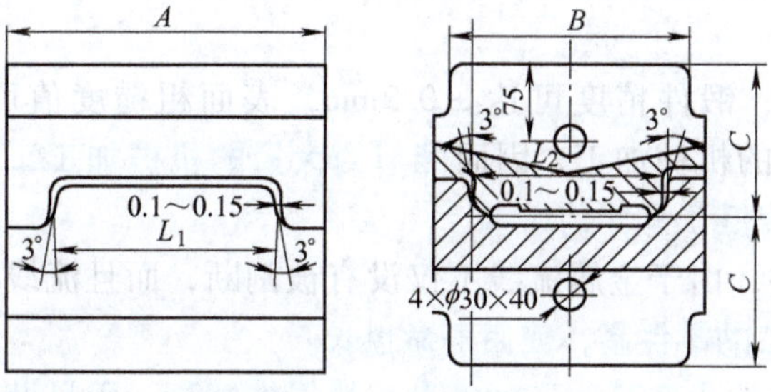

图12-18　整体式锻模

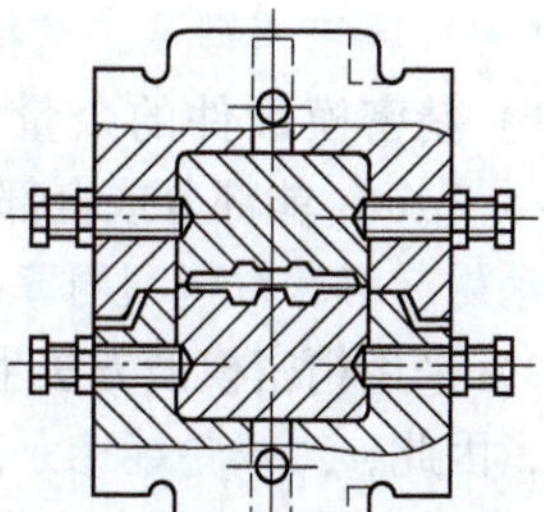

图12-19　镶块式锻模

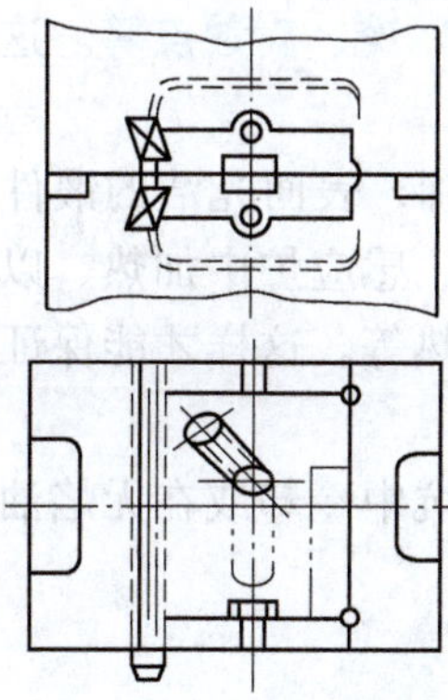

图12-20　用楔紧固模块

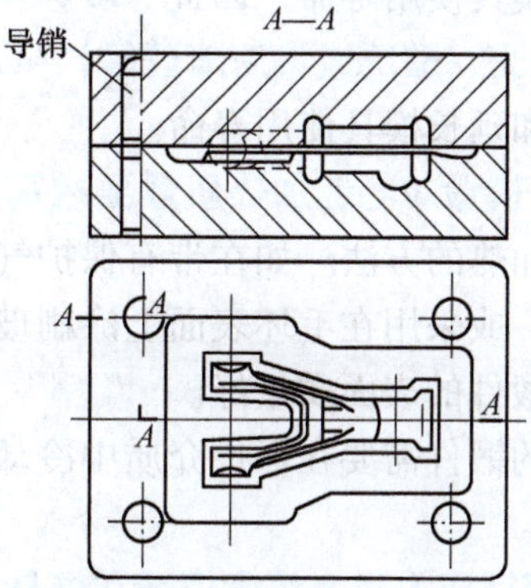

图12-21　用导销导向

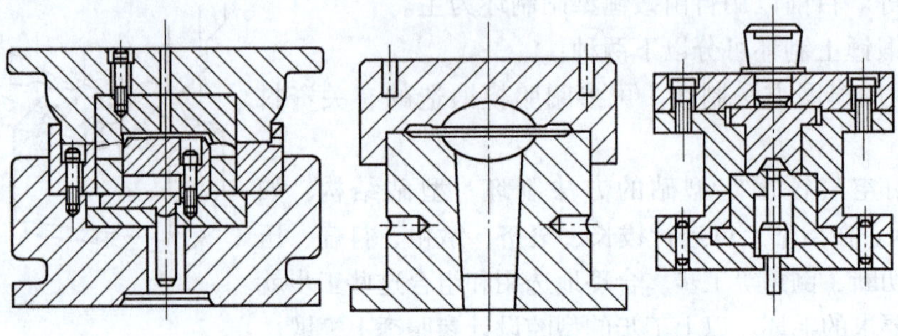

图 12-22　凸凹模导向的结构形式

a）圆柱面导向　b）圆锥面导向　c）喇叭形导向

（2）模块与模座的设计　模块分为圆形和矩形两种。前者主要用于圆形锻件或长度较小的小型锻件；后者主要用于长杆类锻件。模块尺寸应根据锻件尺寸而定，根据具体的生产条件，应尽可能使其标准化和系列化。用压板将模块紧固在模座上，其结构形式与大中型冲压模结构相同。

六、摩擦压力机上精密模锻

精密模锻是提高锻件精度和减小表面粗糙度值的一种先进的模锻方法。

（一）精密模锻及工艺特点

1）精密模锻件的余量和公差小，锻件精度可达 ±0.2mm，表面粗糙度值可达 *Ra* 0.8 ~3.2μm，能部分或全部代替零件的机械加工，因而能节约大量的机械加工工时，提高劳动生产率和材料利用率，大大地降低了零件的成本。

2）采用精密模锻方法生产的零件，由于金属流线不仅没有被割断，而且流线分布更合理，因此，力学性能比采用切削加工的零件高，使用寿命也长。

3）采用精密模锻的方法，可以成批生产某些形状复杂、使用性能高，而且难于用机械加工方法制造的零件。如齿轮、带齿零件、叶片、航空零件和电气零件等。

4）精密模锻对毛坯要求较严格，因为毛坯的形状和尺寸直接影响到锻件成形、金属充满效果及模具使用寿命，因此，要求毛坯尺寸精确、形状合理，同时表面要进行清理（如打磨、抛光、酸洗或滚筒清理等），去除氧化皮、油污、锈斑、腐蚀点等。这样才能保证锻件质量和延长模具使用寿命。

5）精密模锻对毛坯加热质量要求高。为了得到尺寸精确，表面光洁的锻件，要求采用少无氧化加热的方法。如在带有保护气氛的加热炉中加热、感应炉中加热、以及在电炉中快速加热，或采用在毛坯表面上涂刷玻璃滑润剂后进行加热等。这样才能保证毛坯表面光洁，以使锻件的表面质量好。

精锻后的锻件需要在保护介质中冷却，如在砂箱、石灰坑中冷却或在无焰油中进行冷却等。

（二）摩擦压力机上精密模锻和模具

（1）精密模锻所用的设备　精密模锻可在摩擦压力机、热模锻压力机、高速锤液压螺旋压力机等设备上进行。为了减少模锻斜度，提高锻件精度和模具使用寿命，采用装有上顶出装置的模锻设备，有利于锻后锻件的脱模。

为了得到尺寸稳定的精锻件，在选用摩擦压力机的规格时，最好采用吨位较大的设备，这样，在模锻时既能保证锻件高度尺寸充分压靠，同时由于设备吨位大，工作台面宽，在模具上可以安装导柱、锁扣等来防止锻模的错移，保证锻件质量。

（2）精密模锻所用的锻模　在整个精密模锻过程中，一般都需要两套或两套以上的锻模，对于形状简单的锻件也可只用一套锻模。采用两套或两套以上锻模时，其中一套用于预锻（或称粗锻），另一套则用于终锻（或称精锻），有时为了进一步提高锻件精度往往再加一套精密锻模。为了保证锻件质量，精锻型腔的精度和表面粗糙度要求应比锻件高1～2级，一般粗锻模要为精锻模留有0.5～1.2mm的余量（即粗锻型腔深度要比精锻型腔大0.5～1.2mm）。若只用一套锻模，则在粗锻时应欠压0.5～1.2mm，然后用同模精锻至所要求的尺寸。

精密模锻对于模具材料（特别是凹模的材料）的热硬性、耐磨性、强度要求都更高，而且还要求有优良的抗热疲劳性、良好的工艺性和物理性能，对于常用的模具钢，如3Cr2W8V、5CrNiMo很难满足上述要求。目前，我国某些工厂已在生产中采用新型的耐热模具钢如RM2（5Cr4W5Mo2V）来制造凹模，其模具使用寿命已达2000件以上。冲头和顶杆的材料可用3Cr2W8V。

模具结构应采用镶块模，这样可以节约模具材料。为了保证得到轮廓清晰的锻件，在凹模型腔中应开设ϕ2mm的排气孔，如图12-23所示。以保证金属更好地充满型腔。另外对于锻模进行正确的预热、冷却、润滑也是非常必要的，这样才能保证锻件质量和提高模具使用寿命。

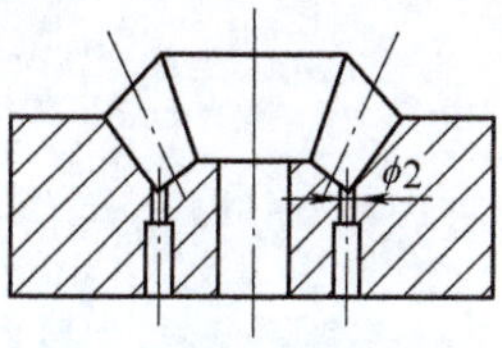

图12-23　带排气孔的精锻齿轮凹模

（三）摩擦压力机上精密模锻实例

零件名称：行星齿轮，材质：18CrMnTi，质量：0.62kg，零件图如图12-24所示。

锻件图如图12-25所示。锻件质量0.75kg，毛边质量为0.03kg，下料质量为0.8kg。该件是在3000kN摩擦压力机上进行模锻的，其精锻过程如图12-26所示。锯床下料—清理毛刺及表面缺陷—加热后在制坯型腔中成形—切除毛边和清理毛坯—再加热后在精锻模中成形—采用砂冷—冷切毛边—成品零件。

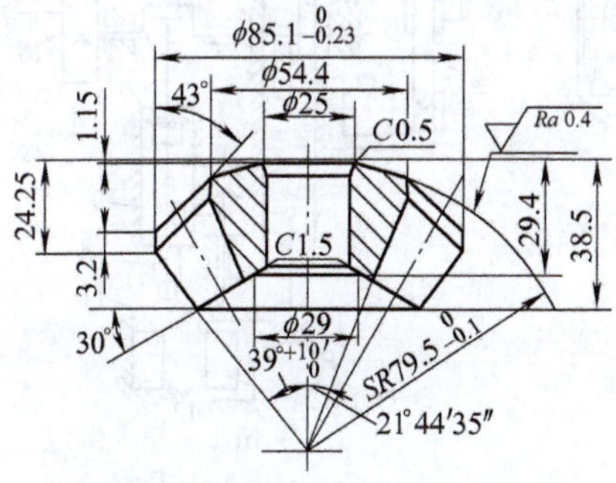

图12-24　行星齿轮零件图

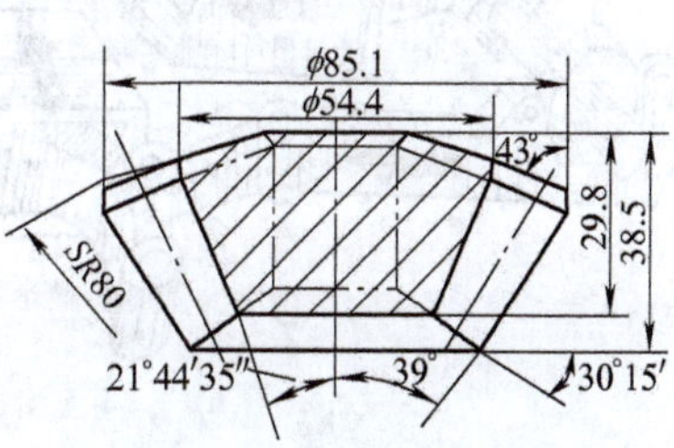

图12-25　行星齿轮锻件图

图12-27所示为该齿轮精锻模。为了防止凹模2在模锻过程中开裂破坏，在精锻凹模外热压配合应力圈6，其过盈量为0.40～0.45mm。装配时先将应力圈在敞焰式少、无氧

化加热炉中加热到 400～450℃，然后压进凹模。

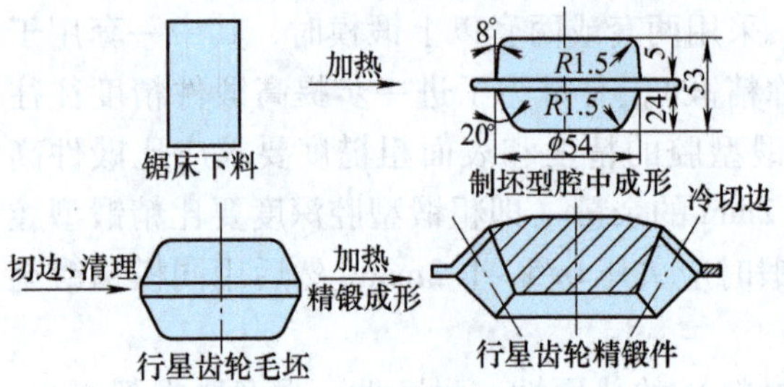

图 12-26　行星齿轮精锻过程

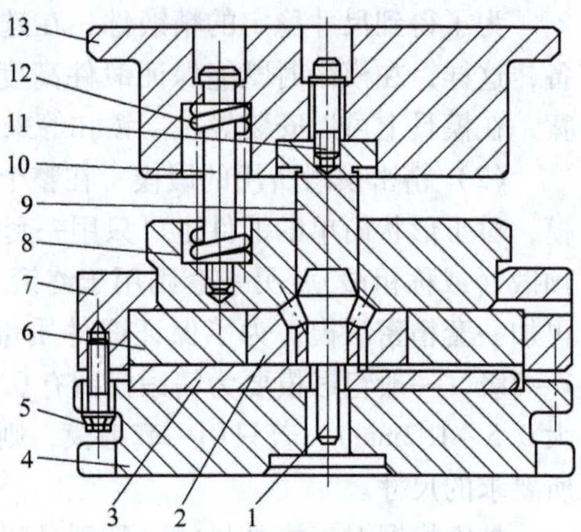

图 12-27　行星齿轮精锻模

1—下顶出杆　2—凹模　3—下模垫块　4—模座　5—螺栓　6—应力圈　7—压紧套圈　8—导模　9—凸模　10—拉杆　11—螺栓　12—压缩弹簧　13—上模座

第三节　平锻机上模锻工艺及模具设计

在锻锤或热模锻压力机上模锻时，由于安装空间的限制和模具结构的关系，对于一些头部有粗大部分、端部有孔、有槽的锻件和一些有穿通孔或不通孔的锻件，往往在以上几种设备上不能或不易锻造，然而在平锻机上就能很好地完成上述锻件的模锻过程。平锻机相当于卧式的曲柄压力机，平锻机的传动原理图如图 12-28 所示。

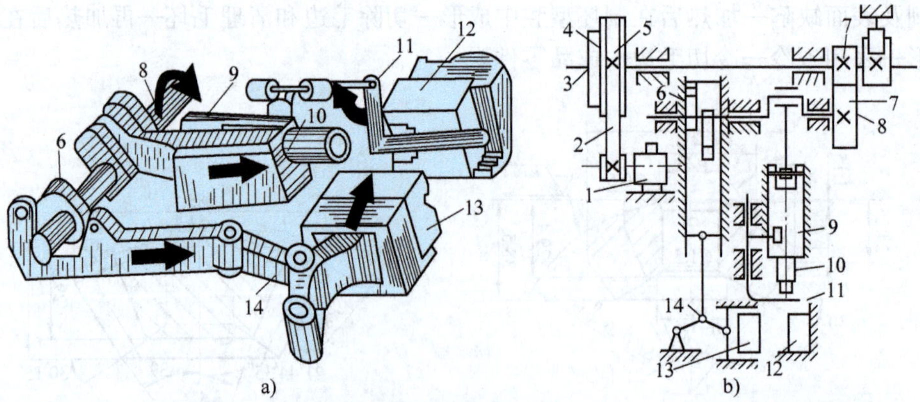

图 12-28　平锻机传动图

a）立体图　b）传动简图

1—电动机　2—V 带　3—传动轴　4—离合器　5—带轮　6—凸轮　7—齿轮　8—曲轴　9—滑块　10—凸模　11—挡料板　12—固定凹模　13—副滑块和活动凹模　14—杠杆

一、平锻机模锻的工艺特点

平锻机有两个滑块，即主滑块和侧滑块。主滑块带动凸模沿水平方向运动，完成镦锻工作，侧滑块带动可动凹模在垂直于主滑块的方向运动，起夹紧棒料的作用。其特点如下：

1）在平锻机上应用最广泛的工步是局部镦粗，其次是冲孔和穿孔。此外，还可以进行卡细、切断、弯曲、切边等工序。

2）能锻出两个不同方向上具有凹挡的锻件。

3）平锻的模锻斜度小，或不需要模锻斜度，因而节约大量金属材料及机加工工时，锤锻件与平锻件之比较，如图 12-29所示。

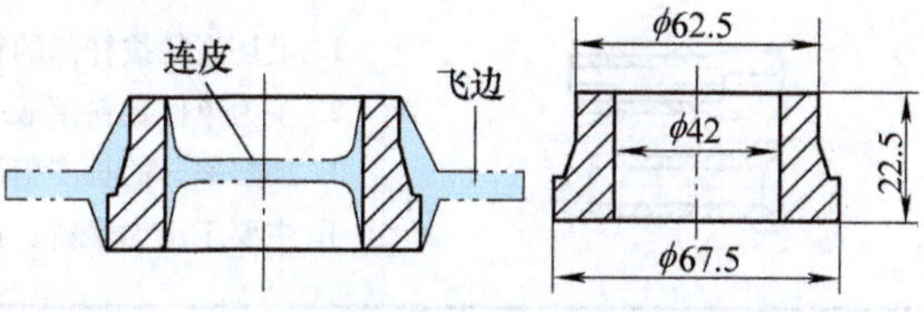

a)　　　b)

图 12-29　平锻机模锻时节约金属的实例

a）锤模锻件　b）平锻件

4）可用长棒料进行多件模锻，减轻了棒料剪切的劳动量。

5）由于模具可用组合式和镶块式，因而模具钢的消耗较少。

6）要求棒料尺寸精度高，否则将产生难以消除的毛刺，或不能夹紧棒料。

7）平锻时坯料表面氧化皮不易清除，要求平锻前须清除氧化皮。

8）对非回转体、中心不对称的锻件，较难锻造，适应性较差。

9）平锻孔类锻件时，剩余料头较多，应该充分利用，否则会使材料消耗大。

二、平锻机模锻的常用锻件

根据平锻机模锻的工艺特点，常用平锻件根据其外形可分成四类，见表 12-2。由于篇幅有限，平锻件的锻模设计请参照有关设计手册。

表 12-2　平锻件分类

类　别		简　图	工 艺 特 点
第Ⅰ类	第 1 组 带头部、无孔的杆类件	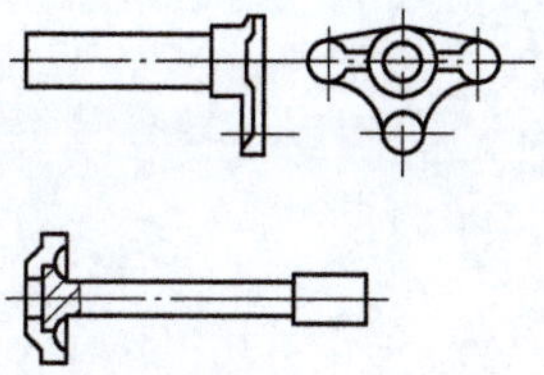	1. 毛坯直径按锻件杆部的选用 2. 多为单件、后定料模锻 3. 模锻工步为聚料、预成形和终锻成形 4. 开式模锻时有切边工步
	第 2 组 带头部、不通孔的杆类件	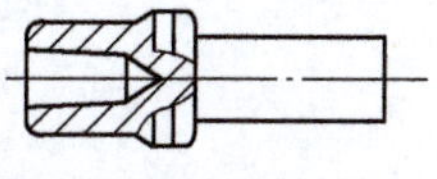	

第十二章　压力机模锻工艺及模具设计

（续）

类别		简图	工艺特点
第Ⅱ类	第1组 通孔类锻件	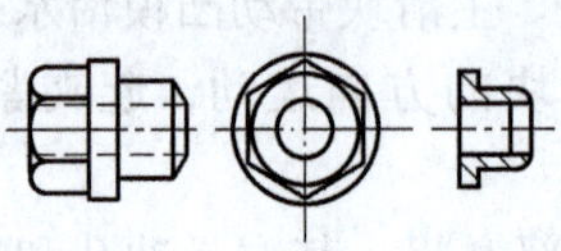	1. 毛坯直径尽量按孔径选用 2. 多为长棒料、前定料连续锻造 3. 主要工步为聚料；冲孔；预、终锻成形；穿孔
	第2组 无孔或不通孔 类锻件	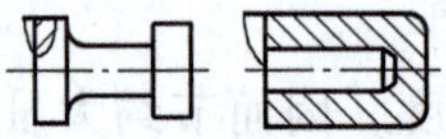	1. 毛坯直径由工艺需要选定 2. 多为长棒料、定料前连续锻造 3. 主要工步为聚料；冲孔；预、终锻成形；切断
第Ⅲ类	管类锻件	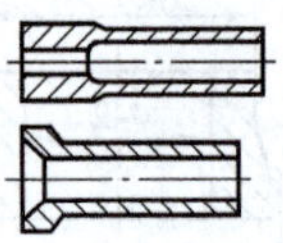	1. 毛坯直径按杆部的管子规格选用 2. 多为单件定料模锻 3. 加热部分的长度稍微超过变形部分尺寸 4. 主要工步为聚料、预成形和终锻成形

思考与练习题

12-1 与锻锤的工作特性相比，热模锻压力机有何特点。

12-2 与锤上模锻相比，热模锻压力机上模锻件有何不同，怎样选择设备吨位？

12-3 什么是工步设计？在热模锻压力机上常有哪些工步？设计时应注意什么？

12-4 热模锻压力机上锻模结构有何特点？

12-5 说明摩擦压力机模锻工艺特点。

12-6 摩擦压力机适合成形哪类锻件，型腔设计有何不同？

12-7 平锻机上的锻件有哪些特点？哪些零件最适合在平锻机上锻造？

12-8 什么是精密模锻，与一般模锻相比有哪些特点？

12-9 举例说明精密模锻的常用件。

第十三章 模锻件的后续工序

模锻工序在锻件成形过程中不是最后工序。对锻件上的飞边及连皮，需要切除；为了消除锻件的残余应力，改善其组织和性能，需要进行热处理；为清除表面氧化皮及缺陷，需要进行表面处理；对热处理、表面处理及切边时，有较大变形的锻件要进行校正；最终，要对锻件的质量进行检验。因此，后续工序的好坏，仍然影响锻件的质量。

第一节 锻件的切边和冲孔

在开式锻模中模锻时，无论在哪一种设备上模锻，都会沿模锻件周围产生横向飞边；对于具有透孔的锻件，模锻后，一般在孔内都有连皮。飞边和连皮都应从锻件上切除，因此，切边和冲孔就成为模锻中不可缺少的工序。切边和冲孔常在切边压力机或摩擦压力机上进行。对于特别大的模锻件可采用油压机切边。

切边和冲孔可在热态下（750℃以上）进行，也可在冷态下（低于150℃）进行。

一、确定冷、热切边的原则

在生产中根据锻件的材料、尺寸、车间的设备情况等来选择热切边还是冷切边，同时可参考以下几个原则：

1）高合金钢和高碳钢锻件必须在热态下进行切边或冲孔。

2）$w_C<0.45\%$的碳钢或低合金钢锻件，当质量$<0.5kg$时，一般在冷态下切边冲孔。

3）对于大型锻件，即便是低碳钢也应采用热切边、冲孔，以减小所需设备的吨位。

4）当切边和冲孔后需采用热校正和弯曲工序时，宜采用热切边、冲孔。

5）当锻件连皮较厚，冲头截面较小时应采用热冲孔，以防冲头弯曲或断裂。

6）对叉形锻件，叉口内表面毛刺不易打磨，变形也不易校正，如果设备吨位足够，最好用冷切边。

热态下的切边和冲孔，是在模锻后利用锻件的余热立即进行的。切边、冲孔设备和模锻设备编在同一机组内，其优点是所需的切边、冲孔力小，锻件不易出现裂纹等缺陷；缺点是劳动条件差，对切边、冲孔与模锻工序之间的配合要求较严。

对于冷切边，其设备可不编在模锻机组内，其优点是劳动条件好，单机生产效率高；缺点是所需设备吨位大，对高碳及高合金钢易出现裂纹等缺陷。

二、切边力和冲孔力的计算

切边和冲孔所需的力 F(kN) 可按下式计算：

$$F = (1.2 \sim 1.6)\tau_b A \quad (13\text{-}1)$$

式中，τ_b 为在切边温度下锻件材料的抗剪强度(MPa)；A 为剪切面积(mm^2)。

三、切边凸凹模的间隙

切边时，凸模一般要进入凹模，因此凸凹模之间需有一定的间隙(图 13-1)。凸凹模间的间隙按切边轮廓进行修配，同时将间隙取在凸模上，间隙的大小与锻件在垂直截面上的形状尺寸有关。

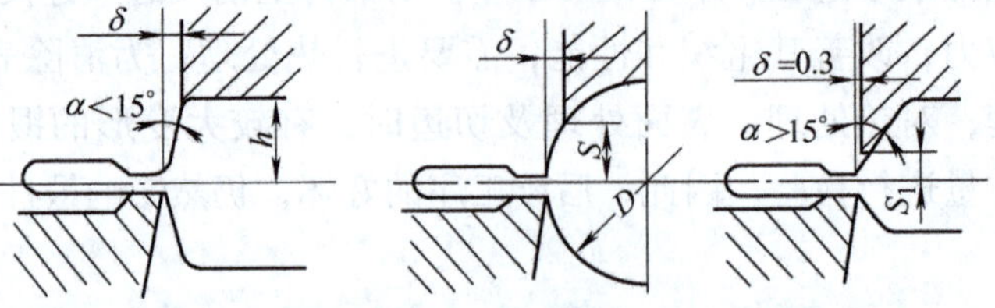

图 13-1　切边模的间隙

为避免凸模锐边弯曲，对于形式Ⅱ和Ⅲ，应将其切钝，切去后的高度 S(mm) 和 S_1(mm) 可由下式计算：

对于形式Ⅱ　$$S = 0.2D + 1 \quad (13\text{-}2)$$

对于形式Ⅲ　$$S_1 = (3.3 - 0.03\alpha)/\tan\alpha \quad (13\text{-}3)$$

凸凹模间隙的大小对切边质量有较大影响，间隙太大会使毛刺过大，增加打磨量，有时甚至会超出技术条件要求，间隙太小飞边不容易脱出。当间隙 <0.8mm 时，应设置脱飞边器；当间隙 <0.5mm 时，应在模具上设置导柱导套装置。

为了保证切边模间隙的均匀性，对于整体式切边模可先固定冲头，然后调整凹模。对于镶块式切边模，可采取调整凹模镶块的办法。

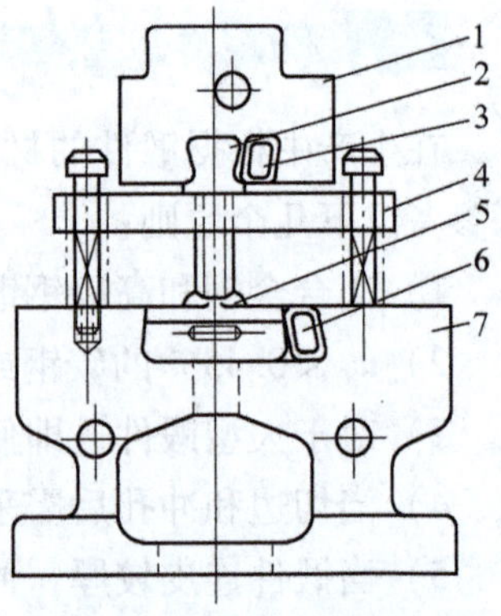

图 13-2　简单切边模

1—上模座　2—凸模

3、6—斜楔　4—脱飞边器

5—凹模　7—下模座

四、切边模和冲孔模的形式

与冲模相同，切边模和冲孔模根据锻件形状、生产批量及模锻工序的联合性等要求，可分为简单模、连续模、复合模三种结构形式。

对于只单独进行切边或冲孔的模具称为简单模。简单模的结构如图 13-2 所示。这种模具结构简单，制造、调整方便，当锻件批量不大时，多采用此种结构。

连续模如图 13-3 所示。连续模工作时采用机械操作，既方便，生产效率也高，但采用手工操作时，就显得不太方便了，须将一个个锻件顺序地切边与冲孔，这样，生产效率较低。

最常用的复合模为切边与冲孔复合模，如图13-4所示。此种结构适用于直径＞60mm锻件的切边与冲孔。复合模的工作过程同冲裁复合模一样。复合模安装调整较困难，但大批量生产时，采用复合模可以提高生产效率，保证锻件质量。复合模一般用于锻件的热切边和冲孔。

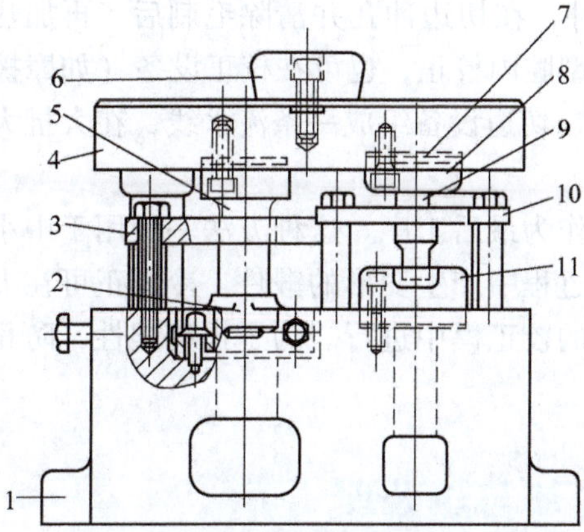

图13-3　切边、冲孔连续模

1—下模座　2—切边凹模　3—脱飞边器　4—上模座　5—切边凸模　6—燕尾　7—垫板　8—冲头固定板　9—冲头　10—脱件器　11—冲孔凹模

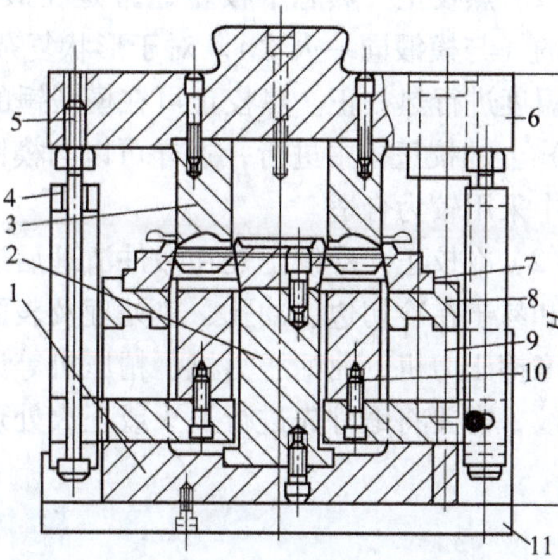

图13-4　切边、冲孔复合模

1—下模座　2—凸模　3—凸凹模　4—托架　5—拉杆　6—上模座　7—凹模　8—凹模垫板　9—支撑板　10—顶出器　11—垫板

第二节　锻件的校正

在模锻生产中，锻件在各生产工序及运送过程中，由于各种原因产生弯曲或扭转等变形，如图13-5～图13-7所示。为了消除这种变形，使锻件符合锻件图的技术要求，需要对变形锻件进行校正。

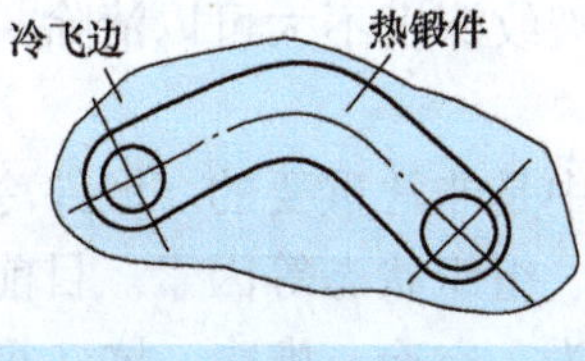

图13-5　飞边急冷收缩引起的变形

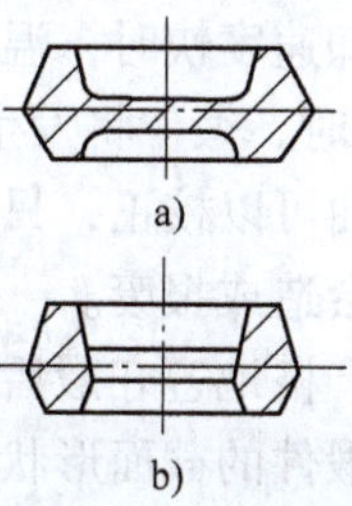

图13-6　冲孔时产生的变形

a）冲孔前　b）冲孔后

校正时可以不用模具。如对某些长轴类锻件的校正，可将锻件直接放在油压机工作台上的两块V形铁上，利用装在油压机压块上的V形铁对弯曲部分进行校直。

一般情况下，校正都是在校正模内进行。校正型腔是根据校正用的锻件图（冷或热锻件图）来设计的。在保证达到校正要求的前提下，应力求做到形状简单、定位可靠、操作方便、制造简单。在实际生产中，锻件的校正可分为热校正和冷校正两种。

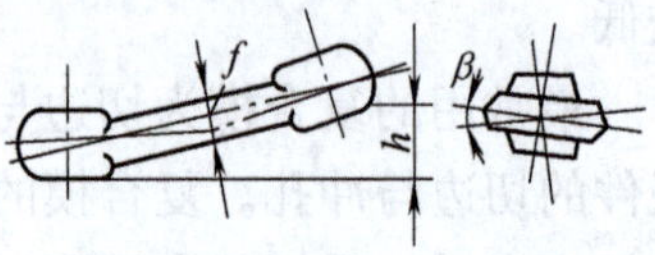

图 13-7　锻件的变形

（1）热校正　热态下校正通常是在锻件切边、冲孔后进行的（与模锻同一火次）。对于形状复杂的锻件，在切边冲孔并清除毛刺后，再加热到校正温度进行热校正。热校正可在模锻锤的终锻型腔内校正，也可在校正设备（如摩擦压力机）上的校正模中进行，这样可以与模锻设备、切边设备组成一条流水线，在大批大量生产中采用较为合适。

（2）冷校正　冷校正是在锻件清理后进行，作为最后工序。这种方法一般用于中小型锻件和易于在冷切边、冲孔、热处理及表面清理过程中产生变形的锻件。冷校正可在夹板锤、摩擦压力机、曲柄压力机、精压机等设备上的校正模中进行。为了提高塑性，防止产生裂纹，需要将锻件先进行退火或正火处理。

第三节　锻件的冷却与热处理

一、锻件的冷却

锻件的冷却是模锻生产中的重要环节之一。如果冷却方式选择不当，会使锻件产生翘曲，表面过硬甚至产生裂纹而报废。因此，正确地选择冷却方式和合理制定冷却规范是相当重要的，冷却过程中影响锻件质量的因素如下。

（1）锻后残余应力　在模锻过程中，由于锻件各部分的变形温度和变形程度的不同，金属内部产生了相互作用的内应力。锻后部分内应力不可能及时消除，而是遗留在锻件内，成为残余应力。

（2）温度应力　在冷却过程中，金属表面和内部温度不同，存在温度差，这就使金属冷却时出现了温度应力。

（3）组织应力　金属冷却时还会发生组织转变，金属内部产生应力。

锻后冷却速度快时，温度应力和组织应力都会增加。当三种应力的综合超过了材料的屈服强度 σ_s 时，锻件将发生变形，超过了材料的强度极限值时，锻件就会产生裂纹；对于一般的翘曲可以校正，只是增加了一道校正工序。裂纹深度不大可以清除，深度超过了加工余量就会造成报废。

因此，严格地遵守锻后的冷却规范，在模锻生产中是非常重要的。锻件冷却方法的选择，要根据锻件的截面形状、尺寸及材料的化学成分、组织状态等因素。目前，模锻车间常用的冷却方法，按其冷却速度由快到慢的顺序可分为：空冷、堆冷、坑（箱）冷、灰砂冷、炉冷等几种。

二、锻件的热处理

锻件热处理目的：锻件通过热处理后应达到组织均匀、细化晶粒、消除残余应力，从而改善金属组织和力学性能，并为最终热处理作好组织准备。同时，也能调整硬度有利于切削加工等。

锻件热处理方法有：完全退火、球化退火（不完全退火）、等温退火、淬火、回火、调质处理以及余热处理等。

在生产中，锻件热处理工艺的选择是根据锻件的材料和技术要求而定的。下面对各类钢的热处理方法介绍如下：

（1）优质碳素结构钢　一般采用正火处理，若正火后硬度较高，不宜机械加工时，则采用正火加高温回火。当要求具有良好的综合力学性能时，可采用调质处理。

（2）轴承钢　常采用球化退火。若锻件沿晶界出现网状碳化物时，则先正火处理，消除网状碳化物，然后进行球化退火。

（3）碳素工具钢　T7～T9 碳素工具钢锻件，锻后退火或正火处理，T10～T13 碳素工具钢锻件，一般采用球化退火，若锻件沿晶界出现网状碳化物，则先进行正火，再进行球化退火。

（4）合金工具钢　这类锻件一般采用不完全退火或等温退火。若锻件沿晶界出现网状碳化物时，则先进行正火加以消除，然后再进行退火。

第四节　锻件的清理与检验

一、锻件的清理

为了提高锻件表面质量，减轻锻件在切削加工时对刀具的磨损，锻件需要进行表面清理，去除氧化皮和其他表面缺陷（如裂纹、拆纹、残余毛刺等）。有时，为了提高锻件精度，减少模具磨损，避免已有的局部表面缺陷在继续模锻时造成废品，还需要对毛坯或中间毛坯进行清理。清理工序对少无切削加工的精密模锻尤为重要。

锻件的清理方法有机械清理和化学清理。

（1）机械清理　有滚筒清理，这种方法成本较低而又简单，适用于 6kg 以下的小锻件，为了保证产品质量，避免锻件互相碰伤，不允许将大小相差太大的锻件放在同一滚筒内清理。还有喷砂清理和喷丸清理。

机械清理无污染，成本较低，对锻件无腐蚀作用。

（2）化学清理　常用酸清理（又称腐蚀）。将锻件放于酸液槽内，利用酸液与氧化皮的化学作用而去掉锻件表面的氧化皮。酸液的主要成分是盐酸（HCl）或硫酸（H_2SO_4）以及两种酸的混合液。酸洗后锻件的局部表面缺陷（如裂纹、折纹等）显露清晰，便于检查。因此，酸洗广泛用于结构形状复杂，易变形的重要锻件。一般酸洗后锻件表面比较粗糙，呈灰黑色，基体金属有微量腐蚀，为了提高锻件表面质量，酸洗后再用其他方法（如喷丸打磨）进行清理。

二、锻件的检查

为了保证锻件质量，除了在生产过程中要随时检查锻件质量外，对完工后的锻件还必须经过专职质量检查。这里主要介绍锻件表面的外观检查和内部质量检查。

（1）锻件表面质量检验　检验方法是用肉眼或5～10倍放大镜观察锻件表面有无裂纹、折叠、局部未充满、氧化坑等缺陷。锻件形状和尺寸主要用钢尺、卡钳、游标卡尺、深度尺、角尺等对其检验，对于形状特殊或较复杂的锻件可用样板检查和划线检查。

（2）内部质量检验　磁粉检验通称为磁粉探伤或磁力探伤，锻件经过磁粉检验，可以发现凭肉眼检查不到的表层缺陷，如细微裂纹、孔洞、夹杂、疏松等。对于质量要求较高的锻件（如连杆），因为往往在筋和幅板的交接处，容易产生较深的折叠，肉眼不易发现，所以连杆一般都要进行磁粉检验或超声波探伤。

第五节　模具的检验、维修与使用寿命

一、锻模的检验

锻模制成以后，必须按锻模制造技术要求进行检验。检验终锻型腔的方法是把上、下模合起来，浇注铅样，检验铅锻件即可判断型腔是否符合锻件图的要求。另外，还可以用模具样板来检验型槽尺寸。对于锻模热处理硬度的检验，应在燕尾的支承面和分模面上进行。对于切断型腔、钳口、模块外形圆角及飞边槽的仓部等尺寸，允许超出自由公差值的一倍进行检验。对于检验面的高度在翻新后应不小于50mm。

二、锻模的维修

锻模在使用过程中，常会出现局部损伤，这时应及时维修以防缺陷扩大。如毛刺、表面裂纹、圆角处隆起、凸起部分堆塌、型腔变形及磨损等情况，一般均可在模锻车间进行维修。对于细微的裂纹可用扁铲铲掉，还可用砂轮打磨的方法或局部补焊后再打磨排除缺陷。当锻模型腔根部裂纹特别深，或凸起部分堆塌特别严重致使锻件形状尺寸不能满足锻件图的要求时则需送制模车间进行翻新。

三、锻模使用寿命

锻模的使用寿命，受到很多因素的影响，其中包括模具材料及硬度、锻件的组织成分、锻造温度、所采用的设备类型、锻件的设计、锻模制造质量，以及锻模在使用过程中的预热、冷却、润滑、清除氧化皮等，都直接影响锻模的使用寿命。在正常工作条件下，锻模损坏的原因有以下几种：

（1）裂纹　因锻模在反复受热和冷却的工作条件下使用，使模具表层产生复杂的热应力，很容易产生细小的网状裂纹（龟裂），在热应力和机械应力的作用下，在锻模受力较大的部位，尤其是在锻模尖角、沟槽部位更容易产生裂纹并扩展从而导致整个锻模的破裂。

（2）磨损　毛坯在型腔内流动，与型腔壁产生激烈的摩擦，造成型腔表面的磨损及尺寸的变化。如果锻件在型腔内是以挤压方式充满则比用镦粗方式充满磨损快，尤其是在飞边槽部分磨损更快。在毛坯变形困难的部位，则磨损很小。当型腔表面出现网状裂纹以后，则模具磨损更快。锻模磨损过程如图13-8所示。

（3）模具变形　在模锻过程中，由于高温、高压的作用，使模具局部压塌或压堆而造

成模具的塑性变形，图 13-9 所示为模具局部变形的几种情况。

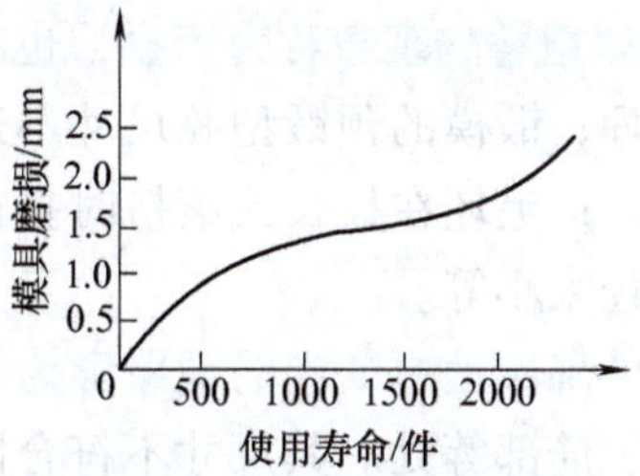

图 13-8　锻模磨损过程

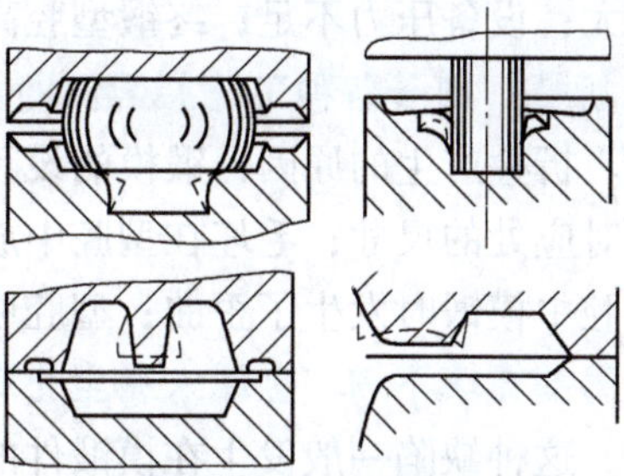

图 13-9　锻模的局部变形

（4）焊合　在锻打过程中，由于模具表面的损坏，在模具表层会出现非氧化、非润滑表面，这种表面容易和毛坯表面粘在一起，在进一步锤击时，即可能与毛坯全部焊合在一起，这种情况与模具磨损情况相反，可能导致型腔变小。

第六节　模锻件缺陷及修正方法

在生产过程中，由于各种原因，会造成锻件产生某些缺陷，如不及时发现并采取处理就可能产生废品。因此，必须了解锻件缺陷的主要特征及其产生的原因，从而采取切实有效的措施进行修正，以使锻件的废品率降低，提高锻件质量。

对于模锻生产来说，各种类型的缺陷，基本上是由以下几个方面引起的：原材料本身的缺陷而引起锻件产生缺陷；下料质量不好而引起锻件缺陷；加热产生的缺陷；锻造产生的缺陷。下面主要介绍模锻时产生的缺陷。

一、模锻时常见缺陷

（1）错移　模锻件沿分模面的上半部相对下半部产生了位移称为错移，如图 13-10 所示。

产生错移的原因主要有：锤头与导轨之间的间隙过大；锻模设计不合理，缺少平衡与消除错移力的锁扣或导柱；制模质量不好，如上下模键槽中心线和燕尾中心线不一致，使锻工无法调整等。

（2）欠压　模锻件高度方向的尺寸全部超过图样的规定，这种现象称为“欠压”或模锻不足，如图 13-11 所示。

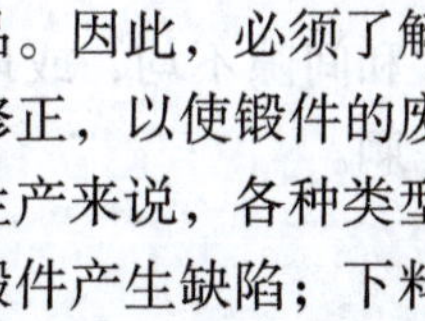

图 13-10　锻件错移

1—模锻件上半部的中心线　2—模锻件下半部的中心线　3—分模线

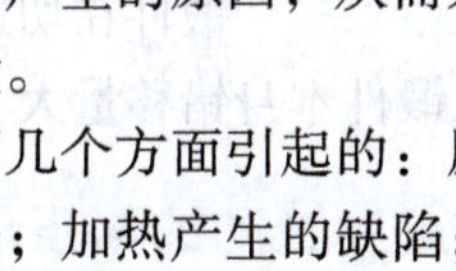

图 13-11　模锻件的欠压

Δ—模锻件高度尺寸的增大值

产生欠压的原因主要有：毛坯尺寸太大或设备吨位不足；毛坯加热温度太低；飞边桥部阻力太大；设备压力不足；终锻型腔高度方向上的尺寸因磨损而增大等。

（3）折叠　由于各种工艺原因使锻件表面产生金属重叠的现象称为折叠，也有称折缝或夹层的。折叠产生的原因：锻模的设计或制造不合理；锻模的预锻型腔尺寸不适合于终锻型腔相对应处的尺寸；毛坯在型腔中放的位置不正确；毛坯在拔长或滚挤时打击太重而在预锻型腔中模锻时发生了歪曲；型腔中有的圆角半径太小等。

（4）局部充填不满　金属未完全充满型腔引起锻件局部地方缺肉的现象称为锻件局部充填不满。这种缺陷一般发生在模锻件的凸肩、圆角、筋部等处。其尺寸不符合图样设计要求，明显地使锻件轮廓不清晰。

产生局部充不满的原因：毛坯体积太小或毛坯放偏；金属加热温度太低，金属塑性差，流动性不好；型腔排气差，气体贮于尖角产生很大压力，使金属不易充填；设备吨位不足或锤击次数太少；模具润滑不当等。

（5）凹穴　当型腔中的氧化皮吹得不干净或毛坯表面上的氧化皮清除得不干净，在模锻过程中氧化皮压入锻件表面，经酸洗、喷砂清理，使氧化皮脱落，便成麻点状的凹穴。

（6）轴线弯曲　在生产细长且形状较复杂的锻件时，如果出模时操作不当，容易产生轴线弯曲。另外，由于切边受力不均，锻件在冷却时收缩不一致，或热处理操作不当，也会造成锻件产生弯曲。

（7）残留毛刺　锻件在切边时，由于切边模间隙过大和间隙不均，或切边模磨损使刃口变钝以及锻件本身错移量大，在切边时都会产生残留毛刺。

二、锻件缺陷的修正

修正有缺陷的锻件是模锻车间减少废品的重要手段。根据锻件存在的缺陷及所处的位置，采用不同的方法进行修正。常用的方法包括清理、熔接（补焊）、重锻、校正等。

1）对于有毛刺、折叠等缺陷的锻件，采用砂轮清理或风铲铲掉的方法进行修正。

2）对于未充满部分不太严重或凹坑不大的锻件可在新锻模中再锻一次，或以补焊的方法进行修正。

3）对于欠压（模锻不足）的锻件可在机械加工车间进行预加工来修正。这种模锻不足的锻件，最好不要再一次模锻，因为这样可能因新产生的氧化皮压入锻件而变成不可修复的废品。对于不重要的锻件可将其重新加热一次，使多余的金属变成氧化皮来修正。

4）对于错移锻件的修正方法是采取再重锻一次。如果错移比较严重是无法修正的，错移不严重时也可采取打磨的方法来修正。

5）对于弯曲变形的锻件，可采用加热到锻件切边温度进行校正或在冷状态下用压床进行校正。

6）对于过热的锻件可用正火处理的方法来修正，对于锻件硬度过高或韧性不足时，可采用重复的热处理来修正。

7）对于过烧、夹层、淬火裂纹和严重的外形不合格等缺陷，均为最后废品，不再修正。

思考与练习题

13-1　模锻件的后续工序包括哪些内容？

13-2　确定冷、热切边的原则。

13-3　锻件切边、冲孔模有何特点？怎样确定凸、凹模间隙？

13-4　什么是冷校正和热校正？为什么有的模锻件需要校正？

13-5　锻件是怎样清理与检验的？

第十四章

特种模锻

所谓特种模锻，即除一般的模锻（如锤上模锻、热模锻压力机上模锻、平锻机及摩擦压力机上模锻）以外，在专用设备上进行的一些特殊的模锻方法。

特种模锻具有以下共同特点：

1）实现锻件精化，满足少无切削加工的要求，使锻件外形尺寸接近零件的外形尺寸；

2）采用比较简单的、容易制造的设备代替复杂笨重的设备，从而提高劳动生产率，以适应大批量生产的需要；

3）采用先进的加热方法，如电加热、少无氧化加热，从而提高锻件的表面质量和精度，改善工人的劳动条件。

下面介绍几种特种模锻方法。

第一节　辊　锻

辊锻是近几十年发展起来的锻造新工艺，它既可作为模锻前的制坯工序，也可直接辊制锻件。前者称为制坯辊锻，后者称为成形辊锻。

辊锻是使冷态或热态的毛坯在装有扇形模块的一对旋转的轧辊中间通过时（图14-1），借助型腔对金属施加的压力，使毛坯产生塑性变形，从而获得所需要的锻坯或锻件。辊锻的工作情况与轧钢相似，所不同之处，一般轧制是将孔型直接制作在轧辊上，而辊锻时毛坯是在两个辊轴上的扇形锻模中变形的，如图14-1所示。根据被加工件的复杂程度，辊锻可以在闭式和开式的单型腔或多型腔内进行。

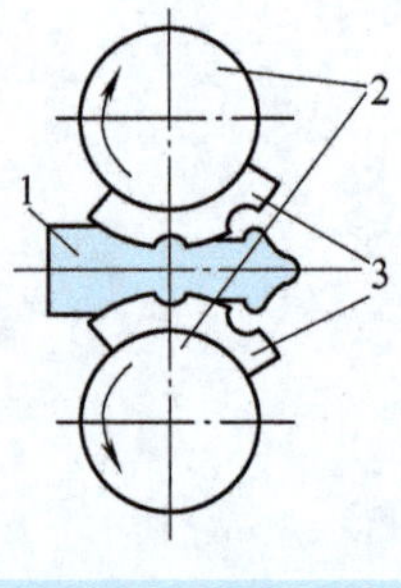

图14-1　辊锻

1—工件　2—辊锻　3—模块

一、辊锻的工艺特点

辊锻过程是一个连续的轧制过程，没有冲击和振动，它与一般模锻相比有如下特点：

1）辊锻过程是逐步和连续的变形过程，在变形的一瞬间，模具只与毛坯的一部分接触，因此只需要小吨位的设备。

2）辊锻设备（辊锻机）构造简单、容易制造，对厂房的条件要求不高。

3）辊锻工艺基本上是连续的，空行程短，一般辊锻的生产率是锤上模锻的5～10倍，生产效率高。

4）辊锻时，金属连续变形，使纤维方向按照锻件的轮廓分布，因而提高了锻件的力学性能和延长了零件的使用寿命，锻件质量好。

5）辊锻模具可用球墨铸铁或冷硬铸铁制造，可以节约模具钢和减少模具机械加工量。

6）工人劳动条件好，容易实现机械化和自动化。

辊锻除以上特点外，在变形上也有其局限性，即只适用于截面减小的变形工步，不适用于截面增大的工步，特别是长度的控制，目前还难于掌握。

二、辊锻工艺参数

（1）咬入条件　辊锻时毛坯轴线（进给方向）与轧辊轴线垂直，金属由轧辊的摩擦力“咬入”，如图 14-2 所示。

当毛坯与旋转轧辊接触后，处于平衡状态时，忽略毛坯惯性力，$\Sigma F_x=0$，即$2F_N\sin\alpha-2F_T\cos\alpha=0$，这样可得 $\mu=\tan\alpha$。因此，咬入角应小于轧辊和毛坯间摩擦角，即 $\tan\alpha<\mu$ 才能“咬材”。

热轧时，$\alpha_{最大}=20°\sim25°$，冷轧时 $\alpha_{最大}=3°\sim8°$。同时由图 14-2 可知：$OC=D/2\cos\alpha$，$BC=\Delta h/2=D/2(1-\cos\alpha)$。为了保证咬入，最大压下量 $\Delta h_{最大}\leqslant(1-\cos\alpha_{最大})/D$。金属咬入轧辊后，毛坯高度减小，长度增长，宽度略有增加。

（2）辊锻的送料方式　其送料方式有顺向和逆向送料。

顺向送料：毛坯顺辊锻方向送进，扇形模从毛坯端部实现咬入，如图 14-3 所示。

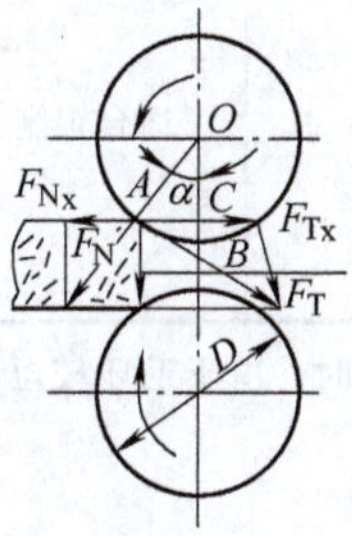

图 14-2　轧制开始时咬入条件

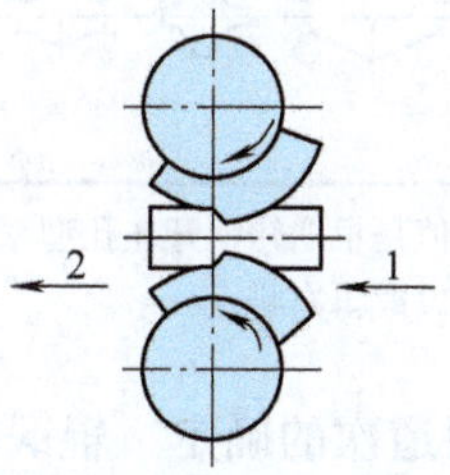

图 14-3　顺向送料
1—送进方向　2—辊锻方向

逆向送料：毛坯逆辊锻方向送进，扇形模从毛坯中部实现咬入，如图 14-4 所示。其允许咬入角较端部咬入时大，可达 32°～33°。

三、制坯辊锻

制坯辊锻是辊制供模锻用的毛坯。制坯辊锻的工艺过程包括绘制辊锻毛坯图、选择型腔系、确定辊锻道次、设计辊锻模等。

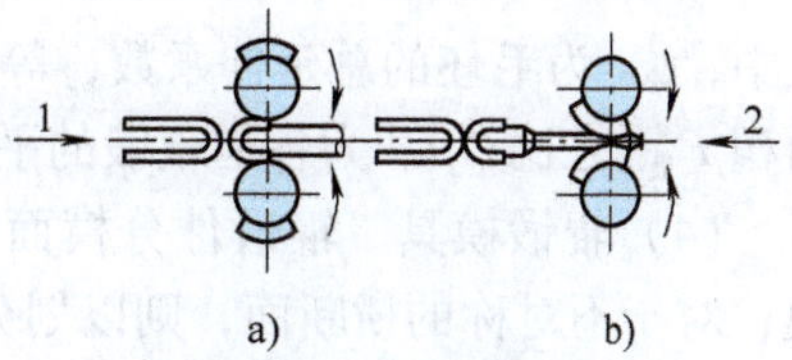

图 14-4　逆向送料
1—送进方向　2—辊锻方向

（1）设计辊锻毛坯图　辊锻毛坯的设计原则，应尽量使辊锻毛坯形状接近于锻件形状，并使辊锻后的毛坯容易放入模锻型腔内，并保证模锻时锻件能充满成形，辊锻毛坯各截面面积的计算方法可参照锤上模锻。

（2）型腔系的选择　在选择型腔系时，辊锻毛坯的圆形截面区段可在椭圆—圆型腔系中进行；辊制方形截面区段可在椭圆—方形或六角—方形型腔系中进行；而辊锻矩形截面区段可以在平面—箱形型腔系中进行。型腔系的选择见表 14-1。

表 14-1　型腔系的选择

型腔系	简图	平均延伸系数$\mu_平$	适用范围
椭圆—方形	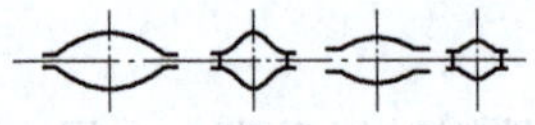	1.3~1.6 （最大 1.9）	适合辊制方形毛坯或毛坯的方形部分
六角—方形		1.35~1.8	
平面—箱形	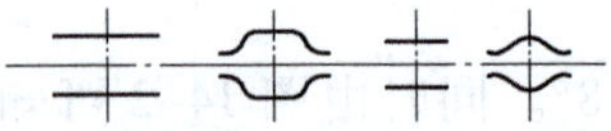	1.2~1.5	适合辊制方形毛坯或毛坯的矩形部分
椭圆—圆形	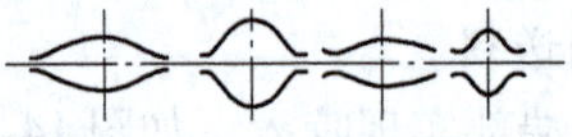	1.30~1.50	适合辊制圆形毛坯或毛坯的圆形部分
棱—方形	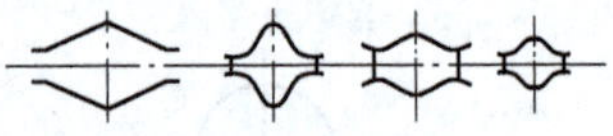	1.15~1.60	适合辊制方形毛坯或毛坯的方形部分

注：表中$\mu_平$值是根据轧钢开坯孔型系所提供的数据列出的。在辊锻时，由于毛坯较短，在型腔中稳定性较好，故$\mu_平$可以取得高些。

（3）辊锻道次的确定　辊锻道次 n 可按下式确定：

$$n=\frac{\lg\mu_总}{\lg\mu_平} \tag{14-1}$$

$$\mu_总=\frac{F_0}{F_{最小}} \tag{14-2}$$

式中，$\mu_总$为毛坯的总延伸系数，等于原始毛坯的横截面积 F_0 与辊锻后毛坯的最小横截面面积 $F_{最小}$之比；$\mu_平$为各道辊锻的平均延伸系数，可参照表 14-1 选取。

（4）辊锻模具　辊锻件分模面的确定，对于对称的横断面，应沿其对称轴线进行分模；对于不对称的横断面，则以划分为相等面积的分界线为其分模位置。

辊锻件模锻斜度，以从分模面的最大高度来确定，当高度在 10mm 以下时取 3°，达 35mm 时取 10°。

辊锻件的圆角半径应根据压程大小而定，即

$$r = 0.5(H_{始} - H_{终})$$

式中，$H_{始}$、$H_{终}$ 分别为进入辊锻模前后毛坯的厚度。

辊锻模具的结构形式，如图14-5所示。上下辊模之间在工作时应留间隙，其值一般取1~3mm，辊锻毛坯除了被压扁使金属沿长度方向流动外，金属还会向与轧辊轴线平行的方向流动而产生增宽现象。增宽量与许多因素有关，如随压程的增加及温度的降低而增加。增宽值可按公式计算，$b = (0.3 \sim 0.5)(H_{始} - H_{终})$，在高温下取小的系数。

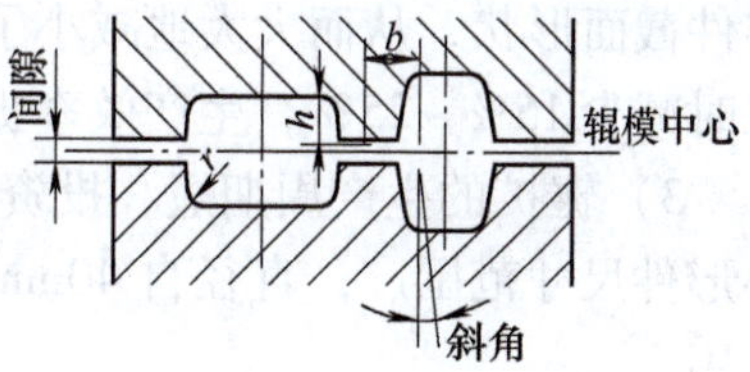

图14-5　辊锻模结构

四、成形辊锻

成形辊锻适用于截面变化不大、形状比较复杂的杆类及板片类锻件，如柴油机连杆、涡轮叶片、拖拉机履带节、钳子、医用镊子、锄头等中小锻件。该工艺因采用时间不长，有些参数还不能事先确定，如影响锻件长度的前滑问题（即从模中轧出的毛坯长度大于轧模与毛坯接触面之长度），因其影响因素很多，难以事先准确确定，只能靠试验来解决。

五、辊锻机选用

辊锻机的选用主要考虑辊制件的形状、尺寸及复杂程度，生产批量和工艺方案等因素。工作时的最大变形力，一般不超过辊锻机的公称压力。与辊锻机配用的模锻设备规格，见表14-2。

表14-2　辊锻机与热模锻压力机配组

辊锻机公称直径 mm	250	315	400	500	630	800	1000
配组热模锻压力机规格 kN	630	1000	2000~3000	2000~3000	4000~6000	6000~8000	≥10000

第二节　环形件辗压

环形件辗压又称为辗环或扩孔，其实质是将环形毛坯在旋转的模具中进行轧制，使毛坯的壁厚减薄，内径和外径同时扩大。

在扩孔机上辗压的环形锻件，内、外表面可以具有各种环形凸缘和沟槽（如轴承套圈等）。扩孔还可用于套筒、齿圈、法兰盘、轮箍等。图14-6所示为辗扩的部分锻件形状。

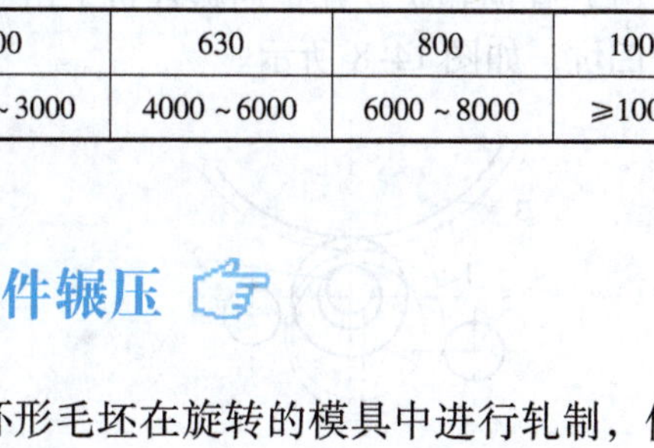
图14-6　辗扩的部分锻件形状

一、工艺特点

1）环形件辗压时毛坯旋转，变形连续和压下量小，并且有表面变形的特征。

2）锻件精度比自由锻高。通过辗压的锻件可以降低环形锻件的壁厚和圆度误差，提高环形锻件的尺寸精度，使其截面形状接近于零件截面形状，从而大大地减小了公差和余量，使材料利用率提高10%~20%，机械加工工时减少15%~25%，生产效率提高30%左右。

3）辗扩的生产周期短、投资费用低、工人劳动条件好。同时，用辗扩的方法生产的环形件尺寸范围广，直径自40mm至10m，质量可达6t以上。因此，辗扩工艺得到广泛应用。

二、辗环的工作过程

辗环工作过程，如图14-7所示。加热后的环形毛坯1套在心辊2上。由电动机通过减速器带动辗压辊3旋转，并快速下压，接触毛坯后带动心辊反向旋转，使毛坯壁厚减薄，金属沿切线方向伸长（轴向稍有增宽），内、外径尺寸逐渐增大，同时形成所需要的截面形状。导向辊4的中心位置随毛坯直径扩大而外移，诱导工件成圆形，并使环形毛坯转动平稳，防止环的中心左右摆动，增加辗扩时的稳定性。当毛坯达到预定尺寸时，与信号辊5接触，信号辊先发出精辗信号，然后发出停辗信号，接着辗压辊回程，拨料叉将环件拨出。由此看出，锻件的外径尺寸是由辗压辊、信号辊和导向辊三者的位置所决定的。

当锻件尺寸较大时，应考虑热膨胀系数。锻件、辗压辊和心辊的温度可分别按950℃、700℃和450℃计算，相应的热胀系数取为1.05%、0.24%和0.5%。辗压面不用润滑，因为降低摩擦力将会降低辗扩效率，但要求用水冷以降低温度。

三、辗扩的方式

（1）径向辗扩　在径向辗环机上由于金属变形具有表面变形特点，因此在环形锻件端面有凹坑，如图14-8所示。

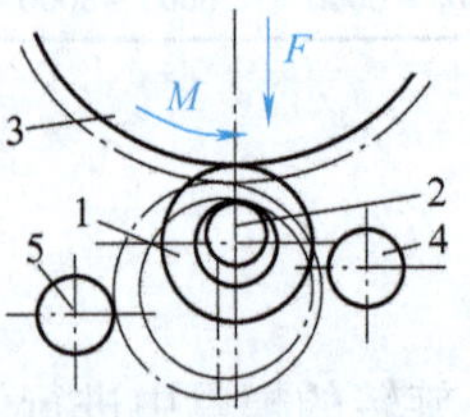

图14-7　辗环过程

1—毛坯　2—心辊　3—辗压辊　4—导向辊　5—信号辊

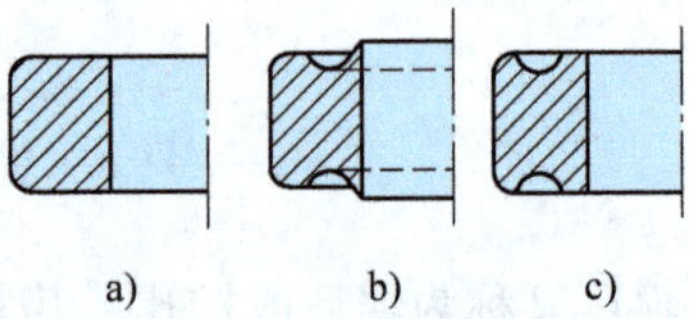

图14-8　环形件断面图

a）毛坯　b）辗压时孔型不封闭　c）辗压时孔型封闭

（2）径向—轴向辗扩　卧式辗环机大多采用径向—轴向辗扩。它用一对径向轧辊和一对轴向轧辊，分别轧制环的壁厚和高度，这样可以得到端面平直的锻件，并可减少模具更换次数，大大节省了模具。其工作原理如图14-9所示。

四、辗扩用毛坯

辗扩用毛坯可以用切割钢管或棒料锻制而成。对于毛坯的形状应该力求与锻件截面的简化形状相近似。在采用径向辗扩的情况下，可按辗扩前后高度尺寸不变、相应的断面面积相等的原则来考虑，同时还要考虑加热中的烧损等。

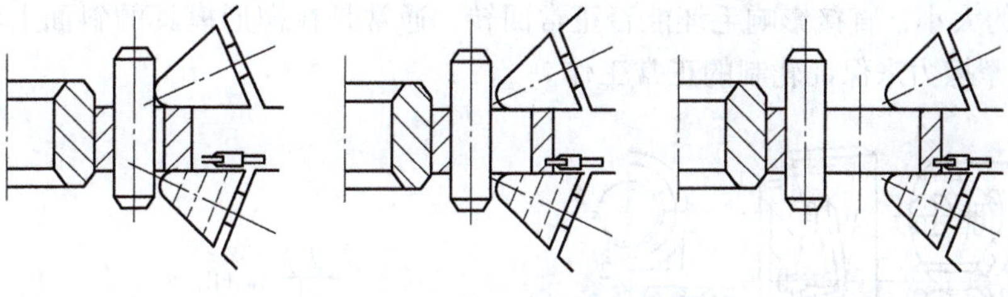

图 14-9　径向—轴向扩孔

a）辗压开始　b）随动开始　c）辗压终了

第三节　斜轧和横轧

斜轧和横轧主要用于回转体制件的生产，具有效率高、节约金属、设备简单、投资小等优点，特别适用于大批量的生产，因此这种方法得到国内外的普遍重视。

一、斜轧

用斜轧生产的制件很多，如球、滚柱、麻花钻、轴承套圈、自行车脚闸壳体、丝杆、电机轴等。但从轧辊及其运动特点来看，基本上分为两大类，即孔型斜轧和仿形斜轧。

在孔型斜轧中，轧辊中心距通常是固定的，主要靠轧辊上的不同孔型来轧出各种工件。

在仿形斜轧中，轧辊的中心距是随仿形板变化的，同一轧辊用不同的仿形板可以轧出不同的工件。

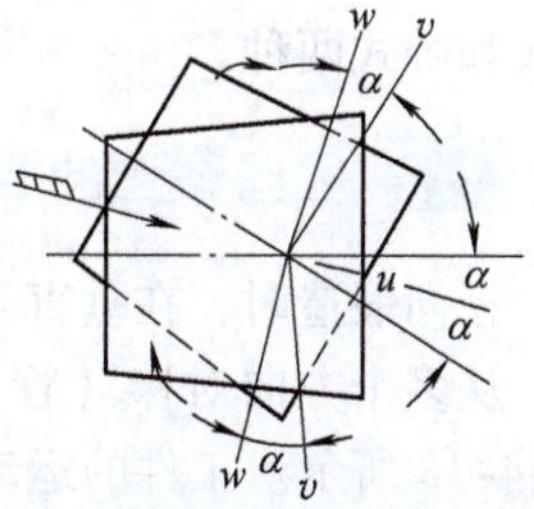

图 14-10　孔型斜轧速度矢量图

现以孔型斜轧为例，说明其轧制过程，如图 14-10 所示。轧机的两个轧辊以相同的方向旋转，辊轴间成一定的夹角 (2α)，轧辊的圆周速度 v 在轧制工件的圆周方向上的分速度 w 带动工件旋转，同时沿轧制工件轴向的分速度 u 带动工件沿轴向前进。这样金属通过孔型而成形为工件。为了使毛坯轴线位置在轧制过程中保持不变，装有导板装置。

二、楔形横轧

楔形横轧主要用于生产圆形变截面的制件，如球头销、台阶轴、花键等。楔形横轧机有辊式、平板式和行星式之分，如图 14-11 所示。辊式楔形横轧机有两辊和三辊之分，现以两辊式楔形横轧机为例来说明。在楔形横轧过程中，毛坯绕轴线作回转运动，为了保持毛坯的轴线位置不变，用矢头和顶尖（或导板）来支持毛坯。工件的形状是靠楔形模具来成形的，如图 14-12 所示。

影响工件质量的主要参数是成形角 α 和楔角 β。选用范围为：$\alpha = 20° \sim 45°$，一般用 $20° \sim 30°$；$\beta = 5° \sim 15°$，一般用 $5° \sim 9°$。当 α 角过大时工件轴向拉应力增大，将引起颈缩；α 角过小时，工件中心部位将出现疏松或孔洞，采用三辊楔形横轧，有利于防止中心缺陷。β角的大小，直接影响毛坯能否正常回转，通常是在楔形模具的斜面上滚花或开小槽，以增加摩擦力来保证轧制的正常工作。

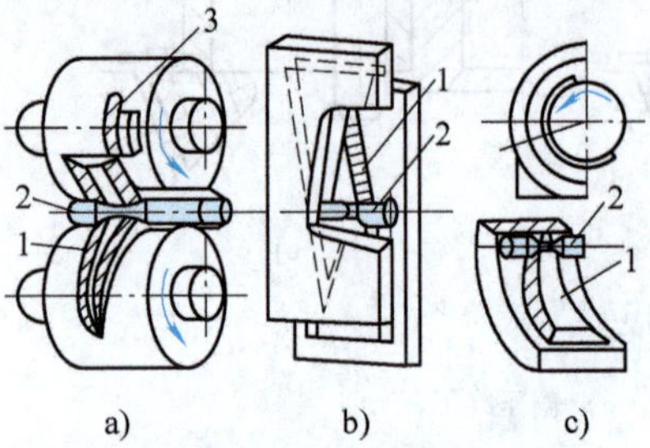

图 14-11　楔形横轧原理
a）两辊式　b）平板式　c）行星式
1—楔形模具　2—轧件　3—切断楔

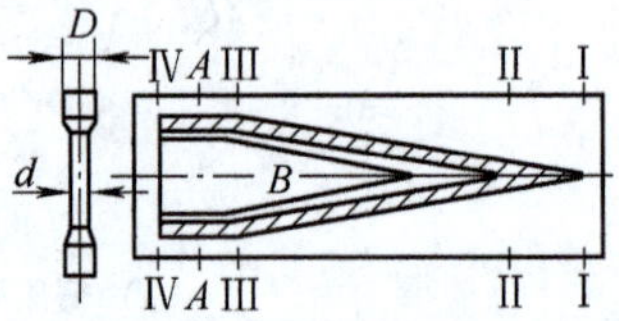

图 14-12　楔形模具基本形状及所轧零件形状
Ⅰ-Ⅰ ~ Ⅱ-Ⅱ　压入段
Ⅱ-Ⅱ ~ Ⅲ-Ⅲ　延展段
Ⅲ-Ⅲ ~ Ⅳ-Ⅳ　整形段

第四节　径向锻造

径向锻造是轴类或管状锻件精锻成形的一种先进工艺，所用设备通常称为精锻机，分立式和卧式两种。

一、径向锻造的成形过程

径向锻造时，在垂直于棒（管）料轴线的平面上用多个锤头，通常是 3 个或 4 个锤头，从多个方向对棒（管）料进行对称、高频率的同步打击，如图 14-13 所示。工件的运动有三种形式。

1）边绕轴线边作轴向送进使棒料作旋转式延伸，通过变形达到所需锻件的形状和尺寸。多用于冷锻或热锻阶梯形或锥形的实心轴或管件。

2）只作轴向移动。可用于热锻方形、矩形、六角形、八角型材和冷锻等。

3）只作转动。用于高压气瓶的收口、管件的缩颈等。

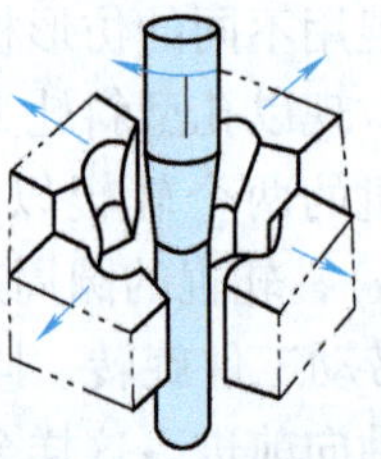

图 14-13　径向锻轴示意图

二、径向锻造的工艺特点

径向锻造有两个特点：一是多向锻打，二是脉冲锻打。由于多向锻打使金属变形时处于三向压应力状态，有利于提高金属塑性。因此，径向锻造不仅适用于一般钢材，而且适用于高强度、低塑性的高合金钢，尤其适用难熔金属如钼、钨、铌等及其合金的锻造。高频率的脉冲锻打，就是在单位时间内毛坯受到锻打的次数多但每次变形量小，同时金属变形速度较快，因此使金属变形摩擦力减小，容易变形。此外，脉冲锻打还能提高锻件精度和减小表面粗糙度值，热锻时外径误差可达 ±0.2 ~ 0.5mm，内径可达 ±0.1mm，冷锻时尺寸精度可达 3 ~ 4 级，热锻表面粗糙度为 $Ra3.2 \sim 1.6\mu m$，冷锻时为 $Ra0.4 \sim 0.2\mu m$。

三、径向锻造工艺的应用

径向锻造可进行热锻、温锻和冷锻。由于锻件精度高、材料消耗低、自动化程度高、生产效率高和劳动条件好，所以广泛应用于各种机床、拖拉机、飞机、坦克和其他机械上的实心台阶轴、锥度轴、空心轴，以及几种形状兼有的轴类件，还可用于锻造各种气瓶、薄壁筒形件的缩口、缩颈，如航空用的氧气瓶、火箭上喷管的缩颈，锻造带膛线的枪、炮管等。径向锻造的典型零件如图 14-14 所示。但精锻机是专用设备，其结构复杂、造价高、万能性差，所以宜用于成批大量生产。

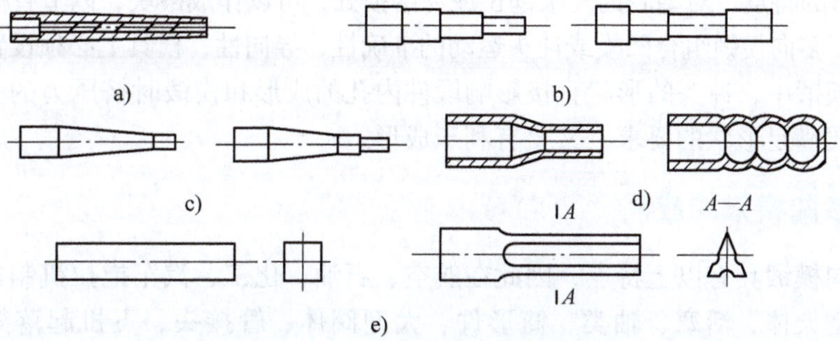

图 14-14 径向锻造的典型零件

a）带内形的管件 b）实心台阶轴 c）实心锥度轴 d）空心管件 e）实心异形件

第五节 多向模锻

多向模锻是将毛坯放入模具内，用垂直和水平方向的冲头同时或依次对材料进行加压，以获得形状复杂的精密锻件的成形方法。

一、多向模锻的工艺特点

1）多向模锻本质上就是闭式模锻和挤压的联合，毛坯在闭合模具中成形时，受到三向压应力作用，塑性增加，故适用于模锻塑性较差的高合金钢和合金。

2）由于模具具有多个分模面，如图 14-15 所示，多向模锻可锻出形状更为复杂、尺寸更加精确、无模锻斜度和毛边的多向孔穴的锻件，如图 14-16 所示。

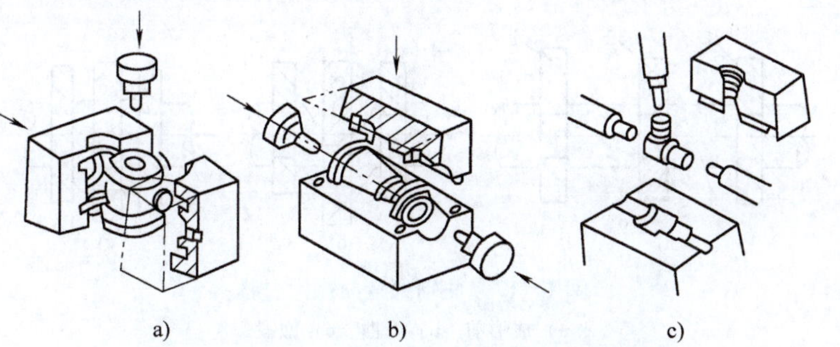

图 14-15 多向模锻示意图

a）垂直分模 b）水平分模 c）水平垂直联合分模

3）多向模锻毛坯只需一次加热，便可使锻件成形，因而能提高生产效率和节省燃料及加热设备，减少贵重金属材料的烧损和防止锻件表面脱碳。

4）由于多向模锻是闭式模锻，金属流线沿锻件轮廓分布，可提高锻件的力学性能。

5）为了满足精密模锻的要求，设备吨位要大，毛坯体积要求精确，同时还必须采用少无氧化加热。

二、多向模锻的锻模特点

多向模锻的锻模是可分式的组合模具，在设计镶块组合时要既便于制造，又便于安装，同时根据成形的特点，对型腔的复杂部位或易磨损处，可以作成镶块，以节省模具钢。

为了保证多向模锻组合凹模或冲头运动的准确性、导向性，模具上必须设置导向装置。

在多向模锻中，冲头的形状直接影响锻件内孔的成形和模锻时挤压力的大小，在设计冲头时，既要满足形状的要求，又要有利于成形。

三、多向模锻的应用

由于多向模锻具有以上特点，因此在航空、石油、化工、汽车拖拉机制造、核能工业中，有关中空架体、活塞、轴类、筒形件、大型阀体、管接头、飞机起落架、发动机机匣、盘轴组合件等锻件，已开始采用多向模锻的工艺进行生产，如图 14-16 所示，就是一些典型锻件。

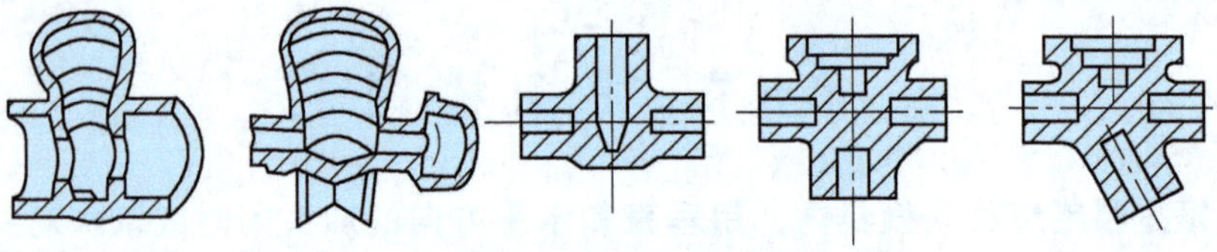

图 14-16　多向模锻件

四、曲轴类锻件的多向模锻

采用镦锻和弯曲成形曲轴，也是一种多向模锻的方法，其过程如图 14-17 所示。首先从纵横两个方向对毛坯施加压力，即在拉伸曲拐的过程中，同时将拐颊镦粗成形，每次成形一拐。下一拐成形时用已成形的拐颊定位，以保证曲拐间的相对角度。曲轴端部的法兰

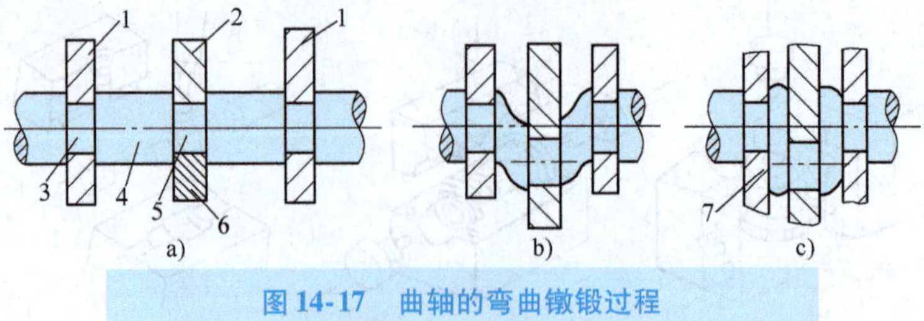

图 14-17　曲轴的弯曲镦锻过程

a）成形前　b）弯曲　c）镦锻

1—夹紧模块　2—上冲头　3—主轴颈　4—成形拐颊的毛坯

5—拐颈　6—下冲头　7—拐颊

也可用此模镦出。制造弯曲镦锻曲轴锻件操作简单，能接近零件形状，并能节省材料和切削加工工时，同时使零件具有连续的金属流线，因而能提高零件的力学性能和使用寿命。但这种方法只能适宜于具有椭圆形拐颊的曲轴，不宜锻造具有整体平衡块的曲轴。

第六节　粉末锻造

粉末锻造是粉末冶金成形方法和传统塑性加工相结合的一种金属加工方法，以金属粉末为原料、经过压制成形、烧结、热锻成形及后续处理等工序制成所需形状的锻件。它既保持粉末冶金模压制坯的优点，又发挥了锻造变形的特点。

一般粉末冶金制件，其密度通常为6.2~6.8g/mm³，经过加热锻造后可以达到金属理论密度的95%~100%。

与普通钢坯锻造相比，粉末锻造具有下列优点：

1）材料利用率高，可达90%以上；

2）力学性能高，由于材质均匀无各向异性，使锻件耐磨性显著提高；

3）锻件精度高，表面粗糙度值小，容易得到形状复杂的锻件；

4）简化了工艺流程，生产率高，容易实现自动化；

5）模具使用寿命高。

粉末锻造的工艺过程是将预成形的毛坯加热至锻造温度后，放在锻压设备上的模具中进行闭式模锻或挤压，其工序如图14-18所示。

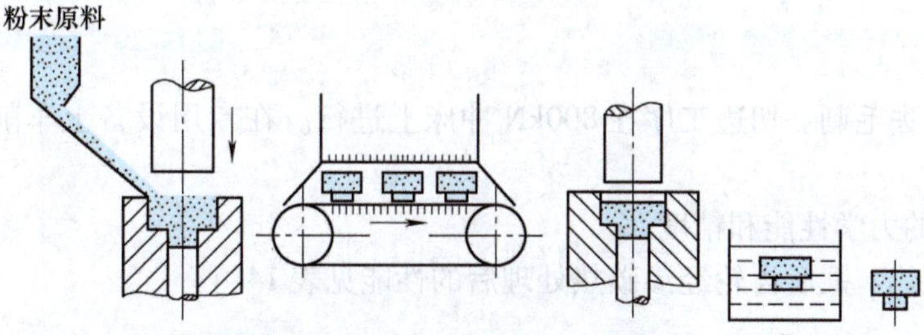

图14-18　粉末锻造工序图

a）粉末压坯　b）烧结和锻前加热　c）粉末锻造　d）淬火　e）成品

粉末锻造汽车行星齿轮的工艺介绍如下。

（1）原料粉末及技术要求　原材料配比及技术要求见表14-3。

（2）工艺过程　粉末原料→压坯成形→烧结加热→锻造→切边→去毛刺→热处理→成品零件。

表14-3　原材料配比及技术要求

成　分	Fe	Mo	C（石墨）	Cu	机油	硬脂酸锌
配比（质量分数,%）	余量	0.38~0.44	0.4~0.45	2.0	外加0.1	外加0.4
技术要求	粒度100目，经湿、干氢退火	鳞片状石墨粉，纯度>98%，粒度200目	纯度98%，200目电解铜粉	全损耗系统用油	化学纯，轻质硬脂酸锌

1）压制。行星齿轮预成形件质量为（262 ±2）g。将粉料装入预成形模具后，在1000kN液压机上施加560～620kN压力进行压制，压制后预成形件的密度为6.5～6.7g/cm³。预成形件的形状如图14-19所示。

2）烧结。烧结是在通分解氨的钼丝炉中进行的，烧结温度为1120～1180℃，保温时间为1.5～2.0h。保护气体分解氨的流量为1.5～2.0m³/h，烧结后剥层分析心部（离表层3～3.5mm）w_C(0.28 +0.07)%视为合格品。

3）加热、锻造。预成形件在中频感应加热装置中加热，温度850～950℃，在3000kN摩擦压力机上进行初锻，然后利用锻后余热（800℃左右）再在1000kN摩擦压力机上进行精锻。模具预热温度为250℃，锻造过程中用压缩空气、胶体石墨来冷却和润滑模具，锻造后齿轮密度为7.75g/cm³以上。齿轮外观如图14-20所示。

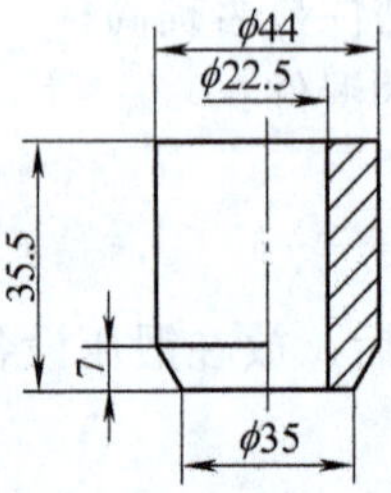

图14-19　行星齿轮预成形尺寸

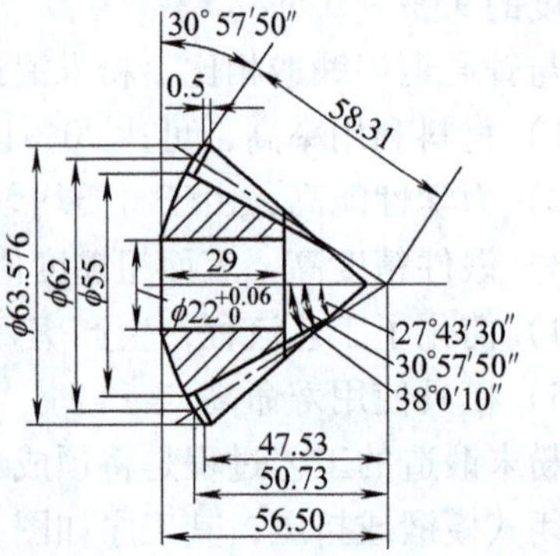

图14-20　行星齿轮

4）切边、去毛刺。切边工序在800kN冲床上进行。在专用设备上车削去平面、后锥面毛刺。

（3）齿轮的力学性能和精度

1）力学性能。锻后齿轮经渗碳热处理后的性能见表14-4。

表14-4　粉锻齿轮与钢坯（加工）齿轮性能比较

材　料	热处理状态	力学性能					
		R_m/MPa	$\sigma_{0.2}$/MPa	A（%）	Z（%）	σ_{bb}/MPa	a_k/J·cm^{-2}
18CrMnTi	渗碳、淬火、回火	1660	1590	0.5	1.0	2550	0.34
(Fe-0.4%Mn)-0.25%C-2.0%Cu	渗碳、淬火、回火	1670	1360	0.5	1.0	2350	0.30

2）齿轮精度。齿轮成品达到：①齿轮齿面表面粗糙度 *Ra*3.2～1.6μm。②在综合检查仪上转动一周跳动量<0.15mm。③接触精度沿齿高方向>40%，沿齿长方向>50%。

第七节　电热镦锻

在一些零件的锻造过程中，有时为了给头部聚积足够的金属，当聚积工步次数达4次以上时，生产率就较低。为了解决这一工艺问题，出现了电加热镦粗工艺，简称电镦。聚积金属可一次完成，提高了生产率。

电镦工艺是在接触加热的同时对毛坯进行镦粗，毛坯加热和镦粗是局部连续进行的，因此毛坯被镦粗长度不受镦粗规则限制，一次镦粗的最大长径比 l/d 可达 15～20。例如用平锻机制造的气阀锻件，工步达 5 个之多，若用电镦工艺聚料，只需电镦与终锻两个工步成形即可，如图 14-21 所示。电镦工艺除解决多次聚积金属的困难外，还具有劳动条件好、加工余量小、材料利用率高等优点。电镦后可在头部得到合理的纤维分布，组织致密，晶粒度可达 6～7 级。电镦工艺可以采用结构简单、通用性强的夹具，也适用于中小批生产。

毛坯镦粗过程如图 14-22a 所示。1 是始镦位置，这时镦粗部分较短，可使毛坯温度迅速升高并防止镦粗段的温度不均匀和出现镦弯现象，2 和 3 是中间过渡状态和终镦位置。终镦后镦粗段成蒜头状，温度保持在1000～1200℃，随即断电，卸去顶镦液压缸和夹紧液压缸的压力，松开夹头，将锻件送到压力机上终锻成形。电镦变形除在自由状态下进行外，还可以在形状简单的凹模中进行，如图 14-22b 所示。成形镦粗所得形状比较规则，但镦粗力比自由镦粗增加 60%～70%。

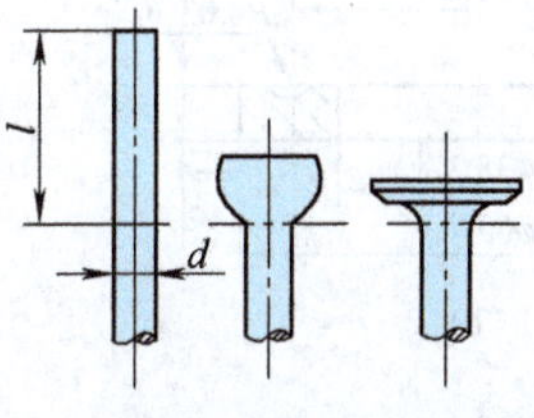

图 14-21 气阀电镦工艺

a）原毛坯 b）电镦后毛坯 c）压力机终锻的锻件

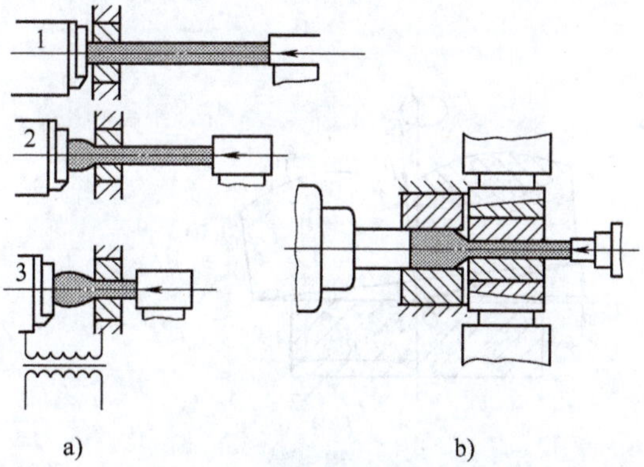

图 14-22 毛坯的镦粗过程

a）自由镦粗 b）成形镦粗

第八节 摆动辗压

摆动辗压是加工轴对称盘形零件的一种先进工艺方法，可用于冷、温、热成形。

一、摆动辗压工艺特点

摆动辗压时工件局部受力，变形过程是小变形的逐步积累，极限变形程度比常用的锻压方法高 10%～15%，所需变形力只相当于常用锻压设备的 1/5～1/20。但设备本身的结构复杂，要求机架的刚度高。热辗时，由于工件在模具内停留时间长，因此对模具材料有一定影响，并要求有制坯工序及相应的配套设备。

二、摆动辗压的工作原理

摆动辗压的上模与工件上表面型线一致，圆锥体安装在摆头上，如图 14-23 所示。摆头的轴线 OO 与机床主轴线 OM 成一定的倾斜角，称为摆角，一般 $0<\gamma<6°$，常用 $2°\sim3°$。OP 绕 OM 回转，随着安装在摆头上的上模在工件上不断滚动，局部、顺次地对工件施加压力，同时摆头向下（或下模带着工件向上）不断进给，使工件在一个不大的接触面积内产生变形，并呈螺旋面逐渐扩展，积累起来而最终按下模型腔成形，即得到最终成形的锻件。在设计时应尽量把形状复杂的部分放在下模，使上模型线简单。另外，摆头的接触面应有较小的表面粗糙度值，同时辗压时应有良好的润滑。

三、摆动辗压实例

零件名称：推力轴承套圈，材料：GCr15。材料经过加工和退火处理后，冷辗出滚道，如图 14-24 所示。上模摆动速度为 120r/min，进给量为 0.125mm/s，成形时间 4s，整形时间 2s，上摆角 2°54′，实测摆辗力为 19 ~ 31.8kN。

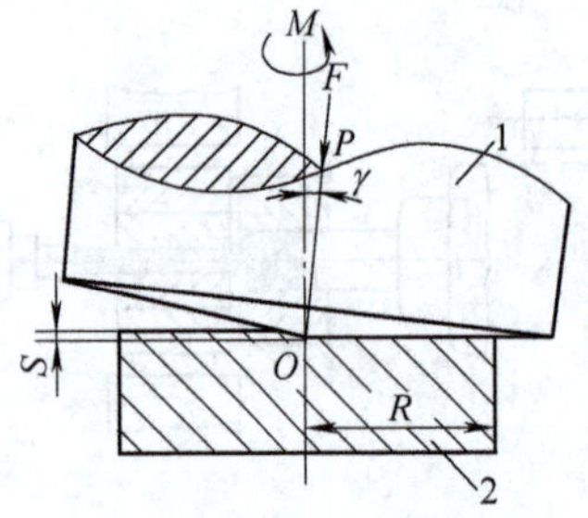

图 14-23 摆动辗压原理

1—摆头 2—工件

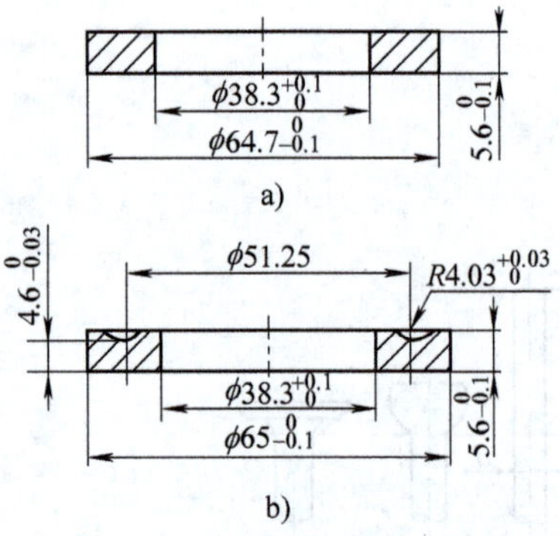

图 14-24 推力轴承套圈

a）毛坯 b）成品

零件经冷辗后有显著的冷作硬化现象。辗沟的显微硬度比车削沟的提高 1.9 倍，热处理后辗沟的洛氏硬度比车削沟的提高 1.2 倍。冷辗后的变形组织在热处理后仍有部分保留。金属纤维连续，流线与工件工作时受力方向垂直。用于汽车驾驶盘轴上时，较磨削的套圈使用寿命提高 2 ~ 3 倍。

第九节 液态模锻

液态模锻是利用液态金属进行模锻的一种方法。它和压铸的不同之点是，压铸时金属靠散热冷却来结晶，而液态模锻是在压力作用下结晶，因此其结晶组织和相应的力学性能比压铸好，甚至超过轧材。因为液态模锻时，金属液体温度很高，且在模具中需要停留一段时间，故对模具钢要求有高的热硬性和热疲劳强度。对有色金属及其合金，当其熔点不高时，采用液态模锻效果显著。而对于黑色金属及其合金，由于模具使用寿命不好解决，推广受到很大的限制，因此，国内外均还处于发展阶段。

思考与练习题

14-1 什么是辊锻，有何特点？什么零件适合辊锻？

14-2 什么是粉末锻造，有何特点？说出粉末锻造工艺流程。

14-3 什么是电热镦锻，适合什么样的零件成形。

14-4 叙述你所了解的其他特种模锻工艺的特点。

第三篇

冷锻工艺与模具设计

第十五章 冷锻工艺概述

第一节 冷锻的定义

冷锻是相对于热锻的“冷态锻造”的简称。作为一种少、无切削的制造工艺方法，在生产领域已得到广泛应用。冷锻工艺已成为一门独立的应用技术。

所谓冷锻是指在冷态条件下的锻造加工，通常是在室温条件下，利用安装在设备上的模具将块状金属坯料压缩成形为具有一定形状及一定使用性能的零件的塑性加工方法。也称冷体积成形。

“室温”或“冷态”是习惯说法，严格地讲，两者不能作为同义语使用。冷态实际上是指再结晶温度以下的温度状态。因此，冷锻实际上是指在金属再结晶温度以下进行的各种体积成形。一些金属的最低再结晶温度见表 15-1。不难看出，对铅、锡进行的成形加工，即使在室温下，也会连续不断地发生再结晶而不产生加工硬化现象，这类材料在室温下进行的锻造，都不能称做冷锻。

表 15-1　一些金属的再结晶温度

金　属	最低再结晶温度/℃	金　属	最低再结晶温度/℃
铁和钢	360～450	锡	0
铜	200～270	铅	0
铝	100～150		

冷锻包括镦锻、模锻、挤压、压印等工艺，其中挤压工艺的研究和发展最为迅速。冷轧、冷拉、冷拔也属于冷体积变形范畴，这类塑性变形工艺主要用于金属板、棒、管、线、型材等坯料的一次塑性加工，一般较少用于单个零件成形的二次塑性加工，本篇不作详细介绍。

综上所述，冷锻应该定义为在金属最低再结晶温度以下，利用设备和模具对其进行压缩变形为主而获得成形零件的塑性成形工艺方法。通常称室温下块状金属材料的塑性成形为冷锻。

冷锻成形的具体工艺实施方案及具体方法称为冷锻工艺；所使用的模具称为冷锻模。按照对模具的分类，它属于锻造模，锻造模包括热锻模和冷锻模等。

第二节　冷锻的特点

冷锻与热锻、粉末冶金、铸造及切削加工相比，具有以下主要优点：

1）工件精度高，强度性能更好；

2）节省原材料，且不会因加热而污染环境；

3）生产效率高，易实现自动化；

4）加工的综合成本较低。

由于冷锻工艺具有这些优点，它已越来越多地用来大量生产软质金属、低碳钢、低合金钢零件。但是冷锻的优点往往不能用简单的方法发挥出来，因为冷锻成形（尤其是合金钢的冷锻）有一些特殊的要求：

（1）要求设备吨位较大　由于冷锻的变形抗力大，例如冷挤压时，单位挤压力达到毛坯材料强度极限的4～6倍甚至更高。

（2）对模具材料要求高、模具制造复杂　由于单位冷锻力时常接近甚至超过现有模具材料的抗压强度极限，冷挤压时的单位挤压力高达2500～3000MPa，压印或精压时有的高达3500MPa。所以对模具材料要求很高，而且需要设计、制造两至三层的预应力组合凹模。

（3）对所加工的原材料要求高　冷锻时材料变形量大，坯料的高度可能被镦至原来的几十分之一；坯料的截面积可能被挤至原来的几分之一至几十分之一，为了避免加工过程中的多次退火，必须注意选用组织致密和杂质少（特别是易导致钢冷脆性的磷的含量要低）的材料。冷锻件一般在锻后不再进行精加工，所以必须选用精度好的坯料。冷锻后要进行切削加工的零件，须选用易切削材料。冷锻后要进行淬火的零件，则需选淬透性好的材料。材料的这些性质和它的冷锻工艺性往往正好相反，因而需要研制适合冷锻的新材料以满足加工的要求。

（4）所用毛坯往往要进行软化退火和表面磷化皂化等润滑处理　润滑对冷锻来说非常重要。目前常用的磷化皂化方法是有效的，但是工序多、周期长。在连续镦锻工艺中，坯料是在压力机上剪切后再进行冷锻加工，无法用磷皂化来处理剪切面，这就需要用新的润滑方法，专门研制的高分子涂剂及专用配方的润滑液来满足这类工艺的要求。

第三节　冷锻的发展

冷锻的发展历史较长，人类最早的加工方法就是冷作加工。根据文献记载和考古证明我国早在殷朝（公元前11世纪），就已经用冷作方法制造了黄金箔。商周时代又用这种方法制造了铜、铁器皿。世界上最早应用钣金冷接合技术和加工成形的第一个冷锻件就是我国战国时期（公元前475～221年）的纯铜槌胎薄铜缶（容器）。这种纯铜缶被槌成壁厚1～2mm，分上、下两半，槌圆后再冷咬接在一起。公元前1世纪凯尔特人在室温下利用模型把具有足够塑性的金锭压印成货币或装饰品。世界上第一枚金币是公元前8世纪的罗马帝国制造的。俄罗斯于公元14世纪制造了银币。

线材通过拉丝模的拉丝，最晚也是从文艺复兴时代（16世纪）开始的。把线材切断，将其头部镦粗制成铁钉的作业，大致也有几百年的历史。

现代冷锻技术是从18世纪末开始的。法国人在法国革命时代把铅从小孔中挤出制成枪弹，开始了冷挤压。1830年在法国已经有人开始利用机械压力机，采用反挤压方法制造铅管和锡管。1906年美国为了制造黄铜的西服袖扣，已经有人取得了正挤压空心杯形坯料的专利权。1909年美国人获得专利的Hooker法——正向冲挤法，金属流动方向与冲挤方向相同，就是在购买了1906年的专利之后发展起来的。该专利中的杯形坯料，是采用深拉法制造的。

第一次世界大战中，曾用Hooker法制造了黄铜弹壳，而在第二次世界大战以前的1934年，德国人就利用这种方法试制了钢弹壳，但因热胶着严重，没有成功。直到第二次世界大战中期，由于采用了新的表面润滑处理方法——使工件表面形成磷酸盐薄膜，挤压方法制造钢质子弹壳获得成功。自此，冷挤压技术走向实用，成为冷锻技术中应用最广泛的一种方法。

最近几十年里，冷锻技术的发展更加迅速。1968年成立了国际冷锻协会ICFG。很多国家都成立了相应的研究机构。这对冷锻学术交流及生产应用都起到了重要的作用。

冷锻技术的发展与汽车工业的发展是离不开的。相当多的中、小汽车零件是冷锻成形的。因此凡是汽车工业发达的国家（如日本、美国、德国），他们的冷锻技术水平也都较高。目前，冷锻件的形状类型已达1000多种；冷锻零件质量最少为几克，最大达30多公斤；冷锻材料由铝、铜及其合金、软钢逐步发展到中碳钢、中碳合金钢和不锈钢、高速钢等；冷锻件的表面粗糙度Ra可达1.6~0.8μm；冷锻件尺寸精度可达IT7级。

目前，我国冷锻技术的研究水平还是较高的，在冷锻技术推广方面，也曾积极倡导推广，一度达到轰轰烈烈的局面。但发展速度较为缓慢，主要原因是：

1）汽车工业不发达，汽车零部件生产厂点多、批量小，达不到规模经济生产，是冷锻未能推广普及的主要原因。

2）发展冷锻生产的观念和方法影响了冷锻技术的提高。我国早期在推广冷锻生产技术时，不同程度地忽视了冷锻技术的难度，缺少各方面的技术配套。

3）缺少专用冷锻压力机，用通用压力机代用，满足不了冷锻工艺的特殊要求。

4）优质冷锻模具材料供应不足。

5）缺少冷锻专用钢种，虽有标准件用冷镦钢，但品种少、规格小，不能满足较大零件冷锻的要求。

综上所述，我国冷锻生产由于种种原因，未能得到健康成长。近年来，我国汽车工业、摩托车工业得到迅速发展，给冷锻技术应用带来了新的机遇。当代轿车某些关键部件，从设计开始就是立足于精密锻造，从结构方面很难用机加工方法来代替，这些关键零部件的国产化，大大促进了精密锻造特别是冷温锻造的发展。

近些年来，我国的冷锻技术在拖拉机、轻工、机械、仪器仪表及电子元件等行业得到了较广泛的应用，钢、铝及铝合金的冷锻加工技术日趋成熟。奥氏体不锈钢、轴承钢等材料的冷锻加工已崭露头角，并成功地实现了如斜齿轮、斜花键类零件的冷锻加工。我国冷锻加工零件的材料有铝及铝合金，锡及锡合金，银、镍、镁、锌、镉合金、可伐合金等非铁金属；铁金属中除碳钢、合金结构钢、轴承钢之外，还有若干品种的高速钢。

在冷锻技术理论研究方面，我国正在追赶世界先进水平。在采用静液挤压、精冲与冷锻相结合等新工艺方面，在应用计算机辅助冷锻工艺和模具设计等新技术方面，已经有了较好的进展。如果能有效地克服前述的推广和应用冷锻技术中面临的若干困难，我国冷锻技术的理论与实践一定会有更大的发展。

思考与练习题

15-1 何谓冷锻？冷锻与热锻、温锻有什么异同处？

15-2 查出铅、锡、铝、铜、铁等金属的熔点温度。

15-3 冷锻工艺有哪些特点？

15-4 查阅资料了解国内、外冷锻技术发展情况。

15-5 影响我国冷锻技术推广的主要因素有哪些？

第十六章 冷锻工艺的基本工序

冷锻工艺作为单个零件的冷态锻造的二次塑性加工工艺，主要包括镦锻、挤压、压印、模锻等基本工艺。本章将介绍冷锻各基本工艺的定义、变形特点、成形机理及模具工作部分的设计要点。

第一节 镦 锻

冷镦锻是利用冷锻设备通过冷锻模具对金属坯料施加轴向压力，使其产生轴向压缩横向变粗的冷锻成形方法。镦锻的特点是坯料的横截面积增大。根据坯料变形部位的不同以及模具工作部分形状的不同，镦锻可分为：镦粗（整体镦锻），如图 16-1a、b 所示；顶镦（镦头）如图16-1c、d 所示；中间锻粗，如图 16-1e、f所示。

螺母、螺钉、铆钉及双头螺栓类零件，就是分别经镦粗、镦头及中间镦粗而成形出来。

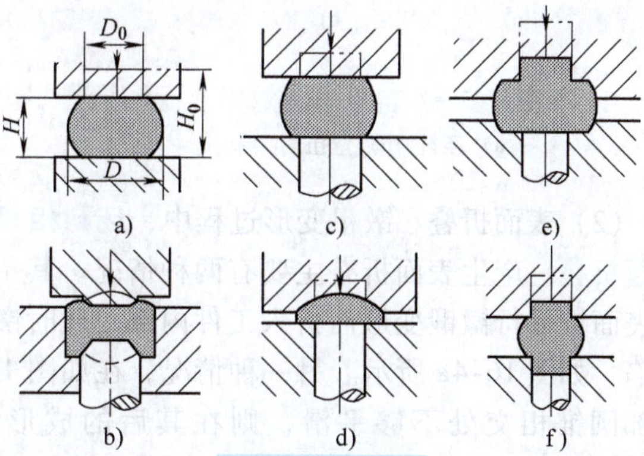

图 16-1 镦锻

一、整体镦粗

整体镦锻，是使整个坯料由轴向压缩转为横向扩展的一种镦锻工序。它是镦锻加工中最典型的基本工序。而且模锻、挤压等工序中也都含有镦粗的变形过程。

（一）变形分析

镦粗的变形特点已在热锻部分（见第十章第二节）做了较为详细的介绍，在此就不再赘述。

镦粗变形过程中的主要工艺参数是高径比和镦粗率。高径比是指坯料的高度 H_0 与直径 D_0 之比，即 H_0/D_0，如图 16-1a 所示。高径比是选择和计算坯料的参数，根据体积不变条件和冷锻件的尺寸要求，可计算出坯料的高径比。通常一次镦粗的 H_0/D_0 值不能大于 2~2.5，这是自由镦粗的成形极限参数。镦粗率是指镦锻前后高度变化与原始高度之比，可以表示为

$$\varepsilon_H = (H_0 - H)/H_0 \times 100\% \tag{16-1}$$

镦粗率 ε_H 是一种相对应变，表示了镦粗的变形程度。镦粗变形程度还可以用对数应变 ε 来表示，即

$$\varepsilon = \ln(H_0/H) \tag{16-2}$$

（二）镦粗常见的缺陷及其预防

镦粗变形过程中可能会产生以下的缺陷，影响镦粗件的质量。

（1）轴向弯扭　**轴向弯扭是指镦粗时坯料因被轴向压缩产生失稳而出现弯扭的现象**，如图 16-2 所示。引起轴向弯扭的原因有：坯料高径比太大；坯料本身有弯曲；坯料端面不平；冲头或凹模端面倾斜等。对于高径比大于 2.5 的镦粗，很难避免轴向弯扭的产生。在这种情况下，可以采取图 16-3 所示的措施，分两次进行镦粗。首先用内锥形上模预镦成锥形件，再用成形镦粗方法，可避免产生轴向弯扭。

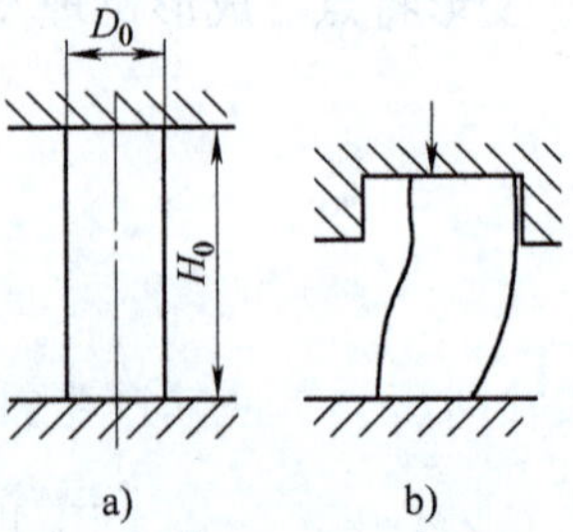

图 16-2　镦粗弯扭现象

a）坯料　b）弯扭

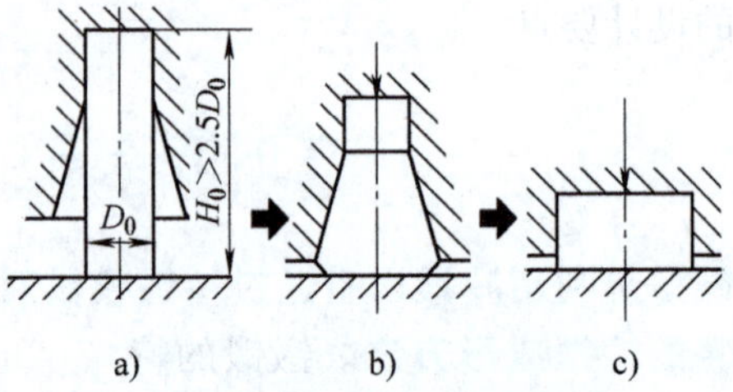

图 16-3　防止弯扭的镦粗

a）坯料　b）预镦　c）成形镦

（2）表面折叠　镦粗变形过程中，**坯料相邻表面重叠在一起而压入表层的缺陷称为表面折叠**。产生表面折叠主要有两种情况。其一为已经产生轴向弯扭而继续镦粗时，相邻表面被强行镦锻变形而折入工件内部，此时镦粗件外形虽然看似完好，但已形成内部缺陷，如图 16-4a 所示。另一种情况，在如图 16-3 所示的预镦中，如果上部的圆柱与下部圆锥相交处不够平滑，则在其后的成形镦锻时会产生如图 16-4b 所示的折叠缺陷。

（3）表面裂纹　**镦粗表面裂纹主要表现为纵向裂纹和斜向裂纹两种情况**，如图 16-5 所示。产生表面裂纹的原因有：镦粗变形时外侧金属受切向拉应力作用，当拉应力超过其极限时就会产生拉裂；材料本身表面有伤痕或纤维组织粗大等缺陷。

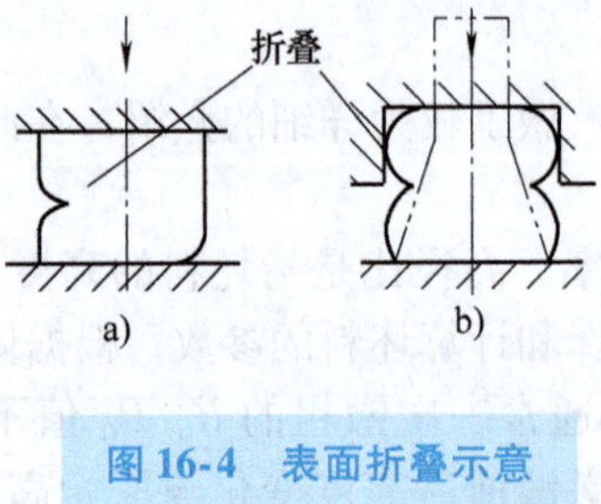

图 16-4　表面折叠示意

a）弯曲折叠　b）环形折叠

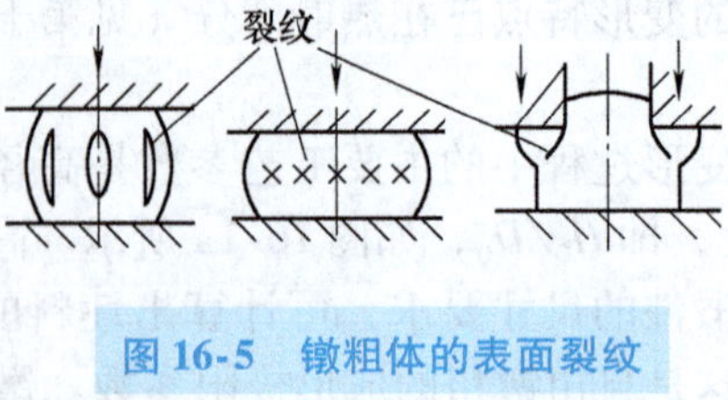

图 16-5　镦粗体的表面裂纹

选用塑性好的材料、采用锥形模镦粗或者采用半封闭模的镦锻可以防止这种缺陷，另外改

善端面润滑可以使不均匀变形得到缓解，从而使外侧材料所受的拉应力减小，也有一定的成效。

（4）内部裂纹　如图 10-18 所示的圆柱体平砧拔长（实质上砧下的材料是镦粗）时，心部受到附加拉应力作用导致开裂，采用 V 形砧拔长可以防止这种缺陷。

（5）鼓形　鼓形（鼓肚）是镦粗变形规律的表现，不应该算作镦粗的缺陷。但是，对于外侧面要求平直的镦粗制品，存在鼓形当然是一种质量问题。消除或减小鼓形的工艺措施主要有：改善模具与毛坯接触面的润滑条件；改自由镦粗为半封闭式镦粗；采用铆镦方法，即先将坯料两端局部镦锻变形，再重击以镦锻出中部呈内凹形，然后镦成圆柱形，如图 10-5 所示。这种方法既能避免鼓肚形，也能防止裂纹的产生。

二、顶镦（也称为镦头）

顶镦是在坯料一端的头部产生轴向压缩、横向扩展的镦锻工序（图 16-6）。顶镦的变形本质与镦粗工序完全相同，其出现质量问题的原因及预防方法也应该与镦粗工序相同。但是，两者在模具工作部分的设计上存在不同之处，主要有以下几点：

1）顶镦所用凹模要有夹持好坯料不变形部分的功能，凹模口部边缘应有圆角。

2）顶镦外凸曲面形镦头件时，凸模工作部分的形状要有相应的内凹曲面形状。凸模内凹中心处一般设计出气孔（图 16-6b）。如果端面形状精度要求较高，凸模面上不允许有出气孔，可用预成形或机加工法加工出符合要求的圆弧端面后再顶镦。

3）头部形状复杂（如螺栓六角头等）的工件顶镦时，应按多次顶镦逐步成形的工艺方案进行模具设计。

三、中间镦粗

中间镦粗是指使坯料的中间部位产生轴向压缩横向扩展的镦锻工序，如图 16-7 所示。其变形实质与镦粗基本相同。

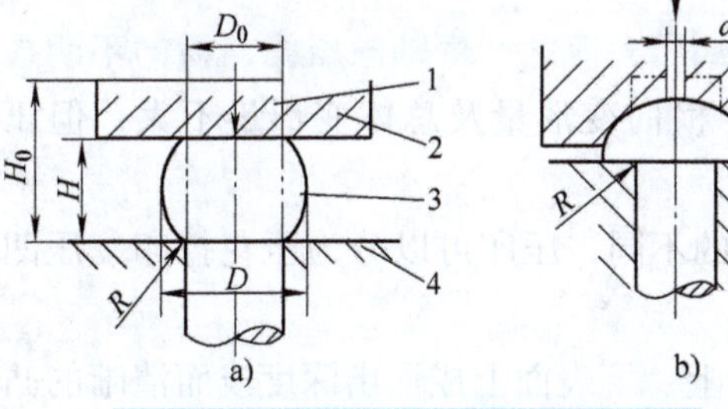

图 16-6　顶镦

1—坯料　2—冲头　3—工件　4—凹模

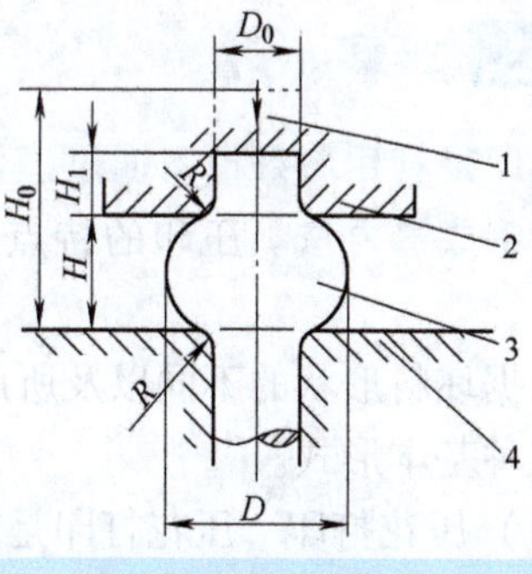

图 16-7　中间镦粗

1—坯料　2—冲头　3—工件　4—凹模

第二节　型锻与压印

一、型锻

型锻是利用冷锻设备通过模具对金属坯料施加压力，使其产生横向压缩变形的冷锻成

形方法。型锻的特点是坯料的横截面变薄。实际生产中，型锻通常在锻锤的型砧上进行，故而得名。

根据坯料变形部位的不同，型锻可分为端部拔长和中间压扁两种基本工序，如图 16-8、图 16-9 所示。

(1) 端部拔长　端部拔长是使坯料的一端沿其横向压缩、轴向伸长的一种型锻工序。其变形特点在热锻中已做了详细的介绍，见第十章第二节。

(2) 中间压扁　中间压扁是在坯料的中间部位沿其横向压缩而变薄的一种型锻工序，如图 16-9 所示。

1) 轴向伸长的压扁。中间压扁时，阻碍材料在宽度方向上的扩展，迫使其沿轴向扩展，变形结果如图 16-9a 所示。

因此，对长毛坯的拔长，也如同这种中间压扁一样，采取由中间向一端分步进行的方法，都是基于此同一理论指导。

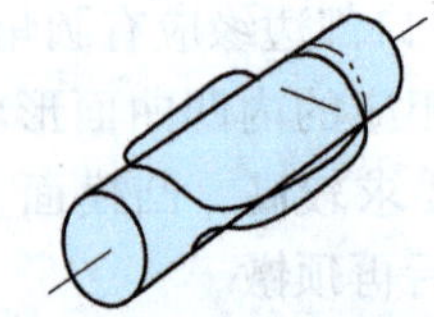

图 16-8　型锻件

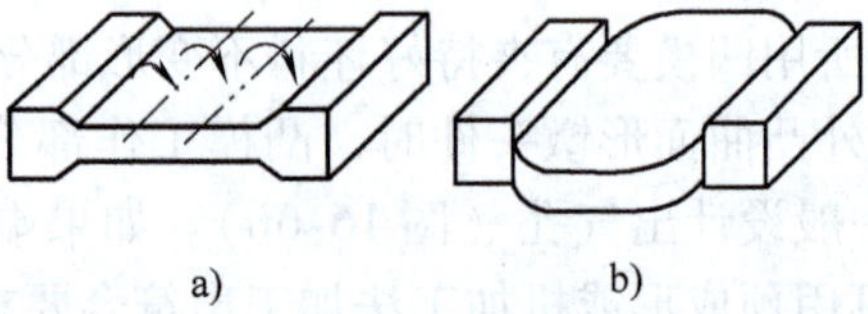

图 16-9　中间压扁

a) 轴向伸长压扁　b) 展宽压扁

2) 展宽压扁。中间压扁时，由于变形区内轴向变形阻力大于宽向变形阻力，材料沿宽度方向扩展相对容易，而且由于变形区的轴向切应力相对增大，不变形区对变形区的剪切阻力的作用相对减弱。其变形结果如图 16-9b 所示。

二、压印

压印是利用冷锻设备通过模具对金属坯料施加压力使之产生轴向压缩、横向不明显扩展的冷锻成形方法。压印的特点是压缩量不大，横向变形量及总体变形量不大，但压力很大。

依据坯料形状的不同以及所用模具结构特点的不同，压印可以分为压花打印、压凹及精压三种基本形式。

(1) 压花打印　压花打印是在平板形坯料的上、下表面上成形出深度浅而清晰的凸凹花纹、图案或文字符号的一种压印工序。如图 16-10 所示，图 16-10a 所示为双面压花，如各种硬币的制造；图 16-10b 所示为打印文字符号，其打印出的文字符号深度 h 相对于坯料的厚度（高度）很小，一般无需凹模。

(2) 压凹　在坯料的端面上成形出有一定深度的凹坑的压印工序称为压凹。压凹压出的凹坑深度比压花打印的深度要大一些，但坯料的横向变形量及总变形量并不很大，如图 16-10c所示。压凹不仅可以成形出带有凹坑的冷锻零件，也可以为挤压、平面精压等工序制坯。

(3) 精压　精压是为提高半成品的尺寸精度及形状精度而进行的轻微压缩变形的一种

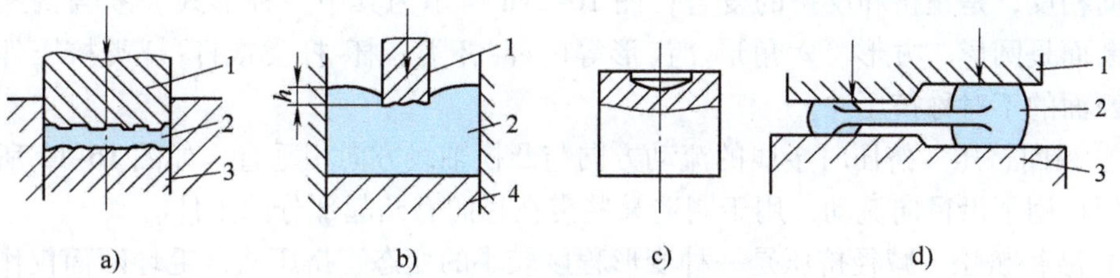

图 16-10　压印

a)、b) 压花打印　c) 压凹　d) 精压

1—冲头　2—工件　3—凹模　4—垫块

压印工序（图 16-10d），分为立体精压和平面精压。其中平面精压应用较多，虽然变形量很小，但压缩面积大，因而变形力很大。

第三节　挤　　压

冷挤压是在冷态下，将金属毛坯放入模具模腔内，在强大的压力和一定的速度作用下，迫使金属从模腔中挤出，从而获得所需形状、尺寸以及具有一定力学性能的挤压件。

一、冷挤压工艺分类及冷挤压金属变形特点

（一）冷挤压工艺分类

根据金属被挤出方向与加压方向的关系可将冷挤压分为以下几种。

（1）正挤压　金属被挤出方向与加压方向相同。图 16-11a 所示为实心件正挤压，图 16-11b所示为空心件正挤压。挤压件的断面形状既可以是圆形也可以是非圆形。

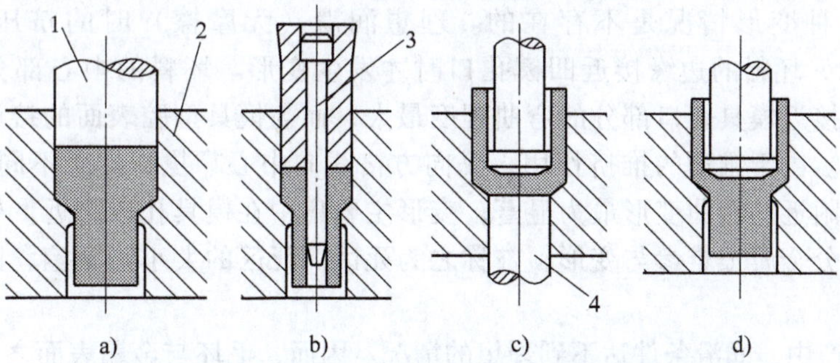

图 16-11　冷挤压的基本工艺类型

a）实心件正挤压　b）空心件正挤压　c）反挤压　d）复合挤压

1—凸模　2—凹模　3—芯棒　4—顶杆

（2）反挤压　金属被挤出方向与加压方向相反，图 16-11c 所示为反挤压形式之一。反挤压法适用于制造断面是圆形、矩形、“山”形、多层圆形、多格盒形的空心件。

（3）复合挤压　一部分金属的挤出方向与加压方向相同，另一部分金属的挤出方向与

加压方向相反，是正挤和反挤的复合，图 16-11d 所示为其中一种形式。复合挤压法适用于制造断面是圆形、方形、六角形、齿形等的杯-杯类、杯-杆类或杆-杆类挤压件，也可以是等断面的不对称挤压件。

（4）径向挤压　挤压时金属的流动方向与凸模轴线方向相垂直，如图 16-12 所示。金属在凸模作用下沿径向流动，用于制造某些需在径向有凸起部分的工件。

（5）减径挤压　减径挤压是一种变形程度较小的变态正挤压法，毛坯断面仅作轻度缩减，如图16-13所示。主要用于制造直径差不大的阶梯轴类挤压件以及作为深孔薄壁杯形件的修整工序。

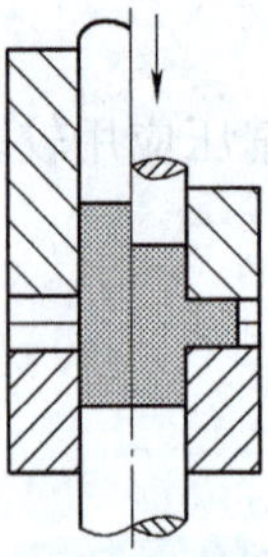

图 16-12　径向挤压

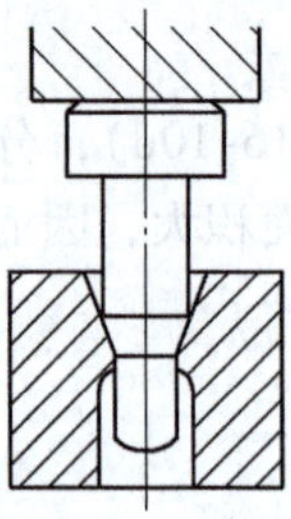

图 16-13　减径挤压

减径挤压的挤压力低于坯料的屈服强度。坯料不会产生镦粗，因此其模具可以是开式的，减径挤压也称“开式挤压”或“无约束正挤压”。它特别适合于长轴类件的挤压，是加工多台阶轴的有效方法，并适合于加工沟槽浅的花键轴和三角形齿花键轴。

（二）冷挤压金属的变形分析

（1）正挤压变形分析　图 16-14 所示为正挤压实心件的金属流动网格图。假如凹模出口形状和润滑状态是理想的话，则挤出的材料变形情况如图 16-14b 所示，是均匀的、无剪切变形的理想变形。但是，由于外部摩擦、工件形状、变形程度等各种因素的影响，实际上这种变形情况是不存在的。理想润滑（无摩擦）时的挤压金属变形如图 16-14c所示，坯料的边缘接近凹模孔口时才发生变形。坯料的中心部分横格线向挤压方向弯曲，接近模具孔口部分的弯曲程度最大，而与模具型腔表面的接触部分，却倾向于停留不动。由于锥面的推挤作用，纵向方格线向中心靠拢，发生不同程度的扭曲，位于模具孔口附近的扭曲变形最为显著，变形主要集中在模具孔口附近。处于凹模下底面转角处的部分金属很难参与变形，被称之为死区。死区的大小与摩擦、凹模锥角、变形程度有关。

在实际生产中，润滑条件达不到理想的情况。因而，毛坯与金属表面之间的摩擦会使变形不均匀程度加剧，如图 16-14d 所示，网格歪扭更严重，死区也相应较大。

正挤压时坯料大致分为：变形区、不变形区（又分为待变形区、已变形区和死角区），如图 16-15 所示。因为变形区始终处于凹模孔口附近，只要压余厚度不小于变形区的高度，变形区的大小、位置都不变，所以正挤压变形属于稳定变形。

（2）反挤压的变形分析　对于如图 16-16a 所示的高度大于直径的毛坯进行反挤压时，便会产生如图 16-16b 所示的稳定变形状态。在凹模底部和虚线之间的金属无大的变形，两虚线之间是强烈变形区，而在虚线以上与凸模端面之间是不参与变形的黏滞区（死角

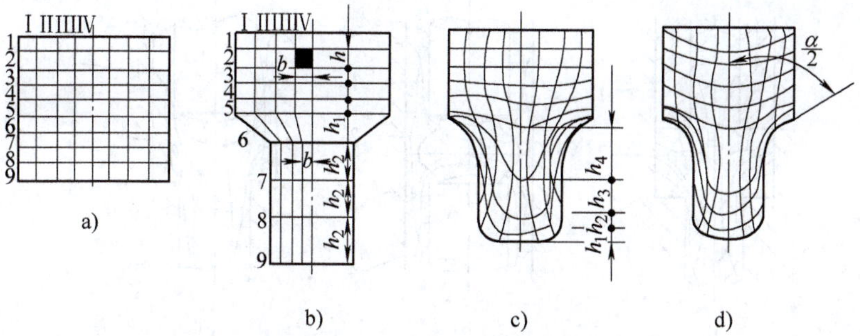

图 16-14　正挤压变形的网格示意
a）变形前　b）理想变形　c）理想润滑时的变形　d）实际变形

区）。在稳定变形中，黏滞区和强烈变形区的大小保持不变，其位置随凸模的下行逐渐下移，而毛坯下部不变形区的高度也随之减小。当底厚减小到一定值时，底部的全部材料都向外侧流动，产生如图 16-16c 所示的非稳定变形状态。

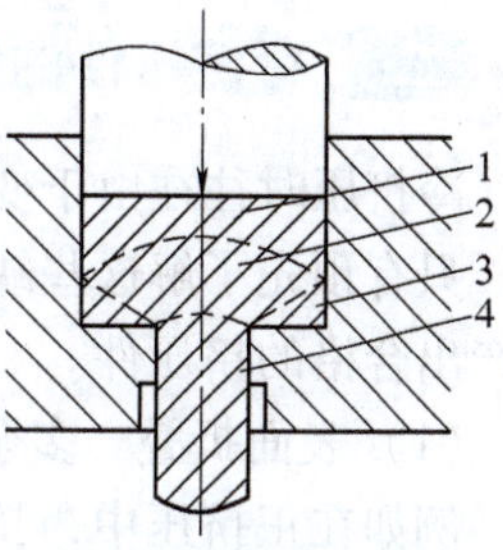

图 16-15　正挤压变形分区
1—待变形区　2—变形区
3—死区　4—已变形区

由图 16-16 可以看出，反挤压时内壁的变形剧烈程度大于外壁，强烈变形区的金属一旦到达筒壁后，就不再继续变形，仅在后续变形金属的推动下，以刚性平移的形式向上运动。

图 16-17 所示是反挤压变形区分区情况，坯料变形时可分为如图所示的 5 个区。由变形区特点来看，除了挤压最后阶段（压余厚度小于 2、3 两区的总高度），反挤压过程的变形也属于稳定变形。

（3）复合挤压变形分析　复合挤压是正挤压和反挤压的组合，有多种组合（图 16-18）。复合挤压存在向不同出口挤出流动的分界面，即分流面。分流面的位置影响两端金属的相对挤出量，但由于受到零件形状及变形条件（如模具结构、摩擦润滑等）的影响，分流面至今尚未有简单确定的方法。

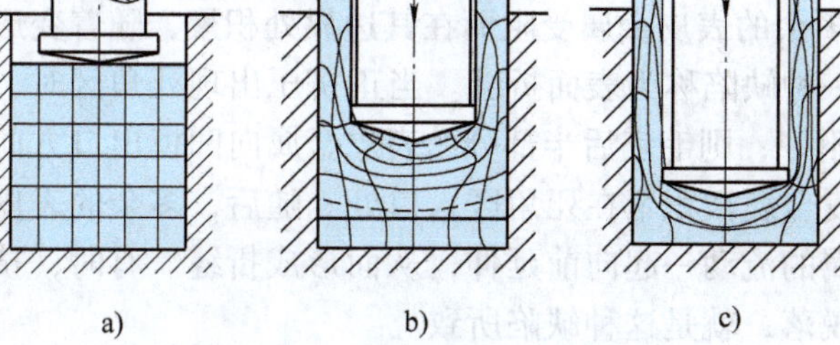

图 16-16　反挤压变形网格图
a）变形前　b）稳定变形　c）非稳定变形

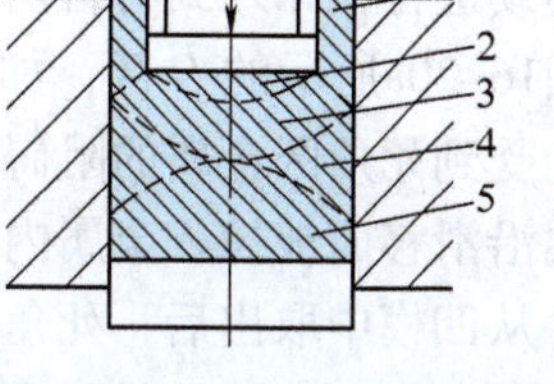

图 16-17　反挤压变形分区
1—已变形区　2—死角区　3—变形区
4—过渡区　5—待变形区

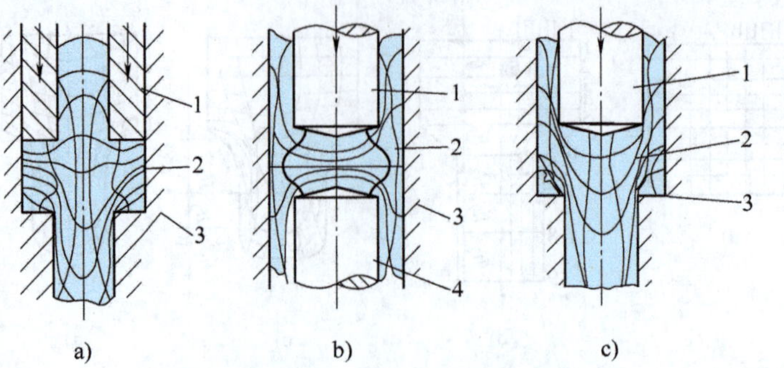

图 16-18　复合挤压变形的网格图

a）杆-杆　b）杯-杯　c）杯-杆

1—凸模　2—工件　3—凹模　4—下凸模

二、冷挤压件的常见缺陷

冷挤压时往往由于变形工序设计不妥，会使毛坯在挤压成形过程中产生各种缺陷。因此，只有预先了解这些缺陷的成因，才能在设计变形工序时，采取有效的解决办法以确保生产出合格的挤压件。

（1）表面折叠　多余的表皮金属被压入毛坯表层所形成的缺陷，称为表面折叠。

例如在正挤压中，挤压头部较粗大的杆形件，需要采用两道成形工序。如果在第一道正挤压工序中工件的头部与杆部连接处圆弧太大或相应锥角太小，则在第二道成形工序中因凹模的圆角半径较小，便有可能使坯料过渡区部分的材料被压入端部的底平面上，而形成如图16-19a所示的折叠。又如，反挤压时凹模底部设有较大的圆角半径，而毛坯底部为直角过渡，在挤压过程中就会产生折叠，它的形成过程如图 16-19b、c 所示，如果挤压变形继续进行，这种折叠还会被移到工件的侧面。

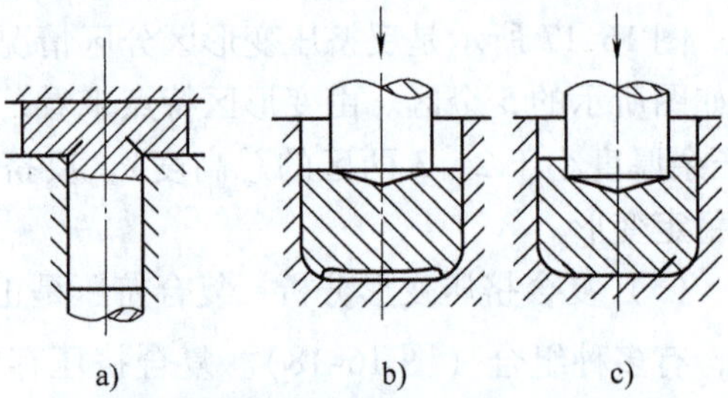

图 16-19　表面折叠

a）正挤压折叠　b）、c）反挤压折叠形成

（2）表面折缝　在变形过程中，多余的表皮金属受阻而在其边界处积聚，随着变形的继续进行，深入到材料内部所形成的一种缺陷称为表面折缝。当正挤压出现死角区时，如图16-20a所示的 D 区，如果润滑条件不好，则毛坯后半部分的表皮金属向凹模出口方向滑动受到死角区金属的阻碍，多余的表皮金属被积聚在死角区入口处。随后，多余的表皮金属沿滑移面被拉入金属内部，并随金属的流动一起向前延伸，从而形成折缝。有时，挤压件从凹模中取出后，死角区金属很快脱落，就是这种缺陷所致。

同理，反挤压与复合挤压时，也会因其变形的死角区金属阻止表皮金属滑动而产生折缝，图 16-20b 所示为反挤时底部死角区的剥落，图 16-20c 所示为复合挤压的横向折缝。

（3）缩孔　所谓缩孔是指变形过程中变形体一些部位上产生较大的空洞或凹坑的缺陷。

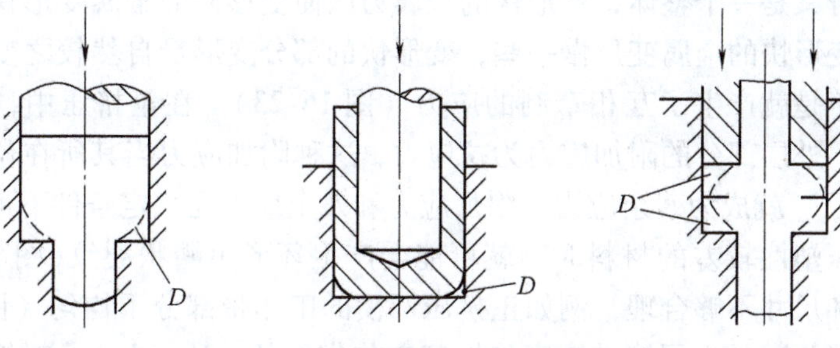

图 16-20　横向折缝

a）正挤时的横向折缝　b）反挤时的横向折缝　c）复合挤时的横向折缝

当正挤压进行到待变形区厚度较小、甚至只有变形区而没有待变形区厚度时，可能产生如图 16-21a 所示的缩孔。如果变形程度较为剧烈，滑润条件又不够理想或凹模入口锥角较大，致使中心层的金属流动快，外层金属流动落后于中心层，此时缩孔较浅；如果外层金属根本不向下移动，反而向上移动，便产生很深的缩孔。

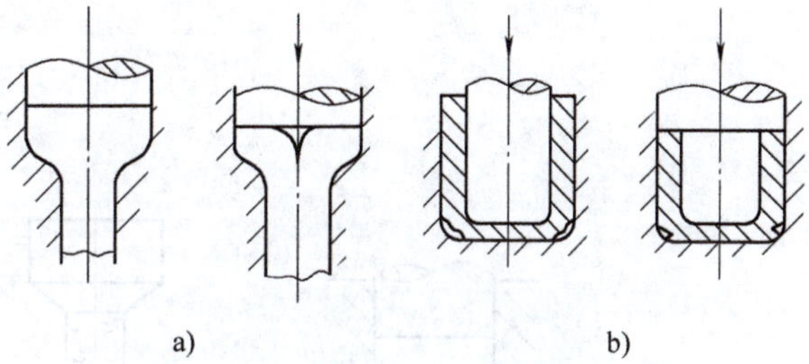

图 16-21　挤压时的缩孔

a）正挤压时的缩孔　b）反挤压时的缩孔

筒形件反挤压进行到待变形区厚度较小，甚至当坯料底厚小于壁厚时，仍继续反挤，则会因材料不足以形成较厚的壁部而产生如图 16-21b 所示的角部缩孔缺陷。当冲头存在凸肩形状时，最后碰到壁部材料而将其挤回会使之形成图 16-21 中的折叠。

（4）裂纹　挤压裂纹分表面裂纹和内部裂纹。图 16-22a、b 所示的是挤压时当模具的圆角半径过小，会产生较大的应力集中，可能发生的角裂。对于这种表面裂纹，只有改变工序和设计才能解决。减径挤压时，由于断面缩减率较小，此时中心层金属的流动反而慢于表层金属，中心层产生附加拉应力，有可能会产生如图 16-22c 所示的内部裂纹。

杆-杆复合挤压时，如果中间部分的厚度小于杆径，则会产生如图 16-22d 所示的内部裂纹。也可视这种裂纹为缩孔。其预防措施是在模具出口处作成锥角或较大圆角。

（5）附加应力与残余应力的影响　在镦粗缺陷中已提及附加应力与残余应力引起裂纹的问题。基于相同的道理，挤压中的附加应力也会引起裂纹。

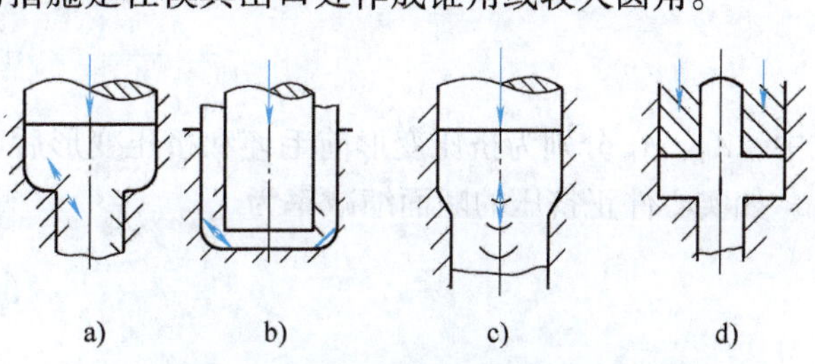

图 16-22　挤压裂纹

a）正挤表面裂纹　b）反挤表面裂纹　c）减径挤压内部裂纹　d）复合挤压内部裂纹

由于凹模侧壁与变形金属之间摩擦力的作用，正挤压工件中心部分的金属变形速度比外层金属的变形速度要快，而内、外层变形速度有差异的金属本身又是一个整体，变形快的金属力图使变形慢的金属变形快一些；变形慢的金属则力图使变形快的金属变形慢一些，变形快的部分变形量自然较之变形慢的部分的变形量更大些。于是就产生了互相牵制的应力（图16-23）。在正挤压中，中心部分的附加应力为压应力，外层部分的附加应力为拉应力，这种附加应力当其所在位置成为已变形区（或外力消除后）就成为残余应力。附加应力和残余应力在一定条件下可能会达到很大的数值，如在挤压塑性较差的材料时，就可能会产生环形鱼鳞状裂纹(图16-23b)。当冷挤压模具的形状和尺寸不够合理，例如正挤压凹模的工作带部分不均匀（图16-23c），在工作带长的一边（h_2）的金属流动速度将慢于工作带短的一边（h_1），工件会弯曲，其内部将产生相互平衡的附加应力。如图16-22c 所示的减径挤压裂纹，事实上也是因为由于变形程度小，心部材料未达到塑性状态，其流动速度慢于外部材料的流动速度，导致心部受附加拉应力而造成的。

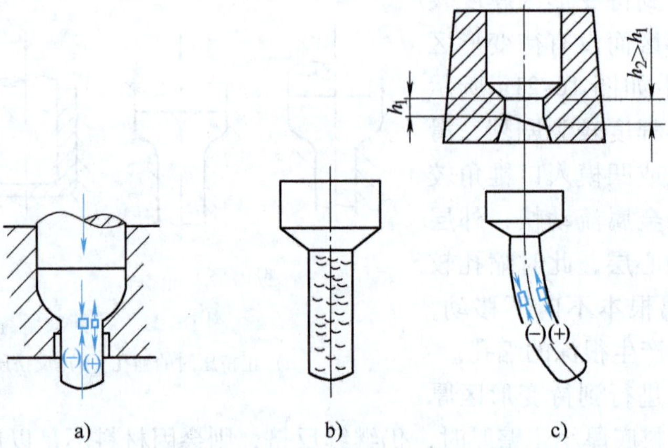

图16-23　附加应力的影响

a）挤压附加应力　b）环形鱼鳞状裂纹　c）弯曲附加应力

三、挤压变形程度

（一）挤压变形程度

挤压变形程度表示方法有以下三种：

1. 断面缩减率 ε_A

$$\varepsilon_A = \frac{A_0 - A_1}{A_0} \times 100\% \tag{16-3}$$

式中，A_0、A_1 分别为挤压变形前毛坯和挤压变形后工件的横断面面积（mm^2）。

如实心件正挤压的断面缩减率为

$$\varepsilon_A^{正} = \frac{d_0^2 - d_1^2}{d_0^2} \times 100\% \tag{16-4}$$

实心坯料反挤压圆杯形件的断面缩减率为

$$\varepsilon_A^{反} = \frac{d_1^2}{d_0^2} \times 100\% \tag{16-5}$$

2. 挤压比 G

$$G=\frac{A_0}{A_1} \tag{16-6}$$

3. 对数变形程度 ε

$$\varepsilon=\ln\frac{A_0}{A_1} \tag{16-7}$$

（二）冷挤压许用变形程度

每道冷挤压工序能挤出合格产品的最大变形程度称许用变形程度。就塑性变形的可能性而言，三向压应力状态是最好的应力状态，能够实现更大的塑性变形，所以冷挤压的变形程度是比较大的。但是，它又要受到模具强度和使用寿命的限制。如果变形程度取得过大，模具使用寿命就会缩短，甚至破裂。如果变形程度取得过小，势必增加冷挤压工序，降低生产效率。因此，应当在保证产品质量、模具使用寿命的前提下，按照使冷挤压工序数减少到最低限度的原则，来选用冷挤压的变形程度。

1. 影响钢的许用变形程度的因素

1）模具许用单位压力。冷挤压模具的强度越高，模具许用单位压力就越大，则许用变形程度值也就越大。在当前技术条件下，从模具材质、结构、使用寿命等方面考虑，钢的冷挤压模具许用单位压力以 2000～2500MPa 为高限来确定许用变形程度是可行的。

2）材料种类。被挤金属材料强度越大，挤压时变形抗力也越大，则许用变形程度值就越小。挤压件的材料种类不同，许用变形程度值是不一样的，有色金属比黑色金属的许用变形程度值大，黑色金属的许用变形程度又随碳含量的增加而减小。

3）挤压方式。同一挤压件采用不同的冷挤压方式，需用的单位挤压力不一样，因而许用变形程度也就不一样。正挤压和反挤压的许用变形程度是不同的。

4）模具工作部分的结构形状。模具工作部分的形状不同，成形相同挤压件所需的单位压力也不一样，因此，许用变形程度也就不一样。

5）润滑条件。毛坯表面润滑条件的好坏直接影响到单位挤压力的大小，因此，润滑条件的优劣对许用变形程度值有较大的影响。

2. 不同材料的许用变形程度

1）有色金属冷挤压的单位压力较小，其许用变形程度较大，见表 16-1。

表 16-1　有色金属的许用变形程度 ε_A（%）

材　料	反 挤 压	正 挤 压
纯铝	97～99	97～99
铝合金 5A03	92～98	95～98
铝合金 2A11	75～82	92～95
黄铜	73～75	75～87

2）黑色金属正挤压时毛坯材料硬度与许用变形程度的关系如图 16-24 所示。该曲线由试验测得，其试验条件是：毛坯的相对高度 $h_0/d_0=1$，毛坯经退火软化、表面磷化皂化处理，模具的许用单位压力分别为 2000MPa 和 2500MPa。

黑色金属反挤压时，毛坯材料硬度与许用变形程度的关系如图 16-25 所示。该关系曲线由试验测得，其试验条件同上所述。

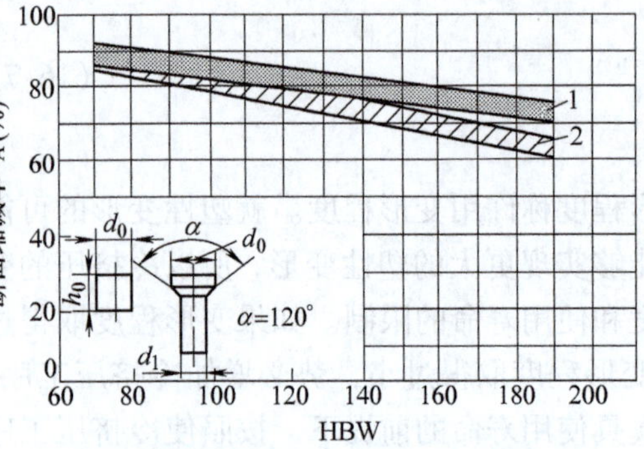

图 16-24　黑色金属正挤压的许用变形程度模具许用单位压力

1—2500MPa　2—2000MPa

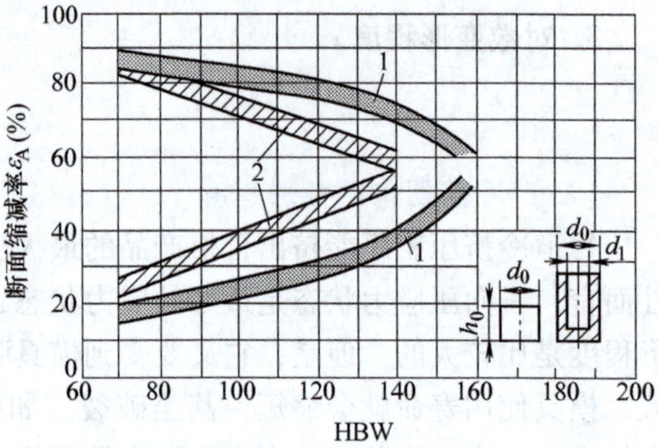

图 16-25　黑色金属反挤压的许用变形程度模具许用单位压力

1—2500MPa　2—2000MPa

第四节　模　锻

冷模锻是利用冷锻设备通过带有型槽的凸模和凹模，对金属坯料施加压力并使之充满模具型腔的冷锻成形方法。根据金属坯料流动方式的不同，冷模锻可以分为：开式模锻（图 16-26a）、半闭式模锻（图 16-26b）和闭式模锻（图 16-26c）三种。

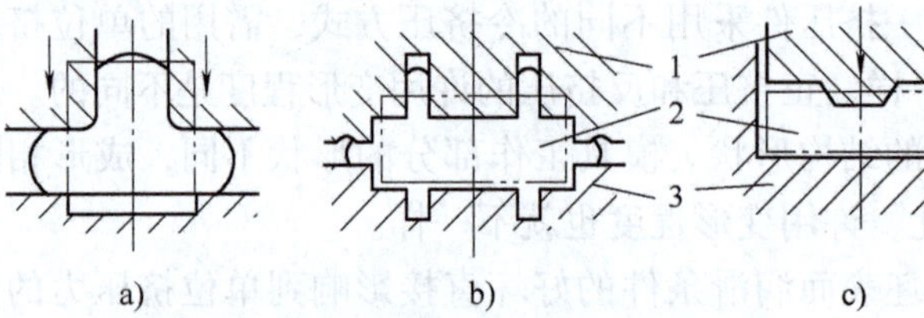

图 16-26　冷模锻

1—冲头　2—工件　3—凹模

一、开式模锻

开式模锻时，受轴向压缩的坯料在侧面是敞开的模具内作比较自由的横向变形。

如图 16-27a 所示的直径为 D_0、高度为 H_0 的坯料，在平凹模上进行开式模锻。若坯料的直径 D_0 大于上模孔径 d 但小于 $4d$，则 d 周围的材料受压主要产生横向扩展，如图 16-27b所示，中心部位材料基本没有变形。这种开式模锻在本质上就是本章第一节中所述的镦锻形式之一。在这种情况下，中心部位凸起的高度基本上与原坯料高度相同或稍微低一些，这种凸起不是挤压的结果。如果 $D_0 > 4d$，则由于金属向 d 以外周围扩展的摩擦阻力增大，其横向变形受阻，迫使靠近中心部位的金属向孔内流动，模孔下边的材料从周围由横向压缩转而流入孔中，中心部位凸起的高度高于原坯料的高度，如图 16-27c 所示。这时的坯料变形中既有镦锻又有挤压，属于镦挤复合变形。如果想进一步增加中间凸起部分的高度，可采用带飞边槽的半封闭模。

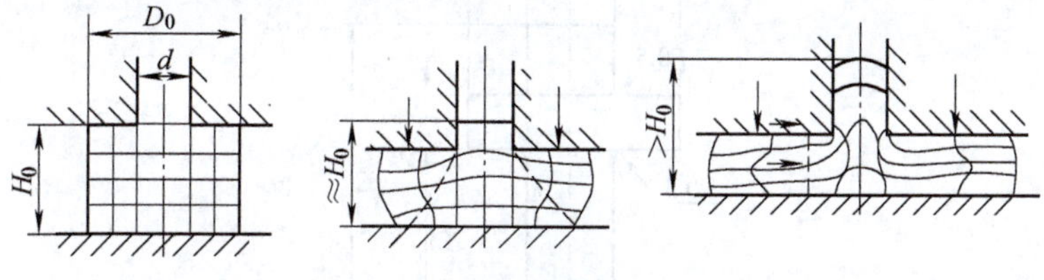

图 16-27　开式模锻的变形

二、半闭式模锻

半闭式冷模锻指的是带有飞边槽的模锻。图 16-28 所示是热模锻中常用的一种模锻形式，坯料一般经过镦粗（图 16-28a）、充满模膛（图 16-28b）和多余金属挤入飞边槽（图 16-28c）三个阶段。

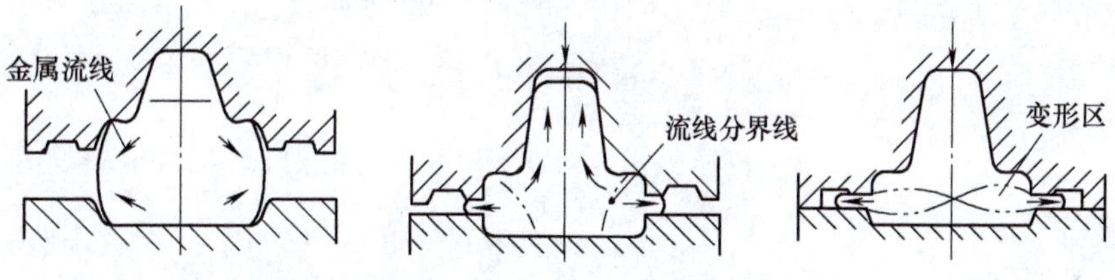

图 16-28　半闭式模锻变形过程

三、闭式模锻

将金属坯料完全限制在模具型腔内进行塑性变形的模锻工艺称为闭式模锻。

闭式模锻的变形也分为镦粗、充满模腔和挤出端部毛刺三个阶段。闭式模锻的变形力很大。

思考与练习题

16-1　镦粗加工中，金属材料变形的最大特点是什么？

16-2　顶镦和中间镦粗的模具工作零件的工作部分设计要点是什么？

16-3　图 16-29 所示为某种发动机中的冷锻件半成品示意图。试按中间镦粗工序计算坯料的高径比，并画出模具工作部分（下极限位置）示意图。

16-4　什么叫型锻？与镦锻相比，它有什么特点？

16-5　汽车覆盖件上的压筋条、字样与汽车大梁上的打钢印在变形实质上有不同吗？为什么？

16-6　根据正挤压实心件的坐标网格的变化情况，分析实心件正挤压的金属流动特点。

16-7　反挤压进入稳定挤压状态时，可将毛坯的变形情况分为几个区域？请绘图表示并分析之。

16-8　钢的冷挤压许用变形程度受到哪些因素的影响？

16-9　分析冷挤压变形过程，并绘制冷挤压力—行程曲线。

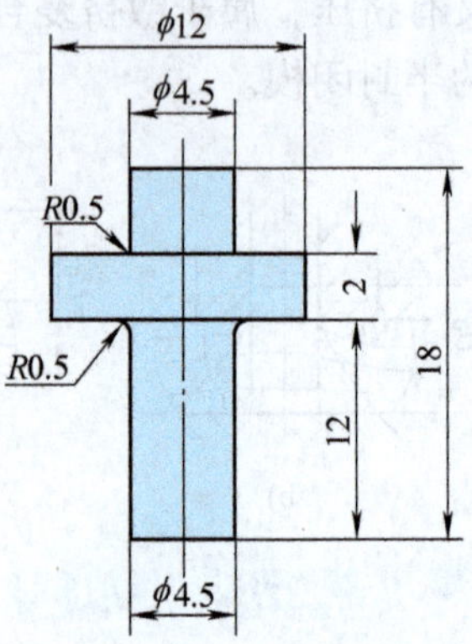

图 16-29　题 16-3 图

16-10　为什么曲柄压力机不适宜作闭式模锻工作？

16-11　什么是挤压变形的附加应力？它是如何形成的？

16-12　什么是残余应力？附加应力和残余应力有何危害性？

16-13　分析正挤压、反挤压缩孔产生的原因。

第十七章 冷锻用原材料与制坯

冷锻对毛坯的要求十分严格，毛坯质量的好坏将会对金属流动、冷锻件质量、模具使用寿命等产生明显影响。本章主要讲述冷锻用原材料种类、备料方法以及冷锻前如何进行软化、表面处理及润滑处理。

第一节 冷锻件用原材料

一、冷锻件用原材料的类型

冷锻所采用的原材料品种主要有：线材、棒材和板材。以线材、棒材为主。这些原材料从采购到用于冷锻前的准备工序一般需经以下加工和处理的工艺流程：

1）线材→拉丝→退火→表面处理及润滑处理→剪切→冷锻

2）棒材→拉拔→剪切→退火→表面处理及润滑处理→冷锻

3）板材→冲裁→退火→表面处理及润滑处理→冷锻

由于目前国内还没有专门用于冷锻加工的线材、棒材标准，很多从冶金工厂生产出来的线、棒材到了冷锻车间，还需经拉丝、拉拔等二次加工。

冷锻前的精拉，对提高冷锻坯料的表面质量很有好处，冷锻车间常附设拉丝、拉拔工段。

（1）线材 主要用做镦挤螺栓之类零件的原材料。采用线材可以进行连续送料，因此生产率很高。一般情况下，线材直径为3～25mm。线材主要用于连续多工位自动加工，材料利用率很高，但工序之间不能进行中间退火，切断面又难以润滑，因此，模具工作部分易于磨损。

（2）棒料 主要用做形状复杂、尺寸较大零件的原材料。它与线材相比生产率较低，但可以进行中间退火处理及表面润滑处理，可以在切断后用无心磨床等磨光。棒料的利用率也较高，采用锯切备料可达70%～90%，采用压力机截切备料几乎可达100%。

（3）板料 当毛坯的厚度较小时，可选用板料。采用冲裁法备料，毛坯尺寸误差小、精度高，但材料利用率较低，一般为40%～60%。

二、冷锻用钢材

冷锻常用钢材种类有：纯铁、碳素钢（Q195、Q215、Q235、Q255、08、10、15、20、

25、30、35、40、45、50 等)、低合金钢(15Cr、20Cr、20MnB、16Mn、30CrMnSiA、12CrNiTi、35CrMnSi 等)和不锈钢(12Cr13、20Cr13 等)。

为了获得优质的冷锻件,延长模具的使用寿命,冷锻用钢材应具有如下一些性能:

(1) 较低的变形抗力 变形抗力越小,加工时所需的单位挤压力也越小。当变形抗力足够大时,就可能降低模具的使用寿命。在当前的技术条件下,材料的变形抗力以不超过2500MPa 为限,超出此限度会使模具使用寿命显著降低甚至损坏。

变形抗力值随变形程度的增加而加大,因此在考虑钢材变形抗力对冷锻变形的影响时,应将变形抗力和加工硬化联系起来考虑。例如,对于含镍高的不锈钢 12Cr18Ni9 等,由于对硬化敏感性大,在冷锻过程中会引起变形抗力急剧增加,因此在设计模具时应严加注意。

(2) 较高的塑性 塑性越高,材料的变形能力就越好,越能承受较大的变形。对于塑性低的材料,为了不超出极限变形程度,就可能要增加加工次数,以减小每次加工的变形量。因此,原材料塑性的高低是决定变形工序次数的重要依据。

(3) 均匀的金相组织 晶粒大小和状态对于冷锻变形能力的影响较大。对于碳钢冷锻,随着碳含量的增加,材料的变形难度随之加大。即使是相同的材料,当经过不同热处理工艺使内部组织不同时,其塑性也会不同。

晶粒度大小应适中,无论过大还是过小,都是不合适的。晶粒过小,则变形抗力就要上升;晶粒过大,则材料就会脆化,易在冷锻中产生裂纹等缺陷。在实际生产中,冷锻用钢的晶粒平均直径推荐用 0.02 ~0.06mm。

(4) 良好的表面质量 原材料表面的斑痕、裂缝、缩孔、划伤、气泡等缺陷,都会直接影响锻件的质量。这是由于冷锻时,原材料的表面缺陷会保留或扩大为冷锻件的表面缺陷。因此,应在冷锻压前消除这些表面缺陷。表面缺陷对镦挤工序的影响最大。一般情况下,当钢材表面缺陷深度大于 0.1mm 时,冷锻时易使之扩大为冷锻件裂纹。因此,当表面缺陷深度大于 0.1mm 时,应设法消除。钢材表面脱碳对冷锻件的质量和性能影响也较大,应加以注意。

三、冷锻用有色金属

冷锻的有色金属主要有铝、铜、镍、钛及其合金等。

(1) 纯铝(如 1070A、1060、1050A、1035、1200) 纯铝是一种理想的冷锻材料。它不仅变形抗力低、塑性好,且变形时几乎不产生加工硬化,因此许用变形程度大,模具使用寿命也较长。

(2) 变形铝合金 冷锻用变形铝合金主要有防锈铝(如 3A21)、硬铝(如 2A11、2A12)和锻铝(如 2A14)等。变形铝合金冷锻工艺性的变化主要由它的合金元素 Mn、Cu、Mg、Zn 等的含量及组织状态决定。铝不与上述元素形成无限互溶的固溶体,只能部分互溶,多余的合金元素以脆性相化合物的形式存在。在多相组织中,脆性相起了强化作用。合金元素及杂质的含量越多,脆性相的量也越多,形成的化合物成分就越复杂,塑性也就越差。例如,防锈铝 3A21 仅含合金元素锰,形成数量较少的 $MnAl_6$ 脆性化合物;而硬铝 2A12 既含有铜,又含有镁、锰,形成较多的 Al_2CuMg、$CuAl_2$、$MnAl_6$ 脆性化合物,因此 2A12 比 3A21 难以冷锻。但其退火状态下比淬火状态下的冷锻性能要好。防锈铝具有较高的硬化倾向，不能接受热处理，其强化作用主要靠自身的冷锻加工硬化达到。

（3）纯铜　纯铜有紫铜和无氧铜等，属于具有面心立方晶格的纯金属，共有 12 个滑移系，和纯铝一样具有良好的冷锻加工工艺性。

（4）黄铜　黄铜分为普通黄铜和特殊黄铜两类。普通黄铜是铜锌二元合金。锌的含量对铜的力学性能有很大影响，当铜中含锌量不超过38%时，锌溶解于铜中形成面心立方晶格的置换固溶体 α，α 固溶体很软，塑性很高；当铜中加入的锌质量分数超过38%时，便出现了硬脆相，使塑性下降，抗拉强度 R_m 增高。因此 w_{Zn} 不超过 39% 的黄铜如 H62、H68、H70 及 H80 等均具有良好的冷锻工艺性。

特殊黄铜除含有锌以外，还含有其他合金元素，是三元以上的合金，强度提高，但塑性较差。例如，铅黄铜 HPb59-1，w_{Cu}59%、w_{Pb}1%、w_{Zn}40%，在常温中铅以游离态分布于晶界上，大大降低了塑性，因此，HPb59-1 冷锻工艺性很差。

（5）青铜　青铜的种类较多，一般按铜中含合金元素的种类来命名。例如，含锡的青铜称为锡青铜；含铝的青铜称为铝青铜。适宜于冷锻的青铜，大都是合金元素含量较少的青铜。例如，锡磷青铜 QSn6. 5-0. 15 冷锻工艺性较好。这是由于锡与铜构成单相固溶体组织，磷可去氧，可消除硬而脆的化合物 SnO_2 的有害作用，因此这种锡磷青铜的塑性较好，适宜于冷锻成形。又如铝青铜，当 $w_{Al}<9\%$ 时，铝与铜组成单相固溶体，塑性较高；而当 $w_{Al}>9\%$ 时，由于出现了两相共析体，塑性显著下降。目前，国内对于铝青铜 QAl9-4 冷锻已获成功，这是由于采用了有利于提高塑性的工艺措施。

（6）其他有色金属　纯镍可以进行冷锻，但容易与模具黏附。因此冷锻前最好在镍的表面镀铜，镀层厚度约为 0. 02mm，并用氯化石蜡做润滑剂。多道工序冷锻时，应在带保护气体的电炉中进行中间退火。每次退火后，还必须重新镀铜。镍铜合金（如 w_{Ni}70% + w_{Cu}30%）也可以进行冷锻。

纯钛可以进行冷锻，但所需的单位挤压力较高。冷锻前，毛坯要进行氟-磷酸盐表面处理，再用石墨、二硫化钼或合成树脂润滑。

锌合金如锌镉合金的冷挤压广泛应用于干电池制造业。但不宜进行室温中的冷成形，而应将锌锭合金毛坯先润滑，再送进烘箱加热至 100℃左右，保温 30 ~ 60min 后进行冷锻，挤压时再用羊毛脂或硬脂酸锌做润滑剂。

镁及其合金不适宜在室温下进行冷锻，必须将毛坯加热至 230 ~ 370℃时才可进行冷锻。

第二节　冷锻坯料的制备

一、毛坯的形状与计算

（1）毛坯的形状　冷锻毛坯的形状，基本上都是轴对称形的。其断面的具体形状，可以根据冷锻零件的相应断面形状来确定。对于形状复杂，需要进行多次冷锻工序成形的零件，其毛坯的形状应按中间工序的断面形状来确定。生产中常采用的毛坯形状有以下几种：

1）板形。毛坯如图 17-1a 所示，这种毛坯是用板材冲压出来的，可以是圆形，也可以是八边形或六边形。主要用于压印、精压和变薄加工，有时也用于挤压。

2）圆柱形。毛坯如图 17-1b 所示，这是用得最广泛的形状。

3）管形。如图 17-1c 所示的管形毛坯，可以用管材直接切割获得，也可以通过柱形预制加工获得，主要用于空心件正挤成形等加工中。

4）盂形。如图 17-1d 所示，是利用实心圆柱形坯料预先由反挤压成形来制备的。主要用于空心件正挤成形。

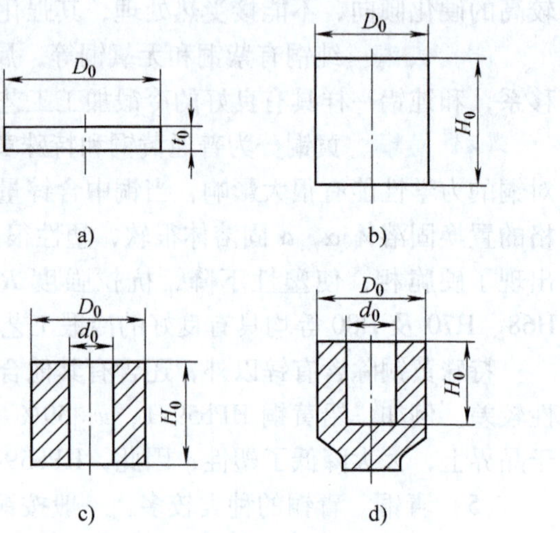

图 17-1 毛坯的基本形状

（2）毛坯的计算方法 冷锻属于少、无切削加工，因此精确计算毛坯是非常重要的。冷锻毛坯的计算方法有两种：

1）体积法。根据冷锻前后体积不变条件及考虑冷锻后必要的切削余量而给予修正的原则来确定，即

$$V_{坯} = V_{件} + V_{修} \qquad (17\text{-}1)$$

式中，$V_{坯}$ 为坯料体积（mm^3）；$V_{件}$ 为冷锻件体积（mm^3）；$V_{修}$ 为修正余量（一般为冷锻件体积的 3%～5%）（mm^3）。

毛坯体积确定后，它的高度也就确定了，即

$$h_0 = V_{坯}/A_0 \qquad (17\text{-}2)$$

式中，A_0 为毛坯的横断面面积（mm^2）。

确定毛坯直径时要考虑到放入模具的方便性，如挤压毛坯直径一般取比凹模尺寸小 0.1～0.2mm；同理，毛坯内径一般比零件内孔大 0.1～0.2mm，但当工件内孔精度要求很高时，毛坯内径一般比零件内孔大 0.01～0.05mm。

2）质量法。当冷锻件的形状很复杂，计算比较麻烦时，可采用质量法计算。先称出零件的质量，然后确定毛坯的质量。当然，有时也要考虑加上必要的加工余量。

二、下料方法

毛坯的下料方法有很多种，应该根据坯料形状、精度要求、材料利用率及生产现场的实际条件等因素进行选择。板形坯料主要用冲压分离（冲裁或精冲）方法，棒状坯料主要用冲剪、切割方法来下料。

现就常用的下料方法简单介绍如下。

（1）切削 在批量不大时常用车削、铣削、锯切法加工毛坯。其优点是得到的毛坯形状规则、精度较高，但生产效率较低（除高速带锯锯切外）。

（2）剪切 剪切下料是在专用的棒料剪切机或冲剪机上进行的。也可以采用剪切模在普通压力机上进行。普通的棒料剪切法下料，是在普通压力机上进行的，生产效率高、材料利用率高，缺点是毛坯断面有塌角和断裂面，质量不太好。

（3）冲裁 对于板形坯料，宜用冲裁方法加工。由于是用模具和普通压力机来加工，故这种方法生产效率高，毛坯平直，但原材料的利用率较低，因为冲裁时有“搭边”浪费。普通冲裁落料有缺陷，要求落料后滚光毛刺和断面的缺陷，否则会影响到挤压件的表面质量。而用小间隙圆角凹模等半精冲或齿圈压板精冲可以得到高精度的

毛坯。

（4）拉深、反挤压　用于杯形毛坯加工。反挤压还可把毛坯底部压出与正挤压凹模相应的形状。

第三节　冷锻毛坯的软化和表面处理与润滑

一、毛坯的软化

在冷锻之前及工序之间，大都需对毛坯或半成品进行软化热处理，其目的是减小材料的硬度和强度、提高塑性、得到良好的金相组织，以利于冷锻变形的进行。常用冷锻材料的软化处理规范见表17-1。

表17-1　常用冷锻材料的软化处理规范

序号	冷锻材料	热处理	规范	处理前硬度HBW	处理后硬度HBW	附注
1	纯铝1070A、1060、1050A、1035、1200	退火	420℃保温2~4h随炉冷却	—	15~19	
2	铝镁合金5A02	退火	390~400℃保温5h随炉冷却	—	38~39	
3	硬铝2A12	退火	400~420℃保温4h随炉冷却到150℃	105	55~60	
4	硬铝2A11	退火	410~420℃保温4h随炉冷却到150℃		53~55	
5	锻铝2A50	退火	410℃±10℃保温4h随炉冷却到150℃		50~51	
6	纯铜T1~T4无氧铜	退火	710~720℃保温4h随炉冷却	110	38~42	也可采用淬火软化
7	锡磷青铜QSn6.5~0.1	退火	650~750℃保温4h随炉冷却到300℃		75~90	
8	黄铜H62	退火	670~680℃保温4h随炉冷却	150	50~55	也可采用700~750℃水淬
9	黄铜H68	退火	600~670℃保温4h随炉冷却		45~55	也可采用700℃±10℃水淬
10	20Cr	退火	760℃保温4h，以20℃/h速度冷却4h至680℃保温3h，再以20℃/h速度冷却2h，然后随炉冷却到350℃		125~140	
	20CrMnTi				150~165	
	30				135~150	
	45、40Cr				150~165	
11	10	退火	860℃保温6h，随炉冷却到350℃		100~115	
	15				105~120	
	20				110~125	
	20Cr				120~135	
	30				130~145	
	45				140~155	

（续）

序号	冷锻材料	热处理	规　　范	处理前硬度 HBW	处理后硬度 HBW	附　　注
12	Q215	长时间退火	920~960℃保温 8h，随炉冷到 680℃再升温到 960℃保温 4h，随炉冷到 250℃出炉		100~110	所需时间较长，但热处理后硬度较低
13	纯铁 DT	退火	900℃±10℃保温 3h 随炉冷却		60~80	
14	奥氏体不锈钢	淬火	1150℃保温 5min 用 100℃沸水淬软		130	沸水淬的效果优于盐水淬

二、坯料的表面处理与润滑

润滑对冷锻是非常重要的。冷锻时摩擦不仅影响到金属的变形及挤压件的质量，而且也直接影响单位挤压力的大小、模具的使用寿命。所以要采用良好且可靠的润滑方法。

润滑剂有液态的（如动物油、植物油、矿物油等），也有固态的（如硬脂酸锌、硬脂酸钠、二硫化钼、石墨等），它们可以单独使用，也可以混合使用。有色金属常用这些润滑剂。

对于钢的冷锻，其单位挤压力很大（可高达 2000MPa 以上），使用一般的涂刷润滑剂极易被挤掉，无法进行生产。尽管人们早就掌握了有色金属冷挤压，但直至发现了钢的表面处理方法（磷化处理及润滑处理）后，才使钢的冷挤压用于实际生产。因此毛坯的表面处理是冷锻工艺中的一个重要环节。

冷挤压的毛坯进行表面处理可获得下列效果：降低毛坯与模具间的外摩擦阻力；避免毛坯表面与模具直接摩擦而引起的粘结现象；提高挤压件的表面质量，提高模具的使用寿命；减低挤压时的变形力及变形功的消耗。

表面处理主要包括：去除表面缺陷；清洁、去脂、洗涤；去除表面氧化层；在毛坯表面形成特殊的支承层；润滑处理。前三项是为了改善毛坯表面质量，并为后两项做好准备。

不同材料需用不同的处理方法，使表面形成特殊的支承层。碳钢和低合金钢用磷化处理。

磷化处理是将毛坯浸在磷酸盐溶液中，使其表面生成一层不溶性磷酸盐薄膜。磷酸盐薄膜由细小片状结晶组织构成，呈多孔状态，对润滑剂有吸附、贮存作用；磷化膜与钢毛坯表面结合牢固，并有一定的塑性，能随毛坯基体一起变形，而且耐磨、耐热。

碳钢毛坯经磷化处理后需再进行润滑处理，方法较多，皂化就是一种最常用的方法。皂化处理是在硬脂酸钠溶液中浸泡一段时间，使毛坯表面牢固地吸附上皂化层做润滑剂。此外，采用全损耗系统用油添加适量的二硫化钼做润滑剂，其润滑效果也很好。

奥氏体不锈钢与磷酸盐溶液不发生作用，应采用草酸盐进行表面处理；硬铝用氧化、磷化或氟硅化处理；铜及铜合金毛坯用钝化处理。这些表面处理方法与磷化处理一样能使润滑更好、更可靠。

虽然磷化皂化方法是有效的，但是工序多、周期长、很费事。专门研制的高分子涂剂及专用配方的润滑液可以满足冷锻工艺的要求。

思考与练习题

17-1 冷锻用原材料的基本形式及使用特点如何？

17-2 为什么非铁金属比铁金属更早用于冷锻（特别是冷挤）加工？

17-3 冷锻毛坯有哪几种基本形状？其制坯的方法和特点如何？

17-4 什么是磷化处理？为什么磷化后还要皂化？不锈钢冷锻能用磷化处理吗？

17-5 冷挤压坯料为何要进行软化处理？

17-6 碳钢和合金钢毛坯冷挤压前采用何种表面处理？这种表面处理为何能提高冷挤压零件的表面质量和模具使用寿命？

17-7 奥氏体不锈钢在冷挤压时要进行何种表面处理？

第十八章 冷锻力的计算与压力机的选择

冷锻力是冷锻工艺设计、设计模具、选择设备的重要依据，并可衡量冷锻变形的难易程度。冷锻力受变形材料及状态、变形程度、变形温度、速度、润滑条件及模具结构等因素的影响。

第一节 冷锻力的影响因素

在冷锻变形过程中，冷锻力不是一个常数，而是随压力机的行程位置变化而变化的，有时还显示出明显的阶段性。冷锻工艺中的冷挤压常被作为稳定变形来讨论，原因是在挤压变形过程中，挤压力在主要变形阶段保持不变。下面就以冷挤压为例对冷锻力的阶段性进行讨论。

一、冷挤压力的阶段性

冷挤压过程中挤压力随压力机的行程而变化，且显示出明显的阶段性（图 18-1）。冷挤压力与行程的关系一般可以分为三个阶段。

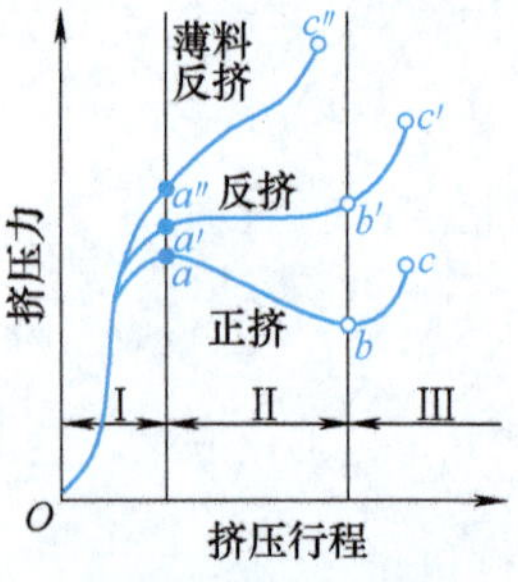

图 18-1 冷挤压力与行程的关系

1）第Ⅰ阶段（镦粗与充满阶段）是材料充满凹模型腔的过程。冲头开始下行时，冲头底面压到毛坯，材料首先被镦粗，产生径向流动而逐渐充满凹模型腔。这一阶段，压力始终是增加的。

2）第Ⅱ阶段（稳定挤压阶段）中冲头继续下压，材料不断地从稳定变形区往模孔中挤出。这一阶段中，毛坯只改变高度，变形区稳定不变。对于正挤压，由于毛坯与模壁间摩擦面积的减小及变形热效应等的影响，挤压力从 a 至 b 有所下降。而反挤压力从 a' 至 b' 基本稳定不变。

3）第Ⅲ阶段（非稳定变形阶段）中，由于变形材料的厚度变得很小了，变形遍及与冲头端面相连的整个毛坯，金属变形异常困难，这时挤压力急剧增大。

图 18-1 中薄料反挤压的挤压力随行程的变化曲线，因毛坯厚度较薄，挤压一开始，变形就遍及整个毛坯体积，没有稳定变形区，只有第Ⅰ、第Ⅲ阶段。

一般情况，计算冷挤压力以第Ⅱ阶段，即稳定变形阶段为依据。

由上述分析得出，挤压最好在第Ⅱ阶段结束之前进行。如果第Ⅱ阶段结束后，仍继续挤压，挤压力就急剧增加，模具或压力机就容易损坏。

如果第Ⅱ阶段完毕就结束挤压，此时挤压余料厚度 h_e 等于稳定变形区高度 h_s。如果第Ⅱ阶段结束后仍继续挤压，但限制挤压力增高值不超出模具材料的许用单位压力 p_a，此时毛坯在非稳定变形状态下仍可继续变形，这样既可充分发挥模具材料的潜力，又可节省原材料消耗。此时挤压余料厚度 h_e 可小于稳定变形区高度 h_s。

在平底凹模内正挤压实心件时，挤压完毕仍处于稳定变形阶段的挤压余料厚度 h_e，可按图 18-2 求得。当挤压终了时，允许有非稳定变形，但此时单位挤压力的增加不得超过模具材料的许用单位压力 p_a。其最小的挤压余料厚度 h_e 可按图 18-3 求得。图中的 r 为挤压件杆部半径，τ_k 为材料产生屈服时的最大切应力，挤压比 $G=D/d_1$，其中 D 为挤压件头部直径，d_1 为挤压件杆部直径。

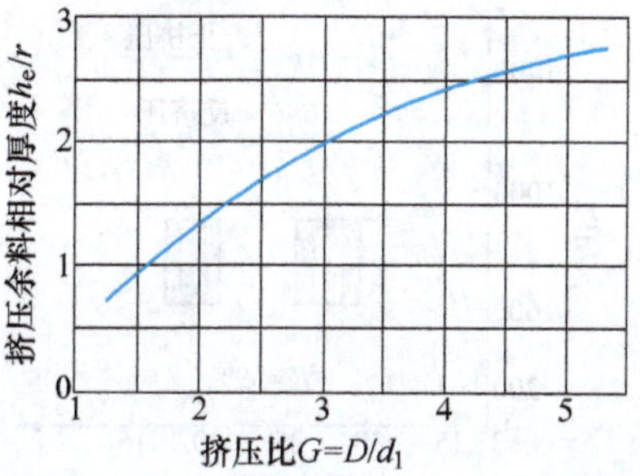

图 18-2　正挤压实心件时 h_e/r 与 G 的关系曲线

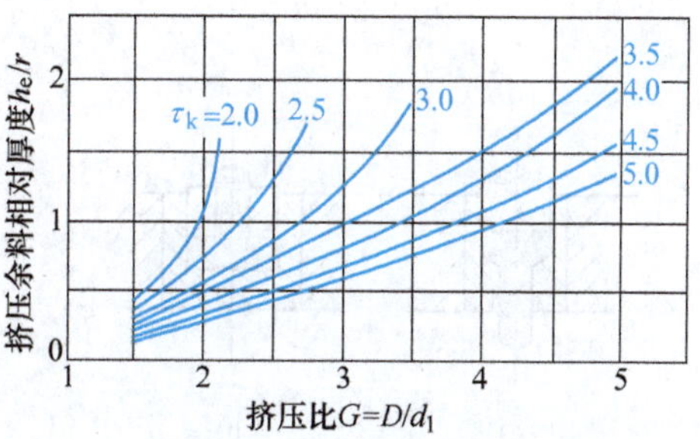

图 18-3　不同 τ_k 时 h_e/r 与 G 的关系曲线

二、影响单位冷锻力的因素

由于冷锻工艺中的单位冷锻力数值要比冷冲压工艺和热锻工艺时的单位压力大得多，因此，在进行冷锻工艺设计时，首要问题是分析单位冷锻力的大小及其影响因素。

影响单位冷锻力的因素主要有：冷锻用材料、变形程度、变形速度、毛坯的几何形状、模具的几何形状、摩擦与润滑、变形方式等。不同的冷锻工序受这些因素的影响程度也不同，这里主要介绍这些因素对单位挤压力的影响。

（1）挤压金属的力学性能　强度指标和硬化指数越大，材料变形抗力也越大。钢的碳含量越高，其变形抗力越大。金属材料纯度越高，其变形抗力越小。

（2）变形程度　图 18-4 所示是正挤压和反挤压 15 钢的单位压力与变形程度的关系图。由图可知，正挤压单位压力随变形程度的增加而增加。反挤压单位压力存在有最低点，即 $\varepsilon_A=40\%\sim60\%$ 时，单位压力最低，当 $\varepsilon_A>50\%$ 时，单位压力将随变形程度的增加而增加。

（3）变形方式　某些零件的成形加工，往往可以采用两种不同的方式。如杆形件，既可以采用正挤压成形，也可采用反挤压成形（图 18-5）。从减小挤压力（而非单位挤压力）角度出发，杆形件以采用反挤压为宜（摩擦阻力更小）。但实际多采用正挤压，因为其生产操作方便。

杯形件也是如此。图 18-6 所示是某种材料的杯形件挤压变形程度为 59% 条件下的单位挤压力曲线。采用正挤压时，单位挤压力达 1500MPa；采用反挤压时，单位压力为 1200MPa。故筒形件生产中多采用反挤压或变薄拉深。

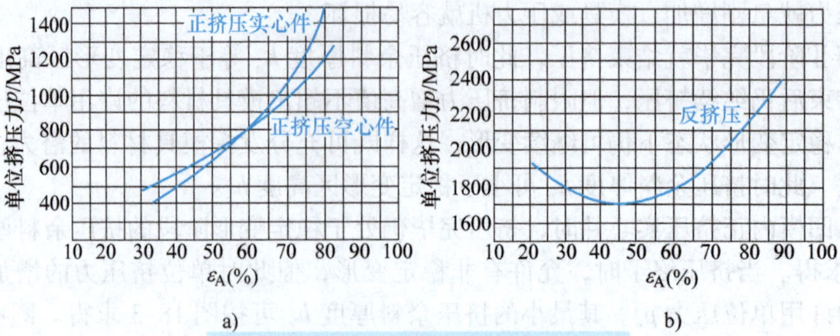

图 18-4 变形程度与单位压力的关系

a）正挤压 b）反挤压

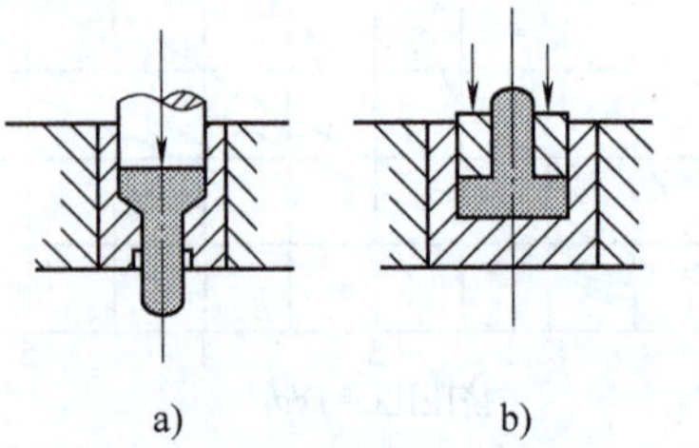

图 18-5 同样零件不同冷挤压方式

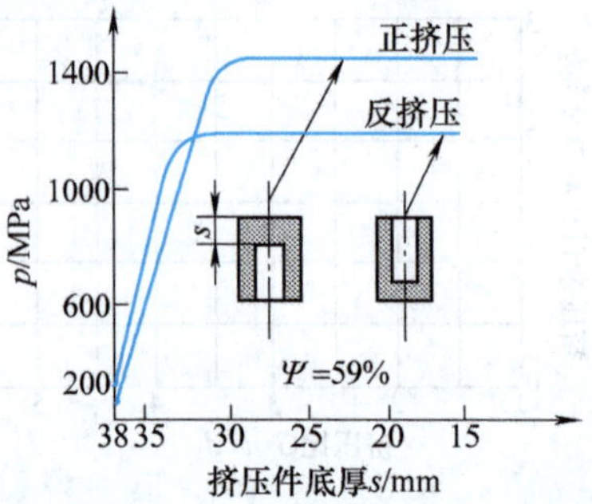

图 18-6 挤压方式对单位挤压力的影响

复合挤压时模具对金属变形的约束减弱，挤压力将减小。复合挤压的单位挤压力要比单独正、反挤压的挤压力都小。因此，设计计算时可取用其中较小者。

（4）模具几何形状 模具的几何形状对单位挤压力影响很大，尤其是正挤压凹模形状和反挤压凸模的形状，对单位挤压力的影响更大。

挤压力较小的正挤压凹模合理锥角 $\alpha=40°\sim60°$。但是，在生产实际中较多使用 $\alpha=90°\sim120°$。因为凹模锥角较小时挤压件的锥角加大，切削余量增多，浪费工时也浪费材料。而锥角过大，又会导致挤压变形的死区加大。图 18-7 所示为反挤压凸模形状对单位挤压力的影响关系曲线。当 $\varepsilon_A<65\%$ 时，半球形凸模单位挤压力最小。但当 $\varepsilon_A>65\%$ 时，其单位挤压力急剧上升，甚至大大高于平底凸模的单位挤压力，故半球形凸模只宜于挤压较矮的筒形零件。

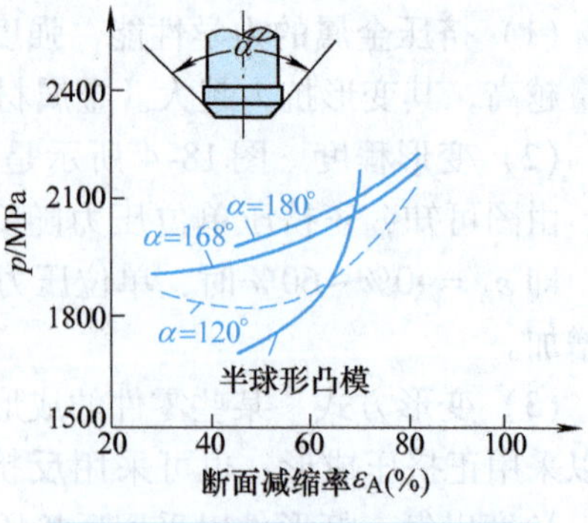

图 18-7 冲头形状对反挤单位压力的影响

平底凸模单位挤压力最大，一般尽量不采用。通常把反挤压凸模设计成锥角形，且取用凸模锥角为 120°～130°（也有用 120°～170°的）。当然在设计反挤压凸模时，还要考虑到产品零件的要求和实际情况。

塑性理论研究优化模具形状大多数是对正挤压凹模型腔形状和反挤压凸模过渡形状的优化，优化目标则是挤压力最小、挤压流动最均匀。有研究指出，流线型的凹模型腔的挤压力小、挤压流动均匀。

（5）坯料的相对高度 h_0/d_0　它反映了工件与模具间的摩擦阻力关系。一般正挤压时，随着坯料相对高度的增加单位挤压力也增大；反挤压时，若 $h_0/d_0<1$，则单位挤压力随相对高度的增大而增加，若 $h_0/d_0>1$，则单位挤压力不再随相对高度的增加而增大，而是基本保持不变。

（6）润滑　摩擦越大，单位挤压力越大，因此，生产实际中大都采用较好的润滑方法。

第二节　冷锻力的计算

由于冷锻变形的要求和上述各实际因素的影响都是十分复杂的。所以，想既准确又简便地确定冷锻变形力和单位冷锻力比较困难。冷锻工艺中研究比较活跃的冷挤压，其变形力的理论算法有上限法、滑移线法、有限元法等新方法，也可以利用较传统的主应力法导出的计算公式或其他经验公式对冷锻力进行估算。

具体的计算方法主要有：公式计算法、图算法和查表法等。

一、公式计算法

（1）冷镦力　在冷镦机上进行冷镦所需的压力由下式求得

$$F = ZNR_m\left(1 + k\mu\frac{D}{4H}\right)A \tag{18-1}$$

式中，F 为镦锻力（N）；H、D 为冷镦头部高度、直径（mm）；A 为头部与工具接触的投影面积（mm^2）；

其他系数由表 18-1 给出。

表 18-1　计算冷镦力的系数值

符号	项　目	条　件		数　值	符号	项　目	条　件		数　值
R_m	冷镦材料的抗拉强度/MPa	10		350	k	冷镦部分的形状系数	圆柱形		1.3
		20		400			正方形、六角形		2.0
		25		500			矩形		2.3
		30		550			非对称形、复杂形		2.5～3.0
Z	变形系数	工序	形状	系数	μ	摩擦系数	面	润滑	系数
		预镦	简单	1.0～1.2			研磨	石墨	0.05～0.10
		精镦	简单	1.2～1.5			研磨	无	0.10～0.15
		精镦	复杂	1.5～1.8			精加工		0.15～0.20
N	工具形状系数	凹陷	棱角	系数			粗加工		0.20～0.30
		无	无	1.0					
		有	无	1.75～2.0					
		有	有	2.5					

(2) 正、反挤压单位挤压力

正挤压单位压力

$$p = 2\overline{\sigma}\left(\ln \frac{d_0}{d_1} + 2\mu \frac{h_1}{d_1}\right)e^{\frac{2\mu h_0}{d_0}} \tag{18-2}$$

反挤压单位压力

$$p = \overline{\sigma}\left[\frac{d_0^2}{d_1^2}\ln \frac{d_0^2}{d_0^2 - d_1^2} + (1+3\mu)\left(1 + \ln \frac{d_0^2}{d_0^2 - d_1^2}\right)\right] \tag{18-3}$$

式中，h_1 为凹模工作带高度（mm）；$\overline{\sigma}$ 为挤压材料的真实变形抗力（MPa），可在图 18-8 中查取，其他符号与前面相同或相对应。

经过对我国常用的冷挤压钢材的试验研究，考虑这些钢材的碳含量和铬含量及其他因素的实际情况，适宜于工程使用的单位挤压力的计算公式和图表也已提出，可从有关资料上查到。

(3) 复合挤压力的确定　研究结果表明：复合挤压的压力低于单向正挤压和单向反挤压的压力，而且当复合挤压不限定某一方向尺寸时

$$F_{复} = \min(F_{正}, F_{反}) \tag{18-4}$$

当复合挤压限定某方向尺寸时

$$F_{复} = F' \tag{18-5}$$

F'为不限制尺寸的那一方向的挤压力。

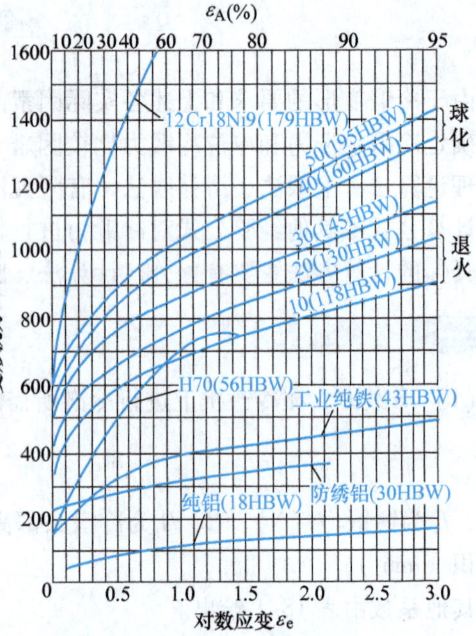

图 18-8　不同材料的变形抗力

(4) 镦粗变形力的计算

1) 自由镦粗时的单位变形力：

$$p = \overline{\sigma}\left(1 + \frac{1}{3}\mu \frac{d_1}{H_1}\right) \tag{18-6}$$

式中，p 为自由镦粗的单位变形力（MPa）；$\overline{\sigma}$ 为变形终了时变形抗力（MPa），按对数应变 $\varepsilon_e = \ln \frac{H_0}{H_1}$ 值查图 18-8；μ 为摩擦系数，见表 18-2；d_1 为变形后的直径（mm）；H_0、H_1 为变形前、后的高度（mm）。

表 18-2　镦粗时不同润滑剂的摩擦系数（钢对钢）

润滑方法	磷皂化	石墨+全损耗系统用油	MoS_2+全损耗系统用油	矿物油
摩擦系数 μ 值	0.06~0.08	0.08~0.1	0.07~0.08	0.12~0.14

2) 其他形式镦粗时变形力的计算：

$$F = AC\,\overline{\sigma}_{均} \tag{18-7}$$

式中，F 为最大镦粗力（N）；A 为镦粗终了时的受压面积（mm^2）；C 为不同镦粗形式的

系数，如图 18-9、图 18-10 所示；$\overline{\sigma}_{均}$ 为平均变形抗力（MPa）。

由 $\varepsilon_{e1}=0$ 和 $\varepsilon_{e2}=\ln(H_0/H_1)$（$H_0$ 为变形前镦粗部分的高度）查图 18-8 求得 $\overline{\sigma}_1$ 和 $\overline{\sigma}_2$，然后，取此两个变形抗力的平均值，即

$$\overline{\sigma}_{均}=\frac{1}{2}(\overline{\sigma}_1+\overline{\sigma}_2) \tag{18-8}$$

（5）压印力的近似计算公式

$$F=AR_m\left(1+\frac{h}{t}\right) \tag{18-9}$$

式中，A 为压印面积（mm^2）；R_m 为材料的抗拉强度（MPa）；h 为压印深度（mm）；t 为材料厚度（mm）。

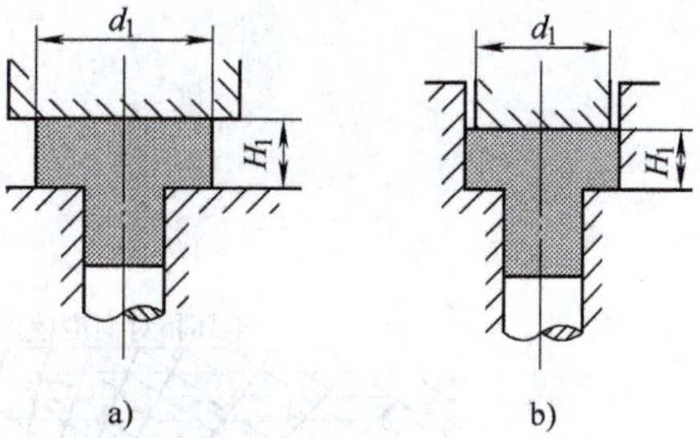

图 18-9　镦粗时的系数 C 值

a）敞开式（$H_1>d_1$ 时 $C\approx1.2$，$H_1\leqslant0.8d_1$ 时 $C\approx1.5\sim2.7$）　b）封闭式（$H_1>d_1$ 时 $C\approx2.4$，$H_1\leqslant0.8d_1$ 时 $C\approx3\sim5$）

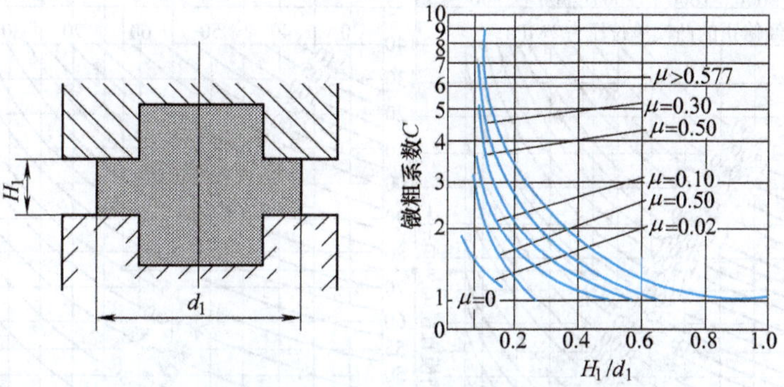

图 18-10　镦粗时的系数 C 值（图中 μ 为摩擦系数）

二、图算法

用图算法确定冷锻力比用公式计算法更为简单，可以省去比较复杂的数学运算。

下面主要介绍有关冷挤压力的图算法，其中包括：黑色金属挤压力的图算法：图算法Ⅰ（德国工程师协会 VDE）；图算法Ⅱ（国际冷锻协会 ICFG）；图算法Ⅲ（国内试验结果）；有色金属挤压力的图算法。

（一）黑色金属冷挤压力图算法

（1）图算法Ⅰ（德国工程师协会 VDE）　图算法考虑了挤压件的形状、材料性能、变形程度、模具工作部分的几何形状、毛坯的相对高度等主要因素的影响。图算法是假设挤压变形过程接近于一个均衡的变形过程，并且是在毛坯经过软化退火、表面磷化和润滑处理的条件下建立的。图中考虑了纯铁、15 钢、15Cr、16MnCr5、20MnCr5 和 35 钢等。对于其他材料，可根据其碳的质量分数查与图中接近的材料的单位压力，然后再乘以它们退火后的抗拉强度的比值加以折算，即得该材料的单位挤压力。

1）正挤压实心件的图算法（图 18-11）。例如：已知毛坯直径（或凸模直径）d_0 = 75mm；挤压后直径 d_1 = 45mm；毛坯长度 h_0 = 110mm；凹模锥角 $\alpha=90°$；毛坯材料为纯铁。

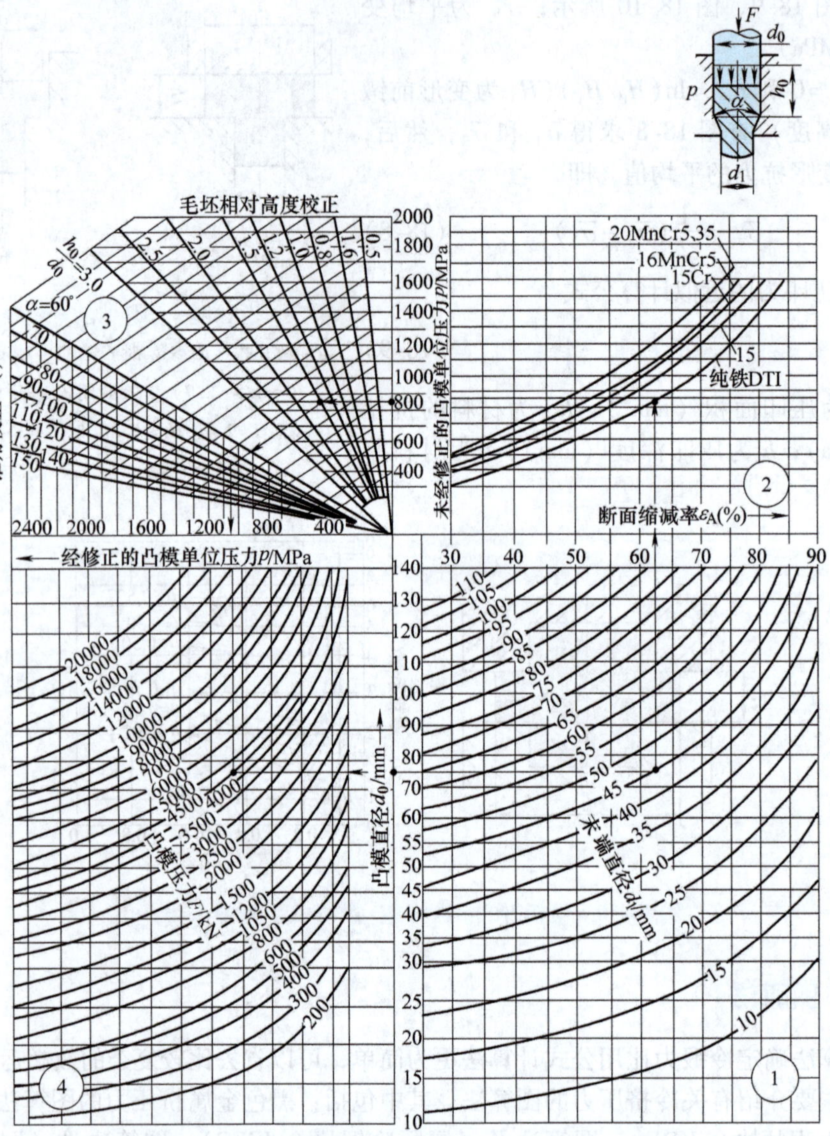

图 18-11 黑色金属正挤压实心件计算压力用图算表

求解步骤：

1）根据相应的 d_0 及 d_1，查图①得断面缩减率：$\varepsilon_A=64\%$；

2）根据 $\varepsilon_A=64\%$ 及毛坯材料查图②，求得未经修正的单位挤压力：$p'=850\text{MPa}$（是毛坯长径比 $h_0/d_0=1.0$，凹模锥角 $\alpha=90°$时的单位挤压力）；

3）考虑到 $h_0/d_0=1.5$，$\alpha=90°$，上述单位挤压力需要修正，因此可根据图③中相应的曲线，查得修正的单位挤压力：$p=1050\text{MPa}$；

4）根据毛坯直径 d_0 和修正的单位压力 p 从图④中查得总挤压力：$F=4500\text{kN}$。

2）正挤压空心件的图算法（图 18-12）。先计算出毛坯横截面面积 A_0 和变形后工件末端的横截面面积 A_1，然后再用上述方法查表求得挤压力。

3）反挤压的图算法（图 18-13）。反挤压的图算法与上述基本相同，不同点是在 ε_A 投影到②中与已知的 h_0/d_0 相交后，向右求得修正系数 K 值并记下，再根据上述相同方法在③中找到记下的 K 值和已知的 d_0，再查得挤压力。

复合挤压力可按单一挤压中较小的一方计算。若复合挤压的某一方挤出金属受到约束，则挤压力随即向另一方单一挤压的挤压力数值过渡。

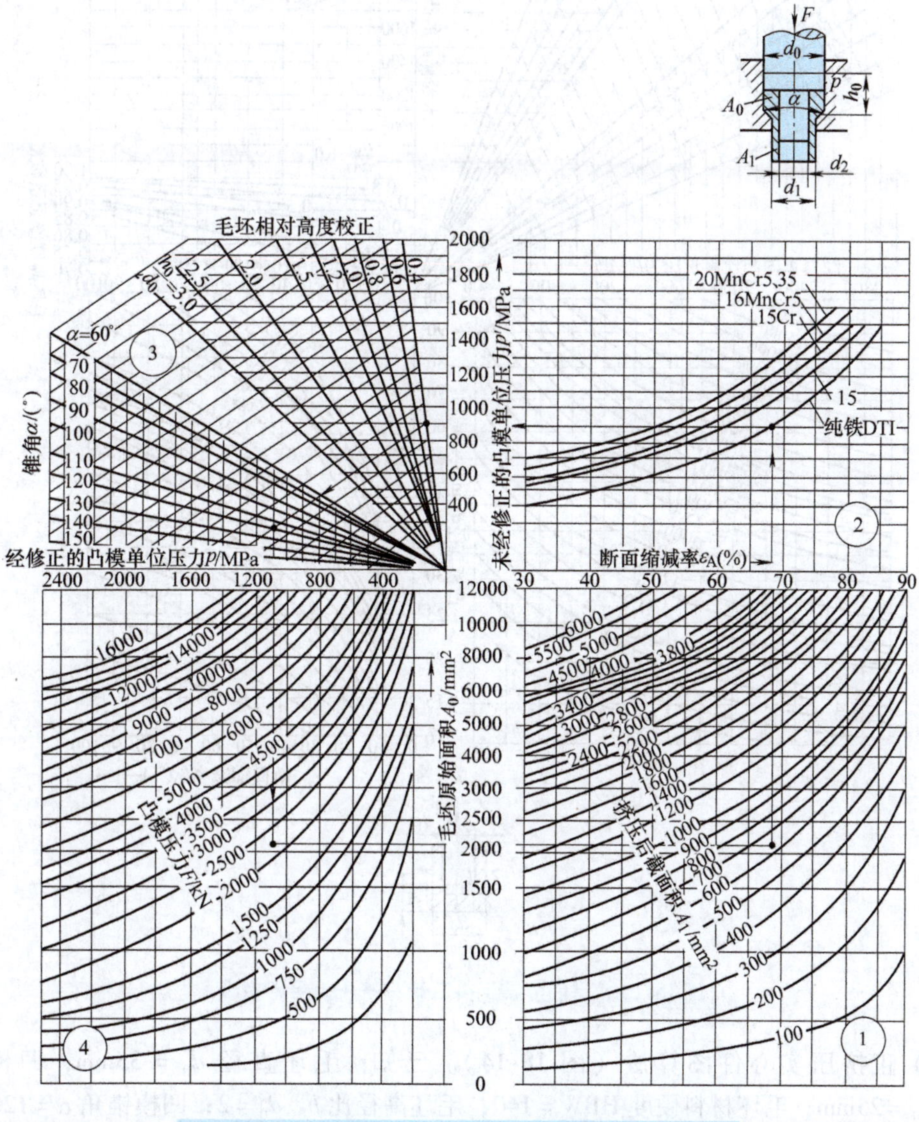

图 18-12　黑色金属正挤压空心件计算压力用图算表

（2）图算法Ⅱ（国际冷锻协会 ICFG）　图 18-14、图 18-15 所示是以影响挤压力的两个主要因素——挤压比 G 和材料性能的硬度值 HBW 作为计算基础，此外，还考虑了凹模锥角 α（对正挤压）和毛坯高径比 h_0/d_0 的影响。其他因素影响很小，可忽略不计。毛坯采用磷化和润滑处理。图的使用方法举例说明如下：

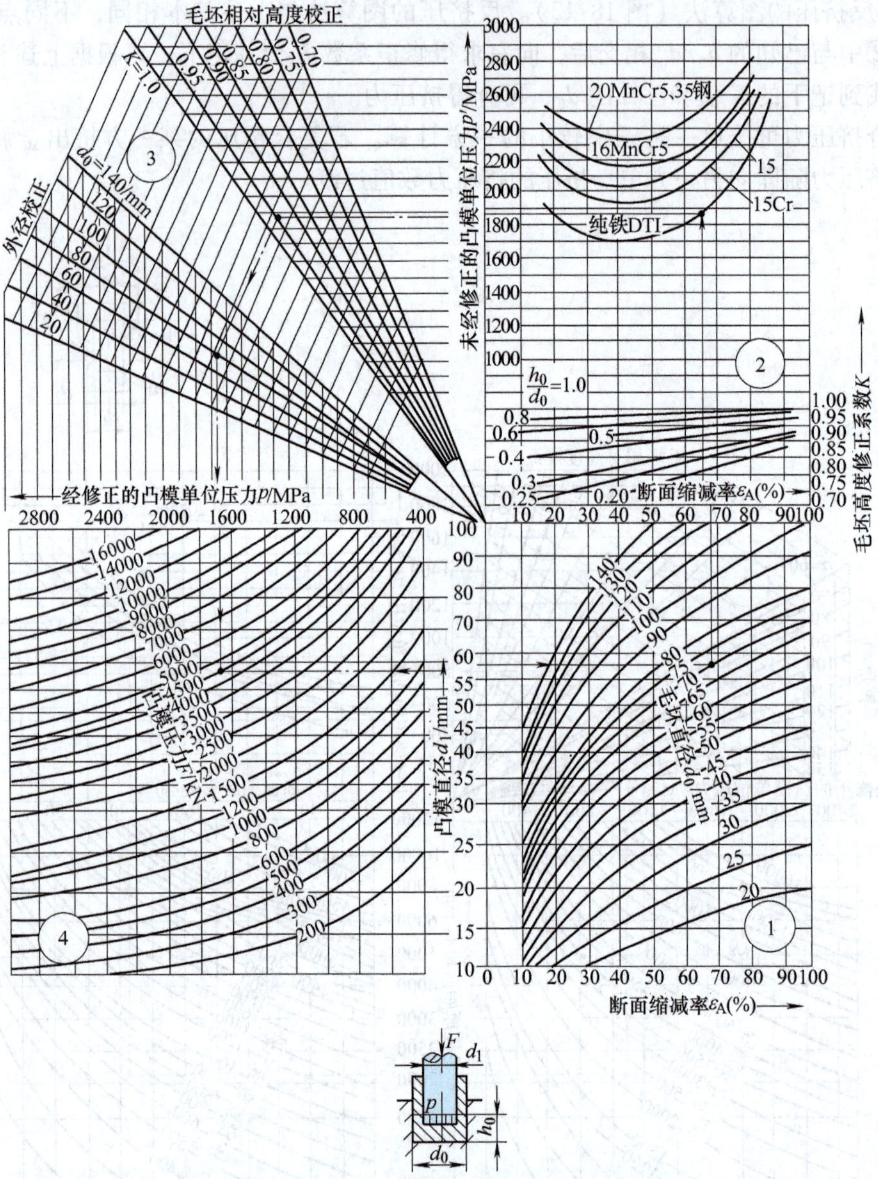

图 18-13　黑色金属反挤压计算挤压力用图算表

1）正挤压实心件图算法（图 18-14）。已知：毛坯直径 d_0 = 35mm；凹模出口直径 d_1 =25mm；毛坯材料硬度 HBW =140；毛坯高径比 h_0/d_0 =2；凹模锥角 α =120°。

求解步骤：

1）根据毛坯直径 d_0 和凹模出口直径 d_1 在图①中的交点 a 分别向上、下投影，得到挤压比 G =1.96 和断面减缩率 ε_A =50%。

2）由图②中挤压比 G =1.96 与材料硬度 140HBW 的斜线的交点 b，投影到纵坐标轴上得到未经修正的单位冷挤压力 p' =1400MPa。

3）根据图③中 p' =1400MPa 和 h_0/d_0 =2 得到交点 c，由 c 点向上投影，查得 α =180°

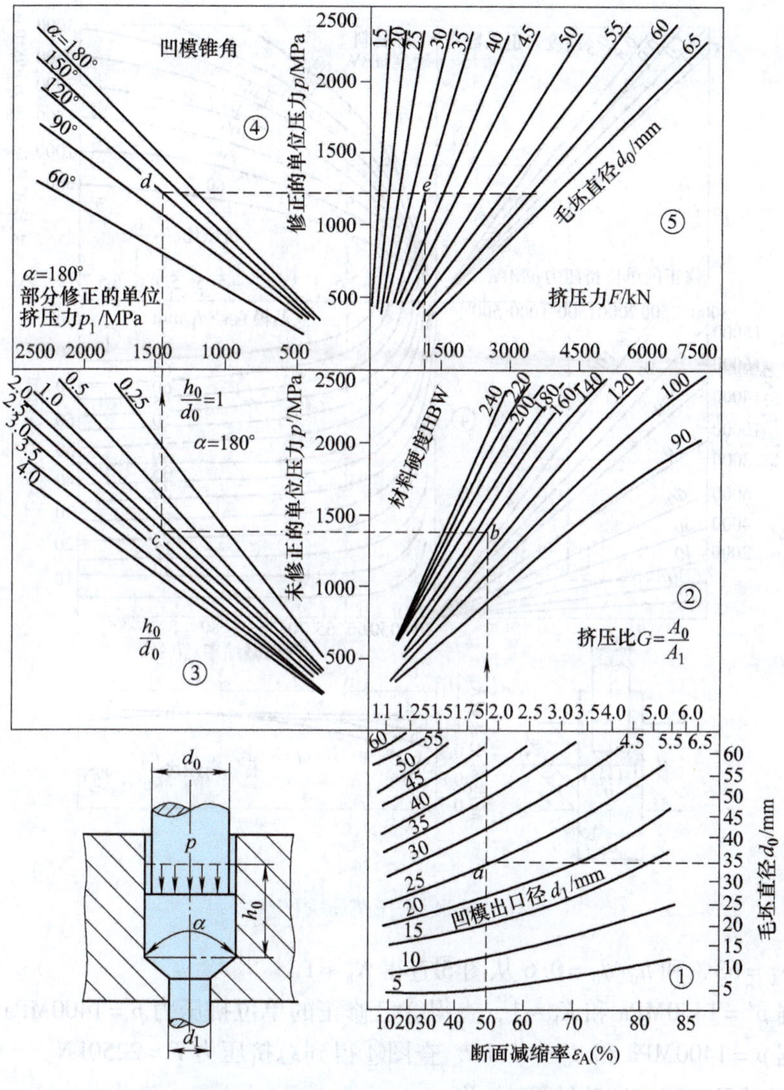

图 18-14　正挤压实心件挤压力图算表

时，部分修正的单位挤压力 $p_1=1450$MPa。

4）将图④中 $p_1=1450$MPa 的点投影到 $\alpha=120°$斜线上，得 d 点，由 d 点向右投影到纵坐标轴上，则得已修正的单位挤压力 $p=1200$MPa。

5）将图⑤中求得的 $p=1200$MPa 的点，向毛坯直径 $d_0=35$mm 的斜线上投影，得 e 点，再由 e 点向下投影到横坐标轴上，则得总挤压力 $F=1230$kN。

2）反挤压图算法（图 18-15）。已知：毛坯直径 $d_0=45$mm；凸模直径 $d_1=35$mm；毛坯材料的硬度 140HBW；毛坯高径比 $h_0/d_0=0.6$。

求解步骤与前面介绍的方法基本相同。即：

1）由 $d_0=45$mm 和 $d_1=35$mm，查图①得挤压比 $G=2.5$ 和 $\varepsilon_A=63\%$。

2）由 $G=2.5$ 和 140HBW，查图②得 $h_0/d_0=1$ 时未修正的单位挤压力 $p'=1450$MPa。

第十八章　冷锻力的计算与压力机的选择

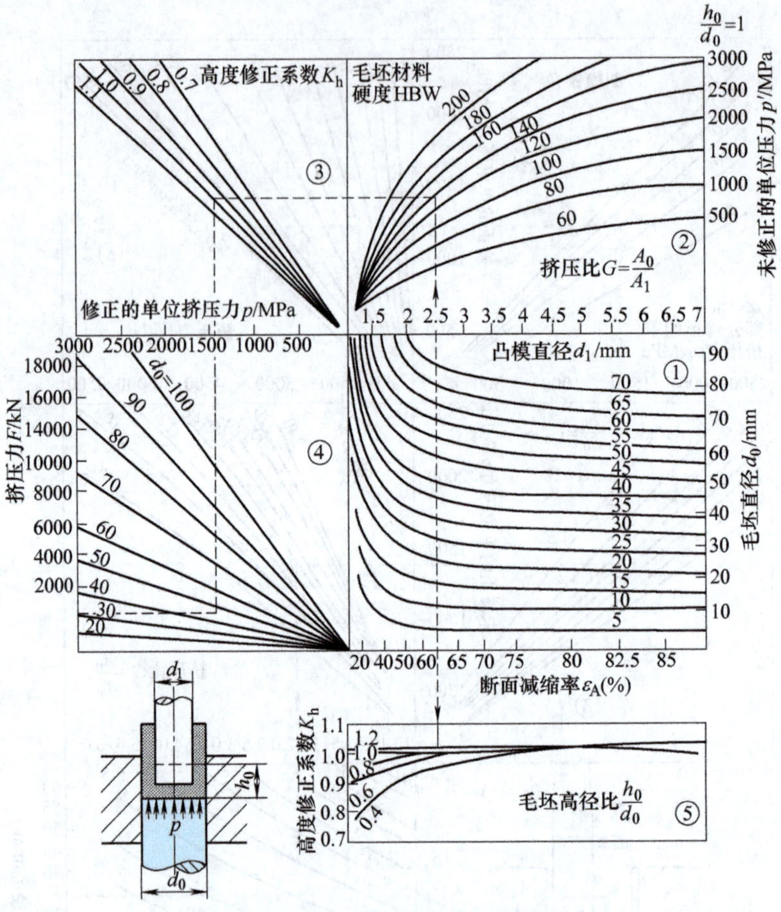

图 18-15 反挤压挤压力图算表

3）由 $\varepsilon_A=63\%$ 和 $h_0/d_0=0.6$ 从图⑤查得 $K_h\approx1$。

4）根据 $p'=1450$MPa 和 $K_h\approx1$，查得③已修正的单位挤压力 $p=1400$MPa。

5）根据 $p=1400$MPa 和 $d_0=45$mm，查图④得到总挤压力 $F=2250$kN。

（3）图算法Ⅲ（国内试验结果） 前面介绍的图算法是基于实测基础而建立的。但对国产钢材有较大误差，有的计算图钢种不全，有的以硬度表示的图表未考虑合金成分对材料冷作硬化的影响。图18-16～图18-21所示为我国常用钢材正挤压实心件和反挤压力计算图表。这些图表以变形程度及挤压材料性能为计算基础，并考虑了毛坯的 h_0/d_0 的影响，及凹模锥角对正挤压的影响和凸模锥角对反挤压的影响。毛坯经软化退火，并在挤压前进行磷皂化处理。

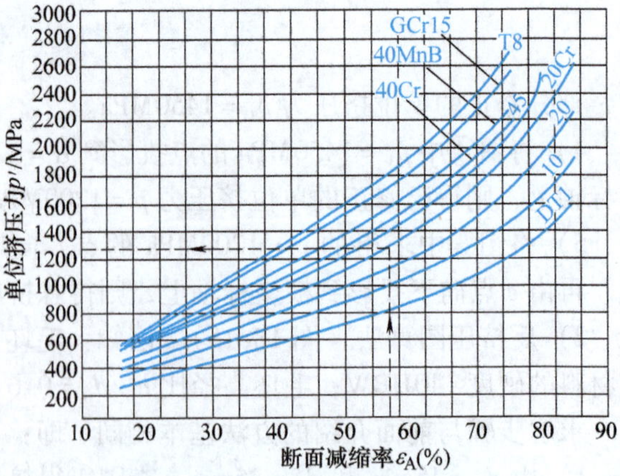

图 18-16 正挤压单位挤压力曲线

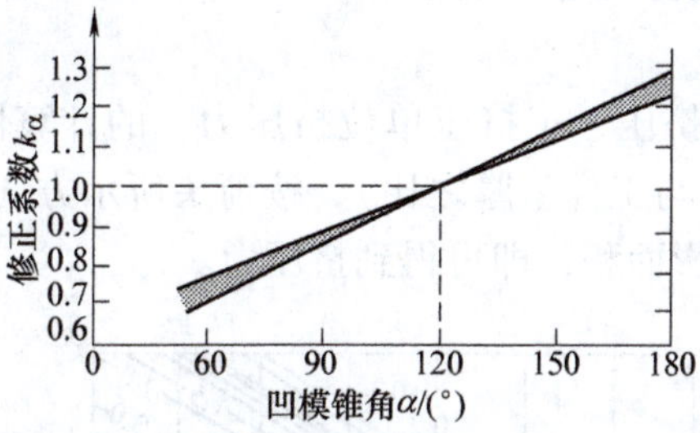

图 18-17　正挤压凹模锥角修正系数

注：ε_A 大时 k_h 取上限，反之 k_h 取下限。

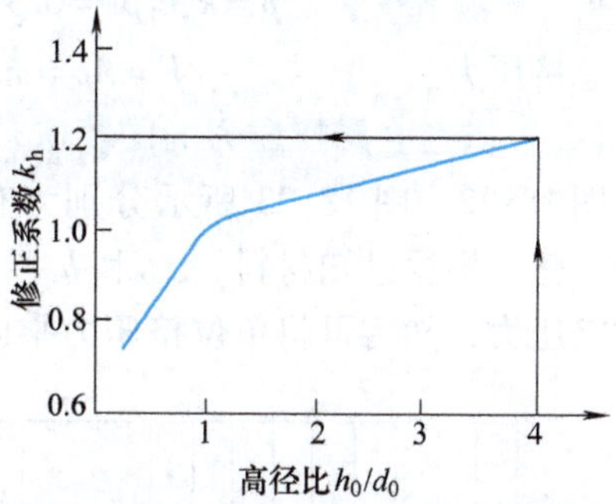

图 18-18　正挤压毛坯高度修正系数

1）正挤压实心件图算法（图 18-16，图 18-17 和图 18-18）。已知：d_0 = 30.5mm；d_1 = 20mm；h = 125.5mm；α = 120°；材料：20Cr。求解步骤：

① 根据毛坯直径 d_0 和挤压后直径 d_1 算出断面减缩率 ε_A = 57%，根据毛坯高度 h_0/d_0 = 125.5/30.5 = 4.11，查图 18-18 得 k_h = 1.21，查图 18-17 得 k_α = 1.0。

② 根据断面收缩率 ε_A = 57% 查图 18-16 得到单位挤压力 p' = 1250MPa。

则实际单位挤压力

$$p = k_\alpha k_h p' = 1513\text{MPa}$$

总挤压力

$$F = Ap = \pi/4 \times 30.52 \times 1513\text{MPa} = 1105\text{kN}$$

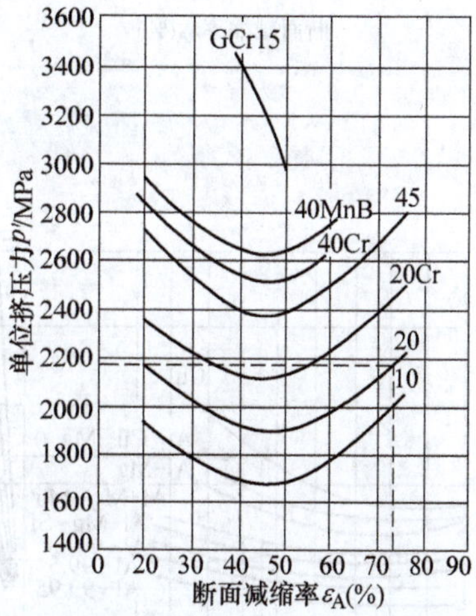

图 18-19　反挤压凸模单位挤压力

2）反挤压力图算法（图 18-19、图 18-20、图 18-21）。已知：d_0 = 25.5mm；d_1 = 22mm；h_0 = 21mm；α = 125°；毛坯材料为 20 钢。求解步骤：

① 根据毛坯直径 d_0 和挤压后孔径 d_1 算出断面减缩率：ε_A = 74%，根据毛坯高度 h_0 和毛坯直径 d_0 算出高径比 h_0/d_0 = 21/25.5 = 0.82

② 根据 ε_A = 74% 查图 18-19 得 p' = 2160MPa，查图 18-20 得 k_α = 0.96，查图 18-21 得 k_h = 0.99。

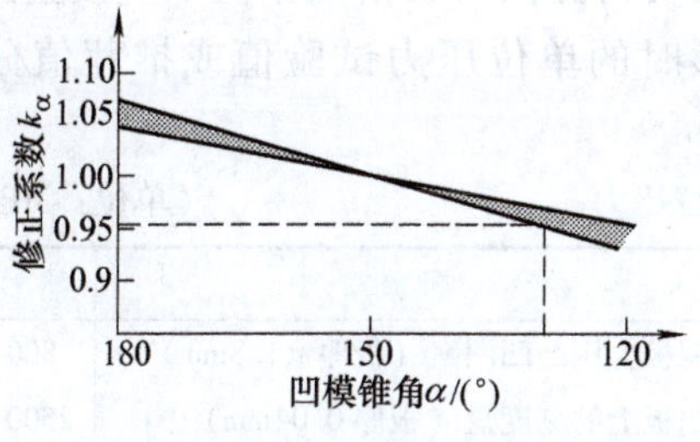

图 18-20　反挤压凸模锥角修正系数

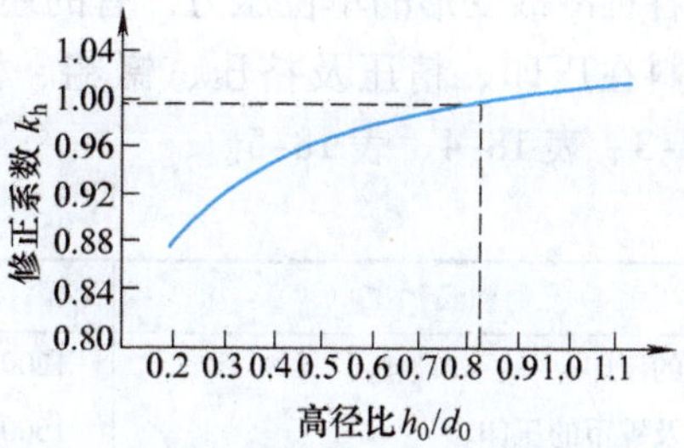

图 18-21　反挤压毛坯高度修正系数

得 $p = k_\alpha k_h p' = 0.96 \times 0.99 \times 2160\text{MPa} = 2053\text{MPa}$

总挤压力 $F = Ap = \pi/4 \times 22^2 \times 2053\text{MPa} = 780\text{kN}$

（二）有色金属挤压力的图算法

图 18-22、图 18-23 所示分别为有色金属反挤压、正挤压单位挤压力 p 的计算图表。求解步骤是根据已知材料、ε_A 和 h_0/s（毛坯高度与工件壁厚之比），按箭头所示方向查得单位挤压力，然后再将单位挤压力乘以凸模的投影面积，即可得到挤压力。

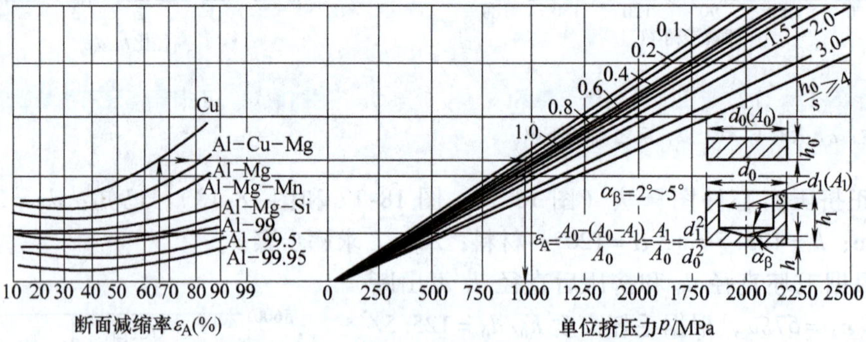

图 18-22 有色金属反挤压时确定单位压力图表

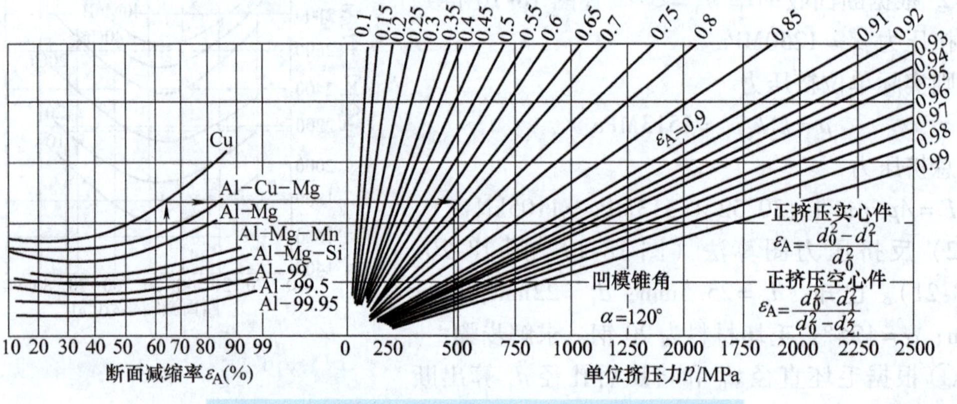

图 18-23 有色金属正挤压时确定单位挤压力图表

三、查表法

各种冷锻变形的单位压力，有的还可以从有关资料提供的表格数据值中直接查到。各种材料在压印、精压及挤压、镦粗、模锻等变形时的单位压力试验值或推荐值分别见表 18-3、表 18-4、表 18-5。

表 18-3 压印单位压力 （单位：MPa）

材料及加工	单位压力	材料及加工	单位压力
金币的压印	1200 ~ 1500	黄铜板上压凸凹图案（板厚 < 1.8mm）	800 ~ 900
银币及镍币的压印	1500 ~ 1800	黄铜板上的刻度盘（板厚 0.04mm）	2500 ~ 3000
黄铜板上压凸纹（四周自由）	200 ~ 500	不锈钢餐具压印	2500 ~ 3000

表 18-4　精压单位压力　（单位：MPa）

材　　料	单位压力	
	平面精度	立体精度
铝合金	1000～1200	1400～1700
10～15	1300～1600	1800～2200
20～25	1800～2200	2500～3000
35～45	2500～3000	3000～3500
45Cr14Ni14W2Mo	2500～3000	3000～3500

表 18-5　不同钢种、不同冷锻变形方式的单位挤压力

冷变方式	$w_C<0.1\%$低碳钢		$w_C=0.1\%\sim0.3\%$的渗碳钢		$w_C=0.3\%\sim0.5\%$的碳钢、低合金钢	
	ε_A或ε_h（%）	p/MPa	ε_A或ε_h（%）	p/MPa	ε_A或ε_h（%）	p/MPa
正挤压	50～80	1400～2000	50～70	1600～2600	40～60	2000～2500
反挤压	40～75	1600～2200	40～70	1800～2500	30～60	2000～2500
缩径	25～30	900～1100	24～28	1000～1300	23～28	1150～1500
自由镦粗	50～60	500～700	50～60	800～1000	50～60	1000～1500
模锻	30～50	1000～1600	30～50	1600～2000	30～50	1800～2500
型腔挤压		2000～2500		2000～2500		2200～2500

注：1. $\varepsilon_A=(A_0-A_1)/A_0\times100\%$　$\varepsilon_h=(H_0-H_1)/H_0\times100\%$。

2. 变形程度较大时，单位压力取偏上限，反之取偏下限。

第三节　冷锻设备的选择

一、冷锻设备的类型

冷锻设备分为通用压力机和专用压力机，可以分为以下三大类：

1）普通曲轴压力机、肘杆压力机、摩擦压力机、油压机和挤压机；

2）冷镦机和多工位成形机；

3）锻锤。

在第一类通用设备上作冷锻加工，要预先切断坯料，然后通过手工或自动送料机构把经过处理的坯料送入安装在设备上的模具里进行成形。这类设备通用性强，适用于中小批量的冷锻生产，并可以冷锻形状复杂的零件。

自动冷镦机和多工位成形机一般采用自动的方式供给盘料，包括切断在内的各个成形工序全是自动进行的，生产效率很高。这类设备对于形状简单的零件可锻出细微部分，但对于形状复杂的零件，因受机械工位数的限制往往难于充分成形。

锻锤类设备包括空气锤、模锻锤等，以落下部分的质量和打击能量对短坯料或预制坯进行成形，主要用于型锻和模锻工序。

二、设备选用原则和要求

铆钉、螺栓类的冷锻主要在自动冷镦机和自动成形机上进行。其他的冷锻特别是冷挤

压，究竟使用上述哪一类设备，则必须作认真考虑。下面从使用的角度来考虑对冷锻设备选择的原则和要求。

（1）压力大小　液压机可在全行程以额定压力加压；而机械压力机根据行程位置不同所提供的压力是变化的，在下极限位置附近时可以提供公称压力，离开下极限位置越远，提供的压力越小，在行程中点附近时，提供的压力仅为公称压力的 35% ~ 50%。故可压缩坯料的长度受到限制。图 18-24所示为液压机、机械压力机的载荷曲线及镦锻、挤压行程曲线。冷锻的行程曲线不能超出设备的载荷曲线，偏心齿轮式冷挤压力机能提供的能量比通用曲柄压力机要大得多。因此通用曲柄压力机不适宜挤压长工件，否则就有可能超载。

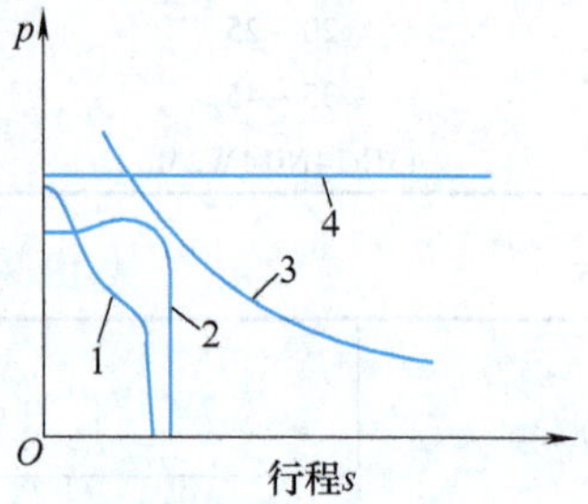

图 18-24　成形载荷曲线
1—镦锻成形载荷　2—挤压成形载荷　3—机械压力机力-行程曲线　4—油压机压力曲线

（2）行程长度　液压机比机械压力机的行程长度要长，且可任意调节。因此，液压机可以挤压毛坯长度较长、能量要求较大的零件。

（3）精度要求　如果冷锻件的尺寸精度、几何公差要求比较严，则除了模具的精度相应要提高外，设备的精度也应较高，且还应有足够的刚度。因此，采用普通压力机进行冷锻加工时，往往必须采取提高模具导向精度的技术要求以弥补设备精度与刚度的不足。机械压力机的下死点位置是一定的，而液压机是用限位开关来限定的，下极限位置的位置精度比机械压力机差得多。因此，对于保证良好的冷锻件的底厚精度来说，液压机不如机械压力机。

（4）过载安全装置　为了防止过载的力损坏压力机零件，应该选择有过载安全装置的压力机。一般大型压力机都装有机械、电气、气动或液压式过载安全装置，小型压力机有的采用保护环。

（5）顶料机构　冷锻时在上模离开工件之后，往往需要顶料机构将工件从下模内顶出。尤其是冷挤压，其顶件力会相当大，这时冲压工艺里常用的弹性顶件装置是不能可靠顶出的，因此冷锻设备要求带有顶件装置。顶料机构的形式有，同滑块上、下联动的滑动式和与压力机驱动机构联动的凸轮连杆式以及液压动作式等。

（6）闭合高度　与冷冲模相比，冷锻模特别是冷挤压模，模具的闭合高度一般都较大。因此要求压力机的闭合高度较大。

（7）行程次数　机械压力机的行程次数比液压机高得多，因此生产率也高得多。但液压机在一定范围内可任意调节行程次数，而机械压力机却不能调节。

思考与练习题

18-1　讨论并计算冷锻变形力有何意义与作用？

18-2　影响单位冷挤压力的主要因素有哪些？它们是如何影响的？

18-3　冷挤压工艺对压力机的特殊要求有哪些？选择冷挤压设备的原则是什么？

18-4　用 08 钢生产如图 18-25 所示缝纫机螺钉。请分别用公式计算法、图算法计算单位挤压力和总挤压力，并对计算结果进行分析与比较。

18-5　如图 18-26 所示的零件，材料为 20 钢，通过反挤压生产。请分别用公式计算法、图算法计算单位挤压力和总挤压力，并对计算结果进行分析与比较。

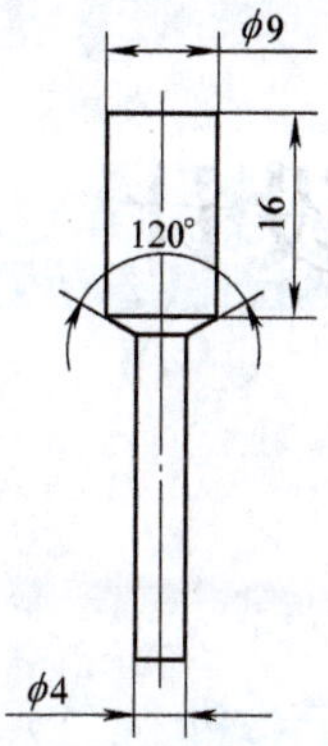

图 18-25　题 18-4 图

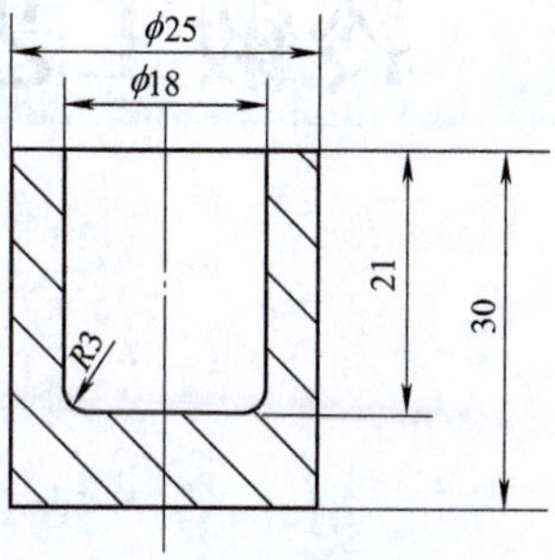

图 18-26　题 18-5 图

第十九章 冷锻工艺过程的设计

第一节　适合于冷锻成形的零件

一、冷锻零件的设计要求

冷锻加工的技术、经济效益，主要取决于合适的工艺过程设计。因此，冷锻零件和冷锻工艺过程的设计目标和要求是：工艺合理、经济合算。

冷锻零件的设计是冷锻工艺设计的基础。冷锻零件图是根据产品零件图、考虑冷锻工艺和机械加工的工艺要求及经济原则而设计的。设计冷锻零件图时，必须遵循下列基本原则：

1）设计的零件形状要易于冷锻成形，使模具受力均匀。

2）确定的零件尺寸及精度要求应该在冷锻成形可能的范围之内。

3）用机加工等其他方法更适宜实现形状和尺寸要求的零件，不应强求用冷锻方法加工。否则，经济上不一定合算。

国际冷锻协会推荐了适宜冷锻的零件的代表性形状。图 19-1 所示为轴类零件，图 19-2 所示为空心零件。

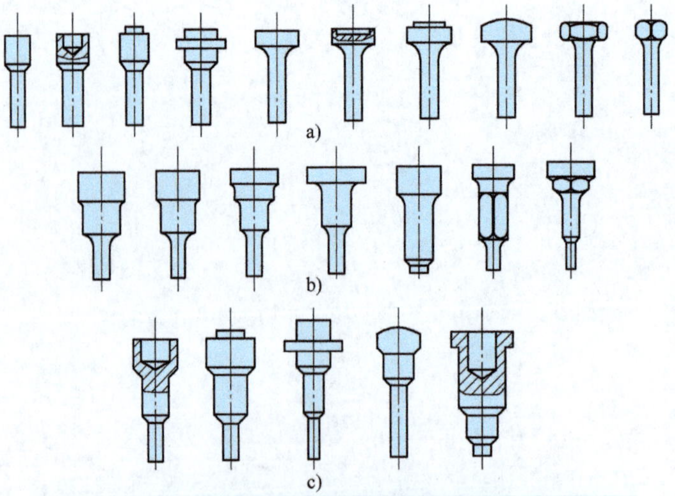

图 19-1　适宜冷锻的轴类零件

a）各种头部形状的轴对称零件　b）各种阶梯形状的轴对称零件

c）头部成形杆部阶梯的轴对称零件

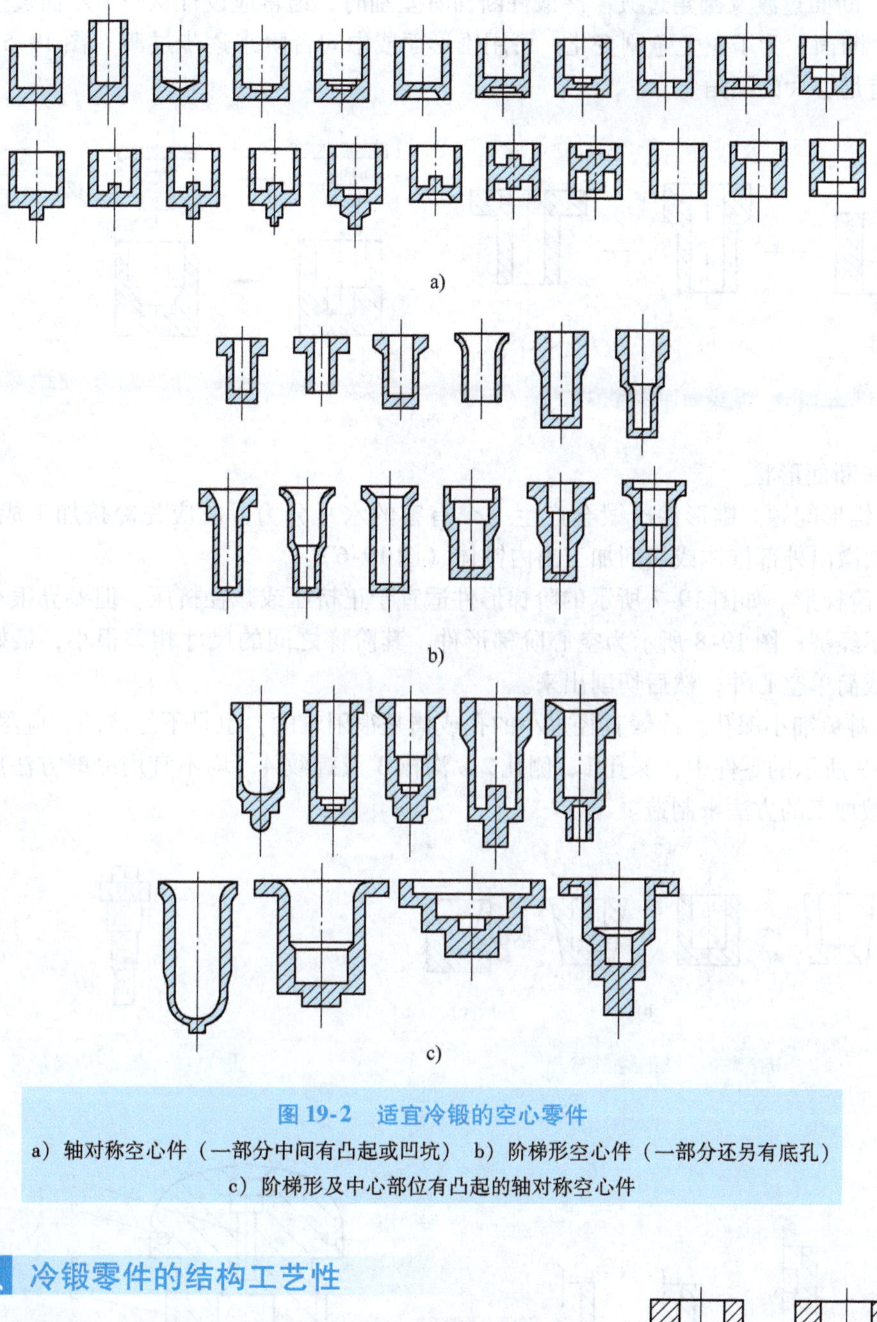

图 19-2　适宜冷锻的空心零件

a）轴对称空心件（一部分中间有凸起或凹坑）　b）阶梯形空心件（一部分还另有底孔）

c）阶梯形及中心部位有凸起的轴对称空心件

二、冷锻零件的结构工艺性

（1）对称性　冷锻件的形状最好是轴对称旋转体，其次是对称的非旋转体，如方形、矩形、正多边形、齿形等。冷锻件为非对称形时，模具受侧向力，易损坏（图 19-3）。

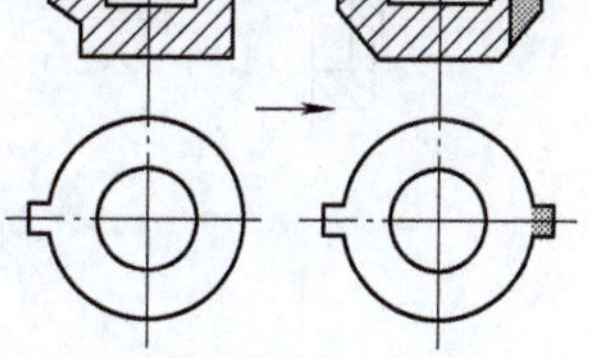

图 19-3　对称性

（2）断面积差　零件不同的断面上，特别是相邻断面上的断面积差设计得越小越有利。断面积差较大的冷锻件，可以通过改变成形方法，增加变形工序而获得（图 19-4）。

（3）断面过渡及圆角过渡　冷锻件断面有差别时，通常应设计从一个断面缓慢地过渡到另一个断面，为了避免急剧变化，可用锥形面或中间台阶来逐步过渡（图 19-5），且过渡处要有足够大的圆角。

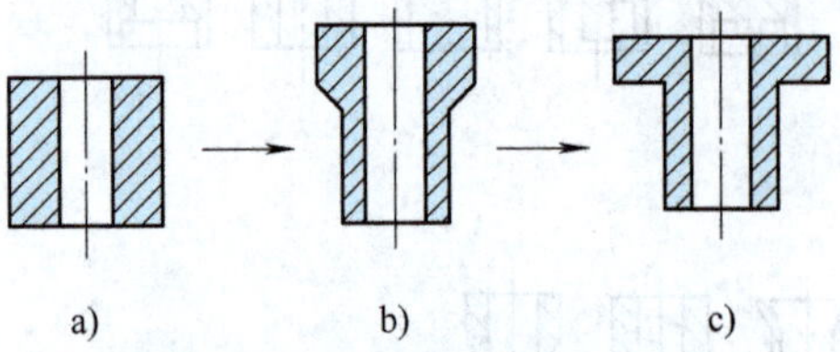

图 19-4　减少断面积差的设计

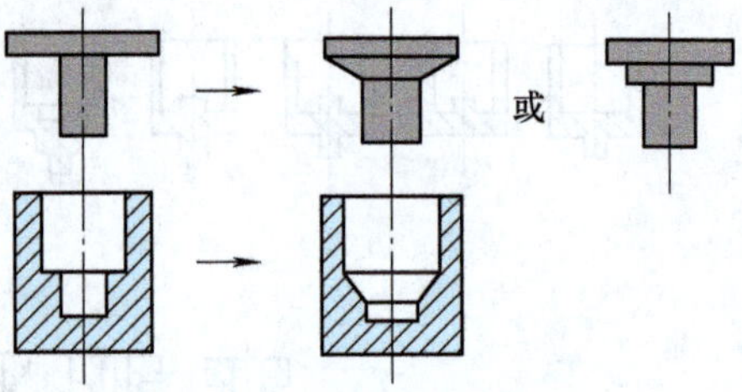

图 19-5　断面的合理过渡

（4）断面形状

1）锥形问题。锥形件冷锻会产生一个有害的水平分力，故应先冷挤加工成圆筒形；然后单独镦出外部锥体或切削加工出内锥体（图 19-6）。

2）阶梯形。如图 19-7 所示的阶梯形件适宜于正挤压或减径挤压。但差异很小的阶梯冷锻则不经济；图 19-8 所示为空心阶梯形件，其阶梯之间的尺寸相差很小，最好挤成大阶梯形或简单空心件，然后切削出来。

3）避免细小深孔。冷锻直径过小的孔或槽是很困难的，也是不经济的，应尽量避免，如图 19-9 所示的零件中，深孔 1、侧孔 2、沟槽 3 及螺纹 4，均不宜用冷锻方法成形，而要用机械加工的方法来制造。

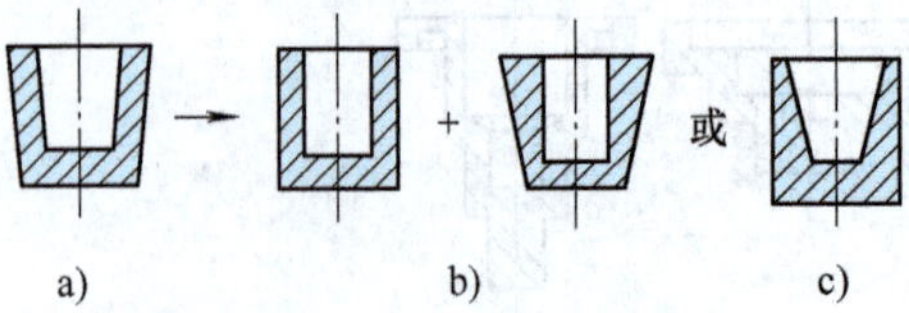

图 19-6　锥形件的冷挤压

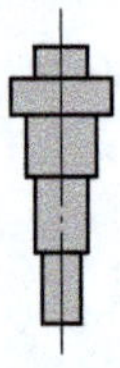

图 19-7　实心阶梯形件

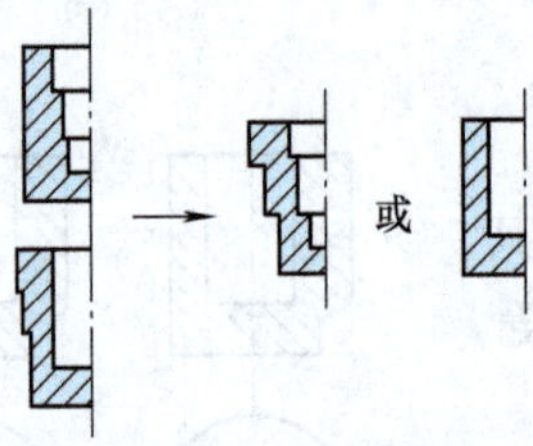

图 19-8　空心阶梯形件

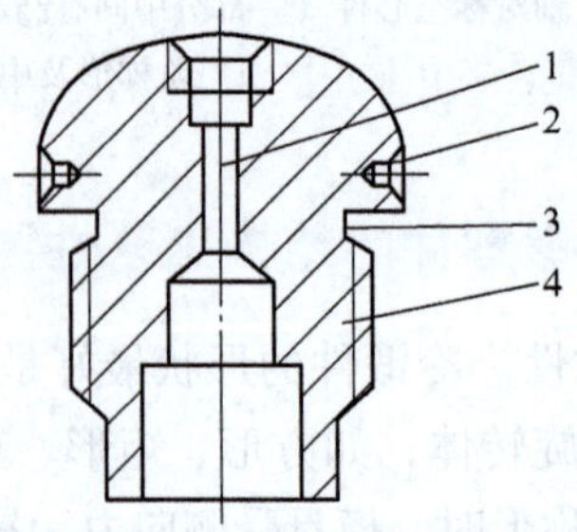

图 19-9　不宜冷锻的部位

1—深孔　2—侧孔　3—沟槽　4—螺纹

第二节　冷锻工艺方案的制订

对于任何一种冷锻件，从不同的角度和设计观点出发，会有多个工艺方案。在制订工艺方案时，既要考虑到技术上的可能性和先进性，又要注重经济效益。应该拟定两个或更多个工艺方案，然后进行经济技术分析，以便得出合理的工艺方案。

一、冷锻件图的制订

冷锻件图根据零件图制订，以1:1 比例绘制。其内容包括：

1）确定冷锻和进一步加工的工艺基准。

2）对于无需机械加工的部位，不加余量，应按零件图的技术要求直接给出公差，而对于需进行机械加工的部位，应考虑加工余量，并按冷锻可以达到的尺寸精度给出公差。

3）确定冷锻完成后多余材料的排除方式。

4）按照零件的技术要求及冷锻可能达到的精度，确定表面粗糙度等级和形位公差值。

二、制订冷锻工艺方案的技术经济指标

为了确保冷锻工艺方案在技术经济上的合理性和可行性，常采用下述几个指标来衡量：

(1) 冷锻件的尺寸　尺寸越大，所需设备吨位随之增大，采用冷锻加工的困难性增加。

(2) 冷锻件的形状　形状越复杂、变形程度越大，所需的冷锻工序数目就越多。

(3) 冷锻件的精度　其精度和表面粗糙度有一定限度。增加修整工序可提高冷锻件精度。

(4) 冷锻件的材料　材料影响冷锻难度、许用变形程度。

(5) 冷锻件的批量　批量大时可以使总的成本降低。

(6) 冷锻件的费用　一般包含材料费、备料费、工具及模具制造费、冷锻加工费及后续工序加工费等。这是一项综合指标，往往是决定工艺方案是否合理、可行的关键因素。

对于上述几个指标进行全面分析、平衡之后，就可以选择一个最佳的工艺方案。最佳的工艺方案的具体标志是：采用尽可能少的冷锻工序和中间退火次数，以最低的材料消耗、最高的模具使用寿命和生产效率，冷锻出符合技术要求的冷锻件。冷锻加工全过程应包含下料工序、预成形工序、辅助工序、冷锻工序以及后续加工工序等。其中冷锻工序的设计是制订冷锻工艺方案的核心工作。

第三节　不同冷锻工序的一次成形范围

不同冷锻工序的一次成形范围是指在当前的技术条件下，一次成形所允许的加工界限。它是根据不超出许用变形程度、一定的模具使用寿命以及良好的工件质量等原则来确定的。

一、正挤压件的一次成形范围

正挤压实心件和空心件的两种典型形状如图 19-10 所示。

（1）毛坯高径比 h_0/D　正挤压时，毛坯高径比过大，会加大摩擦阻力，增大挤压力。一般应限制 $h_0/D<5$。

（2）正挤压实心件杆部直径 d　d 过小，变形程度会超出许用变形程度。对于黑色金属实心件正挤压，一次成形的杆部直径 d 应在下述范围内：

$$0.85D \geqslant d \geqslant 0.5D$$

（3）余料厚度 h　h 值过小，单位挤压力会急剧增加，对于实心件挤压还会出现缩孔缺陷。挤压实心件 h 不宜小于挤出部分直径的 1/2；挤压空心件时 h 则不宜小于挤出部分的壁厚。

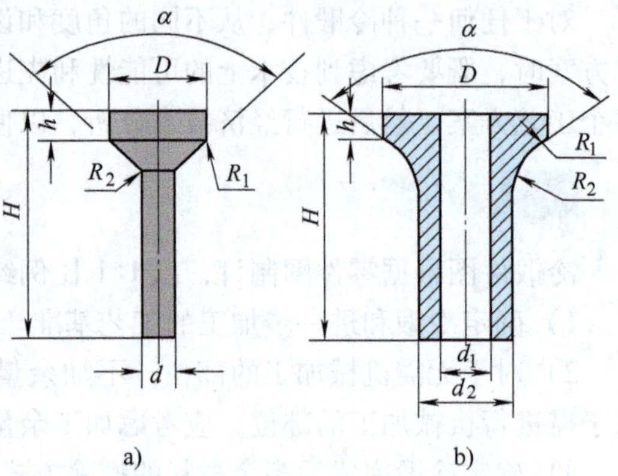

图 19-10　正挤压件的典型形状

a）正挤压实心件　b）正挤压空心件

（4）凹模锥角 α　α 是影响挤压件质量与单位挤压力的主要因素之一。α 大小往往取决于产品对制件的要求，若遇到入模角 $\alpha=180°$时，为了降低单位挤压力和改善质量，就要对制件结构适当修改或增加一道镦粗工序。

生产中，入模角根据冷挤压件的材料和变形量选择。黑色金属一般取 $\alpha=90°\sim120°$，变形程度小时取大值；有色金属取 $\alpha=160°\sim180°$。若在变形程度大时取 $\alpha=180°$，就会出现死角区、缩孔和表面裂纹缺陷，严重时会出现死区剥落现象。

二、反挤压件的一次成形范围

反挤压杯形件的典型形状如图 19-11 所示。

（1）孔的深度 h　为了保证反挤压凸模在挤压过程中不失去稳定性，孔深 h 应受凸模长径比的限制。不同材料杯形件允许的相对孔深 h/d_1 分别为：有色金属及其合金杯形件为 3～6；黑色金属杯形件为 2～3。

（2）壁厚 s_0　杯壁越薄反挤压变形程度越大，所以 s_0 受材料的许用变形程度的限制。

（3）底厚 s_1　底厚 s_1 过小，除了引起挤压力急剧上升以外，还可能在底部转角处引起缩孔缺陷。因此，一般情况下应使 $s_1 \geqslant s_0$（s_0 为壁厚），特殊情况才允许 $s_1<s_0$，最低限度必须保证 $s_1 \geqslant 0.8s_0$。

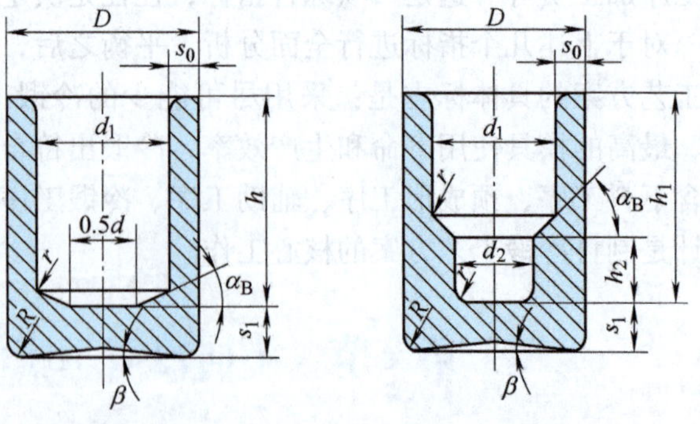

图 19-11　反挤压杯形件的典型形状

a）直孔杯形件　b）阶梯孔杯形件

（4）内孔径 d_1　为了保证反挤压时不超出模具的许用单位压力，根据反挤压单位压力与变形程度的关系，内孔径的一次成形范围应受最小和最大许用变形程度的限制。例如，黑色金属反挤压时，合适的变形程度应在下述范围内：

$$25\% \leqslant \varepsilon_A \leqslant 75\%$$

经换算后，内孔径 d_1 一次成形范围应为

$$0.5D \leqslant d_1 \leqslant 0.86D$$

（5）阶梯孔杯形件的小孔长径比 h_2/d_2　带阶梯内孔杯形件反挤压时（图 19-11b），凸模工作带会加长，成形压力随之加大，凸模使用寿命就会大大缩短。因此，一般情况下，应使 $h_2/d_2 \leqslant 1$，只在特殊情况下，才允许 $h_2/d_2 > 1$，但必须限制 $h_2/d_2 \leqslant 1.2$。

（6）凸模锥顶角 α_B　采用平底凸模时，挤压力较大，一般在挤压黑色金属时，凸模顶角 α_B 取 7°～27°；挤压铝、铜等有色金属时，α_B 取 3°～25°。采用锥形凸模，凸模顶角 α_B 仍取上述数值。反挤压的孔底，除了上述形状外，也可采用半球形底。但后者只适用于变形程度较小时。变形程度超过 60% 时，则所需的单位挤压力反而会急剧上升。

三、复合挤压件的一次成形范围

（1）复合挤压件的一次成形范围　复合挤压件的两种典型形状如图 19-12 所示。由第十八章分析可以看出，复合挤压力总不会超过单纯正挤压或单纯反挤压的挤压力，因此，复合挤压件的一次成形范围理应比单纯正挤压或单纯反挤压大些。但在生产实际中，从安全角度考虑，它们的一次成形范围可参照单纯正挤压和单纯反挤压的一次成形范围来确定。如双杯类挤压件就是按单个反挤压杯形件的一次成形范围来确定其一次成形范围。而对于杯-杆类挤压件，其正挤压成形的杆径 d_2 的一次成形范围可以扩大一些，因为这时的实际挤压变形程度要比名义变形程度小。对于黑色金属，一般可以取 $d_2 \geqslant 0.4D$，其他尺寸仍按与单个正挤压件相同的成形范围来确定。

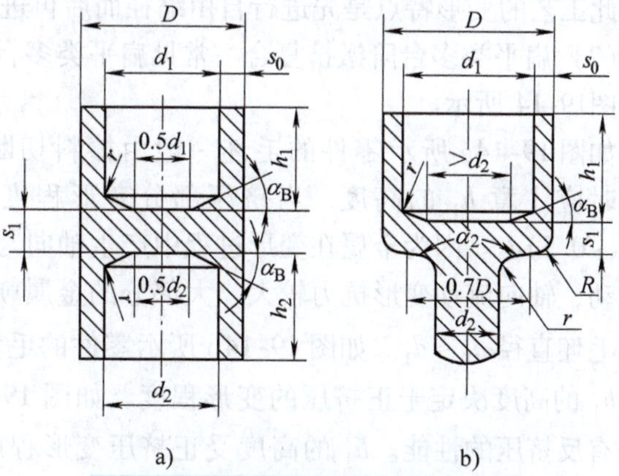

图 19-12　复合挤压件的典型形状

a）双杯类挤压件　b）杯-杆类挤压件

（2）复合挤压流动控制问题　复合挤压件存在着各段长度的控制问题。在两个挤压方向变形程度相等条件下，金属容易朝反挤压方向变形。因此欲使两挤压方向尺寸接近或一致，一般把反挤压部分的变形程度设计得比正挤压部分大 5% 左右。当然，也还可以通过采取调整凸、凹模的顶角与入模角，适当改变断面缩减率，增加台阶等措施来增加一方的流出速度，或减慢另一方的流出速度，以实现两方基本上匀速等值。另外如果仅采用限制一方继续流动的方法，使金属在该方向停止流动时，另一方向的挤压力会增加 10%～20%，这是不利的，应注意排除这种消极因素。因此，变形程度相差悬殊的零件，不宜采用复合挤压，而宜采用正、反挤压两道工序进行。

四、减径挤压的一次成形范围

减径挤压是一种在开式模具内变形且变形程度较小的变态正挤压。毛坯在进入变形区以前不能有任何的塑性变形，因此，减径挤压件的一次成形范围应综合考虑毛坯材料的变形抗力、挤压件的变形程度、模具的许用单位压力以及不产生内部裂纹等因素，由此来确定其主要尺寸参数。碳钢零件减径挤压的一次成形范围是：当锥角 $\alpha=25°\sim30°$时，毛坯经退火处理，$d_1\geqslant0.85d_0$；采用经冷拉拔加工过的毛坯，$d_1\geqslant0.82d_0$。

五、镦挤复合工艺的一次成形范围

镦挤复合工艺在多台阶零件中应用较广，多台阶零件又分为长轴类和扁平类两种。

（1）长轴类多台阶镦挤复合　多台阶长轴类的台阶在两个以上，在设计此工艺时，考虑到一次行程中完成多台阶的镦挤成形，势必要选定合理的毛坯直径 d_0（图 19-13）。

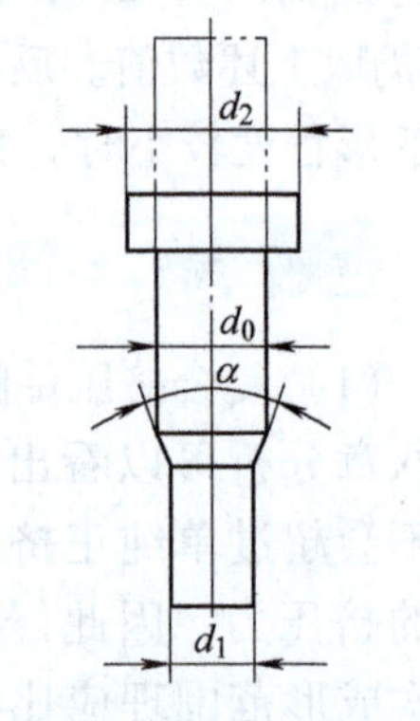

图 19-13　长轴类镦挤复合工艺

毛坯 d_0 同自由减径直径 d_1 与镦粗头部直径 d_2 的关系要满足以下条件：d_0 自由缩径至 d_1 其变形程度 $\varepsilon_A\leqslant25\%\sim30\%$，凹模入口角 $\alpha=15°\sim30°$；d_0 镦粗至 d_2，必须符合镦粗变形规则。

此工艺的变形特点是先进行自由缩径而后再进行头部镦粗。

（2）扁平类多台阶镦挤复合　常见扁平类多台阶镦挤复合零件如图19-14 所示。

如图 19-14a 所示零件的毛坯一般由棒料切断后镦粗获得。设计时应注意 h_1 的高度，当挤压部分变形程度较大时，$h_1\approx(0.3\sim0.5)d_0$。因为金属在变形过程中产生轴向与径向两个方向的流动，轴向流动变形抗力较大，大部分的金属朝径向流动，所以取毛坯直径 $d_0\approx d_1$。如图 19-14b 所示零件的毛坯 $d_0=d_1$，由正挤压与头部镦粗复合成形，h_1 的高度决定于正挤压的变形程度。如图 19-14c 所示零件除具有镦粗及正挤压外，还具有反挤压的性能。h_1 的高度受正挤压变形程度的影响，与图 19-14b 所示零件相似，所不同之处在于反挤大孔，加速了金属朝径向流动，h_1 的高度在较大的正挤压变形程度下，会有所下降。

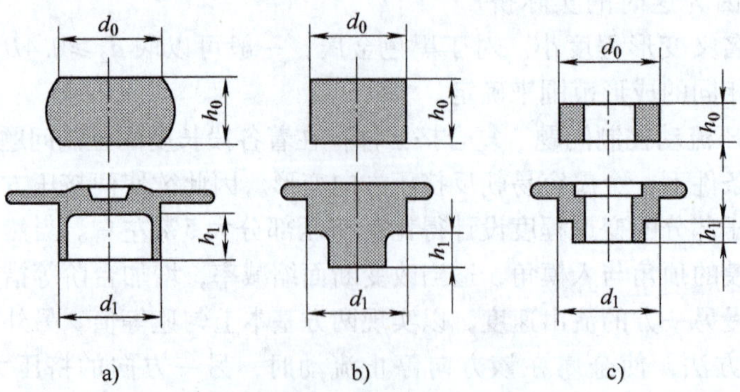

图 19-14　镦挤复合工艺（扁平类）

在镦挤复合工艺的金属流动过程中，应尽可能减少已镦粗的头部金属向正挤压方向流动。这样还会因为头部尺寸的增大，而增加了正挤压的变形程度，造成正挤压的困难。镦挤复合工艺中，若存在反挤压，最好的选择是反向流动金属不要过多地参加镦粗，这样就可尽量地减少由于金属经轴向流动后再参加径向流动，确保挤压件的质量。

六、镦挤联合工艺设计

正挤压件头部的凸缘尺寸较大或反挤压后杯形件底部带有较大的凸缘时，因冷挤压的单位压力很大，就不能采用最大尺寸作为毛坯外径，而应分成两道或更多道的成形工序。挤压之后采用镦头的办法来获取所需的工件。如图19-15 所示，若采用外径 $\phi35$ 的环形毛坯一次挤压，则正挤压的变形程度达 $\varepsilon_A=93\%$，超出了许用变形程度。采用 $\phi26$ 外径的环形毛坯进行正挤压，而后镦粗头部，可达到产品要求。

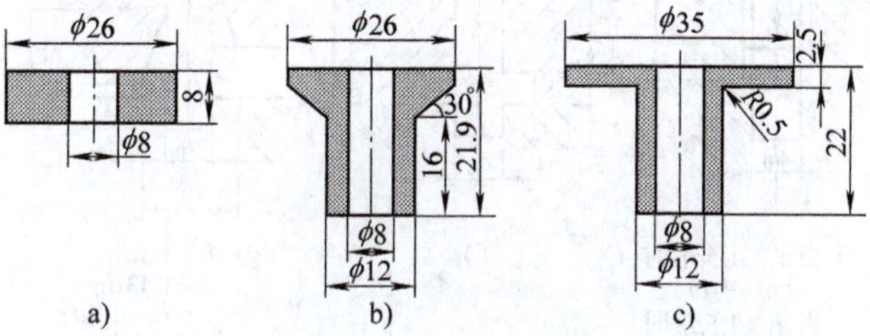

图 19-15　低碳钢（10 钢）钢套镦挤联合工艺

a）毛坯　b）第一次空心件正挤压　c）第二次镦头

七、冷镦时的许用变形程度

冷镦变形时由于坯料在高度方向尺寸减小，而横断面尺寸增加，因此在变形时侧面产生拉应力，当冷镦变形量过大时会在工件的侧面出现裂纹。自由镦粗时各种材料不出现裂纹的最大极限的变形程度称为冷镦时的许用变形程度。自由镦粗时各种材料的许用镦粗率见表 19-1。

表 19-1　不同钢种退火状态下的冷镦许用镦粗率　（单位：%）

ε_H	30	35～50	55～60	65～70	70～75	75～80	80～90
钢的牌号	T10 T12	50 65Mn 40CrNiMoA	40 45 30MnSiA 25CrNiV GCr15	10 (0.25～0.3Si)	35 15Cr 40Cr	30	10 (0.03Si) 30Cr MnSiA 35Cr

不同材料的许用镦粗变形程度是不同的，就是同一种材料，由于坯料的高度与直径比的不同，变形速度和润滑条件的不同，其镦粗许用变形程度也不同。在润滑条件好、长径比大的情况下，许用镦粗变形程度将得到提高，反之将下降。因此应根据加工条件的不同，在表 19-1 的变化范围内选取。一般在工件的变形程度大于材料的许用变形程度时，可通过两次或几次冷镦来实现，中间进行退火，以消除冷镦产生的冷作硬化，恢复材料的

塑性。

冷镦过长的坯料时，还需防止发生材料的纵向弯曲。限制一次冷镦不发生纵向弯曲的镦粗许用变形量如图 19-16 所示。

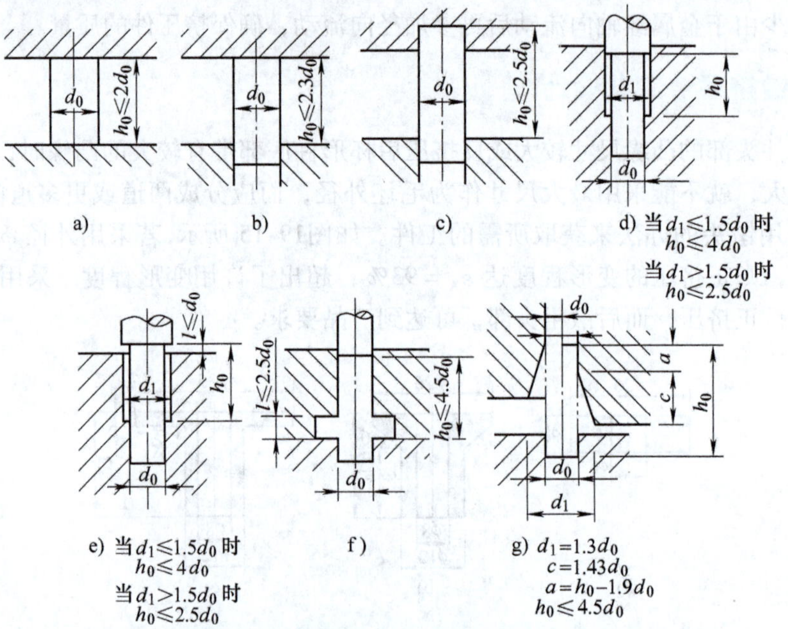

图 19-16 冷镦不发生纵弯许用变形量

对于长径比（h/d）较大的工件，为了避免产生纵弯，必须进行多次镦锻。若总变形程度未超过冷镦的许用变形程度时，工序间不一定需要退火。根据杆部（未夹持部分）的自由长度 h 与直径 d 的比值来确定冷镦次数，如图 19-17 所示。

图 19-18 所示为在上下固定的凹模间隙内，将材料镦出凸缘的加工界限。该类件采用局部镦挤成形。为保证毛坯不产生纵向弯曲、粗腰凸起表面不产生纵向表面裂纹，其一次成形范围如图 19-18 所示。图中实线包围的区域为可以一次成形范围；阴影线部分为引起纵向弯曲或表面裂纹的区域。当间隙 Z 和毛坯直径 d_0 的比值 Z/d_0 在 0.7～0.8 范围内，凸模行程 l_0 和直径 d_0 的比 $l_0/d_0=4.25$ 时，不产生裂纹和纵弯曲，可以镦出凸缘。材料为 10 钢经退火，磷皂化处理。

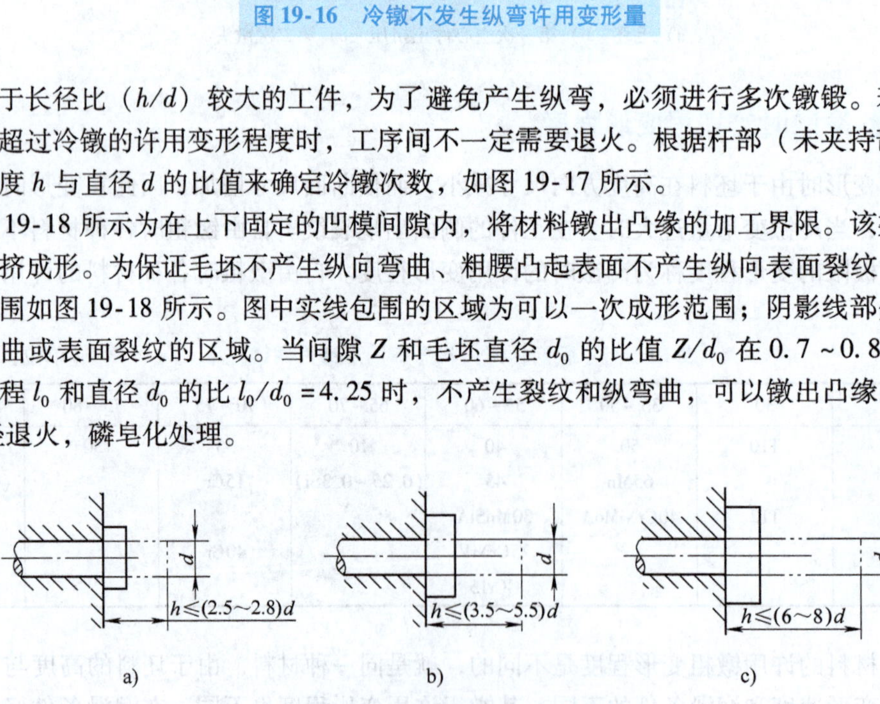

图 19-17 杆件顶镦次数的决定

a）一次顶镦 b）二次顶镦 c）三次顶镦

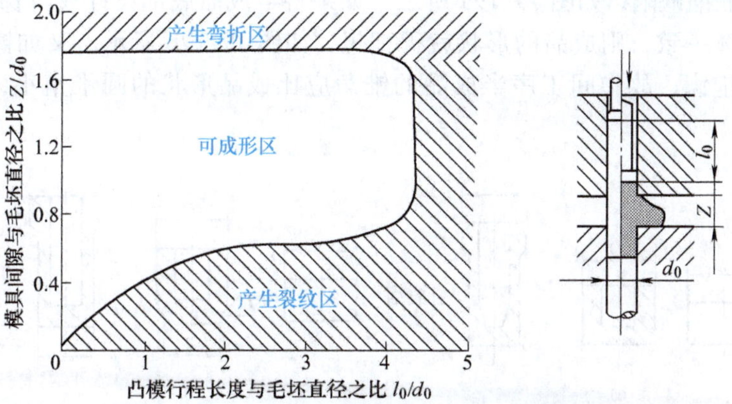

图 19-18　粗腰类件的局部镦挤一次成形范围

$d_0=12.7$mm　$Z=12.7$mm　凸模速度 212mm/min

八、压印零件的设计

硬币、纪念章及一些花纹餐具等是采用压印的典型零件。压印零件应尽量避免有太高太窄的凸起，花纹中不要有尖角。精压是对已成形的毛坯的平面及其厚度或高度尺寸进行的冷锻加工。精压中的镦粗程度一般不超过毛坯厚度的 5%～10%。由于精压平面中部的变形抗力比边缘大，故精压后工件的厚度并非完全一致，而是中间会比边缘稍厚些。这是用平模精压获得精压件的特点。如果要获得十分平整的精压面，可以作成相应凸起的精压模或在毛坯件上预先加工有相应程度的凹面，进行精压。

九、型锻、模锻零件的设计

一端粗大、一端扁平，或两端粗大、中间扁平的零件可采用型锻加工。零件的扁平度较大时要进行多次拔长、压扁。扁平形、齿形及带凸缘类形状的零件，可采用冷模锻加工。一般情况下，开式模锻和半闭式模锻应用稍多；而闭式模锻则受到冷锻变形力、模具许用单位压力及环境条件（噪声与振动）的限制。

第四节　中间工序设计要点

中间工序是得到半成品冷锻件的工序，它既不同于坯料的预成形工序，又区别于成品的冷锻工序。中间工序主要进行材料体积变形量的分配，为成品冷锻件做形状和尺寸方面的准备。它对冷锻工艺的成败和冷锻件的质量与尺寸精度都有极其重要的影响。

一、中间工序半成品的形状和尺寸的确定

确定中间工序半成品的形状和尺寸最主要的是符合金属变形的规律和零件冷锻变形的具体要求。

1）中间工序半成品的尺寸、形状设计，应该最大限度地满足工艺和质量要求。例如，冷挤压带有凸缘的深孔杯形件时，如果半成品是平底的，那么在成品挤压时，在孔底转角

附近就会出现收缩缺陷，如图 19-19a 所示。如果将半成品底部设计成阶梯形，使其小端尺寸与成品杯体一致，则成品的形状就很理想，如图 19-19b 所示。又如镦挤锥齿轮时，顶部不易成形饱满，故中间工序半成品的锥角应比成品形状的圆锥角小，7°～12°最为适宜。

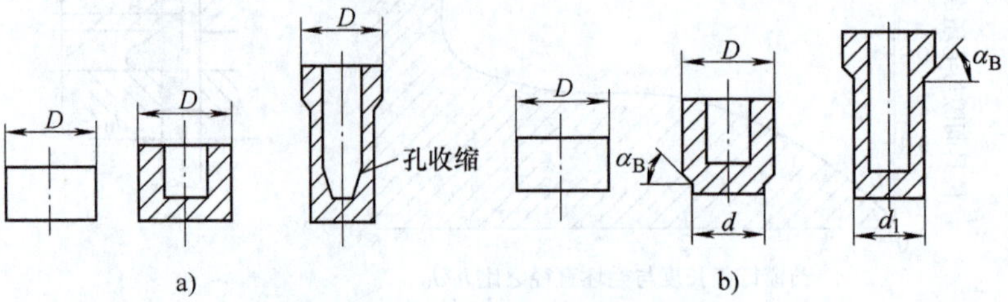

图 19-19　半成品形状对冷挤件的影响

2）选择中间工序半成品形状时，一般有外台阶的冷锻件，取用锥形过渡能改善变形条件。

3）在确定半成品的形状与尺寸时，应该考虑冷锻件局部成形的工艺需要及所需要的材料储备。例如，反挤压底部中间圆柱高于四周的圆柱形零件时，中心圆柱的高度应在中间工序里先挤压出来（图 19-20）。

4）采用多道工序挤压锥形件时，中间工序半成品形状不应与成品的锥体形状一致，且一般是前者的锥形角要大些（图 19-21），这样做能使半成品放入凹模后，与模壁及模腔下部有一定空隙存在（称之为工艺悬空），使得在成形过程中成形力减小，最后还能提高成形件锥体部分的表面质量。

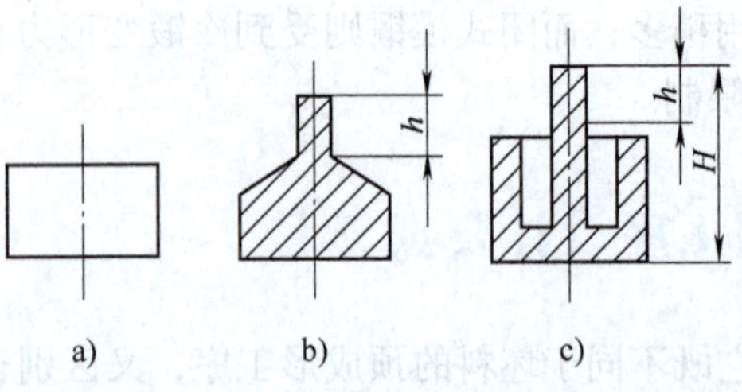

图 19-20　考虑成品局部形状的半成品设计
a）毛坯　b）半成品　c）成品

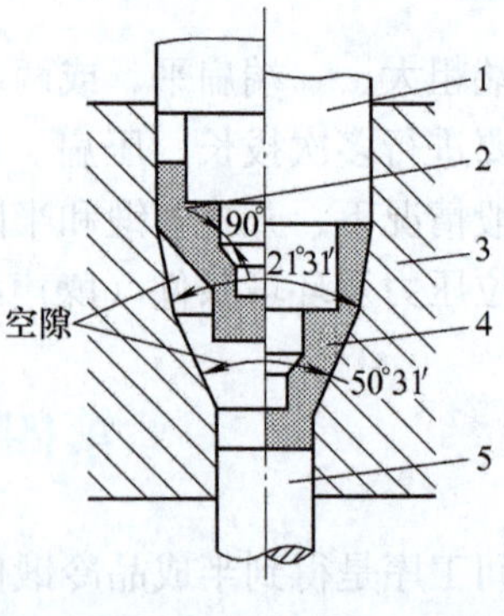

图 19-21　锥形件的半成品形状
1—凸模　2—半成品　3—凹模
4—锥形件　5—顶出杆

二、各道工序间的尺寸配合

在多道工序挤压成形过程中，合理地确定各道工序间的尺寸配合关系也是很重要的，可以使各道工序配合良好，确保成品尺寸精度及质量要求。

（1）径向尺寸配合关系　确定径向尺寸配合关系的原则是：要使毛坯或半成品能够自由放入下一道工序的模腔内。在确定各道工序尺寸时，应从成品开始反过来推算。如图 19-22所示的挤压件，成品外径尺寸为 D，半成品上的相应尺寸应减小一间隙值 Z_2，毛坯外径又要比半成品的外径小一间隙值 Z_1。即半成品外径尺寸为（$D-Z_2$）；毛坯外径尺寸为（$D-Z_2-Z_1$），该间隙值视挤压件的精度要求而定，通常在 0.05～0.1mm 之间。内孔径也可用同样方法确定，不同的是，孔径尺寸越往前越大。如果成品内孔径为 d_2，半成品相应的孔径即为 d_2+Z_3。由于各道工序的变形性质与质量要求不同，配合间隙取值是不一样的。一般规律是，从毛坯到成品，间隙值应逐渐减小。

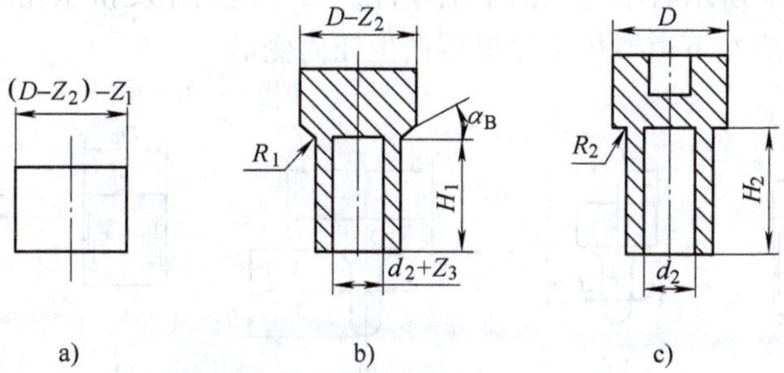

图 19-22　冷挤压工序间的尺寸配合关系

a）毛坯　b）半成品　c）冷挤压件

（2）轴向尺寸的配合关系　考虑到成品挤压时，将有部分金属挤入凹模型腔内，使轴向尺寸增加一高度 ΔH。因此，半成品轴向尺寸 H_1 应略小于成品相应处尺寸 H_2，即 $H_2-H_1=\Delta H$。该增长量 ΔH 的大小要视具体零件的形状尺寸、变形特点、材料性能及变形程度的大小来决定。

（3）其他尺寸的配合关系　为了防止金属滞留，半成品的过渡部位应设计成锥形。为了避免金属的堆积和折叠，半成品的圆角半径应与成品相应处的圆角半径相协调，即 $R_1 \geqslant R_2$。

第五节　冷锻工序设计举例

一、轴类零件的成形

当轴类零件的变形程度在材料的许用变形程度之内时，一般可以用一次正挤压成形完成。

具有顺序阶梯的轴，原则上应一次挤压出一个台阶。很多长轴阶梯形零件，其端部的小阶梯，多采用径向精整（冷缩径）成形。

挤压如图 19-23 所示的阶梯轴零件有两种工艺方案。其一为毛坯直径取最大台阶直径（d_2），用一次正挤压工艺挤出直径 d_3 部分；另一方案是毛坯直径取次级台阶直径 d_1，先挤出直径 d_3 部分，再将 d_1 镦粗到 d_2。在变形程度较小时（$\varepsilon_A \leqslant 50\%$），也可同时进行两个或两个以上台阶的挤压。

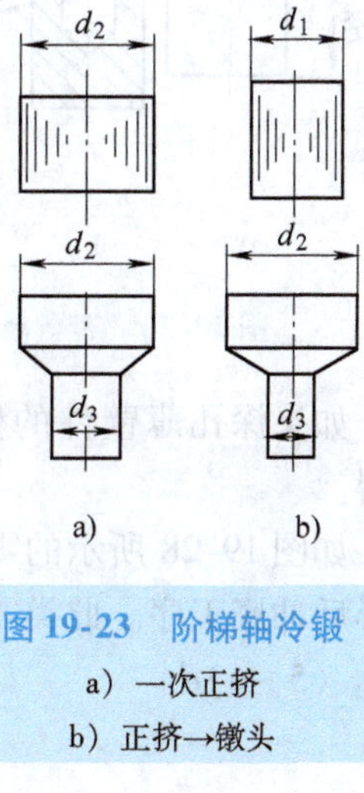

图 19-23　阶梯轴冷锻

a）一次正挤

b）正挤→镦头

二、带法兰轴类件的成形

这类零件的冷锻工序如图 19-24 所示。第一道工序正挤压小轴，然后再镦制头部。如图 19-25 所示有不通孔的小轴零件，第一道工序反挤压孔的深度 l_1 应小于孔径 d，且 l_1 长度内不应在下道镦粗工序里再产生任何变形。

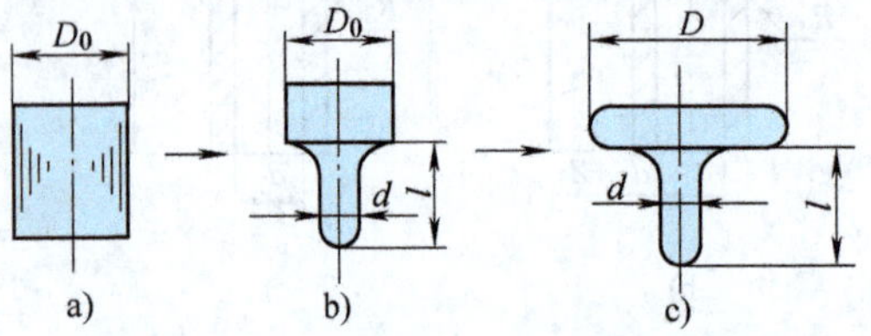

图 19-24　带法兰细轴件的冷锻工序

a）毛坯　b）正挤压　c）镦粗

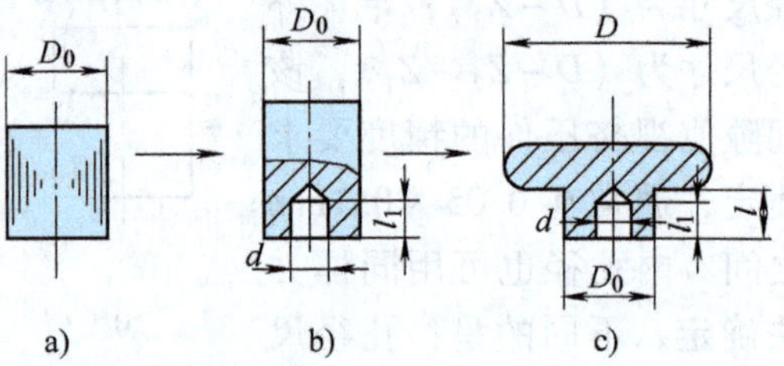

图 19-25　有盲孔的小轴零件的冷锻工序

a）毛坯　b）正、反挤压内孔　c）镦制法兰

三、带阶梯内孔件的成形

这种零件的挤压如图 19-26 所示。它的成形基本分为两道反挤压：第一次反挤压大孔（d_1），第二次再反挤压小孔（d_2）。

四、深孔薄壁件的成形

图 19-27 所示为典型的深孔薄壁件挤压工序图，壁厚 S 很薄，$l_3/d_0 \geqslant 2.5 \sim 3$。因此要用一道工序成形是不可能的。通常第一道工序反挤压成杯形件，再进行第二道与第三道空心正挤压，使外径逐渐变小。对于这类零件，还可以采用挤压与变薄拉深相结合的方法成形。当 D_1 与 D_2 相差不大、阶梯也不长时，也可用一道正挤压来完成。

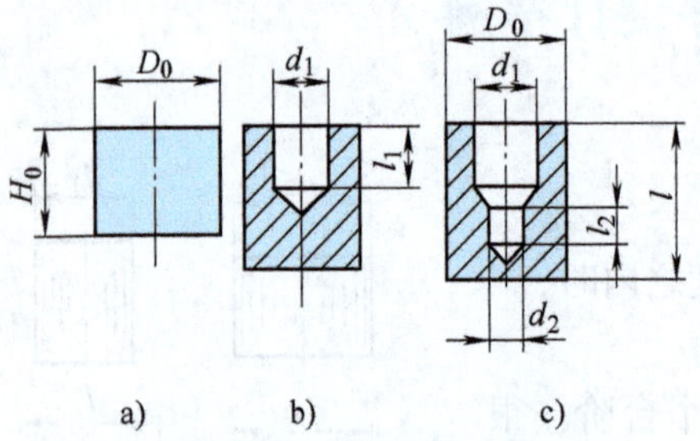

图 19-26　有阶梯内孔件挤压

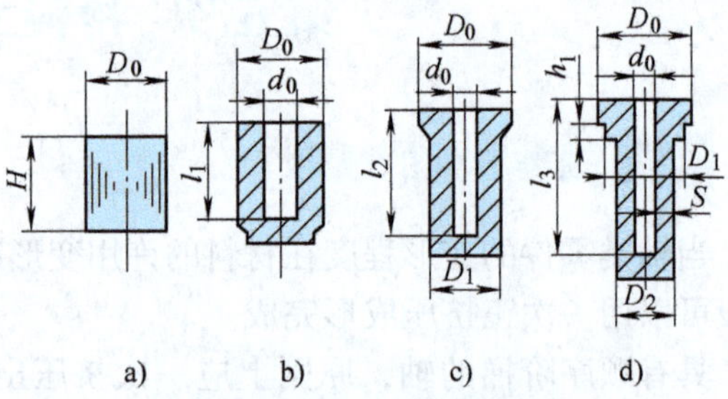

图 19-27　深孔薄壁件挤压

如果深孔薄壁件的壁部全是同一厚度的直筒件，则可设计采用变薄拉深的方法来获得。

如图 19-28 所示的零件与深孔薄壁件的挤压成形基本相似，所不同的是多一道反挤压杯形后冲底工序。此类零件也可以采用复合挤压方法成形，如图 19-29 所示，其（l_1+l_2）可达（$5\sim6$）d。

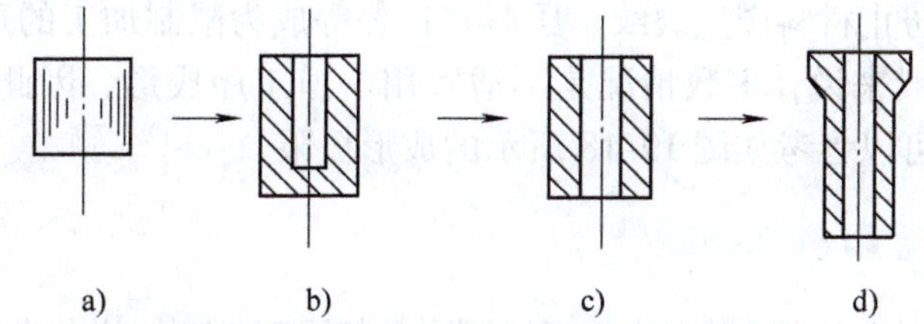

图 19-28　无底筒形件的挤压

a）毛坯　b）反挤压　c）冲底　d）正挤压

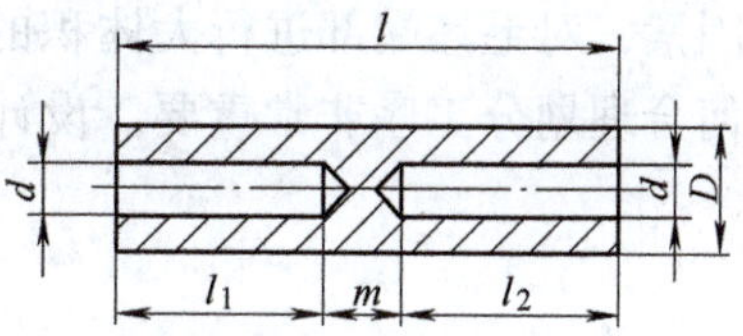

图 19-29　双向挤压深孔件

五、铆钉、螺钉类零件顶镦

头部形状为半圆头形的铆钉、螺钉类零件一般用一次镦头工序成形。但头部形状复杂时，往往要用两次以上的顶镦工序，如图 19-30 所示。

六、花键轴挤压

随着汽车、摩托车工业的发展，越来越多的花键采用冷挤压成形工艺代替传统的切削加工工艺，由于花键大多数为长轴类件，通常采用开式（无约束）正挤压工艺。实现该工艺的前提条件是挤压力应小于传力段的屈服力，即相对挤压应力 $p/R_{eL}<1.0$。某汽车后桥传动轴花键齿形截面及挤压凹模轮廓形状如图 19-31、图 19-32 所示。

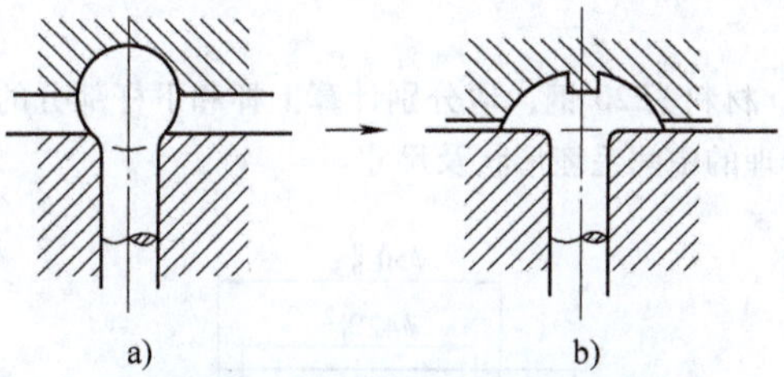

图 19-30　带槽螺钉的顶镦工序

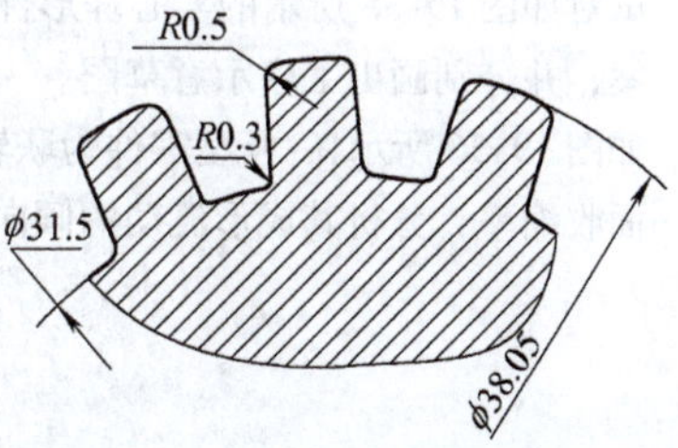

图 19-31　冷挤压花键齿形截面图

七、齿轮镦锻

镦锻加工可以很好地用于锥齿轮、小齿轮等的冷态锻造，是具有推广价值的加工方法。带有轮毂的制品，多数如图 19-33 所示，先将棒料毛坯的头部镦粗，然后在下一道工序再进行成形镦锻，以锻成齿形。

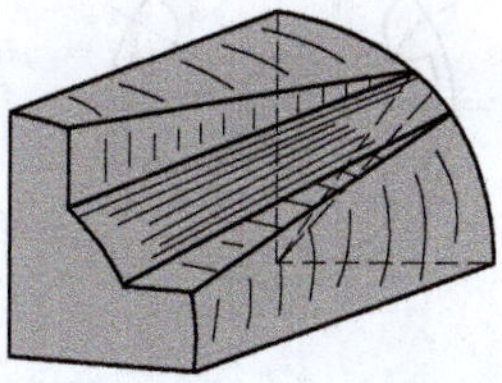

图 19-32　挤压凹模齿廓形状

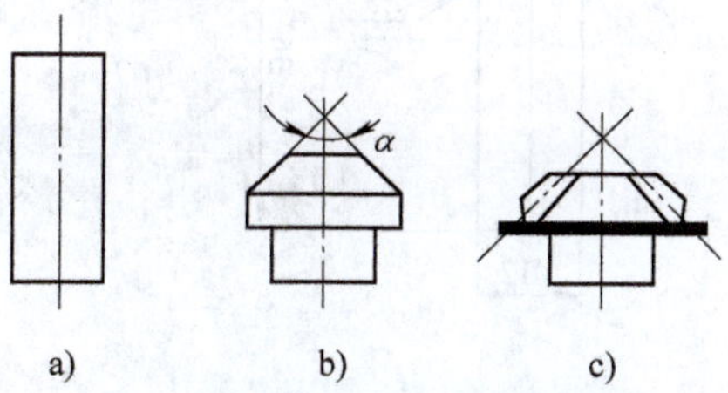

图 19-33　锥齿轮的镦锻成形

a）坯料　b）制坯　c）成形

这种加工方式与挤压成形不同，防止材料产生裂纹、压弯和折叠等成为限制加工的重要因素，对毛坯端部进行大体积的镦锻来说，多数情况是不适宜用一道工序成形，因此，如何合理划分工序非常重要。设计时可以参考如图 19-18 所示的成形极限。

思考与练习题

19-1 如图 19-34 所示的两种冷挤压件，材料为 20 钢，请设计出三种可能的冷挤压工艺方案，并给出其毛坯尺寸及工序示意图。

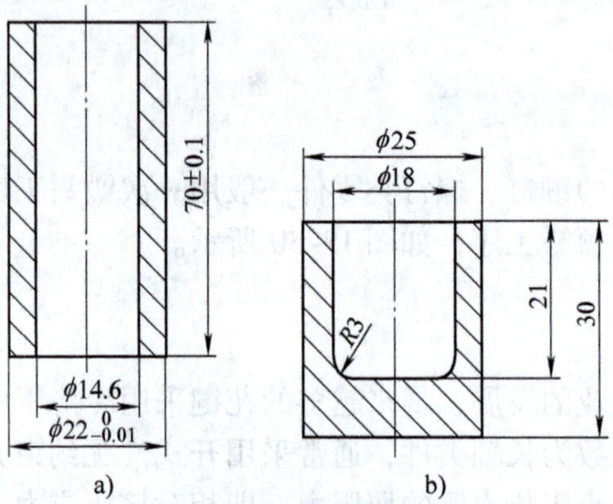

图 19-34 题 19-1 图

19-2 试对如图 19-35 所示的实心杆形件（10 钢）设计出三种可能的，具有不同冷锻工序的冷锻加工方案，并分别画出工序示意草图。

19-3 如图 19-36 所示杯-杆型零件为联轴器中联接轴，材料为 20 钢，请分别计算上杯和下杆部分的断面收缩率，分析其成形流动的倾向性，并设计合理的中间毛坯形状及尺寸。

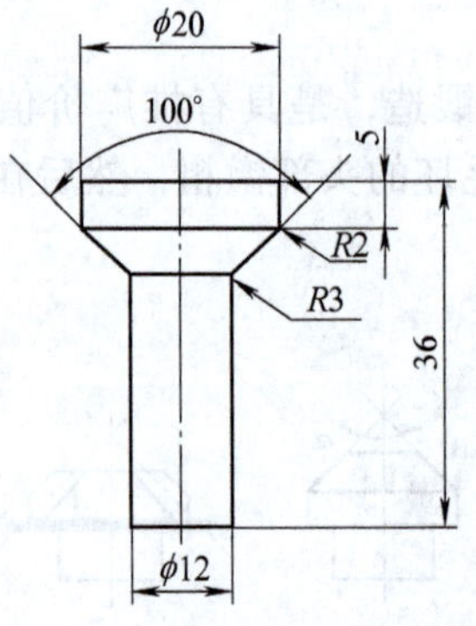

图 19-35 题 19-2 图

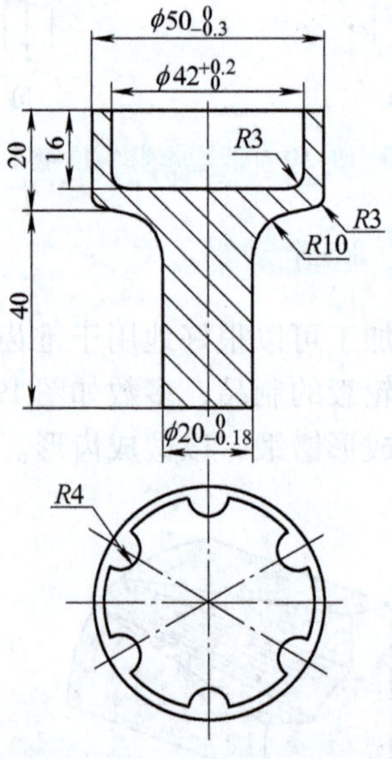

图 19-36 题 19-3 图

第二十章 冷锻模具设计

根据冷锻件结构和工艺特点，考虑生产性质和规模，合理设计冷锻模具，努力延长模具的使用寿命，是冷锻工艺能否取得成功的关键。本章通过一些典型的冷锻模具结构，介绍冷锻模具的特点、工作零件及一般零件的结构设计以及模具材料选用和热处理知识。

第一节 冷锻模的一般结构及特点

一、冷锻模的分类与要求

（一）冷锻模的类型

冷锻模对冷锻变形的顺利进行和冷锻产品质量的稳定起到保证作用。对应不同的冷锻工序，需要有不同的模具。从完成冷锻工序的角度来分，冷锻模可分为：下料模、型锻模、预成形模、顶镦模、正挤模、反挤模、复合挤模、镦挤模、压印模、缩径模等。

凡是一种冷锻基本工序（包括复合变形工序）都有相应的模具名称。因此，这种分类方法可以有几十种模具名称，且工程应用较普遍。

当然，与冲模的分类相似，从其他不同的角度还可以对冷锻模进行另外的分类。

（二）对冷锻模的基本要求

冷锻模具中，下料、型锻及模锻模基本上与热锻模相同或相似；而缩径模又与挤压模基本相同，因此，具有冷锻特点的模具主要是冷镦模、挤压模和压印模等。这些冷镦模由于工作时承受很高的压力，必须特别重视模具的强度、刚度和使用寿命等问题。对冷锻模的基本要求是：

1）模具的强度、刚度好；

2）模具结构的合理，模具安装及模具易损件的更换、拆卸方便；

3）模具工作部分的形状及尺寸的设计，应有利于坯料的塑性变形、降低单位冷锻力；

4）选用合适的模具材料；

5）模具应有良好的导向，保证冷锻件的精度要求；

6）操作简单，使用安全。

二、冷锻模的结构特点

冷锻模中最典型、最重要的是冷挤压模具，下面以冷挤压模具为例介绍冷锻模的结构特点。

冷挤压模具的典型构造如图 20-1 所示，它是一种典型的具有导向装置的反挤压模，它主要由以下几部分构成：工作部分，如凸模、凹模等；传力部分，如上、下压力垫板；顶件部分，如顶杆、反拉杆、顶板等；卸件部分，如卸件板、拉杆、弹簧等；导向部分，如导柱、导套等；紧固部分，如上、下模座、凸模固定圈、固定板、压板、模柄、螺钉等。

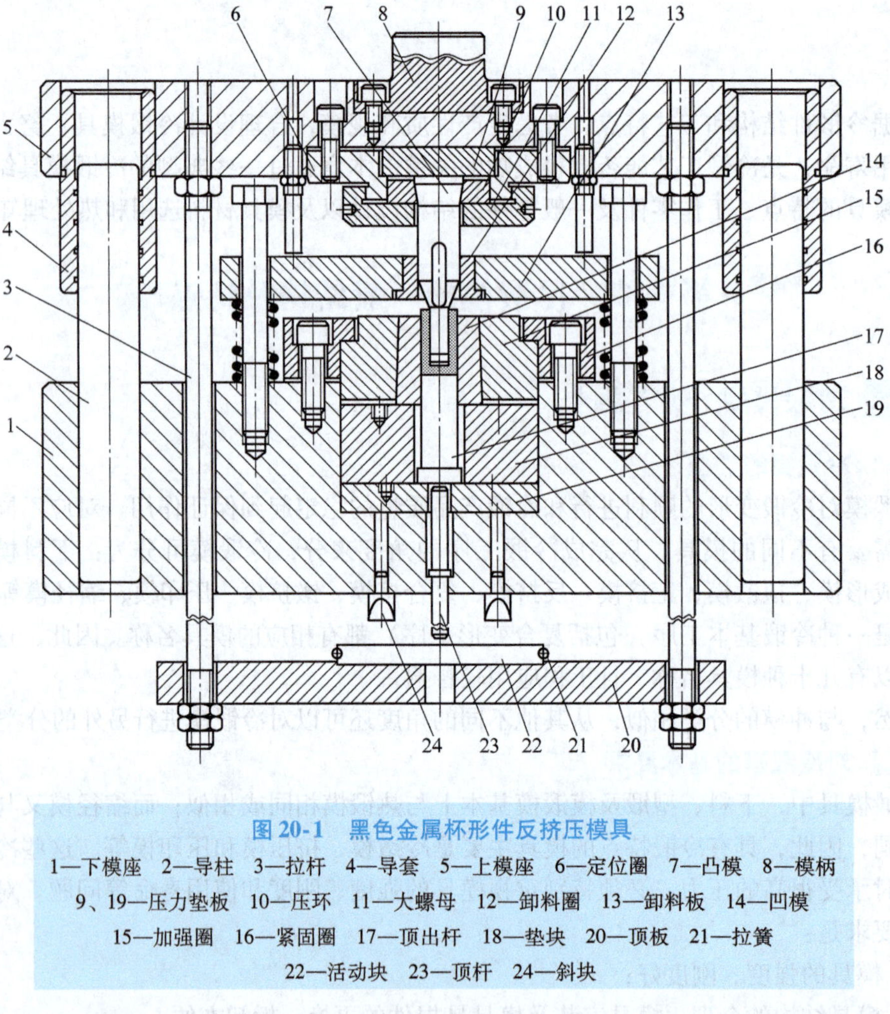

图 20-1　黑色金属杯形件反挤压模具

1—下模座　2—导柱　3—拉杆　4—导套　5—上模座　6—定位圈　7—凸模　8—模柄
9、19—压力垫板　10—压环　11—大螺母　12—卸料圈　13—卸料板　14—凹模
15—加强圈　16—紧固圈　17—顶出杆　18—垫块　20—顶板　21—拉簧
22—活动块　23—顶杆　24—斜块

该模具是在小型（压机自身无顶出装置）压力机上使用的黑色金属反挤压模具。为便于反挤压件从凹模中取出，设计了间接顶出装置，反挤压力在下模完全由顶出杆 17 承受，顶件力由反拉杆式联动顶出装置（由件 3、20、21、22、23、24 组成）提供，该顶出装置在模座下方带有活动板 22，当挤压件顶出一段距离后，通过带斜面的斜块 24 将 22 撑开，使顶杆 23 的底面悬空，使之靠自重复位，为下一次放置毛坯做好准备。而活动板 22 靠其外圈的拉簧 21 合并。上模也设计了卸件装置。由于杯形挤压件较深，为了加强凸模的强度，除工作段外，凸模的直径加粗并开出三道卸料槽，供带有三个内爪形的卸料圈 12 卸料。

只要将凸模、凹模、顶出杆、垫块 18、19 加以更换，这副模具就可以挤压不同形状和尺寸的工件；也适用于正挤压和复合挤压。

冷挤模与冷冲模的结构基本相似，但具有以下不同点：

凹模一般为组合式结构；上、下模板更厚，选材更好，导柱直径较大，以满足模具的强度、刚度要求；工作零件尾部位置均加有淬硬的垫板；卸件力更大，出件装置的可靠性要求更高；模具易损件的更换、拆卸更方便。

第二节 典型冷锻模介绍

一、正挤压模

图 20-2 所示为用于黑色金属空心零件正挤压的模具简图。模具的工作部分为凸模和凹模。凸模 16 的心部装有凸模心轴 15，凸模心轴 15 的心部设有通气孔与模具外部相通。凸模 16 的上顶面与淬硬的垫板 13 接触，以便扩大上模板 3 的承压面积。凹模 2 经垫块 8 与垫板 9 固定于下模板 11 上。由图可看出，凸模与凹模的中心位置是不能调整的，凸、凹模之间的对中精度完全靠导柱 7 与导套 6 以及各个固定零件之间的配合精度来保证，因此这种模具结构常称为不可调整式模具。很明显，不可调整式模具的制造精度要求很高；但安装方便，而且模架具有较强的通用性，若将工作部分更换，这副模具可以用作反挤压或复合挤压。由图还可知，凸模回程时，挤压件将留在凹模内，因此需在模具下模板上设置顶出杆 10。

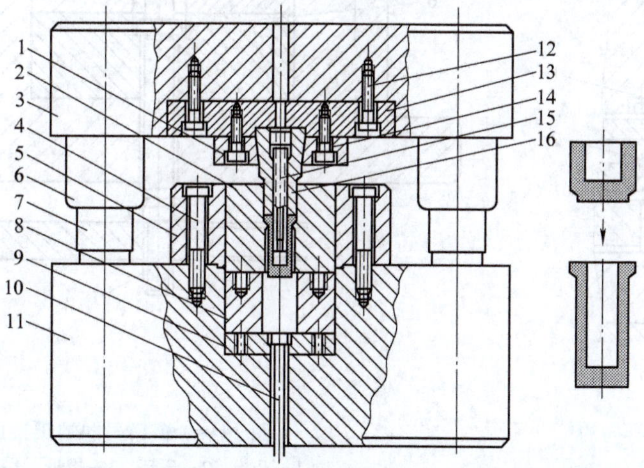

图 20-2 空心钢零件正挤压模具

1—凸模固定圈 2—凹模 3—上模板 4、12、14—螺钉 5—凹模固定圈 6—导套 7—导柱 8—垫块 9—垫板 10—顶出杆 11—下模板 13—垫板 15—凸模心轴 16—凸模

二、导板导向的冷挤压模

图 20-3 所示为导板导向的反挤压模。该模具可以保证挤压件具有较小的壁厚差；加工制造也比导柱导套模简便。但为了保证导板起导向作用，导板必须有一定的厚度，这就会增加模具的总高度。导板 2 与凸模 1 之间的间隙也不宜过大，否则起不到导向作用，其

最大间隙一般不得超过0.02mm。

另外该模具及如图20-1所示的模具都采用了凸模防失稳的结构。当反挤压黑色金属的凸模长径比大于2时，为防止凸模失稳，可将凸模成形部分以上的直径加大，并铣出三条凹槽，卸料板便在这三点上将套在凸模上的工件卸下，该结构有效地增加了凸模纵向稳定性。

三、模口导向的冷挤压模

图20-4所示为模口导向的正挤压模。该模具的凸模1采用螺母3和压环2紧固，对中准确，装拆方便；凹模为纵向分割式，内层凹模由件4、5构成，有利于防止凹模型腔在转角急剧变化处产生开裂；顶件时由组合式拉杆8通过顶杆7、顶出杆6将挤压件顶出。该模具可以保证挤压件具有很高的同心度，均匀的壁厚；但对压力机的导向精度要求较高，对模具的加工要求也较高，如果同心度有较大的误差，就会给模具的调整带来困难。

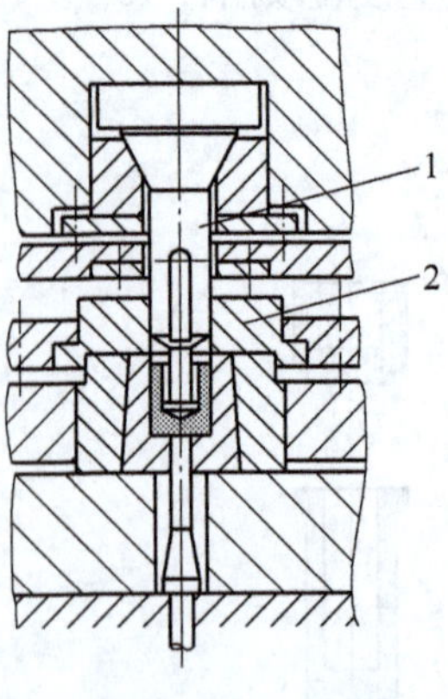

图20-3 导板导向的反挤压模

1—凸模 2—导板

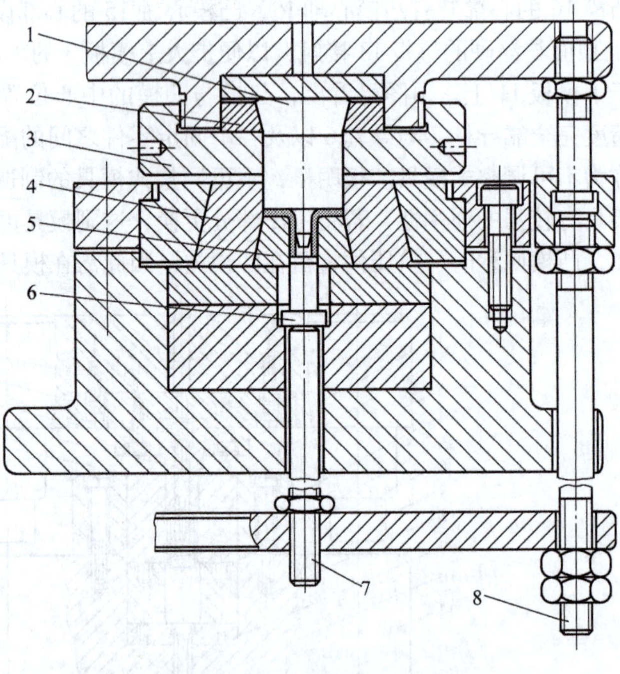

图20-4 模口导向的正挤压模

1—凸模 2—压环 3—螺母 4—预紧圈 5—凹模 6—顶出杆 7—顶杆 8—拉杆

四、复合挤压模

图20-5所示为活塞销的复合挤压模简图。其工作部分由上凸模5、下凸模3及凹模4构成。由于上凸模回程时挤压件将留在凹模内，因此必须在下模部分设置顶件装置（由顶杆1和顶件套2构成）。由该图可看出该复合挤压模具工作部分的一个显著的特点，即在上凸模外壁上套有控制挤压件长度方向尺寸的限流套6。因为上凸模向下挤压毛坯时，金属向上流动的阻力较小，如果没有限流套的控制将使活塞销的上孔深于下孔；加限流套6

后，可迫使金属向下流动，保证上、下孔深度尺寸一致。

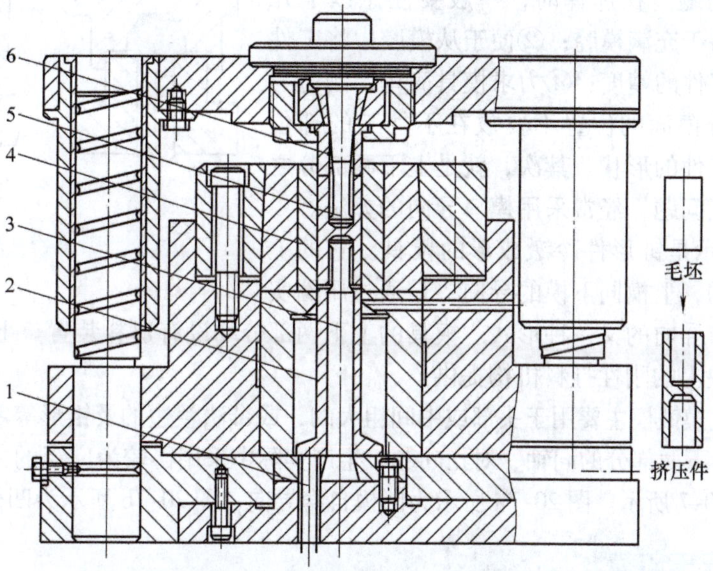

图 20-5　活塞销复合挤压模

1—顶杆　2—顶件套　3—下凸模　4—凹模　5—上凸模　6—限流套

图 20-6 所示为摩托车主轴双端花键复合挤压模具简图。上模固定套 10 与下模固定套 11 依靠模口进行导向，使主轴两端花键分别在上齿形凹模 5 和下齿形凹模 3 内挤压成形。这种采用上下同时挤压成形工艺满足了双端齿形的形位精度要求。这实质是双向减径挤压，毛坯不能产生镦粗，因此对变形程度、模具工作段的形状、润滑条件以及毛坯材料的状态要求都很高。另外由于挤出段长度较长，很容易产生弯曲，在齿形凹模非工作段及垫块上设置校形工作带，可以克服这一问题。

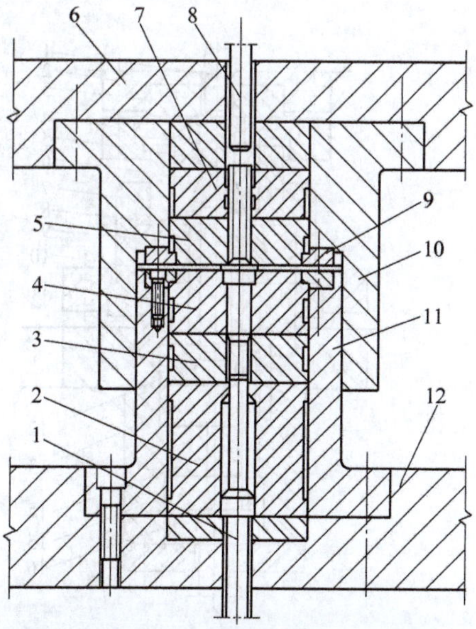

图 20-6　双端花键复合挤压模具简图

1—顶杆　2—下垫块　3—下齿形凹模　4—定位圈　5—上齿形凹模　6—上模座　7—上垫块　8—打杆　9—凹模固定圈　10—上模固定套　11—下模固定套　12—下模座

五、模锻模、冷镦模

图 20-7 所示为冷镦模具的成形模腔，它们由分割开的上、下两部分所组成。冷镦时，两部分之间通常留有一定的缝隙，这是成形零件形状的需要也可作为多余金属排除的通道。多余的金属在最后形成飞边，随着飞边的减薄，成形力急剧上升，模具将产生显著的弹性变形。因此，要求模座、支承等传力零件要有足够的厚度和较大的接触面积。

在设计时，首先要正确选择分模面的位置。

这直接关系到金属能否充满模腔、工件的质量和模具制造等方面的问题。在选择时，一般要注意以下几点：①使金属易于充满模腔；②便于从模腔中将工件取出；③保证工件的精度；④力求模具简单，制造与调整方便；⑤分模面的位置不要放在不加工的部位上，以免影响零件的形状。其次，就是上下两部分之间的同轴、对正问题，经常采用模口导向的方法。

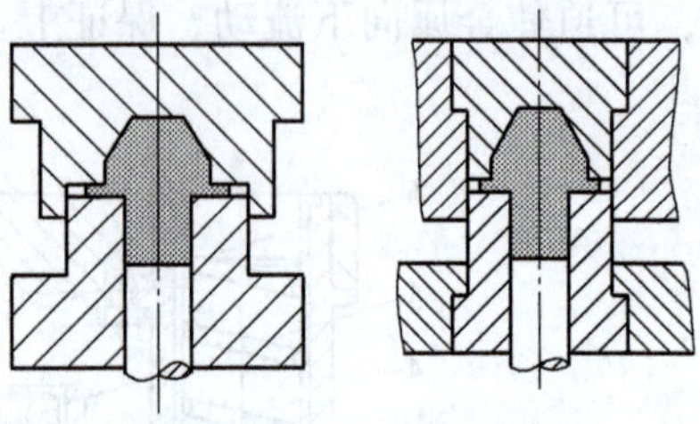

图 20-7 模口导向模锻模

图 20-8 所示是锥形件冷镦成形的模具。它的上模采用压套结构，上模同下模的导向，是通过压圈实现的，这是模口导向的又一种形式。模具的上下两部分均设有退料装置。上模的打料力由装在压力机滑块上的刚性打料机构提供。

开式和闭式模锻模主要用于头部或中间粗大的，或带法兰边的及锥形等零件的成形。为了解决模具上、下两部分的同轴、对正问题，生产实际中采用得较为广泛的方法也是利用模口导向，如图 20-7 所示。图 20-7a 所示为凹模自身导向，图 20-7b 所示为凹模衬套导向。

六、精压压印模

图 20-9 所示为精压压印模，该模具对闭合高度的要求很高。模具下行时压杆 5 推着推杆 6 下行，橡胶受压缩，积蓄出件力，回程时释放出件。工作时，工件在凸模 1 的作用下，在凹模 2、3、4 组合的腔内精压成形。

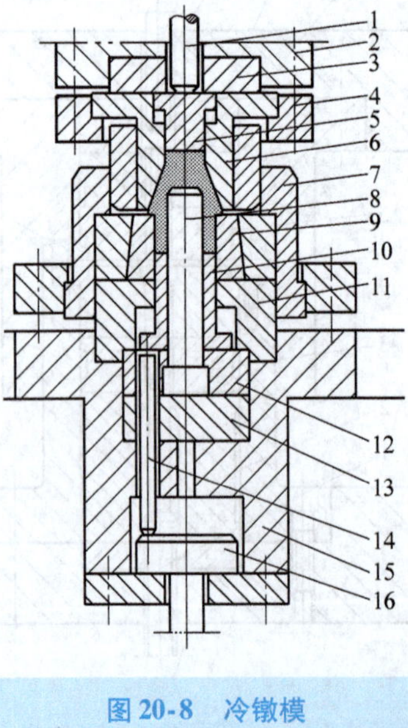

图 20-8 冷镦模

1—打杆 2—上模座 3—垫圈 4—压板 5—芯杆 6—上模 7—压圈 8—下凸模 9—下模 10—环形顶出器 11—支承 12—压套 13—垫块 14—顶销 15—模座 16—顶杆

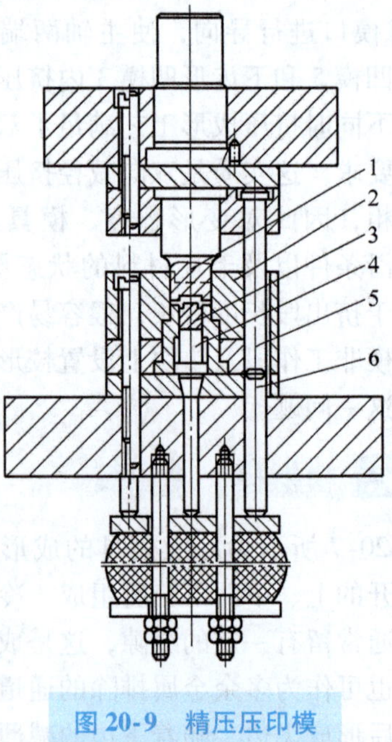

图 20-9 精压压印模

1—凸模 2、3、4—凹模 5—压杆 6—推杆

七、多工位冷镦机上冷镦模

多工位冷镦机按其工位数有二工位、三工位与四工位等几种；按其用途有螺栓冷镦机与螺母冷镦机等多种；按其主滑块的行程方向有卧式与立式两种，螺栓冷镦机一般为卧式。在多工位冷镦机上制造螺栓类零件要完成以下工作：首先，毛坯在切断工位上被切断，然后由自动转送夹钳将切下的坯料送至镦锻工位（多个工位）完成镦锻工作，再将制成的尚无螺纹的螺栓经过料道及中间转运机构送至搓螺纹工位进行搓螺纹。多个工位同时处于工作状态，主滑块每一次行程将制成一个成品螺栓。

图 20-10 所示为凹穴六角螺栓的冷镦模具与冷镦工步简图。由图可看出，冷镦螺栓共需以下 4 个工步。

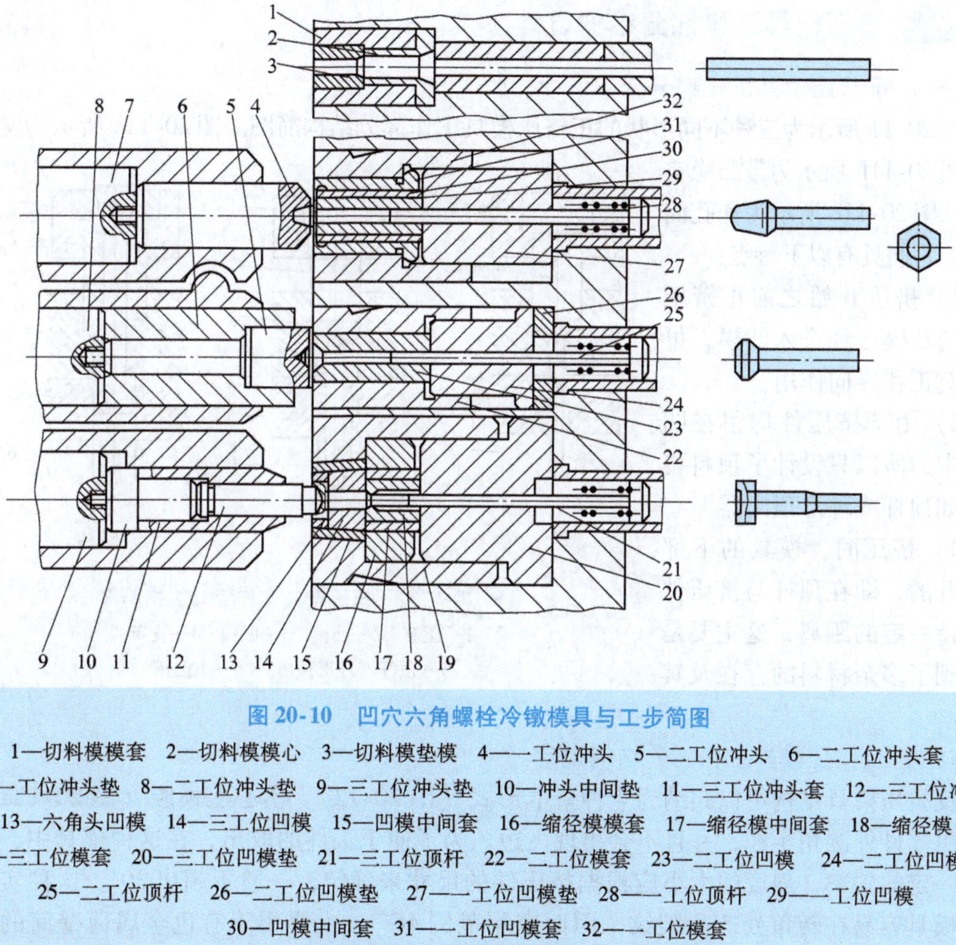

图 20-10　凹穴六角螺栓冷镦模具与工步简图

1—切料模模套　2—切料模模心　3—切料模垫模　4—一工位冲头　5—二工位冲头　6—二工位冲头套　7—一工位冲头垫　8—二工位冲头垫　9—三工位冲头垫　10—冲头中间垫　11—三工位冲头套　12—三工位冲头　13—六角头凹模　14—三工位凹模　15—凹模中间套　16—缩径模模套　17—缩径模中间套　18—缩径模　19—三工位模套　20—三工位凹模垫　21—三工位顶杆　22—二工位模套　23—二工位凹模　24—二工位凹模垫　25—二工位顶杆　26—二工位凹模垫　27—一工位凹模垫　28—一工位顶杆　29—一工位凹模　30—凹模中间套　31—一工位凹模套　32—一工位模套

（1）切料　从工步简图可看出，坯料的直径按螺栓杆部的最大直径选取，以便减少聚料部分的长径比。

（2）聚料　当需镦粗部分的长径比大于 1.5 ~ 2.5 时，必须首先在锥形模槽中聚料。

（3）镦粗　当聚料后所得到的锥形部分的长径比小于 1.5 ~ 2.5 时，可进行镦粗。

（4）缩径并镦六方　当冲头接触到坯料后，首先将杆部末端缩径，当缩径部分的末端碰到三工位顶杆 21 后，即开始镦六方。为了使六方的棱角易于充满，采用了在六方头部端面上冲出凹穴的螺栓结构，因此称这种螺栓为凹穴螺栓。螺杆上已缩径部分还需在搓丝机上搓制螺纹。冷镦模的工作部分由冲头与凹模组成，冲头与凹模的对中由设备与模具的装配精度来保证。凹模的结构与冷挤压凹模相似，也有整体凹模（件 23）、部分凹模（件 13、14）和预应力组合凹模（聚料凹模、缩径凹模等）等几种结构形式。由于标准件的生产批量很大，为了提高凹模的使用寿命，有些预应力组合凹模的模心用硬质合金制成，如图中的件 18 与件 29。

第三节　模具工作零件的设计

一、挤压模具工作部分结构设计

（一）正挤压模具工作部分结构设计

图 20-11 所示为三种不同形状的正挤压模具工作部分结构简图。图 20-11a 所示为实心杆件，图 20-11b 所示为带凸缘空心件，图 20-11c 所示为深孔筒形件，它们具有以下特点：

1）挤压开始之前正挤压模具的凸模已经进入凹模，可起到对正和导向作用。

2）由于挤压件均留在凹模孔中，所以只设计了顶料装置，如顶杆或环形顶出器。

3）挤压时，模具的下部是敞开的，即在顶杆与挤压件间保持一定的距离，这主要是考虑到了多余材料的存在及其排除。

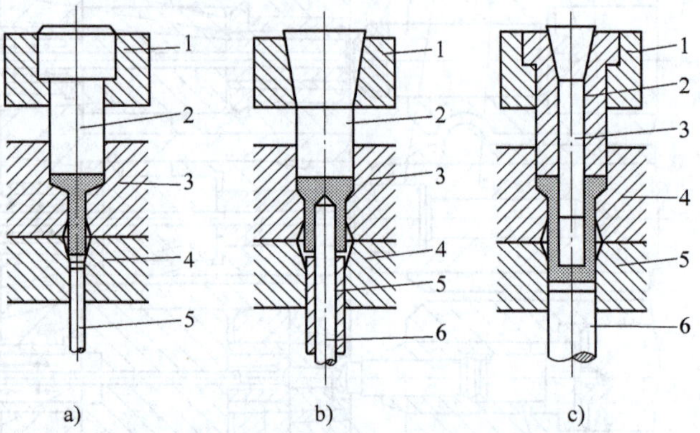

图 20-11　正挤压模具工作部分结构简图

1—压套　2—凸模　3—凹模　4—支承　5—顶杆（环形顶出）　6—下凸模

（二）反挤压模具工作部分结构设计

反挤压模具结构可以归纳为 4 种基本形式（图 20-12）。实心底模腔（图 20-12a）可以挤出零件外圆角半径，并且不会出现飞边。为了便于工件的取出，在这种模具中，模腔具有一定的斜率，斜度的大小应根据挤压件的尺寸来确定，一般不超出 30′。这种实底模腔的模具容易在转角处产生裂纹，因而应用范围不广，主要用于有色金属薄壁筒的反挤压。考虑到工件要被凸模带上去，模具设有卸料板。图 20-12b 所示的模腔较深并具有台阶形。由于挤压件留在凹模中，故设有顶杆，这种模具同样可以挤出底部的圆角半径。图 20-12c所示是应用较广泛的直筒式反挤压模具，这种模具制造简便，使用寿命高。图 20-12d 所示的结构中台阶孔 d_0 的作用在于校整坯料的外径，以提高挤压件的精度。阶梯孔的尺寸差 d_0-d_1 为 0.05mm，d_0 为坯料的外径，d_1 为挤压件外径。这种模具适用于浅孔杯形件的挤压。一般来说，在反挤压模具上往往设有顶出和卸料两种退料装置。

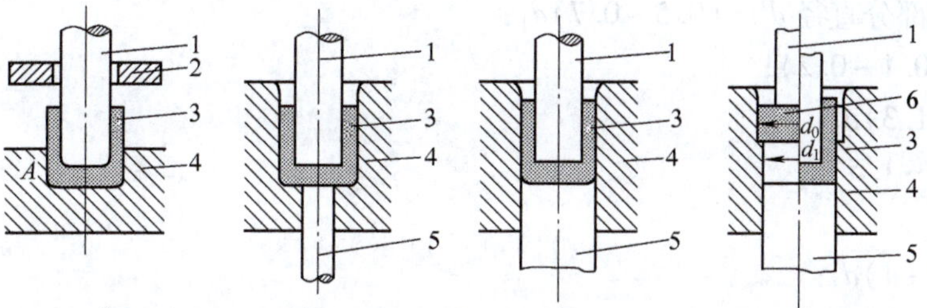

图 20-12　反挤压模具工作部分结构简图
a）实心底模腔　b）阶梯形模腔　c）直筒式模腔　d）具有减径作用的模腔
1—凸模　2—卸料板　3—挤压件　4—凹模　5—顶杆　6—坯料

二、冷挤压凸模设计

（一）反挤压凸模

反挤压凸模主要有三种形式，如图 20-13 所示。平底凸模主要用于要求平底或单位挤压力较低的情况；尖锥顶凸模可以降低单位压力，但易造成壁厚不均，因此，实际生产中应用较少；带平底的锥形凸模兼有这两者的优点，它既可减少单位压力，又可以保证壁厚均匀，因此在生产中应用较多。

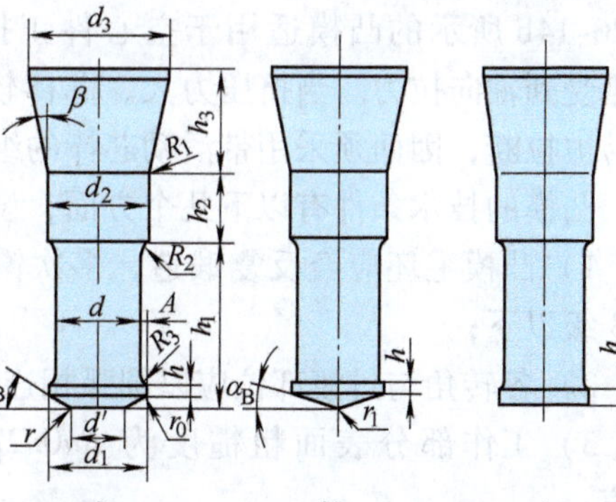

图 20-13　反挤压凸模的形式
a）带平底的锥形凸模　b）尖锥顶形凸模　c）平底凸模

由图 20-13 可以看出，三种形式的凸模，其工作部分均作成减压结构，即工作带以上的凸模直径 d 应小于挤压件内径，它的作用是减小凸模与流动金属的接触面积，从而大大降低摩擦阻力，防止挤压件粘模。成形时，由于凸模会弹性变形而使其横向变粗，设计成这样的减压结构可以防止挤压件产生二次变形。

在进行反挤压凸模结构设计时应注意以下问题：

1）为了保证凸模装卸方便，紧固可靠，凸模的夹紧部分应作成锥形或阶梯形；

2）当凸模带有导向部分时，导向部分的长度在开始挤压时伸入凹模的长度应不小于 5mm；

3）为了防止应力集中而造成凸模早期失效，所有过渡部分皆应设有足够大的圆角半径或倒角；

4）为了防止凸模工作时产生纵向弯曲，成形部分高度应尽量短一些，h_1 与工作带直径 d_1 之比值应限制在下述范围内：有色金属反挤压 $h_1/d_1 \leqslant 6$；黑色金属反挤压 $h_1/d_1 \leqslant 3$。

带平底锥形凸模（图 20-13a）各部分尺寸如下：

工作带直径 d_1 = 挤压件孔径最大尺寸；

工作带高度 $h = 2 \sim 3$mm（低碳钢），$0.5 \sim 1.5$mm（有色金属）；

底部平坦部分直径 $d' = (0.5 \sim 0.7)d_1$；

$d = d_1 - (0.1 \sim 0.2)$；

$d_2 = (1 \sim 1.3)d_1$；

$d_3 = (1.3 \sim 1.5)d_1$

$h_2 = 0.5d_2$

$h_3 = (0.5 \sim 1)d_3$；

$h_1 \leqslant 3d_1$（黑色金属），$h_1 \leqslant 6d_1$（有色金属）；

$\alpha_B = 7° \sim 27°$（黑色金属），$\alpha_B = 3° \sim 25°$（有色金属），最大不超过27°。

为了提高凸模的强度，当凸模承受的单位压力较大或反挤压多台阶内孔时，应尽量作成组合式结构。

（二）正挤压凸模

正挤压凸模工作部分尺寸较短，一般弯曲应力较小，所以其应力状态优于反挤压凸模，故形状简单，如图20-14所示。凸模与凹模之间的间隙要适当，太大会出现毛刺，太小会损伤凸凹模配合面。一般取H7/h6或H6/h5，但还要考虑凸模受力后产生弹性胀大的影响。如图20-14a所示的凸模用于实心件正挤压，如图20-14b所示的凸模适用于空心件正挤压。空心件正挤压时，芯棒受到轴向拉力。当挤压力大、芯棒较细且摩擦力较大时，芯棒易被拉断，因而须采用带活动芯棒的组合式凸模。

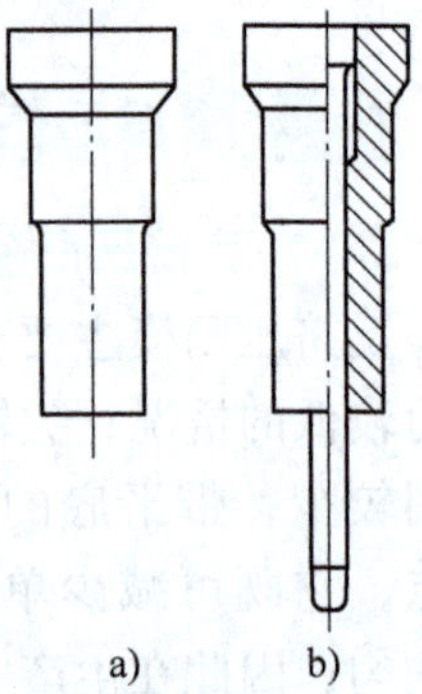

图20-14 常用正挤压凸模结构形式
a）实心件用
b）空心件用

凸模的技术条件有以下几个方面，设计时应予以考虑：

1）凸模毛坯应经反复锻造，多次镦拔，以保证碳化物偏析在3级以下；

2）各转角与过渡部位应以圆弧相连，无凹凸痕迹；

3）工作部分表面粗糙度为 $Ra0.2\mu m$，非工作表面为 $Ra0.8\mu m$，不允许有擦伤、划痕；

4）各外径同轴度不大于0.01mm；

5）工作端面不允许有顶尖孔，支承端面不允许凹陷；

6）支承端面对中心线的垂直度不大于0.005~0.01mm；

7）热处理（淬火+回火）后硬度为61~63HRC。

三、冷挤压凹模设计

（一）冷挤压凹模的结构形式

冷挤压凹模分整体凹模和组合凹模两大类。组合凹模又分预应力组合凹模和分割型组合凹模，如图20-15所示。

（1）整体凹模　如图20-15a所示。此种凹模加工方便，但强度低。在凹模内孔转角处有严重的应力集中现象，容易开裂，如图20-16所示。

（2）预应力组合凹模　如图20-15b所示。冷挤压时，凹模内壁承受着极大的压力，挤压黑色金属时，凹模内壁的单位压力高达1500~2500MPa。在这样高的内壁压力下，单靠增加凹模的厚度已不能防止凹模沿纵向开裂。而在凹模的外壁上套装具有一定过盈量的

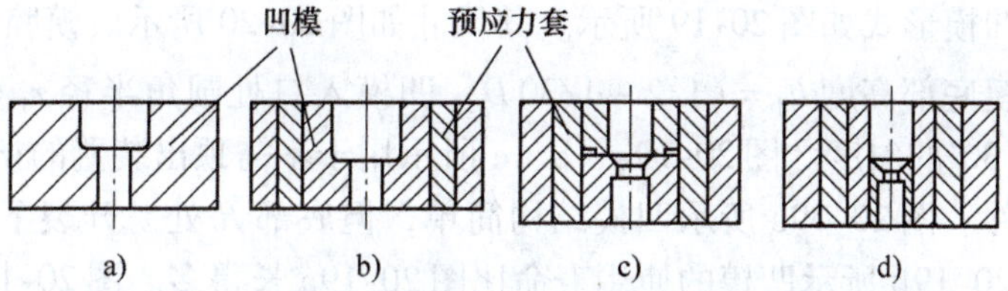

图 20-15 凹模形式

a）整体凹模 b）预应力组合凹模 c）横向分割组合凹模 d）纵向分割组合凹模

预应力套，可以提高凹模的整体强度，详见本章第四节。

（3）分割式组合凹模 为了消除整体式凹模转角处的应力集中，可将整体式凹模于内孔转角处剖分为两部分，即为分割式组合凹模。图 20-15c、d 所示分别为横向分割式和纵向分割式组合凹模。

（二）正挤压凹模

常用正挤压凹模形式如图 20-15 所示。正挤压凹模的结构尺寸如图 20-17 所示。凹模入口角 $\alpha=90°\sim120°$；凹模工作带长度 $h_3=2\sim4\text{mm}$；凹模的过渡部分均用圆角连接；$D_2=d_1+(0.5\sim1.0)\text{mm}$；$h_2=(1.1\sim1.2)D$。

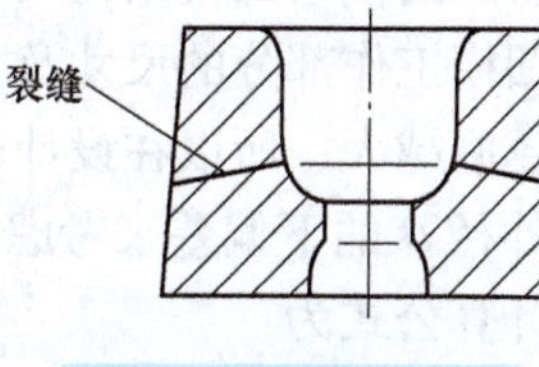

图 20-16 凹模开裂

对于较长的挤压件，在凹模的出口处应采用矫正导向段，用来引导被挤压出的工件，防止纵向弯曲。导向段可直接加设在凹模出口处，也可用增加 h_2 的长度来代替。图 20-18 所示是将凹模分为三段，成形部分是沿着圆角半径（R）以上约 1～2mm 处进行分割的，而矫正部分则沿着过渡锥面处进行分割。分割面以环形面保持接触，其余部分则有间隙。矫正工作带的宽度与成形工作带的宽度一致，均取成 3mm，而直径一般比工作带直径大 0.1mm 左右。成形工作带与矫正工作带之间的间隔，一般取为 $(1\sim1.5)D$，采用多个矫正部分时，矫正工作带相互间的距离要大一些。

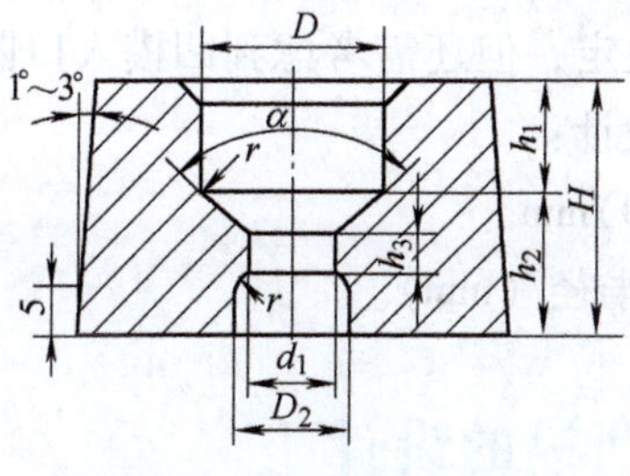

图 20-17 正挤压凹模尺寸

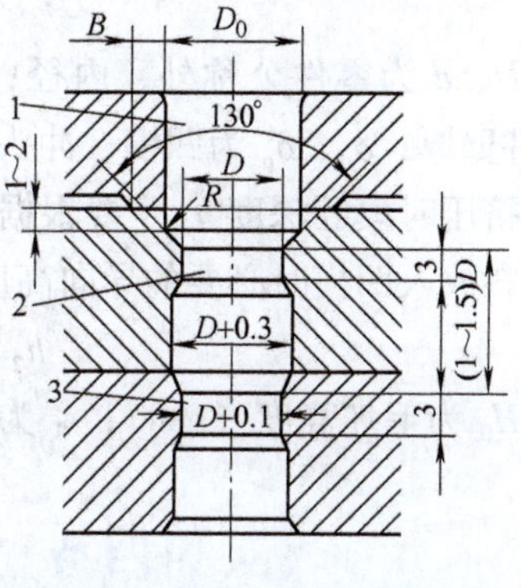

图 20-18 分割为三段的正挤压模腔

1—盛料部分 2—工作部分 3—矫直部分

（三）反挤压凹模

反挤压内层凹模形式如图 20-19 所示。其尺寸如图 20-20 所示。模腔深度 h_2 主要决定于毛坯高度；凹模底部高度 $h_1=(1/2\sim1/3)D$；凹模入口处圆角半径 $r_1=2\sim3\text{mm}$；模腔内壁可作成 10′～30′的斜度。图 20-19a、b、c 所示用于不需顶出装置的挤压件，用于反挤压有色金属薄壁件。图 20-19a 所示凹模结构简单，但底部 R 处易开裂下沉，适用于批量不大时选用。图 20-19b 所示凹模的使用寿命比图 20-19a 长得多。图 20-19c 所示凹模的使用寿命更长，但模具要求保证同心度，制造难度较大。图 20-19d 所示凹模有顶出装置，常用于黑色金属挤压。

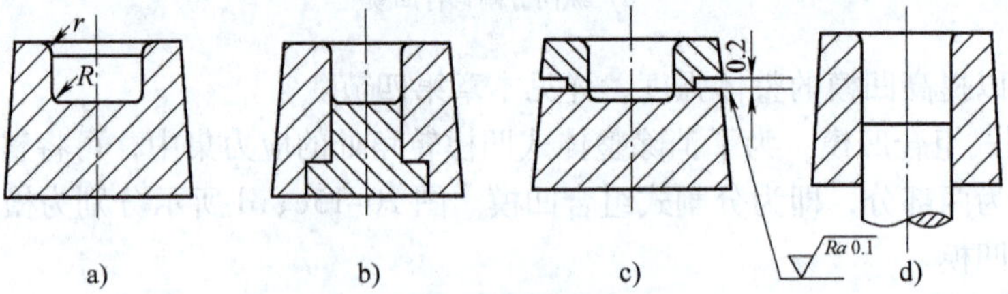

图 20-19　反挤压内层凹模形式

挤压凸模与凹模结构尺寸定下来后，便可以计算出凸模与凹模工作部分的尺寸及公差。由于模腔在挤压过程中尺寸越磨越大，所以在设计凹模工作部分的尺寸时可按挤压件外径 D 的下偏差来考虑。反挤压时凹、凸模直径尺寸设计计算公式为：

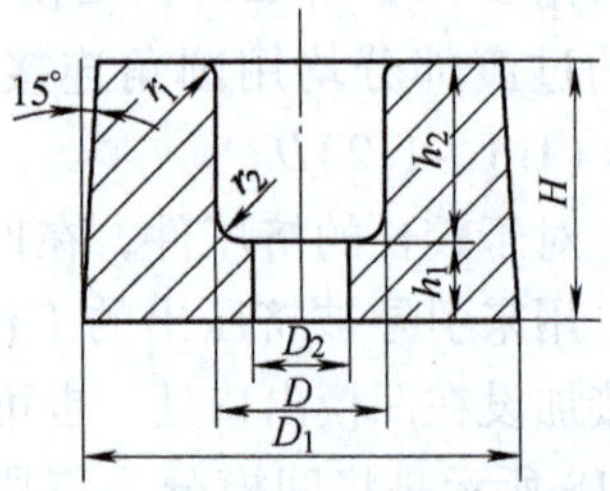

图 20-20　反挤压内层凹模尺寸

1）零件标注外形尺寸时（$D_{-\Delta}^{\ 0}$）有

$$D_d=(D-\Delta)_{\ 0}^{+\delta_d}$$

$$d_p=(D-\Delta-2t)_{-\delta_p}^{\ 0}$$

2）零件标注内形尺寸时（$d_0^{+\Delta}$），有

$$d_p=(d+\Delta)_{-\delta_p}^{\ 0}$$

$$D_d=(d+\Delta+2t)_{\ 0}^{+\delta_d}$$

式中，D、d 为零件公称外、内径；D_d、d_p 为凹模、冲头工作部分直径；Δ 为零件公差；t 为零件壁厚；δ_d、δ_p 为凹模、冲头工作直径制造公差，一般取 IT6～IT7 级。

反挤压时模腔深度 h_2 主要根据毛坯高度 H_0 来决定，但还需考虑到凹模入口圆角半径 r_1 和坯料放入凹模时必要的导向高度，一般按下式设计：

$$h_2=H_0+r_1+(5\sim10)\text{mm}$$

式中，H_0 为毛坯高度（mm）；r_1 为凹模入口处圆角半径（mm）。

第四节　预应力组合凹模的设计

将凹模分层，使外层（压套）与内层（凹模）过盈装配并对内层产生预加压力的组合式凹模结构形式称为预应力组合凹模（简称组合凹模）。它广泛应用于黑色金属的冷挤压加工。

组合凹模的优点是在同样的外形尺寸（包括外套在内的整个组合凹模外形尺寸）和相同内腔尺寸的条件下，其强度要比单层（即整体式）凹模的强度大得多，而且也节省了模具钢，但它增加了凹模加工的工作量和难度，主要表现在压合面的加工和装配上。

一、冷挤压凹模受力状态分析

冷挤压凹模内腔受到变形金属的径向压力，近似于厚壁圆筒受内压。根据厚壁圆筒的理论，凹模所受的切向拉应力 σ_θ 和径向压应力 σ_r 分别为

$$\sigma_\theta = \frac{p_1}{a^2-1}\left(1+\frac{r_2^2}{r^2}\right)$$

$$\sigma_r = \frac{p_1}{a^2-1}\left(1-\frac{r_2^2}{r^2}\right)$$

式中，p_1 为凹模内壁径向工作压力（MPa）；a 为凹模直径之比，$a=r_2/r_1$；r_1、r_2、r 为凹模内孔、外周、任意处半径（mm）。

凹模的切向拉应力 σ_θ 和径向压应力 σ_r 分布情况如图 20-21 所示。

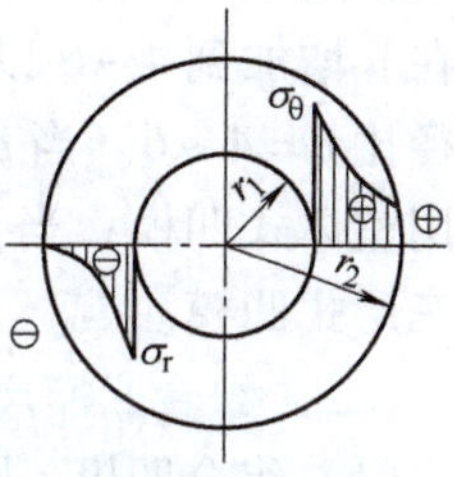

图 20-21 凹模内应力

冷挤压凹模强度可根据第四强度理论引入“等效应力” σ_V 给予验算。为了满足模具强度要求，它不应大于凹模材料的许用应力。当模具轴向应力为零时，等效应力为

$$\sqrt{\sigma_\theta^2+\sigma_r^2-\sigma_\theta\sigma_r} = \frac{p_1}{a^2-1}\sqrt{1+3\left(\frac{r_2}{r}\right)^4}$$

显然，等效应力最大在 $r=r_1$ 处。由以上分析可知：

1）冷挤压时凹模内所引起的切向应力 σ_θ 和径向应力 σ_r 都正比于作用于模具内腔的径向内压力 p_1，且凹模内的应力随直径比 a 的增大而减小。σ_θ、σ_r 其最大值位于凹模的内表面。

2）凹模强度的危险部位在它的内表面处。加大 a 值在一定程度上可增加凹模强度。但在 $a=4$ 以后，再加大 a，σ_V 几乎不再减小。所以在单位挤压力较大时，凹模不宜采用单层凹模。为了提高凹模的强度，防止模具纵向开裂，应采用如图 20-22 所示的预应力组合凹模。凹模施加预应力后，冷挤压所引起的切向拉应力将被部分或全部抵消，从而使等效应力 σ_V 值降低。除了提高凹模强度，预应力组合凹模还有以下优点：当凹模损坏后，只需调换内圈，不需报废整个凹模；由于内圈尺寸较小，热处理容易，提高了模具热处理质量；预应力组合凹模仅内圈采用合金工具钢，中、外圈可采用一般材料，从而可节省模具材料。但它存在加工面多，压合工艺要求较高等缺点。

二、组合凹模简捷计算法

（一）组合凹模的形式

根据理论分析可知：对于同一尺寸的凹模，两层预应力组合凹模的强度是整体式凹模强度的 1.3 倍；三层预应力组合凹模的强度是整体式凹模的强度的 1.8 倍。层数越

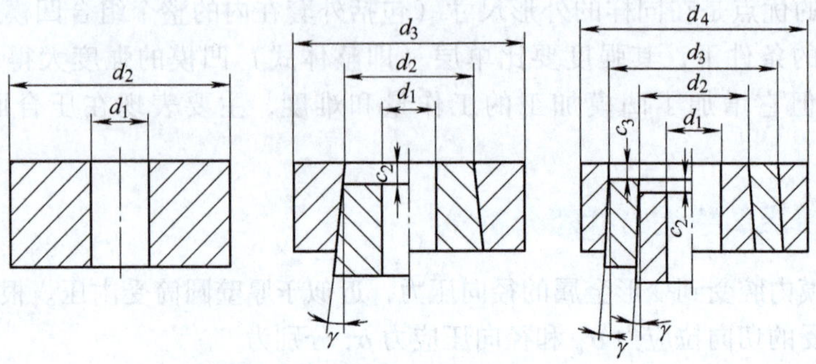

a)　　b)　　c)

图 20-22　预应力组合凹模结构

a）整体式　b）两层组合式　c）三层组合式

多，凹模增强越大，但是，其加工及装配也越复杂。故二层、三层预应力组合凹模应用较多。图 20-22所示为冷挤压凹模的形式。由于凹模总直径比 a 越大，凹模强度越大，但在 a 增加到 4 ~6 以后，再继续加大 a 便没有多大意义。因此，在生产中常采用的总直径比 a =4 ~6。当 a =4 ~6 时，各种凹模的许用单位压力的大致范围为：$p \leqslant 1100$MPa 时用整体式凹模；当 $p \leqslant 1100 \sim 1400$MPa时采用两层式凹模；当 $p \leqslant 1400 \sim 2500$MPa 时采用三层式凹模。

（二）组合凹模尺寸设计

（1）组合凹模各圈直径的决定。如上所述，凹模总直径比一般取 a =4 ~6。

对两层组合凹模（图 20-22b），可取 $d_2 = \sqrt{d_1 d_3}$；

对三层组合凹模（图 20-22c），可取：$d_2 = 1.6d_1$，$d_3 = 1.6d_2 = 2.56d_1$，$d_4 = 1.6d_3 = 4.1d_1$。

（2）预应力组合凹模径向过盈量 u 和轴向压合量 c 的决定

1）两层组合凹模的径向过盈量 u_2 和轴向压合量 c_2 可用下式求出：

$$u_2 = \beta_2 d_2;\quad c_2 = \delta_2 d_2$$

其中，β_2、δ_2 分别为 d_2 处的径向过盈系数和轴向压合系数，其值由图20-23 查出。

2）三层组合凹模径向过盈量 u_2、u_3 和轴向压合量 c_2、c_3 可按下式求出：

$$u_2 = \beta_2 d_2;\quad u_3 = \beta_3 d_3$$

$$c_2 = \delta_2 d_2;\quad c_3 = \delta_3 d_3$$

以上系数均按图 20-24 查取。

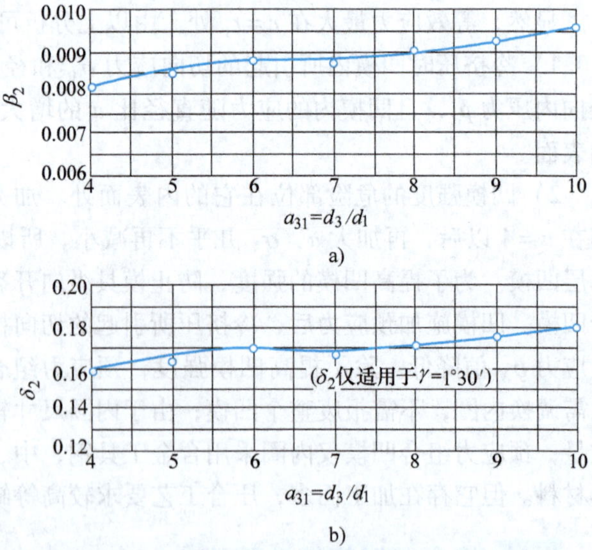

图 20-23　两层组合凹模径向过盈系数和轴向压合系数与总直径比的关系

a）径向过盈系数　b）轴向压合系数

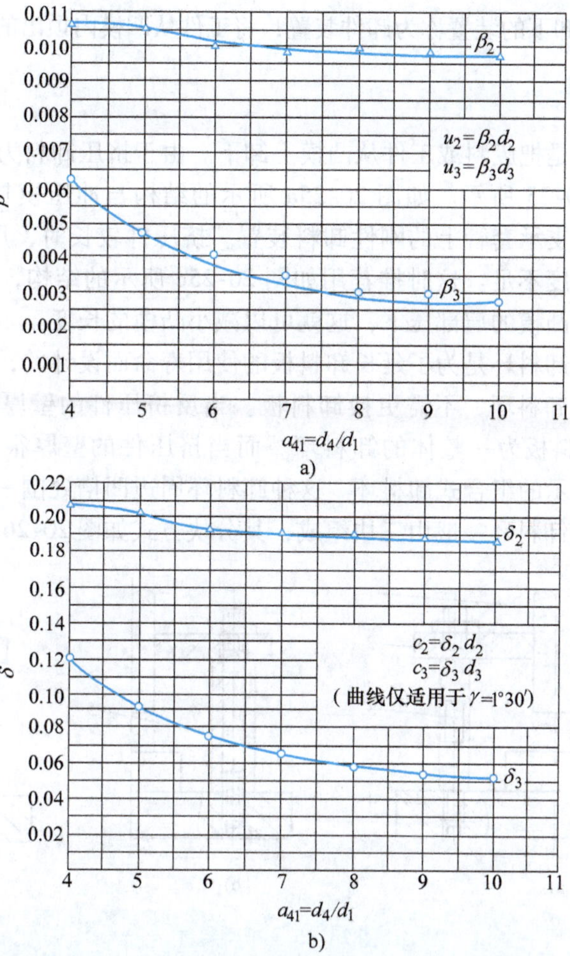

图 20-24　三层组合凹模径向过盈系数和轴向压合系数与总直径比的关系

a）径向过盈系数　b）轴向压合系数

三、预应力组合凹模的压合工艺

预应力组合凹模一般采用在室温下用压机冷压合和加热压合（俗称红套）两种方法。前一种方法应用较广一些。

对于冷压合来说，压合角 γ 一般采用 1°30′，最大不宜超过 3°。否则在使用过程中各圈会自动松脱。压合时，备圈的压合顺序原则上应是由外向内压，即先将中圈压入外圈后，再将内圈压入。拆卸时顺序刚好相反。

加热压合也称“红套”，是利用热胀冷缩原理先将外圈加热后再套到内圈上。

压合后凹模内腔直径会缩小，必须进行修正。

第五节　卸件与顶出装置

冷镦工作完成后，工件可能紧贴在凸模上，也可能卡在凹模内，需将之卸下或顶出。将工件从凸模或心棒上卸下的装置称为卸件装置；将工件从凹模内顶出的装置称为顶出装置。

一、卸件装置

卸件装置的作用是把废料或工件从凸模上卸下。由于挤压卸料力很大，一般都需用刚性卸料装置，如图 20-25 所示。如图 20-25a 所示的结构与冲压模具的退料装置相类似。图20-25b所示是装在支承套管上的刚性卸料装置。挤压件较长时，用上述两种卸料装置，将会使凸模过长而强度不足。这时推荐用如图 20-25c 所示的结构，它将卸料板装在弹簧上。工作时卸料板被凸模的肩部压下，这就可以减小凸模的长度。

装在卸料板内的卸料环是为了延长卸料板的使用寿命而设计的，当与挤压件多次接触而受损时，只需更换卸料环，不需更换卸料板。当反挤压件的壁厚较厚时，一般选用如图 20-25所示的与卸料板为一整体的卸料环。而当挤压件的壁厚很薄时（如 <0.5mm），应选用如图 20-26 所示的组合式卸料环。这种卸料环周边凹槽处围一弹簧，确保卸料环始终紧贴凸模。组合式卸料环一般由三块组成，其分块方式如图 20-26 所示。

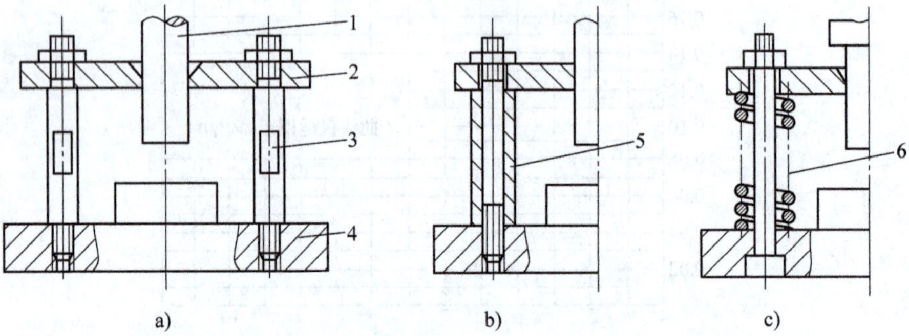

图 20-25　卸料装置

1—凸模　2—卸料板　3—支杆　4—模座　5—套管　6—弹簧

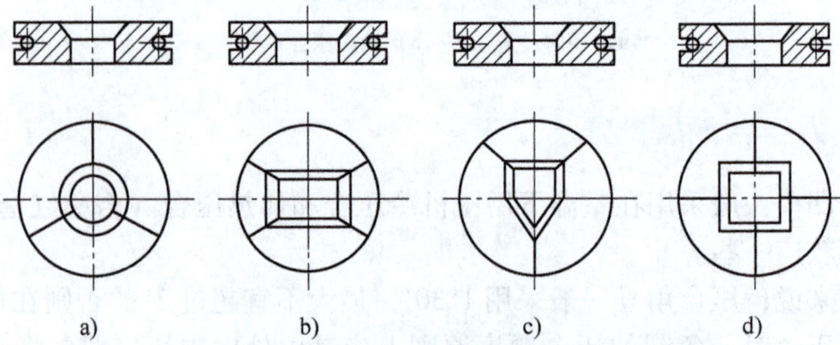

图 20-26　组合式卸料环的结构形式

a）圆形件的分块方式　b）方形件的分块方式

c）异形件的分块方式　d）不合理的分块方式

二、顶出装置

顶出装置一般都安装在下模上。当压力机无顶出机构时，就需要在模具上设计一套完整的联动顶出装置（图 20-1、图 20-4）。依靠安装在上底板上的反拉杆，当上模回程时带动顶板、顶杆，推动顶出杆顶出工件。当压力机备有顶出机构时，顶出装置的结构就比较简单，只需在模具上设计顶杆和顶出杆即可。

顶出装置主要有5种结构形式，如图20-27所示。图20-27a所示的圆形退件块装在凹模型腔里，可以直接顶料，结构简单，节省材料，便于加工制造，但挤压件可能将退料块带出模外；图20-27b所示是应用较广的一种顶出装置，结构简单，制造方便；图20-27c所示是一种具有代表性的环形顶出装置，借助于三根按120°等分均布的顶出杆带动环形顶件器，将零件从凹模中顶出；图20-27d所示是顶出杆镶入凸模内，靠顶中间隔板将工件顶出的一种顶出装置，主要用于复合挤压或带凸缘的杯形件的反挤压。由于挤压时各自的弹性变形不同，顶出杆的顶端面要比下凸模端面略凸出一微小高度δ，δ的大小按正好抵消弹性变形量的原理来决定；图20-27e所示是一种用于退件行程较大而杆径较小的实心件正挤压的顶出装置。这种组合式的顶杆结构使用可靠，调整方便。

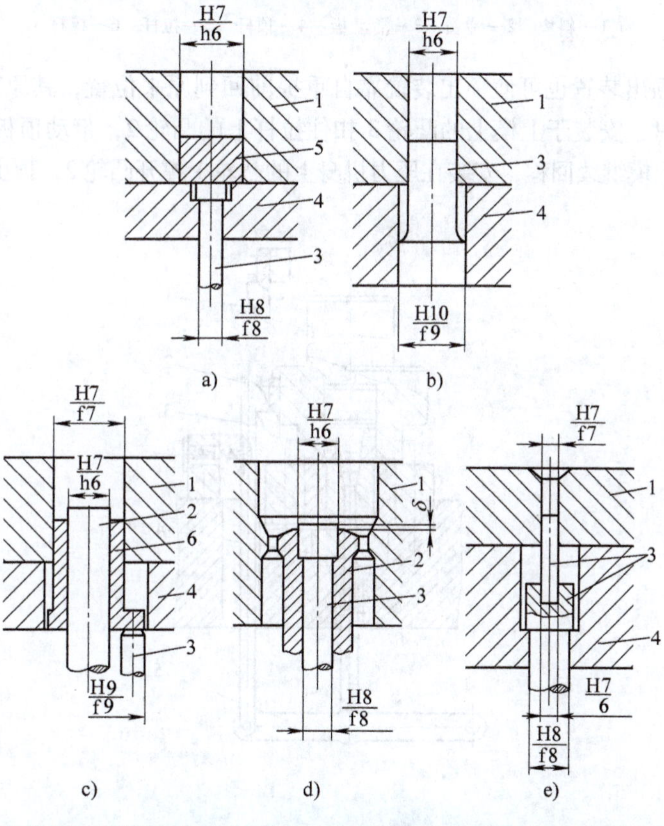

图20-27　顶出装置的结构形式

a)、b）圆柱形　c)、d）环形　e）组合式

1—凹模　2—下凸模　3—顶出杆　4—压力垫板　5—退件块　6—环形顶件器

采用反拉杆式联动顶出装置要注意拉杆的动作不能影响下一次毛坯的放置。为此，必要时要设计顶杆的自动复位机构。图20-28所示是利用活动板来复位的顶出装置，活动板安装在下底座上，当工件顶出一段距离后，通过斜面移动（图20-28a）或通过带斜面的撑杆（图20-28b）将活动板撑开，使顶出杆的底面悬空，这样顶出杆依靠自重就可以提

前回到原来的位置。

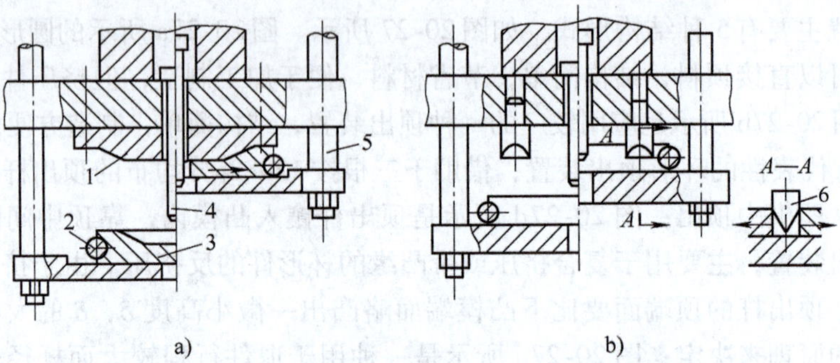

图 20-28 带活动板的顶出装置

1—斜块 2—弹簧 3—活动板 4—顶杆 5—拉杆 6—撑杆

采用凸轮式顶出装置也可使顶出装置靠自重提前回到原来位置，其原理图如图 20-29 所示。当上模回程时，安装于上模上的凸轮 3 扣住拉杆上的凸轮 2，带动顶板 5、顶出杆 4，将工件顶出。此时上模继续回程，安装在压力机身上的凸轮 1 撑开凸轮 2，顶出装置靠自重复位。

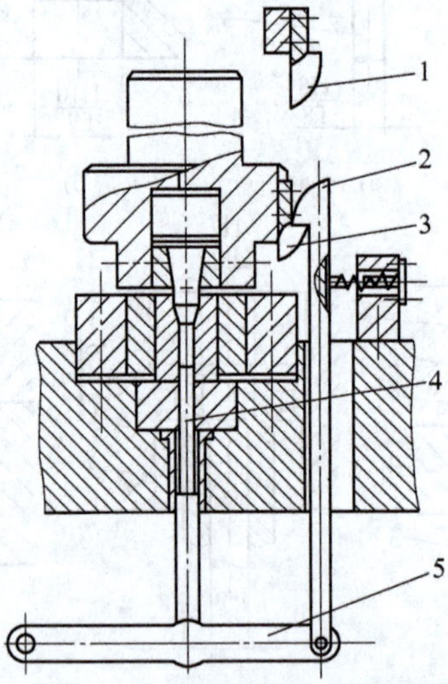

图 20-29 凸轮式顶出装置

1、2、3—凸轮 4—顶出杆 5—顶板

第六节 导向装置

模具工作部分的准确导向，可使凸模在工作时对准中心，减少由于偏心负荷时产生的弯曲力矩损坏凸模的危险，并能提高挤压件的精度。

对导向装置设计的基本要求是：

（1）结构合理；

（2）导向准确可靠；

（3）导向作用发生在挤压开始之前，并在整个挤压过程中实行导向；

（4）导向部分与工作部分之间的配合间隙合理。

常见的导向方法有，导柱（导套）导向、凸模导向、模口导向和套筒导向四种。

按模具上有无导向装置，可以把模具分为敞开模、导板模、导柱模、套筒模等。无导向装置的冷锻模称为敞开模，它的特点是结构简单、成本低廉。这种模具依靠压力机的滑块导向，使用时安装调整麻烦，工件精度低，而且不易控制，只适合于正挤压及浅孔零件的反挤压。在无导向的模具上进行操作，要求工人的技术水平高。

（1）导柱导套导向　如图 20-30 所示，在模具上安装一定数量的导柱，可以保证模具的准确装配及安装调整方便。利用导柱和导套的滑动配合导向，虽然会使模具轮廓尺寸加大，制造工艺复杂，模具成本增加，但是导向精度高，工作寿命长，使用、安装、调整方便。所以，这种方法获得了广泛应用。

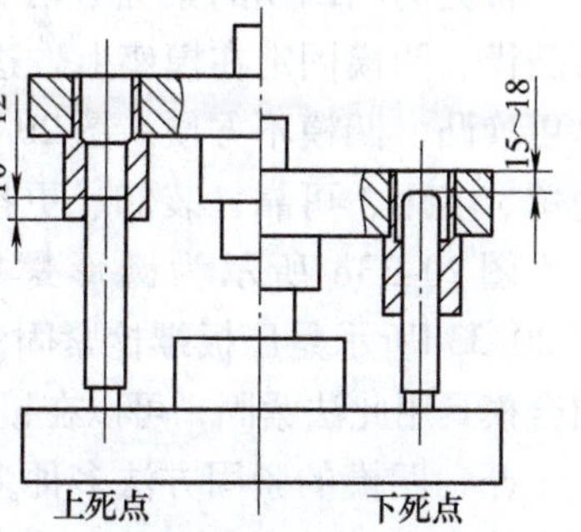

图 20-30　导柱导套导向模

设计的一般原则是：

1）当凸模与工件接触时，导柱进入导套的深度不得小于 10 ~ 15mm。

2）在工作行程的下极限位置，导柱的上端与上模座表面之间的距离不得小于15 ~ 18mm。

3）由于挤压单位压力大，导柱直径取得较大，一般取 40 ~ 60mm。

（2）凸模导向　如图 20-31 所示，用凸模（或凸模套）的非工作部分导向更可靠，更有效。凸模对凹模的直接导向能保证零件壁厚不均匀度不超过 0.03mm。这种方法仅适于浅孔零件的反挤压。因为内孔过深时，凹模型腔也深，这将给模具的加工、制造带来困难。

（3）套筒导向　如图 20-32 所示，套筒在挤压前首先进入模孔进行导向，虽然反挤上来的金属将推动套筒向上移动，但是，它在挤压过程中始终不会脱离模腔。滑块回程时，套筒还起从凸模上卸料的作用。

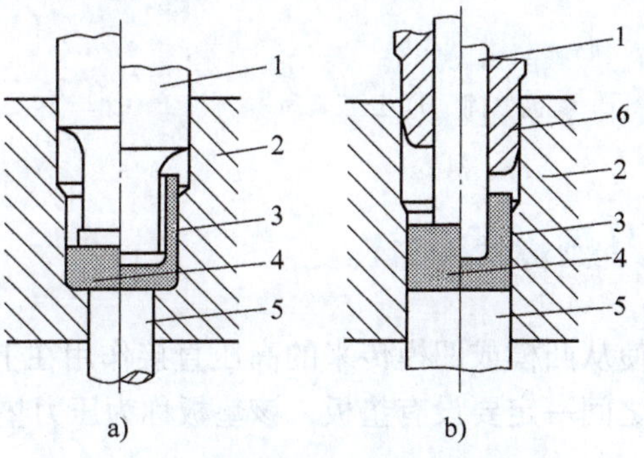

图 20-31　凸模导向模

1—凸模　2—凹模　3—工件　4—毛坯　5—顶杆　6—凸模导向套

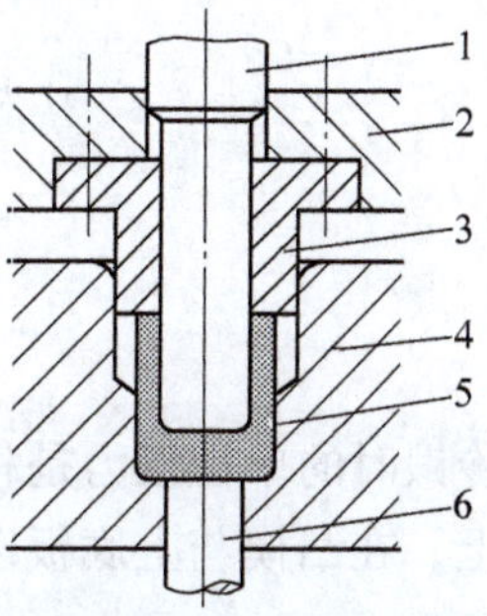

图 20-32　套筒导向模

1—凸模　2—导板　3—套筒　4—凹模　5—工件　6—顶杆

（4）模口导向　如图20-7所示，利用凹模本身（图20-7a）或凹模衬套（图20-7b）进行导向的方法。这种导向方法简便、实用、可靠，导向效果优于导柱导向，是冷镦模具中广泛采用的一种导向方法。

第七节　凸、凹模的紧固方法

将凸、凹模牢固、精确地固定在模座上，对确保冷锻工作的正常进行和提高模具使用寿命十分重要。同时，合理的紧固方法，还可以使模具结构简化，便于安装、调整和更换零件。

常见的凸凹模的紧固方法，如图20-33所示，图20-33a所示是用螺钉和圆柱销直接将凸模、凹模固定在模座上。这种方法与冷冲压模具的固定方法相同，虽然牢固可靠，但是更换凸、凹模不方便。图20-33b所示凸凹模是采用特制的圆形螺母紧固的，其优点是简单、实用、可靠，装卸、更换零件十分便利，是中小型零件挤压时广泛采用的紧固方法。图20-33c所示为圆形螺塞紧固法，结构比较紧凑，但是没有第二种方法方便。图20-33d所示是压板螺栓紧固法，固紧力大、可靠，是广泛采用的一种方法，横向剖分的组合模具用此法紧固，可以在接触圆环面上造成足够大的贴紧力，防止金属挤入接缝内。

凸、凹模的紧固方法多种多样。无论采取何种紧固方式，都必须保证其牢固、可靠，不允许出现松动现象，并且要求更换、调整方便。

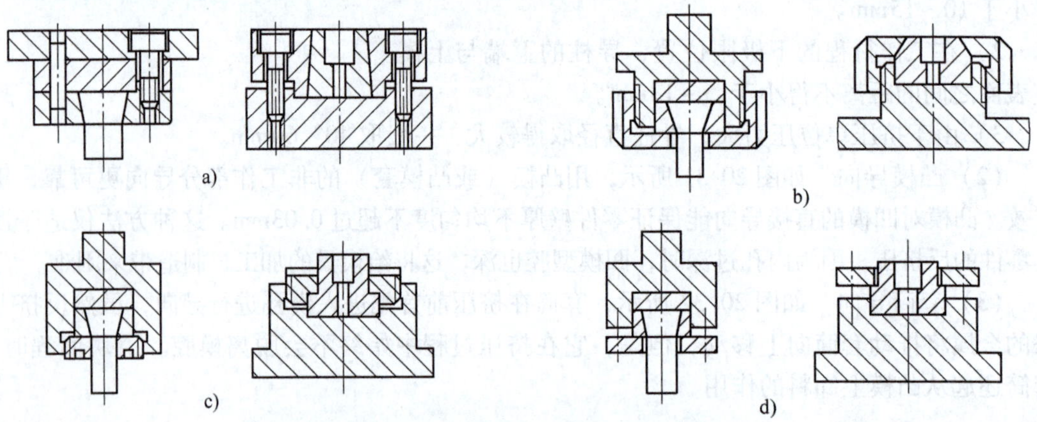

图20-33　常见凸、凹模的紧固方法

a）螺钉紧固　b）螺母紧固　c）螺塞紧固　d）压板紧固

第八节　压力垫板的设计

冷锻时的单位压力是相当大的，为了不使从凸模或凹模传来的高压直接作用在上、下模板上，在凸模与上底板以及凹模与下底座之间一定要设有垫板，该垫板称为压力垫板。

一、压力垫板的作用

压力垫板的主要作用是使从凸模或凹模传来的高压得到较大程度的缓和。

设压力垫板在直径为 d_0 的范围内作用着均布的单位压力 p_0，按弹性理论对压力垫板进行计算可知，向板内传播的单位压力像截头锥体一样向外扩大，传到压力垫板与底板接触面上时，压力的分布以中心处为最大，周边为最小，如图 20-34 所示。根据计算所得结果，将传递压力比 p_{max}/p_0、p_{min}/p_0，传递直径比 d/d_0 与相对板厚 T/d_0 的关系作出曲线图，如图20-35 所示。由图可知，当 T/d_0 增加时，则 d/d_0 增加，即压力的作用范围扩大；而传递压力比 p_{max}/p_0、p_{min}/p_0 却急剧下降，即单位压力得到了较大缓解。

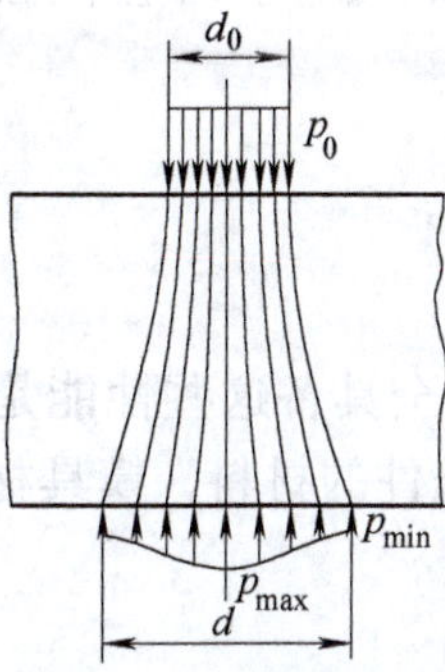

图 20-34　压力的传递情况

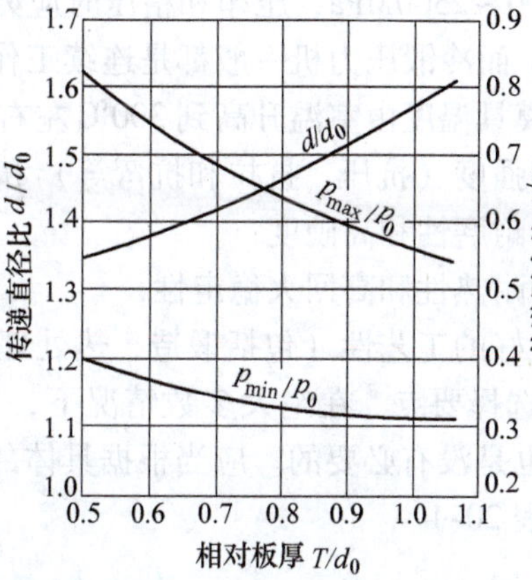

图 20-35　压力比、直径比与相对板厚的关系

二、压力垫板的设计计算

压力垫板的设计计算以图 20-35 为依据，分两种情况进行。

（一）确定压力垫板尺寸

此时，已知从凸模或凹模传来的压力 p_0、作用范围 d_0 及底板的材料种类，计算压力垫板的最小厚度 T_{min} 及最小直径 d_{min}。由底座的材料种类查得抗压强度 R_{mc}，可以直接把 R_{mc} 作为 p_{max}，或者将考虑一个安全系数后得到的许用抗压强度［R_{mc}］作为 p_{max}；然后由 p_{max}/p_0 值查图 20-35 得比值 T/d_0 及 d/d_0，进而算得 T_{min} 及 d_{min}。实际取用时，只要使压力垫板厚度 T 及直径 d 大于算得的 T_{min} 及 d_{min} 即可。

（二）校核底板的强度

此时已知均布压力 p_0、作用范围 d_0，根据模具结构选定压力垫板厚度 T、直径 d 以及底板材料的许用抗压强度［R_{mc}］，校核其强度及压力垫板尺寸是否合适。由算得的 T/d_0 查图 20-35，得 p_{max}/p_0 及 d/d_0；再由已知的 p_0 及 d_0 算得 p_{max} 及 d_{min}。如果 $p_{max} \leqslant [R_{mc}]$，则说明底板强度足够，否则就需增加板厚和采用多层压力垫板；如果已知的 $d \geqslant d_{min}$，则说明按结构选定的压力垫板直径 d 是合适的，否则就需增大板径 d，确保 $d \geqslant d_{min}$。

第九节　冷锻用模具材料及选用

冷锻模具工作零件最为重要，其材料应该比其他零件（如固定零件、导向零件、压卸料零件包括推顶结构零件）的选材更好。所谓冷锻模具钢是指冷锻模具工作零件所用的钢。冷锻模具材料在没有特别说明的情况下，也是指冷锻模具工作零件所用的材料。

由于冷锻模具设计中，对模具材料类别、选用原则及热处理要求可以参照冲压模具中的设计，所以本节仅介绍冷锻模具材料的性能、选用及热处理方面的特点和要点。

一、对模具材料的基本性能要求

（1）基本要求　冷锻模的工作环境是高压、冲击和连续。例如，挤压黑色金属的工作应力达2000～2500MPa，压印和精压时应力达3000MPa；冷锻变形大部分是在冲击负载状态下完成；而冷锻压力机一般都是连续工作，特别是大批量生产时。因而，其变形热与摩擦热可使模具温度由室温升高到300℃左右。为此，要求模具材料具有下列基本性能：

1）高强度（抗压、抗拉和抗弯等）和高韧性；

2）高耐磨性和高硬度；

3）高耐热性和高回火稳定性；

4）良好的工艺性（包括锻造、热处理和切削加工性）。

（2）选择要点　在绝大多数情况下，要使一种模具材料完全具备这些性能是不可能的，而且也是没有必要的。应当根据具体的情况选择符合使用条件的材料，模具材料的选择依据见表20-1。

表20-1　模具材料的选择依据

使用条件	模具材料所需要的主要性能	使用条件	模具材料所需要的主要性能
冲击载荷大	韧性	形状复杂	韧性、很小的热处理变形
工件变形流动大	耐磨性	工件尺寸大	价廉、优良的加工工艺性
加工变形抗力大	韧性、耐磨性	生产批量大	耐磨性

在具体选择模具材料时，还必须有经济观点。因为模具材料越高级，则其成本越昂贵。在试生产及小批量生产中，选用工具钢与合金工具钢模具材料是合算的；但在大批量生产中，选用高级的硬质合金等也是合算的。

二、常用模具材料及热处理

（1）常用材料　目前，常用的冷锻模具材料与冷冲模具材料基本相同，有各种工具钢及硬质合金，包括碳素工具钢、合金工具钢、高速钢、钢结硬质合金等，其有关牌号举例见表20-2。

表20-2　冷锻模工作零件主要材料举例

模具类别		模具材料
铝件冷挤压模	凸模	Cr12MoV，Cr12，CrWMn，9SiCr，W18Cr4V
	凹模	Cr12MoV，CrWMn，T10A，W18Cr4V，YG15，YG20
锌合金件冷挤压模	凸模	Cr12MoV，Cr12，W18Cr4V
	凹模	YG15，YG20，YG25
铜件冷挤压模	凸模	Cr12MoV，W18Cr4V
	凹模	Cr12MoV，CrWMn
钢件冷挤压模	凸模	W6Mo5，Cr4V2，W18Cr4V，Cr12MoV，GCr15
	凹模	Cr12MoV，CrWMn，YG20，65Nb，LD1

（2）热处理要点　模具热处理的目的是使其硬度合适，而又具有尽可能高的韧性。有时可能不得不稍稍降低硬度要求适当改善韧性。

不同冷锻模具零件有不同的硬度范围：例如，冷挤模零件的标准硬度范围在58～63HRC；其压套的硬度由内层向外层逐渐降低，通常外层压套硬度为38～42HRC，中层压套硬度48～52HRC，内层压套则为52～56HRC。

为了达到硬度要求，除材料选用要适当外，还必须正确选择和制订热处理工艺规范。不同模具钢处理规范可参照有关资料制订。

思考与练习题

20-1　冷挤模与冷冲模相比有何特点？

20-2　正挤压凹模、反挤压凹模的基本结构分别是怎样的？

20-3　常用的冷锻模具材料有哪些？

20-4　预应力组合凹模的结构特点是什么？组合凹模的压合工艺有哪几种？

20-5　简述预应力组合凹模设计的基本原理。

20-6　如图20-36所示的冷挤压件，材料为10钢，若单位挤压力为1300MPa，试设计预应力组合凹模，并画出它的结构示意图。

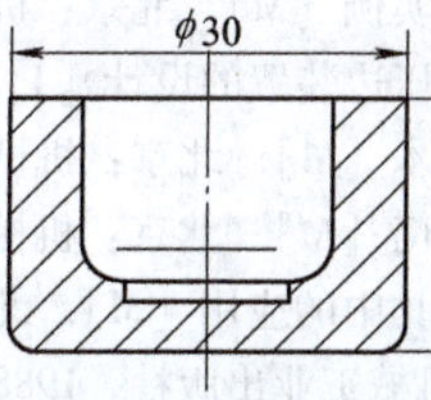

图20-36　题20-6图

参考文献

[1] 汪大年. 金属塑性成形原理［M］. 2版. 北京：机械工业出版社，1993.
[2] 万胜狄. 金属塑性成形原理［M］. 北京：机械工业出版社，1994.
[3] 中国机械工程学会锻压学会. 锻压手册：第2卷：冲压［M］. 北京：机械工业出版社，1993.
[4] 李硕本. 冲压工艺学［M］. 北京：机械工业出版社，1982.
[5] 肖景容，姜奎华. 冲压工艺学［M］. 北京：机械工业出版社，1990.
[6] 吴诗惇. 冲压工艺学［M］. 西安：西北工业大学出版社，1994.
[7] 王孝培. 冲压手册［M］. 3版. 北京：机械工业出版社，2012.
[8] 杜东福. 冷冲压工艺及模具设计［M］. 2版. 长沙：湖南科学技术出版社，1999.
[9] 邓陟，王先进，陈鹤峥. 金属薄板成形技术［M］. 北京：兵器工业出版社，1993.
[10]《现代模具技术》编委会. 汽车覆盖件模具设计与制造［M］. 北京：国防工业出版社，1998.
[11] 姜奎华. 冲压工艺与模具设计［M］. 北京：机械工业出版社，1997.
[12] 刘心治. 冷冲压工艺及模具设计［M］. 重庆：重庆大学出版社，1995.
[13] 邱永成. 多工位级进模设计［M］. 北京：国防工业出版社，1987.
[14] 虞传宝. 冷冲压及塑料成型工艺与模具设计资料［M］. 北京：机械工业出版社，1992.
[15] 侯义馨. 冲压工艺及模具设计［M］. 北京：兵器工业出版社，1994.
[16] 模具实用丛书编委会. 冲模设计应用实例［M］. 北京：机械工业出版社，2000.
[17] 秦泗吉，马丽霞，李硕本. 恒力拉伸压边装置的设计［J］. 模具工业，1997，194（4）：22-23.
[18] 王同海，孙胜，肖白白. 实用冲压技术［M］. 北京：机械工业出版社，1994.
[19] 薛启翔. 冲压模具设计制造难点与窍门［M］. 北京：机械工业出版社，2003.
[20] 郑智受，关厚德. 氮气弹簧技术在模具中的应用［M］. 北京：机械工业出版社，1998.
[21] 张志文. 锻造工艺学［M］. 北京：机械工业出版社，1988.
[22] 吕炎. 锻造工艺学［M］. 北京：机械工业出版社，1995.
[23] 机械电子工业部工人技术培训教材. 锻工工艺学（中级本）［M］. 北京：科学普及出版社，1982.
[24] 刘永熙. 普通飞边槽与楔形飞边槽的阻力计算及选用［J］. 合肥工业大学学报，1983（3）.
[25] 高锦张. 模锻飞边中的矛盾分析［J］. 合肥工业大学学报，1986（2）：120-122.
[26] 郭成，赵新怀. 冲压件废次品的产生与防止［M］. 北京：机械工业出版社，1994.
[27] 朱传祥，朱建明. 接插件端子多工位级进模设计［J］. 模具工业，1998（2）：13-16.
[28] 罗守竭，等. 钢质液态模锻［M］. 哈尔滨：哈尔滨工业大学出版社，1990.
[29] 陈文琳，等. 高毂深孔类锻件模锻中心孔的凸台设计［J］. 金属成形工艺，1999（6）.
[30] 中国机械工程学会锻压学会. 锻压手册：第1卷：锻造［M］. 北京：机械工业出版社，1993.
[31] 吕炎. 锻压成形理论与工艺［M］. 北京：机械工业出版社，1991.
[32] 卢险峰. 冷锻工艺与模具［M］. 北京：机械工业出版社，1999.
[33] 洪深泽. 挤压工艺及模具设计［M］. 北京：机械工业出版社，1995.
[34] 杨长顺. 冷挤压模具设计［M］. 北京：国防工业出版社，1994.
[35] 贾俐俐. 圆杯——多边形杆复合挤压的上限研究［J］. 金属成形工艺，1996（6）：44-48.
[36] 夏巨谌. 材料成形工艺［M］. 2版. 北京：机械工业出版社，2010.
[37] 林治平. 锻压变形力的工程计算［M］. 北京：机械工业出版社，1986.
[38] 林法禹. 特种锻压工艺［M］. 北京：机械工业出版社，1991.
[39] 张振纯. 锻压生产概论［M］. 北京：机械工业出版社，1992.
[40] 高锦张. 矩形花键冷挤成形的实验研究［J］. 江苏机械制造与自动化，1995（4）：18-22.
[41] 贾俐俐，高锦张. 矩形花键冷挤压成形的上限分析［J］，塑性工程学报，1996（3）：23-29.